钢筋混凝土和预应力混凝土构件
全过程分析原理、设计及试验

宫剑飞　刘明保　郑文华◎著

中国建筑工业出版社

图书在版编目（CIP）数据

钢筋混凝土和预应力混凝土构件全过程分析原理、设计及试验／宫剑飞，刘明保，郑文华著.— 北京：中国建筑工业出版社，2023.9
ISBN 978-7-112-29080-2

Ⅰ.①钢… Ⅱ.①宫…②刘…③郑… Ⅲ.①钢筋混凝土结构—结构构件—研究②预应力混凝土结构—结构构件—研究 Ⅳ.①TU37

中国国家版本馆 CIP 数据核字（2023）第 161724 号

本书基于现行规范的根本要求，结合配套软件 PCNAD，将钢筋混凝土和预应力混凝土结构构件作为一个体系，将受弯和偏心受力看作一个系统。在静力、爆炸或地震等作用下，采用平均值、标准值或设计值，既能系统、高效地进行正截面全过程性能分析，又能用全过程曲线进行任一点的性能分析，并自动确定各状态的出现顺序和极限状态类型，最后完成构件，特别是预应力混凝土偏心受力构件的正截面设计。书中给出六道全过程分析算例，四道预应力混凝土和钢筋混凝土梁、柱设计算例，四组钢筋混凝土和三组预应力混凝土基础梁试验对比分析，并列出 PCNAD 等计算结果，以便规范手算、软件电算及工程试验相互验证。结果包括各控制状态的曲率和弯矩、钢筋和混凝土的应力和应变、混凝土受压区高度、压力合力点位置及总抗弯耗能等，正截面承载力及其类型、延性比、裂缝和挠度验算等。控制状态包括初始、零应力、开裂、钢筋屈服、均匀或非均匀受压混凝土极限应变和钢筋极限拉应变。极限状态包括普通钢筋和预应力筋极限拉应变、非均匀受压混凝土极限应变三种。此外，对设计算例进行了可靠指标、抗弯耗能等经济、技术和碳排放对比，说明预应力混凝土结构属于绿色低碳高质量混凝土结构。

本书适用于所有与钢筋混凝土和预应力混凝土相关的教学、科研、设计、施工、监理、检测、鉴定和管理人员等。

责任编辑：辛海丽
责任校对：芦欣甜

钢筋混凝土和预应力混凝土构件全过程分析原理、设计及试验
宫剑飞　刘明保　郑文华　著
＊
中国建筑工业出版社出版、发行（北京海淀三里河路 9 号）
各地新华书店、建筑书店经销
国排高科（北京）信息技术有限公司制版
天津画中画印刷有限公司印刷
＊
开本：787 毫米×1092 毫米　1/16　印张：25¾　字数：562 千字
2023 年 9 月第一版　　2023 年 9 月第一次印刷
定价：98.00 元
ISBN 978-7-112-29080-2
（41796）

钢筋混凝土是钢筋和混凝土有机结合在一起共同工作的。由于混凝土抗拉强度和极限拉应变都很低，其极限拉应变为$(100\sim150)\times10^{-6}$，所以钢筋混凝土通常是带裂缝工作的。裂缝的出现和发展，使构件刚度降低，变形增大，且裂缝的存在不利于构件在潮湿和腐蚀性环境下工作。对于正常使用状态下不允许出现裂缝的构件，受拉钢筋的应力只能利用到$20\sim30MPa$。对于裂缝宽度限值为0.2~0.3mm的构件，受拉钢筋的应力也只能利用到$150\sim250MPa$。因而，在钢筋混凝土结构中采用不能充分发挥高强度钢筋的优势。为了提高构件的抗裂性能，利用好高强度钢筋和高强度混凝土，发展了预应力混凝土结构。即在构件投入使用之前，通过张拉钢筋等方法对构件受拉区预先施加压应力，用来抵消或减小使用条件下荷载所引起的拉应力，延缓裂缝的出现，改善构件的抗裂性能，从而实现两种高强材料的有机结合。预应力混凝土发展过程详见本书附录A。

与钢筋混凝土构件相比，预应力混凝土构件具有以下优点：

（1）改善了构件的抗裂性能

预应力混凝土构件在使用荷载作用前，构件截面受拉区混凝土处于预压状态，在外荷载作用下，只有当混凝土的预压应力全部被抵消后才转化为受拉，这样就延缓了裂缝的出现，从而提高了构件的抗裂能力。

（2）增大了构件的刚度

预应力混凝土构件在正常使用时，其混凝土先期的预压应力延缓了裂缝的出现，以致弹性工作阶段延长，使得构件的刚度较钢筋混凝土构件有所增大。

（3）充分发挥了高强材料的性能

钢筋混凝土构件很难充分发挥高强度材料的优势，而预应力混凝土构件中的预应力筋预先被张拉，随之在外荷载作用下预应力筋应力继续增长，因而始终处于高拉应力状态，可以有效发挥高强度预应力筋的受力性能；同时，预应力筋强度高，可以减少所配预应力筋面积。此外，应尽可能采用高强混凝土，有利于与预应力筋相结合，获得较为经济和低碳的构件截面尺寸。

（4）拓展了构件的应用范围

由于预应力混凝土改善了构件的抗裂性能，因而适用于对防水、抗渗透及抗腐蚀性能有更高要求的环境，如水池、油罐、核电站压力容器和安全壳；采用高强度材料，结构轻巧，刚度大、变形小，可用于大跨度、重荷载及承受反复荷载的结构中。预应力混凝土结构甚至解决了钢结构都难以解决的建造问题，如：核电站的安全壳，若采用钢结构，壁厚可达到几十厘米甚至 1 米，现有工艺很难实现；而采用预应力混凝土核安全壳，则可彻底解决这一难题。

综上所述，预应力混凝土构件具有较多优点，但也存在一些缺点，如预应力混凝土的基本原理、设计和施工较为复杂，单位体积造价较高等。此外，也有一些不适宜采用预应力混凝土的结构构件，例如跨度较小的梁和板、不承受拉力的拱和柱子等。因此，不是在任何场合都可以用预应力混凝土来代替钢筋混凝土的，而是两者各有各的合理的应用范围。

不管是钢筋混凝土还是预应力混凝土结构构件，设计过程中在各种荷载作用下的力学效应分析和构造设计或性能验算，是不可或缺、相互影响的两大部分。对于保证结构的安全使用而言，力学效应分析的重要性决不低于构造设计。

对杆系钢筋混凝土和预应力混凝土结构，常用的力学效应分析方法有线弹性分析方法、连续梁（板）的弯矩调幅法和弹塑性分析方法。前两种分析方法，虽然都能为结构设计提供所需的内力值，设计成的结构也可满足安全使用的要求，但是都不能详细地描述结构的受力破坏全过程和各阶段内力、变形和裂缝的准确值。

混凝土构件从开始受力直至极限状态，经历了一个复杂的非线性过程，可用其截面的弯矩-曲率（M-ϕ）变化曲线完整地表述。以受弯或大偏压钢筋混凝土构件为例：开始加载时，受拉区混凝土尚未出现裂缝，弯矩与曲率成比例增长；当弯矩增大至开裂弯矩（$M > M_{cr}$）后，受拉区部分混凝土开裂并退出工作，钢筋拉（应）力骤增，曲率有一突变；弯矩继续增大，受拉区裂缝逐渐延伸，中和轴上移，受压区面积减小，混凝土压应力增加，出现塑性变形，曲率不断增加；当钢筋屈服（$M > M_y$）后，虽然普通钢筋应力不增加，但应变加速发展，中和轴上升，受压区面积进一步减小，混凝土压应力迅速增大，由于内力臂渐增，承载力稍有增加，曲率就很快发展，M-ϕ 曲线平缓；达极限弯矩（$M > M_u$）后，受压区混凝土碎裂崩脱，M-ϕ 曲线形成下降段。

从构件的弯矩-曲率关系即可计算其截面刚度。在受拉区混凝土开裂前，截面刚度显然为一常量，即为构件的线弹性刚度（EI），也是截面刚度的最大值。此后，截面刚度随弯矩或曲率的增大而减小。

超静定结构中，各构件的截面刚度值因截面位置（内力）而不同，且随荷载的增长而改变，必导致结构内力的变化更复杂，随之影响其变形和裂缝的状况。只有对超静定结构的受力全过程进行弹塑性分析，才能准确和完整地描述其实际受力性能，为设计和验算提供可靠的依据。

在杆系结构的弹塑性分析中，掌握各构件截面的弯矩-曲率关系是最重要的基本条件。由此可确定构件的截面刚度值及其变化，并推导全杆件或一段杆件的刚度，用杆系结构有限元方法进行分析。获得结构的内力和变形值后，按承载能力和正常使用极限状态的要求进行验算。

综上分析，全过程分析是掌握混凝土结构准确性能的基本方法，也是编制规范的基本手段，还可以代替结构试验。此外，《混凝土结构通用规范》GB 55008—2021 第 4.2.1 条规定："混凝土结构体系应满足工程的承载能力、刚度和延性性能要求。"所以保证其具有一定延性是至关重要的，需要将构件设计为正截面承载力破坏，具有强剪弱弯的属性，并按要求具有一定的延性比。延性比系指结构构件允许出现的最大变位与弹性极限变位的比值，弹性极限变位即钢筋开始屈服时的变位，最大变位即达到承载能力极限状态时的变位。延性比也需要通过截面的弯矩-曲率关系求得。

为此，《混凝土结构设计规范》GB 50010—2002 第 5.3.4 条规定："特别重要的或受力状况特殊的大型杆系结构和二维、三维结构，必要时尚应对结构的整体或其部分进行受力全过程的非线性分析。"《混凝土结构设计规范》GB 50010—2010（2015 年版）第 5.5.1 条也规定："重要或受力复杂的结构，宜采用弹塑性分析方法对结构整体或局部进行验算。"按 GB 50010—2010（2015 年版）编写的《混凝土结构设计规范理解与应用》进一步指出："弹塑性分析的设计方法尽管计算精确度比较高，可以得到更为符合实际的较准确的结果。但是这种方法的计算工作量太大，对于一般比较简单的常规混凝土结构，似乎并没有必要。因此，目前这种分析计算方法主要用于解决一些特殊、复杂的工程问题。"这些工程问题包括需要对结构进行动力分析，对结构承载受力的全过程进行分析，偶然作用下结构防连续倒塌设计分析。

林同炎先生在文献[3]中指出："试验已经表明，由初始加载至失效全部荷载过程，对有粘结预应力混凝土构件的合理性能分析结果是十分可靠的。这个弯矩-曲率分析法是根据对材料和构件行为的一些基本假设而导出的，用这种更精确的方法求出的极限强度和 ACI 规范估值是很接近的。但是要强调，重要的是附带了解到了关于接连各控制状态直至失效的性能。这种全过程分析是十分全面的，并且已经编写了计算机程序，可以很快地完成详细的运算。也可以手算，用一个在工字形截面受拉区配置预应力筋的例子进行了说明。"国外相关软件有 XTRACT、USC-RC 及 Response2000 等，是用美国或加拿大规范编制的全过程分析软件，但未发现其能考虑因混凝土收缩徐变引起预应力损失而导致纵向普通钢筋初始效应的规范要求，未发现能得到符合我国规范要求的分析和设计。

我国采用全过程分析研究始于 20 世纪 90 年代，杜拱辰先生在文献[2]中用一个在矩形截面受拉区配置普通纵向钢筋和预应力筋的例子进行了说明。在此基础上，众多专家学者开始探索实践全过程分析理论研究与软件研发，2000 年左右在建筑领域比较活跃；因对柱子延性比有控制要求，近几年在桥梁结构领域比较活跃。但同文献[2]一样，均未发现能考虑因混凝土收缩徐变引起预应力损失而导致纵向普通钢筋初始效应的规范要求，未发现能进行预应力混凝土偏心受拉构件全过程分析的软件和文献，未发现能同时实现受弯和偏心受力分析的软件和文献，未发现能得到符合我国 GB 50010—2010（2015 年版）要求构件全过程分析及设计。GB 50010—2010（2015 年版）明确要求考虑因混凝土收缩徐变引起预应力损失而导致纵向普通钢筋初始效应，在其第 6 章、第 7 章和第 10 章分别给出正截面承载能力、裂缝和挠度、预应力混凝土结构正截面各个状态的计算方法。

还有一些结构及弹塑性时程分析软件，如 SAP2000、ETABS、MIDAS、ANSYS、ABACUS、SAUSAGE 等。未发现 SAP2000 等用线单元的软件能满足考虑普通纵向钢筋初始效应的规范要求，未发现 ANSYS 等用体单元的软件考虑因混凝土收缩徐变引起预应力损失而导致纵向普通钢筋初始效应的规范要求，也未发现能得到符合我国规范要求的构件设计。

经初步分析，对预应力混凝土构件来说，采用毛截面会导致抗裂弯矩被低估约 10%，对生产方不利；不考虑纵向普通钢筋初始效应会导致抗裂弯矩被高估约 20%，对使用方不利；这些均偏离实际情况较多。

由上可知，除 GB 50010—2010（2015 年版）外，未发现有符合该规范要求的、完整的、系统的全过程分析软件和文献，未发现能同时实现全过程分析与设计的软件和文献，未发现能进行预应力混凝土偏心受拉构件全过程分析的软件和文献，国内未发现能同时实现受弯和偏心受力分析的软件和文献。为此，从系统和实用的角度出发，研发了钢筋混凝土和预应力混凝土构件全过程分析及设计软件（PCNAD），并撰写了这本著作，作为规范背景和发展资料、设计和试验算例、分析和设计工具。

通过性能分析、设计、试验及方案对比，可得到如下结论及建议：

1）由 PCNAD 直接得到

（1）PCNAD 是一个复杂的大系统，不仅能解决钢筋混凝土和预应力混凝土结构构件全过程分析问题，还能攻克一些长期没有解决的难题，能将全过程分析规范化、系统化、概念化、精细化、简单化、实践化、传承化和创新化，能完成预应力偏心受力构件的分析与设计、抗弯耗能计算。PCNAD 的主要价值在于将全过程分析数字化和精细化，并形成计算软件，可以替代结构试验，既能用理论实时指导实践，又能用实践随时检验理论，最终将符合现行规范要求的全过程分析和设计转换为生产力。这将有助于传承、创新和推广绿色低碳混凝土结构，保障工程质量、人民生命财产安全和人身健康，促进混凝土结构高质量发展。

（2）PCNAD 基于现行规范对正截面承载力计算的根本要求，将钢筋混凝土和预应力混凝土结构构件作为一个体系，将受弯和偏心受力看作一个系统。在静力、爆炸或地震等作用下，采用平均值、标准值或设计值，既能进行更为系统的、符合实际的、较准确的各控制状态性能分析，又能用全过程性能曲线进行任一点的性能分析，并自动确定各控制状态的出现顺序和承载能力极限状态类型，最后完成正截面设计。通过 PCNAD 软件，用平均值来预估试验开裂荷载的方法，可靠度较好，不仅更为直接、简单，还能大大降低制作、测试等较大过失误差等带来的不利影响；用设计值进行构件设计更为方便，可快速计算出延性比和抗弯耗能等指标，用于结构优化时能避免"井桶效应"。

（3）PCNAD 将规范中简化的混凝土受压区等效矩形应力图形，恢复为精确的理论图形；当 $x < 2a'$ 时，将承载能力的近似算法恢复为精确的理论算法。此外，求解由混凝土的收缩徐变导致的预应力损失时，可以考虑预应力筋的实际弹性模量；同时，可以恢复全截面消压状态下受压区普通钢筋的应力。

（4）PCNAD 能得到各控制状态的曲率和弯矩、钢筋和混凝土的应力和应变、混凝土受压区高度、压力合力作用点位置及总抗弯耗能等性能指标，能得到正截面承载力及其类型、延性比、裂缝和挠度验算等设计结果，能验证极限状态下各种钢筋先后均可达到屈服状态。控制状态包括初始、零应力、开裂、普通钢筋或预应力筋屈服、均匀或非均匀受压混凝土极限应变、普通钢筋或预应力筋极限拉应变。承载能力极限状态包括普通钢筋或预应力筋极限拉应变、非均匀受压混凝土极限应变两种情况。

（5）一般情况下，钢筋混凝土构件全过程弯矩-曲率关系可用三折线表示，但如果钢筋屈服状态出现在均匀与非均匀受压时混凝土极限应变状态之间时，应用四折线表示；预应力混凝土构件全过程弯矩-曲率关系可用四折线表示，但如果有一种钢筋屈服状态出现在均匀与非均匀受压时混凝土极限应变状态之间时，应用五折线表示。

（6）从全过程弯矩-曲率关系中能形象地确定各控制状态的相互关系，可求得各控制状态的应力和应变等变化关系，可求得各控制状态及曲线上任意一点受弯刚度的折减系数等性能参数，可直接观察到开裂前后各控制状态应力的弹性变化，也可直接观察到钢筋屈服后各控制状态应力的弹塑性变化。得到受弯刚度折减系数后，可以将弹塑性问题变成弹性问题，采用弹性计算方法进行静载和等效静载的计算分析，从而用简单的弹性计算方法就能实现复杂的弹塑性计算分析。

（7）在 89 版《混凝土结构设计规范》基础上，后续规范要求在受压区配有一定数量的纵向钢筋，这样就导致受压区高度相对变小，钢筋极限拉应变通常会先于非均匀受压混凝土极限应变出现，不再符合本书公式(4.1-1)和公式(4.1-2)、公式(4.1-23)和公式(4.1-24)的适用条件，所以不宜直接用上述公式计算混凝土受压区高度和正截面承载能力，应该使用 PCNAD 进行计算复核。但当受压区高度相对很小，满足 $x < 2a'$ 条件时，可以采用近似公式(4.1-8)和公式(4.1-27)进行计算，也可使用 PCNAD 进行计算，此时钢筋极限拉应变通常会先于非均匀受压混凝土极限应变出现。

同样道理，地震作用于框架柱时，如果受拉区钢筋先达到极限应变，表现为受拉钢筋先坏；如果受压钢筋所在位置先达到非均匀受压混凝土极限应变，表现为受压钢筋先坏。所以，地震作用下是表现为钢筋先被拉坏，还是先被压坏，不应一概而论，具体问题应具体分析。

（8）与功能相同的钢筋混凝土构件相比，预应力混凝土构件的延性比通常稍小，但也能满足规范要求，不过总抗弯耗能要大一些。如有需求，可通过增加体积配箍率，使两者的延性比相同。当因钢筋首先到达极限拉应变而达到承载能力极限状态时，PCNAD 可提供《人民防空地下室设计规范》GB 50038—2005 公式(4.10.3-1)所用的受压区高度。与用该公式计算的延性比相比，用定义极限曲率和屈服曲率之比计算的结果有时会偏小一些，有时会偏大一些，但总体吻合程度较好。建议用定义来表示延性比，与公式(4.10.3-1)相比，不仅概念更加清楚，而且避免产生只要增加受压钢筋的配筋率，受拉钢筋配筋率可不受限制的不合理现象，此外还可用于预应力混凝土等构件的延性比计算。

（9）用 PCNAD 进行全过程分析与设计的结果与用规范方法手算得到的结果吻合程度很好，与试验值吻合程度较好。

（10）除 PCNAD 外，目前还未发现有其他能设计计算预应力混凝土偏心受拉构件的软件，鲜有能设计计算预应力混凝土偏心受压构件的软件，PCNAD 能解决静力、爆炸或地震作用下的受弯、偏心受压或偏心受拉的正截面问题，适用于钢筋混凝土结构构件，特别适用于大跨度、重荷载及承受反复荷载的预应力混凝土结构构件及有延性比和抗弯耗能计算需求的所有混凝土结构构件，可用于教学及自学、试验研究及规范编制，也可用于设计优化及鉴定咨询等。

（11）遵循规范要求，PCNAD 假定构件受弯失效，结构构件的其他能力均足够强大，能满足强下部弱上部、强竖向弱水平、强剪弱弯、强节点弱构件、强连接强锚固等基本构造要求。目前，PCNAD 适用于按现行规范进行极限状态计算的矩形、T 形、倒 T 形和 I 形截面；适用于钢筋混凝土和有粘结预应力混凝土受弯或偏心受力构件，开裂及开裂前将混凝土按弹性材料考虑，用截面抵抗矩作为塑性影响系数；开裂后将受压混凝土按非弹性材料考虑，不考虑混凝土的抗拉强度。

此外，PCNAD 采用了黄金分割迭代法，计算时间大大缩短，用时为一般迭代法的 $\ln\varepsilon/\varepsilon$。

2）通过 PCNAD 进行方案对比

（1）对梁来说，通常较小跨度时适合于使用钢筋混凝土结构；中等跨度时两种结构均可使用，但预应力混凝土结构正常使用性能、承载能力、耐久性和抗连续倒塌能力更好，在保证同样功能的前提下可将造价和碳排放降低30%，如要求同样刚度可将梁高降低30%，属于绿色低碳高质量混凝土结构；较大跨度时，只能使用预应力混凝土结构，钢筋混凝土结构不再能满足要求。一般情况下可认为 7~18m 的跨度为中等跨度。

（2）对大跨度基础梁来说，通过调整基底平面尺寸、高度（厚度）和使用预应力技术，能满足地基和基础基本在弹性范围内工作的概念设计，通过控制厚跨比可基本实现基底反力为直线分布，能将复杂的弹塑性计算变为较为简单的弹性计算。大跨度预应力混凝土结构构件显然符合创新、协调、绿色、开放、共享的新发展理念，特别适合在地下及地上大跨空间结构中推广应用。

（3）延性控制是比较复杂的问题，涉及受压区高度、配筋率、普通钢筋与预应力筋的面积比、配箍率等，规范中的很多条款是为控制延性而规定的，稍显复杂，建议仅保留混凝土强度等级及配筋率等基本构造要求，在此基础上用延性比或抗弯耗能控制。GB 50010—2010（2015 年版）第 11.3.1 条文说明，根据国内的试验结果和参考国外经验，当相对受压区高度控制在 0.25～0.35 时，梁的位移延性可达到 4.0～3.0 左右。可见，限值受压区高度也是为了控制延性，因此直接用延性比控制效果更好，精度更高，适用范围更广，几乎适用于所有混凝土结构。

3）对比 PCNAD 与其他软件

（1）SAP2000 等结构分析软件和 PCNAD 全过程分析软件各有各的用途，属于相互补允的关系。SAP2000 等软件重在结构整体指标、构件截面内力的计算。PCNAD 重在较为精细地解决 SAP2000 等软件不能或不擅长的构件分析和设计问题，能计算出各控制状态下以及弯矩-曲率曲线上任一点处截面的弯矩、曲率、钢筋和混凝土应力应变、裂缝宽度及截面刚度折减系数；能用多种方法计算延性比，并给出承载能力极限状态类型、抗弯耗能等。PCNAD 可以单独运行，也可接力 SAP2000 等软件。

（2）用于自学教学时，PCNAD 用一条曲线就能将混凝土结构的全过程受力性能阐述清楚；用于试验研究时，PCNAD 能迅速预估和评定各控制状态性能；用于设计鉴定时，PCNAD 几分钟就能完成预应力混凝土受弯、特别是大偏心受力构件的设计计算。PCNAD 专注于解决混凝土结构构件分析与设计最后一公里的事情，希望能为绿色低碳高质量混凝土结构的发展做出一点贡献！

此外，根据作者数百项理论研究和工程实践的经验教训，书中给出了一些随想，以期对读者有所帮助。

书中用到了作者负责完成的一些课题成果，其中国家科技支撑计划课题 2 项，编号分别为 2012BAJ01B01、2015BAK14B02；北京科委课题 1 项，编号为 Z09040600560907；中国建筑科学研究院科技课题 1 项，编号为 20111602330730001。在此，感谢所有课题资助单位，感谢在课题中付出劳动的单位和个人。

书中大部分内容属于原创，特别是与预应力偏心受力构件及抗弯耗能分析相关的内容，肯定存在不足之处，衷心希望读者提出批评和指正。

作者
2023 年 6 月于中国建筑科学研究院

CONTENTS
目　录

第 1 章

术语、符号及记法

1.1　术语

（1）混凝土结构

以混凝土为主要材料制成的结构，包括素混凝土结构、钢筋混凝土结构和预应力混凝土结构等。

（2）素混凝土结构

无筋或不配置受力钢筋的混凝土结构。

（3）普通钢筋

用于混凝土结构构件中的各种普通钢筋的总称。

（4）钢筋混凝土结构

配置受力的普通钢筋、钢筋网或钢筋骨架的混凝土结构。

（5）预应力筋

用于混凝土结构构件中施加预应力的钢丝、钢绞线和预应力螺纹钢筋等的总称。

（6）预应力混凝土结构

配置受力的预应力筋，通过张拉或其他方法建立预加应力的混凝土结构。

（7）结构构件

结构在物理上可以区分出的部分。如柱、梁、板、基础桩等。

（8）作用

施加在结构上的集中力或分布力和引起结构外加变形或约束变形的原因。前者也称直接作用或作用，后者也称间接作用。

（9）作用效应

由作用引起的结构或结构构件的反应。如内力、变形等。

（10）结构构件抗力

结构或结构构件承受作用效应和环境影响的能力。如承载力、刚度等。

（11）截面

设计时所考虑的结构构件与某一平面的交面。

（12）先张法预应力混凝土结构

在台座上张拉预应力筋后浇筑混凝土，并通过粘结力传递而建立预加应力的混凝土结构。

（13）后张法预应力混凝土结构

混凝土浇筑并达到规定强度后，通过张拉预应力筋并在结构上锚固而建立预加应力的混凝土结构。

（14）无粘结预应力混凝土结构

配置与混凝土之间可保持相对滑动的专用无粘结预应力筋的后张法预应力混凝土结构。

（15）有粘结预应力混凝土结构

通过灌浆或与混凝土的直接接触使预应力筋与混凝土之间相互粘结的预应力混凝土结构。

1.2 符号

（1）材料性能

HRB500——强度级别为 500MPa 的普通热轧带肋钢筋；

HRBF400——强度级别为 400MPa 的细晶粒热轧带肋钢筋；

RRB400——强度级别为 400MPa 的余热处理带肋钢筋；

HRB335——强度级别为 335MPa 的普通热轧带肋钢筋；

HPB300——强度级别为 300MPa 的热轧光圆钢筋；

HRB400E——强度级别为 400MPa 且有较高抗震性能要求的普通热轧带肋钢筋；

$f_{cu,k}$——混凝土立方体抗压强度标准值，确定混凝土强度等级；

C40——立方体抗压强度标准值为 40MPa 的混凝土强度等级；

f_{ck}——混凝土轴心抗压强度标准值；

f_{tk}——混凝土轴心抗拉强度标准值；

α_{c1}——棱柱强度与立方体强度的比值；

α_{c2}——混凝土考虑脆性的折减系数；

δ_c——混凝土强度的变异系数；

f_c——混凝土轴心抗压强度设计值；

f_{cd}——混凝土轴心抗压动力强度设计值；

f_t——混凝土轴心抗拉强度设计值；

f_{td}——混凝土轴心抗拉动力强度设计值；

f_{tm}——混凝土轴心抗拉强度平均值；

$f_{c,r}$——混凝土的单轴抗压强度代表值，其值可根据实际结构分析需要分别取 f_c、

f_{cm}、f_{ck}；

$f_{t,r}$——混凝土的单轴抗拉强度代表值，其值可根据实际结构分析需要分别取 f_t、

f_{tm}、f_{tk}；

E_c——混凝土的弹性模量；

ε_0——混凝土压应力达到 f_c 时的混凝土压应变，当计算的 ε_0 值小于 0.002 时，取为 0.002；

ε_{cu}——正截面的混凝土极限压应变，当处于非均匀受压且计算值大于 0.0033 时，取为 0.0033；当处于轴心受压时，取为 ε_0；

f_{yk}——普通钢筋的屈服强度标准值；

f_{ym}——普通钢筋的屈服强度平均值；

f_y——普通钢筋的抗拉强度设计值；

f_{yd}——普通钢筋抗拉动力强度设计值；

f'_y——普通钢筋的抗压强度设计值；

f_{st}——普通钢筋的极限强度设计值；

f_{stk}——普通钢筋的极限强度标准值；

f_{stm}——普通钢筋的极限强度平均值；

f_{ptk}——预应力筋的极限强度标准值；

f_{ptm}——预应力筋的极限强度平均值；

f_{pyk}——预应力筋的屈服强度标准值；

f_{pyd}——预应力筋的抗拉动力强度设计值；

f_{pym}——预应力筋的屈服强度平均值；

f_{py}——预应力筋的抗拉强度设计值；

f'_{py}——预应力筋的抗压强度设计值；

δ_s——普通钢筋强度的变异系数；

δ_p——预应力筋强度的变异系数；

E_s——普通钢筋的弹性模量；

E_p——预应力筋的弹性模量；

σ_s——普通钢筋应力；

σ_p——预应力筋应力；

ε_s——普通钢筋应变；

ε_p——预应力筋应变；

$f_{y,r}$——普通钢筋屈服强度代表值，其值可根据实际结构分析需要，分别取 f_y、f_{yk} 或 f_{ym}；

$f_{st,r}$——普通钢筋极限强度代表值，其值可根据实际结构分析需要，分别取 f_{st}、f_{stk} 或 f_{stm}；

ε_y——与 $f_{y,r}$ 相应的普通钢筋屈服应变，可取 $f_{y,r}/E_s$；

ε_{uy}——普通钢筋硬化起点应变，取 0.01；

ε_{uym}——普通钢筋硬化起点应变平均值；

ε_u——与$f_{st,r}$相应的钢筋峰值应变；

k_s——普通钢筋硬化段斜率，$k_s = (f_{st,r} - f_{y,r})/(\varepsilon_u - \varepsilon_{uy})$；

$f_{py,r}$——预应力筋屈服强度代表值，其值可根据实际结构分析需要，分别取f_{py}、f_{pyk}或f_{pym}；

$f_{pt,r}$——预应力筋极限强度代表值，其值可根据实际结构分析需要，分别取f_{pt}、f_{ptk}或f_{ptm}；

ε_{py}——与$f_{py,r}$相应的预应力筋屈服应变，取$f_{py,r}/E_p$；

ε_{pu}——与$f_{pt,r}$相应的预应力筋峰值应变；

k_p——预应力筋硬化段斜率，$k_p = (f_{pt,r} - f_{py,r})/(\varepsilon_{pu} - \varepsilon_{py})$。

（2）作用和作用效应

$\sigma_{pcI,p}$、$\sigma'_{pcI,p}$——完成第一批预应力损失后A_p和A'_p合力点处混凝土的预压应力；

$\sigma_{pcI,s}$、$\sigma'_{pcI,s}$——完成第一批预应力损失后A_s和A'_s合力点处混凝土的预压应力；

$\sigma_{pc,p}$、$\sigma'_{pc,p}$——完成第二批预应力损失后A_p和A'_p合力点处混凝土的预压应力；

$\sigma_{pc,s}$、$\sigma'_{pc,s}$——完成第二批预应力损失后A_s和A'_s合力点处混凝土的预压应力；

ε_c——混凝土受压的应变；

σ_c——混凝土压应变为ε_c时的混凝土压应力；

σ_s——截面受拉区普通钢筋的应力；

σ'_s——截面受压区普通钢筋的应力；

σ_p——截面受拉区预应力的应力；

σ'_p——截面受压区预应力筋的应力；

ε_s——截面受拉区普通钢筋的应变；

ε'_s——截面受压区普通钢筋的应变；

ε_p——截面受拉区预应力筋的应变；

ε'_p——截面受压区预应力筋的应变；

σ_{con}——截面受拉区预应力筋的张拉控制应力；

σ'_{con}——截面受压区预应力筋的张拉控制应力；

σ_l——截面受拉区相应阶段的预应力损失值；

σ'_l——截面受压区相应阶段的预应力损失值；

σ_{lI}——截面受拉区第一批预应力损失值；

σ'_{lI}——截面受压区第一批预应力损失值；

σ_{lII}——截面受拉区第二批预应力损失值；

σ'_{lII}——截面受压区第二批预应力损失值；

σ_p——截面受拉区预应力筋的应力；

σ'_p——截面受压区预应力筋的应力；

ε_s——截面受拉区普通钢筋的应变；

ε_s'——截面受压区普通钢筋的应变；

ε_p——截面受拉区预应力筋的应变；

ε_p'——截面受压区预应力筋的应变；

σ_{p0}——截面受拉区预应力筋合力点处混凝土法向应力等于零时的预应力筋应力；

σ_{p0}'——截面受压区预应力筋合力点处混凝土法向应力等于零时的预应力筋应力；

σ_{pe}——第二批预应力损失值后截面受拉区预应力筋的有效预应力；

σ_{pe}'——第二批预应力损失值后截面受压区预应力筋的有效预应力；

N_p——第二批预应力损失值后先张法构件、后张法构件的预加力；

σ_{p2}——由预应力次内力引起的混凝土截面法向应力；

F_c——受压区混凝土的总压力；

N——轴向力设计值；

N_q、N_k——按荷载标准组合、准永久组合计算的轴向力值；

M——弯矩设计值；

M_q、M_k——按荷载标准组合、准永久组合计算的弯矩值；

M_u、M_{cr}——构件的正截面受弯承载力设计值、受弯构件的正截面开裂弯矩值；

M_2——与预应力作用效应相应的次弯矩；

M_r——由预加力N_p的等效荷载在结构构件截面上产生的弯矩值；

σ_{ct}——相应施工阶段计算截面预拉区边缘纤维的混凝土拉应力；

σ_{cc}——相应施工阶段计算截面预压区边缘纤维的混凝土压应力；

σ_{ck}、σ_{cq}——荷载标准组合、准永久组合下抗裂验算边缘的混凝土法向应力。

（3）几何参数

A_n——净截面面积，即扣除孔道、凹槽等削弱部分以外的混凝土全部截面面积及纵向普通钢筋截面面积换算成混凝土的截面面积之和；对由不同混凝土强度等级组成的截面，应根据混凝土弹性模量比值换算成同一混凝土强度等级的截面面积；

A_0——换算截面面积，包括净截面面积以及全部纵向预应力筋截面面积换算成混凝土的截面面积；

I_0、I_n——换算截面惯性矩、净截面惯性矩；

W_0、W_n——受拉边缘处换算截面弹性抵抗矩、净截面弹性抵抗矩；

e_{p0}、e_{pn}——换算截面重心、净截面重心至预加力作用点的距离；

y_0、y_n——换算截面重心、净截面重心至所计算纤维处的距离；

A_p、A_p'——受拉区、受压区纵向预应力筋的截面面积；

A_s、A_s'——受拉区、受压区纵向普通钢筋的截面面积；

y_s、y'_s——受拉区、受压区普通钢筋重心至换算截面重心的距离；

y_p、y'_p——受拉区、受压区预应力合力点至换算截面重心的距离；

y_{pn}、y'_{pn}——受拉区、受压区预应力合力点至净截面重心的距离；

y_{sn}、y'_{sn}——受拉区、受压区普通钢筋重心至净截面重心的距离；

x——混凝土受压区高度；

c——中和轴高度；

$\bar{x}$——曲线混凝土压应力合力至中和轴距离；

ϕ——截面曲率；

A_{te}——有效受拉混凝土截面面积；

ρ_{te}——按有效受拉混凝土截面面积计算的纵向受拉钢筋配筋率；

ρ——纵向受拉钢筋配筋率；

ρ'——纵向受压钢筋配筋率；

a_s、a_p——受拉区纵向普通钢筋合力点、预应力筋合力点至截面受拉边缘的距离；

a——受拉区全部纵向钢筋合力点至截面受拉边缘的距离；

a'_s、a'_p——受压区纵向普通钢筋合力点、预应力筋合力点至截面受压区边缘的距离；

a'——受压区全部纵向钢筋合力点至截面受压区边缘的距离，当受压区未配置纵向预应力筋或受压区纵向预应力筋应力$(\sigma'_{p0} - f'_{py})$为拉应力时，a'用a'_s代替。

（4）计算系数及其他

γ_0——结构重要性系数；

α_s——普通钢筋弹性模量与混凝土弹性模量的比值，$\alpha_s = E_s/E_c$；

α_p——预应力筋弹性模量与混凝土弹性模量的比值，$\alpha_p = E_p/E_c$；

α_E——钢筋弹性模量与混凝土弹性模量的比值，$\alpha_E = E_s/E_c$或$\alpha_E = E_p/E_c$；

$[\beta]$——结构构件的允许延性比，系指结构构件允许出现的最大变位与弹性极限变位的比值。

1.3 记法

在可靠指标计算中，书中采用通用的符号和记法，如向量或矩阵用斜黑体字母表示，上标 T 表示转置等。但，需要注意下面的几点记法规定：

（1）默认向量为列向量

向量 $\boldsymbol{X} = (X_1, X_2, \cdots, X_n)^T$ 表示一个具有 n 个元素 X_i 的列向量，其矩阵形式为 $[X_1, X_2, \cdots, X_n]^T$或$[X_i]_{n\times1}$。向量$\boldsymbol{X}$的 2-范数简单地记作$\|\boldsymbol{X}\| = \sqrt{X_1^2 + X_2^2 + \cdots + X_n^2}$。

（2）函数对所有向量的分量或矩阵元素的导数，有时采用向量或矩阵的实体符号来表示。

这种表达方式就是按照向量分量或矩阵元素的顺序依次求导，并历遍所有分量或元素。下面所列举的是本书用到的几种表达方式的含义。

设X为n维向量，$g(X)$为X的标量函数，一阶导数

$$\frac{\partial g}{\partial X} = \left(\frac{\partial g}{\partial X_1}, \frac{\partial g}{\partial X_2}, \cdots, \frac{\partial g}{\partial X_n}\right)^{\mathrm{T}} = \left[\frac{\partial g}{\partial X_i}\right]_{n\times 1} \tag{1.3-1}$$

是一个列向量，即$g(X)$的梯度，可简记为$\nabla g(X)$。

（3）函数一般以小写字母表示，只有累积分布函数例外。有时对函数名加注下标以突出函数的含义，或对同一种类的函数加以区别。

例如，随机向量X的联合概率密度函数表示为$f_X(x)$，随机向量为X的构件的功能函数表示为$g_X(X)$，函数名中的下标X均有强调的作用，明确标示出函数的自变量为X。

上例中，如果X经过变换成为Y，$X = X(Y)$，则$g_X(X) = g_X[X(Y)] = g_Y(Y)$，其中函数$g_X(\cdot)$与$g_Y(\cdot)$均表示同一个结构的功能函数，但函数形式却不一定相同。这样既能区别不同的函数形式，又能知道函数之间的相互关系，这是这种函数表示法的一个优点。

第 2 章

基本规定

2.1 采用的标准规范

根据不同工作内容，解决钢筋混凝土和预应力混凝土结构构件问题，需要遵守的国家标准有：《工程结构通用规范》GB 55001—2021（简称《结构通规》）、《混凝土结构通用规范》GB 55008—2021（简称《混凝土通规》）、《建筑与市政工程抗震通用规范》GB 55002—2021（简称《抗震通规》）、《建筑与市政地基基础通用规范》GB 55003—2021（简称《基础通规》）、《既有建筑鉴定与加固通用规范》GB 55021—2021（简称《鉴定与加固通规》）、《组合结构通用规范》GB 55004—2021（简称《组合通规》）、2015年版《混凝土结构设计规范》GB 50010—2010（简称《混凝土规范》）、《建筑地基基础设计规范》GB 50007—2011（简称《基础规范》）、《地铁设计规范》GB 50157—2013（简称《地铁规范》）、《高层建筑混凝土结构技术规程》JGJ 3—2010（简称《高规》），对防空地下室结构构件还需遵守《人民防空地下室设计规范》GB 50038—2005（简称《地下室防规》）、《轨道交通工程人民防空设计规范》RFJ 02—2009（简称《轨道防规》），等等。

2.2 极限状态设计法

2.2.1 概述

在设计工作年限内，钢筋混凝土结构和预应力混凝土结构构件设计，应满足下列规定：

（1）应能承受在正常施工和正常使用期间预期可能出现的各种作用；

（2）应保障结构和结构构件的预定使用要求；

（3）应保障足够的耐久性要求。

为实现上述设计目标，要求在设计上必须选用比较合理的结构可靠度设计方法，由于结构材料性能和结构上的作用均具有不确定性，合理地解决结构可靠度设计，一向是一个直接关系工程可靠与经济、环境的重大而复杂的问题。在漫长的工程实践中，随着对结构破坏机制以及作用变化规律认识的不断深化，结构可靠度设计方法也在不断地向更为合理的方向演变。按发展顺序，钢筋混凝土和预应力混凝土结构可靠度设计方法可概括为：容许应力设计法、破损阶段设计法和极限状态设计法。

（1）容许应力设计法

容许应力设计法对工程结构构件设计统治已有100余年。这一方法以材料的屈服（极限）强度除以某一安全系数作为设计容许应力。这种应力一般都在弹性范围之内。容许应力设计法的准则为

$$\sigma \leqslant [\sigma] = f/K \tag{2.2-1}$$

式中：f——材料的屈服或极限设计强度；

　　　K——大于 1.0 的安全系数。

　　容许应力设计法概念简单，应用方便，迄今仍普遍用于控制预应力混凝土构件的应力传递和各使用阶段的工作性能。但由于钢筋混凝土及预应力混凝土的非匀质和弹塑性能，在高应力状态下应力与应变并不按比例增长，因此容许应力设计法不能反映结构构件破坏阶段的真实应力状态。此外，对直接影响结构安全的作用效应问题，笼统地归到材料容许应力上来处理，也不能反映永久作用和可变作用的不同性质，不能合理地考虑作用组合，在某种情况下，如对异号作用效应组合情况的验算，虽然采用了较小的容许应力，但仍可能出现不可靠的情况。相反，对截面应力分布不均匀情况的验算，如受弯、受扭结构构件，则又偏于保守。鉴于这些缺点，目前世界许多国家，除用于控制正常使用性能外，在钢筋混凝土和预应力混凝土结构强度设计上已不再采用这种方法。

　　（2）破损阶段设计法

　　破损阶段设计法，也称为破坏强度设计法，于 20 世纪 30 年代开始应用。这种方法考虑了材料的弹塑性性质与截面破坏强度的关系，是以构件截面破坏阶段为基础的一种安全设计方法。其一般设计表达式为

$$KS \leqslant R \tag{2.2-2}$$

式中：S——作用效应；

　　　R——结构构件破坏阶段时的抗力；

　　　K——总安全系数。

　　这种设计方法考虑了材料的弹塑性性质，可合理利用材料强度，在作用性质上可区分主要作用、附加作用和特殊作用，并适当调整总安全系数。但总安全系数仍是一个笼统的经验系数，并把本属于材料安全的问题归到作用项的总安全系数中考虑，不能合理地考虑不同材料的强度变异影响。这种方法与容许应力法比较，还需要进行正常使用阶段的验算，以防止使用阶段构件变形过大。

　　（3）极限状态设计法

　　随着对结构上作用、材料性能、抗力研究的不断深入，在总结破损阶段设计法的基础上，于 20 世纪 50 年代国际上出现了极限状态设计概念，并且首先在苏联的结构构件设计规范上得到具体化，形成半概率极限状态设计法。之后，这种方法被不少国家规范采纳。半概率极限状态设计法，虽然承认作用与材料性能的非确定性，但却笼统而单独地考虑作用与材料性能的概率取值，对结构构件的可靠度仍依赖于传统经验。因此从概率理论上来讲，只能算作"半概率"。当然，与破损阶段设计法相比，这种方法无疑是一个重大的改进。

　　经过多年的研究和讨论，对半概率极限状态设计法进行了许多改进。自 20 世纪 70 年代以来，逐步形成基于概率理论的极限状态设计法。它与半概率极限状态设计法的根本区

别在于首先对结构可靠度做出科学的概率定义和度量尺度，而且以概率理论为基础考虑作用效应和抗力的联合分布。这种方法也可简称为概率极限状态设计法，早已在土木工程领域得到应用，对解决实用化过程中的各种问题，无疑是当前与今后的发展方向。

2.2.2　极限状态

根据结构构件设计必须满足结构功能要求这一原则，必须对构件的每种功能规定出明确的极限状态，超过这一状态即意味着不满足功能要求，并视为失效。毫无疑问，结构可靠度设计的目的，就是解决如何以较少的代价使所设计的结构，在预期的使用时间和规定条件下，达到和超过极限状态的可能性足够小，以实现安全、经济和环境等的最佳平衡。

目前，工程界的极限状态定义为：当整个结构或结构的一部分超过某一特定状态就不能满足设计规定的某一功能要求，则此特定状态即为该功能的极限状态。同多数国家一样，我国的《结构通规》将结构的极限状态分为两类：

第一类：承载能力极限状态。涉及人身安全以及结构安全的极限状态应作为承载能力极限状态。当结构或构件出现下列状态之一时，应认为超过了承载能力极限状态：结构构件或连接因超过材料强度而破坏，或因过度变形而不适于继续承载；整个结构或其一部分作为刚体失去平衡；结构转变为机动体系；结构或结构构件丧失稳定；结构因局部破坏而发生连续倒塌；地基丧失承载力而破坏；结构或结构构件发生疲劳破坏。

第二类：正常使用极限状态。涉及结构或结构单元的正常使用功能、人员舒适性、建筑外观的极限状态应作为正常使用极限状态。当结构或结构构件出现下列状态之一时，应认为超过了正常使用极限状态：影响外观、使用舒适性或结构使用功能的变形；造成人员不舒适或结构使用功能受限的振动；影响外观、耐久性或结构使用功能的局部损坏。

2.2.3　安全系数和可靠指标

在容许应力设计法和破损阶段设计法中均采用安全系数来保证结构构件的可靠性，且由于沿用已久，早为人们熟悉。特别是早期规范规定的安全系数，在绝大多数情况下经工程实践检验，结构的风险水平，在总体上说已为社会所接受。然而，由于结构上的作用和材料性能存在不定性、设计模型不精确性和制作误差等，确切地讲，安全系数仅仅是定性地反映结构安全程度的经验系数，不能认为它是结构构件承载能力的安全倍数。总之，作为度量结构安全性尺度而言，仅能说应用安全系数的工程经验是珍贵的，但不是一种定量的科学尺度。

经多年研究和学术讨论，20 世纪 90 年代国际上比较趋于一致的是，将结构安全性问题，用可靠性理论加以定义，其度量尺度基于概率理论来解决。我国的《工程结构可靠性设计统一标准》GB 50153—2008 明确规定，结构构件的可靠度是对可靠性的定量描述，即结构在规定的时间内，在规定的条件下，完成预定功能的概率。这是从统计数学观点出发比较科学的定义，因为在各种随机因素影响下，结构完成预定功能的能力只能用概率来度量。结构可靠度的这一定义，与其他各种从定值观点出发的定义是有本质区别的。这里需要说明，在可靠度的含义中已包括了安全度，安全度是针对结构破坏而言的。从上述可靠度定义说明，可靠度的度量尺度是完成预定功能的概率，或者说是不能完成预定功能的失效概率，两者是互补的。此外，不能忽略"可靠概率"或"失效概率"计算结果所依赖的规定时间和规定条件。

为便于应用起见，可靠概率或者说失效概率常采用与之对应的可靠指标β来表示。因涉及安全、经济、环境以及结构失效后引起的损失等多种因素，如何科学地确定可靠概率或者失效概率的具体数值，却是一个很复杂的问题。实际可行的办法是，借助于以往工程设计应用安全系数的经验，采用作用、材料性能等实际统计资料，以校准法求出对应于原有规范的可靠概率和可靠指标。当然按原有规范设计的结构，以新的尺度衡量，其安全一致性是不能令人满意的，制定新的标准需加以综合分析和论证，予以适当调整，使之具有较好的安全一致性水平。

由概率理论可知，可靠概率、可靠指标及安全系数的关系为

$$p_s + p_f = 1 \tag{2.2-3}$$

式中：p_s——结构构件可靠概率；

p_f——结构构件失效概率。

对应某一极限状态可写出其极限状态方程

$$Z = R - S = 0 \tag{2.2-4}$$

式中：S——结构构件的作用效应；

R——结构构件的抗力；

Z——结构构件的功能函数。

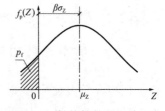

图 2.2-1 结构构件的失效概率

当功能函数$Z > 0$时表示结构构件可靠，$Z = 0$时结构恰处于极限状态，$Z < 0$时表示结构或结构构件失效。结构构件的失效概率（图 2.2-1）可表示为

$$p_f = P(Z < 0) = \int_{-\infty}^{0} f(Z)\mathrm{d}Z = F_Z(0) \tag{2.2-5}$$

当作用效应S和抗力R为正态变量时，结构构件的失效概率可表示为：

$$p_f = P\left(\frac{Z - \mu_Z}{\sigma_Z} < \frac{-\mu_Z}{\sigma_Z}\right) = \int_{-\infty}^{\frac{-\mu_Z}{\sigma_Z}} f(y)\mathrm{d}y = \Phi\left(\frac{-\mu_Z}{\sigma_Z}\right) \tag{2.2-6}$$

式中：μ_Z——结构构件功能函数的平均值；

σ_Z——结构构件的功能函数的标准差；

$\Phi(\cdot)$——标准正态分布函数。

$$\mu_Z = \mu_R - \mu_S \tag{2.2-7}$$

$$\sigma_Z = \sqrt{\sigma_R^2 + \sigma_S^2} \qquad (2.2\text{-}8)$$

令

$$\beta = \frac{\mu_Z}{\sigma_Z} = \frac{\mu_R - \mu_S}{\sqrt{\sigma_R^2 + \sigma_S^2}} \qquad (2.2\text{-}9)$$

由公式(2.2-6)可知：

$$p_f = \Phi(-\beta) \qquad (2.2\text{-}10)$$

或

$$\beta = \Phi^{-1}(1 - p_f) \qquad (2.2\text{-}11)$$

由此可见，β 与 p_f 在数值上具有一一对应的关系，故称 β 为可靠指标。应当说明，如当 S、R、Z 为非正态变量时，在进行如上计算前，须将 S、R、Z 进行当量正态化处理，或采用其他有效方法处理。可靠指标 β 的计算较之 p_f 的计算简便得多，它仅需知道结构构件功能函数的平均值（一阶矩）和标准差（二阶矩），故亦称谓二阶矩法。实际结构构件的功能函数均为多变量的非线性函数，允许作线性化处理，故这种可靠度分析方法的全称为一次二阶矩法。结构构件持久设计状况承载能力极限状态设计的可靠指标，不应小于表 2.2-1 的规定。

结构构件的可靠指标 β 　　　　　　　　　　　　　　　表 2.2-1

破坏类型	安全等级		
	一级	二级	三级
延性破坏	3.7	3.2	2.7
脆性破坏	4.2	3.7	3.2

传统的经验安全系数与可靠指标，或者与失效概率之间可以换算，并非截然不同。一方面，在以校准法选定安全水准，即选定可靠指标时，两者已发生紧密联系；另一方面，只要选定作用状态，对破损阶段设计法的总安全系数，或半概率极限状态设计法的一组作用系数和材料系数，总可求出其所对应的可靠指标。诚然，另一种作用状态，即便经验的安全系数相同，则求得的可靠指标亦不同，其间差异恰反映经验安全系数结构可靠度的不一致性。一个定值的安全系数虽然能与可靠指标进行换算，但因受作用效应与抗力变异性大小与分布规律影响，两者之间没有确定的比例关系。现将可靠指标与分项系数、作用及材料强度标准值之间在量上的关系简述如下：

设作用效应 S 和结构构件抗力 R 为两个独立的正态变量，以此为例说明一般关系。

对随机变量 S、R 作标准正态化变换，令

$$\hat{S} = \frac{S - \mu_S}{\sigma_S}, \quad \hat{R} = \frac{R - \mu_R}{\sigma_R} \qquad (2.2\text{-}12)$$

经这种变换的 $\hat{S}$、$\hat{R}$ 为标准正态变量，它们服从平均值为 0、标准差为 1.0 的标准正态

分布，记作$N(0,1)$。将公式(2.2-4)改写为

$$Z = \hat{R}\sigma_R + \mu_R - (\hat{S}\sigma_S + \mu_S) = 0 \tag{2.2-13}$$

对公式(2.2-13)两端分别除以$-\sqrt{\sigma_R^2 + \sigma_S^2}$，得

$$\hat{R}\frac{-\sigma_R}{\sqrt{\sigma_R^2 + \sigma_S^2}} + \hat{S}\frac{\sigma_S}{\sqrt{\sigma_R^2 + \sigma_S^2}} - \frac{(\mu_R - \mu_S)}{\sqrt{\sigma_R^2 + \sigma_S^2}} = 0 \tag{2.2-14}$$

$$\hat{S}\cos\theta_s + \hat{R}\cos\theta_R - \beta = 0 \tag{2.2-15}$$

式中：

$$\left.\begin{array}{l} \cos\theta_s = \dfrac{\sigma_S}{\sqrt{\sigma_R^2 + \sigma_S^2}} \\[3mm] \cos\theta_R = \dfrac{-\sigma_R}{\sqrt{\sigma_R^2 + \sigma_S^2}} \end{array}\right\}$$

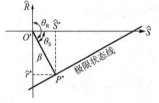

由解析几何可知，公式(2.2-15)正好是$\hat{S}O'\hat{R}$坐标系中极限状态直线的标准法线式方程。其中，常数项β为原点O'到直线的法线长度，而$\cos\theta_s$、$\cos\theta_R$则是法线对各坐标向量的方向余弦（图2.2-2）。

图 2.2-2 两个基本变量时可靠指标与极限状态方程的关系

图2.2-2表明，可靠指标具有明确的意义，可以认为在一切可能满足极限状态方程的诸点上只有P^*是失效概率最大的一点，即对设计起控制作用的一点，故称法线的垂足P^*点为"设计验算点"，这种方法也叫设计验算点法。

图2.2-2还表明，P^*点的坐标为：$\hat{S}^* = \beta\cos\theta_s$，$\hat{R}^* = \beta\cos\theta_R$，依据公式(2.2-12)，可写出$P^*$在原坐标系中的坐标值：

$$\left.\begin{array}{l} S^* = \mu_S + \beta\sigma_S\cos\theta_s \\ R^* = \mu_R + \beta\sigma_R\cos\theta_R \end{array}\right\} \tag{2.2-16}$$

如前所述，P^*点位于极限状态线上，故满足极限状态方程

$$g(S^*, R^*) = R^* - S^* = 0 \tag{2.2-17}$$

比较公式(2.2-16)和公式(2.2-17)，可靠指标β可以表达为

$$\beta = \frac{\mu_R - \mu_S}{\sigma_S\cos\theta_s - \sigma_R\cos\theta_R} \tag{2.2-18}$$

由此说明，结构可靠指标取决于结构构件抗力和作用效应的平均值、标准差以及法线$\overline{OP}^*$对坐标轴$\hat{S}$、$\hat{R}$的方向余弦。所谓结构构件抗力，指结构构件抗压、抗弯、抗剪或抗扭等的能力。由公式(2.2-18)可见，抗力平均值大于作用效应平均值，β为正值，表示结构构件可靠；抗力和作用效应的标准差越大，表示其离散性越大，则结构构件的可靠指标越小。不难发现，以可靠指标度量结构可靠性，远比笼统的定值安全系数更为科学合理。

实际工程结构极少是两个变量的情况。当为n个变量的一般情况时，极限状态方程在n

维欧氏空间上表示为一曲面。同理，可变换到n维标准正态变量坐标系，则原点至极限状态曲面上P^*点处切平面的法线$\overline{OP}^*$长度即为β值。P^*点处切平面方程，可由极限状态方程在P^*点处展开成泰勒级数，并仅保留其一次项。

设结构的基本随机变量为$\boldsymbol{X} = (X_1, X_2, \cdots, X_n)^{\mathrm{T}}$，其均值为$\boldsymbol{\mu}_X = (\mu_{X_1}, \mu_{X_2}, \cdots, \mu_{X_n})^{\mathrm{T}}$，标准差为$\boldsymbol{\sigma}_X = (\sigma_{X_1}, \sigma_{X_2}, \cdots, \sigma_{X_n})^{\mathrm{T}}$，相关系数矩阵为$\boldsymbol{\rho}_X = [\rho X_i X_j]$。变量$\boldsymbol{X}$的协方差矩阵$\boldsymbol{C}_X = [c X_i X_j] = \mathrm{diag}[\boldsymbol{\sigma}_X]\boldsymbol{\rho}_X \mathrm{diag}[\boldsymbol{\sigma}_X]$，协方差$c X_i X_j = \rho X_i X_j \sigma_{X_i}\sigma_{X_j}$。

结构构件功能函数的一般形式

$$Z = g_X(\boldsymbol{X}) \tag{2.2-19}$$

设$\boldsymbol{x}^* = (x_1^*, x_2^*, \cdots, x_n^*)^{\mathrm{T}}$为极限状态面上的一点，即

$$g_X(\boldsymbol{x}^*) = 0 \tag{2.2-20}$$

在$\boldsymbol{x}^*$点处将功能函数Z按泰勒级数展开，并取至一次项，有

$$Z_L = g_X(\boldsymbol{x}^*) + \sum_{i=1}^{n} \frac{\partial g_X(\boldsymbol{x}^*)}{\partial X_i}(X_i - x_i^*) = g_X(\boldsymbol{x}^*) + (\boldsymbol{X} - \boldsymbol{x}^*)^{\mathrm{T}}\nabla g_X(\boldsymbol{x}^*) \tag{2.2-21}$$

在随机变量$\boldsymbol{X}$空间，方程$Z_L = 0$表示过$\boldsymbol{x}^*$点处的极限状态面公式(2.2-19)的切平面。线性函数Z_L的均值为

$$\mu_{Z_L} = g_X(\boldsymbol{x}^*) + \sum_{i=1}^{n} \frac{\partial g_X(\boldsymbol{x}^*)}{\partial X_i}(\mu_{X_i} - x_i^*) = g_X(\boldsymbol{x}^*) + (\boldsymbol{\mu}_X - \boldsymbol{x}^*)^{\mathrm{T}}\nabla g_X(\boldsymbol{x}^*) \tag{2.2-22}$$

利用公式(2.2-21)、公式(2.2-22)又可写成

$$Z_L = \mu_{Z_L} + \sum_{i=1}^{n} \frac{\partial g_X(\boldsymbol{x}^*)}{\partial X_i}(X_i - \mu_{X_i}) = \mu_{Z_L} + (\boldsymbol{X} - \boldsymbol{\mu}_X)^{\mathrm{T}}\nabla g_X(\boldsymbol{x}^*) \tag{2.2-23}$$

引入灵敏度向量$\boldsymbol{\alpha}_X$，其分量$\alpha_{X_i}(i = 1, 2, \cdots, n)$可称为灵敏度系数，将函数$Z_L$的标准差$\sigma_{Z_L}$表示成$\sigma_{x_i}\partial g_X(\boldsymbol{x}^*)/\partial X_i$线性组合时系数的负数

$$\sigma_{Z_L} = -\sum_{i=1}^{n} \alpha_{X_i}\frac{\partial g_X(\boldsymbol{x}^*)}{\partial X_i}\sigma_{x_i} = -\boldsymbol{\alpha}_X^T \mathrm{diag}[\boldsymbol{\sigma}_X]\nabla g_X(\boldsymbol{x}^*) \tag{2.2-24}$$

灵敏系数α_{X_i}反映了线性函数Z_L与变量X_i之间的线性相关性。

当$\boldsymbol{X}$为独立正态随机变量时，利用变量线性组合方差的性质，Z_L的标准差

$$\sigma_{Z_L} = \sqrt{\sum_{i=1}^{n}\left[\frac{\partial g_X(\boldsymbol{x}^*)}{\partial X_i}\right]^2 \sigma_{x_i}^2} = \|\mathrm{diag}[\boldsymbol{\sigma}_X]\nabla g_X(\boldsymbol{x}^*)\| \tag{2.2-25}$$

对比公式(2.2-24)、公式(2.2-25)，可知灵敏系数为

$$\alpha_{X_i} = -\frac{\dfrac{\partial g_X(\boldsymbol{x}^*)}{\partial X_i}\sigma_{x_i}}{\sqrt{\sum\limits_{i=1}^{n}\left[\dfrac{\partial g_X(\boldsymbol{x}^*)}{\partial X_i}\right]^2 \sigma_{x_i}^2}}, \quad i = 1, 2, \cdots, n \tag{2.2-26}$$

利用相互独立正态分布随机变量线性组合仍服从正态分布的性质，可知函数Z_L服从正态分布，将公式(2.2-22)和公式(2.2-25)代入公式(2.2-9)，可得到结构可靠指标

$$\beta = \frac{\mu_{Z_L}}{\sigma_{Z_L}} = \frac{g_X(x^*) + \sum_{i=1}^{n} \frac{\partial g_X(x^*)}{\partial X_i}(\mu_{X_i} - x_i^*)}{\sqrt{\sum_{i=1}^{n}\left[\frac{\partial g_X(x^*)}{\partial X_i}\right]^2 \sigma_{x_i}^2}} = \frac{g_X(x^*) + (\mu_X - x^*)^T \nabla g_X(x^*)}{\|\text{diag}[\sigma_X]\nabla g_X(x^*)\|} \tag{2.2-27}$$

做变换 $X_i = \sigma_{x_i} Y_i + \mu_{X_i}$，$Y_i$ 是标准正态变量，代入到公式(2.2-23)中，再利用公式(2.2-25) 和公式(2.2-27)，切超平面方程 $Z_L/\sigma_{Z_L} = 0$ 可写成

$$\sum_{i=1}^{n} \alpha_{Y_i} Y_i - \beta = \boldsymbol{\alpha}_Y^T \boldsymbol{Y} - \beta = 0 \tag{2.2-28}$$

由公式(2.2-26)可知，变量 Y_i 的系数 $\alpha_{Y_i} = \alpha_{X_i}$。

公式(2.2-28)表示在独立标准正态随机变量 $\boldsymbol{Y}$ 空间的法线式超平面方程，法线就是极限状态面上的 P^* 点（在 $\boldsymbol{X}$ 空间中的坐标为 $\boldsymbol{x}^*$，在 $\boldsymbol{Y}$ 空间中的坐标为 $\boldsymbol{y}^*$）到标准正态空间原点 O（在 $\boldsymbol{X}$ 空间中的坐标为 μ_X）的连线，其方向余弦为 $\alpha_{Y_i} = \cos\theta_{Y_i}$，长度为 β。因此，可靠指标 β 就是标准化正态空间中坐标原点到极限状态面的最短距离，与此相对应的极限状态面上的 P^* 点就称为设计验算点。

设计验算点 P^* 在标准化正态变量 $\boldsymbol{Y}$ 空间中的坐标为

$$y_i^* = \beta \alpha_{Y_i}, \quad i = 1,2,\cdots,n \tag{2.2-29}$$

类似两个变量的情况，在原始 $\boldsymbol{X}$ 空间中的坐标为

$$x_i^* = \mu_{x_i} + \alpha_{x_i}\beta\sigma_{x_i}, \quad i = 1,2,\cdots,n \tag{2.2-30}$$

当基本变量 $\boldsymbol{X}$ 中含有非正态随机变量时，运用验算点法须事先设法处理这些非正态随机变量。在对非正态变量作当量正态化处理的方法中，Rackwitz-Fiessler 方法最为重要，它也被国际结构安全度联合委员会（JCSS）推荐使用，又称 JC 法。

设 $\boldsymbol{X}$ 中的某个变量 X_i 为非正态分布变量，其均值为 μ_{x_i}，标准差为 σ_{x_i}，概率密度函数为 $f_{X_i}(x_i)$，累积分布函数为 $F_{X_i}(x_i)$；与 x_i 相应的当量正态化变量为 X_i'，其均值为 $\mu_{X_i'}$，标准差为 $\sigma_{X_i'}$，概率密度函数为 $f_{X_i'}(x_i')$，累积分布函数为 $F_{X_i'}(x_i')$。JC 法的当量正态化条件要求在设计验算点坐标 x_i^* 处 X_i' 和 X_i 的累积分布函数和概率密度函数分别对应相等，即

$$F_{X_i'}(x_i^*) = \Phi\left(\frac{x_i^* - \mu_{X_i'}}{\sigma_{X_i'}}\right) = F_{X_i}(x_i^*) \tag{2.2-31}$$

$$f_{X_i'}(x_i^*) = \frac{1}{\sigma_{X_i'}}\varphi\left(\frac{x_i^* - \mu_{X_i'}}{\sigma_{X_i'}}\right) = f_{X_i}(x_i^*) \tag{2.2-32}$$

根据当量正态化条件，可得到当量正态化变量的均值和标准差。由公式(2.2-31)和公式(2.2-32)可解得

$$\mu_{X_i'} = x_i^* - \Phi^{-1}\left[F_{X_i}(x_i^*)\right]\sigma_{X_i'} \tag{2.2-33}$$

$$\sigma_{X_i'} = \frac{\varphi\left\{\Phi^{-1}\left[F_{X_i}(x_i^*)\right]\right\}}{f_{X_i}(x_i^*)} \tag{2.2-34}$$

JC 法是采用当量正态化的设计验算点法，其迭代计算步骤如下：

（1）假定初始验算点$\boldsymbol{x}^*$，一般可取$\boldsymbol{x}^* = \boldsymbol{\mu}_X$。

（2）对非正态分布变量X_i，计算$\sigma_{X_i'}$和$\mu_{X_i'}$，利用公式(2.2-33)和公式(2.2-34)，用$\mu_{X_i'}$替换μ_{x_i}，用$\sigma_{X_i'}$替换σ_{x_i}。

（3）利用公式(2.2-26)计算α_{x_i}。

（4）利用公式(2.2-27)计算β。

（5）利用公式(2.2-30)计算新的$\boldsymbol{x}^*$。

（6）以新的$\boldsymbol{x}^*$重复步骤（2）～（5），直到满足迭代终止条件为止。

从上述原理出发，根据目前实用设计上采用的作用标准值和材料强度标准值，当仅有永久作用G（如结构自重）和一种可变作用Q（如楼面活载）作用时，给定的可靠指标β和作用、抗力的统计特征，则可以得出满足极限状态方程和规定可靠指标的唯一解，即：

$$S_G^* + S_Q^* = R^* \tag{2.2-35}$$

式中：S_G^*——永久作用效应的设计验算点坐标；

　　　S_Q^*——可变作用效应的设计验算点坐标；

　　　R^*——结构构件抗力的设计验算点坐标。

那么，作用标准值G_k，Q_k、抗力标准值R_k（或材料强度标准值f_k），与各分项系数关系为：

$$\left.\begin{array}{l} \gamma_G = S_G^*/S_{Gk} \\ \gamma_Q = S_Q^*/S_{Qk} \\ \gamma_R = R_k/R^* \end{array}\right\} \tag{2.2-36}$$

于是，可写出设计人员习惯的设计表达式

$$\gamma_G S_{Gk} + \gamma_Q S_{Qk} = R_k/\gamma_R \tag{2.2-37}$$

公式(2.2-36)和公式(2.2-37)反映了分项系数γ_G、γ_Q、γ_R与可靠指标β所决定的设计验算点坐标S_G^*、S_Q^*及R^*之间的关系。如果取γ_G及γ_Q为一相同值γ_S，则可得单一的总安全系数$\gamma_S \cdot \gamma_R$。应当强调指出，由于永久作用与可变作用的变异性差别较大，在$\rho = S_Q/S_G$不同时，欲满足同一可靠指标β，则S_G^*、S_Q^*及R^*值是不同的，相应的分项系数也随之不同，其变化情况如图 2.2-3 所示。图中γ_Q随$\rho = S_Q/S_G$值的变化十分显著。这意味着，欲使结构在各种作用状态下具有相同的可靠度，必须采用变值的分项系数，而这却是设计人员所不愿接受的。为此，结构构件设计规范上经优选采用统一的永久作用与可变作用分项系数。优选的原则是在常用的作用比值下，各种结构构件所具有的计算可靠指标，与规定的目标可靠指标之间误差绝对值最小。这样既考虑了实用简便，照顾了历史习惯，又使其与目标可靠指标误差最小。这套设计规则可称为近似概率设计法，即设计规范上的极限状态设计表达式。显然，它与从前的经验安全系数在概念上存在着质的差别。

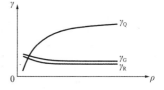

图 2.2-3　分项系数γ与比值ρ的关系示意（$\beta = 3.2$）

2.2.4 规范规定的极限状态设计表达式

极限状态设计概念为许多国家规范接受。为统一极限状态设计表达式，以利各国之间贸易和交流，从 1973 年开始，国际标准化组织（ISO）主编了国际标准《结构可靠度总原则》ISO 2394，目前有 1973、1986、1988 和 2015 共四个版本。

我国《工程结构可靠性设计统一标准》GB 50153—2008 等规定，结构构件设计时选定的设计状况，应涵盖正常施工和使用过程中的各种不利情况，各种设计状况均应进行承载能力极限状态设计，持久设计状况尚应进行正常使用极限状态设计。对每种设计状况，均应考虑各种不同的作用组合，以确定作用控制工况和最不利的效应设计值。持久设计状况采用如下极限状态设计表达式。

（1）静态作用承载能力极限状态设计表达式

对于静态作用承载能力极限状态，结构构件应按基本组合或偶然组合，采用下列极限状态设计表达式：

$$\gamma_0 S \leqslant R \tag{2.2-38}$$

式中：γ_0——结构重要性系数，在持久设计状况和短暂设计状况下，对安全等级为一级的结构构件，不应小于 1.1；对安全等级为二级的结构构件，不应小于 1.0；对安全等级为三级的结构构件不应小于 0.9；对偶然设计状况的结构构件，根据有利或不利情况，不应小于 1.0 或等于 1.0；

S——承载能力极限状态下作用组合的效应设计值，对房屋建筑结构的永久作用和预应力分项系数：当对结构不利时，不应小于 1.3，当对结构有利时，不应大于 1.0；对房屋建筑结构的标准值大于工业房屋楼面活荷载的分项系数：当对结构不利时，不应小于 1.5，当对结构有利时，应取为 0；对其余未尽事宜，按《结构通规》等规定进行计算；

R——结构构件的抗力设计值。

（2）正常使用极限状态设计表达式

对于正常使用极限状态，钢筋混凝土、预应力混凝土构件应分别按荷载的准永久组合并考虑长期作用的影响或标准组合并考虑长期作用的影响，采用下列极限状态设计表达式进行验算：

$$S \leqslant C \tag{2.2-39}$$

式中：S——正常使用极限状态荷载组合的效应设计值；

C——结构构件达到正常使用要求所规定的变形、应力、裂缝宽度或自振频率等的限值。

2.3 材料

PCNAD 可用于性能分析和结构构件设计，性能分析时材料代表值取平均值，构件设计时按相关标准要求材料代表值取标准值或设计值。对试验难度和不确定性均较大的参数（如变异系数），没有对工程师开放，不过可以定制。值得注意的是，采用高强、高性能混凝土和钢筋，在全生命周期内可取得较好的经济效益，符合绿色、低碳高质量发展的基本国策。

1）混凝土

混凝土强度等级按立方体抗压强度标准值确定。在 PCNAD 中，混凝土强度等级取值范围为 C15～C80，除常用强度等级外，还可取 C15～C80 中间的任意值，如 C18、C26 等。以下仅给出混凝土各强度代表值的计算公式，具体数值详见《混凝土通规》等标准、规范。

（1）混凝土轴心抗压与轴心抗拉强度标准值

混凝土轴心抗压与轴心抗拉强度标准值 f_{ck}、f_{tk} 应按下列公式计算，其中 $f_{cu,k}$ 以混凝土强度等级值（$f_{cu,k}$ 为代表）代入：

$$f_{ck} = 0.88\alpha_{c1}\alpha_{c2}f_{cu,k} \tag{2.3-1}$$

$$f_{tk} = 0.88 \times 0.395 f_{cu,k}^{0.55}(1-1.645\delta_c)^{0.45} \times \alpha_{c2} \tag{2.3-2}$$

式中：α_{c1}——棱柱强度与立方强度的比值，对 C50 及以下普通混凝土取 0.76，对高强混凝土 C80 取 0.82，中间按线性插值；

α_{c2}——混凝土考虑脆性的折减系数，对 C40 取 1.0，对高强混凝土 C80 取 0.87，中间按线性插值；

δ_c——混凝土强度的变异系数，对《混凝土规范》附录 C 的变异系数进行统计分析，得到如下计算公式：

$$\delta_c = 8 \times 10^{-5} f_{cu,k}^2 - 0.0072 f_{cu,k} + 0.3219 \tag{2.3-3}$$

（2）混凝土轴心抗压与轴心抗拉强度设计值

混凝土轴心抗压与轴心抗拉强度设计值 f_c、f_t 应按下列公式计算：

$$f_c = f_{ck}/1.4 \tag{2.3-4}$$

$$f_t = f_{tk}/1.4 \tag{2.3-5}$$

（3）混凝土轴心抗压与轴心抗拉强度平均值

混凝土轴心抗压与轴心抗拉强度平均值 f_{cm}、f_{tm} 应按下列公式计算：

$$f_{cm} = \frac{f_{ck}}{1-1.645\delta_c} \tag{2.3-6}$$

$$f_{tm} = \frac{f_{tk}}{1-1.645\delta_c} \tag{2.3-7}$$

考虑到混凝土应变的不确定性较大，无论是选择平均值、标准值，还是设计值，PCNAD均取为 ε_0、ε_{cu}。

（4）混凝土的弹性模量

混凝土的弹性模量 E_c 以其强度等级值（$f_{cu,k}$ 为代表）按下式计算：

$$E_c = \frac{10^5}{2.2 + \dfrac{34.7}{f_{cu,k}}} \tag{2.3-8}$$

2）钢筋

热轧钢筋直径 d 系指公称直径，各种直径钢筋的计算截面面积等于 $\pi d^2/4$。

钢筋一般采用屈服强度标志。普通钢筋的屈服强度标准值 f_{yk} 相当于钢筋标准中的屈服强度特征值 R_{eL}，如普通钢筋牌号 HRB400 中的 400MPa。预应力筋没有明显的屈服点，一般采用极限强度标志，极限强度标准值 f_{ptk} 相当于钢筋标准中的钢筋抗拉强度 σ_b，常用钢绞线的极限强度标准值为 1860MPa。

普通钢筋的抗拉强度设计值 f_y 为其强度标准值 f_{yk} 除以材料分项系数 γ_s 的数值。延性较好的热轧钢筋 γ_s 取 1.10。但对新列入的高强度 500MPa 级钢筋适当提高安全储备，取为 1.15。对预应力筋，取条件屈服强度标准值除以材料分项系数，由于延性稍差，预应力筋 γ_s 一般取不小于 1.20。对传统的预应力钢丝、钢绞线取 $0.85\sigma_b$ 作为条件屈服点，材料分项系数为 1.20。

普通钢筋抗压强度设计值 f_y' 取与抗拉强度相同，而预应力筋较小。这是由于结构构件中钢筋受到混凝土极限受压应变的控制，受压强度受到制约。

当构件中配有不同牌号和强度的钢筋时，可采用各自的强度设计值进行计算。因为尽管强度不同，但极限状态下各种钢筋先后均已达到屈服。

钢筋峰值应变和硬化起点应变应根据试验数据确定，在没有试验数据时，可取《混凝土通规》第 3.2.2 条的最大力总延伸率限制。以全过程分析为主要特征，PCNAD 仅采用牌号带"E"的普通钢筋，普通钢筋用于设计时默认取 9.0%，预应力筋用于设计时默认取 4.5%；用于设计时硬化起点应变默认取 1.0%。

普通钢筋的屈服强度平均值 f_{ym} 用其屈服强度标准值 f_{yk} 表示，可按下式计算：

$$f_{ym} = f_{yk}/(1 - 1.645\delta_s) \tag{2.3-9}$$

普通钢筋的屈服应变平均值 ε_{ym} 用其屈服强度标准值 ε_{yk} 表示，可按下式计算：

$$\varepsilon_{ym} = \varepsilon_{yk}/(1 - 1.645\delta_s) \tag{2.3-9'}$$

普通钢筋的变异系数 δ_s 应根据试验数据确定，在没有试验数据时，可参考《混凝土规范》第 C.1.1 条文说明表 1 的数值确定。取预应力筋的条件屈服强度标准值 $f_{pyk} = 0.85f_{ptk}$，预应力筋的条件屈服强度平均值 f_{pym} 用其条件屈服强度标准值 f_{pyk} 表示，可按下式计算：

$$f_{pym} = f_{pyk}/(1 - 1.645\delta_p) \tag{2.3-10}$$

预应力筋的条件屈服应变平均值 ε_{pym} 用其条件屈服应变标准值 ε_{pyk} 表示，可按下式计算：

$$\varepsilon_{pym} = \varepsilon_{pyk}/(1 - 1.645\delta_p) \tag{2.3-10'}$$

在 PCNAD 中，普通钢筋的变异系数 δ_s 取 7.43%，预应力筋的变异系数 δ_y 取 1.00%。普通钢筋弹性模量 E_s、预应力筋弹性模量 E_p 均可自定义输入，默认值为 $2.00 \times 10^5 \text{N/mm}^2$、$1.95 \times 10^5 \text{N/mm}^2$；普通钢筋屈服强度标准值 f_{yk}、预应力筋极限强度标准值 f_{ptk} 也均可自定义输入，默认值为 400N/mm^2、$1860 \times 10^5 \text{N/mm}^2$。

对普通钢筋，屈服强度平均值为

$$f_{ym} = f_{yk}/(1 - 1.645\delta_s)$$

2.4 正截面承载力计算的一般规定

1）钢材与混凝土粘结良好，受力后两者应变变化相等。先张法预应力混凝土构件和后张法有粘结预应力混凝土结构构件都能满足这一假设，无粘结筋能自由滑动，与混凝土不能满足应变变化相等的条件。

2）截面应变保持平面。以下本书称截面上边缘为受压区边缘，下边缘为受拉区边缘。

3）开裂及开裂前，将混凝土按弹性材料考虑，用截面抵抗矩作为塑性影响系数；开裂后，将受压混凝土按非弹性材料考虑，不考虑混凝土的抗拉强度。

4）假定存在全截面混凝土消压状态，即全截面混凝土应变均为零，实际上这个状态并不一定存在，完全是为方便计算而假定的。

5）当截面（图 2.4-1a）无外弯矩、外轴力作用时称为初始应变状态，并作为分析的起点。此时，假定各种预应力损失均已出现，预应力筋的有效预应力为 σ_{pe}，相应的拉应变为 ε_{pe}，预应力筋水平处混凝土压应变为 ε_{ce}，应变分布见图 2.4-1（b）。截面进入非弹性阶段后，受弯构件截面应变分布见图 2.4-1（c），偏心受压构件截面应变分布见图 2.4-1（e），偏心受拉构件截面应变分布见图 2.4-1（g）。将偏心受压或偏心受拉分解为轴心受压、轴心受拉和受弯两部分效应；图 2.4-1 的受弯中和轴指受弯单独作用下的中和轴，横线阴影部分为受弯单独作用下的压应力分布图；综合中和轴指受弯、偏心受压或偏心受拉综合作用下的中和轴，包括图 2.4-1（d）的中和轴、图 2.4-1（f）的偏心受压中和轴和图 2.4-1（h）的偏心受拉中和轴；F_c 指受弯部分所致受压区混凝土的压力，F_s' 指受弯部分所致受压区普通钢筋的压力，F_p' 指受弯部分所致受压区预应力筋的内力，F_s 指受弯部分所致受拉区普通钢筋的拉力，F_p 指受弯部分所致受拉区预应力筋的拉力，ε_a 指轴心受压 N 或轴心受拉 T 部分所致的初始应变。

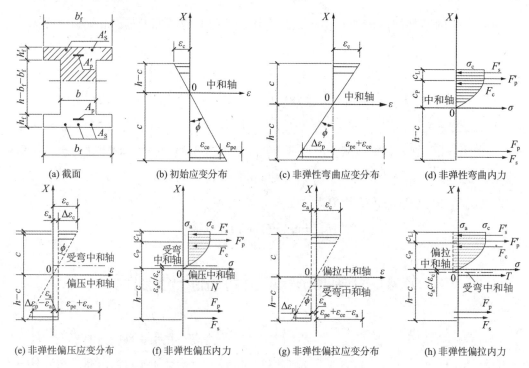

(a) 截面　　(b) 初始应变分布　　(c) 非弹性弯曲应变分布　　(d) 非弹性弯曲内力

(e) 非弹性偏压应变分布　　(f) 非弹性偏压内力　　(g) 非弹性偏拉应变分布　　(h) 非弹性偏拉内力

图 2.4-1　应变分布和内力简图

6）受压区混凝土压应力、压力合力点和截面的抵抗弯矩。

将偏心受压或偏心受拉分解为轴心受压、轴心受拉和受弯两部分效应。首先用受弯效应所致截面内力平衡求解综合效应的混凝土受压区高度，然后用综合效应所致受压区压力及压力合力点求解综合效应受压区的压力合力点至中和轴的距离，最后用综合效应所致受拉区拉力及初始轴力对压力合力点取矩求解截面的抵抗弯矩。在求解混凝土受压区高度时，分下翼缘、腹板和上翼缘三部分，计算受弯效应所致截面受压区压力。如果综合效应所致中性轴位于腹板内，下翼缘的压力则为零；如果综合效应所致中性轴位于上翼缘内，下翼缘和腹板的压力均为零。

（1）当 $\varepsilon_c \leqslant \varepsilon_0$ 时，混凝土受压的应力与应变关系按下列规定取用：

$$\sigma_c = f_{c,r}\left[1 - \left(1 - \frac{\varepsilon_c}{\varepsilon_0}\right)^n\right] \tag{2.4-1}$$

$$\varepsilon_0 = 0.002 + 0.5(f_{cu,k} - 50) \times 10^{-5} \tag{2.4-2}$$

$$\varepsilon_{cu} = 0.0033 - (f_{cu,k} - 50) \times 10^{-5} \tag{2.4-3}$$

式中：σ_c——混凝土的压应变为 ε_c 时混凝土的压应力；

n——系数，$n = 2 - (f_{cu,k} - 50)/60$，当计算值大于 2.0 时，取为 2.0。

对受弯构件，将 $\varepsilon_c = \phi x$ 代入公式(2.4-1)，可求得在上、下翼缘之间腹板的混凝土压力合力

$$F_p = \int_{c_1}^{c_2} \sigma_c b\, dx = bf_{c,r}\int_{c_1}^{c_2}\left[1 - \left(1 - \frac{\phi x}{\varepsilon_0}\right)^n\right]dx$$

积分后，不管是求解积分上限，还是求解积分下限，均取$\phi = \varepsilon_{c2}/c_2$，简化后可得到在上、下翼缘之间腹板的混凝土压力合力

$$F_{\mathrm{cpf\_f'}} = bf_{\mathrm{c,r}}\left[c_2 - c_1 + \frac{\left(1 - \dfrac{\varepsilon_{c2}}{\varepsilon_0}\right)^{n+1}}{n+1}\frac{\varepsilon_0}{\varepsilon_{c2}}c_2 - \frac{\left(1 - \dfrac{\varepsilon_{c2}c_1}{c_2\varepsilon_0}\right)^{n+1}}{n+1}\frac{\varepsilon_0}{\varepsilon_{c2}}c_2\right] \qquad (2.4\text{-}4)$$

对偏心受压，将$\varepsilon_c = \phi x$代入公式(2.4-1)，求得受弯效应在上、下翼缘之间腹板的混凝土压力合力

$$F'_{\mathrm{P}} - \int_{c_1}^{c_2} \sigma_{\mathrm{c}} b \, \mathrm{d}x - bf_{\mathrm{c,r}}\int_{c_1}^{c_2}\left[1 - \left(1 - \frac{\phi x}{\varepsilon_0}\right)^n - 1 + \left(1 - \frac{\varepsilon_a}{\varepsilon_0}\right)^n\right]\mathrm{d}x$$

积分后，不管是求解积分上限，还是求解积分下限，均取$\phi = \varepsilon_c/c$，简化后可得到受弯效应在上、下翼缘之间腹板的混凝土压力合力

$$F_{\mathrm{cpf\_f'}} = bf_{\mathrm{c,r}}\left\{\left(1 - \frac{\varepsilon_a}{\varepsilon_0}\right)^n(c_2 - c_1) + \frac{c\varepsilon_0}{\varepsilon_c(n+1)}\left[\left(1 - \frac{\varepsilon_u c_2}{c\varepsilon_0}\right)^{n+1} - \left(1 - \frac{\varepsilon_u c_1}{c\varepsilon_0}\right)^{n+1}\right]\right\} \qquad (2.4\text{-}4')$$

式中：c_1——受弯效应所致压应力在综合中和轴的积分起点纵坐标x_1；

$\quad\quad c_2$——受弯效应所致压应力在综合中和轴的积分终点纵坐标x_2；

$\quad\quad c$——混凝土受压区高度；

$\quad\quad \varepsilon_{c1}$——与$c_1$对应的混凝土的压应变；

$\quad\quad \varepsilon_{c2}$——与$c_2$对应的混凝土的压应变；

$\quad\quad \varepsilon_u$——截面受压边缘混凝土的压应变。

如果公式(2.4-4′)中的$\varepsilon_a = 0$，即变为公式(2.4-4)，但形式稍有差别。

对偏心受拉构件，因为积分非负性，需要以受弯中和轴为横轴进行积分，计算受弯效应所致混凝土的压力，但积分上、下限略有不同，计算从略。下同。

同理，可求得上、下翼缘高度范围内受弯效应所致混凝土压力合力$F_{\mathrm{cpf'}}$、F_{cpf}，所以受弯效应所致受压区混凝土总压力

$$F_{\mathrm{cp}} = F_{\mathrm{cpf}} + F_{\mathrm{cpf\_f'}} + F_{\mathrm{cpf'}} \qquad (2.4\text{-}5)$$

对受弯构件，积分后求解积分上限时取$\phi = \varepsilon_{c2}/c_2$，求解积分下限时取$\phi = \varepsilon_{c1}/c_1$，用腹板高度范围内混凝土压力合力对综合中和轴取矩，有

$$\int_{c_1}^{c_2}\sigma_{\mathrm{c}}bx\,\mathrm{d}x = bf_{\mathrm{c,r}}\int_{c_1}^{c_2}\left[1 - \left(1 - \frac{\varepsilon_{\mathrm{c}}}{\varepsilon_0}\right)^n\right]x\,\mathrm{d}x$$

$$= bf_{\mathrm{c,r}}\left\{\int_{c_1}^{c_2}\left[1 - \left(1 - \frac{\phi x}{\varepsilon_0}\right)^n\right]x\,\mathrm{d}x\right\}$$

$$= bf_{\mathrm{c,r}}\left\{\left[\frac{1}{2}(c_2{}^2 - c_1{}^2)\right] - \int_{c_1}^{c_2}x\,\mathrm{d}\left[\left(1 - \frac{\phi x}{\varepsilon_0}\right)^{n+1}\frac{1}{n+1}\frac{-\varepsilon_0}{\phi}\right]\right\}$$

$$= b f_{c,r} \left\{ \left[\frac{1}{2}(c_2{}^2 - c_1{}^2) \right] - \left[\frac{\left(1 - \frac{\varepsilon_{c2}}{\varepsilon_0}\right)^{n+1} \frac{-\varepsilon_0 c_2{}^2}{\varepsilon_{c2}}}{n+1} - \frac{\left(1 - \frac{\varepsilon_{c2}}{\varepsilon_0}\right)^{n+2}\left(\frac{\varepsilon_0 c_2}{\varepsilon_{c2}}\right)^2}{(n+1)(n+2)} \right] + \right.$$

$$\left. \left[\frac{\left(1 - \frac{\varepsilon_{c1}}{\varepsilon_0}\right)^{n+1} \frac{-\varepsilon_0 c_1 c_2}{\varepsilon_{c2}}}{n+1} - \frac{\left(1 - \frac{\varepsilon_{c2} c_1}{c_2 \varepsilon_0}\right)^{n+2}\left(\frac{\varepsilon_0 c_2}{\varepsilon_{c2}}\right)^2}{(n+1)(n+2)} \right] \right\} \tag{2.4-6}$$

对偏心受压构件，不管是求解积分上限，还是求解积分下限，均取 $\phi = \varepsilon_c/c$，用腹板高度范围内受弯效应所致混凝土压力合力对综合中和轴取矩，得到截面的抵抗弯矩

$$\int_{c_1}^{c_2} \sigma_c b x \, dx = b f_{c,r} \int_{c_1}^{c_2} \left\{ \left[1 - \left(1 - \frac{\varepsilon_a}{\varepsilon_0}\right)^n\right] - \left[1 - \left(1 - \frac{\varepsilon_c}{\varepsilon_0}\right)^n\right] \right\} x \, dx$$

$$= b f_{c,r} \left\{ \left[\frac{1}{2}\left(1 - \frac{\varepsilon_a}{\varepsilon_0}\right)^n (c_2{}^2 - c_1{}^2) \right] - \int_{c_1}^{c_2} \left(1 - \frac{\phi x}{\varepsilon_0}\right)^n x \, dx \right\}$$

$$= b f_{c,r} \left\{ \left[\frac{1}{2}\left(1 - \frac{\varepsilon_a}{\varepsilon_0}\right)^n (c_2{}^2 - c_1{}^2) \right] - \right.$$

$$\left. \int_{c_1}^{c_2} x \, d\left[\left(1 - \frac{\phi x}{\varepsilon_0}\right)^{n+1} \frac{1}{n+1} \frac{-\varepsilon_0}{\phi} \right] \right\}$$

$$= b f_{c,r} \left\{ \left[\frac{1}{2}\left(1 - \frac{\varepsilon_a}{\varepsilon_0}\right)^n (c_2{}^2 - c_1{}^2) \right] + \frac{c \varepsilon_0}{\varepsilon_u(n+1)} \left[c_2 \left(1 - \frac{c_2 \varepsilon_u}{c \varepsilon_0}\right)^{n+1} - \right. \right.$$

$$\left. c_1 \left(1 - \frac{c_1 \varepsilon_u}{c \varepsilon_0}\right)^{n+1} \right] + \frac{(c \varepsilon_0)^2}{(n+1)(n+2)(-\varepsilon_u)^2} \left[\left(1 - \frac{\varepsilon_u c_2}{c \varepsilon_0}\right)^{n+2} - \right.$$

$$\left. \left. \left(1 - \frac{\varepsilon_c c_1}{c \varepsilon_0}\right)^{n+2} \right] \right\} \tag{2.4-6'}$$

如果公式 (2.4-6') 中的 $\varepsilon_a = 0$，即变为公式 (2.4-6)，但形式稍有差别。

由于 $F_{cpf\_f'} \bar{x}_{cpf\_f'} = \int_{c_1}^{c_2} \sigma_c b x \, dx$，整理后得到腹板高度范围内受弯效应所致混凝土压力合力点至综合中和轴的距离

$$\bar{x}_{cpf\_f'} = \frac{\int_{c_1}^{c_2}(\sigma_c - \sigma_a) b x \, dx}{F_{cpf\_f'}} \tag{2.4-7}$$

同理，可求得上、下翼缘高度范围内受弯效应所致混凝土压力合力点至中和轴的距离 $\bar{x}_{cf'}$、$\bar{x}_{cf}$，从而可求得受弯效应所致受压区混凝土总压力作用点至综合中和轴的距离

$$\bar{x}_{pl} = \frac{F_{cpf} \bar{x}_{cpf} + F_{cpf\_f'} \bar{x}_{cpf\_f'} + F_{cpf'} \bar{x}_{cpf'}}{F_{cpf} + F_{cpf\_f'} + F_{cpf'}} \tag{2.4-8}$$

（2）当 $\varepsilon_0 \leqslant \varepsilon_c \leqslant \varepsilon_{cu}$ 时，混凝土受压的应力与应变关系按下列规定取用：

$$\sigma_c = f_{c,r} \tag{2.4-9}$$

此时，腹板高度范围内受弯效应所致混凝土压力合力

$$F_{\text{clf\_f}'} = b f_{\text{c,r}}(c_2 - c_1) \tag{2.4-10}$$

$$F_{\text{cl}} = F_{\text{clf}} + F_{\text{clf\_f}'} + F_{\text{clf}'} \tag{2.4-11}$$

由于 $F_{\text{clf\_f}'}\overline{x}_{\text{clf\_f}'} = b f_{\text{c,r}}(c_2 - c_1)^2/2$，整理后得到腹板高度范围内受弯效应所致混凝土压力合力点至综合中和轴的距离

$$\overline{x}_{\text{clf\_f}'} = b f_{\text{c,r}}(c_2 - c_1)^2/(2F_{\text{clf\_f}'}) \tag{2.4-12}$$

同理，可求得上、下翼缘高度范围内受弯效应所致混凝土压力合力点至综合中和轴的距离 $\overline{x}_{\text{clf}'}$、$\overline{x}_{\text{clf}}$，从而可求得受弯效应所致混凝土总压力作用点至综合中和轴的距离

$$\overline{x}_{\text{cl}} = \frac{F_{\text{clf}}\overline{x}_{\text{clf}} + F_{\text{clf\_f}'}\overline{x}_{\text{clf\_f}'} + F_{\text{clf}'}\overline{x}_{\text{clf}'}}{F_{\text{clf}} + F_{\text{clf\_f}'} + F_{\text{clf}'}} \tag{2.4-13}$$

（3）混凝土总压力及其作用点至综合中和轴的距离

受弯效应所致受压区混凝土总压力

$$F_{\text{c}} = F_{\text{cp}} + F_{\text{cl}} \tag{2.4-14}$$

受弯效应所致受压区混凝土总压力作用点至综合中和轴的距离

$$\overline{x}_{\text{c}} = (F_{\text{cp}}\overline{x}_{\text{cp}} + F_{\text{cl}}\overline{x}_{\text{cl}})/(F_{\text{cp}} + F_{\text{cl}}) \tag{2.4-15}$$

7）钢筋应按下列规定确定。

（1）进行全过程分析时，钢筋的应力-应变曲线（图 2.4-2）按下列规定确定：

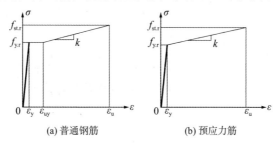

(a) 普通钢筋　　　　　　(b) 预应力筋

图 2.4-2　钢筋单调受拉应力-应变曲线

①普通钢筋

$$\sigma_{\text{s}} = \begin{cases} E_{\text{s}}\varepsilon_{\text{s}} & \varepsilon_{\text{s}} \leqslant \varepsilon_{\text{y}} \\ f_{\text{y,r}} & \varepsilon_{\text{y}} < \varepsilon_{\text{s}} \leqslant \varepsilon_{\text{uy}} \\ f_{\text{y,r}} + k_{\text{s}}(\varepsilon_{\text{s}} - \varepsilon_{\text{uy}}) & \varepsilon_{\text{uy}} < \varepsilon_{\text{s}} \leqslant \varepsilon_{\text{u}} \\ 0 & \varepsilon_{\text{s}} > \varepsilon_{\text{u}} \end{cases} \tag{2.4-16}$$

②预应力筋

$$\sigma_{\text{p}} = \begin{cases} E_{\text{p}}\varepsilon_{\text{p}} & \varepsilon_{\text{p}} \leqslant \varepsilon_{\text{y}} \\ f_{\text{py,r}} + k_{\text{p}}(\varepsilon_{\text{p}} - \varepsilon_{\text{y}}) & \varepsilon_{\text{y}} < \varepsilon_{\text{p}} \leqslant \varepsilon_{\text{u}} \\ 0 & \varepsilon_{\text{p}} > \varepsilon_{\text{u}} \end{cases} \tag{2.4-17}$$

对预应力混凝土构件，公式(2.4-17)中的 ε_{y} 用 ε_{py} 表示、ε_{u} 用 ε_{pu} 表示。

（2）钢筋抗压强度

普通钢筋抗压强度代表值取与抗拉强度相同，而预应力筋较小。这是由于构件中钢筋受到混凝土极限受压应变的控制，受压强度受到制约的缘故。PCNAD 取所在位置混凝土受压应变计算钢筋抗压强度。

（3）进行设计时，纵向受拉钢筋的极限拉应变取为 0.01；纵向钢筋的应力取钢筋应变与其弹性模量的乘积，但其值应符合下列要求：

$$\sigma_{s0i} - f_{y}' \leqslant \sigma_{si} \leqslant f_{y} \tag{2.4-18}$$

$$\sigma_{p0i} - f_{py}' \leqslant \sigma_{pi} \leqslant f_{py} \tag{2.4-19}$$

式中：σ_{si}、σ_{pi}——第 i 层纵向普通钢筋、预应力筋的应力，正值代表拉应力，负值代表压应力；

σ_{s0i}、σ_{p0i}——第 i 层纵向普通钢筋、纵向预应力筋截面重心处混凝土法向应力等于零时的纵向普通钢筋应力、纵向预应力筋应力，按公式(3.1-84)、公式(3.1-86)、公式(3.1-105)或公式(3.1-107)计算；对钢筋混凝土构件，$\sigma_{s0i} = \sigma_{p0i} = 0$；对预应力混凝土构件，如选择保留规范近似，PCNAD 取 $\sigma_{s0i} = 0$，下同。

8）混凝土受压区等效矩形应力图。

按规范用手算进行正截面承载力设计计算时，受压区混凝土的应力图形可简化为等效的矩形应力图。

矩形应力图的受压区高度 x 可取截面应变保持平面的假定所确定的中和轴高度乘以系数 β_1。当混凝土强度等级不超过 C50 时，β_1 取为 0.80；当混凝土强度等级为 C80 时，β_1 取为 0.74，其间按线性内插法确定。

矩形应力图的应力值可由混凝土轴心抗压强度设计值 f_c 乘以系数 α_1 确定。当混凝土强度等级不超过 C50 时，α_1 取为 1.0；当混凝土强度等级为 C80 时，α_1 取为 0.94，其间按线性内插法确定。

9）相对界限受压区高度。

按规范手算时，纵向受拉钢筋屈服与受压区混凝土破坏同时发生时的相对界限受压区高度 ξ_b 应按下列公式计算：

对采用有屈服点普通钢筋的钢筋混凝土构件

$$\xi_b = \frac{\beta_1}{1 + \dfrac{f_y}{E_s \varepsilon_{cu}}} \tag{2.4-20}$$

对采用无屈服点普通钢筋的钢筋混凝土构件

$$\xi_b = \frac{\beta_1}{1 + \dfrac{0.002}{\varepsilon_{cu}} + \dfrac{f_y}{E_s \varepsilon_{cu}}} \tag{2.4-21}$$

对采用无屈服点普通钢筋的预应力混凝土构件

$$\xi_b = \frac{\beta_1}{1 + \dfrac{0.002}{\varepsilon_{cu}} + \dfrac{f_{py} - \sigma_{p0}}{E_p \varepsilon_{cu}}} \tag{2.4-22}$$

式中：ξ_b——相对界限受压区高度，取 x_b/h_0；

　　　x_b——界限受压区高度；

　　　h_0——截面有效高度：纵向受拉钢筋合力点至截面受压区边缘的距离；

E_s、E_p——普通钢筋、预应力筋的弹性模量；

　　　β_1——系数。

注：1. 当截面受拉区内配置有不同种类或不同预应力值的钢筋时，受弯构件的相对界限受压区高度应分别计算，并取其较小值；

　　2. 当选择保留规范近似时，PCNAD 取公式(2.4-23)和公式(3.1-107)中 $\sigma_{s0i} = 0$，下同。

10）纵向钢筋应力应按下列规定确定：

按规范手算时，普通钢筋

$$\sigma_{si} = E_s \varepsilon_{cu} \left(\frac{\beta_1 h_{0i}}{x} - 1 \right) + \sigma_{s0i} \tag{2.4-23}$$

按规范手算时，预应力筋

$$\sigma_{pi} = E_p \varepsilon_{cu} \left(\frac{\beta_1 h_{0i}}{x} - 1 \right) + \sigma_{p0i} \tag{2.4-24}$$

式中：　h_{0i}——第 i 层纵向钢筋截面重心至截面受压边缘的距离；

　　　　x——等效矩形应力图形的混凝土受压区高度；

σ_{si}、σ_{pi}——第 i 层纵向普通钢筋、预应力筋的应力，正值代表拉应力，负值代表压应力；

σ_{s0i}、σ_{p0i}——全截面消压时，第 i 层纵向普通钢筋、纵向预应力筋截面重心处的应力，按公式(3.1-84)或公式(3.1-105)计算。

11）在确定中和轴位置时，对双向受弯构件，其内、外弯矩作用平面应相互重合；对双向偏心受压或偏心受拉构件，其轴向力作用点、混凝土和受压钢筋的合力点以及受拉钢筋的合力点应在同一条直线上。

12）结构构件由于受弯而失效，假定结构构件的其他能力均足够强大，能满足强下部弱上部、强竖向弱水平、强剪弱弯、强节点弱构件、强节点强锚固等构造要求，钢筋能实现等强连接，等等。

13）不考虑时间和环境温度、湿度等影响。

14）除特殊说明外，混凝土的力（或应力）以受压为正号，普通钢筋和预应力筋的力（或应力）以受拉为正号。

15）除应符合以上假定规定外，尚应符合《混凝土通规》《混凝土规范》等国家现行有关标准的规定。

随想：

①在《混凝土规范》附录 C 中，钢筋的屈服强度、极限强度及对应应变代表值分为平均值、标准值、设计值，混凝土的抗压强度及抗拉强度代表值也分为平均值、标准值、设计值。参考上述规定，当混凝土压应力 f_c 取平均值时，与 f_c 相应应变 ε_0 也应该取平均值，但《混凝土规范》第 6.2.1 条等取了定值，就是说不同强度代表值对应同一应变代表值，这一问题有待进一步研究。

②对偏心受拉构件，根据积分的非负性性质，求解混凝土压力时应以受弯中和轴为横坐标，对受弯效应的混凝土压应力进行积分。

③用受弯效应所致截面内力平衡求解综合效应的混凝土受压区高度，看起来更为直观，概念更加明确，容易计算混凝土压力，但略显繁琐。

2.5 正常使用极限状态验算

1）混凝土结构构件应根据其使用功能及外观要求，按下列规定进行正常使用极限状态的验算：

（1）对需要控制变形的构件，应进行变形验算；

（2）对不允许出现裂缝的构件，应进行混凝土拉应力验算；

（3）对允许出现裂缝的构件，应进行受力裂缝宽度验算；

（4）对有舒适度要求的楼盖结构，应进行竖向自振频率验算。

2）钢筋混凝土受弯构件的最大挠度应按荷载的准永久组合，预应力混凝土受弯构件的最大挠度应按荷载的标准组合，并均应考虑荷载长期作用的影响进行计算，其计算值不应超过表 2.5-1 规定的挠度限值。

受弯构件的挠度限值　　　　　　　　　　　　　　　表 2.5-1

构件类型		挠度限值
吊车梁	手动吊车	$l_0/500$
	电动吊车	$l_0/600$
屋盖、楼盖及楼梯构件	当 $l_0 < 7\text{m}$ 时	$l_0/200$（$l_0/250$）
	当 $7\text{m} \leqslant l_0 \leqslant 9\text{m}$ 时	$l_0/250$（$l_0/300$）
	当 $l_0 > 9\text{m}$ 时	$l_0/300$（$l_0/400$）

注：1. 表中 l_0 为构件的计算跨度；计算悬臂构件的挠度限值时，其计算跨度 l_0 按实际悬臂长度的 2 倍取用；
　　2. 表中括号内的数值适用于使用上对挠度有较高要求的构件；
　　3. 如果构件制作时预先起拱，且使用上也允许，则在验算挠度时，可将计算所得的挠度值减去起拱值；对预应力混凝土构件，尚可减去预加力所产生的反拱值；
　　4. 构件制作时的起拱值和预加力所产生的反拱值，不宜超过构件在相应荷载组合作用下的计算挠度值。

3）结构构件正截面的受力裂缝控制等级分为三级，等级划分及要求应符合下列规定：

一级——严格要求不出现裂缝的构件，按荷载标准组合计算时，构件受拉边缘混凝土不应产生拉应力。

二级——一般要求不出现裂缝的构件，按荷载标准组合计算时，构件受拉边缘混凝土拉应力不应大于混凝土抗拉强度的标准值。

三级——允许出现裂缝的构件：对钢筋混凝土构件，按荷载准永久组合并考虑长期作用影响计算时，构件的最大裂缝宽度不应超过表 2.5-2 规定的最大裂缝宽度限值。对预应力混凝土构件，按荷载标准组合并考虑长期作用的影响计算时，构件的最大裂缝宽度不应超过表 2.5-2 规定的最大裂缝宽度限值；对于 a 类环境的预应力混凝土构件，尚应按荷载准永久组合计算，且构件受拉边缘混凝土的拉应力不应大于混凝土的抗拉强度标准值。

4）结构构件应根据结构类型和本书表 2.6-1 规定的环境类别，按表 2.5-2 的规定选用不同的裂缝控制等级及最大裂缝宽度限值 w_{lim}。

结构构件的裂缝控制等级及最大裂缝宽度的限值   表 2.5-2

环境类别	钢筋混凝土结构		预应力混凝土结构	
	裂缝控制等级	w_{lim}（mm）	裂缝控制等级	w_{lim}（mm）
一	三级	0.30（0.40）	三级	0.20
二 a		0.20		0.10
二 b			二级	—
三 a、三 b			一级	—

注：1. 对处于年平均相对湿度小于 60% 地区一级环境下的受弯构件，其最大裂缝宽度限值可采用括号内的数值；
2. 在一类环境下，对钢筋混凝土屋架、托架及需作疲劳验算的吊车梁，其最大裂缝宽度限值应取为 0.20mm；对钢筋混凝土屋面梁和托梁，其最大裂缝宽度限值应取为 0.30mm；
3. 在一类环境下，对预应力混凝土屋架、托架及双向板体系，应按二级裂缝控制等级进行验算；对一类环境下的预应力混凝土屋面梁、托梁、单向板，按表中二 a 类环境的要求进行验算；在一类和二 a 类环境下的需作疲劳验算的预应力混凝土吊车梁，应按裂缝等级不低于二级的构件进行验算；
4. 表中规定的预应力混凝土构件的裂缝控制等级和最大裂缝宽度限值仅适用于正截面的验算；预应力混凝土构件的斜截面裂缝控制验算应符合本书第 4 章的有关规定；
5. 对于烟囱、筒仓和处于液体压力下的结构构件，其裂缝控制要求应符合专门标准的有关规定；
6. 对于处于四、五类环境下的结构构件，其裂缝控制要求应符合专门标准的有关规定；
7. 表中的最大裂缝宽度限值为用于验算荷载作用引起的最大裂缝宽度。

5）对混凝土楼盖结构应根据使用功能的要求进行竖向自振频率验算，并宜符合下列要求：

（1）住宅和公寓不宜低于 5Hz；

（2）办公楼和旅馆不宜低于 4Hz；

（3）大跨度公共建筑不宜低于 3Hz。

2.6 耐久性设计与混凝土保护层

1）混凝土结构应根据设计工作年限和环境类别进行耐久性设计，耐久性设计包括下列内容：

（1）确定结构所处的环境类别；

（2）提出对混凝土材料的耐久性基本要求；

（3）确定结构构件中钢筋的混凝土保护层厚度；

（4）不同环境条件下的耐久性技术措施；

（5）提出结构使用阶段的检测和维护要求。

注：对临时性的混凝土结构，可不考虑混凝土的耐久性要求。

2）混凝土结构构件的环境类别：

混凝土结构暴露的环境类别应按表 2.6-1 的要求划分。

混凝土结构的环境类别   表 2.6-1

环境类别	条件
一	室内干燥环境； 无侵蚀性静水浸没环境
二 a	室内潮湿环境； 非严寒和非寒冷地区的露天环境； 非严寒和非寒冷地区与无侵蚀性的水或土壤直接接触的环境； 严寒和寒冷地区的冰冻线以下与无侵蚀性的水或土壤直接接触的环境
二 b	干湿交替环境； 水位频繁变动环境； 严寒和寒冷地区的露天环境； 严寒和寒冷地区冰冻线以上与无侵蚀性的水或土壤直接接触的环境
三 a	严寒和寒冷地区冬季水位变动区环境； 受除冰盐影响环境； 海风环境
三 b	盐渍土环境； 受除冰盐作用环境； 海岸环境
四	海水环境
五	受人为或自然的侵蚀性物质影响的环境

注：1. 室内潮湿环境是指构件表面经常处于结露或湿润状态的环境；
    2. 严寒和寒冷地区的划分应符合现行国家标准《民用建筑热工设计规范》GB 50176 的有关规定；
    3. 海岸环境和海风环境宜根据当地情况，考虑主导风向及结构所处迎风、背风部位等因素的影响，由调查研究和工程经验确定；
    4. 受除冰盐影响环境为受到除冰盐盐雾影响的环境；受除冰盐作用环境指被除冰盐溶液溅射的环境以及使用除冰盐地区的洗车房、停车楼等建筑；
    5. 暴露的环境是指混凝土结构表面所处的环境。

3）混凝土材料的耐久性要求：

（1）设计工作年限为 50 年的混凝土结构，其混凝土材料宜符合表 2.6-2 的规定。

结构混凝土材料的耐久性基本要求   表 2.6-2

环境等级	最大水胶比	最低强度等级	最大氯离子含量（%）	最大碱含量（kg/m³）
一	0.60	C20	0.30	不限制

环境等级	最大水胶比	最低强度等级	最大氯离子含量（%）	最大碱含量（kg/m³）
二 a	0.55	C25	0.20	
二 b	0.50（0.55）	C30（C25）	0.15	
三 a	0.45（0.50）	C35（C30）	0.15	3.0
三 b	0.40	C40	0.10	

注：1. 氯离子含量系指其占胶凝材料总量的百分比；
2. 预应力构件混凝土中的最大氯离子含量为 0.06%；最低混凝土强度等级宜按表中的规定提高两个等级；
3. 素混凝土构件的水胶比及最低强度等级的要求可适当放松；
4. 有可靠工程经验时，二类环境中的最低混凝土强度等级可降低一个等级；
5. 处于严寒和寒冷地区二 b、三 a 类环境中的混凝土应使用引气剂，并可采用括号中的有关参数；
6. 当使用非碱活性骨料时，对混凝土中的碱含量可不作限制。

（2）混凝土结构及构件尚应采取下列耐久性技术措施：

①预应力混凝土结构中的预应力筋应根据具体情况采取表面防护、孔道灌浆、加大混凝土保护层厚度等措施，外露的锚固端应采取封锚和混凝土表面处理等有效措施；

②有抗渗要求的混凝土结构，混凝土的抗渗等级应符合有关标准的要求；

③严寒及寒冷地区的潮湿环境中，结构混凝土应满足抗冻要求，混凝土抗冻等级应符合有关标准的要求；

④处于二、三类环境中的悬臂构件宜采用悬臂梁-板的结构形式，或在其上表面增设防护层；

⑤处于二、三环境中的结构构件，其表面的预埋件、吊钩、连接件等金属部件应采取可靠的防锈措施；对于后张预应力混凝土外露金属锚具，其防护要求见《混凝土规范》第 10.3.13 条；

⑥处在三类环境中的混凝土结构构件，可采用阻锈剂、环氧树脂涂层钢筋或其他具有耐腐蚀性能的钢筋、采取阴极保护措施或采用可更换的构件等措施。

（3）一类环境中，设计使用年限为 100 年的混凝土结构应符合下列规定：

①钢筋混凝土结构的最低强度等级为 C30；预应力混凝土结构的最低强度等级为 C40；

②混凝土中的最大氯离子含量为 0.06%；

③宜使用非碱活性骨料，当使用碱活性骨料时，混凝土中的最大碱含量为 3.0kg/m³；

④混凝土保护层厚度应按本节第（4）条的规定；当采取有效的表面防护措施时，混凝土保护层厚度可适当减小。

（4）二、三类环境中，设计工作年限 100 年的混凝土结构应采取专门的有效措施。

（5）耐久性环境类别为四类和五类的混凝土结构，其耐久性要求应符合有关标准的规定。

（6）混凝土结构在设计工作年限内尚应遵守下列规定：

①建立定期检测、维修的制度；

②设计中可更换的混凝土构件应按规定更换；

③构件表面的防护层，应按规定维护或更换；

④结构出现可见的耐久性缺陷时，应及时进行处理。

4）混凝土保护层

（1）构件中普通钢筋及预应力筋的混凝土保护层厚度应满足下列要求。

①构件中受力钢筋的保护层厚度不应小于钢筋的公称直径d。

②设计工作年限为 50 年的混凝土结构，最外层钢筋的保护层厚度应符合表 2.6-3 的规定；设计工作年限为 100 年的混凝土结构，最外层钢筋的保护层厚度不应小于表 2.6-3 中数值的 1.4 倍。

混凝土保护层的最小厚度c 表 2.6-3

环境等级	板、墙、壳（mm）	梁、柱、杆（mm）
一	15	20
二 a	20	25
二 b	25	35
三 a	30	40
三 b	40	50

注：1. 混凝土强度等级不大于 C25 时，表中保护层厚度数值应增加 5mm；
　　2. 钢筋混凝土基础宜设置混凝土垫层，基础中钢筋的混凝土保护层厚度应从垫层顶面算起，且不应小于 40mm。

（2）当有充分依据并采取下列措施时，可适当减小混凝土保护层的厚度。

①构件表面有可靠的防护层；

②采用工厂化生产的预制构件；

③在混凝土中掺加阻锈剂或采用阴极保护处理等防锈措施；

④当对地下室墙体采取可靠的建筑防水做法或防护措施时，与土接触一侧钢筋的保护层厚度可适当减少，但不应小于 25mm。

（3）当梁、柱、墙中纵向受力钢筋的保护层厚度大于 50mm 时，宜对保护层采取有效的构造措施。可在保护层内配置防裂、防剥落的焊接钢筋网片时，网片钢筋的保护层厚度不应小于 25mm。

2.7　结构构件抗震设计的一般规定

1）材料

（1）混凝土结构的混凝土强度等级应符合下列规定：

①剪力墙不宜超过 C60；其他构件，9 度时不宜超过 C60，8 度时不宜超过 C70。

②框支梁、框支柱以及一级抗震等级的框架梁、柱及节点，不应低于 C30；其他各类结构构件，不应低于 C20。

（2）梁、柱、支撑以及剪力墙边缘构件中，其受力钢筋宜采用热轧带肋钢筋；当采用现行国家标准《钢筋混凝土用钢 第 2 部分：热轧带肋钢筋》GB 1499.2 中牌号带"E"的热轧带肋钢筋时，其强度和弹性模量应按本书第 2.3 节有关热轧带肋钢筋的规定采用。

（3）按一、二、三级抗震等级设计的框架和斜撑构件，其纵向受力普通钢筋应符合下列要求：

①钢筋的抗拉强度实测值与屈服强度实测值的比值不应小于 1.25；

②钢筋的屈服强度实测值与屈服强度标准值的比值不应大于 1.30；

③钢筋最大拉力下的总伸长率实测值不应小于 9%。

2）承载能力极限状态设计表达式

结构构件的截面抗震承载力，应符合下列规定：

$$S \leqslant R/\gamma_{RE} \tag{2.7-1}$$

式中：S——结构构件的地震组合作用内力设计值，按《抗震通规》第 4.3.1 条确定；

R——结构构件承载力设计值，按结构材料的强度设计值确定；

γ_{RE}——承载力抗震调整系数，混凝土、钢-混凝土组合材料应按表 2.7-1 采用。

混凝土、钢-混凝土组合材料的承载力抗震调整系数　　　　表 2.7-1

结构构件	受力状态	γ_{RE}
梁	受弯	0.75
轴压比小于 0.15 的柱	偏压	0.75
轴压比不小于 0.15 的柱	偏压	0.80
剪力墙	偏压	0.85
各类构件	受剪、偏拉	0.85

3）地震作用组合内力调整

考虑地震作用组合时，应根据"强柱弱梁""强剪弱弯""强节点弱构件""强连接强锚固"的设计原则，对内力调整后进行结构构件设计。

2.8　防空地下室构件设计的一般规定

（1）承载能力极限状态设计表达式

防空地下室结构考虑核爆动荷载时，在确定等效静荷载标准值和永久荷载标准值后，其承载力设计应采用下列极限状态设计表达式：

$$\gamma_0(\gamma_G S_{Gk} + \gamma_Q S_{Qk}) \leqslant R \tag{2.8-1}$$

式中：γ_0——结构重要性系数，可取 1.0；

γ_G——永久荷载分项系数，当其效应对结构不利时可取 1.2，有利时可取 1.0；

S_{Gk}——永久荷载效应标准值；

γ_Q——等效静荷载分项系数，可取 1.0；

S_{Qk}——等效静荷载效应标准值；

R——结构构件承载力设计值。

（2）材料指标调整

结构构件设计考虑核爆动荷载时，材料强度设计值应取动荷载下材料强度设计值。动荷载下材料强度设计值可取静荷载下材料强度设计值乘以材料强度综合调整系数γ_d。材料强度综合调整系数γ_d可按表 2.8-1 的规定采用。

考虑核爆动荷载时，混凝土的弹性模量可取静荷载时的 1.2 倍，钢材的弹性模量可取静荷载时的数值。

材料强度综合调整系数γ_d 表 2.8-1

材料种类		综合调整系数γ_d
热轧钢筋	HPB300	1.50
	HRB335	1.35
	HRB400、RRB400	1.20
钢绞线	1×7 标准型	1.00
混凝土	C55 及以下	1.50
	C60～C80	1.40

注：1. 表中同一种材料的强度综合调整系数，可适用于受拉、受压、受剪和受扭等不同受力状态；
2. 对于采用蒸汽养护或掺入早强剂的混凝土，其强度综合调整系数应乘以 0.9 的折减系数；
3. 钢绞线综合调整系数γ_d取 1.0，也可根据试验确定；
4. 当按等效静荷载法分析得出的内力，进行墙、柱受压构件正截面承载力验算时，混凝土的轴心抗压动力强度设计值应乘以折减系数 0.8；
5. 当按等效静荷载法分析得出的内力，进行梁、柱斜截面承载力验算时，混凝土的动力强度设计值应乘以折减系数 0.8。

（3）对于均布荷载作用下的钢筋混凝土梁，当按等效静荷载法分析得出的内力进行斜截面承载力验算时，斜截面受剪承载力需作跨高比影响的修正。当仅配置箍筋时，斜截面受剪承载力应符合下列规定：

$$V \leqslant 0.7\psi_1 f_{td}bh_0 + 1.25f_{yd}\frac{A_{sv}}{s}h_0 \tag{2.8-2}$$

$$\psi_1 = 1 - (l/h_0 - 8)/15 \tag{2.8-3}$$

式中：V——受弯构件斜截面上的最大剪力设计值（N）；

ψ_1——梁跨高比影响系数。当$l/h_0 \leqslant 8$时，取$\psi_1 = 1$；当$l/h_0 > 8$时，ψ_1应按公式(2.8-3)计算确定，当$l/h_0 < 0.6$时，取$\psi_1 = 0.6$。

注：当防空地下室采用钢筋混凝土无梁楼盖结构、钢筋混凝土反梁时，其设计尚应分别符合《人民防空地下室设计规范》GB 50038—2005 附录 D、附录 E 的规定。

（4）如果用增配体积配箍率$\Delta\rho_{sv}$来提高构件的延性比，可参照《公路桥梁抗震设计规范》JTG/T 2231-01—2020 公式（A.0.2-3），计算非均匀受压混凝土极限应变提高系数

$$\alpha_\beta = (0.004 + 1.4\Delta\rho_{sv}f_{kh}\varepsilon_{su}^R/f_{cc}')/0.004 \tag{2.8-4}$$

式中：f_{kh}——箍筋抗拉强度标准值；

f'_{cc}——约束混凝土的峰值应力，一般情况下可取 1.25 倍的混凝土抗压强度标准值；

ε^R_{su}——约束钢筋的折减极限应变，$\varepsilon^R_{su} = 0.09$。

2.9 防连续倒塌设计原则

1）混凝土结构防连续倒塌设计宜符合下列要求：

（1）采取减小偶然作用效应的措施；

（2）采取使重要结构构件及关键传力部位避免直接遭受偶然作用的措施；

（3）在结构容易遭受偶然作用影响的区域增加冗余约束，布置备用传力途径；

（4）增强疏散通道、避难空间等重要结构构件及关键传力部位的承载力和变形性能；

（5）配置贯通水平、竖向结构构件的钢筋，并与周边结构构件可靠地锚固；

（6）通过设置结构缝，控制可能发生连续倒塌的范围。

2）重要结构构件的防连续倒塌设计可采用下列方法：

（1）局部加强法：提高可能遭受偶然作用而发生局部破坏的竖向重要构件和关键传力部位的安全储备，也可直接考虑偶然作用进行设计。

（2）拉结构件法：在结构局部竖向构件失效的条件下，可根据具体情况分别按梁-拉结模型、悬索-拉结模型和悬臂-拉结模型进行承载力验算，维持结构的整体稳固性。

（3）拆除构件法：按一定规则拆除结构的主要受力构件，验算剩余结构体系的极限承载力；也可采用倒塌全过程分析进行设计。

3）当进行偶然作用下结构防连续倒塌的验算时，作用宜考虑结构相应部位倒塌冲击引起的动力系数。在抗力函数的计算中，混凝土强度仍取用强度标准值 f_{ck}；普通钢筋强度取极限强度标准值 f_{stk}，预应力筋强度取极限强度标准值 f_{ptk} 并考虑锚具的影响。宜考虑偶然作用下结构倒塌对结构几何参数的影响。必要时尚应考虑材料性能在动力作用下的强化和脆性，并取相应的强度特征值。

2.10 既有结构构件设计的原则

1）既有结构延长工作年限、改变用途、改建、扩建或需要进行加固、修复等，均应对其进行评定、验算或重新设计。

2）对既有结构进行安全性、适用性、耐久性及抗灾害能力评定时，应符合国家标准《结构通规》等的原则要求，并应符合下列规定：

（1）应根据评定结果、使用要求和后续工作年限确定既有结构构件的设计方案。

（2）既有结构改变用途或延长工作年限时，承载能力极限状态验算应符合《混凝土规范》《鉴定与加固通规》等的有关规定。

（3）对既有结构进行改建、扩建或加固改造而重新设计时，承载能力极限状态的计算应符合《混凝土规范》《鉴定与加固通规》等相关标准的规定。

（4）既有结构构件的正常使用极限状态验算及构造要求宜符合《混凝土规范》《鉴定与加固通规》等相关标准的规定。

（5）必要时可对使用功能作相应的调整，提出限制使用的要求。

3）既有结构构件的重新设计应符合下列规定：

（1）应优化结构方案，保证结构构件的整体稳固性；

（2）作用可按现行标准的规定确定，也可根据使用功能作适当的调整；

（3）结构既有部分混凝土、钢筋的强度设计值应根据强度的实测值确定；当材料的性能符合原设计的要求时，可按原设计的规定取值；

（4）设计时应考虑既有结构构件实际的几何尺寸、截面配筋、连接构造和已有缺陷的影响；当符合原设计的要求时，可按原设计的规定取值；

（5）应考虑既有结构构件的承载历史及施工状态的影响，对二阶段成形的叠合构件，可按《混凝土规范》第 9.5 节的规定进行设计。

第**3**章

结构构件全过程分析

3.1　全过程分析基本原理

本节主要讲述有粘结预应力混凝土构件全过程分析的基本原理，将预应力筋面积设置为零，即蜕化为钢筋混凝土构件全过程分析的基本原理。

3.1.1　预应力混凝土构件受力过程

对于采用钢材做预应力筋的预应力混凝土，可以用三种不同的概念来理解和分析它的性能。

第一种概念，预加应力是为了把混凝土变成弹性材料。

预加应力只是为了改变混凝土的性能，变弹塑性材料为弹性材料。按照弗来西奈的传统概念，预应力混凝土是一种新颖、特殊的弹性材料，它和钢筋混凝土是截然不同的两种结构材料。他认为，预应力筋的作用不是配筋，而是施加预压应力以改变混凝土性能的一种手段，即将抗压强度高、抗拉强度低的弹塑性材料转变为弹性材料。如果预压应力超过荷载产生的拉应力，则混凝土就不承受拉应力，当然也就不会开裂。这就是采用"无拉应力"或"零应力"作为预应力混凝土设计准则的原因。

作为均质的弹性材料，就可以运用材料力学的理论公式来计算混凝土的应力。在预应力混凝土梁中，截面受两组力的作用，一组为预加力，另一组为荷载（包括自重），由这两组力引起的应力、应变和挠度（反拱）都可以分开考虑，也可根据需要进行叠加。

第二种概念，预加应力是为了使高强钢材和混凝土共同工作。

这个概念把预应力混凝土看成由高强钢材和混凝土两种材料组成的一种特殊的钢筋混凝土。如同普通钢筋混凝土梁一样，预应力混凝土梁也是用钢材来承受拉力和用混凝土承受压力的，由拉力和压力组成的内力偶来抵抗外力矩。只是在预应力混凝土中，由于采用了高强度钢材，要充分利用它的强度必然要伴随着较大的伸长，如果也像普通钢筋那样简单地浇筑在混凝土内，在工作荷载下高强度钢材周围的混凝土势必严重开裂，梁体出现不能容许的宽裂缝和大挠度。因此，需要将预应力钢材预先进行张拉并加以锚固，使钢材与混凝土产生预期的应力和应变，达到安全、经济地利用两种材料的目的。从这个观点看，预加应力仅是一种充分利用高强钢材强度的有效手段。预应力混凝土仅是钢筋混凝土应用范围的扩展。

虽然预应力混凝土与钢筋混凝土都靠钢材承担拉力和混凝土承担压力，靠内力偶抵抗外力矩，但两者的工作状态却有着根本不同。钢筋混凝土在工作力矩作用下截面是开裂的，由混凝土承担的压力和由钢筋承担的拉力都是随着外力矩成比例增长，而内力偶的力臂则几乎保持不变（实际上略有增加）。预应力混凝土在工作弯矩作用下截面如不开裂，则增加外力矩时，组成内力偶的拉力和压力几乎保持为常量（实际上略有增加），而力臂则随外力矩增加而比例增加。

第三种概念，预加应力是为了荷载平衡。

预加应力可以认为是对混凝土构件预先施加与使用荷载相反方向的荷载，用以抵消部分或全部工作荷载的一种方法。这些荷载出现于锚具和预应力筋曲率发生改变的部位。

后张预应力混凝土梁常采用抛物线形预应力筋，如图 3.1-1 所示。摩擦力较小时，预应力筋中的拉力沿全长基本保持不变，则由预应力筋产生的横向力沿全长也将基本不变。梁体混凝土承受的均布横向力，将等于预加力和预应力筋单位长度角度变化的乘积，亦即预加力 P 和预应力筋曲率 φ 的乘积。因此，预应力束所需要的线形和束力的大小，可以根据需要被抵消的均布荷载来选定。

对跨中垂度为 e 的抛物线束形，坐标原点位于梁左端中部，向右为 x 轴正向，向下为 y 轴正向，其曲线的一般方程为

$$y = 4e\left[\frac{x}{l} - \left(\frac{x}{l}\right)^2\right] \tag{3.1-1}$$

预应力束的斜率

$$y' = \frac{4e}{l}\left(1 - \frac{2x}{l}\right) \tag{3.1-2}$$

当抛物线束形垂度较小、跨度较大时，近似取 $y'^2 = 0$，于是预应力束的曲率

$$\phi = \frac{y''}{(1 + y'^2)^{\frac{3}{2}}} = y'' = -\frac{8e}{l^2} \tag{3.1-3}$$

由于预应力束方向改变对混凝土产生的横向力为 $P\phi$，其方向则垂直于该截面处预应力束的斜度 θ。当 θ 较小时，横向力的竖向分力 $P\phi\cos\theta$ 等于 $P\phi$。因此，预应力束对混凝土产生的单位长度反向等效荷载

$$w_p = -P\phi = Py'' = \frac{8Pe}{l^2} = \frac{8nA_{p1}\sigma_{pe}e}{l^2} \tag{3.1-4}$$

如果 P 为常量，则 w_p 沿梁全长是均布的。此外，在梁两端锚具处混凝土还承受一个水平力和一个竖向力。

预应力束在梁端处的斜率

$$y_0' = \frac{4e}{l} \tag{3.1-5}$$

这样，当斜度较小时，梁两端锚具下预加力 P 的竖向分力与水平分力，分别为 $P\sin\theta = 4Pe/l$ 和 $P\cos\theta = P$，如图 3.1-1 所示。

预加力在结构构件截面上的内力可由其等效荷载求得，通常也用等效荷载对预应力筋面积进行估算。

图 3.1-1　抛物线预应力束对梁体产生的力

　　不管用哪一种概念理解，事实上预应力混凝土结构是在构件承受外荷载之前，预先用某种方法在构件内部形成一种应力状态，使构件在外荷载作用时产生拉应力的区域先受到压应力，以抵消或减小外荷载产生的拉应力，从而推迟裂缝的出现和限制裂缝的开展，以提高结构的刚度。其实质足采用预加应力的方法间接提高混凝土的抗拉强度（即极限拉应变），从根本上改善钢筋混凝土容易开裂的特性。现以仅对称配置预应力筋的后张法预应力混凝土轴心受拉构件为例来说明其受力过程（图 3.1-2）。

　　从预加应力开始到结构构件达到承载能力极限状态，预应力混凝土受拉构件可分为施工和使用两大阶段。

　　1）施工阶段

　　此阶段又可分为锚固灌浆前和锚固灌浆后两个阶段。

　　（1）锚固灌浆前

　　后张法构件预应力工艺的特点是张拉预应力筋同时，混凝土承受压应力。由于预应力筋对称布置，所以混凝土承受均匀分布的压应力。从张拉预应力筋到锚固灌浆前，由于锚具变形和预应力筋内缩、摩擦等因素，预应力筋的预加应力比开始张拉的控制应力 σ_{con} 有所下降，产生第一批预应力损失 σ_{lI}，预应力筋的拉应力 σ_{pI} 和总拉力 N_{pI}

$$\sigma_{\mathrm{pI}} = \sigma_{\mathrm{con}} - \sigma_{lI} \tag{3.1-6}$$

$$N_{\mathrm{pI}} = (\sigma_{\mathrm{con}} - \sigma_{lI})A_{\mathrm{p}} \tag{3.1-7}$$

　　混凝土截面上的压应力

$$\sigma_{\mathrm{pcI}} = \frac{(\sigma_{\mathrm{con}} - \sigma_{lI})A_{\mathrm{p}}}{A_{\mathrm{n}}} = \frac{N_{\mathrm{pI}}}{A_{\mathrm{n}}} \tag{3.1-8}$$

　　（2）锚固灌浆后

　　锚固灌浆后，可认为预应力筋和混凝土粘结在一起，由于混凝土的收缩和徐变，预应力筋也随之缩短，加上预应力筋的松弛，出现第二批预应力损失 σ_{lII}，将其称为正截面承载力计算的初始状态（图 2.4-1b、图 3.1-2b）。此时，总的预应力损失为 $\sigma_l = \sigma_{lI} + \sigma_{lII}$，预应力筋的有效预应力和有效预拉力

$$\sigma_{\mathrm{pe}} = \sigma_{\mathrm{pII}} = \sigma_{\mathrm{con}} - \sigma_l \tag{3.1-9}$$

$$N_{\mathrm{p}} = N_{\mathrm{pII}} = (\sigma_{\mathrm{con}} - \sigma_l)A_{\mathrm{p}} \tag{3.1-10}$$

　　混凝土截面上的压应力

$$\sigma_{\mathrm{pc}} = \frac{(\sigma_{\mathrm{con}} - \sigma_l)A_{\mathrm{p}}}{A_{\mathrm{n}}} = \frac{N_{\mathrm{p}}}{A_{\mathrm{n}}} \tag{3.1-11}$$

2）使用阶段

此阶段可再分为消压状态、开裂状态和承载能力极限状态三个阶段。

（1）从加载到全截面混凝土正应力为零——消压状态

在轴心拉力作用下，截面承受均布拉应力。当轴拉力较小时，所产生的拉应力被部分预压应力抵消，全截面仍处于受压状态。当轴拉力增大到一定程度时，全截面上混凝土有效预压应力正好被拉应力抵消，此时全截面混凝土的压应力均为零，这种混凝土应力分布称为"消压状态"（图 3.1-2c）。

此时，预应力筋中的拉应力值

$$\sigma_{p0} = \sigma_{con} - \sigma_l + \alpha_p \sigma_{pc} \tag{3.1-12}$$

到达消压状态时，预应力筋的拉力值

$$N_{p0} = (\sigma_{con} - \sigma_l + \alpha_p \sigma_{pc})A_p \tag{3.1-13}$$

（2）继续加载到裂缝即将出现——开裂状态

轴拉力 N 继续增大，当 $N > N_{p0}$ 时，混凝土截面上出现拉应力。当应力达到混凝土的抗拉强度代表值 $f_{t,r}$ 时，混凝土即将开裂（图 3.1-2d），这里 $f_{t,r} = f_{tk}$。此时的轴拉力称为开裂轴力 N_{cr}，相应预应力筋的应力 $\sigma_p = \sigma_{con} - \sigma_l + \alpha_p \sigma_{pc} + \alpha_p f_{t,r}$，故

$$\begin{aligned} N_{cr} &= (\sigma_{con} - \sigma_l + \alpha_p \sigma_{pc} + \alpha_p f_{t,r})A_p + f_{t,r}A_n \\ &= (\sigma_{con} - \sigma_l + \alpha_p \sigma_{pc})A_p + (A_n + \alpha_p A_p)f_{t,r} \\ &= N_{p0} + f_{t,r}A_0 \end{aligned} \tag{3.1-14}$$

（3）裂缝出现到预应力筋达到抗拉强度设计代表值—承载能力极限状态

裂缝出现后，在裂缝截面处轴拉力转为全部由预应力筋承受。当预应力筋达到其抗拉强度设计代表值 $f_{py,r}$ 时，结构构件达到正截面受拉承载能力极限状态，这里 $f_{py,r} = f_{py}$。此时的轴向拉力，即为构件的轴向受拉承载力代表值（图 3.1-2e）。

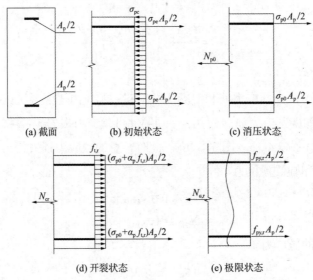

(a) 截面 　(b) 初始状态 　(c) 消压状态

(d) 开裂状态 　(e) 极限状态

图 3.1-2　对称配筋后张法预应力混凝土轴拉构件

3.1.2 消压状态

消压状态是一个十分重要的概念。利用消压状态可以将预应力混凝土和钢筋混凝土构件的计算统一起来。处于消压状态的预应力混凝土构件，其截面上混凝土的正应力为零，这与钢筋混凝土构件在未受力时截面上混凝土的正应力为零的情况相同，这样就有可能将钢筋混凝土构件的承载力和裂缝宽度的计算公式推广到预应力混凝土构件中去。下面，以最简单的轴心受拉和轴心受压构件为例加以说明。

仍以图 3.1-2 所示的对称配置预应力筋的轴心受拉构件为讨论对象，将轴心受拉计算分解成下列三步：

（1）构件上先作用一个轴心拉力N_{p0}，其大小为在混凝土中产生的拉应力刚好与混凝土中原有的压应力相抵消，使截面上混凝土所受的正应力为零，即全截面处于消压状态（图 3.1-3a）。此时，预应力筋承受的应力

$$\sigma_{p0} = \sigma_{con} - \sigma_l + \alpha_p \sigma_{pc} = \sigma_{pe} + \alpha_p \sigma_{pc} \tag{3.1-15}$$

$$N_{p0} = \sigma_{p0} A_p \tag{3.1-16}$$

（2）从消压状态继续加载到构件达到承载能力极限状态。这一阶段预应力筋还能承担的应力增量为

$$\Delta\sigma = f_{py,r} - \sigma_{p0} \tag{3.1-17}$$

混凝土因已开裂不再承担拉力，故构件还能承担的拉力增量（图 3.1-3b）

$$\Delta N = (f_{py,r} - \sigma_{p0}) A_p \tag{3.1-18}$$

（3）叠加上述两步，叠加后的截面应力分布如图 3.1-3（c）所示。构件的受拉破坏代表值则为

$$N_{u,r} = N_{p0} + \Delta N = \sigma_{p0} A_p + (f_{py,r} - \sigma_{p0}) A_p = f_{py,r} A_p \tag{3.1-19}$$

公式(3.1-19)也可从图 3.1-3（c）由力的平衡条件直接求得。

现将第（2）步从消压状态到构件破坏的拉力增量的计算方法与普通钢筋混凝土构件的受拉承载力公式作一比较。普通钢筋混凝土构件未受力时的情况与消压状态时预应力混凝土构件相比，开始时，两者混凝土截面上应力均为零，只是前者钢筋应力为零，故能承担的应力增量为$f_{st,r}$，其受拉极限承载力为$f_{st,r} A_s$。后者的预应力筋上已有应力值σ_{p0}，故还能承担的应力增量为$f_{st,r} - \sigma_{p0}$，应还能承受的拉力增量为$(f_{st,r} - \sigma_{p0}) A_p$。不难看出，这两个公式在形式上是一致的。因此，预应力混凝土构件和钢筋混凝土构件的计算可用统一的公式来表达。

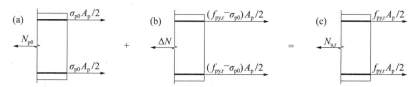

图 3.1-3　预应力混凝土轴心受拉构件

对于轴心受压构件，同样可用消压状态的概念将钢筋混凝土构件与预应力混凝土构件的计算公式统一起来。下面以对称配置预应力筋构件上作用轴心压力时的计算步骤为例进行讨论。

（1）全截面消压状态。先假设在构件上作用一个起消压作用的轴心拉力，数值同公式(3.1-16)，使截面上混凝土所受的正应力为零，此时全截面处于消压状态。预应力筋中的应力（图 3.1-4a）

$$\sigma_{p0} = \sigma_{con} - \sigma_l + \alpha_p \sigma_{pc} \tag{3.1-20}$$

（2）轴压受力状态。在消压状态的截面上作用着两组轴心压力。由于实际构件截面上并没有作用轴心拉力N_{p0}，即此时消压状态是虚拟的，为了消除这虚拟的受力状态和实际受力状态的差别，应在截面上作用一个与N_{p0}大小相等、方向相反的轴心压力。

截面还有外作用产生的轴心压力$N_{u,r}$，此时，处于消压状态的截面上承受的轴心压力由$N_{u,r}$和N_{p0}两部分组成（图 3.1-4b）。由消压状态到截面上的混凝土被压碎，混凝土能承受的压应变增量$\varepsilon_0 = 0.002$，相应的混凝土抗压强度代表值为f_c。由于预应力筋和混凝土共同变形，故预应力筋的压应变增量亦为ε_0，相应预应力筋能贡献的抗压强度

$$f'_{py} = \varepsilon_0 E_p \tag{3.1-21}$$

从消压状态到构件被压至承载能力极限状态的轴心压力增量为$\Delta N = f_c A_n + f'_{py} A_p$。由此看出，预应力混凝土受压构件从消压状态到构件破坏的计算方法与普通钢筋混凝土受压构件的计算方法是相同的。

（3）将上述两步受力状态叠加。叠加后的截面应力分布见图 3.1-4（c）。预应力混凝土轴心受压构件的极限承载力$N_{u,r}$计算如下：

$$N_{p0} = \sigma_{p0} A_p \tag{3.1-22}$$

$$\Delta N = N_{p0} + N_{u,r} = f_c A_n + f'_{py} A_p \tag{3.1-23}$$

$$N_{u,r} = f_c A_n + f'_{py} A_p - \sigma_{p0} A_p = f_c A_n - (\sigma_{p0} - f'_{py}) A_p \tag{3.1-24}$$

也可从图 3.1-4（c）按力的平衡条件直接求出公式(3.1-24)。

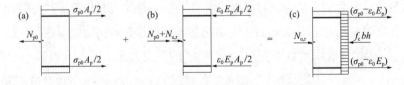

图 3.1-4　预应力混凝土轴心受压构件

当截面上有弯矩作用时，亦能采用消压状态概念将预应力混凝土构件与钢筋混凝土构件的受弯承载力计算公式统一起来。

（1）全截面消压状态。首先在截面上作用一个拉力N_{p0}，使截面上混凝土所受的正应力为零(图 3.1-5a)，即处于全截面消压状态。此时，预应力筋中的应力为σ_{p0}，拉力$N_{p0} = \sigma_{p0} A_p$，同公式(3.1-22)。

（2）弯压受力状态。在处于消压状态的截面上作用着两组内力。为了消除这虚拟的力状态和实际受力状态的差别，应在截面上作用一个与N_{p0}大小相等、方向相反的轴心压力，或在上下两个预应力筋合力点处分别作用轴向压力$N_{p0}/2 = \sigma_{p0}A_p/2$。另一组内力是外作用产生的弯矩$M$。此时，截面上的应力分布状态与钢筋混凝土构件截面上的应力分布相同。受拉预应力筋还能承担的应力增量为$f_{py,r} - \sigma_{p0}$，在受压区混凝土和预应力筋能承担的应力增量分别为$f_{c,r}$和$f'_{py} = \varepsilon_0 E_p$（图3.1-5b），同公式(3.1-21)一致。

（3）将上述两步的受力状态叠加，即能得到预应力混凝土受弯构件达到承载能力极限状态时的截面应力分布（图3.1-5c）。由力的平衡条件，即能得到预应力混凝土受弯构件的受弯承载力$M_{u,r}$计算公式：

$$F_c - (\sigma_{p0} - f'_{py})A_p/2 - f_{py,r}A_p/2 = 0 \tag{3.1-25}$$

$$M_{u,r} = F_c(h_0 - c + \overline{x}_c) - (\sigma_{p0} - f'_{py})A_p/2(h_0 - a'_p) \tag{3.1-26}$$

式中：F_c——受压区混凝土压应力合力，$F_c = \int_0^c \sigma_c b \, dx$；

$\overline{x}_c$——混凝土压应力合力至中和轴距离，$\overline{x}_c = \dfrac{\int_0^c \sigma_c b x \, dx}{F_c}$。

同样，可用消压状态概念将预应力混凝土构件的裂缝宽度验算公式与钢筋混凝土构件的裂缝宽度计算公式统一起来。当预应力筋非对称配置或同时配置普通钢筋时，计算方法将在讨论预应力损失后再介绍。

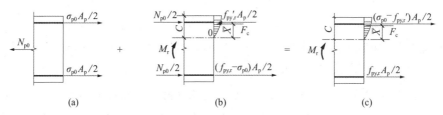

（a）　　　　　　　　（b）　　　　　　　　（c）

图3.1-5 预应力混凝土受弯构件

3.1.3　张拉控制应力

张拉控制应力σ_{con}是指预应力钢筋在进行张拉时所控制达到的最大应力值。其值为张拉设备（如千斤顶油压表）所指示的总张拉力除以预应力筋截面面积而得到的应力值。

预应力筋的张拉控制应力σ_{con}应符合下列规定：

（1）消除应力钢丝、钢绞线

$$\sigma_{con} \leqslant 0.75 f_{ptk} \tag{3.1-27}$$

（2）中强度预应力钢丝

$$\sigma_{con} \leqslant 0.70 f_{ptk} \tag{3.1-28}$$

（3）预应力螺纹钢筋

$$\sigma_{con} \leqslant 0.85 f_{pyk} \tag{3.1-29}$$

消除应力钢丝、钢绞线、中强度预应力钢丝的张拉控制应力值不应小于$0.4f_{ptk}$；预应力螺纹钢筋的张拉控制应力值不应小于 $0.5f_{pyk}$。

当符合下列情况之一时，上述张拉控制应力限值可相应提高 $0.05f_{ptk}$ 或 $0.05f_{pyk}$：

（1）要求提高构件在施工阶段的抗裂性能而在使用阶段受压区内设置的预应力筋；

（2）要求部分抵消由于应力松弛、摩擦、钢筋分批张拉以及预应力筋与张拉台座之间的温差等因素产生的预应力损失。

📝 随想：

注意张拉控制应力与张拉端锚下预应力筋达到应力值的区别，张拉控制应力通常是预应力施工单位控制的参数，张拉端锚下预应力筋达到应力值往往是设计单位想要的参数，施工单位与设计单位必须统一协调起来。

3.1.4 预应力损失值

1）引言

在预应力早期的科研实践中，由于对预应力损失缺少认识而使预应力混凝土的研究经历了近半个世纪才取得成效。可是，对预应力能否永久存在的怀疑，则一直持续到 20 世纪 40 年代，直到弗来西奈设计的跨越法国马恩河（Marne）、孔径为 55m 的路尚西（Luzancy）桥于 1941 年建成之后，人们才开始接受预应力损失值可以进行控制和估计的观点。

由于混凝土和钢材的性质以及制作方法等，预应力筋中的应力会逐步减少，要经过相当长的时间才会稳定下来。由于结构中的预应力是通过张拉预应力筋得到的，因此凡能使预应力筋产生缩短的因素，都将造成预应力损失，例如锚具变形和预应力筋内缩、摩擦、降温、应力松弛、收缩和徐变等。长度固定不变的钢材，在高拉应力下随时间而发展的徐变特性，会出现应力逐渐减少的松弛损失。在预应力筋张拉过程中，会出现千斤顶、锚具与预应力筋之间的摩擦；先张法中折点摩擦、预应力筋与模板之间的摩擦；后张法中的孔道摩擦等都会使张拉应力造成损失。除上述各项普遍存在的损失外，还有一些其他因素造成的损失，例如先张法的热养护损失；后张法采用分批张拉时，后张拉束对先张拉束造成压缩变形而出现的分次张拉损失等。

上述各项损失，按其发生的时间又可分为：瞬时损失和长期损失。瞬时损失包括各种摩擦损失、锚固损失、先张法热养护损失、后张法分次张拉损失和混凝土弹性压缩损失等；长期损失包括混凝土收缩、徐变和预应力筋松弛等随时间而发展的损失。

为提高预应力筋效率，应采取措施以尽量减少预应力损失。收缩和徐变是混凝土的固有特性，这与混凝土中的水泥用量、水灰比和骨料的性质有密切关系。为减少损失，必须尽量降低混凝土的水泥用量和水灰比，选用弹性模量高、坚硬密实和吸水率低的石灰岩、花岗岩等碎石或卵石作粗骨料。特别注意，早期加强养护以利于减少收缩。采用强度较高的混凝土和推迟施加预应力时混凝土的龄期，对减少徐变很有效。减少预应力筋松弛损失的有效措施之一是采用低松弛预应力筋。低松弛钢丝与钢绞线的松弛可降低三分之二左右；采用短时间超张拉的方法对减少预应力筋的松弛损失也是有效的。至于锚具变形和滑移以及摩擦等瞬时损失，则可采用提高张拉控制应力的方法予以补偿。

预应力损失的大小影响到已建立的预应力，当然也影响到构件的正常使用性能，因此，如何计算预应力损失值，是预应力混凝土结构构件设计的一个重要内容。由于预应力损失值和混凝土的强度、弹性模量都随时间而变化，这样，在设计中就要考虑到各个受力阶段材料的实际性能与预应力筋应力的实际损失值，从而使计算工作变得比较复杂。但在实际设计工作中，为了简化，通常只计算施工阶段和使用阶段的损失值及构件的正常使用性能。

（1）施工阶段：此时混凝土的实际强度低于28d强度，由于各项长期损失尚未出现，所以承受的预压应力比较高。因此，要核算所承受的压、拉应力和反拱是否超过规定限值。

（2）使用阶段：此时假定各项长期损失已全部出现，混凝土达到规定强度，预应力筋的应力也达到稳定不变的最终值。因此，要验算混凝土的应力和挠度，以控制构件的正常使用性能。

此外，对一些要求分阶段施加预应力，以适应陆续增加作用的结构，还要分别计算各中间阶段的损失值和结构性能。对有特殊要求的某些结构，例如用悬臂法施工的装配式或现浇的桥梁，对桥面标高有严格要求，常根据采用的材料、混凝土养护方法和环境条件所取得的混凝土收缩、徐变、预应力筋松弛损失的具体数据，以及其他有关施工资料来进行损失值计算。

精确确定预应力的各项损失值是一个非常复杂的问题，因为有些因素是相互影响的。例如，预应力筋松弛和徐变都引起的预应力损失。一般来讲，施工时期预应力筋基本处于松弛阶段，使用时期预应力筋处于徐变阶段。实际上，预应力筋的松弛和徐变很难明确划分，故在计算中统称为预应力筋松弛损失。此外，预应力筋松弛损失还受到混凝土徐变使预应力筋应力不断降低的影响；反过来，混凝土的徐变损失又受到预应力筋松弛损失的影响。在不同应力、环境、作用及其他不确定因素条件下，很难划分每个因素所引起的净损失值。

既然各项损失值难以精确估计，那么该怎样计算总损失值，要看具体条件，不能一概而论。就预应力混凝土梁而言，如对损失值估计过高，看来似乎偏于安全，实际上并不是这样。估计的损失值过高，梁的实际预压应力偏大，会产生过大的反拱和水平位移，影响构件的使用性能；反之，如计算过低，则将降低抗裂能力、增大裂缝宽度和挠度。但除预应力筋是无粘结的或除去全部损失后的有效预应力小于 $0.5f_{ptk}$，对梁的受弯承载能力一般没有影响。

对预应力效应敏感的某些结构，例如跨度大而高度小的纤细梁，损失值对反拱与挠度的影响很大，这种梁的损失值宜仔细计算，并采用荷载平衡法控制挠度；对处于严重腐蚀条件下的结构，偏低损失值的计算会提前出现裂缝，因此损失的计算偏高一点可能更为有利。

设计中遇到的极大部分结构，并不像上述情况那样严重。一般只要按照规范的规定，结合工程具体条件做出合理的计算就可以了。即使对一些比较敏感的结构，也可以根据工程实践经验或参照类似情况的损失分析数据来作出计算。

在以后的各条款中，将对结构工程师必须考虑的每一项损失的来源和取值，以及《混凝土规范》有关损失的规定分别加以叙述。

2）预应力损失值的计算

预应力筋中的预应力损失值可按表 3.1-1 的规定计算。当计算求得的预应力总损失值小于下列数值时，应按下列数值取用：先张法构件 $100N/mm^2$，后张法构件 $80N/mm^2$。当预应力总损失值较小时，计算值与实际值的相对误差较大，规定预应力总损失值不得低于此限值，是为了确保构件的抗裂性能。

预应力损失值（N/mm²） 表 3.1-1

引起损失的因素		符号	先张法构件	后张法构件
张拉端锚具变形和预应力筋内缩		σ_{l1}	按本节第3）条的规定计算	按本节第3）、4）条的规定计算
预应力筋的摩擦	与孔道壁之间的摩擦	σ_{l2}	—	按本节第5）条的规定计算
	张拉端锚口摩擦		按实测值或厂家提供的数据确定	
	在转向装置处的摩擦		按实际情况确定	
混凝土加热养护时,预应力筋与承受拉力的设备之间的温差		σ_{l3}	$2\Delta t$	—
预应力筋的应力松弛		σ_{l4}	消除应力钢丝、钢绞线 普通松弛： $$0.4\left(\frac{\sigma_{con}}{f_{ptk}}-0.5\right)\sigma_{con}$$ 低松弛： 当$\sigma_{con}\leqslant 0.7f_{ptk}$时 $$0.125\left(\frac{\sigma_{con}}{f_{ptk}}-0.5\right)\sigma_{con}$$ 当$0.7f_{ptk}\leqslant\sigma_{con}\leqslant 0.8f_{ptk}$时 $$0.2\left(\frac{\sigma_{con}}{f_{ptk}}-0.575\right)\sigma_{con}$$ 中强度预应力钢丝：$0.08\sigma_{con}$ 预应力螺纹钢筋：$0.03\sigma_{con}$	
混凝土的收缩和徐变		σ_{l5}	按本节第6）条的规定计算	
用螺旋式预应力筋作配筋的环形构件,当直径d不大于3m时,由于混凝土的局部挤压		σ_{l6}	—	30

注：1. 表中Δt为混凝土加热养护时，预应力筋与承受拉力的设备之间的温差（℃）；
2. 当$\sigma_{con}/f_{ptk}\leqslant 0.5$时，预应力筋的应力松弛损失值可取为零；
3. 预应力损失需要考虑次轴力的影响，具体数值为$N_2E_p/(A_0E_c)$，可叠加在本表预应力损失计算结果中，但应注意不要重复考虑。

3）直线预应力筋的σ_{l1}

直线预应力筋由于锚具变形和预应力筋内缩引起的预应力损失值σ_{l1}应按下式计算：

$$\sigma_{l1}=\frac{a}{l}E_p \tag{3.1-30}$$

式中：a——张拉端锚具变形和预应力筋内缩值（mm），可按表 3.1-2 采用；

　　　l——张拉端至锚固端之间的距离（mm）。

锚具变形和预应力筋内缩值 a（mm）　　　　　　　　　表 3.1-2

锚具类别		a
支承式锚具（钢丝束镦头锚具等）	螺帽缝隙	1
	每块后加垫板的缝隙	1
夹片式锚具	有顶压时	5
	无顶压时	6~8

注：1. 表中的锚具变形和预应力筋内缩值也可根据实测数据确定；
　　2. 其他类型的锚具变形和预应力筋内缩值应根据实测数据确定。

块体拼成的结构，其预应力损失尚应计及块体间填缝的预压变形。当采用混凝土或砂浆为填缝材料时，每条填缝的预压变形值可取为 1mm。

由于各种锚具变形和预应力筋内缩值都是固定值，因此预应力损失的百分率和预应力筋的长短有关，长的损失小而短的损失大。例如，一根 2.6m 长的钢绞线，应力为 1000N/mm² 时的总伸长约为 1000×3900/195000＝20mm，如锚具变形和预应力筋内缩值为 5mm，就有 25% 的损失；相反，对一根 39m 长的钢绞线来说，仅有 2.5% 的损失。

4）曲线预应力筋的 σ_{l1}

后张法构件曲线预应力筋或折线预应力筋由于锚具变形和预应力筋内缩引起的预应力损失值 σ_{l1}，应根据曲线预应力筋或折线预应力筋与孔道壁之间反向摩擦影响长度 l_f 范围内的预应力筋变形值等于锚具变形和预应力筋内缩值的条件确定，反向摩擦系数可按表 3.1-3 中的数值采用。

（1）在后张法构件中，应计算曲线预应力筋由锚具变形和预应力筋内缩引起的预应力损失。

①反摩擦影响长度 l_f（mm）（图 3.1-6），可按下列公式计算：

$$l_f = \sqrt{\frac{a \cdot E_p}{\Delta \sigma_d}} \tag{3.1-31}$$

$$\Delta \sigma_d = \frac{\sigma_0 - \sigma_l}{l} \tag{3.1-32}$$

式中：$\Delta \sigma_d$——单位长度由管道摩擦引起的预应力损失；

　　　σ_0——张拉端锚下控制应力，按《混凝土规范》第 10.1.3 条的规定采用；

　　　σ_l——预应力筋扣除沿途摩擦损失后锚固端应力；

　　　l——张拉端至锚固段的距离（mm）。

②当 $l_f \leqslant l$ 时，预应力筋离张拉端 x 处考虑反摩擦后的预应力损失 σ_{l1}，可按下列公式计算：

$$\sigma_{l1} = \Delta \sigma \frac{l_f - x}{l_f} \tag{3.1-33}$$

$$\Delta\sigma = 2\Delta\sigma_d l_f \tag{3.1-34}$$

式中：$\Delta\sigma$——预应力筋考虑反向摩擦后在张拉端锚下的预应力损失值。

③当$l_f > l$时，预应力筋离张拉端x'处考虑反向摩擦后的预应力损失σ'_{l1}，可按下列公式计算：

$$\sigma'_{l1} = \Delta\sigma' - 2x'\Delta\sigma_d \tag{3.1-35}$$

式中：$\Delta\sigma'$——预应力筋考虑反向摩擦后在张拉端锚下的预应力损失值，可按以下方法求得：在图 3.1-6 中设 "$ca'bd$" 等腰梯形面积$A = a \cdot E_p$，试算得到cd，则$\Delta\sigma' = cd$，则$\Delta\sigma' = cd$。

值得注意的是，不管是 "cae" 三角形面积A，还是 "$ca'bd$" 等腰梯形面积A，$A = a \cdot E_p$始终成立。因其概念清楚、计算简单，通常用这种方法计算σ_{l1}或σ'_{l1}。

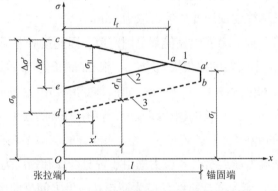

图 3.1-6　考虑反向摩擦后预应力损失计算

（2）两端张拉（分次张拉或同时张拉）且反摩擦损失影响长度有重叠时，在重叠范围内同一截面扣除正摩擦和回缩反摩擦损失后预应力筋的应力可取：两端分别张拉、锚固，分别计算正摩擦和回缩反摩擦损失，分别将张拉端锚下控制应力减去上述应力计算结果所得较大值。

（3）常用束形的后张曲线预应力筋或折线预应力筋，计算由于锚具变形和预应力筋内缩在反向摩擦影响长度l_f范围内的预应力损失值σ_{l1}。

①抛物线形预应力筋可近似按圆弧形曲线预应力筋考虑（图 3.1-7）。当其对应的圆心角$\theta \leqslant 45°$，预应力损失值σ_{l1}可按下列公式计算：

$$\sigma_{l1} = 2\sigma_{con}l_f\left(\kappa + \frac{\mu}{r_c}\right)\left(1 - \frac{x}{l_f}\right) \tag{3.1-36}$$

反向摩擦影响长度l_f（m）可按下列公式计算：

$$l_f = \sqrt{\frac{a \cdot E_p}{1000\sigma_{con}\left(\kappa + \frac{\mu}{r_c}\right)}} \tag{3.1-37}$$

式中：r_c——圆弧形曲线预应力筋的曲率半径（m）；

κ——考虑孔道每米长度局部偏差的摩擦系数，按表 3.1-3 采用；

μ——预应力筋与孔道壁之间的摩擦系数，按表 3.1-3 采用；

x——从张拉端至计算截面的孔道长度，可近似取该段孔道在纵轴上的投影长度（m）。

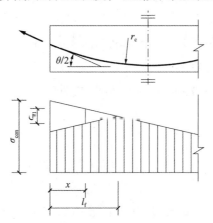

图 3.1-7　圆弧形曲线预应力筋的预应力损失 σ_{l1}

②端部为直线（长度为 l_0），而后由两条圆弧形曲线（圆弧对应的圆心角 $\theta \leqslant 45°$）组成的预应力筋（图 3.1-8），预应力损失值 σ_{l1} 可按下列公式计算：

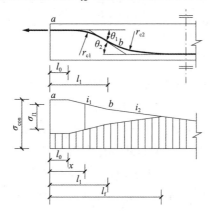

图 3.1-8　两条圆弧形曲线组成的预应力筋的预应力损失 σ_{l1}

当 $x \leqslant l_0$ 时

$$\sigma_{l1} = 2i_1(l_1 - l_0) + 2i_2(l_f - l_1) \tag{3.1-38}$$

当 $l_0 < x \leqslant l_1$ 时

$$\sigma_{l1} = 2i_1(l_1 - x) + 2i_2(l_f - l_1) \tag{3.1-39}$$

当 $l_1 < x \leqslant l_f$ 时

$$\sigma_{l1} = 2i_2(l_f - x) \tag{3.1-40}$$

反向摩擦影响长度 l_f（m）可按下列公式计算：

$$l_f = \sqrt{\frac{a \cdot E_p}{1000i_2} - \frac{i_1(l_1^2 - l_0^2)}{i_2} + l_1^2} \tag{3.1-41}$$

$$i_1 = \sigma_a(\kappa + \mu/r_{c1}) \tag{3.1-42}$$

$$i_2 = \sigma_b(\kappa + \mu/r_{c2}) \tag{3.1-43}$$

式中：l_1——预应力筋张拉端起点至反弯点的水平投影长度；

i_1、i_2——第一、二段圆弧形曲线预应力筋中应力近似直线变化的斜率；

r_{c1}、r_{c2}——第一、二段圆弧形曲线预应力筋的曲率半径；

σ_a、σ_b——预应力筋在a、b点的应力。

③当折线形预应力筋的锚固损失消失于折点c之外时（图3.1-9），预应力损失值σ_{l1}可按下列公式计算：

当$x \leqslant l_0$时

$$\sigma_{l1} = 2\sigma_1 + 2i_1(l_1 - l_0) + 2\sigma_2 + 2i_2(l_f - l_1) \tag{3.1-44}$$

当$l_0 < x \leqslant l_1$时

$$\sigma_{l1} = 2i_1(l_1 - x) + 2\sigma_2 + 2i_2(l_f - l_1) \tag{3.1-45}$$

当$l_1 < x \leqslant l_f$时

$$\sigma_{l1} = 2i_2(l_f - x) \tag{3.1-46}$$

反向摩擦影响长度l_f（m）可按下列公式计算：

$$l_f = \sqrt{\frac{a \cdot E_p}{1000 i_2} - \frac{i_1(l_1^2 - l_0^2) + 2i_1 l_0(l_1 - l_0) + 2\sigma_1 l_0 + 2\sigma_2 l_1}{i_2} + l_1^2} \tag{3.1-47}$$

$$i_1 = \sigma_{con}(1 - \mu\theta)\kappa \tag{3.1-48}$$

$$i_2 = \sigma_{con}[1 - \kappa(l_1 - l_0)](1 - \mu\theta)^2\kappa \tag{3.1-49}$$

$$\sigma_1 = \sigma_{con}\mu\theta \tag{3.1-50}$$

$$\sigma_2 = \sigma_{con}[1 - \kappa(l_1 - l_0)](1 - \mu\theta)\mu\theta \tag{3.1-51}$$

式中：i_1——预应力筋bc段中应力近似直线变化的斜率；

i_2——预应力筋在折点c以外应力近似直线变化的斜率；

l_1——张拉端起点至预应力筋折点c的水平投影长度。

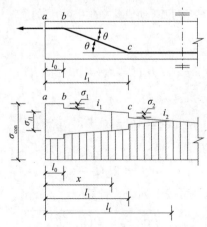

图3.1-9 折线形预应力筋的预应力损失σ_{l1}

（4）当圆心角 $\theta > 45°$ 时，对后张圆弧形曲线预应力筋，将其由于锚具变形和预应力筋内缩在反向摩擦影响长度 l_f 范围内的预应力损失值 σ_{l1} 推导如下。

对后张曲线预应力筋，张拉端锚固后产生的锚具变形和预应力筋内缩值 a，由于曲线管道内表面的反向摩擦力阻碍，使预应力筋在不同截面处的 σ_{l1} 值有所不同，离开张拉端一定距离后，a 值会全部被摩擦引起的变形所克服，称构件的这段长度为反向摩擦影响长度 l_f。曲线筋 σ_{l1} 在 l_f 长度内非均匀分布，在 l_f 以外的范围内则为零。为计算简便，假定曲线筋 σ_{l1} 在 l_f 长度内均匀分布，单位长度上正、反摩擦损失大小相等，预应力筋为圆弧形。

由于反向摩擦力存在，梁端预应力筋的应力一定比离开梁端一定距离后的低。由图 3.1-7 可知，σ_{l1} 就是正、反向摩擦损失之和。若已知单位长度上正、反摩擦损失，只要求出 l_f，即可求得 σ_{l1}。

以过 l_f 终点的垂直线镜像图 3.1-7 中的 x 轴，使 x 轴坐标原点位于 l_f 的终点。根据变形协调条件，确定反向摩擦影响长度 l_f，即 l_f 区段内由于 σ_{l1} 引起的变形值等于锚具变形和预应力筋内缩值 a。设单位长度由管道摩擦引起的预应力损失为 $\Delta\sigma_d A_p$，因假设正、反摩擦损失大小相等，故

$$\sigma_{l1} = \frac{2\Delta\sigma_d A_p x}{A_p} = 2\Delta\sigma_d x$$

dx 微段的变形为

$$d(\Delta l) = \frac{\sigma_{l1}}{E_p}dx = \frac{2\Delta\sigma_d x}{E_p}dx$$

由变形协调条件

$$a = \int_0^{l_f} \frac{2\Delta\sigma_d x}{E_p}dx = \frac{\Delta\sigma_d}{E_p}l_f^2 \tag{3.1-52}$$

$$l_f = \sqrt{\frac{a \cdot E_p}{\Delta\sigma_d}} \tag{3.1-53}$$

已知曲线预应力束的摩擦损失 $\sigma_{l2} = \sigma_{con}\left(1 - \frac{1}{e^{\kappa l + \mu\theta}}\right)$，则单位长度上的摩擦力为

$$\Delta\sigma_d A_p = \frac{\sigma_{l2} A_p}{x} = \frac{\sigma_{con}}{x}\left(1 - \frac{1}{e^{\kappa l + \mu\theta}}\right)A_p$$

故

$$\Delta\sigma_d = \frac{\sigma_{con}}{x}\left(1 - \frac{1}{e^{\kappa l + \mu\theta}}\right) \tag{3.1-54}$$

将公式 (3.1-54) 代入公式 (3.1-36)，并将给定的 a（毫米化为以米为单位），则得到反向摩擦影响长度

$$l_f = \sqrt{\frac{a \cdot E_p}{\dfrac{1000\sigma_{con}}{x}\left(1 - \dfrac{1}{e^{\kappa l + \mu\theta}}\right)}} \tag{3.1-55}$$

为设计方便,将 x 轴坐标原点恢复至张拉端部(图 3.1-7), x 轴坐标原点位于 l_f 的起点,则

$$\sigma_{l1} = 2\Delta\sigma_d(l_f - x) = 2\Delta\sigma_d\left(\sqrt{\frac{a \cdot E_p}{\frac{1000\sigma_{con}}{x}\left(1 - \frac{1}{e^{\kappa l + \mu\theta}}\right)}} - x\right) \tag{3.1-56}$$

此处, x 为张拉端至计算截面的距离(m),且应符合 $x \leqslant l_f$ 的规定。

5)预应力筋与孔道壁之间的摩擦引起的预应力损失值 σ_{l2}

(1)计算公式

$$\sigma_{l2} = \sigma_{con}\left(1 - \frac{1}{e^{\kappa x + \mu\theta}}\right) \tag{3.1-57}$$

当 $(\kappa x + \mu\theta)$ 不大于 0.3 时, σ_{l2} 可按如下近似公式计算:

$$\sigma_{l2} = (\kappa x + \mu\theta)\sigma_{con} \tag{3.1-58}$$

注:当采用夹片式群锚体系时,在 σ_{con} 中宜扣除锚口摩擦损失。

式中: x——从张拉端至计算截面的孔道长度,可近似取该段孔道在纵轴上的投影长度(m);

θ——从张拉端至计算截面曲线孔道各部分切线的夹角之和(rad);

κ——考虑孔道每米长度局部偏差的摩擦系数,按表 3.1-3 采用;

μ——预应力筋与孔道壁之间的摩擦系数,按表 3.1-3 采用。

摩擦系数   表 3.1-3

孔道成型方式	κ	μ	
		钢绞线、钢丝束	预应力螺纹钢筋
预埋金属波纹管	0.0015	0.25	0.50
预埋塑料波纹管	0.0015	0.15	—
预埋钢管	0.0010	0.30	—
抽芯成型	0.0014	0.55	0.60
无粘结预应力筋	0.0040	0.09	—

注:摩擦系数也可根据实测数据确定。

在公式(3.1-57)中,对按抛物线、圆弧曲线变化的空间曲线及可分段后叠加的广义空间曲线,夹角之和 θ 可按下列近似公式计算:

抛物线、圆弧曲线:

$$\theta = \sqrt{a_v^2 + a_h^2} \tag{3.1-59}$$

广义空间曲线:

$$\theta = \sum\sqrt{\Delta a_v^2 + \Delta a_h^2} \tag{3.1-60}$$

式中：a_v、a_h——按抛物线、圆弧曲线变化的空间曲线预应力筋在竖直向、水平向投影所形成抛物线、圆弧曲线的弯转角；

Δa_v、Δa_h——广义空间曲线预应力筋在竖直向、水平向投影所形成分段曲线的弯转角增量。

（2）公式(3.1-57)的推导过程

在后张法预应力混凝土构件中，由于曲线形预应力筋孔道凹凸不平、孔道轴线与设计的偏差、孔道局部变形和水泥浆掉入孔道等，在张拉预应力筋时，预应力筋与孔道内壁产生摩擦而引起应力损失，离开张拉端后预应力筋应力会逐渐减少。所以，预应力筋与孔道壁之间的摩擦引起的预应力损失值σ_{l2}（图 3.1-10）可分为两部分：

第一部分是由于孔道偏差等因素引起的摩擦阻力dF_1，这种阻力对曲线管道和直线管道均存在。根据试验，dF_1与预应力筋拉力σA_p、孔道长度dx成正比

$$dF_1 = \kappa\sigma A_p dx$$

第二部分是由于曲线管道内壁对预应力筋产生正压力P而引起的摩擦力dF_2，在微段dx范围内的摩擦力为

$$dF_2 = \mu p dx$$

由水平方向合力为零，可得

$$d\sigma A_p \cos\frac{d\theta}{2} = \kappa\sigma A_p dx + \mu p dx \tag{3.1-61}$$

由垂直方向合力为零，可得

$$p dx = 2\sigma A_p \sin\frac{d\theta}{2} \tag{3.1-62}$$

由于$d\theta$很小，取$\cos\dfrac{d\theta}{2} \approx 1$，$\sin\dfrac{d\theta}{2} \approx \dfrac{d\theta}{2}$，代入公式(3.1-61)、公式(3.1-62)得

$$d\sigma = \kappa\sigma dx + \mu\sigma d\theta \tag{3.1-63}$$

将预应力筋的曲率半径$r = dx/d\theta$代入公式(3.1-63)，则

$$d\sigma = \kappa\sigma r d\theta + \mu\sigma d\theta = (\kappa r + \mu)\sigma d\theta$$

$$\frac{d\sigma}{\sigma} = (\kappa r + \mu)d\theta \tag{3.1-64}$$

任一截面处预应力筋A_p的应力σ与张拉端截面处应力σ_{con}的关系

$$\int_{\sigma_{con}}^{\sigma} \frac{d\sigma}{\sigma} = \int_{\theta}^{0} (\kappa r + \mu)d\theta$$

$$\ln\sigma - \ln\sigma_{con} = -(\kappa r + \mu)\theta = -(\kappa x + \mu\theta)$$

$$\ln\frac{\sigma}{\sigma_{con}} = -(\kappa x + \mu\theta)$$

$$\sigma = \sigma_{con} e^{-(\kappa x + \mu\theta)} \tag{3.1-65}$$

将张拉控制应力σ_{con}减去预应力筋应力σ，称为摩擦应力损失σ_{l2}，于是有公式(3.1-57)，即

$$\sigma_{l2} = \sigma_{\mathrm{con}} - \sigma = \sigma_{\mathrm{con}} - \sigma_{\mathrm{con}}\left(1 - \frac{1}{\mathrm{e}^{\kappa x + \mu\theta}}\right) = \sigma_{\mathrm{con}}\left(1 - \frac{1}{\mathrm{e}^{\kappa x + \mu\theta}}\right)$$

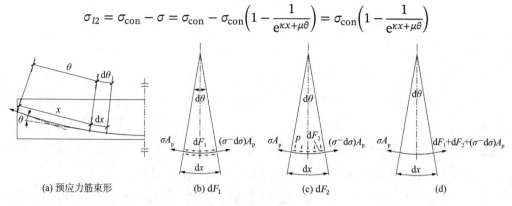

(a) 预应力筋束形　　　(b) $\mathrm{d}F_1$　　　(c) $\mathrm{d}F_2$　　　(d)

图 3.1-10　摩擦损失

当$\kappa x + \mu\theta \leqslant 0.20$时，将公式(3.1-57)与公式(3.1-58)计算结果进行比较，误差一般在 10% 左右，而且按公式(3.1-58)的计算结果总是不大于公式(3.1-57)的计算结果。

6）混凝土收缩、徐变引起的预应力损失值σ_{l5}

混凝土收缩、徐变引起受拉区和受压区纵向预应力筋的预应力损失值σ_{l5}、σ'_{l5}可按下列方法确定。

（1）一般情况

先张法构件

$$\sigma_{l5} = \frac{60 + 340\dfrac{\sigma_{\mathrm{pc}}}{f'_{\mathrm{cu}}}}{1 + 15\rho} \tag{3.1-66}$$

$$\sigma'_{l5} = \frac{60 + 340\dfrac{\sigma'_{\mathrm{pc}}}{f'_{\mathrm{cu}}}}{1 + 15\rho'} \tag{3.1-67}$$

后张法构件

$$\sigma_{l5} = \frac{55 + 300\dfrac{\sigma_{\mathrm{pc}}}{f'_{\mathrm{cu}}}}{1 + 15\rho} \tag{3.1-68}$$

$$\sigma'_{l5} = \frac{55 + 300\dfrac{\sigma'_{\mathrm{pc}}}{f'_{\mathrm{cu}}}}{1 + 15\rho'} \tag{3.1-69}$$

式中：σ_{pc}、σ'_{pc}——受拉区、受压区预应力筋合力点处的混凝土法向压应力；

f'_{cu}——施加预应力时的混凝土立方体抗压强度标准值；

ρ、ρ'——受拉区、受压区预应力筋和普通钢筋的配筋率：对先张法构件，$\rho = (A_{\mathrm{p}} + A_{\mathrm{s}})/A_0$，$\rho' = (A'_{\mathrm{p}} + A'_{\mathrm{s}})/A_0$；对后张法构件，$\rho = (A_{\mathrm{p}} + A_{\mathrm{s}})/A_{\mathrm{n}}$，

$\rho' = (A'_p + A'_s)/A_n$；对于对称配置预应力筋和普通钢筋的构件，配筋率 ρ、ρ' 应按钢筋总截面面积的一半计算。

受拉区、受压区预应力筋合力点处的混凝土法向压应力 σ_{pc}、σ'_{pc}，应按本书公式(3.1-72)、公式(3.1-93)的规定计算。此时，预应力损失值仅考虑混凝土预压前（第一批）的损失，其普通钢筋中的应力 σ_{l5}、σ'_{l5} 值应取为零；σ_{pc}、σ'_{pc} 值不得大于 $0.5 f'_{cu}$；当 σ'_{pc} 为拉应力时，公式(3.1-67)、公式(3.1-69)中的 σ'_{pc} 应取为零。计算混凝土法向应力 σ_{pc}、σ'_{pc} 时，可根据构件制作情况考虑自重的影响。

当结构处于年平均相对湿度低于 40% 的环境下，σ_{l5} 和 σ'_{l5} 值应增加 30%。

（2）对重要的结构构件，当需要考虑与时间相关的混凝土收缩、徐变及预应力筋应力松弛预应力损失值时，可按《混凝土规范》附录 K 等要求进行计算。

（3）说明

混凝土收缩、徐变引起的预应力损失很大，在曲线配筋的构件中，约占总损失的 30%，在直线配筋构件中可达 60%。

混凝土的收缩、徐变本是两种不同情况下的变形，但均为时间的函数，相互影响较大。混凝土沿受压方向发生的徐变使构件长度缩短。收缩使预应力混凝土构件产生收缩应力，也使构件缩短。由于这两者均使预应力筋回缩，所以收缩与徐变难以分开，将两者合在一起考虑。但混凝土的徐变损失一般较收缩损失大，是 σ_{l5} 中的主要部分。

试验表明，混凝土收缩、徐变所引起的预应力损失值与构件配筋率、张拉时混凝土的预压应力值、混凝土的强度等级、预应力的偏心距、受荷的龄期、构件的尺寸以及环境的温湿度等因素有关，而以前三者为主。构件内的普通纵向钢筋将阻碍徐变和收缩变形的发展，随着配筋率加大，收缩、徐变产生的预应力损失值将减少。由于普通钢筋也起阻碍作用，故配筋计算中包括普通钢筋。混凝土承受压应力的大小是影响徐变的主要因素，当预压应力 σ_{pc} 和施加预应力时混凝土立方体抗压强度标准值 f'_{cu} 的比小于 0.5 时，徐变和压应力大致呈线性关系，称线性徐变，由此引起的应力损失值也呈线性变化，即随着 σ_{pc}/f'_{cu} 增大而加大。当 $\sigma_{pc}/f'_{cu} > 0.5$ 时，徐变的增长速度大于应力增长速度，称非线性徐变，此时预应力损失也大。现以轴心受拉构件为例，说明混凝土收缩、徐变所引起的预应力损失 σ_{l5} 的计算公式。

设预应力轴心受拉构件的截面面积为 A，预应力筋的截面面积为 A_p，张拉结束后预应力筋的应力为 σ_p，混凝土中的压应力为 σ_{pc}。构件混凝土产生收缩和徐变应变为 ε_c，该应变所引起的预应力损失为 $\Delta\sigma_p$。由于预应力筋应力降低将使构件的压缩有少许回弹，故混凝土中的应力会有少许降低，其值用 $\Delta\sigma_{pc}$ 表示。

由静力平衡条件得

$$\Delta\sigma_{pc} = \frac{\Delta\sigma_p A_p}{A}$$

由应变协调条件得

$$\varepsilon_{c} - \frac{\Delta\sigma_{pc}}{E'_c} = \frac{\Delta\sigma_p}{E_p}$$

从上两式中消去 $\Delta\sigma_{pc}$，即可解出 $\Delta\sigma_p$，此 $\Delta\sigma_p$ 即为 σ_{l5}。

$$\sigma_{l5} = \Delta\sigma_p = \frac{E_p\varepsilon_c}{1 + \alpha'_p A_p/A}$$

如构件中尚有普通钢筋，则上式可写成

$$\sigma_{l5} = \Delta\sigma_p = \frac{E_p\varepsilon_c}{1 + \alpha'_p(A_p + A_s)/A}$$

分子表示 σ_{l5} 与预应力筋应力有关。应变 ε_c 由两部分组成，一部分为收缩，先张法构件的数值稍高，因后张法构件在张拉时一部分收缩也已完成；另一部分为徐变，其值与预加应力所引起的混凝土压应力 σ_{pc} 和施加预应力时的混凝土立方体抗压强度标准值 f'_{cu} 之比成正比。综合收缩和徐变两部分，根据试验，对先张法取 $E_p\varepsilon_c = 60 + 340\frac{\sigma_{pc}}{f'_{cu}}$，对后张法取 $E_p\varepsilon_c = 55 + 300\frac{\sigma_{pc}}{f'_{cu}}$。

对分母 $1 + \alpha'_p(A_p + A_s)/A$，取 $\alpha_p \approx 6$。由于徐变应变的存在，混凝土的变形模量随时间的推移而不断降低。根据 120d 的徐变应变数据，取预应力筋弹性模量与混凝土变形模量之比为 $\alpha'_p = 2.5\alpha_p = 2.5 \times 6 = 15$。令 $\rho = (A_p + A_s)/A$，则分母可表达成 $1 + 15\rho$。

这就是混凝土收缩、徐变引起的预应力损失值 σ_{l5} 计算公式(3.1-65)~公式(3.1-68)的大致来源。

由收缩、徐变引起的预应力损失是所有预应力损失中最重要的一项，因此应设法减少。办法有：采用高强水泥以减少水泥用量，减少水灰比；采用级配好的骨料，提高混凝土的密实性；加强养护，防止水分过分散失；施加预应力时混凝土强度不宜太低（规范规定 $f'_{cu}/f_{cu} \geqslant 0.75$）；控制压应力不要太高，保证 $\sigma_{pc} \leqslant 0.5f'_{cu}$，等等。

7）后张法构件的预应力筋采用分批张拉时，应考虑后批张拉预应力筋所产生的混凝土弹性压缩（或伸长）对于先批张拉预应力筋的影响，可将先批张拉预应力筋的张拉控制应力值 σ_{con} 增加（或减小）$\alpha_p\sigma_{pci}$。此处，σ_{pci} 为后批张拉预应力筋在先批张拉预应力筋重心处产生的混凝土法向应力。

8）预应力混凝土构件在各阶段的预应力损失值宜按表 3.1-4 的规定进行组合。

各阶段预应力损失值的组合 表 3.1-4

预应力损失值的组合	先张法构件	后张法构件
混凝土预压前（第一批）的损失 σ_{lI}	$\sigma_{l1} + \sigma_{l2} + \sigma_{l3} + \sigma_{l4}$	$\sigma_{l1} + \sigma_{l2}$
混凝土预压后（第二批）的损失 σ_{lII}	σ_{l5}	$\sigma_{l4} + \sigma_{l5} + \sigma_{l6}$

注：对先张法构件，如需区分由于预应力筋应力松弛引起的损失值 σ_{l4} 在第一批和第二批损失中所占的比例，可根据实际情况确定。

3.1.5　预应力值计算

在先张法放松预应力筋后，或在后张法张拉预应力筋时，由于受到的预加应力较小，构件基本上处于弹性阶段，此时作用在截面上的预应力值可按材料力学公式进行计算。即将钢筋混凝土截面换算为纯混凝土截面，将预应力筋的合力当作外力，按中心受压或偏心受压构件计算截面的预应力值。

1）换算截面和净截面

换算截面就是将钢筋和混凝土两种不同材料的截面，根据应变等量原则换算成相应的纯混凝土截面。按《混凝土规范》第 10.1.6 条规定，扣除孔道、凹槽等削弱部分以外的混凝土全部截面面积以及纵向钢筋截面面积换算成混凝土的截面面积之和；对由不同混凝土强度等级组成的截面，应根据混凝土弹性模量比值换算成同一混凝土强度等级的截面面积。

所谓应变等量原则是指在截面同一纤维层上的钢筋应变和混凝土应变是等量的，因两种材料的弹性模量不同，故同一层纤维的钢筋与混凝土的应力不相等。

普通钢筋的应变值 $\varepsilon_s = \sigma_s/E_s$，预应力筋的应变值 $\varepsilon_p = \sigma_p/E_p$，混凝土的应变值 $\varepsilon_c = \sigma_c/E_c$。由于应变相等，即 $\varepsilon_s = \varepsilon_c$，故 $\sigma_s/E_s = \sigma_c/E_c$，$\sigma_s = \sigma_c E_s/E_c = \alpha_s \sigma_c$，$\alpha_s = E_s/E_c$，可见普通钢筋应力为混凝土应力的 α_s 倍。同样，$\varepsilon_p = \varepsilon_c$，故 $\sigma_p/E_p = \sigma_c/E_c$，$\sigma_p = \sigma_c E_p/E_c = \alpha_p \sigma_c$，$\alpha_p = E_p/E_c$，可见预应力筋应力为混凝土应力的 α_p 倍。考虑到预应力筋与普通钢筋的弹性模量可能不相等，求弹性模量比值时应采用各自的弹性模量值。

普通钢筋合力为 $\sigma_s A_s = \alpha_s \sigma_c A_s$，预应力筋合力为 $\sigma_p A_p = \alpha_p \sigma_c A_p$。$\sigma_s A_s$ 和 $\alpha_p A_p$ 分别是普通钢筋面积 A_s 和预应力筋 A_p 换算成混凝土的截面面积。采用换算截面后钢筋应力变换为相应位置处的混凝土应力，此时截面上的应力分布不变。

经换算后的总截面面积用 A_0 表示，$A_0 = A_c + \alpha_s A_s + \alpha_p A_p$。此处，$A_c$ 为纯混凝土的截面面积。如在计算时未扣除钢筋的截面面积，则在计算 A_0 时应予扣除，即 $A_0 = A_c + (\alpha_s - 1)A_s + (\alpha_p - 1)A_p$。与 A_0 相对应的换算截面惯性矩和弹性抵抗矩，分别用 I_0 和 W_0 表示。

净截面面积 A_n 是指换算截面面积减去全部纵向预应力筋截面面积换算成混凝土的截面面积，$A_n = A_c - \alpha_p A_p = A_c + \alpha_s A_s$。与 A_n 相对应的换算截面惯性矩和弹性抵抗矩，分别用 I_n 和 W_n 表示。

2）对称配置预应力筋时预应力值的计算

还是先讨论图 3.1-2（a）所示的最简单对称配置预应力筋的情况，对称配筋一般用于轴拉构件。

（1）先张法构件

对于先张法预应力混凝土构件，将张拉控制应力 σ_{con} 扣除相应阶段的预应力损失值 σ_l，即得到相应的预应力筋应力 $\sigma_p = \sigma_{con} - \sigma_l$，然后将预应力筋应力的总拉力 $N_{pe} = (\sigma_{con} - \sigma_l)A_p$ 作为轴心压力反向作用于构件上，混凝土受到弹性压缩，构件长度缩短，预应力筋也随着缩短。设混凝土所受的预压应力为σ_{pc}，由于预应力筋与混凝土共同变形，预应力筋的拉应力相应减少$\alpha_p\sigma_{pc}$，故预应力筋的有效预应力值为

$$\sigma_{pe} = \sigma_{con} - \sigma_l - \alpha_p\sigma_{pc}$$

由截面上力的平衡条件，可得到作用于混凝土中的有效预压应力

$$\sigma_{pc}A_c = (\sigma_{con} - \sigma_l - \alpha_p\sigma_{pc})A_p$$

$$\sigma_{pc}(A_c + \alpha_p A_p) = \sigma_{pc}A_0 = (\sigma_{con} - \sigma_l)A_p$$

$$\sigma_{pc} = \frac{(\sigma_{con} - \sigma_l)A_p}{A_0} = \frac{N_{pe}}{A_0}$$

上式表明，作用在混凝土截面上的有效预压应力是由预应力筋的总拉力N_{pe}反向作用在换算截面A_0上产生的。

若对构件施加一个轴向拉力N_{p0}，使之对截面产生的拉应力$\sigma_c = N_{p0}/A_0$正好抵消混凝土的有效预压应力σ_{pc}，即$\sigma_c = -\sigma_{pc}$，则截面上混凝土应力等于零（即为全截面消压）。此时，预应力筋的拉应力σ_{p0}等于在有效预应力σ_{pe}的基础上增加$\alpha_p\sigma_{pc}$，即

$$\sigma_{p0} = \sigma_{pe} + \alpha_p\sigma_{pc} = \sigma_{con} - \sigma_l - \alpha_p\sigma_{pc} + \alpha_p\sigma_{pc}$$

$$\sigma_{p0} = \sigma_{con} - \sigma_l$$

此处，σ_{p0}表示预应力筋合力点处的混凝土法向应力等于零时的预应力筋应力。相应预应力筋的合力为

$$N_{p0} = \sigma_{p0}A_p = (\sigma_{con} - \sigma_l)A_p$$

此处，N_{p0}可理解为换算截面A_0上混凝土正应力为零时预应力筋的合力。

由公式$\sigma_{pc} = (\sigma_{con} - \sigma_l)A_p/A_0 = N_{pe}/A_0$得

$$(\sigma_{con} - \sigma_l)A_p = \sigma_{pc}A_0$$

故

$$N_{p0} = \sigma_{pc}A_0$$

从上式可以看出，对先张法构件，$N_{p0} = N_{pe}$。

上述的σ_{pe}和σ_{pc}公式为广义公式。当仅出现第一批预应力损失时，σ_{pe}应表示为σ_{peI}，相应的σ_{pc}应表示为σ_{pcI}。当第二批预应力损失出现后，σ_{pe}应表示为σ_{peII}，相应的σ_{pc}应表示为σ_{pcII}。

（2）后张法构件

在张拉预应力筋的同时后张法预应力混凝土构件就开始受压。当预应力筋的拉应力到达$\sigma_{con} - \sigma_l$时，在混凝土截面上已建立了预压应力σ_{pc}，而不存在先张法构件中预应力筋拉应力降低的现象。故预应力筋的有效预应力为

$$\sigma_{pe} = \sigma_{con} - \sigma_l$$

预应力筋的总拉力为

$$N_p = \sigma_{pe}A_p = (\sigma_{con} - \sigma_l)A_p$$

相应作用于预应力混凝土构件中所建立的有效预压应力为

$$\sigma_{pc} = \frac{(\sigma_{con} - \sigma_l)A_p}{A_c} = \frac{N_p}{A_c}$$

后张法构件中留有孔道,截面面积应用扣除孔道后的面积A_c。

同样,若对构件施加一个轴向拉力N_{p0},使之在混凝土中引起的拉应力为$\sigma_c = N_{p0}/A_c$,当$\sigma_c = -\sigma_{pc}$时,截面上混凝土的法向应力为零。此时,预应力筋的拉应力σ_{p0}在有效预应力值σ_{pe}的基础上增加$\alpha_p\sigma_{pc}$。即

$$\sigma_{p0} = \sigma_{pe} + \alpha_p\sigma_{pc} = \sigma_{con} - \sigma_l + \alpha_p\sigma_{pc}$$

相应的预应力筋合力为

$$N_{p0} = \sigma_{p0}A_p = (\sigma_{con} - \sigma_l + \alpha_p\sigma_{pc})A_p = (\sigma_{con} - \sigma_l)A_p + \alpha_p\sigma_{pc}A_p$$
$$= \sigma_{pc}A_c + \alpha_p\sigma_{pc}A_p = (A_c + \alpha_pA_p)\sigma_{pc} = \sigma_{pc}A_0$$

可见,后张法与先张法N_{p0}的计算公式是相同的。

(3)先张法构件和后张法构件的对比

将先张法构件与后张法构件预应力值计算进行对比,见表 3.1-5。可知,先张法$N_{p0} = (\sigma_{con} - \sigma_l)A_p$与后张法$N_{pe} = (\sigma_{con} - \sigma_l)A_p$的形式相同,但含义不同。$N_{p0}$表示截面上混凝土预压应力为零时的预应力筋的合力,$N_{pe}$为混凝土受到预压应力后的预应力筋的合力。

先张法构件和后张法构件预压应力对比 表 3.1-5

项目	先张法	后张法
σ_{pe}	$\sigma_{con} - \sigma_l - \alpha_p\sigma_{pc}$	$\sigma_{con} - \sigma_l$
σ_{pc}	N_{p0}/A_0	N_p/A_c
σ_{p0}	$\sigma_{con} - \sigma_l$	$\sigma_{con} - \sigma_l + \alpha_p\sigma_{pc}$
N_{p0}	$(\sigma_{con} - \sigma_l)A_p$	$(\sigma_{con} - \sigma_l + \alpha_p\sigma_{pc})A_p$

3)对称配置预应力筋和普通钢筋时预应力值的计算

一般情况下,预应力混凝土构件的上下边缘同时配置普通钢筋A_s和A'_s。一方面,普通钢筋对混凝土的预压变形起约束作用,从而使混凝土的收缩、徐变减少,降低了预应力筋的收缩、徐变损失;另一方面,因普通钢筋的存在使混凝土的预压应力减少,从而降低了构件的抗裂能力。

当截面配有普通钢筋时,净截面面积A_n中应包括普通钢筋的换算面积,即$A_n = A_c + \alpha_sA_s$。此处,A_c为混凝土截面面积,A_s为普通钢筋面积。

作用在混凝土截面上的预压应力σ_{pc}使混凝土上产生的应变$\varepsilon_{pc} = \sigma_{pc}/E_c$,由于普通钢筋和混凝土共同变形,所以钢筋产生同样的应变值,相应钢筋承受压应力值的大小为$E_s\sigma_{pc}/E_c = \alpha_s\sigma_{pc}$。

普通钢筋阻碍混凝土收缩、徐变,因而其本身受到压缩。由于普通钢筋和预应力筋也共同变形,其压缩应变值均为σ_{l5}/E_p,因此普通钢筋承受的应力值为$\sigma_s = \varepsilon E_s = E_s\sigma_{l5}/E_p$。

在工程设计时，$E_s\sigma_{l5}/E_p$ 可近似取为 σ_{l5}，$E_s\sigma'_{l5}/E_p$ 可近似取为 σ'_{l5}，但在 PCNAD 中没有近似，下同。

现讨论最简单的对称配置预应力筋 A_p 和普通钢筋 A_s 的轴心受拉构件的预应力值。

（1）先张法构件

预应力筋张拉时的控制应力为 σ_{con}，在放张预应力筋前，由于锚具变形、预应力筋与承受拉力设备之间的温差和预应力筋的应力松弛，完成了第一批预应力损失 σ_{lI}。此时，预应力筋的应力 $\sigma_{pI} = \sigma_{con} - \sigma_{lI}$。

放张预应力筋时，预应力筋要回缩，但由于预应力筋与混凝土的粘结，使混凝土产生预压应力 σ_{pcI}。由于钢筋与混凝土变形协调，相应普通钢筋也获得预压应力 $\sigma_{psI} = -\alpha_s\sigma_{pcI}$，而预应力筋的拉应力减少 $\alpha_p\sigma_{pcI}$。此时，预应力筋的应力为 $\sigma_{pI} = \sigma_{con} - \sigma_{lI} - \alpha_p\sigma_{pcI}$。由平衡条件得

$$\sigma_{pI}A_p + \sigma_{psI}A_s = \sigma_{pcI}A_c$$

$$(\sigma_{con} - \sigma_{lI} - \alpha_p\sigma_{pcI})A_p - \alpha_s\sigma_{pcI}A_s = \sigma_{pcI}A_c$$

$$\sigma_{pcI} = \frac{(\sigma_{con} - \sigma_{lI})A_p}{A_c + \alpha_sA_s + \alpha_pA_p} = \frac{(\sigma_{con} - \sigma_{lI})A_p}{A_0}$$

随着混凝土收缩、徐变的完成，出现了第二批预应力损失 σ_{lII}。这时，总的预应力损失 $\sigma_l = \sigma_{lI} + \sigma_{lII}$。在这过程中普通钢筋和混凝土同时进一步缩短，故预应力筋的有效预应力值降低至 σ_{pe}，相应作用在混凝土上的预压应力降低到 σ_{pc}。预应力筋的有效预应力 $\sigma_{pe} = \sigma_{con} - \sigma_l - \alpha_p\sigma_{pc}$。由于混凝土的收缩、徐变使普通钢筋受到压应力，此时普通钢筋的应力值 $-\alpha_s\sigma_{pc} - E_s\sigma_{l5}/E_p$。预应力损失完成后混凝土截面上的预压应力 σ_{pc}，由力平衡条件得

$$\sigma_{pe}A_p + \sigma_{ps}A_s = \sigma_{pc}A_c$$

$$(\sigma_{con} - \sigma_l - \alpha_p\sigma_{pc})A_p - (\alpha_s\sigma_{pc} + E_s\sigma_{l5}/E_p)A_s = \sigma_{pc}A_c$$

$$\sigma_{pc} = \frac{(\sigma_{con} - \sigma_l)A_p - E_s\sigma_{l5}/E_pA_s}{A_c + \alpha_sA_s + \alpha_pA_p} = \frac{N_p}{A_0}$$

此处，N_p 为预应力筋与普通钢筋的合力，$N_p = (\sigma_{con} - \sigma_l)A_p - E_s\sigma_{l5}/E_pA_s$。

若对构件作用一个轴心拉力 N_{p0}，使截面上产生的拉应力 $\sigma_c = -\sigma_{pc}$，这样混凝土截面上的正应力为零，即全截面消压。此时，预应力筋的应力 $\sigma_{p0} = \sigma_{pe} + \alpha_p\sigma_{pc} = \sigma_{con} - \sigma_l$，普通钢筋的应力 $\sigma_{s0} = \sigma_{ps} + \alpha_s\sigma_{pc} = -E_s\sigma_{l5}/E_p$，截面上总的内力合力即预应力筋和普通钢筋的合力：

$$N_{p0} = \sigma_{p0}A_p + \sigma_{s0}A_s = (\sigma_{con} - \sigma_l)A_p - E_s\sigma_{l5}/E_pA_s$$

对于先张法，$N_{p0} = N_p$。故 σ_{pc} 的计算公式亦可表示成

$$\sigma_{pc} = N_{p0}/A_0$$

（2）后张法构件

在预应力筋被张拉到控制应力 σ_{con} 时，混凝土和普通钢筋已受到弹性压缩。预应力筋

锚固后由于摩擦损失和锚具变形等引起第一批预应力损失σ_{lI}，所以预应力筋中的应力为$\sigma_{pI} = \sigma_{con} - \sigma_{lI}$，混凝土截面上承受的压应力为$\sigma_{pcI}$，相应普通钢筋中的应力$\sigma_{psI} = -\alpha_s\sigma_{pcI}$。由截面上力的平衡条件得

$$\sigma_{pI}A_p + \sigma_{psI}A_s = \sigma_{pcI}A_c$$

$$(\sigma_{con} - \sigma_{lI})A_p - \alpha_s\sigma_{pcI}A_s = \sigma_{pcI}A_c$$

$$\sigma_{pcI} = \frac{(\sigma_{con} - \sigma_{lI})A_p}{A_c + \alpha_sA_s} = \frac{(\sigma_{con} - \sigma_{lI})A_p}{A_n}$$

出现预应力筋应力松弛、混凝土收缩、徐变引起的第二批预应力损失σ_{lII}后，预应力筋的总预应力损失为$\sigma_l = \sigma_{lI} + \sigma_{lII}$，预应力筋的有效预应力值降低至$\sigma_{pe} = \sigma_{con} - \sigma_l$，相应作用在混凝土截面的有效预压应力降到$\sigma_{pc}$。由于混凝土收缩、徐变的影响，普通钢筋的应力为$-\alpha_s\sigma_{pc} - E_s\sigma_{l5}/E_p$。由力的平衡条件得

$$\sigma_{pe}A_p + \sigma_{ps}A_s = \sigma_{pc}A_c$$

$$(\sigma_{con} - \sigma_l)A_p - (\alpha_s\sigma_{pc} + E_s\sigma_{l5}/E_p)A_s = \sigma_{pc}A_c$$

$$\sigma_{pc} = \frac{(\sigma_{con} - \sigma_l)A_p - E_s\sigma_{l5}/E_pA_s}{A_c + \alpha_sA_s} = \frac{N_p}{A_n}$$

此处，N_p为预应力筋与普通钢筋的合力，$N_p = (\sigma_{con} - \sigma_l)A_p - E_s\sigma_{l5}/E_pA_s$。

同样，在构件上作用一个轴心拉力N_{p0}，使截面上产生的拉应力$\sigma_c = -\sigma_{pc}$，这样混凝土截面上的正应力为零，即全截面消压。此时，预应力筋的应力$\sigma_{p0} = \sigma_{pe} + \alpha_p\sigma_{pc} = \sigma_{con} - \sigma_l + \alpha_p\sigma_{pc}$，普通钢筋的应力$\sigma_{s0} = \sigma_{ps} + \alpha_s\sigma_{pc} = -E_s\sigma_{l5}/E_p$，截面上总内力合力即预应力筋和普通钢筋的合力：

$$N_{p0} = \sigma_{p0}A_p + \sigma_{s0}A_s = (\sigma_{con} - \sigma_l + \alpha_p\sigma_{pc})A_p - E_s\sigma_{l5}/E_pA_s$$

对于后张法构件，$N_{p0} \neq N_p$。

4）非对称配置预应力筋和普通钢筋时预应力值的计算

（1）仅配置预应力筋

对称配筋用于轴向受拉构件。对于受弯构件，预应力筋A_p配置在使用阶段产生拉应力的一边。可认为，放张后预应力效应相当于一个偏心压力作用在构件上，并在截面内产生预压应力和预拉应力，或全截面受压。在受预拉应力的区域可能出现裂缝，为了控制这些裂缝，尚需在此部位（作用阶段的受压区）配置预应力筋A'_p。这种情况下，预应力筋的布置一般就不对称了。

预应力筋对称配置时，其总拉力相当于一轴心压力作用于构件上；非对称配筋时，则相当于一偏心压力作用于构件上。两者预应力值的计算方法基本相同，但后者尚需考虑偏心距的影响。

①先张法构件

采用先张法对混凝土构件施加预压力时，钢筋和混凝土已粘结成整体，故在计算施工

阶段的预应力时，应采用换算截面的几何特征值，即采用换算截面的面积A_0和惯性矩I_0。

预应力筋的张拉控制应力分别为σ_{con}和σ'_{con}，扣除相应阶段的预应力损失值σ_l和σ'_l后，得到相应的预应力筋应力分别为$\sigma_p = \sigma_{con} - \sigma_l$和$\sigma'_p = \sigma'_{con} - \sigma'_l$。预应力筋的合力及作用点的偏心距

$$N_p = (\sigma_{con} - \sigma_l)A_P + (\sigma'_{con} - \sigma'_l)A'_p$$

$$e_p = \frac{(\sigma_{con} - \sigma_l)A_P y_p - (\sigma'_{con} - \sigma'_l)A'_p y'_p}{(\sigma_{con} - \sigma_l)A_P + (\sigma'_{con} - \sigma'_l)A'_p}$$

将合力N_p视为外力，反向以一偏心压力作用于构件上，则混凝土截面上的压应力

$$\sigma_{pc} = \frac{N_p}{A_0} \pm \frac{N_p e_p y_{p0}}{I_0}$$

当上式右边第二项与第一项的应力方向相同时取正号，相反时取负号，下同。

由于预应力筋和混凝土共同变形，且截面受压，放张后预应力筋的拉应力相应减少$\alpha_p \sigma_{pc}$和$\alpha_p \sigma'_{pc}$，故此时预应力筋的有效预应力值为

$$\sigma_{pe} = \sigma_{con} - \sigma_l - \alpha_p \sigma_{pc}$$

$$\sigma'_{pe} = \sigma'_{con} - \sigma'_l - \alpha_p \sigma'_{pc}$$

若对构件施加一个偏心拉力N_{p0}，偏心距为e_{p0}，使之在截面上产生的拉应力恰好全部抵消混凝土上的预压应力，这样，截面上混凝土所受的法向应力为零，处于全截面消压状态。

由偏心拉力N_{p0}在A_p和A'_p的合力点处产生的拉应力为σ_c和σ'_c，此时应满足$\sigma_c = -\sigma_{pc}$和$\sigma'_c = -\sigma'_{pc}$。相应预应力筋$A_p$和$A'_p$的拉应力$\sigma_{p0}$和$\sigma'_{p0}$

$$\sigma_{p0} = \sigma_{pe} + \alpha_p \sigma_{pc} = \sigma_{con} - \sigma_l$$

$$\sigma'_{p0} = \sigma'_{pe} + \alpha_p \sigma'_{pc} = \sigma'_{con} - \sigma'_l$$

预应力筋A_p和A'_p的合力N_{p0}和偏心距e_{p0}

$$N_{p0} = (\sigma_{con} - \sigma_l)A_p + (\sigma'_{con} - \sigma'_l)A'_p$$

$$e_{p0} = \frac{(\sigma_{con} - \sigma_l)A_p y_p - (\sigma'_{con} - \sigma'_l)A'_p y'_p}{(\sigma_{con} - \sigma_l)A_p + (\sigma'_{con} - \sigma'_l)A'_p}$$

可以看出，$N_{p0} = N_{pe}$，$e_{p0} = e_{pe}$，故σ_{pc}的计算公式可以表示成

$$\sigma_{pc} = \frac{N_{p0}}{A_0} \pm \frac{N_{p0} e_{p0}}{I_0} y_0$$

②后张法构件

后张法构件在施工阶段，预应力筋和混凝土并未粘结成整体，计算施工阶段的应力状况时，应采用净截面的几何特征值，即采用净截面A_n和惯性矩I_n。

预应力筋A_p和A'_p的有效预应力值为

$$\sigma_{pe} = \sigma_{con} - \sigma_l$$

$$\sigma'_{pe} = \sigma'_{con} - \sigma'_l$$

预应力筋的有效预拉应力的合力和其作用点的偏心距

$$N_p = (\sigma_{con} - \sigma_l)A_p + (\sigma'_{con} - \sigma'_l)A'_p$$

$$e_{pn} = \frac{(\sigma_{con} - \sigma_l)A_p y_{pn} - (\sigma'_{con} - \sigma'_l)A'_p y'_{pn}}{(\sigma_{con} - \sigma_l)A_p + (\sigma'_{con} - \sigma'_l)A'_p}$$

由预加应力产生的混凝土法向应力为

$$\sigma_{pc} = \frac{N_p}{A_n} \pm \frac{N_p e_{pn}}{I_n} y_n$$

预应力筋 A_p 和 A'_p 处的混凝土预压应力为 σ_{pc} 和 σ'_{pc}，当 A_p 和 A'_p 处混凝土法向应力为零时，预应力筋的应力 σ_{p0} 和 σ'_{p0} 为

$$\sigma_{p0} = \sigma_{pe} + \alpha_p \sigma_{pc} = \sigma_{con} - \sigma_l + \alpha_p \sigma_{pc}$$

$$\sigma'_{p0} = \sigma'_{pe} + \alpha_p \sigma'_{pc} = \sigma'_{con} - \sigma'_l + \alpha_p \sigma'_{pc}$$

混凝土法向预应力等于零时，预应力筋的合力为

$$N_{p0} = \sigma_{p0}A_p + \sigma'_{p0}A'_p$$

相应的偏心距为

$$e_{p0} = \frac{\sigma_{p0}A_p y_{p0} - \sigma'_{p0}A'_p y'_{p0}}{\sigma_{p0}A_p + \sigma'_{p0}A'_p}$$

此处，y_{p0} 和 y'_{p0} 是换算截面重心到所计算纤维的距离。这是由于施加假想的外力 N_{p0}，构件达到全截面消压状态下，预留孔道已灌浆填实，N_{p0} 是施加在包括所有预应力筋的换算截面上。

由于后张法的 $\sigma_{p0} = \sigma_{pe} + \alpha_p \sigma_{pc}$，$\sigma'_{p0} = \sigma'_{pe} + \alpha_p \sigma'_{pc}$，所以 $\sigma_{p0} > \sigma_{pe}$，$\sigma'_{p0} > \sigma'_{pe}$，故 $N_{p0} > N_{pe}$。

（2）同时配置预应力筋和普通钢筋

现在讨论如图 3.1-11 所示配筋的预应力混凝土受弯构件，且次弯矩 $M_2 \neq 0$。预应力筋的截面面积在受拉区为 A_p，在受压区为 A'_p。普通钢筋的截面面积在受拉区为 A_s，在受压区为 A'_s。预应力筋的张拉控制应力在受拉区为 σ_{con}，在受压区为 σ'_{con}。

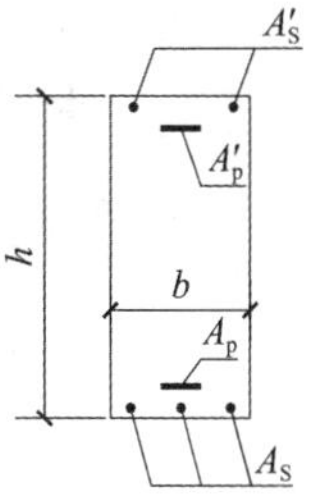

① 先张法构件

放松预应力筋前，第一批预应力损失已产生，此时，预应力筋合力 N_{pI} 及其作用点至换算截面重心的偏心距 e_{pI} 可按下列公式计算

图 3.1-11 预应力
混凝土受弯构件

$$N_{pI} = (\sigma_{con} - \sigma_{lI})A_p + (\sigma'_{con} - \sigma'_{lI})A'_p \tag{3.1-70}$$

$$e_{pI} = \frac{(\sigma_{con} - \sigma_{lI})A_p y_p - (\sigma'_{con} - \sigma'_{lI})A'_p y'_p}{N_{pI}} \tag{3.1-71}$$

由预加应力产生的混凝土法向应力 σ_{pcI}、σ'_{pcI} 为

$$\left.\begin{array}{c}\sigma_{pcI}\\\sigma'_{pcI}\end{array}\right\} = \frac{N_{pI}}{A_0} \pm \frac{N_{pI}e_{pI}}{I_0} y_0 \tag{3.1-72}$$

出现第一批预应力损失后，预应力筋A_p和A'_p的应力σ_{pI}、σ'_{pI}以及普通钢筋A_s和A'_s的应力σ_{psI}、σ'_{psI}

$$\sigma_{pI} = \sigma_{con} - \sigma_{lI} - \alpha_p\sigma_{pcI,p} \tag{3.1-73}$$

$$\sigma'_{pI} = \sigma'_{con} - \sigma'_{lI} - \alpha_p\sigma'_{pcI,p} \tag{3.1-74}$$

$$\sigma_{psI} = -\alpha_s\sigma_{pcI,s} \tag{3.1-75}$$

$$\sigma'_{psI} = -\alpha_s\sigma'_{pcI,s} \tag{3.1-76}$$

出现第二批预应力损失后，预应力筋A_p和A'_p中总的预应力损失为σ_l、σ'_l，混凝土收缩、徐变产生的预应力损失为$E_s\sigma_{l5}/E_p$和$E_s\sigma'_{l5}/E_p$。此时，预应力筋和普通钢筋合力N_p及其作用点到换算截面重心的偏心距e_p，混凝土截面的预压应力σ_{pc}和σ'_{pc}，预应力筋A_p和A'_p的应力σ_{pe}、σ'_{pe}和普通钢筋的应力σ_{ps}、σ'_{ps}可按下列公式计算：

$$N_p = (\sigma_{con} - \sigma_l)A_P + (\sigma'_{con} - \sigma'_l)A'_p - E_s\sigma_{l5}/E_pA_s - E_s\sigma'_{l5}/E_pA'_s \tag{3.1-77}$$

$$e_p = \frac{A_p\sigma_{pe}y_p - \sigma'_{pe}A'_py'_p - E_sA_s\sigma_{l5}y_s/E_p + E_s\sigma'_{l5}A'_sy'_s/E_p}{N_p} \tag{3.1-78}$$

$$\left.\begin{matrix}\sigma_{pc}\\\sigma'_{pc}\end{matrix}\right\} = \frac{N_p}{A_0} \pm \frac{N_pe_p}{I_0}y_0 \tag{3.1-79}$$

$$\sigma_{pe} = \sigma_{con} - \sigma_l - \alpha_p\sigma_{pc,p} \tag{3.1-80}$$

$$\sigma'_{pe} = \sigma'_{con} - \sigma'_l - \alpha_p\sigma'_{pc,p} \tag{3.1-81}$$

$$\sigma_{ps} = -E_s\sigma_{l5}/E_p - \alpha_s\sigma_{pc,s} \tag{3.1-82}$$

$$\sigma'_{ps} = -E_s\sigma'_{l5}/E_p - \alpha_s\sigma'_{pc,s} \tag{3.1-83}$$

为实现全截面消压，在构件上施加一个偏心拉力N_{p0}，其偏心距为e_{p0}，在截面产生的应力$\sigma_c = -\sigma_{pc}$。此时，相应预应力筋A_p和A'_p的拉应力σ_{p0}、σ'_{p0}

$$\sigma_{p0} = -\sigma_{pe} + \alpha_p\sigma_{pc,p} = \sigma_{con} - \sigma_l \tag{3.1-84}$$

$$\sigma'_{p0} = \sigma'_{pe} + \alpha_p\sigma'_{pc,p} = \sigma'_{con} - \sigma'_l \tag{3.1-85}$$

相应在普通钢筋A_s和A'_s中的应力σ_{s0}、σ'_{s0}

$$\sigma_{s0} = \sigma_{ps} + \alpha_s\sigma_{pc,s} = -E_s\sigma_{l5}/E_p \tag{3.1-86}$$

$$\sigma'_{s0} = \sigma'_{ps} + \alpha_s\sigma'_{pc,s} = -E_s\sigma'_{l5}/E_p \tag{3.1-87}$$

全截面消压状态下，预应力筋和普通钢筋的合力N_{p0}和偏心距e_{p0}

$$N_{p0} = \sigma_{p0}A_p + \sigma'_{p0}A'_p - E_s\sigma_{l5}/E_pA_s - E_s\sigma'_{l5}/E_pA'_s \tag{3.1-88}$$

$$e_{p0} = \frac{A_p\sigma_{p0}y_p - \sigma'_{p0}A'_py'_p - A_sE_s\sigma_{l5}/E_py_s + E_s\sigma'_{l5}/E_pA'_sy'_s}{\sigma_{p0}A_P + \sigma'_{p0}A'_p - E_s\sigma_{l5}/E_pA_s - E_s\sigma'_{l5}/E_pA'_s} \tag{3.1-89}$$

对于先张法构件，$N_{p0} = N_{pe}$，$e_{p0} = e_{pe}$，σ_{pc}的计算公式为

$$\sigma_{pc} = \frac{N_{p0}}{A_0} \pm \frac{N_{p0}e_{p0}}{I_0}y_0 \tag{3.1-90}$$

②后张法构件

出现第一批预应力损失后，预应力筋合力N_{pI}作用点到净截面重心轴的偏心距e_{pnI}，混

凝土截面的预压应力σ_{pcI}、σ'_{pcI}，预应力筋A_p和A'_p的应力σ_{pI}、σ'_{pI}和普通钢筋A_s和A'_s的应力σ_{psI}、σ'_{psI}可按下列公式计算：

$$N_{pI} = (\sigma_{con} - \sigma_{lI})A_p + (\sigma'_{con} - \sigma'_{lI})A'_p \tag{3.1-91}$$

$$e_{pnI} = \frac{(\sigma_{con} - \sigma_{lI})A_p y_{pn} - (\sigma'_{con} - \sigma'_{lI})A'_p y'_{pn}}{N_{pI}} \tag{3.1-92}$$

$$\left.\begin{array}{c}\sigma_{pcI}\\\sigma'_{pcI}\end{array}\right\} = \frac{N_{pI}}{A_n} \pm \frac{N_{pI}e_{pnI}}{I_n}y_n \pm \frac{M_2}{I_n}y_n \tag{3.1-93}$$

$$\sigma_{pI} = \sigma_{con} - \sigma_{lI} \tag{3.1-94}$$

$$\sigma'_{pI} = \sigma'_{con} - \sigma'_{lI} \tag{3.1-95}$$

$$\sigma_{psI} = -\alpha_s \sigma_{pcI} \tag{3.1-96}$$

$$\sigma'_{psI} = -\alpha_s \sigma'_{pcI} \tag{3.1-97}$$

出现第二批预应力损失后，预应力筋和普通钢筋的合力N_p及其作用点到净截面重心的偏心距e_{pn}，混凝土的预压应力σ_{pc}和σ'_{pc}，预应力筋A_P和A'_p的应力σ_{pe}和σ'_{pe}，普通钢筋的应力σ_{ps}和σ'_{ps}按下列公式计算：

$$N_p = (\sigma_{con} - \sigma_l)A_P + (\sigma'_{con} - \sigma'_l)A'_p - E_s\sigma_{l5}/E_pA_s - E_s\sigma'_{l5}/E_pA'_s \tag{3.1-98}$$

$$e_{pn} = \frac{A_p\sigma_{pe}y_{pn} - \sigma'_{pe}A'_p y'_{pn} - A_s E_s \sigma_{l5}/E_p y_{sn} + E_s\sigma'_{l5}/E_p A'_s y'_{sn}}{N_p} \tag{3.1-99}$$

$$\left.\begin{array}{c}\sigma_{pc}\\\sigma'_{pc}\end{array}\right\} = \frac{N_p}{A_n} \pm \frac{N_p e_{pn}}{I_n}y_n \pm \frac{M_2}{I_n}y_n \tag{3.1-100}$$

$$\sigma_{pe} = \sigma_{con} - \sigma_l \tag{3.1-101}$$

$$\sigma'_{pe} = \sigma'_{con} - \sigma'_l \tag{3.1-102}$$

$$\sigma_{ps} = -E_s\sigma_{l5}/E_p - \alpha_s\sigma_{pc,s} \tag{3.1-103}$$

$$\sigma'_{ps} = -E_s\sigma'_{l5}/E_p - \alpha_s\sigma'_{pc,s} \tag{3.1-104}$$

为实现全截面消压，在构件上施加一个偏心距为e_{p0}的偏心拉力N_{p0}，使截面产生的应力$\sigma_c = -\sigma_{pc}$。此时，预应力筋A_p和A'_p的拉应力σ_{p0}、σ'_{p0}

$$\sigma_{p0} = \sigma_{pe} + \alpha_p\sigma_{pc,p} = \sigma_{con} - \sigma_l + \alpha_p\sigma_{pc,p} \tag{3.1-105}$$

$$\sigma'_{p0} = \sigma'_{pe} + \alpha_p\sigma'_{pc,p} = \sigma'_{con} - \sigma'_l + \alpha_p\sigma'_{pc,p} \tag{3.1-106}$$

相应普通钢筋A_s和A'_s中的应力σ_{s0}、σ'_{s0}

$$\sigma_{s0} = \sigma_{ps} + \alpha_s\sigma_{pc,s} = -E_s\sigma_{l5}/E_p \tag{3.1-107}$$

$$\sigma'_{s0} = \sigma'_{ps} + \alpha_s\sigma'_{pc,s} = -E_s\sigma'_{l5}/E_p \tag{3.1-108}$$

全截面消压时，预应力和普通钢筋的合力N_{p0}和偏心距e_{p0}

$$N_{p0} = \sigma_{p0}A_p + \sigma'_{p0}A'_p - E_s\sigma_{l5}/E_pA_s - E_s\sigma'_{l5}/E_pA'_s \tag{3.1-109}$$

$$e_{p0} = \frac{A_p\sigma_{p0}y_p - \sigma'_{p0}A'_p y'_p - A_s E_s \sigma_{l5}/E_p y_s + E_s\sigma'_{l5}/E_p A'_s y'_s}{\sigma_{p0}A_P + \sigma'_{p0}A'_p - E_s\sigma_{l5}/E_pA_s - E_s\sigma'_{l5}/E_pA'_s} \tag{3.1-110}$$

对于后张法构件，$N_{p0} \neq N_{pe}$，且$N_{p0} > N_{pe}$，σ_{pc}的计算公式为

$$\sigma_{pc} = \frac{N_{p0}}{A_0} \pm \frac{N_{p0}e_{p0}}{I_0}y_0 \pm \frac{M_2}{I_0}y_0 \tag{3.1-111}$$

当公式(3.1-98)、公式(3.1-99)、公式(3.1-109)、公式(3.1-110)中的$A_p' = 0$时，可取式中$\sigma_{l5}' = 0$。这是为简化计算，假定普通钢筋的应力等于混凝土收缩和徐变引起的预应力损失值，且普通钢筋与预应力筋重心重合。但严格来讲，当预应力筋和钢筋重心位置不重合时这种简化计算是有一定误差的。因为涉及试验研究及规范规定，PCNAD 也进行了这样的简化。

《混凝土规范》第 10.1.13 条规定：对先张法和后张法预应力混凝土构件，在承载力和裂缝宽度计算中，所用的混凝土法向预应力等于零时的预加力N_{p0}及其作用点的偏心距e_{p0}，均应按本书先张法预应力混凝土构件的计算公式(3.1-88)和公式(3.1-89)计算。这是由于后张法构件截面上混凝土法向应力等于零，其预应力筋和普通钢筋的合力N_{p0}及相应的合力点偏心距e_{p0}的计算公式(3.1-109)和公式(3.1-110)，除预应力筋应力的计算公式不同外，其余与先张法构件的相同，故规范作此规定。

5）次内力和偏心受力构件

按弹性分析计算时，次弯矩M_2宜按下式计算：

$$M_2 = M_r - M_1 \tag{3.1-112}$$

公式(3.1-112)中，M_r由预加力N_p的等效荷载在构件截面上产生的弯矩值，预加力N_p对净截面重心偏心引起的弯矩值

$$M_1 = N_p e_{pn} \tag{3.1-113}$$

次剪力可根据构件次弯矩的分布分析计算，次轴力宜根据结构的约束条件进行计算。此外，在设计中宜采取措施，避免或减少支座、柱、墙等约束构件对梁、板预加力效应的不利影响。

需要根据结构力学方法或接力结构分析软件计算M_r。采用结构力学方法时，可将预应力等效为均布荷载，跟次内力方向一致时取正号，相反时取负号，下同。

对偏心受力构件，在上述分析基础上，从全截面消压状态开始考虑轴力效应即可。

📝 **随想：**

全截面消压状态指全截面混凝土正应变为零，在包含受压区的所有预应力筋和纵向普通钢筋的合力点处，由施加一个与所有预应力筋和普通钢筋合力N_{p0}大小相等、方向相反的虚拟力得到。如果不考虑普通钢筋的初始应力，全截面消压状态下普通钢筋和预应力筋合力点在预应力筋合力点处。如果考虑普通钢筋的初始应力，全截面消压状态下普通钢筋和预应力筋合力点不在预应力筋合力点处，而是在预应力筋合力点与截面重心之间。是否考虑普通钢筋的初始应力，对理解全截面消压状态有很大影响，所以应考虑普通钢筋的初始应力，即使不需要考虑，也应用零代替并加以说明。

3.1.6 全过程分析步骤和流程

1）概述

混凝土构件从开始受力直至极限状态，经历了一个复杂的非线性过程，可用其截面的弯矩-曲率（M-ϕ）变化曲线完整地表述。以受弯或大偏压钢筋混凝土构件为例：开始加载时，受拉区混凝土尚未出现裂缝，弯矩与曲率成比例增长；当弯矩增大至开裂弯矩（$M > M_{cr}$）后，受拉区部分混凝土开裂并退出工作，钢筋拉（应）力骤增，曲率有一突变；弯矩继续增大，受拉区裂缝逐渐延伸，中和轴上移，受压区面积减小，混凝土压应力增加，出现塑性变形，曲率不断增加；当钢筋屈服（$M > M_y$）后，虽然普通钢筋应力不增加，但应变加速发展，中和轴上升，受压区面积进一步减小，混凝土压应力迅速增大，由于内力臂渐增，承载力稍有增加，曲率就很快发展，M-ϕ曲线平缓；达极限弯矩（$M > M_u$）后，受压区混凝土碎裂崩脱，M-ϕ曲线形成下降段。

从构件的弯矩-曲率关系即可计算其截面刚度。在受拉区混凝土开裂前，截面刚度显然为一常量，即为构件的线弹性刚度（EI），也是截面刚度的最大值。此后，截面刚度随弯矩或曲率的增大而减小。

超静定结构中，各构件的截面刚度值因截面位置（内力）而不同，且随荷载的增长而改变，必导致结构内力的变化更复杂，随之影响其变形和裂缝的状况。只有对超静定结构的受力全过程进行弹塑性分析，才能准确和完整地描述其实际受力性能，为设计和验算提供可靠的依据。

在杆系结构的弹塑性分析中，掌握各构件截面的弯矩-曲率关系是最重要的基本条件。由此可确定构件的截面刚度值及其变化，并推导全杆件或一段杆件的刚度，用杆系结构有限元方法进行分析。获得结构的内力和变形值后，按承载能力和正常使用极限状态的要求进行验算。

此外，不管是钢筋混凝土构件，还是预应力混凝土构件，保证其具有一定延性是至关重要的；需要将构件设计为正截面承载力破坏，具有强剪弱弯的属性，并按要求具有一定的延性比。延性比系指结构构件允许出现的最大变位与弹性极限变位的比值，弹性极限变位即钢筋开始屈服时的变位，最大变位即达到承载能力极限状态时的变位。延性比也需要通过截面的弯矩-曲率关系求得。

为此，《混凝土结构设计规范》GB 50010—2002 第 5.3.4 条规定："特别重要的或受力状况特殊的大型杆系结构和二维、三维结构，必要时尚应对结构的整体或其部分进行受力全过程的非线性分析。"《混凝土结构设计规范》GB 50010—2010（2015 年版）第 5.5.1 条也规定："重要或受力复杂的结构，宜采用弹塑性分析方法对结构整体或局部进行验算。"按 GB 50010—2010（2015 年版）编写的《混凝土结构设计规范理解与应用》进一步指出："弹塑性分析的设计方法尽管计算精确度比较高，可以得到更为符合实际的较准确的结果。

但是这种方法的计算工作量太大，对于一般比较简单的常规混凝土结构，似乎并没有必要。因此，目前这种分析计算方法主要用于解决一些特殊、复杂的工程问题。"这些工程问题包括需要对结构进行动力分析，对结构承载受力的全过程进行分析，偶然作用下结构防连续倒塌设计的分析。

目前，符合《混凝土规范》的全过程分析与设计已经编写成计算机软件 PCNAD（详见附件 B），并用 5 个算例来进行验证和说明。这 5 个算例的手算虽然非常麻烦，但对进一步认识钢筋混凝土，特别是预应力混凝土构件在各个控制状态的性能是很有必要的。

为便于编程，将全过程分析看作两个阶段：第一，构件未开裂；第二，构件已开裂。第一阶段假定为弹性的，用材料力学的方法可以求出应力、应变、曲率和弯矩；第二阶段是非弹性的，采用实际材料的性能分析开裂截面的反应，对开裂弹性阶段也采用非弹性分析。

对于弹性阶段，可用初始状态、受拉区边缘零应力状态和开裂状态等作为控制状态。初始状态，指仅作用有效预应力，外荷载作用（含自重）等于零。受拉区边缘零应力状态，指构件截面受拉区边缘混凝土应力为零时的状态，可以认为此时仅在受拉区边缘进行了消压，而不是在构件的全截面进行消压。开裂状态，指截面受拉区边缘混凝土达到极限拉应变，是采用弹性分析的终点。其中，开裂状态对应的开裂弯矩

$$M_{cr} = \left[\frac{N_{p0}}{A_0} + \frac{N_{p0}e_{p0}}{I_0}(h - y_0) + \sigma_a + f_{tr} \right] I_0/(h - y_0) \tag{3.1-114}$$

式中：f_{tr}——混凝土的抗折模量（即弯曲抗拉强度）；

σ_a——全截面消压后、作用外弯矩之前的外初始轴心应力。

对于非弹性阶段，可用受拉普通钢筋屈服状态、预应力筋屈服状态、均匀受压时混凝土极限应变状态、普通钢筋极限拉应变状态、非均匀受压时混凝土极限压应变状态等作为控制状态。受拉普通钢筋屈服状态，指受拉普通钢筋达到屈服点。预应力筋屈服状态，指受拉区预应力筋达到条件屈服点。均匀受压时混凝土极限应变状态，指受压区混凝土压应力达到轴心抗压强度设计值。普通钢筋极限拉应变状态，指受拉普通钢筋达到极限拉应变。非均匀受压混凝土极限应变状态，指非均匀受压时受压区边缘混凝土达到极限应变。

对非均匀受压构件，普通受拉钢筋、预应力筋达到极限拉应变，或者非均匀受压时混凝土达到极限压应变，其中只要有一个应变达到其极限值，就标志着构件达到了承载能力极限状态；一般构件由非均匀受压时混凝土达到极限压应变控制构件的正截面承载能力，但沿截面腹部均匀配置纵向钢筋的构件，或混凝土受压区高度相对较小时，经常由受拉普通钢筋或预应力筋达到极限拉应变控制正截面承载力，以避免出现过宽的裂缝。

2）开裂后全过程分析步骤

（1）假设某一控制状态的受压区边缘压应变值ε_c'。

（2）假设综合效应中和轴高度c，通过平截面假定求其他变量的应变、应力和内力；

（3）核算假设的c，是否能得出受弯效应的平衡方程$F_c + F_s' + F_p' = F_p + F_s$（图 2.4-1c、 e、g），受弯效应需要扣除初始轴心力的影响；

（4）重新假设c值，并核算$F_c + F'_s + F'_p$和$F_p + F_s$，直至满足平衡条件$F_c + F'_s + F'_p = F_p + F_s$为止。

（5）从最后得出的c和F_p、F_s，考虑初始轴力后用综合效应求解截面曲率ϕ和截面抵抗弯矩M。

（6）假设另一控制状态受压区边缘压应变ε'_c值，并重复（2）～（5）步骤，求出相应的截面曲率ϕ和截面抵抗弯矩M。

对各控制状态顶纤维压应变值进行逐个状态核算，并按出现的先后顺序进行排序，以这些点绘出从正截面全过程的弯矩-曲率关系、各控制状态应力、应变历程，等等。

3）全过程分析流程图

对结构承载受力的全过程进行弹塑性分析的流程见图3.1-12。

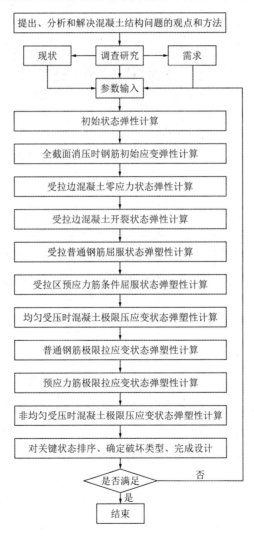

图 3.1-12　全过程弹塑性分析流程

4）黄金分割法

假设中和轴高度 c，并重复（2）~（5）步骤，直至满足平衡条件为止，这种方法称为迭代法。一般迭代法类似于取 $c = h/1000$，然后取 $c = 2h/1000$，一直做下去，做了一千次以后，才发现最好的选择，这种方法也称均分迭代法，所需试验次数的数量级是 $1/\varepsilon$。做一千次试验，太浪费时间和精力，为了迅速找到最优结果，本书采用黄金分割法，所需试验次数的数量级只需 $\ln(1/\varepsilon)$，用时为一般迭代法的 $\varepsilon^{-1}/\ln\varepsilon^{-1}$ 分之一。这里的 ε 指精度。

简要叙述一下黄金分割法。对于方程 $w^2 + w - 1 = 0$，有一正根 $w = (\sqrt{5} - 1)/2 \approx 0.618$。黄金分割法也就是先在 $x_1 = a + (b - a)w$ 处做一次试验，再在 x_1 的对称点 $x_2 = b - (b - a)w = a + (b - a)w^2$ 做一次试验，比较试验结果 $y_1 = f(x_1)$ 及 $y_2 = f(x_2)$，如果 $f(x_1)$ 大，就去掉 (a, x_2)，在留下的范围 (x_2, b) 中已有了一个试验点 x_1，然后再用以上求对称点的方法做下去；如果 $f(x_2)$ 大，则去掉 (x_1, b)，在留下的范围 (a, x_1) 由已有一试验点 x_2，同样用求对称点的方法做下去，一直做到所需要的精度为止。

3.2 全过程分析算例[①]

本节叙述了矩形截面预应力混凝土梁、T 形截面预应力混凝土基础梁、T 形截面钢筋混凝土基础梁、倒 T 形截面预应力混凝土梁、矩形截面预应力混凝土柱、矩形截面预应力混凝土拉梁共 6 道算例。

《混凝土规范》附录 C.1.1 条文说明，钢筋强度的平均值主要用于弹塑性分析时的本构关系，宜实测确定。本节前 5 道算例主要用于试验研究中，在规范规定基础上进行了一定的扩展，对这些应变取了与强度相应的代表值，但对混凝土压应力达到 f_c 时的混凝土压应变 ε_0 及 ε_{cu} 没有扩展，不同代表值下均取 0.002 及 0.0033。如对钢筋极限拉应变，取标准值为 0.01，受拉普通钢筋的平均值

$$0.01/(1 - 1.645 \times 0.0743) = 11392 \times 10^{-6}$$

受拉区预应力筋的平均值

$$0.01/(1 - 1.645 \times 0.01) = 10167 \times 10^{-6}$$

对与普通钢筋极限强度对应的应变，取标准值为 0.09，平均值

$$0.09/(1 - 1.645 \times 0.0743) = 102500 \times 10^{-6}$$

对与预应力筋极限强度对应的应变，取标准值为 0.045，平均值

$$0.045/(1 - 1.645 \times 0.01) = 45753 \times 10^{-6}$$

另外，本节算例将混凝土受压区等效矩形应力图形恢复为规范等效前的应力图形，当 $x < 2a'$

[①] 请注意，本书全部算例用 EXCEL 计算，与直接计算结果存在差异。比如出现 $1000.0 \times 840 = 840021$ 此类情况，是由于 1000.0 末尾 0 的后面还存在非零数字，所以，与直接计算结果 $1000.0 \times 840 = 840000$ 不同。

时将近似算法恢复为规范的理论算法。此外，求解预应力收缩徐变损失时，还恢复了预应力筋的弹性模量，原来用普通钢筋的近似代替；还恢复了全截面消压状态下受压区普通钢筋的应力。

随想：

对混凝土压应力达到f_c时的混凝土压应变ε_0及ε_{cu}，笔者认为至少在试验研究中这些应变也应该取与强度相应的代表值。众所周知，弹塑性分析可以理解为由若干个弹性分析组成，如果应变固定为一个数，某一控制状态的弹性模量会随着不同的强度代表值而发生变化，显然违背了弹性模量固定的习惯和原理。

3.2.1　矩形截面预应力混凝土构件

已知某矩形截面后张预应力混凝土简支梁，截面尺寸$b \times h = 300\text{mm} \times 600\text{mm}$，混凝土强度等级为 C40，保护层厚度为 25mm，受拉普通钢筋中心至近边距离为 50mm，受拉预应力筋中心至近边距离为 120mm，受拉区配置普通钢筋面积为 804mm²，配置预应力筋面积为 804mm²，普通钢筋牌号为 HRB400，预应力筋种类为极限强度标准值 1860N/mm² 的钢绞线，预应力筋的张拉控制应力$\sigma_{con} = 1395\text{N/mm}^2$，第一批预应力损失后预应力筋的有效预应力$\sigma_{pI}$为 1170.3N/mm²。试分析跨中正截面全过程弯矩-曲率关系、各控制状态的应力历程，并对 PCNAD 电算结果进行验证，PCNAD 输入界面见图 3.2-1。预应力产生的次弯矩M_2和轴力N均为零，性能分析时材料强度代表值用平均值。计算净截面用孔道外径取为 68mm，计算换算截面用有粘结预应力钢绞线束的直径取为 37mm。

【解】

1）计算参数

本工程采用后张法，初始状态下按净截面特征进行计算，消压状态和开裂状态下按有效截面特征进行计算。

将$f_{cu,k} = 40$代入公式(2.3-8)，得到混凝土弹性模量

$$E_c = \frac{10^5}{2.2 + \dfrac{34.7}{f_{cu,k}}} = \frac{10^5}{2.2 + \dfrac{34.7}{40}} = 32600\text{N/mm}^2$$

取普通钢筋的弹性模量$E_s = 2.00 \times 10^5\text{N/mm}^2$，取预应力筋的弹性模量$E_p = 1.95 \times 10^5\text{N/mm}^2$，普通钢筋与混凝土弹性模量比值$\alpha_s = 200000/32600 = 6.14$，预应力筋与混凝土弹性模量比值$\alpha_p = 195000/32600 = 5.98$。

将$f_{cu,k} = 40$代入公式(2.3-3)，得到混凝土强度变异系数

$$\delta_c = 8 \times 10^{-5} f_{cu,k}^2 - 0.0072 f_{cu,k} + 0.3219 = 8 \times 10^{-5} \times 40^2 - 0.0072 \times 40 +$$
$$0.3219 = 0.1619。$$

由公式(2.3-1)～公式(2.3-7)得混凝土轴心抗压强度、轴心抗拉强度标准值

$$f_{ck} = 0.88\alpha_{c1}\alpha_{c2}f_{cu,k} = 0.88 \times 0.76 \times 1.0 \times 40 = 26.8 \text{N/mm}^2$$

$$f_{tk} = 0.88 \times 0.395 f_{cu,k}^{0.55}(1 - 1.645\delta)^{0.45}\alpha_{c2}$$
$$= 0.88 \times 0.395 \times 40^{0.55} \times (1 - 1.645 \times 0.1619)^{0.45} \times 1 = 2.30 \text{N/mm}^2$$

$$f_{cm} = \frac{f_{ck}}{1 - 1.645\delta} = \frac{26.8}{1 - 1.645 \times 0.1619} = 36.5 \text{N/mm}^2$$

$$f_{tm} = \frac{f_{tk}}{1 - 1.645\delta} = \frac{2.30}{1 - 1.645 \times 0.1619} = 3.13 \text{N/mm}^2$$

将 $f_{cu,k} = 40$ 代入公式(2.4-2)、公式(2.4-3)，得到与混凝土压应力达到 f_c 对应的混凝土压应变、正截面混凝土极限压应变和系数 n

$$\varepsilon_0 = 0.002 + 0.5(f_{cu,k} - 50) \times 10^{-5} = 0.002 + 0.5 \times (40 - 50) \times 10^{-5} = 0.002$$

$$\varepsilon_{cu} = 0.0033 - (f_{cu,k} - 50) \times 10^{-5} = -(33.8 - 50) \times 10^{-5} = 0.0034, \text{大于 } 0.0033, \text{取为}$$
0.0033

$$n = 2 - \frac{1}{60}(f_{cu,k} - 50) = 2 - \frac{1}{60}(33.8 - 50) = 2.2, \text{大于 } 2.0, \text{取为 } 2.0$$

采用 AutoCAD 和 EXCEL 对截面特征进行了手工计算（以下称"手算"），采用 PCNAD 对截面特征进行了电子计算（以下称"电算"），得到手算与电算对比结果（表 3.2-1）。可知，截面几何特征的手算与电算结果符合程度很好。材料性能指标符合程度也很好，限于篇幅，对比结果从略。

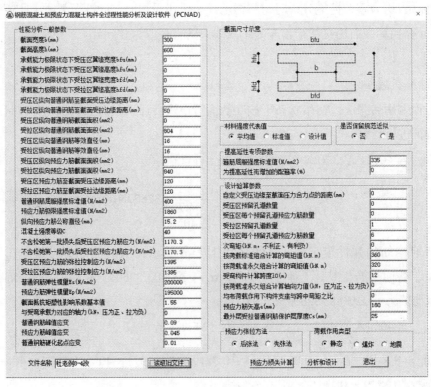

图 3.2-1 PCNAD 输入界面

截面几何特征的手算与电算结果对比 表 3.2-1

状态	计算参数	手算结果①	电算结果②	①/②	截面形状
初始状态	面积A_n	180456	180497	1.00	
	重心至顶面距离c_n	302.0	302.1	1.00	
	惯性矩I_n	5.537×10^9	5.538×10^9	1.00	
其余状态	面积A_0	188272	188313	1.00	
	重心至顶面距离c_0	310.0	309.5	1.00	
	惯性矩I_0	5.776×10^9	5.777×10^9	1.00	

2）初始状态

依据公式(3.1-10)计算，得到受拉区预应力筋和普通钢筋的配筋率

$$\rho = (A_s + A_p)/A_n = (804 + 840)/180456 = 0.92\%$$

采用公式(3.1-91)～公式(3.1-93)计算，得到预应力筋合力及作用点到净截面重心轴的偏心距、预加力产生的混凝土法向压应力

$$N_{pI} = (\sigma_{con} - \sigma_{II})A_p + (\sigma'_{con} - \sigma'_{II})A'_p = 1170.3 \times 840 = 983052\text{N}$$

$$e_{pnI} = \frac{(\sigma_{con} - \sigma_{II})A_P y_{pn} + (\sigma'_{con} - \sigma'_{II})A'_p y'_{pn}}{N_{pI}} = \frac{983052 \times (600 - 302.0 - 120)}{983052}$$
$$= 178.0\text{mm}$$

$$\sigma_{pcI} = \frac{N_{pI}}{A_n} \pm \frac{N_{pI}e_{pnI}y_n}{I_n} \pm \frac{M_2}{I_n}y_n = \frac{983052}{180456} + \frac{983052 \times 178.0^2}{5.537 \times 10^9}$$
$$= 11.07\text{N/mm}^2$$

用公式(3.1-39)求得混凝土收缩、徐变引起受拉区纵向预应力筋的预应力损失值

$$\sigma_{l5} = \frac{55 + 300\dfrac{\sigma_{pc}}{f'_{cu}}}{1 + 15\rho} = \frac{55 + 300 \times \dfrac{11.07}{40}}{1 + 15 \times 0.92\%} = 121.4\text{N/mm}^2$$

依据表 3.1-1 的规定得到预应力筋的应力松弛损失值

$$\sigma_{l4} = 0.2\left(\frac{\sigma_{con}}{f_{ptk}} - 0.575\right)\sigma_{con} = 0.2 \times \left(\frac{1395}{1860} - 0.575\right) \times 1395 = 48.8\text{N/mm}^2$$

依据表 3.1-3、公式(3.1-94)和公式(3.1-101)计算，可得初始阶段预应力筋的有效预应力和相应应变

$$\sigma_{pe} = \sigma_{con} - \sigma_l = \sigma_{pI} - \sigma_l = 1170.3 - (48.8 + 121.4) = 1000\text{N/mm}^2$$

$$\varepsilon_{pe} = \frac{\sigma_{pe}}{E_P} = \frac{1000.0}{1.95 \times 10^5} = 5127 \times 10^{-6}$$

由公式(3.1-98)和公式(3.1-99)计算可得，预应力筋和普通钢筋的合力N_p及其作用点到

换算截面重心的偏心距e_{pn}

$$N_p = (\sigma_{con} - \sigma_l)A_P + (\sigma'_{con} - \sigma'_l)A'_p - E_s\sigma_{l5}/E_pA_s - E_s\sigma'_{l5}/E_pA'_s$$
$$= 1000.0 \times 840 - 200000 \times 121.4/195000 \times 804 = 840021 - 100149 = 739872N$$

$$e_{pn} = \frac{A_p\sigma_{pe}y_{pn} - \sigma'_{pe}A'_py'_{pn} - A_sE_s\sigma_{l5}/E_py_{sn} + E_s\sigma'_{l5}/E_pA'_sy'_{sn}}{N_p}$$

$$= \frac{840021 \times (600 - 302.0 - 120) - 100149 \times (600 - 302.0 - 50)}{739872} = 168.5mm$$

用公式(3.1-100)计算，可得受压区边缘和受拉区边缘混凝土的预应力σ_{pc}和σ'_{pc}

$$\sigma'_{pc} = \frac{N_p}{A_n} - \frac{N_pe_{pn}}{I_n}y_n + \frac{M_2}{I_n}y_n = \frac{739872}{180456} - \frac{739872 \times 168.5 \times 302.0}{5.537 \times 10^9} = 4.10 - 6.80$$
$$= -2.70N/mm^2$$

$$\sigma_{pc} = \frac{N_p}{A_n} + \frac{N_pe_{pn}}{I_n}y_n - \frac{M_2}{I_n}y_n = \frac{739872}{180456} + \frac{739872 \times 168.5 \times (600 - 302.0)}{5.537 \times 10^9}$$
$$= 4.10 + 6.71 = 10.81N/mm^2$$

受压区边缘和受拉区边缘混凝土的应变ε_{pc}和ε'_{pc}

$$\varepsilon'_{pc} = \frac{\sigma_t}{E_c} = \frac{-2.70}{32600} = -83 \times 10^{-6}$$

$$\varepsilon_{pc} = \frac{\sigma_c}{E_c} = \frac{10.81}{32600} = 332 \times 10^{-6}$$

由上述计算结果可知，在初始状态下截面受压区边缘混凝土受拉，受拉区边缘混凝土反而受压。

用公式(3.1-100)计算，也可得受拉区预应力筋重心处混凝土的预应力$\sigma_{pc,p}$、受拉区普通钢筋重心处混凝土的预应力$\sigma_{pc,s}$

$$\sigma_{pc,p} = \frac{N_p}{A_n} + \frac{N_pe_{pn}}{I_n}y_n \pm \frac{M_2}{I_n}y_n = \frac{739872}{180456} + \frac{739872 \times 168.5 \times (600 - 302.0 - 120)}{5.537 \times 10^9}$$
$$= 4.10 + 4.01 = 8.11N/mm^2$$

$$\sigma_{pc,s} = \sigma_{ce} = \frac{N_p}{A_n} + \frac{N_pe_{pn}}{I_n}y_n \pm \frac{M_2}{I_n}y_n = \frac{739872}{180456} + \frac{739872 \times 168.5 \times (600 - 302.0 - 50)}{5.537 \times 10^9}$$
$$= 4.10 + 5.58 = 9.68N/mm^2$$

由公式(3.1-103)计算，可得受拉区纵向普通钢筋应力

$$\sigma_{ps} = -E_s\sigma_{l5}/E_p - \alpha_s\sigma_{pc,s} = -200000 \times 121.4/195000 - 6.14 \times 9.68 = -124.6 - 59.4$$
$$= -184.0N/mm^2$$

受拉区纵向普通钢筋应变

$$\varepsilon_{ps} = \sigma_{ps}/E_s = -184.0/200000 = -919 \times 10^{-6}$$

受拉区预应力筋重心处混凝土的应变

$$\varepsilon_{pc,p} = \sigma_{pc,p}/E_c = 8.11/32600 = 249 \times 10^{-6}$$

初始状态截面曲率

$$\phi = \frac{\varepsilon'_{\text{pc}} - \varepsilon_{\text{pc}}}{h} = -\frac{(83 + 332) \times 10^{-6}}{600} = -0.6908 \times 10^{-6} \text{rad/mm}$$

对初始状态下的手算与电算结果进行汇总对比，见表3.2-2。可知，初始状态下手算与电算结果符合程度很好。

初始状态下手算与电算结果对比　　　　　　　　　　　表 3.2-2

参数	手算结果①	电算结果②	①/②
抵抗弯矩（N·mm）	0	0	—
曲率（rad/mm）	-0.6908×10^{-6}	-0.6903×10^{-6}	1.00
预应力筋应力（N/mm²）	1000.0	1000.0	1.00
普通钢筋应力（N/mm²）	−184.0	−183.9	1.00

3）受拉区边缘零应力状态

为了实现全截面混凝土消压，在构件上施加一个偏心距为e_{p0}的偏心拉力N_{p0}，使截面上产生的应力$\sigma_{\text{pc}} = -\sigma_{\text{pc}}$。这时，由公式(3.1-105)求得预应力筋应力

$$\sigma_{\text{p0}} = \sigma_{\text{pe}} + \alpha_{\text{p}}\sigma_{\text{pc,p}} = \sigma_{\text{con}} - \sigma_l + \alpha_{\text{p}}\sigma_{\text{pc,p}} = 1000.0 + 5.98 \times 8.11 = 1048.5 \text{N/mm}^2$$

此时，预应力筋的相应应变

$$\varepsilon_{\text{p0}} = \sigma_{\text{p0}}/E_{\text{p}} = 1048.5/195000 = 5377 \times 10^{-6}$$

从初始状态到预应力中心处混凝土应变等于零状态预应力筋的应变增量

$$\varepsilon_{\text{ce}} = (\sigma_{\text{p0}} - \sigma_{\text{pe}})/E_{\text{p}} = (1048.5 - 1000.0)/195000 = 249 \times 10^{-6}$$

由公式(3.1-107)求得相应普通钢筋A_{s}的应力

$$\sigma_{\text{s0}} = \sigma_{\text{ps}} + \alpha_{\text{s}}\sigma_{\text{pc,s}} = -E_{\text{s}}\sigma_{l5}/E_{\text{p}} = -200000 \times 121.4/195000 = -124.6 \text{N/mm}^2$$

相应普通钢筋A_{s}的应变

$$\varepsilon_{\text{s0}} = \sigma_{\text{s0}}/E_{\text{s}} = -124.6/200000 = -623 \times 10^{-6}$$

由公式(3.1-109)、公式(3.1-110)，求得在预应力和普通钢筋的合力处混凝土应变等于零状态下预应力和普通钢筋的合力N_{p0}和偏心距e_{p0}

$$N_{\text{p0}} = \sigma_{\text{p0}}A_{\text{P}} + \sigma'_{\text{p0}}A'_{\text{p}} - E_{\text{s}}\sigma_{l5}/E_{\text{p}}A_{\text{s}} - E_{\text{s}}\sigma'_{l5}/E_{\text{p}}A'_{\text{s}} = 1048.5 \times 840 - 124.6 \times 804$$
$$= 780612 \text{N}$$

$$e_{\text{p0}} = \frac{A_{\text{p}}\sigma_{\text{p0}}y_{\text{p}} - \sigma'_{\text{p0}}A'_{\text{p}}y'_{\text{p}} - A_{\text{s}}E_{\text{s}}\sigma_{l5}/E_{\text{p}}y_{\text{s}} + E_{\text{s}}\sigma'_{l5}/E_{\text{p}}A'_{\text{s}}y'_{\text{s}}}{\sigma_{\text{p0}}A_{\text{P}} + \sigma'_{\text{p0}}A'_{\text{p}} - E_{\text{s}}\sigma_{l5}/E_{\text{p}}A_{\text{s}} - E_{\text{s}}\sigma'_{l5}/E_{\text{p}}A'_{\text{s}}}$$

$$= \frac{1048.5 \times 840 \times (600 - 310.0 - 120) - 124.6 \times 804 \times (600 - 310.0 - 50)}{1048.5 \times 840 - 124.6 \times 804}$$

$$= 161.0 \text{mm}$$

在预应力和普通钢筋的合力N_{p0}作用下，由公式(3.1-111)求得截面受压区边缘、受拉区边缘及偏心距e_{p0}处混凝土应力

$$\sigma'_{c0} = \frac{N_{p0}}{A_0} - \frac{N_{p0}e_{p0}y_0}{I_0} = \frac{780612}{188418} - \frac{780612 \times 161.0 \times 310.0}{5.776 \times 10^9} = 4.15 - 6.73$$
$$= -2.58 \text{N/mm}^2$$

$$\sigma_{c0} = \frac{N_{p0}}{A_0} + \frac{N_{p0}e_{p0}(h-y_0)}{I_0} = \frac{780612}{188418} + \frac{780612 \times 161.0 \times (600-310.0)}{5.776 \times 10^9}$$
$$= 4.15 + 6.25 = 10.40 \text{N/mm}^2$$

$$\sigma_{cp0} = \frac{N_{p0}}{A_0} + \frac{N_{p0}e_{p0}^2}{I_0} = \frac{780612}{188418} + \frac{780612 \times 161.0^2}{5.776 \times 10^9} = 4.15 + 3.46 = 7.61 \text{N/mm}^2$$

为使预应力和普通钢筋的合力N_{p0}处混凝土应力从σ_{cp0}降低至零，需要增加弯矩

$$M_{cp0} = \frac{I_0 \times \sigma_{cp0}}{e_{p0}} = \frac{5.776 \times 10^9 \times 7.61}{161.0} = 274.6 \times 10^6 \text{N} \cdot \text{mm}$$

在弯矩M_{cp0}作用下，截面受压区边缘和受拉边缘的应力

$$\sigma'_{cp0} = \sigma'_{c0} + \frac{M_{cp0}c_0}{I_0} = -2.58 + \frac{274.6 \times 10^6 \times 310.0}{5.776 \times 10^9} = 12.20 \text{N/mm}^2$$

$$\sigma_{cp0} = \sigma_{c0} - \frac{M_{cp0}(h-c_0)}{I_0} = 10.40 - \frac{274.6 \times 10^6 \times (600-310.0)}{5.776 \times 10^9} = 10.40 - 13.74$$
$$= -3.34 \text{N/mm}^2$$

在弯矩M_{cp0}作用下，截面受压区边缘和受拉边缘的相应应变

$$\varepsilon'_{cp0} = \sigma'_{cp0}/E_c = 12.20/32600 = 374 \times 10^{-6}$$

$$\varepsilon_{cp0} = \sigma_{cp0}/E_c = -3.34/32600 = -103 \times 10^{-6}$$

此时，截面受压区边缘混凝土开始受压，受拉区边缘混凝土开始受拉，截面曲率

$$\phi_0 = \frac{\varepsilon'_{cp0} - \varepsilon_{cp0}}{h} = \frac{(374+103) \times 10^{-6}}{600} = 0.7948 \times 10^{-6} \text{rad/mm}$$

在预应力和普通钢筋的合力处，混凝土应变等于零状态下截面受拉区边缘已经存在$\sigma_{cp0} = 3.34 \text{N/mm}^2$拉应力，取公式(3.1-114)中$f_{tr} = 0$，可求得从弯矩$M_{cp0}$作用下到受拉区边缘混凝土应力为零所需降低的弯矩

$$\Delta_M = \frac{I_0 \times \Delta_\sigma}{h-y_0} = \frac{5.776 \times 10^9 \times 3.34}{600-310.0} = 66.8 \times 10^6 \text{N} \cdot \text{mm}$$

因此，受拉区边缘混凝土应力为零状态下所需弯矩

$$M = M_{cp0} - \Delta_M = 274.6 \times 10^6 - 66.8 \times 10^6 = 207.8 \times 10^6 \text{N} \cdot \text{mm}$$

Δ_M对预应力筋产生的压应力

$$\Delta\sigma_p = \frac{\Delta_M(h-y_0-a_p)\alpha_p}{I_0} = \frac{66.8 \times 10^6 \times (600-310.0-120) \times 5.98}{5.776 \times 10^9} = 11.7 \text{N/mm}^2$$

因此，在受拉区边缘混凝土应力为零状态下预应力筋应力

$$\sigma_p = \sigma_{p0} + \Delta\sigma_p = 1048.5 - 11.7 = 1036.8 \text{N/mm}^2$$

Δ_M对受拉普通钢筋产生压应力

$$\Delta\sigma_s = \frac{\Delta_M(h - y_0 - a_s)\alpha_s}{I_0} = \frac{66.8 \times 10^6 \times (600 - 310.0 - 50) \times 6.14}{5.776 \times 10^9} = 17.0 \text{N/mm}^2$$

因此，在受拉区边缘混凝土应力为零状态下普通钢筋应力

$$\sigma_s = \sigma_{s0} + \Delta\sigma_s = -141.5 \text{MPa}$$

截面受压区边缘混凝土由于 Δ_M 而降低的压应力、压应变

$$\Delta\sigma'_c = \frac{\Delta_M y_0}{I_0} = \frac{66.8 \times 10^6 \times 310.0}{5.776 \times 10^9} = 3.60 \text{N/mm}^2$$

$$\Delta\varepsilon'_c = \frac{\Delta\sigma'_c}{E_c} = \frac{-3.60}{32600} = -110 \times 10^{-6}$$

截面受拉区边缘混凝土由于 Δ_M 而降低的拉应力、拉应变

$$\Delta\sigma_c = \frac{\Delta_M(h - y_0)}{I_0} = \frac{66.8 \times 10^6 \times (600 - 310.0)}{5.776 \times 10^9} = 3.34 \text{N/mm}^2$$

$$\Delta\varepsilon_c = \frac{\Delta\sigma_c}{E_c} = \frac{3.34}{32600} = 103 \times 10^{-6}$$

截面由于 Δ_M 而降低的正向曲率

$$\Delta_\phi = \frac{\Delta\varepsilon'_c - \Delta\varepsilon_c}{h} = \frac{(110 + 103) \times 10^{-6}}{600} = 0.3547 \times 10^{-6} \text{rad/mm}$$

所以，在受拉区边缘混凝土应力为零状态下截面曲率

$$\phi_{cr} = \phi_0 + \Delta_\phi = (0.7948 - 0.3547) \times 10^{-6} = 0.4401 \times 10^{-6} \text{rad/mm}$$

在受拉区边缘混凝土应力为零状态下截面受压区、受拉区边缘应变

$$\varepsilon'_c = \varepsilon'_{cp0} + \Delta\varepsilon'_c = (374 - 110) \times 10^{-6} = 264 \times 10^{-6}$$

$$\varepsilon_c = \varepsilon_{cp0} + \Delta\varepsilon_c = -(103 - 103) \times 10^{-6} = 0 \times 10^{-6}$$

对受拉区边缘混凝土应力达到零状态下的手算与电算对比结果进行汇总，见表 3.2-3。可知，受拉区边缘混凝土应力达到零状态下手算与电算结果符合程度很好。

📝 **随想：**

确定全截面消压状态下的钢筋应变是全过程分析的关键，此时受拉区普通钢筋的应力 $\sigma_{s0} = -E_s\sigma_{l5}/E_p$，预应力筋的应力 $\sigma_{p0} = \sigma_{con} - \sigma_l + \alpha_p\sigma_{pc,p}$。目前，还未发现常用有限元软件考虑了 σ_{s0}，由此导致截面抗裂弯矩被高估约 20%。

受拉区边缘混凝土零应力状态下手算与电算结果对比　　　　　　　表 3.2-3

参数	手算结果①	电算结果②	①/②
抵抗弯矩（N·mm）	207.8×10^6	208.5×10^6	1.00
曲率（rad/mm）	0.4401×10^{-6}	0.4377×10^{-6}	1.01
预应力筋应力（N/mm²）	1036.8	1036.9	1.00
普通钢筋应力（N/mm²）	−141.5	−141.3	1.00

4）开裂状态

由公式(4.3-10)可得截面抵抗矩塑性影响系数和弯曲抗拉强度平均值

$$\gamma = \left(0.7 + \frac{120}{h}\right)\gamma_{\mathrm{m}} = \left(0.7 + \frac{120}{600}\right) \times 1.55 = 1.395$$

$$f_{\mathrm{r,m}} = \gamma f_{\mathrm{tm}} = 1.395 \times 3.13 = 4.37 \mathrm{N/mm^2}$$

在开裂状态下截面弯矩-曲率曲线到了弹性关系终点，在预应力和普通钢筋的合力处混凝土应变等于零状态下，截面受拉区边缘已经存在 3.34N/mm² 拉应力，由于混凝土出现裂缝时对应混凝土的弯曲抗拉强度平均值 $f_{\mathrm{r,m}} = 4.37\mathrm{N/mm^2}$，所以为产生拉应力 $\Delta_\sigma = f_{\mathrm{r}} - \sigma_{\mathrm{t}} = 4.37 - 3.34 = 1.01\mathrm{N/mm^2}$，需增加弯矩

$$\Delta_{\mathrm{M}} = \frac{I_0 \times \Delta_\sigma}{h - y_0} = \frac{5.776 \times 10^9 \times 1.01}{600 - 310.0} = 20.6 \times 10^6 \mathrm{N \cdot mm}$$

因此，开裂状态下所需弯矩

$$M_{\mathrm{cr}} = M_{\mathrm{cp0}} + \Delta_{\mathrm{M}} = 274.6 \times 10^6 + 20.6 \times 10^6 = 295.2 \times 10^6 \mathrm{N \cdot mm}$$

Δ_{M} 对预应力筋产生的拉应力

$$\Delta\sigma_{\mathrm{p}} = \frac{\Delta_{\mathrm{M}}(h - y_0 - a_{\mathrm{p}})\alpha_{\mathrm{p}}}{I_0} = \frac{20.6 \times 10^6 \times (600 - 310.0 - 120) \times 5.98}{5.776 \times 10^9} = 3.6\mathrm{N/mm^2}$$

因此，在开裂状态下预应力筋应力

$$\sigma_{\mathrm{pcr}} = \sigma_{\mathrm{p0}} + \Delta\sigma_{\mathrm{p}} = 1048.5 + 3.6 = 1052.1\mathrm{N/mm^2}$$

Δ_{M} 对受拉普通钢筋产生拉应力

$$\Delta\sigma_{\mathrm{s}} = \frac{\Delta_{\mathrm{M}}(h - y_0 - a_{\mathrm{s}})\alpha_{\mathrm{s}}}{I_0} = \frac{20.6 \times 10^6 \times (600 - 310.0 - 50) \times 6.14}{5.776 \times 10^9} = 5.2\mathrm{N/mm^2}$$

因此，开裂状态下普通钢筋应力

$$\sigma_{\mathrm{scr}} = \sigma_{\mathrm{s}} + \Delta\sigma_{\mathrm{s}} = -119.3\mathrm{N/mm^2}$$

截面受压区边缘混凝土由于 Δ_{M} 而增加的压应力、压应变

$$\Delta\sigma'_{\mathrm{c}} = \frac{\Delta_{\mathrm{M}} y_0}{I_0} = \frac{20.6 \times 10^6 \times 310.0}{5.776 \times 10^9} = 1.11\mathrm{N/mm^2}$$

$$\Delta\varepsilon'_{\mathrm{c}} = \frac{\Delta\sigma_{\mathrm{c}}}{E_{\mathrm{c}}} = \frac{1.11}{32600} = 34 \times 10^{-6}$$

截面受拉区边缘混凝土由于 Δ_{M} 而增加的拉应力、拉应变

$$\Delta\sigma_{\mathrm{c}} = \frac{\Delta_{\mathrm{M}}(h - y_0)}{I_0} = -\frac{20.6 \times 10^6 \times (600 - 310.0)}{5.776 \times 10^9} = -1.03\mathrm{N/mm^2}$$

$$\Delta\varepsilon_{\mathrm{c}} = \frac{\Delta\sigma_{\mathrm{c}}}{E_{\mathrm{c}}} = \frac{-1.03}{32600} = -32 \times 10^{-6}$$

截面由于 Δ_{M} 而增加的正向曲率

$$\Delta_\phi = \frac{\Delta\varepsilon'_{\mathrm{c}} - \Delta\varepsilon_{\mathrm{c}}}{h} = \frac{(34 + 32) \times 10^{-6}}{600} = 0.1094 \times 10^{-6}\mathrm{rad/mm}$$

所以，在开裂状态下截面曲率

$$\phi_{\mathrm{cr}} = \phi_0 + \Delta_\phi = 0.7948 \times 10^{-6} + 0.1094 \times 10^{-6} = 0.9042 \times 10^{-6}\mathrm{rad/mm}$$

在开裂状态下截面受压区、受拉区边缘应变

$$\varepsilon'_{\mathrm{cr}} = \varepsilon'_{\mathrm{cp0}} + \Delta\varepsilon'_{\mathrm{c}} = 408 \times 10^{-6}$$

$$\varepsilon_{\mathrm{cr}} = \varepsilon_{\mathrm{cp0}} + \Delta\varepsilon_{\mathrm{c}} = -134 \times 10^{-6}$$

对开裂状态下的手算与电算对比结果进行汇总，见表 3.2-4。可知，开裂状态下手算与电算结果符合程度很好。

📝 **随想：**

结构试验时，应取公式(4.3-10)中的 $\gamma_{\mathrm{m}} = 1.75$ 计算截面抵抗矩塑性影响系数，为保持与《混凝土规范》一致，书中取 $\gamma_{\mathrm{m}} = 1.55$，下同。当然，也可以用《混凝土规范》附录 C 中的混凝土本构关系进行计算。

开裂状态下手算与电算结果对比　　　　　　　　　　　　　表 3.2-4

参数	手算结果①	电算结果②	①/②
抵抗弯矩（N·mm）	295.2×10^6	295.5×10^6	1.00
曲率（rad/mm）	0.9042×10^{-6}	0.8994×10^{-6}	1.01
预应力筋应力（N/mm²）	1052.1	1052.2	1.00
普通钢筋应力（N/mm²）	−119.3	−119.1	1.00

5）受拉普通钢筋屈服状态

当受拉区纵向普通钢筋达到屈服（$f_{\mathrm{yk}} = 400\mathrm{N/mm^2}$）时，参照公式(2.3-9)得到，受拉区纵向普通钢筋应力和应变平均值

$$\sigma_{\mathrm{s}} = f_{\mathrm{ym}} = \frac{f_{\mathrm{yk}}}{1 - 1.645\delta_{\mathrm{s}}} = \frac{400}{1 - 1.645 \times 0.0743} = 455.7\mathrm{N/mm^2}$$

$$\varepsilon_{\mathrm{s}} = \frac{\sigma_{\mathrm{s}}}{E_{\mathrm{s}}} = \frac{455.7}{200000} = 2278 \times 10^{-6}$$

对普通钢筋取全截面消压状态下普通钢筋的应变 $\varepsilon_{\mathrm{s0}}$ 作为计算起点，其应变增量

$$\Delta\varepsilon_{\mathrm{s}} = \varepsilon_{\mathrm{s}} - \varepsilon_{\mathrm{s0}} = 2906 \times 10^{-6}$$

下面采用黄金分割法计算中和轴高度（中和轴至受压区边缘距离）：

（1）第一次试算

假定中和轴高度 $x_1 = 600 + (0 - 600) \times 0.618 = 229.2\mathrm{mm}$ 和 $x_2 = 0 + (600 - 0) \times 0.618 = 370.8\mathrm{mm}$，由截面应变保持平面假定可求得对应受压区边缘混凝土压应变

$$\varepsilon_{\mathrm{x1}} = \frac{\Delta\varepsilon_{\mathrm{s}}x_1}{h - a_{\mathrm{s}} - x_1} = \frac{2906 \times 10^{-6} \times 229.2}{600 - 50 - 229.2} = 2073 \times 10^{-6}$$

$$\varepsilon_{\mathrm{x2}} = \frac{\Delta\varepsilon_{\mathrm{s}}x_2}{h - a_{\mathrm{s}} - x_2} = \frac{2906 \times 10^{-6} \times 370.8}{600 - 50 - 370.8} = 6003 \times 10^{-6}$$

ε_{x1}、ε_{x2} 均大于弹性开裂受压区边缘混凝土压应变 $\varepsilon'_{cr} = 408 \times 10^{-6}$，因此采用非弹性分析法。

上式中，x_1、x_2 等同于正式计算中的受压区 c，在优化中以示区别，下同。

由截面应变保持平面假定还可推得，当 $\varepsilon_x = \varepsilon_0 = 2000 \times 10^{-6}$ 时混凝土压应力抛物线顶部距中和轴的高度

$$c_2 = \frac{\varepsilon_0 h_0}{\Delta\varepsilon_s + \varepsilon_0} = \frac{2000 \times 10^{-6} \times (600 - 50)}{(2906 + 2000) \times 10^{-6}} = 224.4\text{mm}$$

$\varepsilon_{x2} = 6003 \times 10^{-6} > 3300 \times 10^{-6}$ 已经无实际意义，但会被自动淘汰，不影响优化。ε_{x1}、ε_{x2} 均大于 ε_0，依据公式(2.4-9)可求得与之对应的受压区边缘混凝土压应力

$$\sigma_{x1} = \sigma_{x2} = f_{c,r} = 36.5\text{N/mm}^2$$

其中，$n = 2 - (f_{cu,k} - 50)/60 = 2 - (40 - 50)/60 = 2.2$，大于 2.0，取为 2.0。

将 $n = 2$、$b = 300\text{mm}$、$f_{c,r} = 36.5\text{N/mm}^2$、$c_1 = 0$、$c_2 = 224.4\text{mm}$、$\varepsilon_{c1} = 0$、$\varepsilon_{c2} = 2000 \times 10^{-6}$、直线段长度 c_L 代入公式(2.4-4)并化简，得到与 $x_1 = 229.2\text{mm}$、$x_2 = 370.8\text{mm}$ 分别对应的矩形截面混凝土压应力合力

$$F_{c,1} = bf_{c,r}\left[c_2 + \frac{\left(1 - \frac{\varepsilon_{c2}}{\varepsilon_0}\right)^{n+1}}{n+1}\frac{\varepsilon_0}{\varepsilon_{c2}}c_2 - c_1 - \frac{\left(1 - \frac{\varepsilon_{c2}c_1}{c_2\varepsilon_0}\right)^{n+1}}{n+1}\frac{\varepsilon_0}{\varepsilon_{c2}}c_2 + c_L\right]$$

$$= 300 \times 36.5 \times \left[224.4 + \frac{\left(1 - \frac{2000 \times 10^{-6}}{2000 \times 10^{-6}}\right)^{2+1}}{2+1} \times \frac{2000 \times 10^{-6}}{2000 \times 10^{-6}} \times 224.4 - \right.$$

$$\left. 0 - \frac{(1-0)^{2+1}}{2+1} \times \frac{2000 \times 10^{-6}}{2000 \times 10^{-6}} \times 224.4 + (229.2 - 224.4)\right]$$

$$= (1636.7 + 51.7) \times 10^3 = 1688.4 \times 10^3\text{N}$$

$$F_{c,2} = bf_{c,r}\left[c_2 + \frac{\left(1 - \frac{\varepsilon_{c2}}{\varepsilon_0}\right)^{n+1}}{n+1}\frac{\varepsilon_0}{\varepsilon_{c2}}c_2 - c_1 - \frac{\left(1 - \frac{\varepsilon_{c2}c_1}{c_2\varepsilon_0}\right)^{n+1}}{n+1}\frac{\varepsilon_0}{\varepsilon_{c2}}c_2 + c_L\right]$$

$$= 300 \times 36.5 \times \left[224.4 + \frac{\left(1 - \frac{2000 \times 10^{-6}}{2000 \times 10^{-6}}\right)^{2+1}}{2+1} \times \frac{2000 \times 10^{-6}}{2000 \times 10^{-6}} \times 224.4 - \right.$$

$$\left. 0 - \frac{(1-0)^{2+1}}{2+1} \times \frac{2000 \times 10^{-6}}{2000 \times 10^{-6}} \times 224.4 + (370.8 - 224.4)\right]$$

$$= (1636.7 + 1601.1) \times 10^3 = 3237.8 \times 10^3\text{N}$$

同时，参照公式(2.3-10)可求得预应力筋极限强度平均值 f_{ptm}、屈服强度平均值 f_{pym}

$$f_{ptm} = \frac{f_{ptk}}{1 - 1.645\delta_p} = \frac{1860}{1 - 1.645 \times 0.01} = 1891.1 \text{N/mm}^2$$

$$f_{pym} = \frac{f_{pyk}}{1 - 1.645\delta_p} = \frac{1860 \times 0.85}{1 - 1.645 \times 0.01} = 1607.4 \text{N/mm}^2$$

预应力筋屈服强度平均值对应应变

$$\varepsilon_{pym} = \frac{f_{pym}}{E_p} = \frac{1607.4}{195000} = 8243 \times 10^{-6}$$

预应力筋硬化段斜率

$$k_p = (f_{pt,r} - f_{py,r})/(\varepsilon_{pu} - \varepsilon_{py}) = \frac{1891.1 - 1607.4}{(45000 - 8243) \times 10^{-6}} = 7717 \text{N/mm}^2$$

用全截面消压状态预应力筋应变ε_{p0}作为计算起点，可由公式(2.4-17)算出预应力筋增加的应力。所以，与$x_1 = 229.2$mm、$x_2 = 370.8$mm 对应受拉区预应力筋应变

$$\varepsilon_{p1} = \varepsilon_{p0} + \frac{h_p - x_1}{x_1}\varepsilon_{x1} = 5377 \times 10^{-6} + \frac{(600 - 120) - 229.2}{229.2} \times 2073 \times 10^{-6}$$
$$= 5377 \times 10^{-6} + 2268 \times 10^{-6} = 7645 \times 10^{-6}$$

$$\varepsilon_{p2} = \varepsilon_{p0} + \frac{h_p - x_2}{x_2}\varepsilon_{x2} = 5377 \times 10^{-6} + \frac{(600 - 120) - 370.8}{370.8} \times 6003 \times 10^{-6}$$
$$= 5377 \times 10^{-6} + 1768 \times 10^{-6} = 7145 \times 10^{-6}$$

按弹性计算，此时预应力筋应力

$\sigma_{p1} = \varepsilon_{p1}E_p = 7645 \times 10^{-6} \times 195000 = 1490.8$ N/mm^2 , $\sigma_{p2} = \varepsilon_{p2}E_p = 7145 \times 10^{-6} \times$ $195000 = 1393.3$N/mm^2，均小于$f_{pym} = 1607.4$N/mm^2，可见预应力筋仍处于弹性工作阶段，按弹性计算是合适的。

预应力筋与受拉普通钢筋的总拉力

$$F_{T1} = F_{p1} + F_s = 1490.8 \times 840 + 455.7 \times 804 = 1618.7 \times 10^3 \text{N}$$

$$F_{T2} = F_{p2} + F_s = 1393.3 \times 840 + 455.7 \times 804 = 1536.7 \times 10^3 \text{N}$$

$|F_{c1} - F_{T1}| = (1688.4 - 1618.7) \times 10^3 = 69.7 \times 10^3\text{N} < |F_{c2} - F_{T2}| = (3237.8 - 1536.7) \times$ $10^3 = 1701.1 \times 10^3\text{N}$，所以去掉$x_2 = (370.8, 600)$段，保留$(0, 370.8)$段，旧的$x_2$变为右端点，在$(0, 370.8)$段内取新$x_2 = 370.8 + (0 - 370.8) \times 0.618 = 141.6$mm。原来的$x_2 = 370.8$mm 被新的$x_2 = 141.6$mm 替换，余同。

（2）第二次试算

对新x_2的相关参数重复上述步骤，有

$$\varepsilon_{x2} = \frac{\Delta\varepsilon_s x_2}{h - a_s - x_2} = \frac{2906 \times 10^{-6} \times 141.6}{600 - 50 - 141.6} = 1010 \times 10^{-6}$$

新ε_{x2}大于弹性开裂状态受压区边缘混凝土压应变$\varepsilon'_{cr} = 408 \times 10^{-6}$，因此采用非弹性分析法。

$$F_{c,2} = b f_{c,r} \left[c_2 + \frac{\left(1 - \frac{\varepsilon_{c2}}{\varepsilon_0}\right)^{n+1}}{n+1} \frac{\varepsilon_0}{\varepsilon_{c2}} c_2 - c_1 - \frac{\left(1 - \frac{\varepsilon_{c2}c_1}{c_2\varepsilon_0}\right)^{n+1}}{n+1} \frac{\varepsilon_0}{\varepsilon_{c2}} c_2 + c_L \right]$$

$$= 300 \times 36.5 \times \left[141.6 + \frac{\left(1 - \frac{1010 \times 10^{-6}}{2000 \times 10^{-6}}\right)^{2+1}}{2+1} \times \frac{2000 \times 10^{-6}}{1010 \times 10^{-6}} \times 141.6 - \right.$$

$$\left. 0 - \frac{(1-0)^{2+1}}{2+1} \times \frac{2000 \times 10^{-6}}{1010 \times 10^{-6}} \times 141.6 + (141.6 - 141.6) \right]$$

$$= 652.3 \times 10^3 \text{N}$$

与新$x_2 = 141.6$mm对应的预应力筋应变

$$\varepsilon_{p2} = \varepsilon_{p0} + \frac{h_p - x_2}{x_2} \varepsilon_{x2} = 5377 \times 10^{-6} + \frac{(600 - 120) - 141.6}{141.6} \times 1010 \times 10^{-6}$$

$$= 5377 \times 10^{-6} + 2404 \times 10^{-6} = 7781 \times 10^{-6}$$

按弹性计算，此时预应力筋应力

$\sigma_{p2} = \varepsilon_{p2} E_p = 7781 \times 10^{-6} \times 195000 = 1517.2 \text{N/mm}^2$，小于$f_{pym} = 1607.4 \text{N/mm}^2$，可见预应力筋仍处于弹性工作阶段，按弹性计算是合适的。

预应力筋与受拉普通钢筋的总拉力

$$F_{T2} = F_{p2} + F_s = 1517.2 \times 840 + 455.7 \times 804 = 1640.8 \times 10^3 \text{N}$$

$F_{c2} - F_{T2} = -988.6 \times 10^3 \text{N}$，$|F_{c1} - F_{T1}| < |F_{c2} - F_{T2}| = 988.6 \times 10^3 \text{N}$，所以去掉$(0, x_2 = 141.6)$段，保留$(141.6, 370.8)$段，在$(141.6, 370.8)$段内取新$x_2 = 141.6 + (370.8 - 141.6) \times 0.618 = 283.3$mm。

（3）第三次试算

对最新x_2的相关参数重复上述步骤，有

$$\varepsilon_{x2} = \frac{\Delta\varepsilon_s x_2}{h - a_s - x_2} = \frac{2906 \times 10^{-6} \times 283.3}{600 - 50 - 283.3} = 3081 \times 10^{-6}$$

ε_{x2}大于弹性开裂状态受压区边缘混凝土压应变$\varepsilon'_{cr} = 408 \times 10^{-6}$，因此采用非弹性分析法。

$$F_{c,2} = b f_{c,r} \left[c_2 + \frac{\left(1 - \frac{\varepsilon_{c2}}{\varepsilon_0}\right)^{n+1}}{n+1} \frac{\varepsilon_0}{\varepsilon_{c2}} c_2 - c_1 - \frac{\left(1 - \frac{\varepsilon_{c2}c_1}{c_2\varepsilon_0}\right)^{n+1}}{n+1} \frac{\varepsilon_0}{\varepsilon_{c2}} c_2 + c_L \right]$$

$$= 300 \times 36.5 \times \left[224.4 + \frac{\left(1 - \frac{2000 \times 10^{-6}}{2000 \times 10^{-6}}\right)^{2+1}}{2+1} \times \frac{2000 \times 10^{-6}}{2000 \times 10^{-6}} \times 224.4 - \right.$$

$$\left. 0 - \frac{(1-0)^{2+1}}{2+1} \times \frac{2000 \times 10^{-6}}{2000 \times 10^{-6}} \times 224.4 + (283.3 - 224.4) \right]$$

$$= 2280.2 \times 10^3 \text{N}$$

与 $x_2 = 283.3\text{mm}$ 对应的预应力筋应变

$$\varepsilon_{p2} = \varepsilon_{p0} + \frac{h_p - x_2}{x_2}\varepsilon_{x2} = 5377 \times 10^{-6} + \frac{(600 - 120) - 283.3}{283.3} \times 3081 \times 10^{-6}$$
$$= 5377 \times 10^{-6} + 2140 \times 10^{-6} = 7517 \times 10^{-6}$$

按弹性计算，此时预应力筋应力

$\sigma_{p2} = \varepsilon_{p2}E_p = 7517 \times 10^{-6} \times 195000 = 1465.8\text{N/mm}^2$，小于 $f_{pym} = 1607.4\text{N/mm}^2$，可见预应力筋仍处于弹性工作阶段，按弹性计算是合适的。

预应力筋与受拉普通钢筋的总拉力

$$F_{T2} = F_{p2} + F_s = 1465.8 \times 840 + 455.7 \times 804 = (1231.3 + 366.4) \times 10^3 = 1597.7 \times 10^3\text{N}$$

$F_{c2} - F_{T2} = 682.6 \times 10^3\text{N}$，$|F_{c1} - F_{T1}| = 69.7 \times 10^3\text{N} < |F_{c2} - F_{T2}| = 682.6 \times 10^3\text{N}$，所以去掉 $(c_2 = 283.3, 370.8)$ 段，保留 $(141.6, 283.3)$ 段，在 $(141.6, 283.3)$ 段内再取新 $c_2 = 283.3 - (283.3 - 141.6) \times 0.618 = 195.8\text{mm}$。

（4）第四次试算

对最新 x_2 的相关参数重复上述步骤，有

$$\varepsilon_{x2} = \frac{\Delta\varepsilon_s x_2}{h - a_s - x_2} = \frac{2906 \times 10^{-6} \times 195.8}{600 - 50 - 195.8} = 1603 \times 10^{-6}$$

ε_{x2} 大于弹性开裂状态受压区边缘混凝土压应变 $\varepsilon'_{cr} = 408 \times 10^{-6}$，因此采用非弹性分析法。

$$F_{c,2} = bf_{c,r}\left[c_2 + \frac{\left(1 - \dfrac{\varepsilon_{c2}}{\varepsilon_0}\right)^{n+1}}{n+1}\frac{\varepsilon_0}{\varepsilon_{c2}}c_2 - c_1 - \frac{\left(1 - \dfrac{\varepsilon_{c2}c_1}{c_2\varepsilon_0}\right)^{n+1}}{n+1}\frac{\varepsilon_0}{\varepsilon_{c2}}c_2 + c_L \right]$$

$$= 300 \times 36.5 \times \left[195.8 + \frac{\left(1 - \dfrac{1603 \times 10^{-6}}{2000 \times 10^{-6}}\right)^{2+1}}{2+1} \times \frac{2000 \times 10^{-6}}{1603 \times 10^{-6}} \times 195.8 - \right.$$

$$\left. 0 - \frac{(1-0)^{2+1}}{2+1} \times \frac{2000 \times 10^{-6}}{1603 \times 10^{-6}} \times 195.8 + 0 \right] = 1257.9 \times 10^3\text{N}$$

与 $x_2 = 195.8\text{mm}$ 对应的预应力筋应变

$$\varepsilon_{p2} = \varepsilon_{p0} + \frac{h_p - x_2}{x_2}\varepsilon_{x2} = 5377 \times 10^{-6} + \frac{(600 - 120) - 195.8}{195.8} \times 1603 \times 10^{-6}$$
$$= (5377 + 2328) \times 10^{-6} = 7705 \times 10^{-6}$$

按弹性计算，此时预应力筋应力

$\sigma_{p2} = \varepsilon_{p2}E_p = 7705 \times 10^{-6} \times 195000 = 1502.5\text{N/mm}^2$，小于 $f_{pym} = 1607.4\text{N/mm}^2$，可见预应力筋仍处于弹性工作阶段，按弹性计算是合适的。

预应力筋与受拉普通钢筋的总拉力

$$F_{T2} = F_{p2} + F_s = 1502.5 \times 840 + 455.7 \times 804 = 1628.5 \times 10^3\text{N}$$

$F_{c2} - F_{T2} = -370.6 \times 10^3 \text{N}$，$|F_{c1} - F_{T1}| = 69.7 \times 10^3 \text{N} < |F_{c2} - F_{T2}| = 370.6 \times 10^3 \text{N}$，所以去掉$(141.6, x_2 = 195.8)$段，保留$(195.8, 283.3)$段，在$(195.8, 283.3)$段内取最新$x_2 = 195.8 + (283.3 - 195.8) \times 0.618 = 249.8 \text{mm}$。

（5）第五次试算

对最新x_2的相关参数重复上述步骤，有

$$\varepsilon_{x2} = \frac{\Delta\varepsilon_s x_2}{h - a_s - x_2} = \frac{2906 \times 10^{-6} \times 249.8}{600 - 50 - 249.8} = 2415 \times 10^{-6}$$

ε_{x2}大于弹性开裂状态受压区边缘混凝土压应变$\varepsilon'_{cr} = 408 \times 10^{-6}$，因此采用非弹性分析法。

$$F_{c,2} = bf_{c,r}\left[c_2 + \frac{\left(1 - \frac{\varepsilon_{c2}}{\varepsilon_0}\right)^{n+1}}{n+1}\frac{\varepsilon_0}{\varepsilon_{c2}}c_2 - c_1 - \frac{\left(1 - \frac{\varepsilon_{c2}c_1}{c_2\varepsilon_0}\right)^{n+1}}{n+1}\frac{\varepsilon_0}{\varepsilon_{c2}}c_2 + c_L\right]$$

$$= 300 \times 36.5 \times \left[224.4 + \frac{\left(1 - \frac{2000 \times 10^{-6}}{2000 \times 10^{-6}}\right)^{2+1}}{2+1} \times \frac{2000 \times 10^{-6}}{2000 \times 10^{-6}} \times 224.4 - \right.$$

$$\left. 0 - \frac{(1-0)^{2+1}}{2+1} \times \frac{2000 \times 10^{-6}}{2000 \times 10^{-6}} \times 224.4 + (249.8 - 224.4)\right]$$

$$= (1636.7 + 277.9) \times 10^3 = 1914.6 \times 10^3 \text{N}$$

与$x_2 = 249.8 \text{mm}$对应的预应力筋应变

$$\varepsilon_{p2} = \varepsilon_{p0} + \frac{h_p - x_2}{x_2}\varepsilon_{x2} = 5377 \times 10^{-6} + \frac{(600 - 120) - 249.8}{249.8} \times 2415 \times 10^{-6}$$

$$= (5377 + 2225) \times 10^{-6} = 7602 \times 10^{-6}$$

按弹性计算，此时预应力筋应力

$\sigma_{p2} = \varepsilon_{p2}E_p = 7602 \times 10^{-6} \times 195000 = 1482.3 \text{N/mm}^2$，小于$f_{pym} = 1607.4 \text{N/mm}^2$，可见预应力筋仍处于弹性工作阶段，按弹性计算是合适的。

预应力筋与受拉普通钢筋的总拉力

$$F_{T2} = F_{p2} + F_s = 1482.3 \times 840 + 455.7 \times 804 = 1611.5 \times 10^3 \text{N}$$

$F_{c2} - F_{T2} = 303.0 \times 10^3 \text{N}$，$|F_{c1} - F_{T1}| = 69.7 \times 10^3 \text{N} < |F_{c2} - F_{T2}| = 303.0 \times 10^3 \text{N}$，所以去掉$(x_2 = 249.8, 283.3)$段，保留$(195.8, 249.8)$段，在$(195.8, 249.8)$段内取最新$x_2 = 249.8 - (249.8 - 195.8) \times 0.618 = 216.4 \text{mm}$。

（6）第六次试算

对最新x_2的相关参数重复上述步骤，有

$$\varepsilon_{x2} = \frac{\Delta\varepsilon_s x_2}{h - a_s - x_2} = \frac{2906 \times 10^{-6} \times 216.4}{600 - 50 - 216.4} = 1882 \times 10^{-6}$$

ε_{x2}大于弹性开裂状态受压区边缘混凝土压应变$\varepsilon'_{cr} = 408 \times 10^{-6}$，因此采用非弹性分析法。

$$F_{c,2} = bf_{c,r}\left[c_2 + \frac{\left(1 - \frac{\varepsilon_{c2}}{\varepsilon_0}\right)^{n+1}}{n+1}\frac{\varepsilon_0}{\varepsilon_{c2}}c_2 - c_1 - \frac{\left(1 - \frac{\varepsilon_{c2}c_1}{c_2\varepsilon_0}\right)^{n+1}}{n+1}\frac{\varepsilon_0}{\varepsilon_{c2}}c_2 + c_L\right]$$

$$= 300 \times 36.5 \times \left[216.4 + \frac{\left(1 - \frac{1882 \times 10^{-6}}{2000 \times 10^{-6}}\right)^{2+1}}{2+1}\times\frac{2000 \times 10^{-6}}{1882 \times 10^{-6}}\times 216.4 - \right.$$

$$\left. 0 - \frac{(1-0)^{2+1}}{2+1}\times\frac{2000 \times 10^{-6}}{1882 \times 10^{-6}}\times 216.4 + 0\right] = 1529.0 \times 10^3\text{N}$$

与 $x_2 = 216.4$mm 对应的预应力筋应变

$$\varepsilon_{p2} = \varepsilon_{p0} + \frac{h_p - x_2}{x_2}\varepsilon_{x2} = 5377 \times 10^{-6} + \frac{(600 - 120) - 216.4}{216.4}\times 1882 \times 10^{-6}$$
$$= 7670 \times 10^{-6}$$

按弹性计算，此时预应力筋应力

$\sigma_{p2} = \varepsilon_{p2}E_p = 7670 \times 10^{-6} \times 195000 = 1495.6\text{N/mm}^2$，小于 $f_{pym} = 1607.4\text{N/mm}^2$，可见预应力筋仍处于弹性工作阶段，按弹性计算是合适的。

预应力筋与受拉普通钢筋的总拉力

$$F_{T2} = F_{p2} + F_s = 1495.6 \times 840 + 455.7 \times 804 = (1256.3 + 366.4) \times 10^3 = 1622.7 \times 10^3\text{N}$$

$F_{c2} - F_{T2} = -93.13 \times 10^3\text{N}$，$|F_{c1} - F_{T1}| = 69.7 \times 10^3\text{N} < |F_{c2} - F_{T2}| = 93.13 \times 10^3\text{N}$，所以去掉 $(195.8, x_2 = 216.4)$ 段，保留 $(216.4, 249.8)$ 段，在 $(216.4, 249.8)$ 段内取最新 $x_2 = 216.4 + (249.8 - 216.4) \times 0.618 = 237.1$mm。

（7）第七次试算

对最新 x_2 的相关参数重复上述步骤，有

$$\varepsilon_{x2} = \frac{\Delta\varepsilon_s x_2}{h - a_s - x_2} = \frac{2906 \times 10^{-6} \times 237.1}{600 - 50 - 237.1} = 2198 \times 10^{-6}$$

ε_{x2} 大于弹性开裂状态受压区边缘混凝土压应变 $\varepsilon'_{cr} = 408 \times 10^{-6}$，因此采用非弹性分析法。

$$F_{c,2} = bf_{c,r}\left[c_2 + \frac{\left(1 - \frac{\varepsilon_{c2}}{\varepsilon_0}\right)^{n+1}}{n+1}\frac{\varepsilon_0}{\varepsilon_{c2}}c_2 - c_1 - \frac{\left(1 - \frac{\varepsilon_{c2}c_1}{c_2\varepsilon_0}\right)^{n+1}}{n+1}\frac{\varepsilon_0}{\varepsilon_{c2}}c_2 + c_L\right]$$

$$= 300 \times 36.5 \times \left[224.4 + \frac{\left(1 - \frac{2000 \times 10^{-6}}{2000 \times 10^{-6}}\right)^{2+1}}{2+1}\times\frac{2000 \times 10^{-6}}{2000 \times 10^{-6}}\times 224.4 - \right.$$

$$\left. 0 - \frac{(1-0)^{2+1}}{2+1}\times\frac{2000 \times 10^{-6}}{2000 \times 10^{-6}}\times 224.4 + (237.1 - 224.4)\right]$$

$$= (1636.7 + 138.2) \times 10^3 = 1774.9 \times 10^3\text{N}$$

与 $x_2 = 237.1\text{mm}$ 对应的预应力筋应变

$$\varepsilon_{p2} = \varepsilon_{p0} + \frac{h_p - x_2}{x_2}\varepsilon_{x2} = 5377 \times 10^{-6} + \frac{(600-120)-237.1}{237.1} \times 2198 \times 10^{-6}$$
$$= (5377 + 2252) \times 10^{-6} = 7629 \times 10^{-6}$$

按弹性计算，此时预应力筋应力

$\sigma_{p2} = \varepsilon_{p2}E_p = 7629 \times 10^{-6} \times 195000 = 1487.7\text{N/mm}^2$，小于 $f_{pym} = 1607.4\text{N/mm}^2$，可见预应力筋仍处于弹性工作阶段，按弹性计算是合适的。

预应力筋与受拉普通钢筋的总拉力

$$F_{T2} = F_{p2} + F_s = 1487.7 \times 840 + 455.7 \times 804 = (1249.7 + 366.4) \times 10^3 = 1616.1 \times 10^3\text{N}$$

$F_{c2} - F_{T2} = (1774.9 - 1616.1) \times 10^3 = 158.9 \times 10^3\text{N}$，$|F_{c1} - F_{T1}| = 69.7 \times 10^3\text{N} < |F_{c2} - F_{T2}| = 158.9 \times 10^3\text{N}$，所以去掉 $(x_2 = 237.1, 249.8)$ 段，保留 $(216.4, 237.1)$ 段，在 $(216.4, 237.1)$ 段内取最新 $x_2 = 237.1 - (237.1 - 216.4) \times 0.618 = 224.3$。

（8）第八次试算

对最新 x_2 的相关参数重复上述步骤，有

$$\varepsilon_{x2} = \frac{\Delta\varepsilon_s x_2}{h - a_s - x_2} = \frac{2906 \times 10^{-6} \times 224.3}{600 - 50 - 224.3} = 1998 \times 10^{-6}$$

ε_{x2} 大于弹性开裂状态受压区边缘混凝土压应变 $\varepsilon'_{cr} = 408 \times 10^{-6}$，因此采用非弹性分析法。

$$F_{c,2} = bf_{c,r}\left[c_2 + \frac{\left(1 - \frac{\varepsilon_{c2}}{\varepsilon_0}\right)^{n+1}}{n+1}\frac{\varepsilon_0}{\varepsilon_{c2}}c_2 - c_1 - \frac{\left(1 - \frac{\varepsilon_{c2}c_1}{c_2\varepsilon_0}\right)^{n+1}}{n+1}\frac{\varepsilon_0}{\varepsilon_{c2}}c_2 + c_L\right]$$

$$= 300 \times 36.5 \times \left[224.3 + \frac{\left(1 - \frac{2000 \times 10^{-6}}{2000 \times 10^{-6}}\right)^{2+1}}{2+1} \times \frac{2000 \times 10^{-6}}{2000 \times 10^{-6}} \times 224.3 - \right.$$

$$\left. 0 - \frac{(1-0)^{2+1}}{2+1} \times \frac{2000 \times 10^{-6}}{2000 \times 10^{-6}} \times 224.3 + 0\right] = 1635.9 \times 10^3\text{N}$$

与 $x_2 = 224.3\text{mm}$ 对应的预应力筋应变

$$\varepsilon_{p2} = \varepsilon_{p0} + \frac{h_p - x_2}{x_2}\varepsilon_{x2} = 5377 \times 10^{-6} + \frac{(600-120)-224.3}{224.3} \times 1998 \times 10^{-6}$$
$$= 5377 \times 10^{-6} + 2278 \times 10^{-6} = 7655 \times 10^{-6}$$

按弹性计算，此时预应力筋应力

$\sigma_{p2} = \varepsilon_{p2}E_p = 7655 \times 10^{-6} \times 195000 = 1492.7\text{N/mm}^2$，小于 $f_{pym} = 1607.4\text{N/mm}^2$，可见预应力筋仍处于弹性工作阶段，按弹性计算是合适的。

预应力筋与受拉普通钢筋的总拉力

$$F_{T2} = F_{p1} + F_s = 1492.7 \times 840 + 455.7 \times 804 = 1620.2 \times 10^3 \text{N}$$

$F_{c2} - F_{T2} = (1635.9 - 1620.2) \times 10^3 = 14.97 \times 10^3 \text{N}$，$|F_{c1} - F_{T1}| = 69.7 \times 10^3 \text{N} > |F_{c2} - F_{T2}| = 15.7 \times 10^3 \text{N}$，所以去掉$(x_1 = 229.2, 237.1)$段，保留$(216.4, 229.2)$段，在$(216.4, 229.2)$段内取新$x_1 = 229.2 - (229.2 - 216.4) \times 0.618 = 221.3$。原来的$x_1 = 229.2\text{mm}$ 被新的$x_1 = 221.3\text{mm}$ 替换，余同。

（9）第九次试算

对新x_1的相关参数重复上述步骤，有

$$\varepsilon_{x1} = \frac{\Delta \varepsilon_s x_1}{h - a_s - x_1} = \frac{2906 \times 10^{-6} \times 221.3}{600 - 50 - 221.3} = 1953 \times 10^{-6}$$

ε_{x1}大于弹性开裂状态受压区边缘混凝土压应变$\varepsilon'_{cr} = 408 \times 10^{-6}$，因此采用非弹性分析法。

$$F_{c,1} = b f_{c,r} \left[c_2 + \frac{\left(1 - \frac{\varepsilon_{c2}}{\varepsilon_0}\right)^{n+1}}{n+1} \frac{\varepsilon_0}{\varepsilon_{c2}} c_2 - c_1 - \frac{\left(1 - \frac{\varepsilon_{c2} c_1}{c_2 \varepsilon_0}\right)^{n+1}}{n+1} \frac{\varepsilon_0}{\varepsilon_{c2}} c_2 + c_L \right]$$

$$= 300 \times 36.5 \times \left[221.3 + \frac{\left(1 - \frac{1953 \times 10^{-6}}{2000 \times 10^{-6}}\right)^{2+1}}{2+1} \times \frac{2000 \times 10^{-6}}{1953 \times 10^{-6}} \times 221.3 - \right.$$

$$\left. 0 - \frac{(1-0)^{2+1}}{2+1} \times \frac{2000 \times 10^{-6}}{1953 \times 10^{-6}} \times 221.3 + 0 \right] = 1594.6 \times 10^3 \text{N}$$

与$x_1 = 221.3\text{mm}$对应的预应力筋应变

$$\varepsilon_{p1} = \varepsilon_{p0} + \frac{h_p - x_1}{x_1} \varepsilon_{x1} = 5377 \times 10^{-6} + \frac{600 - 120 - 221.3}{221.3} \times 1953 \times 10^{-6}$$
$$= 7661 \times 10^{-6}$$

按弹性计算，此时预应力筋应力

$\sigma_{p1} = \varepsilon_{p1} E_p = 7661 \times 10^{-6} \times 195000 = 1493.8 \text{N/mm}^2$，小于$f_{pym} = 1607.4 \text{N/mm}^2$，可见预应力筋仍处于弹性工作阶段，按弹性计算是合适的。

预应力筋与受拉普通钢筋的总拉力

$$F_{T1} = F_{p1} + F_s = 1493.8 \times 840 + 455.7 \times 804 = (1254.8 + 366.4) \times 10^3 = 1621.2 \times 10^3 \text{N}$$

$F_{c1} - F_{T1} = (1594.6 - 1621.2) \times 10^3 = -26.6 \times 10^3 \text{N}$，$|F_{c1} - F_{T1}| = 26.6 \times 10^3 \text{N} > |F_{c2} - F_{T2}| = 15.7 \times 10^3 \text{N}$，所以去掉$(195.8, x_1 = 221.3)$段，保留$(221.3, 224.3)$段，在$(221.3, 224.3)$段内取$x_1 = 221.3 + (224.3 - 221.3) \times 0.618 = 223.2\text{mm}$。

（10）第十次试算

对最新x_1的相关参数重复上述步骤，有

$$\varepsilon_{x1} = \frac{\Delta\varepsilon_s x_1}{h - a_s - x_1} = \frac{2906 \times 10^{-6} \times 223.2}{600 - 50 - 223.2} = 1984 \times 10^{-6}$$

ε_{x1} 大于弹性开裂状态受压区边缘混凝土压应变 $\varepsilon'_{cr} = 408 \times 10^{-6}$，因此采用非弹性分析法。

$$F_{c,1} = bf_{c,r}\left[c_2 + \frac{\left(1 - \frac{\varepsilon_{c2}}{\varepsilon_0}\right)^{n+1}}{n+1}\frac{\varepsilon_0}{\varepsilon_{c2}}c_2 - c_1 - \frac{\left(1 - \frac{\varepsilon_{c2}c_1}{c_2\varepsilon_0}\right)^{n+1}}{n+1}\frac{\varepsilon_0}{\varepsilon_{c2}}c_2 + c_L\right]$$

$$= 300 \times 36.5 \times \left[223.2 + \frac{\left(1 - \frac{1984 \times 10^{-6}}{2000 \times 10^{-6}}\right)^{2+1}}{2+1} \times \frac{2000 \times 10^{-6}}{1984 \times 10^{-6}} \times 223.2 - \right.$$

$$\left. 0 - \frac{(1-0)^{2+1}}{2+1} \times \frac{2000 \times 10^{-6}}{1984 \times 10^{-6}} \times 223.2 + 0\right] = 1619.5 \times 10^3 \text{N}$$

与 $x_1 = 223.2$mm 对应的预应力筋应变

$$\varepsilon_{p1} = \varepsilon_{p0} + \frac{h_p - x_1}{x_1}\varepsilon_{x1} = 5377 \times 10^{-6} + \frac{(600 - 120) - 223.2}{223.2} \times 1984 \times 10^{-6}$$

$$= 5377 \times 10^{-6} + 2280 \times 10^{-6} = 7657 \times 10^{-6}$$

按弹性计算，此时预应力筋应力

$\sigma_{p1} = \varepsilon_{p1}E_p = 7657 \times 10^{-6} \times 195000 = 1493.1\text{N/mm}^2$，小于 $f_{pym} = 1607.4\text{N/mm}^2$，可见预应力筋仍处于弹性工作阶段，按弹性计算是合适的。

预应力筋与受拉普通钢筋的总拉力

$$F_{T1} = F_{p1} + F_s = 1493.1 \times 840 + 455.7 \times 804 = (1254.2 + 366.4) \times 10^3 = 1620.6 \times 10^3 \text{N}$$

$F_{c1} - F_{T1} = (1619.5 - 1620.6) \times 10^3 = -1.1 \times 10^3 \text{N}$，已经较好地满足力的平衡条件了。

综上可发现，采用黄金分割法仅试算 10 次，就能较准确地完成计算，效能优势还是非常明显的。取精度为 1×10^{-6}，采用 PCNAD 软件计算，得到中和轴至受压区边缘距离 $c = 223.3$mm（小数点后保留 1 位有效数字），与手算结果 $c = 223.2$mm 非常接近。此时，受压区边缘混凝土压应变 $\varepsilon_c = 1982 \times 10^{-6}$，大于弹性开裂状态受压区边缘混凝土压应变 $\varepsilon'_{cr} = 408 \times 10^{-6}$，因此采用非弹性分析法。下面采用 $c = 223.3$mm，对该阶段的各项指标进行计算。

依据公式(2.4-1)可求得受压区边缘混凝土压应力

$$\sigma_c = f_{c,r}\left[1 - \left(1 - \frac{\varepsilon_c}{\varepsilon_0}\right)^n\right] = 36.5 \times \left[1 - \left(1 - \frac{1982 \times 10^{-6}}{2000 \times 10^{-6}}\right)^2\right] = 36.5\text{N/mm}^2$$

将 $n = 2$、$b = 300$mm、$f_{c,r} = 36.5\text{N/mm}^2$、$c_1 = 0$、$c_2 = 223.3$mm、$\varepsilon_{c1} = 0$、$\varepsilon_{c2} = 1982 \times 10^{-6}$、$c_L$ 代入公式(2.4-4)、公式(2.4-10)并化简，得到矩形截面混凝土压应力合力

$$F_c = bf_{c,r}\left[c_2 - c_1 + \frac{\left(1 - \frac{\varepsilon_{c2}}{\varepsilon_0}\right)^{n+1}}{n+1}\frac{\varepsilon_0}{\varepsilon_{c2}}c_2 - \frac{\left(1 - \frac{\varepsilon_{c2}c_1}{c_2\varepsilon_0}\right)^{n+1}}{n+1}\frac{\varepsilon_0}{\varepsilon_{c2}}c_2\right]$$

$$= 300 \times 36.5 \times \left[(223.3 - 0) + \frac{\left(1 - \frac{223.3 \times 1982 \times 10^{-6}}{223.3 \times 2000 \times 10^{-6}}\right)^{2+1}}{2+1} \times \frac{2000 \times 10^{-6}}{1982 \times 10^{-6}} \times 223.3 - \right.$$

$$\left.\frac{(1-0)^{2+1}}{2+1} \times \frac{2000 \times 10^{-6}}{1982 \times 10^{-6}} \times 223.3 + 0\right] = 1620.9 \times 10^3\text{N}$$

将 $n = 2$、$b = 300\text{mm}$、$f_{c,r} = 36.5\text{N/mm}^2$、$c_1 = 0$、$c_2 = 223.3\text{mm}$、$\varepsilon_{c1} = 0$、$\varepsilon_{c2} = 1982 \times 10^{-6}$、$c_L$ 代入公式(2.4-6)~公式(2.4-15)并化简，得到矩形截面抛物线部分混凝土压应力合力至中和轴的距离 $\bar{x}$

$$\int_{c1}^{c2} \sigma_c \, bx \, dx = bf_{c,r}\left\{\frac{1}{2}c_2^2 - \left[\frac{\left(1 - \frac{\varepsilon_{c2}}{\varepsilon_0}\right)^{n+1}\frac{-\varepsilon_0 c_2^2}{\varepsilon_{c2}}}{n+1} - \frac{\left(1 - \frac{\varepsilon_{c2}}{\varepsilon_0}\right)^{n+2}\left(\frac{\varepsilon_0 c_2}{\varepsilon_{c2}}\right)^2}{(n+1)(n+2)}\right] - \frac{1}{2}c_1^2 + \right.$$

$$\left.\left[\frac{\left(1 - \frac{\varepsilon_{c1}}{\varepsilon_0}\right)^{n+1}\frac{-\varepsilon_0 c_1 c_2}{\varepsilon_{c2}}}{n+1} - \frac{\left(1 - \frac{\varepsilon_{c2}c_1}{c_2\varepsilon_0}\right)^{n+2}\left(\frac{\varepsilon_0 c_2}{\varepsilon_{c2}}\right)^2}{(n+1)(n+2)}\right]\right\} = 300 \times 36.5 \times$$

$$\left\{\frac{1}{2} \times 223.3^2 - \left[\frac{\left(1 - \frac{1982 \times 10^{-6}}{2000 \times 10^{-6}}\right)^{2+1} \times \frac{-2000 \times 10^{-6} \times 223.3^2}{1982 \times 10^{-6}}}{2+1} - \right.\right.$$

$$\left.\frac{\left(1 - \frac{1982 \times 10^{-6}}{2000 \times 10^{-6}}\right)^{2+2} \times \left(\frac{2000 \times 10^{-6} \times 223.3}{1982 \times 10^{-6}}\right)^2}{(2+1) \times (2+2)}\right] - 0 +$$

$$\left.\left[0 - \frac{1 \times \left(\frac{2000 \times 10^{-6} \times 223.3}{1982 \times 10^{-6}}\right)^2}{(2+1) \times (2+2)}\right]\right\} = 226.4 \times 10^6\text{N} \cdot \text{mm}$$

$$\bar{x} = \frac{\int_{c1}^{c2} \sigma_c \, bx \, dx}{F_c} = \frac{226.4 \times 10^6}{1620.9 \times 10^3} = 139.7\text{mm}$$

预应力筋增加的应力，可通过公式(2.4-17)算出。取全截面消压状态下预应力筋的应变 ε_{p0} 作为计算起点，该阶段受拉区预应力筋应变

$$\varepsilon_p = \varepsilon_{p0} + \frac{h_p - c}{c}\varepsilon_c = 5377 \times 10^{-6} + \frac{(600 - 120) - 223.3}{223.3} \times 1982 \times 10^{-6}$$

$$= 5377 \times 10^{-6} + 2280 \times 10^{-6} = 7657 \times 10^{-6}$$

按弹性计算，此时预应力筋应力

$\sigma_p = \varepsilon_p E_p = 7657 \times 10^{-6} \times 195000 = 1493.1 \text{N/mm}^2$，小于 $f_{pym} = 1607.4 \text{N/mm}^2$，可见预应力筋仍处于弹性工作阶段，按弹性计算是合适的。

下面复核受拉普通钢筋应力。普通钢筋增加的应力，可通过公式(2.4-16)算出。取全截面消压状态下普通钢筋的应变 ε_{s0} 作为计算起点，该阶段受拉普通钢筋应变

$$\varepsilon_s = \varepsilon_{s0} + \frac{h_s - c}{c}\varepsilon_c = -623 \times 10^{-6} + \frac{(600 - 50) - 223.3}{223.3} \times 1982 \times 10^{-6}$$
$$= (2901 - 623) \times 10^{-6} = 2278 \times 10^{-6}$$

受拉普通钢筋应力为

$\sigma_s = \varepsilon_s E_s = 2278 \times 10^{-6} \times 200000 = 455.7 \text{N/mm}^2$，与受拉区纵向普通钢筋屈服点 $f_{ym} = 455.7 \text{N/mm}^2$ 一致。

预应力筋与受拉普通钢筋的总拉力

$$F_T = F_p + F_s = 1493.1 \times 840 + 455.7 \times 804 = 1254.2 \times 10^3 + 366.4 \times 10^3$$
$$= 1620.6 \times 10^3 \text{N}$$

$F_c - F_T = (1620.9 - 1620.6) \times 10^3 = 0.3 \times 10^3 \text{N}$，已经很好地满足力的平衡条件了。

对混凝土压应力中心取矩，可求得该状态下的作用弯矩

$$M_{y,r} = F_p(h_p - c + \bar{x}) + F_s(h_s - c + \bar{x}) = 1493.1 \times 10^3 \times (600 - 120 - 223.3 + 139.7) +$$
$$366.4 \times 10^3 \times (600 - 50 - 223.3 + 139.7) = 668.0 \times 10^6 \text{N} \cdot \text{mm}$$

此状态下截面曲率

$$\phi = \varepsilon_c/c = 1982 \times 10^{-6}/223.3 = 8.8795 \times 10^{-6} \text{rad/mm}$$

对受拉普通钢筋屈服状态下手算与电算对比结果进行汇总，见表 3.2-5。可知，受拉普通钢筋屈服状态下手算与电算结果符合程度很好。

受拉普通钢筋屈服状态下手算与电算结果对比　　　　表 3.2-5

参数	手算结果①	电算结果②	①/②
抵抗弯矩（N·mm）	668.0×10^6	667.9×10^6	1.00
曲率（rad/mm）	8.879×10^{-6}	8.877×10^{-6}	1.00
预应力筋应力（N/mm²）	1493.1	1492.9	1.00
普通钢筋应力（N/mm²）	455.7	455.6	1.00

6）均匀受压时混凝土极限应变状态

当均匀受压时混凝土极限应变状态时，对应压应变 $\varepsilon_c = 2000 \times 10^{-6}$，大于开裂状态对应压应变 $\varepsilon'_{cr} = 408 \times 10^{-6}$，因此采用非弹性分析法。

经过试算，求得 $c = 222.9 \text{mm}$。将 $n = 2$、$b = 300 \text{mm}$、$f_{c,r} = 36.5 \text{N/mm}^2$、$c_1 = 0$、$c_2 = 222.9 \text{mm}$、$\varepsilon_{c1} = 0$、$\varepsilon_{c2} = 2000 \times 10^{-6}$、$c_L = 0$ 代入公式(2.4-4)并化简，得到矩形截面混凝土压应力合力为

$$F_c = bf_{c,r}\left[c_2 + \frac{\left(1 - \frac{\varepsilon_{c2}}{\varepsilon_0}\right)^{n+1}}{n+1}\frac{\varepsilon_0}{\varepsilon_{c2}}c_2 - c_1 - \frac{\left(1 - \frac{\varepsilon_{c2}c_1}{c_2\varepsilon_0}\right)^{n+1}}{n+1}\frac{\varepsilon_0}{\varepsilon_{c2}}c_2 + c_L\right]$$

$$= 300 \times 36.5 \times \left[222.9 + \frac{\left(1 - \frac{2000 \times 10^6}{2000 \times 10^6}\right)^{2+1}}{2+1} \times \frac{2000 \times 10^6}{2000 \times 10^6} \times 222.9 - \right.$$

$$\left. 0 \quad \frac{(1-0)^{2+1}}{2+1} \times \frac{2000 \times 10^6}{2000 \times 10^6} \times 222.9 + 0\right] = 1625.8 \times 10^3\text{N}$$

将 $n = 2$、$b = 300\text{mm}$、$f_{c,r} = 36.5\text{N/mm}^2$、$c_1 = 0$、$c_2 = 222.9\text{mm}$、$\varepsilon_{c1} = 0$、$\varepsilon_{c2} = 2000 \times 10^{-6}$、$c_L$ 代入公式(2.4-6)~公式(2.4-15)并化简，得到矩形截面混凝土压应力合力至中和轴的距离 $\bar{x}$

$$\int_{c1}^{c2}\sigma_c bx\,\mathrm{d}x = bf_{c,r}\left\{\frac{1}{2}c_2^2 - \left[\frac{\left(1 - \frac{\varepsilon_{c2}}{\varepsilon_0}\right)^{n+1}\frac{-\varepsilon_0 c_2^2}{\varepsilon_{c2}}}{n+1} - \frac{\left(1 - \frac{\varepsilon_{c2}}{\varepsilon_0}\right)^{n+2}\left(\frac{\varepsilon_0 c_2}{\varepsilon_{c2}}\right)^2}{(n+1)(n+2)}\right] - \frac{1}{2}c_1^2 + \right.$$

$$\left.\left[\frac{\left(1 - \frac{\varepsilon_{c1}}{\varepsilon_0}\right)^{n+1}\frac{-\varepsilon_0 c_1 c_2}{\varepsilon_{c2}}}{n+1} - \frac{\left(1 - \frac{\varepsilon_{c2}c_1}{c_2\varepsilon_0}\right)^{n+2}\left(\frac{\varepsilon_0 c_2}{\varepsilon_{c2}}\right)^2}{(n+1)(n+2)}\right]\right\} = 300 \times 36.5 \times$$

$$\left\{\frac{1}{2} \times 222.9^2 - \left[\frac{\left(1 - \frac{2000 \times 10^{-6}}{2000 \times 10^{-6}}\right)^3 \times \frac{-2000 \times 10^{-6} \times 222.9^2}{2000 \times 10^{-6}}}{2+1} - \right.\right.$$

$$\frac{\left(1 - \frac{2000 \times 10^{-6}}{2000 \times 10^{-6}}\right)^4 \times \left(\frac{2000 \times 10^{-6} \times 222.9}{2000 \times 10^{-6}}\right)^2}{(2+1) \times (2+2)}\right] -$$

$$\left.0 - \frac{\left(\frac{2000 \times 10^{-6} \times 222.9}{2000 \times 10^{-6}}\right)^2}{(2+1) \times (2+2)}\right\} = 226.5 \times 10^6\text{N} \cdot \text{mm}$$

$$\bar{x} = \frac{\int_{c1}^{c2}\sigma_c bx\,\mathrm{d}x}{F_c} = \frac{227 \times 10^6}{1625.8 \times 10^3} = 139.3\text{mm}$$

取全截面消压状态下预应力筋的应变 ε_{p0} 作为计算起点，通过公式(2.4-17)算出该阶段受拉区预应力筋应变

$$\varepsilon_p = \varepsilon_{p0} + \frac{h_p - c}{c}\varepsilon_c = 5377 \times 10^{-6} + \frac{(600 - 120) - 222.9}{222.9} \times 2000 \times 10^{-6}$$

$$= 5377 \times 10^{-6} + 2306 \times 10^{-6} = 7683 \times 10^{-6}$$

按弹性计算，此时预应力筋应力

$\sigma_p = \varepsilon_p E_p = 7683 \times 10^{-6} \times 195000 = 1498.2 \text{N/mm}^2$，小于 $f_{ym} = 1607.4 \text{N/mm}^2$，可见预应力筋确实处于弹性工作阶段，按弹性计算是合适的。

取全截面消压状态下普通钢筋的应变 ε_{s0} 作为计算起点，通过公式(2.4-16)算出该阶段受拉普通钢筋应变

$$\varepsilon_s = \varepsilon_{s0} + \frac{h_s - c}{c}\varepsilon_c = -623 \times 10^{-6} + \frac{(600 - 50) - 222.9}{222.9} \times 2000 \times 10^{-6}$$
$$= (2934 - 623) \times 10^{-6} = 2311 \times 10^{-6}$$

受拉普通钢筋应力为

$\sigma_s = \varepsilon_s E_s = 2311 \times 10^{-6} \times 200000 = 461.3 \text{N/mm}^2$，大于受拉普通钢筋屈服点 $f_{ym} = 455.7 \text{N/mm}^2$，应该按非弹性计算。又 $\varepsilon_s = 2311 \times 10^{-6}$ 小于硬化起点应变平均值 $\varepsilon_{uy} = 11392 \times 10^{-6}$，依据公式(2.4-16)求得其应力 $\sigma_s = f_{y,r} = 455.7 \text{N/mm}^2$。

预应力筋与受拉普通钢筋的总拉力
$$T = F_p + F_s = 1498.2 \times 840 + 455.7 \times 804 = 1258.5 \times 10^3 + 371.7 \times 10^3$$
$$= 1630.2 \times 10^3 \text{N}$$

$F_c - F_T = (1625.8 - 1630.2) \times 10^3 = -4.4 \times 10^3 \text{N}$，已经较好地满足力的平衡条件了。

对混凝土压应力合力中心取矩
$$M = F_p(h_p - c + \bar{x}) + F_s(h_s - c + \bar{x})$$
$$= 1258.5 \times 10^3 \times (600 - 120 - 222.9 + 139.3) + 371.7 \times 10^3 \times$$
$$(600 - 560 - 222.9 + 139.3) = 672.2 \times 10^6 \text{N} \cdot \text{mm}$$

此状态下截面曲率
$$\phi = \varepsilon_c/c = (2000 \times 10^{-6})/222.9 = 8.971 \times 10^{-6} \text{rad/mm}$$

对受压区边缘均匀受压时混凝土极限应变状态下的手算与电算对比结果进行汇总，见表3.2-6。可知，手算与电算结果符合程度很好。

均匀受压时混凝土极限应变状态下手算与电算结果对比 表3.2-6

参数	手算结果①	电算结果②	①/②
抵抗弯矩（N·mm）	672.2×10^6	669.7×10^6	1.00
曲率（rad/mm）	8.971×10^{-6}	8.971×10^{-6}	1.00
预应力筋应力（N/mm²）	1498.2	1498.2	1.00
普通钢筋应力（N/mm²）	455.7	455.7	1.00

7）预应力筋屈服状态

当达到预应力筋屈服状态时，经过试算，求得混凝土受压区高度 $c = 217.9 \text{mm}$，截面受压区边缘混凝土压应变 $\varepsilon_c = 2383 \times 10^{-6}$，大于开裂状态受压区边缘混凝土压应变 $\varepsilon'_{cr} = 408 \times 10^{-6}$，因此采用非弹性分析法。

由截面应变保持平面假定还可推得，当 $\varepsilon_x = \varepsilon_0 = 2000 \times 10^{-6}$ 时，混凝土压应力抛物线顶部距中和轴的高度

$$c_2 = \frac{\varepsilon_0 c}{\varepsilon_c} = \frac{2000 \times 10^{-6} \times 217.9}{2383 \times 10^{-6}} = 182.9\text{mm}$$

将 $n = 2$、$b = 300\text{mm}$、$f_{c,r} = 36.5\text{N/mm}^2$、$c_1 = 0$、$c_2 = 182.9\text{mm}$、$c = 217.9\text{mm}$、$\varepsilon_{c1} = 0$、$\varepsilon_{c2} = 2000 \times 10^{-6}$、$c_L$ 代入公式(2.4-4)并化简，得到矩形截面混凝土压应力合力

$$F_c = F_{cp} + F_{cl} = bf_{c,r}\left[c_2 + \frac{\left(1 - \frac{\varepsilon_{c2}}{\varepsilon_0}\right)^{n+1}}{n+1}\frac{\varepsilon_0}{\varepsilon_{c2}}c_2 - c_1 - \frac{\left(1 - \frac{\varepsilon_{c2}c_1}{c_2\varepsilon_0}\right)^{n+1}}{n+1}\frac{\varepsilon_0}{\varepsilon_{c2}}c_2 + (c - c_2) + c_L\right]$$

$$= 300 \times 36.5 \times \left[182.9 + \frac{\left(1 - \frac{2000 \times 10^{-6}}{2000 \times 10^{-6}}\right)^{2+1}}{2+1} \times \frac{2000 \times 10^{-6}}{2000 \times 10^{-6}} \times 182.9 - \right.$$

$$\left. 0 - \frac{(1-0)^{2+1}}{2+1} \times \frac{2000 \times 10^{-6}}{2000 \times 10^{-6}} \times 182.9 + (217.9 - 182.9)\right]$$

$$= (1333.5 + 382.9) \times 10^3 = 1716.4 \times 10^3 \text{N}$$

将 $n = 2$、$b = 300\text{mm}$、$f_{c,r} = 36.5\text{N/mm}^2$、$c_1 = 0$、$c_2 = 182.9\text{mm}$、$c = 217.9\text{mm}$、$\varepsilon_{c1} = 0$、$\varepsilon_{c2} = 2000 \times 10^{-6}$、$c_L$ 代入公式(2.4-6)～公式(2.4-15)并化简，得到矩形截面混凝土压应力合力至中和轴的距离 $\bar{x}$

$$\int_{c1}^{c2} \sigma_c bx\,\mathrm{d}x = bf_{c,r}\left\{\frac{1}{2}c_2^2 - \left[\frac{\left(1 - \frac{\varepsilon_{c2}}{\varepsilon_0}\right)^{n+1}\frac{-\varepsilon_0 c_2^2}{\varepsilon_{c2}}}{n+1} - \frac{\left(1 - \frac{\varepsilon_{c2}}{\varepsilon_0}\right)^{n+2}\left(\frac{\varepsilon_0 c_2}{\varepsilon_{c2}}\right)^2}{(n+1)(n+2)}\right] - \frac{1}{2}c_1^2 + \right.$$

$$\left. \left[\frac{\left(1 - \frac{\varepsilon_{c1}}{\varepsilon_0}\right)^{n+1}\frac{-\varepsilon_0 c_1 c_2}{\varepsilon_{c2}}}{n+1} - \frac{\left(1 - \frac{\varepsilon_{c2}c_1}{c_2\varepsilon_0}\right)^{n+2}\left(\frac{\varepsilon_0 c_2}{\varepsilon_{c2}}\right)^2}{(n+1)(n+2)}\right]\right\} = 300 \times 36.5 \times$$

$$\left\{\frac{1}{2} \times 182.9^2 - \left[\frac{\left(1 - \frac{2000 \times 10^{-6}}{2000 \times 10^{-6}}\right)^3 \times \frac{-2000 \times 10^{-6} \times 182.9^2}{2000 \times 10^{-6}}}{2+1} - \right.\right.$$

$$\left. \frac{\left(1 - \frac{2000 \times 10^{-6}}{2000 \times 10^{-6}}\right)^4 \times \left(\frac{2000 \times 10^{-6} \times 182.9}{2000 \times 10^{-6}}\right)^2}{(2+1) \times (2+2)}\right] -$$

$$\left. 0 - \frac{\left(\frac{2000 \times 10^{-6} \times 182.9}{2000 \times 10^{-6}}\right)^2}{(2+1) \times (2+2)}\right\} = 152.4 \times 10^6 \text{N} \cdot \text{mm}$$

$$\bar{x}_{pl} = \frac{\int_{c1}^{c2} \sigma_c bx\,\mathrm{d}x}{F_c} = \frac{152.4 \times 10^6}{1333.5 \times 10^3} = 114.3\text{mm}$$

$$\bar{x} = \frac{F_{cp}\bar{x}_{pl} + F_{cl}[c_2 - c_1 + (c - c_2)/2]}{F_c} = \frac{[1333.5 \times 114.3 + 382.9 \times (217.9 - 182.9)/2]}{1625.8 \times 10^3}$$
$$= 133.5mm$$

取全截面消压状态下预应力筋的应变ε_{p0}作为计算起点,通过公式(2.4-17)算出该阶段受拉区预应力筋应变

$$\varepsilon_p = \varepsilon_{p0} + \frac{h_p - c}{c}\varepsilon_c = 5377 \times 10^{-6} + \frac{(600 - 120) - 217.9}{217.9} \times 2383 \times 10^{-6}$$
$$= 5377 \times 10^{-6} + 2867 \times 10^{-6} = 8244 \times 10^{-6}$$

按弹性计算,此时预应力筋应力

$\sigma_p = \varepsilon_p E_p = 8244 \times 10^{-6} \times 195000 = 1607.6N/mm^2$,基本等于$f_{ym} = 1607.4N/mm^2$,可见预应力筋确实进入了条件屈服点。

取全截面消压状态下普通钢筋的应变ε_{s0}作为计算起点,通过公式(2.4-16)算出该阶段受拉普通钢筋应变

$$\varepsilon_s = \varepsilon_{s0} + \frac{h_s - c}{c}\varepsilon_c = -623 \times 10^{-6} + \frac{(600 - 50) - 217.9}{217.9} \times 2383 \times 10^{-6}$$
$$= (3632 - 623) \times 10^{-6} = 3009 \times 10^{-6}$$

受拉普通钢筋应力

$\sigma_s = \varepsilon_s E_s = 3009 \times 10^{-6} \times 200000 = 602N/mm^2$,大于受拉普通钢筋屈服点$f_{ym} = 455.7N/mm^2$,应该按非弹性计算。又$\varepsilon_s = 3009 \times 10^{-6}$小于硬化起点平均应变值$\varepsilon_{uym} = 11392 \times 10^{-6}$,依据公式(2.4-16)求得其应力$\sigma_s = f_{y,r} = 455.7N/mm^2$。

预应力筋与受拉普通钢筋的总拉力

$$T = F_p + F_s = 1607.6 \times 840 + 455.7 \times 804 = (1350.4 + 366.4) \times 10^3 = 1716.8 \times 10^3 N$$

$F_c - F_T = -0.3 \times 10^3 N$,已经很好地满足力的平衡条件了。

对混凝土压应力中心取矩,可求得该状态下的作用弯矩

$$M_{py,r} = F_p(h_p - c + \bar{x}) + F_s(h_s - c + \bar{x}) = 1350.4 \times 10^3 \times (600 - 120 - 217.9 + 133.5) +$$
$$366.4 \times 10^3 \times (600 - 50 - 217.9 + 133.5) = 704.8 \times 10^6 N \cdot mm$$

此状态下截面曲率

$$\phi = \varepsilon_c/c = 2383 \times 10^{-6}/217.9 = 10.938 \times 10^{-6}rad/mm$$

对预应力筋屈服状态下的手算与电算对比结果进行汇总,见表3.2-7。可知,预应力筋屈服状态下手算与电算结果符合程度很好。

预应力筋屈服状态下手算与电算结果对比　　　　　　　　　　　　表3.2-7

参数	手算结果①	电算结果②	①/②
抵抗弯矩（N·mm）	704.8×10^6	704.8×10^6	1.00
曲率（rad/mm）	10.938×10^{-6}	10.938×10^{-6}	1.00
预应力筋应力（N/mm²）	1607.6	1607.6	1.00
普通钢筋应力（N/mm²）	455.7	455.7	1.00

8）非均匀受压时混凝土极限应变状态

经过试算，当非均匀受压时混凝土极限应变状态时，混凝土受压区高度$c = 198.0\text{mm}$，受压区边缘混凝土压应变$\varepsilon_c = 3300 \times 10^{-6}$，大于开裂状态受压区边缘混凝土压应变$\varepsilon'_{cr} = 408 \times 10^{-6}$，因此采用非弹性分析法。

由截面应变保持平面假定还可推得，当$\varepsilon_c = \varepsilon_0 = 2000 \times 10^{-6}$时，混凝土压应力抛物线顶部距中和轴的高度

$$c_7 = \frac{\varepsilon_0 c}{\varepsilon_c} = \frac{2000 \times 10^{-6} \times 198.0}{3300 \times 10^{-6}} = 120.0\text{mm}$$

由于ε_c均位于ε_0和ε_{cu}之间，依据公式(2.4-9)，可求得受压区边缘混凝土压应力$f_{c,r} = 36.5\text{N/mm}^2$。

将$n = 2$、$b = 300\text{mm}$、$f_{c,r} = 36.5\text{N/mm}^2$、$c_1 = 0$、$c_2 = 120.0\text{mm}$、$c = 198.0\text{mm}$、$\varepsilon_{c1} = 0$、$\varepsilon_{c2} = 2000 \times 10^{-6}$、$c_L$代入公式(2.4-4)并化简，得到矩形截面混凝土压应力合力

$$F_c = F_{cp} + F_{cl} = bf_{c,r}\left[c_2 + \frac{\left(1 - \frac{\varepsilon_{c2}}{\varepsilon_0}\right)^{n+1}}{n+1}\frac{\varepsilon_0}{\varepsilon_{c2}}c_2 - c_1 - \frac{\left(1 - \frac{\varepsilon_{c2}c_1}{c_2\varepsilon_0}\right)^{n+1}}{n+1}\frac{\varepsilon_0}{\varepsilon_{c2}}c_2 + (c - c_2)\right]$$

$$= 300 \times 36.5 \times \left[120.0 + \frac{\left(1 - \frac{2000 \times 10^{-6}}{2000 \times 10^{-6}}\right)^{2+1}}{2+1} \times \frac{2000 \times 10^{-6}}{2000 \times 10^{-6}} \times 120.0 - \right.$$

$$\left. 0 - \frac{(1-0)^{2+1}}{2+1} \times \frac{2000 \times 10^{-6}}{2000 \times 10^{-6}} \times 120.0 + (198.0 - 120.0)\right]$$

$$= (875.1 + 853.2) \times 10^3 = 1728.3 \times 10^3\text{N}$$

将$n = 2$、$b = 300\text{mm}$、$f_{c,r} = 36.5\text{N/mm}^2$、$c_1 = 0$、$c_2 = 120.0\text{mm}$、$c = 198.0\text{mm}$、$\varepsilon_{c1} = 0$、$\varepsilon_{c2} = 2000 \times 10^{-6}$、$c_L$代入公式(2.4-6)～公式(2.4-15)并化简，得到矩形截面混凝土压应力合力至中和轴的距离$\bar{x}$

$$\int_{c1}^{c2}\sigma_c\,bx\,\mathrm{d}x = bf_{c,r}\left\{\frac{1}{2}c_2^2 - \left[\frac{\left(1 - \frac{\varepsilon_{c2}}{\varepsilon_0}\right)^{n+1}\frac{-\varepsilon_0 c_2^2}{\varepsilon_{c2}}}{n+1} - \frac{\left(1 - \frac{\varepsilon_{c2}}{\varepsilon_0}\right)^{n+2}\left(\frac{\varepsilon_0 c_2}{\varepsilon_{c2}}\right)^2}{(n+1)(n+2)}\right] - \frac{1}{2}c_1^2 + \right.$$

$$\left. \left[\frac{\left(1 - \frac{\varepsilon_{c1}}{\varepsilon_0}\right)^{n+1}\frac{-\varepsilon_0 c_1 c_2}{\varepsilon_{c2}}}{n+1} - \frac{\left(1 - \frac{\varepsilon_{c2}c_1}{c_2\varepsilon_0}\right)^{n+2}\left(\frac{\varepsilon_0 c_2}{\varepsilon_{c2}}\right)^2}{(n+1)(n+2)}\right]\right\} = 300 \times 36.5 \times$$

$$\left\{\frac{1}{2} \times 120.0^2 - \left[\frac{\left(1 - \frac{2000 \times 10^{-6}}{2000 \times 10^{-6}}\right)^3 \times \frac{-2000 \times 10^{-6} \times 120.0^2}{2000 \times 10^{-6}}}{2+1} - \right.\right.$$

$$\frac{\left(1 - \frac{2000 \times 10^{-6}}{2000 \times 10^{-6}}\right)^4 \times \left(\frac{2000 \times 10^{-6} \times 120.0}{2000 \times 10^{-6}}\right)^2}{(2+1) \times (2+2)} \Bigg] -$$

$$0 - \frac{\left(\frac{2000 \times 10^{-6} \times 120.0}{2000 \times 10^{-6}}\right)^2}{(2+1) \times (2+2)} \Bigg\} = 65.6 \times 10^6 \text{N} \cdot \text{mm}$$

$$\bar{x}_{pl} = \frac{\int_{c1}^{c2} \sigma_c \, bx \, dx}{F_{cp}} = \frac{65.6 \times 10^6}{875.1 \times 10^3} = 75.0 \text{mm}$$

$$\bar{x} = \frac{F_{cp}\bar{x}_{pl} + F_{cl}[c_2 - c_1 + (c - c_2)/2]}{F_c} = \frac{[875.1 \times 75.0 + 853.2 \times (198.0 - 120.0)/2]}{1728.3 \times 10^3}$$
$$= 116.5 \text{mm}$$

取全截面消压状态下预应力筋的应变ε_{p0}作为计算起点,通过公式(2.4-17)算出该阶段受拉区预应力筋应变

$$\varepsilon_p = \varepsilon_{p0} + \frac{h_p - c}{c}\varepsilon_c = 5377 \times 10^{-6} + \frac{(600 - 120) - 198.0}{198.0} \times 3300 \times 10^{-6}$$
$$= 5377 \times 10^{-6} + 4700 \times 10^{-6} = 10077 \times 10^{-6}$$

按弹性计算,此时预应力筋应力

$\sigma_p = \varepsilon_p E_p = 10077 \times 10^{-6} \times 195000 = 1965.0 \text{N/mm}^2$,大于$f_{ym} = 1607.4 \text{N/mm}^2$,可见预应力筋已经进入了条件屈服点,改用非弹性计算方法。

因为$\varepsilon_p < \varepsilon_{pu} = 0.045$,所以

$$\sigma_p = f_{py,r} + k_p(\varepsilon_p - \varepsilon_{py}) = 1607.4 + 7717 \times (10077 \times 10^{-6} - 8243 \times 10^{-6})$$
$$= 1621.6 \text{N/mm}^2$$

取全截面消压状态下普通钢筋的应变ε_{s0}作为计算起点,通过公式(2.4-16)算出该阶段受拉普通钢筋应变

$$\varepsilon_s = \varepsilon_{s0} + \frac{h_s - c}{c}\varepsilon_c = -623 \times 10^{-6} + \frac{(600 - 50) - 198.0}{198.0} \times 3300 \times 10^{-6}$$
$$= (5867 - 623) \times 10^{-6} = 5244 \times 10^{-6}$$

受拉普通钢筋应力为

$\sigma_s = \varepsilon_s E_s = 5244 \times 10^{-6} \times 200000 = 1049 \text{N/mm}^2$,大于受拉普通钢筋屈服点$f_{ym} = 455.7 \text{N/mm}^2$,应该按非弹性计算。又$\varepsilon_s = 5244 \times 10^{-6}$小于硬化起点应变平均值$\varepsilon_{uym} = 11392 \times 10^{-6}$,依据公式(2.4-16)求得其应力$\sigma_s = f_{y,r} = 455.7 \text{N/mm}^2$。

预应力筋与受拉普通钢筋的总拉力

$$T = F_p + F_s = 1621.6 \times 840 + 455.7 \times 804 = 1362.1 \times 10^3 + 366.4 \times 10^3$$
$$= 1728.5 \times 10^3 \text{N}$$

$F_c - F_T = (1728.3 - 1728.5) \times 10^3 = -0.2 \times 10^3 \text{N}$,已经很好地满足力的平衡条件了。

对混凝土压应力中心取矩，可求得该状态下的作用弯矩

$$M_{\varepsilon cu,r} = F_p(h_p - c + \bar{x}) + F_s(h_s - c + \bar{x}) = 1362.1 \times 10^3 \times (600 - 120 - 198.0 + 116.5) +$$
$$366.4 \times 10^3 \times (600 - 50 - 198.0 + 116.5) = 714.4 \times 10^6 \text{N} \cdot \text{mm}$$

此状态下截面曲率

$$\phi = \frac{\varepsilon_c}{c} = \frac{3300 \times 10^{-6}}{198.0} = 16.667 \times 10^{-6} \text{rad/mm}$$

对非均匀受压时混凝土极限应变状态下的手算与电算对比结果进行汇总，见表 3.2-8。可知，非均匀受压时混凝土极限应变状态下手算与电算结果符合程度很好。

非均匀受压时混凝土极限应变状态下手算与电算结果对比　　　　表 3.2-8

参数	手算结果①	电算结果②	①/②
抵抗弯矩（N·mm）	714.4×10^6	714.3×10^6	1.00
曲率（rad/mm）	16.667×10^{-6}	16.667×10^{-6}	1.00
预应力筋应力（N/mm²）	1621.6	1621.3	1.00
普通钢筋应力（N/mm²）	455.7	455.7	1.00

9）普通钢筋极限拉应变状态

当普通钢筋极限拉应变状态时，$\varepsilon_{uym} = 11392 \times 10^{-6}$，经过试算，混凝土受压区高度 $c = 181.5$mm，受压区边缘混凝土压应变 $\varepsilon_c = 5912 \times 10^{-6}$，大于达到极限压应变状态下受压区边缘混凝土压应变 $\varepsilon_{cu} = 3300 \times 10^{-6}$，说明混凝土极限压应变早于普通受拉钢筋极限拉应变出现，构件早已达到了承载能力极限状态，不用再计算与普通受拉钢筋极限拉应变点相关的参数值。

10）小结

就该矩形截面预应力混凝土梁来说，其正截面全过程弯矩-曲率关系及各控制状态的各项指标的手算和电算计算结果符合程度很好，电算结果正截面全过程弯矩-曲率关系如图 3.2-2 所示，预应力筋全过程应力变化曲线、受拉区普通钢筋全过程应力变化曲线、受压区边缘混凝土全过程应力变化曲线分别见图 3.2-3～图 3.2-5。

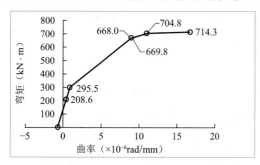

图 3.2-2　正截面全过程弯矩-曲率关系

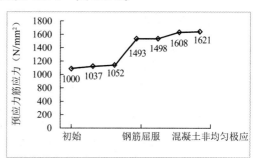

图 3.2-3　预应力筋全过程应力变化曲线

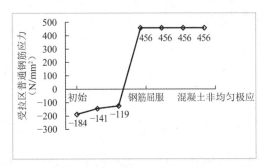 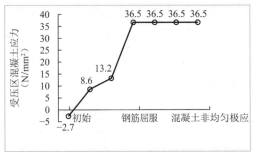

图 3.2-4　受拉区普通钢筋全过程应力变化曲线　　图 3.2-5　受压区混凝土边缘全过程应力变化曲线

由前述计算结果及图 3.2-2～图 3.2-5 可知，控制状态出现的先后顺序为初始状态、受拉区边缘零应力状态、开裂状态、受拉普通钢筋屈服状态、均匀受压时混凝土极限应变状态、预应力筋屈服状态、非均匀受压时混凝土极限应变状态。全过程曲线可用五折线形状表示，四个折点分别位于开裂状态、受拉普通钢筋屈服状态、均匀受压时混凝土极限应变状态和预应力筋屈服状态。可直接确定受拉区边缘零应力状态、开裂状态、各种钢筋屈服状态和截面达到承载能力极限状态类型，可直接观察到开裂前后各指标全过程应力的弹性变化，也可直接观察到钢筋屈服后的弹塑性变化。可求得各控制状态及任一曲线上一点受弯刚度的折减系数、抗弯耗能和延性比等性能化参数。从 PCNAD 计算结果查得，达到承载能力极限状态时受弯刚度的折减系数、按曲率计算的延性比分别为 0.143、1.877。

得到任一点受弯刚度折减系数后，可以将弹塑性问题变成弹性问题，采用弹性计算方法进行静荷载和等效静荷载的计算分析，从而用简单的弹性方法就能进行弹塑性分析。

如对延性比有规定，需要核对其是否满足要求，不满足时需要重新设计计算，直到满足要求为止。该算例受弯构件的延性比小于 3.0，如用于对密闭、防水要求一般且抗核武器爆炸动荷载时，不满足《人民防空地下室设计规范》GB 50038—2005 第 4.6.2 条规定，需要重新设计计算。不过，用增大配箍率的方法，增配箍筋 0.2% 后，按曲率计算的延性比可达到 3.062，也可以满足要求。

3.2.2　T 形截面预应力混凝土基础梁

已知某 T 形截面后张预应力混凝土基础试验梁，截面尺寸为 $b \times h = 160\text{mm} \times 405\text{mm}$，$b'_f \times h'_f = 610\text{mm} \times 80\text{mm}$，混凝土立方体抗压强度标准值为 33.8N/mm²，受拉区纵向钢筋保护层厚度为 55mm，受拉区普通钢筋中心至近边距离为 66mm，受压区普通钢筋中心至近边距离为 33mm，受拉预应力筋中心至近边距离为 130mm，受拉区配置预应力筋面积为 280mm²，受拉区和受压区分别配置普通钢筋面积为 760mm²，普通钢筋牌号为 HRB400，预应力筋种类为极限强度标准值 1860N/mm² 的钢绞线，预应力筋的张拉控制应力 $\sigma_{\text{con}} = 1395\text{N/mm}^2$，第一批预应力损失后预应力筋的有效预应力 σ_{pI} 为 1277.7N/mm²。试分析跨中正截面全过程弯矩-曲率关系、各控制状态的应力历程，并对

PCNAD 电算结果进行验证，PCNAD 输入界面见图 3.2-6。预应力产生的次弯矩 M_2 和轴力 N 均为零，性能分析时材料强度代表值用平均值。

【解】

（1）计算参数

本工程采用后张法，初始状态下按净截面特征进行计算，消压状态和开裂状态下按有效截面特征进行计算。

将 $f_{cu,k} = 33.8$ 代入公式(2.3-8)，得到混凝土弹性模量

$$E_c = \frac{10^5}{2.2 + \dfrac{34.7}{f_{cu,k}}} = \frac{10^5}{2.2 + \dfrac{34.7}{33.8}} = 30992\text{N/mm}^2$$

通过试验得到普通纵向钢筋的弹性模量 $E_s = 187359\text{N/mm}^2$，取预应力筋的弹性模量 $E_p = 195000\text{N/mm}^2$，普通钢筋与混凝土弹性模量比值 $\alpha_s = 187359/30992 = 6.05$，预应力筋与混凝土弹性模量比值 $\alpha_p = 195000/30992 = 6.29$。

将 $f_{cu,k} = 33.8$ 代入公式(2.3-3)，得到混凝土强度变异系数

$$\delta_c = 8 \times 10^{-5} f_{cu,k}^2 - 0.0072 f_{cu,k} + 0.3219 = 8 \times 10^{-5} \times 33.8^2 - 0.0072 \times 33.8 + 0.3219$$
$$= 0.1699$$

由公式(2.3-1)～公式(2.3-7)得到混凝土轴心抗压强度、轴心抗拉强度标准值

$$f_{ck} = 0.88\alpha_{c1}\alpha_{c2}f_{cu,k} = 0.88 \times 0.76 \times 1.0 \times 33.8 = 22.6\text{N/mm}^2$$

$$f_{tk} = 0.88 \times 0.395 f_{cu,k}^{0.55}(1 - 1.645\delta)^{0.45}\alpha_{c2} = 0.88 \times 0.395 \times 33.8^{0.55} \times$$
$$(1 - 1.645 \times 0.1699)^{0.45} \times 1 = 2.08\text{N/mm}^2$$

$$f_{cm} = \frac{f_{ck}}{1 - 1.645\delta} = \frac{22.6}{1 - 1.645 \times 0.1699} = 31.4\text{N/mm}^2$$

$$f_{tm} = \frac{f_{tk}}{1 - 1.645\delta} = \frac{2.08}{1 - 1.645 \times 0.1699} = 2.89\text{N/mm}^2$$

将 $f_{cu,k} = 33.8$ 代入公式(2.4-2)、公式(2.4-3)，得到与受压区混凝土达到 f_c 对应的混凝土压应变、正截面混凝土极限压应变和系数 n

$$\varepsilon_0 = 0.002 + 0.5(f_{cu,k} - 50) \times 10^{-5} = 0.002 + 0.5 \times (33.8 - 50) \times 10^{-5} = 0.002$$

$$\varepsilon_{cu} = 0.0033 - (f_{cu,k} - 50) \times 10^{-5} = 0.0033 - (33.8 - 50) \times 10^{-5} = 0.0035，大于 0.0033，$$
取为 0.0033

$$n = 2 - \frac{1}{60}(f_{cu,k} - 50) = 2 - \frac{1}{60}(33.8 - 50) = 2.3，大于 2.0，取为 2.0$$

采用 AUTOCAD 和 PCNAD 对截面特征进行手算和电算，得到对比结果，详见表 3.2-9。可知，截面几何特征的手算与电算结果符合程度很好。其中，计算净截面用孔道外径取为 68mm，计算换算截面用有粘结预应力钢绞线束的直径取为 37mm。材料性能指标符合程度也很好，限于篇幅，对比结果从略。

截面几何特征的手算与电算结果对比

表 3.2-9

状态	计算参数	手算结果①	电算结果②	①/②	截面形状
初始状态	面积A_n	106862	106659	1.00	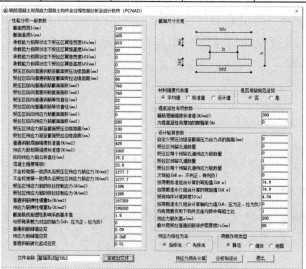
	重心至顶面距离c_n	145.0	145.2	1.00	
	惯性矩I_n	1.684×10^9	1.678×10^9	1.00	
其余状态	面积A_0	110073	109951	1.00	
	重心至顶面距离c_0	149.0	149.1	1.00	
	惯性矩I_0	1.737×10^9	1.732×10^9	0.99	

图 3.2-6　PCNAD 输入界面

（2）初始状态

依据公式(3.1-68)计算，得到受拉区预应力筋和普通钢筋的配筋率ρ

$$\rho = (A_s + A_p)/A_n = (760 + 280)/106862 = 0.97\%$$

采用公式(3.1-91)～公式(3.1-93)计算，得到预应力筋合力N_{pI}及作用点到净截面重心轴的偏心距e_{pnI}、预加力产生的混凝土法向压应力

$$N_{pI} = (\sigma_{con} - \sigma_{II})A_p + (\sigma'_{con} - \sigma'_{II})A'_p = 1277.7 \times 280 = 357756\text{N}$$

$$e_{pnI} = \frac{(\sigma_{con} - \sigma_{II})A_P y_{pn} + (\sigma'_{con} - \sigma'_{II})A'_p y'_{pn}}{N_{pI}} = \frac{357756 \times (405 - 145 - 130)}{357756}$$

$$= 130.0\text{mm}$$

$$\sigma_{pcI} = \frac{N_{pI}}{A_n} \pm \frac{N_{pI}e_{pnI}y_n}{I_n} \pm \frac{M_2}{I_n}y_n = \frac{357756}{106862} + \frac{357756 \times 130.0^2}{1.684 \times 10^9} = 3.35 + 3.59$$

$$= 6.94\text{N/mm}^2$$

由公式(3.1-68)得混凝土收缩、徐变引起受拉区纵向预应力筋的预应力损失值

$$\sigma_{l5} = \frac{55 + 300\dfrac{\sigma_{pc}}{f'_{cu}}}{1 + 15\rho} = \frac{55 + 300 \times \dfrac{6.94}{33.8}}{1 + 15 \times 0.97\%} = 101.7\text{N/mm}^2$$

依据表 3.1-1 的规定，得到预应力筋的应力松弛损失值

$$\sigma_{l4} = 0.2\left(\frac{\sigma_{con}}{f_{ptk}} - 0.575\right)\sigma_{con} = 0.2 \times \left(\frac{1395}{1860} - 0.575\right) \times 1395 = 48.8\text{N/mm}^2$$

由表 3.1-4、公式(3.1-94)和公式(3.1-101)计算可得，初始阶段预应力筋的有效预应力和相应应变

$$\sigma_{pe} = \sigma_{con} - \sigma_l = \sigma_{pI} - \sigma_l = 1127.1\text{N/mm}^2$$

$$\varepsilon_{pe} = \frac{\sigma_{pe}}{E_P} = \frac{1127.1}{1.95 \times 10^5} = 5780 \times 10^{-6}$$

用公式(3.1-98)和公式(3.1-99)计算，得到预应力筋和普通钢筋的合力N_{pe}及其作用点到换算截面重心的偏心距e_{pn}

$$\begin{aligned}
N_p &= (\sigma_{con} - \sigma_l)A_P + (\sigma'_{con} - \sigma'_l)A'_p - E_s\sigma_{l5}/E_P A_s - E_s\sigma'_{l5}/E_P A'_s \\
&= 1127.1 \times 280 - 187359 \times 101.7/195000 \times 760 = 241315\text{N}
\end{aligned}$$

$$\begin{aligned}
e_{pn} &= \frac{A_p\sigma_{pe}y_{pn} - \sigma'_{pe}A'_p y'_{pn} - A_s E_s\sigma_{l5}/E_P y_{sn} + E_s\sigma'_{l5}/E_P A'_s y'_{sn}}{N_p} \\
&= \frac{315601 \times (405 - 145.0 - 130) - 74285 \times (405 - 145.0 - 66)}{241315} = 110.3\text{mm}
\end{aligned}$$

用公式(3.1-100)计算，可得受压区边缘和受拉区边缘混凝土的预应力σ_{pc}和σ'_{pc}

$$\begin{aligned}
\sigma'_{pc} &= \frac{N_p}{A_n} - \frac{N_p e_{pn}}{I_n}y_n + \frac{M_2}{I_n}y_n = \frac{241315}{106862} - \frac{241315 \times 110.3 \times 145.0}{1.684 \times 10^9} = 2.26 - 2.29 \\
&= -0.03\text{N/mm}^2
\end{aligned}$$

$$\begin{aligned}
\sigma_{pc} &= \frac{N_p}{A_n} + \frac{N_p e_{pn}}{I_n}y_n - \frac{M_2}{I_n}y_n = \frac{241315}{106862} + \frac{241315 \times 110.3 \times (405 - 145.0)}{1.684 \times 10^9} = 2.26 + 4.11 \\
&= 6.37\text{N/mm}^2
\end{aligned}$$

受压区边缘和受拉区边缘混凝土的应变ε_{pc}和ε'_{pc}

$$\varepsilon'_{pc} = \frac{\sigma_t}{E_c} = \frac{-0.03}{30992} = -1 \times 10^{-6}$$

$$\varepsilon_{pc} = \frac{\sigma_c}{E_c} = \frac{6.37}{30992} = 205 \times 10^{-6}$$

由上述计算结果可知，在初始状态下截面受压区边缘混凝土受拉，受拉区边缘混凝土反而受压。

用公式(3.1-100)计算，可得到受拉区预应力筋重心处混凝土的预应力$\sigma_{pc,p}$、受拉区普通

钢筋重心处混凝土的预应力$\sigma_{pc,s}$

$$\sigma_{pc,p} = \frac{N_p}{A_n} + \frac{N_p e_{pn}}{I_n} y_n \pm \frac{M_2}{I_n} y_n = \frac{241315}{106862} + \frac{241315 \times 110.3 \times (405 - 145.0 - 130)}{1.684 \times 10^9}$$
$$= 2.26 + 2.05 = 4.31 \text{N/mm}^2$$

$$\sigma_{pc,s} = \sigma_{ce} = \frac{N_p}{A_n} + \frac{N_p e_{pn}}{I_n} y_n \pm \frac{M_2}{I_n} y_n = \frac{241315}{106862} + \frac{241315 \times 110.3 \times (405 - 145.0 - 66)}{1.684 \times 10^9}$$
$$= 5.32 \text{N/mm}^2$$

由公式(3.1-103)计算可得，受拉区纵向普通钢筋应力

$$\sigma_{ps} = -E_s \sigma_{l5}/E_p - \alpha_s \sigma_{pc,s} = -187359 \times 101.7/195000 - 6.05 \times 5.32 = -97.7 - 32.2$$
$$= -129.9 \text{N/mm}^2$$

受拉区纵向普通钢筋应变

$$\varepsilon_{ps} = \sigma_{ps}/E_s = -129.9/187359 = -693 \times 10^{-6}$$

受拉区预应力筋重心处混凝土应变

$$\varepsilon_{pc,p} = \sigma_{pc,p}/E_c = 4.31/30992 = 139 \times 10^{-6}$$

初始状态截面曲率

$$\phi = \frac{\varepsilon'_{pc} - \varepsilon_{pc}}{h} = -\frac{(205 + 1) \times 10^{-6}}{405} = -0.5100 \times 10^{-6} \text{rad/mm}$$

对初始状态下的手算与电算结果进行汇总对比，详见表 3.2-10。可知，初始状态下手算与电算结果符合程度很好。

初始状态下手算与电算结果对比   表 3.2-10

参数	手算结果①	电算结果②	①/②
抵抗弯矩（N·mm）	0	0	—
曲率（rad/mm）	-0.5100×10^{-6}	-0.5107×10^{-6}	1.00
预应力筋应力（N/mm²）	1127.1	1127.1	1.00
普通钢筋应力（N/mm²）	-129.9	-130.0	1.00

（3）受拉区边缘零应力状态

为实现全截面消压状态，在结构构件上施加一个偏心距为e_{p0}的偏心拉力N_{p0}，使截面上产生的应力$\sigma_{pc} = -\sigma_{pc}$，这时由公式(3.1-105)求得预应力筋应力

$$\sigma_{p0} = \sigma_{pe} + \alpha_p \sigma_{pc,p} = \sigma_{con} - \sigma_l + \alpha_p \sigma_{pc,p} = 1127.1 + 6.29 \times 4.31 = 1154.3 \text{N/mm}^2$$

此时预应力筋的相应应变

$$\varepsilon_{p0} = \sigma_{p0}/E_p = 1154.3/195000 = 5919 \times 10^{-6}$$

从初始状态到预应力中心处混凝土应变等于零状态预应力筋的应变增量

$$\varepsilon_{ce} = (\sigma_{p0} - \sigma_{pe})/E_p = (1154.3 - 1127.1)/195000 = 139 \times 10^{-6}$$

由公式(3.1-107)求得相应普通钢筋A_s的应力

$$\sigma_{s0} = \sigma_{ps} + \alpha_s \sigma_{pc,s} = -E_s \sigma_{l5}/E_p = -187359 \times 101.7/195000 = -97.7 \text{N/mm}^2$$

相应普通钢筋A_s的应变

$$\varepsilon_{s0} = \sigma_{s0}/E_s = -97.7/187359 = -522 \times 10^{-6}$$

由公式(3.1-109)、公式(3.1-110)，求得在预应力和普通钢筋的合力处混凝土应变等于零状态下，预应力和普通钢筋的合力N_{p0}和偏心距e_{p0}

$$N_{p0} = \sigma_{p0}A_P + \sigma'_{p0}A'_p - E_s\sigma_{l5}/E_pA_s - E_s\sigma'_{l5}/E_pA'_s = 1154.3 \times 280 - 97.7 \times 760$$
$$= 248913N$$

$$e_{p0} = \frac{A_p\sigma_{p0}y_p - \sigma'_{p0}A'_py'_p - A_sE_s\sigma_{l5}/E_py_s + E_s\sigma'_{l5}/E_pA'_sy'_s}{\sigma_{p0}A_P + \sigma'_{p0}A'_p - E_s\sigma_{l5}/E_pA_s - E_s\sigma'_{l5}/E_pA'_s}$$
$$= \frac{1154.3 \times 280 \times (405 - 149 - 130) - 97.7 \times 760 \times (405 - 149 - 66)}{1154.3 \times 280 - 97.7 \times 760}$$
$$= 106.9mm$$

在预应力和普通钢筋的合力N_{p0}作用下，由公式(3.1-111)求得截面受压区边缘、受拉区边缘及偏心距e_{p0}处混凝土应力

$$\sigma'_{c0} = \frac{N_{p0}}{A_0} - \frac{N_{p0}e_{p0}y_0}{I_0} = \frac{248913}{110073} - \frac{248913 \times 106.9 \times 149}{1.737 \times 10^9} = 2.28 - 2.26$$
$$= -0.02N/mm^2$$

$$\sigma_{c0} = \frac{N_{p0}}{A_0} + \frac{N_{p0}e_{p0}(h - y_0)}{I_0} = \frac{248913}{110073} + \frac{248913 \times 106.9 \times (405 - 149)}{1.737 \times 10^9}$$
$$= 2.26 + 3.92 = 6.18N/mm^2$$

$$\sigma_{cp0} = \frac{N_{p0}}{A_0} + \frac{N_{p0}e_{p0}^2}{I_0} = \frac{248913}{110073} + \frac{248913 \times 106.9^2}{1.737 \times 10^9} = 2.26 + 1.64 = 3.90N/mm^2$$

为使预应力和普通钢筋的合力N_{p0}处混凝土应力从σ_{cp0}降低至零，需要增加弯矩

$$M_{cp0} = \frac{I_0 \times \sigma_{cp0}}{e_{p0}} = \frac{1.737 \times 10^9 \times 3.90}{106.9} = 63.3 \times 10^6N \cdot mm$$

在弯矩M_{cp0}作用下，截面受压区边缘和受拉边缘的应力

$$\sigma'_{cp0} = \sigma'_{c0} + \frac{M_{cp0}c_0}{I_0} = -0.02 + \frac{63.3 \times 10^6 \times 149.0}{1.737 \times 10^9} = -0.02 + 5.43 = 5.41N/mm^2$$

$$\sigma_{cp0} = \sigma_{c0} - \frac{M_{cp0}(h - c_0)}{I_0} = 6.18 - \frac{63.3 \times 10^6 \times (405 - 149.0)}{1.737 \times 10^9}$$
$$= -3.15N/mm^2$$

在弯矩M_{cp0}作用下，截面受压区边缘和受拉边缘的相应应变

$$\varepsilon'_{cp0} = \sigma'_{cp0}/E_c = 5.41/30992 = 175 \times 10^{-6}$$

$$\varepsilon_{cp0} = \sigma_{cp0}/E_c = -3.15/30992 = -102 \times 10^{-6}$$

此时，截面受压区边缘混凝土开始受压，受拉区边缘混凝土开始受拉，截面曲率

$$\phi_0 = \frac{\varepsilon'_{cp0} - \varepsilon_{cp0}}{h} = \frac{(175 + 102) \times 10^{-6}}{405} = 0.6826 \times 10^{-6}rad/mm$$

在预应力和普通钢筋的合力处，混凝土应变等于零状态下截面受拉区边缘已经存在 $\sigma_{cp0} = 3.15 \text{N/mm}^2$ 拉应力，取公式(3.1-114)中 $f_{t,r} = 0$，可求得从弯矩 M_{cp0} 作用下到受拉区边缘混凝土应力为零所需降低的弯矩

$$\Delta_M = \frac{I_0 \times \Delta_\sigma}{h - y_0} = \frac{1.737 \times 10^9 \times 3.15}{405 - 149.0} = 21.4 \times 10^6 \text{N} \cdot \text{mm}$$

因此，零应力状态下截面弯矩

$$M = M_{cp0} - \Delta_M = 63.3 \times 10^6 - 21.4 \times 10^6 = 42.0 \times 10^6 \text{N} \cdot \text{mm}$$

Δ_M 对预应力筋产生的压应力

$$\Delta\sigma_p = \frac{\Delta_M(h - y_0 - a_p)\alpha_p}{I_0} = \frac{21.4 \times 10^6 \times (405 - 149.0 - 130) \times 6.29}{1.737 \times 10^9} = 9.8 \text{N/mm}^2$$

因此，在零应力状态下预应力筋应力

$$\sigma_p = \sigma_{p0} - \Delta\sigma_p = 1154.3 - 9.8 = 1144.5 \text{N/mm}^2$$

Δ_M 对受拉普通钢筋产生压应力

$$\Delta\sigma_s = \frac{\Delta_M(h - y_0 - a_s)\alpha_s}{I_0} = \frac{21.4 \times 10^6 \times (405 - 149.0 - 66) \times 6.05}{1.737 \times 10^9} = 14.2 \text{N/mm}^2$$

因此，在零应力状态下普通钢筋应力

$$\sigma_s = \sigma_{s0} - \Delta\sigma_s = -97.7 - 14.2 = -111.9 \text{N/mm}^2$$

截面受压区边缘混凝土由于 Δ_M 而降低的压应力、压应变

$$\Delta\sigma_c' = \frac{\Delta_M y_0}{I_0} = \frac{21.4 \times 10^6 \times 149.0}{1.737 \times 10^9} = 1.84 \text{N/mm}^2$$

$$\Delta\varepsilon_c' = \frac{\Delta\sigma_c'}{E_c} = \frac{1.84}{30992} = 59 \times 10^{-6}$$

截面受拉区边缘混凝土由于 Δ_M 而降低的拉应力、拉应变

$$\Delta\sigma_c = \frac{\Delta_M(h - y_0)}{I_0} = \frac{21.4 \times 10^6 \times (405 - 149.0)}{1.737 \times 10^9} = 3.15 \text{N/mm}^2$$

$$\Delta\varepsilon_c = \frac{\Delta\sigma_c}{E_c} = \frac{3.15}{30992} = 102 \times 10^{-6}$$

截面由于 Δ_M 而降低的正向曲率

$$\Delta_\phi = \frac{\Delta\varepsilon_c' - \Delta\varepsilon_c}{h} = \frac{(59 + 102) \times 10^{-6}}{405} = 0.3975 \times 10^{-6} \text{rad/mm}$$

所以，在零应力状态下截面曲率

$$\phi_c = \phi_0 - \Delta_\phi = 0.2850 \times 10^{-6} \text{rad/mm}$$

在零应力状态下截面受压区、受拉区边缘应变

$$\varepsilon_c' = \varepsilon_{cp0}' - \Delta\varepsilon_c' = (174 - 59) \times 10^{-6} = 115 \times 10^{-6}$$

$$\varepsilon_c = \varepsilon_{cp0} + \Delta\varepsilon_c = -(102 - 102) \times 10^{-6} = 0 \times 10^{-6}$$

对零应力状态下的手算与电算对比结果进行汇总，见表 3.2-11。可知，开裂状态下手算与电算结果符合程度很好。

零应力状态下手算与电算结果对比　　　　　　　　　　　　　　表 3.2-11

参数	手算结果①	电算结果②	①/②
抵抗弯矩（N·mm）	42.0×10^6	41.9×10^6	1.00
曲率（rad/mm）	0.2850×10^{-6}	0.2854×10^{-6}	1.00
预应力筋应力（N/mm²）	1144.5	1144.5	1.00
普通钢筋应力（N/mm²）	−111.9	−112.0	1.00

（4）开裂状态

由公式(4.3-10)可得，截面抵抗矩塑性影响系数和弯曲抗拉强度平均值

$$\gamma = \left(0.7 + \frac{120}{h}\right)\gamma_{\mathrm{m}} = \left(0.7 + \frac{120}{405}\right) \times 1.50 = 1.494$$

$$f_{\mathrm{r,m}} = \gamma f_{\mathrm{tm}} = 1.494 \times 2.89 = 4.31 \mathrm{N/mm^2}$$

在开裂状态下截面弯矩-曲率曲线到了弹性关系终点，在预应力和普通钢筋的合力处混凝土应变等于零状态下，截面受拉区边缘已经存在 $\sigma_{\mathrm{cp0}} = 3.15 \mathrm{N/mm^2}$ 拉应力，由于混凝土出现裂缝时对应混凝土的弯曲抗拉强度平均值 $f_{\mathrm{r,m}} = 4.31 \mathrm{N/mm^2}$，所以，为产生拉应力 $\Delta_\sigma = f_{\mathrm{r}} - \sigma_{\mathrm{t}} = 4.31 - 3.15 = 1.16 \mathrm{N/mm^2}$，所需增加弯矩

$$\Delta_{\mathrm{M}} = \frac{I_0 \times \Delta_\sigma}{h - y_0} = \frac{1.737 \times 10^9 \times 1.16}{405 - 149.0} = 7.9 \times 10^6 \mathrm{N \cdot mm}$$

因此，开裂状态下所需弯矩

$$M_{\mathrm{cr}} = M_{\mathrm{cp0}} + \Delta_{\mathrm{M}} = 63.3 \times 10^6 + 7.9 \times 10^6 = 71.2 \times 10^6 \mathrm{N \cdot mm}$$

Δ_{M} 对预应力筋产生的拉应力

$$\Delta\sigma_{\mathrm{p}} = \frac{\Delta_{\mathrm{M}}(h - y_0 - a_{\mathrm{p}})\alpha_{\mathrm{p}}}{I_0} = \frac{7.9 \times 10^6 \times (405 - 149.0 - 130) \times 6.29}{1.737 \times 10^9} = 3.6 \mathrm{N/mm^2}$$

因此，在开裂状态下预应力筋应力

$$\sigma_{\mathrm{pcr}} = \sigma_{\mathrm{p0}} + \Delta\sigma_{\mathrm{p}} = 1154.3 + 3.6 = 1157.9 \mathrm{N/mm^2}$$

Δ_{M} 对受拉普通钢筋产生拉应力

$$\Delta\sigma_{\mathrm{s}} = \frac{\Delta_{\mathrm{M}}(h - y_0 - a_{\mathrm{s}})\alpha_{\mathrm{s}}}{I_0} = \frac{7.9 \times 10^6 \times (405 - 149.0 - 66) \times 6.05}{1.737 \times 10^9} = 5.2 \mathrm{N/mm^2}$$

因此，开裂状态下普通钢筋应力

$$\sigma_{\mathrm{scr}} = \sigma_{\mathrm{s}} + \Delta\sigma_{\mathrm{s}} = -97.7 + 5.2 = -92.5 \mathrm{N/mm^2}$$

截面受压区边缘混凝土由于 Δ_{M} 而增加的压应力、压应变

$$\Delta\sigma_{\mathrm{c}}' = \frac{\Delta_{\mathrm{M}} y_0}{I_0} = \frac{7.9 \times 10^6 \times 149.0}{1.737 \times 10^9} = 0.67 \mathrm{N/mm^2}$$

$$\Delta\varepsilon_c' = \frac{\Delta\sigma_c'}{E_c} = \frac{0.67}{30992} = 22 \times 10^{-6}$$

截面受拉区边缘混凝土由于Δ_M而增加的拉应力、拉应变

$$\Delta\sigma_c = \frac{\Delta_M(h - y_0)}{I_0} = \frac{7.9 \times 10^6 \times (405 - 149.0)}{1.737 \times 10^9} = 1.16 \text{N/mm}^2$$

$$\Delta\varepsilon_c = \frac{\Delta\sigma_c}{E_c} = \frac{1.16}{30992} = 37 \times 10^{-6}$$

截面由于Δ_M而增加的曲率

$$\Delta_\phi = \frac{\Delta\varepsilon_c' + \Delta\varepsilon_c}{h} = \frac{(22 + 37) \times 10^{-6}}{405} = 0.1461 \times 10^{-6} \text{rad/mm}$$

所以，在开裂状态下截面曲率

$$\phi_{cr} = \phi_0 + \Delta_\phi = 0.8286 \times 10^{-6} \text{rad/mm}$$

在开裂状态下截面受压区、受拉区边缘应变

$$\varepsilon_{cr}' = \varepsilon_{cp0}' + \Delta\varepsilon_c' = 196 \times 10^{-6}$$

$$\varepsilon_{cr} = \varepsilon_{cp0} + \Delta\varepsilon_c = -139 \times 10^{-6}$$

对开裂状态下的手算与电算对比结果进行汇总，见表 3.2-12。可知，开裂状态下手算与电算结果符合程度很好。

开裂状态下手算与电算结果对比 表 3.2-12

参数	手算结果①	电算结果②	①/②
抵抗弯矩（N·mm）	71.2×10^6	71.1×10^6	1.00
曲率（rad/mm）	0.8286×10^{-6}	0.8293×10^{-6}	1.00
预应力筋应力（N/mm²）	1157.9	1157.8	1.00
普通钢筋应力（N/mm²）	−92.5	−92.6	1.00

（5）受拉钢筋屈服状态

当受拉区纵向普通钢筋达到屈服（$f_{yk} = 425 \text{MPa}$）时，参照公式(2.3-9)得到，受拉区纵向普通钢筋应力和应变平均值

$$\sigma_s = f_{ym} = \frac{f_{yk}}{1 - 1.645\delta_s} = \frac{425}{1 - 1.645 \times 0.0743} = 484.2 \text{N/mm}^2$$

$$\varepsilon_s = \frac{\sigma_s}{E_s} = \frac{484.2}{187359} = 2584 \times 10^{-6}$$

取全截面消压状态下普通钢筋的应变ε_{s0}作为计算起点，从全截面消压状态到该阶段受拉普通钢筋的应变增量

$$\Delta\varepsilon_s = \varepsilon_s - \varepsilon_{s0} = (2584 + 522) \times 10^{-6} = 3106 \times 10^{-6}$$

经过试算，求得中和轴高度$c = 87.5 \text{mm}$。由截面应变保持平面假定可求得，对应受压

区边缘混凝土压应变ε_{c3}、受压区翼缘底面混凝土压应变ε_{c2}、受压区普通纵向钢筋中心处混凝土压应变ε_{cs}

$$\varepsilon_{c3} = \frac{\Delta \varepsilon_s c}{h - a_s - c} = \frac{3106 \times 10^{-6} \times 87.5}{405 - 66 - 87.5} = 1081 \times 10^{-6}$$

$$\varepsilon_{c2} = \frac{\Delta \varepsilon_s c_2}{h - a_s - c} = \frac{3106 \times 10^{-6} \times (87.5 - 80)}{405 - 66 - 87.5} = 93 \times 10^{-6}$$

$$\varepsilon_{cs} = \frac{\Delta \varepsilon_s (c - a_s')}{h - a_s - c} = \frac{3106 \times 10^{-6} \times (87.5 - 33)}{405 - 66 - 87.5} = 674 \times 10^{-6}$$

$\varepsilon_{c3} = 1081 \times 10^{-6}$，大于弹性开裂受压区边缘混凝土压应变$\varepsilon_{cr}' = 196 \times 10^{-6}$，因此采用非弹性分析法。

依据第 2.4 节钢筋抗压强度规定，PCNAD 取所在位置混凝土受压应变ε_{cs}计算钢筋抗压强度，下同。

将$n = 2$、$b = 160\text{mm}$、$f_{c,r} = 31.4\text{N/mm}^2$、$c_1 = 0$、$c_2 = 87.5 - 80 = 7.5\text{mm}$、$\varepsilon_{c1} = 0$、$\varepsilon_{c2} = 93 \times 10^{-6}$代入公式(2.4-4)并化简，得到腹板高度范围内混凝土压力合力

$$F_{cpf\_f'} = b f_{c,r} \left[c_2 + \frac{\left(1 - \frac{\varepsilon_{c2}}{\varepsilon_0}\right)^{n+1}}{n+1} \frac{\varepsilon_0}{\varepsilon_{c2}} c_2 - c_1 - \frac{\left(1 - \frac{\varepsilon_{c2} c_1}{c_2 \varepsilon_0}\right)^{n+1}}{n+1} \frac{\varepsilon_0}{\varepsilon_{c2}} c_2 \right]$$

$$= 160 \times 31.4 \times \left[7.5 + \frac{\left(1 - \frac{93 \times 10^{-6}}{2000 \times 10^{-6}}\right)^{2+1}}{2+1} \times \frac{2000 \times 10^{-6}}{93 \times 10^{-6}} \times 7.5 - \right.$$

$$\left. 0 - \frac{(1-0)^{2+1}}{2+1} \times \frac{2000 \times 10^{-6}}{93 \times 10^{-6}} \times 7.5 \right] = 1.7 \times 10^3 \text{N}$$

将$n = 2$、$b = 610\text{mm}$、$f_{c,r} = 31.4\text{N/mm}^2$、$c_1 = 87.5 - 80 = 7.5\text{mm}$、$c_2 = 87.5\text{mm}$、$\varepsilon_{c1} = 93 \times 10^{-6}$、$\varepsilon_{c2} = 1081 \times 10^{-6}$代入公式(2.4-4)并化简，得到上翼缘高度范围内混凝土压力合力$F_{cpf'}$

$$F_{cpf'} = b f_{c,r} \left[c_2 + \frac{\left(1 - \frac{\varepsilon_{c2}}{\varepsilon_0}\right)^{n+1}}{n+1} \frac{\varepsilon_0}{\varepsilon_{c2}} c_2 - c_1 - \frac{\left(1 - \frac{\varepsilon_{c2} c_1}{c_2 \varepsilon_0}\right)^{n+1}}{n+1} \frac{\varepsilon_0}{\varepsilon_{c2}} c_2 \right]$$

$$= 610 \times 31.4 \times \left[87.5 + \frac{\left(1 - \frac{1081 \times 10^{-6}}{2000 \times 10^{-6}}\right)^{2+1}}{2+1} \times \frac{2000 \times 10^{-6}}{1081 \times 10^{-6}} \times \right.$$

$$\left. 87.5 - 7.5 - \frac{\left(1 - \frac{7.5 \times 1081 \times 10^{-6}}{87.5 \times 2000 \times 10^{-6}}\right)^{2+1}}{2+1} \times \frac{2000 \times 10^{-6}}{1081 \times 10^{-6}} \times 87.5 \right] = 736.1 \times 10^3 \text{N}$$

受压区没有配置预应力筋，全截面消压状态时受压区纵向普通钢筋的初始应变也为零，需要额外考虑的受压区纵向普通钢筋压力

$$F_{cs} = \varepsilon_{cs}(\alpha_s - 1)E_cA'_s = 674 \times 10^{-6} \times (6.05 - 1) \times 30992 \times 760 = 80.1 \times 10^3 \text{N}$$

所以，截面总压力

$$F_c = F_{cpf\_f'} + F_{cpf'} + F_{cs} = (1.7 + 736.1 + 80.1) \times 10^3 = 817.9 \times 10^3 \text{N}$$

将 $n = 2$、$b = 160\text{mm}$、$f_{c,r} = 31.4\text{N/mm}^2$、$c_1 = 0$、$c_2 = 7.5\text{mm}$、$\varepsilon_{c1} = 0$、$\varepsilon_{c2} = 93 \times 10^{-6}$ 代入公式(2.4-6)、公式(2.4-7)并化简，可求得腹板高度范围内混凝土压力合力点至中性轴的距离

$$\int_{c_1}^{c_2} \sigma_c bx \, dx = bf_{c,r}\left\{\frac{1}{2}c_2^2 - \left[\frac{\left(1 - \frac{\varepsilon_{c2}}{\varepsilon_0}\right)^{n+1} \frac{-\varepsilon_0 c_2^2}{\varepsilon_{c2}}}{n+1} - \frac{\left(1 - \frac{\varepsilon_{c2}}{\varepsilon_0}\right)^{n+2}\left(\frac{\varepsilon_0 c_2}{\varepsilon_{c2}}\right)^2}{(n+1)(n+2)}\right] - \right.$$

$$\frac{1}{2}c_1^2 + \left[\frac{\left(1 - \frac{\varepsilon_{c1}}{\varepsilon_0}\right)^{n+1} \frac{-\varepsilon_0 c_1 c_2}{\varepsilon_{c2}}}{n+1} - \frac{\left(1 - \frac{\varepsilon_{c2} c_1}{c_2 \varepsilon_0}\right)^{n+2}\left(\frac{\varepsilon_0 c_2}{\varepsilon_{c2}}\right)^2}{(n+1)(n+2)}\right]\right\} = 160 \times 31.4 \times$$

$$\left\{\frac{1}{2} \times 7.5^2 - \left[\frac{\left(1 - \frac{93 \times 10^{-6}}{2000 \times 10^{-6}}\right)^{2+1} \times \frac{-2000 \times 10^{-6} \times 7.5^2}{93 \times 10^{-6}}}{2+1} - \right.\right.$$

$$\frac{\left(1 - \frac{93 \times 10^{-6}}{2000 \times 10^{-6}}\right)^{2+2} \times \left(\frac{2000 \times 10^{-6} \times 7.5}{93 \times 10^{-6}}\right)^2}{(2+1) \times (2+2)}\right] - 0 +$$

$$\left.\left[0 - \frac{1 \times \left(\frac{2000 \times 10^{-6} \times 7.5}{93 \times 10^{-6}}\right)^2}{(2+1) \times (2+2)}\right]\right\} = 8.7 \times 10^3 \text{N} \cdot \text{mm}$$

$$\bar{x}_{cpf\_f'} = \frac{\int_{c_1}^{c_2} \sigma_c bx \, dx}{F_{cpf\_f'}} = \frac{8.7 \times 10^3}{1.7 \times 10^3} = 5.0\text{mm}$$

将 $n = 2$、$b = 610\text{mm}$、$f_{c,r} = 31.4\text{N/mm}^2$、$c_1 = 7.5$、$c_2 = 87.5\text{mm}$、$\varepsilon_{c1} = 93$、$\varepsilon_{c2} = 1081 \times 10^{-6}$ 代入公式(2.4-6)、公式(2.4-7)并化简，得到上翼缘高度范围内混凝土压力合力点至中性轴的距离 $\bar{x}_{cf'}$

$$\int_{c_1}^{c_2} \sigma_c bx \, dx = bf_{c,r}\left\{\frac{1}{2}c_2^2 - \left[\frac{\left(1 - \frac{\varepsilon_{c2}}{\varepsilon_0}\right)^{n+1} \frac{-\varepsilon_0 c_2^2}{\varepsilon_{c2}}}{n+1} - \frac{\left(1 - \frac{\varepsilon_{c2}}{\varepsilon_0}\right)^{n+2}\left(\frac{\varepsilon_0 c_2}{\varepsilon_{c2}}\right)^2}{(n+1)(n+2)}\right] - \right.$$

$$\frac{1}{2}c_1^2 + \left[\frac{\left(1 - \frac{\varepsilon_{c1}}{\varepsilon_0}\right)^{n+1} \frac{-\varepsilon_0 c_1 c_2}{\varepsilon_{c2}}}{n+1} - \frac{\left(1 - \frac{\varepsilon_{c2} c_1}{c_2 \varepsilon_0}\right)^{n+2}\left(\frac{\varepsilon_0 c_2}{\varepsilon_{c2}}\right)^2}{(n+1)(n+2)}\right]\right\} = 610 \times 31.4 \times$$

$$\left\{\frac{1}{2} \times 87.5^2 - \left[\frac{\left(1 - \frac{1081 \times 10^{-6}}{2000 \times 10^{-6}}\right)^{2+1} \times \frac{-2000 \times 10^{-6} \times 87.5^2}{1081 \times 10^{-6}}}{2 + 1} - \right.\right.$$

$$\left.\frac{\left(1 - \frac{1081 \times 10^{-6}}{2000 \times 10^{-6}}\right)^{2+2} \times \left(\frac{2000 \times 10^{-6} \times 87.5}{1081 \times 10^{-6}}\right)^2}{(2+1) \times (2+2)}\right] - \frac{1}{2} \times 7.5^2 +$$

$$\left[\frac{\left(1 - \frac{93 \times 10^{-6}}{2000 \times 10^{-6}}\right)^{2+1} \frac{-2000 \times 10^{-6} \times 7.5 \times 87.5}{1081 \times 10^{-6}}}{(2+1)} - \right.$$

$$\left.\left.\frac{\left(1 - \frac{1081 \times 10^{-6} \times 7.5}{87.5 \times 2000 \times 10^{-6}}\right)^{2+2} \times \left(\frac{2000 \times 10^{-6} \times 87.5}{1081 \times 10^{-6}}\right)^2}{(2+1) \times (2+2)}\right]\right\} = 42.1 \times 10^6 \mathrm{N \cdot mm}$$

$$\bar{x}_{\mathrm{cf'}} = \frac{\int_{c_1}^{c_2} \sigma_{\mathrm{c}}\, bx\, \mathrm{d}x}{F_{\mathrm{cpf'}}} = \frac{42.1 \times 10^6}{736.1 \times 10^3} = 57.2 \mathrm{mm}$$

参照公式(2.4-8)，可求得总压力作用点至中性轴的距离

$$\bar{x}_{\mathrm{p}l} = \frac{F_{\mathrm{cs}}\bar{x}_{\mathrm{cs}} + F_{\mathrm{cpf\_f'}}\bar{x}_{\mathrm{cpf\_f'}} + F_{\mathrm{cpf'}}\bar{x}_{\mathrm{cpf'}}}{F_{\mathrm{cs}} + F_{\mathrm{cpf\_f'}} + F_{\mathrm{cpf'}}}$$

$$= \frac{80.1 \times 10^3 \times (87.5 - 33) + 1.7 \times 10^3 \times 5.0 + 736.1 \times 10^3 \times 57.2}{(80.1 + 1.7 + 736.1) \times 10^3} = 56.9 \mathrm{mm}$$

参照公式(2.3-10)可求得，预应力筋极限强度平均值f_{ptm}、屈服强度平均值f_{pym}

$$f_{\mathrm{ptm}} = \frac{f_{\mathrm{ptk}}}{1 - 1.645\delta_{\mathrm{p}}} = \frac{1860}{1 - 1.645 \times 0.01} = 1891.1 \mathrm{N/mm^2}$$

$$f_{\mathrm{pym}} = \frac{f_{\mathrm{pyk}}}{1 - 1.645\delta_{\mathrm{p}}} = \frac{1860 \times 0.85}{1 - 1.645 \times 0.01} = 1607.4 \mathrm{N/mm^2}$$

预应力筋屈服强度平均值对应应变

$$\varepsilon_{\mathrm{pym}} = \frac{f_{\mathrm{pym}}}{E_{\mathrm{p}}} = \frac{1607.4}{195000} = 8243 \times 10^{-6}$$

预应力筋硬化段斜率

$$k_{\mathrm{p}} = (f_{\mathrm{pt,r}} - f_{\mathrm{py,r}})/(\varepsilon_{\mathrm{pu}} - \varepsilon_{\mathrm{py}}) = \frac{1891.1 - 1607.4}{(45000 - 8243) \times 10^{-6}} = 7717 \mathrm{N/mm^2}$$

取全截面消压状态下预应力筋的应变$\varepsilon_{\mathrm{p0}}$作为计算起点，依据公式(2.4-17)，求得该阶段受拉区预应力筋应变

$$\varepsilon_{\mathrm{p}} = \varepsilon_{\mathrm{p0}} + \frac{h_{\mathrm{p}} - c}{c}\varepsilon_{\mathrm{c}} = 5919 \times 10^{-6} + \frac{(405 - 130) - 87.5}{87.5} \times 1081 \times 10^{-6}$$

$$= 8235 \times 10^{-6}$$

按弹性计算，此时预应力筋应力

$\sigma_p = \varepsilon_p E_p = 8235 \times 10^{-6} \times 195000 = 1605.9 \text{N/mm}^2$，小于 $f_{pym} = 1607.4 \text{N/mm}^2$，可见预应力筋仍处于弹性工作阶段，按弹性计算是合适的。

下面复核受拉普通钢筋应力。取全截面消压状态下普通钢筋的应变 ε_{s0} 作为计算起点，依据公式(2.4-16)，该阶段受拉普通钢筋应变

$$\varepsilon_s = \varepsilon_{s0} + \frac{h_s - c}{c} \varepsilon_c = -522 \times 10^{-6} + \frac{(405 - 66) - 87.5}{87.5} \times 1081 \times 10^{-6}$$
$$= (-522 + 3106) \times 10^{-6} = 2584 \times 10^{-6}$$

受拉普通钢筋应力

$\sigma_s = \varepsilon_s E_s = 2584 \times 10^{-6} \times 187359 = 484.2 \text{N/mm}^2$，与受拉区纵向普通钢筋屈服点 $f_{ym} = 484.2 \text{N/mm}^2$ 完全一致。

预应力筋与受拉普通钢筋的总拉力

$F_T = F_p + F_s = 1605.9 \times 280 + 484.2 \times 760 = 449.6 \times 10^3 + 368.0 \times 10^3 = 817.6 \times 10^3 \text{N}$

$F_{c1} - F_{T1} = (817.9 - 817.6) \times 10^3 = 0.3 \times 10^3 \text{N}$，已经很好地满足力的平衡条件了。

各拉力对压应力中心取矩，可求得该状态下的作用弯矩

$M_{y,r} = F_p(h_p - c + \bar{x}) + F_s(h_s - c + \bar{x}) = 449.6 \times 10^3 \times (405 - 130 - 87.5 + 56.9) +$
$368.0 \times 10^3 \times (405 - 66 - 87.5 + 56.9) = 223.3 \times 10^6 \text{N} \cdot \text{mm}$

此状态下截面曲率

$$\phi = \frac{\varepsilon_c}{c} = \frac{1081 \times 10^{-6}}{87.5} = 12.352 \times 10^{-6} \text{rad/mm}$$

对受拉钢筋屈服状态下手算与电算对比结果进行汇总，见表 3.2-13。可知，受拉钢筋屈服状态下手算与电算结果符合程度很好。

受拉钢筋屈服状态下手算与电算结果对比 表 3.2-13

参数	手算结果①	电算结果②	①/②
抵抗弯矩（N·mm）	223.3×10^6	223.3×10^6	1.00
曲率（rad/mm）	12.352×10^{-6}	12.349×10^{-6}	1.00
预应力筋应力（N/mm²）	1605.8	1605.7	1.00
普通钢筋应力（N/mm²）	484.2	484.0	1.00

（6）预应力筋屈服状态

由前可知，当受拉区预应力筋达到条件屈服（$f_{pyk} = 1860 \times 0.85 = 1581.0 \text{MPa}$）时，受拉区预应力筋应变平均值 $\varepsilon_{pym} = 8243 \times 10^{-6}$。取全截面消压状态下预应力筋的应变 $\varepsilon_{p0} = 5919 \times 10^{-6}$ 作为计算起点，从全截面消压状态到该阶段预应力筋的应变增量

$$\Delta\varepsilon_p = \varepsilon_p - \varepsilon_{p0} = (8243 - 5919) \times 10^{-6} = 2324 \times 10^{-6}$$

经过试算，求得混凝土受压区高度 $c = 87.4 \text{mm}$。由截面应变保持平面假定可求得，对

应受压区边缘混凝土压应变ε_{c3}、受压区翼缘底面混凝土压应变ε_{c2}、受压区普通纵向钢筋中心处混凝土压应变ε_{cs}

$$\varepsilon_{c3} = \frac{\Delta\varepsilon_p c}{h - a_p - c} = \frac{3106 \times 10^{-6} \times 87.4}{405 - 130 - 87.4} = 1083 \times 10^{-6}$$

$$\varepsilon_{c2} = \frac{\Delta\varepsilon_p c_2}{h - a_p - c} = \frac{3106 \times 10^{-6} \times (87.4 - 80)}{405 - 130 - 87.4} = 92 \times 10^{-6}$$

$$\varepsilon_{cs} = \frac{\Delta\varepsilon_p (c - a'_s)}{h - a_p - c} = \frac{3106 \times 10^{-6} \times (87.4 - 33)}{405 - 130 - 87.4} = 674 \times 10^{-6}$$

$\varepsilon_{c3} = 1083 \times 10^{-6}$，大于弹性开裂受压区边缘混凝土压应变$\varepsilon'_{cr} = 196 \times 10^{-6}$，因此采用非弹性分析法。

将$n = 2$、$b = 160\text{mm}$、$f_{c,r} = 31.4\text{N/mm}^2$、$c_1 = 0$、$c_2 = 87.4 - 80 = 7.4\text{mm}$、$\varepsilon_{c1} = 0$、$\varepsilon_{c2} = 92 \times 10^{-6}$代入公式(2.4-4)并化简，得到腹板高度范围内混凝土压力合力

$$F_{cpf\_f'} = bf_{c,r}\left[c_2 + \frac{\left(1 - \frac{\varepsilon_{c2}}{\varepsilon_0}\right)^{n+1}}{n+1}\frac{\varepsilon_0}{\varepsilon_{c2}}c_2 - c_1 - \frac{\left(1 - \frac{\varepsilon_{c2}c_1}{c_2\varepsilon_0}\right)^{n+1}}{n+1}\frac{\varepsilon_0}{\varepsilon_{c2}}c_2\right]$$

$$= 160 \times 31.4 \times \left[7.4 + \frac{\left(1 - \frac{92 \times 10^{-6}}{2000 \times 10^{-6}}\right)^{2+1}}{2+1} \times \frac{2000 \times 10^{-6}}{92 \times 10^{-6}} \times 7.4 - \right.$$

$$\left. 0 - \frac{(1 - 0)^{2+1}}{2+1} \times \frac{2000 \times 10^{-6}}{92 \times 10^{-6}} \times 7.4\right] = 1.7 \times 10^3\text{N}$$

将$n = 2$、$b = 610\text{mm}$、$f_{c,r} = 31.4\text{N/mm}^2$、$c_1 = 87.4 - 80 = 7.4\text{mm}$、$c_2 = 87.4\text{mm}$、$\varepsilon_{c1} = 92 \times 10^{-6}$、$\varepsilon_{c2} = 1083 \times 10^{-6}$代入公式(2.4-4)并化简，得到上翼缘高度范围内混凝土压力合力$F_{cpf'}$

$$F_{cpf'} = bf_{c,r}\left[c_2 + \frac{\left(1 - \frac{\varepsilon_{c2}}{\varepsilon_0}\right)^{n+1}}{n+1}\frac{\varepsilon_0}{\varepsilon_{c2}}c_2 - c_1 - \frac{\left(1 - \frac{\varepsilon_{c2}c_1}{c_2\varepsilon_0}\right)^{n+1}}{n+1}\frac{\varepsilon_0}{\varepsilon_{c2}}c_2\right]$$

$$= 610 \times 31.4 \times \left[87.4 + \frac{\left(1 - \frac{1083 \times 10^{-6}}{2000 \times 10^{-6}}\right)^{2+1}}{2+1} \times \frac{2000 \times 10^{-6}}{1083 \times 10^{-6}} \times 87.4 - \right.$$

$$\left. 7.4 - \frac{\left(1 - \frac{1083 \times 10^{-6} \times 7.4}{87.4 \times 2000 \times 10^{-6}}\right)^{2+1}}{2+1} \times \frac{2000 \times 10^{-6}}{1083 \times 10^{-6}} \times 87.4\right] = 735.8 \times 10^3\text{N}$$

受压区没有配置预应力筋，全截面消压状态时受压区纵向普通钢筋的初始应变也为零，

需要额外考虑的受压区纵向普通钢筋压力

$$F_{cs} = \varepsilon_{cs}(\alpha_s - 1)E_cA'_s = 674 \times 10^{-6} \times (6.05 - 1) \times 30992 \times 760 = 80.1 \times 10^3 \text{N}$$

所以，截面总压力

$$F_c = F_{cpf\_f'} + F_{cpf'} + F_{cs} = 817.5 \times 10^3 \text{N}$$

将 $n = 2$、$b = 160\text{mm}$、$f_{c,r} = 31.4\text{N/mm}^2$、$c_1 = 0$、$c_2 = 7.4\text{mm}$、$\varepsilon_{c1} = 0$、$\varepsilon_{c2} = 92 \times 10^{-6}$ 代入公式(2.4-6)、公式(2.4-7)并化简，得到腹板高度范围内混凝土压力合力点至中性轴的距离

$$\int_{c_1}^{c_2} \sigma_c \, bx \, dx = bf_{c,r}\left\{\frac{1}{2}c_2{}^2 - \left[\frac{\left(1-\frac{\varepsilon_{c2}}{\varepsilon_0}\right)^{n+1}\frac{-\varepsilon_0 c_2{}^2}{\varepsilon_{c2}}}{n+1} - \frac{\left(1-\frac{\varepsilon_{c2}}{\varepsilon_0}\right)^{n+2}\left(\frac{\varepsilon_0 c_2}{\varepsilon_{c2}}\right)^2}{(n+1)(n+2)}\right] - \right.$$
$$\left. \frac{1}{2}c_1{}^2 + \left[\frac{\left(1-\frac{\varepsilon_{c1}}{\varepsilon_0}\right)^{n+1}\frac{-\varepsilon_0 c_1 c_2}{\varepsilon_{c2}}}{n+1} - \frac{\left(1-\frac{\varepsilon_{c2}c_1}{c_2\varepsilon_0}\right)^{n+2}\left(\frac{\varepsilon_0 c_2}{\varepsilon_{c2}}\right)^2}{(n+1)(n+2)}\right]\right\} = 160 \times 31.4 \times$$
$$\left\{\frac{1}{2} \times 7.4^2 - \left[\frac{\left(1-\frac{92\times10^{-6}}{2000\times10^{-6}}\right)^{2+1} \times \frac{-2000\times10^{-6}\times 7.4^2}{92\times10^{-6}}}{2+1} - \right.\right.$$
$$\left.\frac{\left(1-\frac{92\times10^{-6}}{2000\times10^{-6}}\right)^{2+2} \times \left(\frac{2000\times10^{-6}\times 7.4}{92\times10^{-6}}\right)^2}{(2+1)\times(2+2)}\right] -$$
$$\left.0 + \left[0 - \frac{1\times\left(\frac{2000\times10^{-6}\times 7.4}{92\times10^{-6}}\right)^2}{(2+1)\times(2+2)}\right]\right\} = 8.3 \times 10^3 \text{N}\cdot\text{mm}$$

$$\bar{x}_{cpf\_f'} = \frac{\int_{c_1}^{c_2} \sigma_c \, bx \, dx}{F_{cpf\_f'}} = \frac{8.3 \times 10^3}{1.7 \times 10^3} = 4.9\text{mm}$$

将 $n = 2$、$b = 610\text{mm}$、$f_{c,r} = 31.4\text{N/mm}^2$、$c_1 = 7.4$、$c_2 = 87.4\text{mm}$、$\varepsilon_{c1} = 92$、$\varepsilon_{c2} = 1083 \times 10^{-6}$代入公式(2.4-6)、公式(2.4-7)并化简，得到上翼缘高度范围内混凝土压力合力点至中性轴的距离$\bar{x}_{cf'}$

$$\int_{c_1}^{c_2} \sigma_c \, bx \, dx = bf_{c,r}\left\{\frac{1}{2}c_2{}^2 - \left[\frac{\left(1-\frac{\varepsilon_{c2}}{\varepsilon_0}\right)^{n+1}\frac{-\varepsilon_0 c_2{}^2}{\varepsilon_{c2}}}{n+1} - \frac{\left(1-\frac{\varepsilon_{c2}}{\varepsilon_0}\right)^{n+2}\left(\frac{\varepsilon_0 c_2}{\varepsilon_{c2}}\right)^2}{(n+1)(n+2)}\right] - \right.$$
$$\left. \frac{1}{2}c_1{}^2 + \left[\frac{\left(1-\frac{\varepsilon_{c1}}{\varepsilon_0}\right)^{n+1}\frac{-\varepsilon_0 c_1 c_2}{\varepsilon_{c2}}}{n+1} - \frac{\left(1-\frac{\varepsilon_{c2}c_1}{c_2\varepsilon_0}\right)^{n+2}\left(\frac{\varepsilon_0 c_2}{\varepsilon_{c2}}\right)^2}{(n+1)(n+2)}\right]\right\} = 610 \times 31.4 \times$$

$$\left\{ \frac{1}{2} \times 87.4^2 - \left[\frac{\left(1 - \frac{1083 \times 10^{-6}}{2000 \times 10^{-6}}\right)^{2+1} \times \frac{-2000 \times 10^{-6} \times 87.4^2}{1083 \times 10^{-6}}}{2+1} - \right. \right.$$

$$\left. \frac{\left(1 - \frac{1083 \times 10^{-6}}{2000 \times 10^{-6}}\right)^{2+2} \times \left(\frac{2000 \times 10^{-6} \times 87.4}{1083 \times 10^{-6}}\right)^2}{(2+1) \times (2+2)} \right] - \frac{1}{2} \times 7.4^2 +$$

$$\left[\frac{\left(1 - \frac{92 \times 10^{-6}}{2000 \times 10^{-6}}\right)^{2+1} \frac{-2000 \times 10^{-6} \times 7.4 \times 87.4}{1083 \times 10^{-6}}}{(2+1)} - \right.$$

$$\left. \left. \frac{\left(1 - \frac{1083 \times 10^{-6} \times 7.4}{87.4 \times 2000 \times 10^{-6}}\right)^{2+2} \times \left(\frac{2000 \times 10^{-6} \times 87.4}{1083 \times 10^{-6}}\right)^2}{(2+1) \times (2+2)} \right] \right\} = 42.0 \times 10^6 \text{N} \cdot \text{mm}$$

$$\bar{x}_{\text{cpf}'} = \frac{\int_{c_1}^{c_2} \sigma_c b x \, dx}{F_{\text{cpf}'}} = \frac{42.0}{735.8 \times 10^3} = 57.1 \text{mm}$$

参照公式(2.4-8)，可求得总压力作用点至中性轴的距离

$$\bar{x}_{\text{p}l} = \frac{F_{\text{cs}} \bar{x}_{\text{cs}} + F_{\text{cpf\_f}'} \bar{x}_{\text{cpf\_f}'} + F_{\text{cpf}'} \bar{x}_{\text{cpf}'}}{F_{\text{cs}} + F_{\text{cpf\_f}'} + F_{\text{cpf}'}}$$

$$= \frac{80.1 \times 10^3 \times (87.4 - 33) + 1.7 \times 10^3 \times 4.9 + 735.8 \times 10^3 \times 57.1}{(80.1 + 1.7 + 735.8) \times 10^3} = 56.7 \text{mm}$$

取全截面消压状态下预应力筋的应变$\varepsilon_{\text{p}0}$作为计算起点，依据公式(2.4-17)，用受压区边缘压应变复核该阶段受拉区预应力筋应变

$$\varepsilon_{\text{p}} = \varepsilon_{\text{p}0} + \frac{h_{\text{p}} - c}{c} \varepsilon_{\text{c}} = 5919 \times 10^{-6} + \frac{(405 - 130) - 87.4}{87.4} \times 1083 \times 10^{-6}$$

$$= 5919 \times 10^{-6} + 2324 \times 10^{-6} = 8243 \times 10^{-6}$$

按弹性计算，此时预应力筋应力

$\sigma_{\text{p}} = \varepsilon_{\text{p}} E_{\text{p}} = 8243 \times 10^{-6} \times 195000 = 1607.4 \text{N/mm}^2$，等于$f_{\text{pym}} = 1607.4 \text{N/mm}^2$，可见预应力筋应力与其屈服点应力完全一致。

取全截面消压状态下普通钢筋的应变$\varepsilon_{\text{s}0}$作为计算起点，依据公式(2.4-16)，该阶段受拉普通钢筋应变

$$\varepsilon_{\text{s}} = \varepsilon_{\text{s}0} + \frac{h_{\text{s}} - c}{c} \varepsilon_{\text{c}} = -522 \times 10^{-6} + \frac{(405 - 66) - 87.4}{87.4} \times 1083 \times 10^{-6}$$

$$= (-522 + 3117) \times 10^{-6} = 2595 \times 10^{-6}$$

受拉普通钢筋应力

$\sigma_{\text{s}} = \varepsilon_{\text{s}} E_{\text{s}} = 2595 \times 10^{-6} \times 187359 = 486.2 \text{N/mm}^2$，大于受拉普通钢筋屈服点$f_{\text{ym}} =$

484.2N/mm^2，应该按非弹性计算。又$\varepsilon_s = 2595 \times 10^{-6}$小于硬化起点应变平均值$\varepsilon_{\text{uym}} = 11392 \times 10^{-6}$，依据公式(2.4-16)求得其应力$\sigma_s = f_{y,r} = 484.2\text{N/mm}^2$。

预应力筋与受拉普通钢筋的总拉力

$$T = F_p + F_s = 1607.4 \times 280 + 484.2 \times 760 = (450.1 + 368.0) \times 10^3 = 818.1 \times 10^3\text{N}$$

$F_c - F_T = -0.5 \times 10^3\text{N}$，已经很好地满足力的平衡条件了。

对混凝土压应力中心取矩，可求得该状态下的作用弯矩

$$M_{\text{py,r}} = F_p(h_p - c + \bar{x}) + F_s(h_s - c + \bar{x}) = 450.1 \times 10^3 \times (405 - 130 - 87.4 + 56.7) +$$
$$368.0 \times 10^3 \times (405 - 66 - 87.4 + 56.7) = 223.4 \times 10^6\text{N} \cdot \text{mm}$$

此状态下截面曲率

$$\phi = \frac{\varepsilon_c}{c} = \frac{1083 \times 10^{-6}}{87.4} = 12.388 \times 10^{-6}\text{rad/mm}$$

对预应力筋屈服状态下的手算与电算对比结果进行汇总，见表 3.2-14。可知，预应力筋屈服状态下手算与电算结果符合程度很好。

📝 **随想：**

区别于算例3.2.1，本算例为预应力筋达到条件屈服先于受压区边缘混凝土达到轴心抗压强度设计值，而不是受压区边缘混凝土达到轴心抗压强度设计值先于预应力筋达到条件屈服。

预应力筋屈服状态下手算与电算结果对比   表 3.2-14

参数	手算结果①	电算结果②	①/②
抵抗弯矩（N·mm）	223.4×10^6	223.4×10^6	1.00
曲率（rad/mm）	12.388×10^{-6}	12.391×10^{-6}	1.00
预应力筋应力（N/mm²）	1607.4	1607.5	1.00
普通钢筋应力（N/mm²）	484.2	484.2	1.00

（7）均匀受压混凝土极限应变状态

当均匀受压混凝土极限应变状态时，对应压应变$\varepsilon_{c3} = 2000 \times 10^{-6}$，大于开裂状态对应压应变$\varepsilon'_{\text{cr}} = 196 \times 10^{-6}$，因此采用非弹性分析法。

经过试算，求得中和轴高度$c = 57.1\text{mm}$。由截面应变保持平面假定可求得，对应受压区普通纵向钢筋中心处混凝土压应变ε_{cs}

$$\varepsilon_{cs} = \frac{\varepsilon_{c3}(c - a'_s)}{c} = \frac{2000 \times 10^{-6} \times (57.1 - 33)}{57.1} = 844 \times 10^{-6}$$

将$n = 2$、$b = 610\text{mm}$、$f_{c,r} = 31.4\text{N/mm}^2$、$c_1 = 0$、$c_2 = 57.1\text{mm}$、$\varepsilon_{c1} = 0$、$\varepsilon_{c2} = 2000 \times 10^{-6}$代入公式(2.4-4)、公式(2.4-5)并化简，得到翼缘混凝土压应力合力

$$F_{cpf'} = bf_{c,r}\left[c_2 + \frac{\left(1 - \frac{\varepsilon_{c2}}{\varepsilon_0}\right)^{n+1}}{n+1}\frac{\varepsilon_0}{\varepsilon_{c2}}c_2 - c_1 - \frac{\left(1 - \frac{\varepsilon_{c2}c_1}{c_2\varepsilon_0}\right)^{n+1}}{n+1}\frac{\varepsilon_0}{\varepsilon_{c2}}c_2\right]$$

$$= 610 \times 31.4 \times \left[57.1 + \frac{\left(1 - \frac{2000 \times 10^6}{2000 \times 10^6}\right)^{2+1}}{2+1} \times \frac{2000 \times 10^6}{2000 \times 10^6} \times 57.1 - \right.$$

$$\left. 0 - \frac{(1 - 0)^{2+1}}{2+1} \times \frac{2000 \times 10^6}{2000 \times 10^6} \times 57.1\right] = 728.6 \times 10^3 \text{N}$$

受压区没有配置预应力筋，全截面消压状态时受压区纵向普通钢筋的初始应变也为零，需要额外考虑的受压区纵向普通钢筋压力

$$F_{cs} = \varepsilon_{cs}(\alpha_s - 1)E_cA_s' = 844 \times 10^{-6} \times (6.05 - 1) \times 30992 \times 760 \doteq 100.3 \times 10^3 \text{N}$$

所以，截面总压力

$$F_c = F_{cpf'} + F_{cs} = (728.6 + 100.3) \times 10^3 = 828.9 \times 10^3 \text{N}$$

将 $n = 2$、$b = 610\text{mm}$、$f_{c,r} = 31.4\text{N/mm}^2$、$c_1 = 0$、$c_2 = 57.1\text{mm}$、$\varepsilon_{c1} = 0$、$\varepsilon_{c2} = 2000 \times 10^{-6}$ 代入公式(2.4-6)、公式(2.4-7)并化简，得到翼缘混凝土压应力合力至中性轴的距离 $\bar{x}_{cf'}$

$$\int_{c_1}^{c_2}\sigma_c bx\,\mathrm{d}x = bf_{c,r}\left\{\frac{1}{2}c_2^2 - \left[\frac{\left(1 - \frac{\varepsilon_{c2}}{\varepsilon_0}\right)^{n+1}\frac{-\varepsilon_0 c_2^2}{\varepsilon_{c2}}}{n+1} - \frac{\left(1 - \frac{\varepsilon_{c2}}{\varepsilon_0}\right)^{n+2}\left(\frac{\varepsilon_0 c_2}{\varepsilon_{c2}}\right)^2}{(n+1)(n+2)}\right] - \right.$$

$$\left. \frac{1}{2}c_1^2 + \left[\frac{\left(1 - \frac{\varepsilon_{c1}}{\varepsilon_0}\right)^{n+1}\frac{-\varepsilon_0 c_1 c_2}{\varepsilon_{c2}}}{n+1} - \frac{\left(1 - \frac{\varepsilon_{c2}c_1}{c_2\varepsilon_0}\right)^{n+2}\left(\frac{\varepsilon_0 c_2}{\varepsilon_{c2}}\right)^2}{(n+1)(n+2)}\right]\right\} = 610 \times 31.4 \times$$

$$\left\{\frac{1}{2} \times 57.1^2 - \left[\frac{\left(1 - \frac{2000 \times 10^{-6}}{2000 \times 10^{-6}}\right)^3 \times \frac{-2000 \times 10^{-6} \times 57.1^2}{2000 \times 10^{-6}}}{2+1} - \right.\right.$$

$$\left.\frac{\left(1 - \frac{2000 \times 10^{-6}}{2000 \times 10^{-6}}\right)^4 \times \left(\frac{2000 \times 10^{-6} \times 57.1}{2000 \times 10^{-6}}\right)^2}{(2+1) \times (2+2)}\right] -$$

$$\left. 0 - \frac{\left(\frac{2000 \times 10^{-6} \times 57.1}{2000 \times 10^{-6}}\right)^2}{(2+1) \times (2+2)}\right\} = 26.0 \times 10^6 \text{N} \cdot \text{mm}$$

$$\bar{x}_{cf'} = \frac{\int_{c_1}^{c_2}\sigma_c bx\,\mathrm{d}x}{F_{cpf'}} = \frac{26.0 \times 10^6}{728.6 \times 10^3} = 35.7\text{mm}$$

参照公式(2.4-8)，可求得总压力作用点至中性轴的距离

$$\bar{x} = \frac{F_{cs}\bar{x}_{cs} + F_{cpf'}\bar{x}_{cpf'}}{F_{cs} + F_{cpf'}} = \frac{100.3 \times 10^3 \times (57.1 - 33) + 728.6 \times 10^3 \times 35.7}{(100.3 + 728.6) \times 10^3} = 34.3 \text{mm}$$

预应力筋增加的应力，可通过公式(2.4-17)算出，并取全截面消压状态下预应力筋的应变ε_{p0}作为计算起点。所以，该阶段受拉区预应力筋应变

$$\varepsilon_p = \varepsilon_{p0} + \frac{h_p - c}{c}\varepsilon_c = 5919 \times 10^{-6} + \frac{(405 - 130) - 57.1}{57.1} \times 2000 \times 10^{-6}$$
$$= 13552 \times 10^{-6}$$

按弹性计算，此时预应力筋应力

$\sigma_p = \varepsilon_p E_p = 13552 \times 10^{-6} \times 195000 = 2642.6 \text{N/mm}^2$，大于$f_{ym} = 1607.4 \text{N/mm}^2$，可见预应力筋已经进入了条件屈服点，改用非弹性计算方法。

因为$\varepsilon_p < \varepsilon_{pu} = 0.045$，所以

$$\sigma_p = f_{py,r} + k_p(\varepsilon_p - \varepsilon_{py}) = 1607.4 + 7717 \times (13552 \times 10^{-6} - 8243 \times 10^{-6})$$
$$= 1648.4 \text{N/mm}^2$$

普通钢筋增加的应力，可通过公式(2.4-16)算出，并取全截面消压状态下普通钢筋的应变ε_{s0}作为计算起点。所以，该阶段受拉普通钢筋应变

$$\varepsilon_s = \varepsilon_{s0} + \frac{h_s - c}{c}\varepsilon_c = -522 \times 10^{-6} + \frac{405 - 66 - 57.1}{57.1} \times 2000 \times 10^{-6}$$
$$= (9874 - 522) \times 10^{-6} = 9352 \times 10^{-6}$$

受拉普通钢筋应力为

$\sigma_s = \varepsilon_s E_s = 9352 \times 10^{-6} \times 187359 = 1752.2 \text{N/mm}^2$，大于受拉普通钢筋屈服点$f_{ym} = 484.2 \text{N/mm}^2$，应该按非弹性计算。又$\varepsilon_s = 9352 \times 10^{-6}$小于硬化起点应变平均值$\varepsilon_{uy} = 11392 \times 10^{-6}$，依据公式(2.4-16)求得其应力$\sigma_s = f_{y,r} = 484.2 \text{N/mm}^2$。

预应力筋与受拉普通钢筋的总拉力

$$T = F_p + F_s = 1648.4 \times 280 + 484.2 \times 760 = 829.5 \times 10^3 \text{N}$$

$F_{c1} - F_{T1} = (828.9 - 829.5) \times 10^3 = -0.6 \times 10^3 \text{N}$，已经较好地满足力的平衡条件了。

对混凝土压应力合力中心取矩

$$M = F_p(h_p - c + \bar{x}) + F_s(h_s - c + \bar{x}) = 461.6 \times 10^3 \times (405 - 130 - 57.1 + 34.3) +$$
$$368.0 \times 10^3 \times (405 - 560 - 57.1 + 34.3) = 232.7 \times 10^6 \text{N} \cdot \text{mm}$$

此状态下截面曲率

$$\phi = \frac{\varepsilon_c}{c} = \frac{2000 \times 10^{-6}}{57.1} = 35.026 \times 10^{-6} \text{rad/mm}$$

对均匀受压混凝土极限应变状态下的手算与电算对比结果进行汇总，见表 3.2-15。可知，手算与电算结果符合程度很好。

均匀受压混凝土极限应变状态下手算与电算结果对比　　　　表 3.2-15

参数	手算结果①	电算结果②	①/②
抵抗弯矩（N·mm）	232.7×10^6	232.7×10^6	1.00
曲率（rad/mm）	35.026×10^{-6}	35.009×10^{-6}	1.00
预应力筋应力（N/mm²）	1648.4	1647.6	1.00
普通钢筋应力（N/mm²）	484.2	484.2	1.00

（8）受拉普通钢筋极限应变状态

当受拉普通钢筋极限应变状态时，$\varepsilon_{uym} = 11392 \times 10^{-6}$。取全截面消压状态下普通钢筋的应变$\varepsilon_{s0}$作为计算起点，从全截面消压状态到该阶段受拉普通钢筋的应变增量

$$\Delta\varepsilon_s = \varepsilon_s - \varepsilon_{s0} = (11392 + 522) \times 10^{-6} = 11914 \times 10^{-6}$$

经过试算，求得中和轴高度$c = 54.0$mm。由截面应变保持平面假定可求得，对应受压区边缘混凝土压应变ε_c、受压区普通纵向钢筋中心处混凝土压应变ε_{cs}

$$\varepsilon_c = \frac{\Delta\varepsilon_s c}{h - a_s - c} = \frac{11914 \times 10^{-6} \times 54.0}{405 - 66 - 54.0} = 2257 \times 10^{-6}$$

$$\varepsilon_{cs} = \frac{\Delta\varepsilon_s(c - a_s')}{h - a_s - c} = \frac{11914 \times 10^{-6} \times (54.0 - 33)}{405 - 66 - 54.0} = 878 \times 10^{-6}$$

$\varepsilon_c = 2257 \times 10^{-6}$，大于弹性开裂受压区边缘混凝土压应变$\varepsilon_{cr}' = 196 \times 10^{-6}$，因此采用非弹性分析法。

由截面应变保持平面假定还可推得，当$\varepsilon_c = \varepsilon_0 = 2000 \times 10^{-6}$时，混凝土压应力抛物线顶部距中性轴的高度

$$c_2 = \frac{\varepsilon_0 c}{\varepsilon_c} = \frac{2000 \times 10^{-6} \times 54.0}{2257 \times 10^{-6}} = 47.8\text{mm}$$

将$n = 2$、$b = 610$mm、$f_{c,r} = 31.4$N/mm²、$c_1 = 0$、$c_2 = 47.8$mm、$c = 54.0$mm、$\varepsilon_{c1} = 0$、$\varepsilon_{c2} = 2000 \times 10^{-6}$代入公式(2.4-4)～公式(2.4-11)并化简，得到受压翼缘混凝土压应力合力

$$F_{cpf'} = F_{cp} + F_{cl} = bf_{c,r}\left[c_2 + \frac{\left(1 - \frac{\varepsilon_{c2}}{\varepsilon_0}\right)^{n+1}}{n+1}\frac{\varepsilon_0}{\varepsilon_{c2}}c_2 - c_1 - \frac{\left(1 - \frac{\varepsilon_{c2}c_1}{c_2\varepsilon_0}\right)^{n+1}}{n+1}\frac{\varepsilon_0}{\varepsilon_{c2}}c_2 + (c - c_2)\right]$$

$$= 610 \times 31.4 \times \left[47.8 + \frac{\left(1 - \frac{2000 \times 10^{-6}}{2000 \times 10^{-6}}\right)^{2+1}}{2+1} \times \frac{2000 \times 10^{-6}}{2000 \times 10^{-6}} \times 47.8 - \right.$$

$$\left. 0 - \frac{(1-0)^{2+1}}{2+1} \times \frac{2000 \times 10^{-6}}{2000 \times 10^{-6}} \times 47.8 + (54.0 - 47.8)\right]$$

$$= 728.3 \times 10^3\text{N}$$

受压区没有配置预应力筋，全截面消压状态时受压区纵向普通钢筋的初始应变也为零，需要额外考虑的受压区纵向普通钢筋压力

$$F_{cs} = \varepsilon_{cs}(\alpha_s - 1)E_c A'_s = 878 \times 10^{-6} \times (6.05 - 1) \times 30992 \times 760 = 104.3 \times 10^3 \text{N}$$

所以，截面总压力

$$F_c = F_{cpf'} + F_{cs} = (728.3 + 104.3) \times 10^3 = 832.6 \times 10^3 \text{N}$$

将 $n = 2$、$b = 610\text{mm}$、$f_{c,r} = 31.4\text{N/mm}^2$、$c_1 = 0$、$c_2 = 47.8\text{mm}$、$c = 54.0\text{mm}$、$\varepsilon_{c1} = 0$、$\varepsilon_{c2} = 2000 \times 10^{-6}$ 代入公式(2.4-6)、公式(2.4-13)并化简，得到矩形截面混凝土压应力合力至中性轴的距离 $\bar{x}$

$$\int_{c_1}^{c_2} \sigma_c \, bx \, dx = bf_{c,r} \left\{ \frac{1}{2}c_2^2 - \left[\frac{\left(1 - \frac{\varepsilon_{c2}}{\varepsilon_0}\right)^{n+1} \frac{-\varepsilon_0 c_2^2}{\varepsilon_{c2}}}{n+1} - \frac{\left(1 - \frac{\varepsilon_{c2}}{\varepsilon_0}\right)^{n+2}\left(\frac{\varepsilon_0 c_2}{\varepsilon_{c2}}\right)^2}{(n+1)(n+2)} \right] - \right.$$

$$\left. \frac{1}{2}c_1^2 + \left[\frac{\left(1 - \frac{\varepsilon_{c1}}{\varepsilon_0}\right)^{n+1} \frac{-\varepsilon_0 c_1 c_2}{\varepsilon_{c2}}}{n+1} - \frac{\left(1 - \frac{\varepsilon_{c2} c_1}{c_2 \varepsilon_0}\right)^{n+2}\left(\frac{\varepsilon_0 c_2}{\varepsilon_{c2}}\right)^2}{(n+1)(n+2)} \right] \right\} = 610 \times 31.4 \times$$

$$\left\{ \frac{1}{2} \times 47.8^2 - \left[\frac{\left(1 - \frac{2000 \times 10^{-6}}{2000 \times 10^{-6}}\right)^3 \times \frac{-2000 \times 10^{-6} \times 47.8^2}{2000 \times 10^{-6}}}{2+1} - \right. \right.$$

$$\left. \frac{\left(1 - \frac{2000 \times 10^{-6}}{2000 \times 10^{-6}}\right)^4 \times \left(\frac{2000 \times 10^{-6} \times 47.8}{2000 \times 10^{-6}}\right)^2}{(2+1) \times (2+2)} \right] -$$

$$\left. 0 - \frac{\left(\frac{2000 \times 10^{-6} \times 47.8}{2000 \times 10^{-6}}\right)^2}{(2+1) \times (2+2)} \right\} = 18.3 \times 10^6 \text{N} \cdot \text{mm}$$

$$\bar{x}_p = \frac{\int_{c_1}^{c_2} \sigma_c \, bx \, dx}{F_{cp}} = \frac{18.3}{610.5 \times 10^3} = 29.9\text{mm}$$

$$\bar{x} = \frac{F_{cs}\bar{x}_{cs} + F_{cp}\bar{x}_p + F_{cl}[c_2 + (c - c_2)/2]}{F_c}$$

$$= \frac{[104.3 \times (54.0 - 33) + 610.5 \times 29.9 + 117.9 \times (54.0 - 47.8)/2]}{(104.3 + 610.5 + 117.9) \times 10^3} = 31.8\text{mm}$$

取全截面消压状态下预应力筋的应变 ε_{p0} 作为计算起点，依据公式(2.4-17)，求得该阶段受拉区预应力筋应变

$$\varepsilon_p = \varepsilon_{p0} + \frac{h_p - c}{h_0 - c}\Delta\varepsilon_s = 5919 \times 10^{-6} + \frac{405 - 130 - 54.0}{405 - 66 - 54.0} \times 11914 \times 10^{-6}$$

$$= 5919 \times 10^{-6} + 9239 \times 10^{-6} = 15158 \times 10^{-6}$$

按弹性计算，此时预应力筋应力

$\sigma_p = \varepsilon_p E_p = 15158 \times 10^{-6} \times 195000 = 2955.8 \text{N/mm}^2$，大于 $f_{ym} = 1607.4 \text{N/mm}^2$，可见预应力筋已经进入了条件屈服点，改用非弹性计算方法。

因为 $\varepsilon_p < \varepsilon_{pu} = 0.045$，所以

$$\sigma_p = f_{py,r} + k_p(\varepsilon_p - \varepsilon_{py}) = 1607.4 + 7717 \times (15158 \times 10^{-6} - 8243 \times 10^{-6})$$
$$= 1660.8 \text{N/mm}^2$$

并取全截面消压状态下普通钢筋的应变 ε_{s0} 作为计算起点，可通过公式(2.4-16)复核该阶段受拉普通钢筋应力。该阶段受拉普通钢筋应变

$$\varepsilon_s = \varepsilon_{s0} + \frac{h_s - c}{c}\varepsilon_c = -522 \times 10^{-6} + \frac{405 - 66 - 54.0}{54.0} \times 2257 \times 10^{-6}$$
$$= (11914 - 522) \times 10^{-6} = 11392 \times 10^{-6}$$

受拉普通钢筋应力为

$\sigma_s = \varepsilon_s E_s = 11392 \times 10^{-6} \times 187359 = 2134.5 \text{N/mm}^2$，大于受拉普通钢筋屈服点 $f_{ym} = 484.2 \text{N/mm}^2$，应该按非弹性计算。又 $\varepsilon_s = 11392 \times 10^{-6}$ 不大于硬化起点应变平均值 $\varepsilon_{uym} = 11392 \times 10^{-6}$，依据公式(2.4-16)求得其应力 $\sigma_s = f_{y,r} = 484.2 \text{N/mm}^2$。

预应力筋与受拉普通钢筋的总拉力

$$T = F_p + F_s = 1660.8 \times 280 + 484.2 \times 760 = (465.0 + 368.0) \times 10^3 \text{N} = 833.0 \times 10^3 \text{N}$$

$F_c - F_T = (832.6 - 833.0) \times 10^3 = -0.4 \times 10^3 \text{N}$，已经很好地满足力的平衡条件了。

对混凝土压应力中心取矩，可求得该状态下的作用弯矩

$$M_{\varepsilon cu,r} = F_p(h_p - c + \bar{x}) + F_s(h_s - c + \bar{x}) = 465.0 \times 10^3 \times (405 - 130 - 54.0 + 31.8) +$$
$$368.0 \times 10^3 \times (405 - 66 - 54.0 + 31.8) = 234.1 \times 10^6 \text{N} \cdot \text{mm}$$

此状态下截面曲率

$$\phi = \frac{\varepsilon_c}{c} = \frac{2257 \times 10^{-6}}{54.0} = 41.804 \times 10^{-6} \text{rad/mm}$$

对受拉普通钢筋极限应变状态下的手算与电算对比结果进行汇总，见表 3.2-16。可知，受拉普通钢筋极限应变状态下手算与电算结果符合程度很好。

注意：区别于算例 3.2.1。受拉普通钢筋达到极限拉应变先于混凝土达到极限压应变，而不是混凝土极限压应变先于受拉普通钢筋达到极限拉应变。

受拉普通钢筋极限应变状态下手算与电算结果对比　　　　　　　表 3.2-16

参数	手算结果①	电算结果②	①/②
抵抗弯矩（N·mm）	234.1×10^6	234.0×10^6	1.00
曲率（rad/mm）	41.804×10^{-6}	41.810×10^{-6}	1.00
预应力筋应力（N/mm²）	1660.8	1659.7	1.00
普通钢筋应力（N/mm²）	484.2	484.2	1.00

（9）非均匀受压混凝土极限应变状态

当非均匀受压混凝土极限应变状态（$\varepsilon_{cu} = 3300 \times 10^{-6}$）时，经过试算，混凝土受压区高度$c = 48.1$mm，受拉普通钢筋应变$\varepsilon_s = 19453 \times 10^{-6}$，大于受拉普通钢筋达到极限拉应变$\varepsilon_{uym} = 11392 \times 10^{-6}$，说明受拉普通钢筋极限拉应变出现先于混凝土极限压应变，结构构件早已达到了承载能力极限状态，不用再计算与非均匀受压混凝土极限应变状态相关的参数值。

（10）小结

就该预应力混凝土构件 T 形基础梁算例来说，其正截面全过程弯矩-曲率关系及各控制状态性能指标的手算和电算结果符合程度很好，电算结果的全过程弯矩-曲率关系如图 3.2-7 所示，预应力筋全过程应力变化曲线、受拉区普通钢筋全过程应力变化曲线、受压区边缘混凝土全过程应力变化曲线分别见图 3.2-8、图 3.2-9 和图 3.2-10。

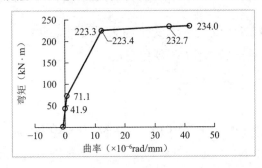

图 3.2-7　正截面全过程弯矩-曲率关系

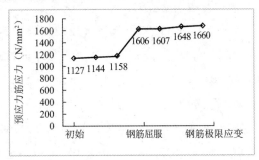

图 3.2-8　受拉区预应力筋全过程应力变化曲线

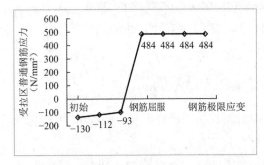

图 3.2-9　受拉区普通钢筋全过程应力变化曲线　　图 3.2-10　受压区边缘混凝土全过程应力变化曲线

由前述计算结果及图 3.2-7～图 3.2-10 可知，控制状态出现的先后顺序为初始状态、受拉区边缘零应力状态、开裂状态、受拉钢筋屈服状态、预应力筋屈服状态、均匀受压混凝土极限应变状态、受拉普通钢筋极限应变状态；全过程曲线可用四折线形状表示，三个折点分别位于开裂状态、受拉普通钢筋屈服状态和预应力筋屈服状态。可直接确定受拉区边缘零应力状态、开裂状态、各种钢筋屈服状态及截面达到承载能力极限状态类型，可直接观察到开裂前后各指标全过程应力的弹性变化，也可直接观察到钢筋屈服后的弹塑性变化。可求得各控制状态及曲线上任一点受弯刚度的折减系数、耗能能力和延性比等性能化参数。

此外，开裂状态的计算值和试验值符合程度较好，且偏于安全。得到任一点受弯刚度折减系数后，可以将弹塑性问题变成弹性问题，采用弹性计算方法进行静载和各种动载的计算分析，从而用简单的弹性方法来实现复杂的弹塑性分析。

与算例 3.2.1 相比，本算例在混凝土受压区配置了普通钢筋，而算例 3.2.1 没有配置。本算例预应力筋条件屈服先于受压区边缘混凝土达到轴心抗压强度设计值，受拉普通钢筋极限拉应变先于混凝土达到极限压应变，因受拉普通钢筋达到极限应变而到达承载能力极限状态；而算例 3.2.1 是受压区边缘混凝土轴心抗压强度设计值先于预应力筋达到条件屈服，混凝土极限压应变先于受拉普通钢筋达到极限拉应变，因非均匀受压混凝土达到极限应变状态而到达承载能力极限状态。此外，本算例可用四折线三折点表示全过程弯矩-曲率关系，而算例 3.2.1 则可用五折线四折点表示全过程弯矩-曲率关系。

3.2.3　T 形截面钢筋混凝土基础梁

已知某 T 形截面钢筋混凝土基础试验梁，截面尺寸为 $b \times h = 160\text{mm} \times 675\text{mm}$，$b'_f \times h'_f = 610\text{mm} \times 80\text{mm}$，混凝土立方体抗压强度标准值为 33.8N/mm^2，保护层厚度为 45mm，受拉区普通钢筋中心至近边距离为 60mm，受压区普通钢筋中心至近边距离为 33mm，受拉区配置普通钢筋面积 1520mm^2，受压区配置普通钢筋面积为 760mm^2，普通钢筋牌号为 HRB400。试分析跨中正截面全过程弯矩曲率关系、各控制状态的应力历程，并对 PCNAD 电算结果进行验证，PCNAD 输入界面见图 3.2-11。性能分析时材料强度代表值用平均值。

【解】

（1）计算参数

各状态均按换算截面特征进行计算。

将 $f_{cu,k} = 33.8$ 代入公式(2.3-8)，得到混凝土弹性模量

$$E_c = \frac{10^5}{2.2 + \dfrac{34.7}{f_{cu,k}}} = \frac{10^5}{2.2 + \dfrac{34.7}{33.8}} = 30992\text{N/mm}^2$$

通过试验得到普通纵向钢筋的弹性模量 $E_s = 187359\text{N/mm}^2$，取预应力筋的弹性模量 $E_p = 195000\text{N/mm}^2$，普通钢筋与混凝土弹性模量比值 $\alpha_s = 187359/30992 = 6.05$，预应力筋与混凝土弹性模量比值 $\alpha_p = 195000/30992 = 6.29$。

将 $f_{cu,k} = 33.8$ 代入公式(2.3-3)，得到混凝土强度变异系数

$$\delta_c = 8 \times 10^{-5} f_{cu,k}^2 - 0.0072 f_{cu,k} + 0.3219 = 8 \times 10^{-5} \times 33.8^2 - 0.0072 \times 33.8 + 0.3219$$
$$= 0.1699$$

由公式(2.3-1)～公式(2.3-7)得混凝土轴心抗压强度、轴心抗压强度标准值

$$f_{ck} = 0.88\alpha_{c1}\alpha_{c2}f_{cu,k} = 0.88 \times 0.76 \times 1.0 \times 33.8 = 22.6\text{N/mm}^2$$

$$f_{tk} = 0.88 \times 0.395f_{cu,k}^{0.55}(1 - 1.645\delta)^{0.45}\alpha_{c2} = 0.88 \times 0.395 \times 33.8^{0.55} \times$$

$$(1 - 1.645 \times 0.1699)^{0.45} \times 1 = 2.08\text{N/mm}^2$$

$$f_{cm} = \frac{f_{ck}}{1 - 1.645\delta} = \frac{22.6}{1 - 1.645 \times 0.1699} = 31.4\text{N/mm}^2$$

$$f_{tm} = \frac{f_{tk}}{1 - 1.645\delta} = \frac{2.08}{1 - 1.645 \times 0.1699} = 2.89\text{N/mm}^2$$

将$f_{cu,k} = 33.8$代入公式(2.4-2)、公式(2.4-3)，得到与受压区混凝土达到f_c对应的混凝土压应变、正截面混凝土极限压应变和系数n

$$\varepsilon_0 = 0.002 + 0.5(f_{cu,k} - 50) \times 10^{-5} = 0.002 + 0.5 \times (33.8 - 50) \times 10^{-5} = 0.002$$

$$\varepsilon_{cu} = 0.0033 - (f_{cu,k} - 50) \times 10^{-5} = 0.0033 - (33.8 - 50) \times 10^{-5} = 0.0035，大于0.0033，$$

取为0.0033

$$n = 2 - \frac{1}{60}(f_{cu,k} - 50) = 2 - \frac{1}{60}(33.8 - 50) = 2.3，大于2.0，取为2.0$$

采用 AutoCAD 和 PCNAD 对截面特征进行手算和电算，得到手算与电算对比结果，见表 3.2-17。可知，截面几何特征的手算与电算结果符合程度很好。材料性能指标符合程度也很好，限于篇幅，对比结果从略。

截面几何特征手算与电算结果对比 表 3.2-17

计算参数	手算结果①	电算结果②	①/②	计算截面形状
面积A_0	155729	155503	1.00	
重心至顶面距离c_0	275.0	274.8	1.00	
惯性矩I_0	7.661×10^9	1.642×10^9	1.00	

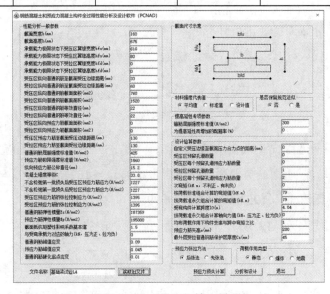

图 3.2-11　PCNAD 输入界面

（2）初始状态和受拉区边缘零应力状态

由公式(3.1-91)～公式(3.1-93)，得到预应力筋合力N_{pI}及作用点到净截面重心轴的偏心距e_{pnI}、预加力产生的混凝土法向压应力均为零。

由公式(3.1-98)和公式(3.1-99)计算可得，预应力筋和普通钢筋的合力N_{pe}及其作用点到换算截面重心的偏心距e_{pn}也均为零。

由公式(3.1-100)计算可得，受压区边缘和受拉区边缘混凝土的预应力σ_{pc}和σ'_{pc}也均为零，受压区边缘和受拉区边缘混凝土的应变ε_{pc}和ε'_{pc}也均为零。即在初始状态下，截面受压区边缘和受拉区边缘混凝土应力均为零。

由公式(3.1-100)计算可得，受拉区预应力筋重心处混凝土的预应力$\sigma_{pc,p}$、受拉区普通钢筋重心处混凝土的预应力$\sigma_{pc,s}$也均为零。

由公式(3.1-103)计算可得，受拉区纵向普通钢筋应力σ_{ps}、应变ε_{ps}均为零。受拉区预应力筋重心处混凝土的应变、初始状态截面曲率ϕ也为零。

对初始状态下的手算与电算结果进行汇总对比，见表 3.2-18。可知，初始状态下手算与电算结果符合程度很好。受拉区边缘混凝土应力达到零状态即为初始状态，与电算结果符合程度也很好，过程从略。

初始状态下手算与电算结果对比　　　　　　　　　　　表 3.2-18

参数	手算结果①	电算结果②	①/②
抵抗弯矩（N·mm）	0	0	—
曲率（1/mm）	0.0000×10^{-6}	0.0000×10^{-6}	—
普通钢筋应力（N/mm²）	0.0	0.0	—

（3）受拉区边缘混凝土达到开裂状态

由公式(4.3-10)可得，截面抵抗矩塑性影响系数和弯曲抗拉强度平均值

$$\gamma = \left(0.7 + \frac{120}{h}\right)\gamma_m = \left(0.7 + \frac{120}{675}\right) \times 1.50 = 1.317$$

$$f_{r,m} = \gamma f_{tm} = 1.317 \times 2.89 = 3.80 \text{N/mm}^2$$

在受拉区边缘混凝土达到开裂状态下截面弯矩-曲率曲线到了弹性关系终点，在预应力和普通钢筋的合力处混凝土应变等于零状态下截面受拉区边缘应力为零，由于混凝土出现裂缝时对应混凝土的弯曲抗拉强度平均值$f_{r,m} = 3.80 \text{N/mm}^2$，所以为产生拉应力$\Delta_\sigma = f_r - \sigma_t = 3.80 - 0.00 = 3.80 \text{N/mm}^2$，所需增加弯矩

$$\Delta_M = \frac{I_0 \times \Delta_\sigma}{h - y_0} = \frac{7.661 \times 10^9 \times 3.80}{675 - 275.0} = 72.8 \times 10^6 \text{N} \cdot \text{mm}$$

因此，受拉区边缘混凝土达到开裂状态下所需弯矩

$$M_{cr} = M_{cp0} + \Delta_M = 0.0 \times 10^6 + 72.8 \times 10^6 = 72.8 \times 10^6 N \cdot mm$$

Δ_M对受拉普通钢筋产生拉应力

$$\Delta\sigma_s = \frac{\Delta_M(h - y_0 - a_s)\alpha_s}{I_0} = \frac{72.8 \times 10^6 \times (675 - 275.0 - 60) \times 6.05}{7.661 \times 10^9} = 19.5 N/mm^2$$

因此，受拉区边缘混凝土达到开裂状态下普通钢筋应力

$$\sigma_{scr} = \sigma_s + \Delta\sigma_s = 0.0 + 19.5 = 19.5 N/mm^2$$

截面受压区边缘混凝土由于Δ_M而增加的压应力、压应变

$$\Delta\sigma'_c = \frac{\Delta_M y_0}{I_0} = \frac{72.8 \times 10^6 \times 275.0}{7.661 \times 10^9} = 2.61 N/mm^2$$

$$\Delta\varepsilon'_c = \frac{\Delta\sigma'_c}{E_c} = \frac{2.61}{30992} = 84 \times 10^{-6}$$

截面受拉区边缘混凝土由于Δ_M而增加的拉应力、拉应变

$$\Delta\sigma_c = \frac{\Delta_M(h - y_0)}{I_0} = \frac{72.8 \times 10^6 \times (675 - 275.0)}{7.661 \times 10^9} = 3.80 N/mm^2$$

$$\Delta\varepsilon_c = \frac{\Delta\sigma_c}{E_c} = \frac{3.80}{30992} = 123 \times 10^{-6}$$

截面由于Δ_M而增加的曲率

$$\Delta_\phi = \frac{\Delta\varepsilon'_c - \Delta\varepsilon_c}{h} = \frac{(84 + 123) \times 10^{-6}}{675} = 0.3065 \times 10^{-6} rad/mm$$

所以，在受拉区边缘混凝土达到开裂状态下截面曲率

$$\phi_{cr} = \phi_0 + \Delta_\phi = (0.0000 + 0.3065) \times 10^{-6} = 0.3065 \times 10^{-6} rad/mm$$

在受拉区边缘混凝土达到开裂状态下截面受压区、受拉区边缘应变

$$\varepsilon'_{cr} = \varepsilon'_{cp0} + \Delta\varepsilon'_c = (0 + 84) \times 10^{-6} = 84 \times 10^{-6}$$

$$\varepsilon_{cr} = \varepsilon_{cp0} + \Delta\varepsilon_c = -(0 + 123) \times 10^{-6} = -123 \times 10^{-6}$$

对受拉区边缘混凝土达到开裂状态下的手算与电算对比结果进行汇总，见表 3.2-19。可知，受拉区边缘混凝土达到开裂状态下手算与电算结果符合程度很好。

受拉区边缘混凝土达到开裂状态下手算与电算结果对比 　　　　表 3.2-19

参数	手算结果①	电算结果②	①/②
抵抗弯矩（N·mm）	72.8×10^6	72.6×10^6	1.00
曲率（rad/mm）	0.3065×10^{-6}	0.3064×10^{-6}	1.01
普通钢筋应力（N/mm²）	19.5	19.5	1.00

（4）受拉普通钢筋达到屈服状态

通过试验，得到受拉区纵向普通钢筋屈服强度$f_{yk} = 425MPa$，当受拉普通钢筋达到屈

服状态时，参照公式(2.3-9)得到，受拉区纵向普通钢筋屈服强度和应变平均值

$$\sigma_s = f_{ym} = \frac{f_{yk}}{1 - 1.645\delta_s} = \frac{425}{1 - 1.645 \times 0.0743} = 484.2 \text{N/mm}^2$$

$$\varepsilon_s = \frac{\sigma_s}{E_s} = \frac{484.2}{187359} = 2584 \times 10^{-6}$$

取全截面消压状态下普通钢筋的应变$\varepsilon_{s0} = 0$作为计算起点，从全截面消压状态到该阶段受拉普通钢筋的应变增量

$$\Delta\varepsilon_s = \varepsilon_s - \varepsilon_{s0} = (2584 + 0) \times 10^{-6} = 2584 \times 10^{-6}$$

经过试算，求得中和轴高度$c = 130.1$mm。由截面应变保持平面假定可求得，对应受压区边缘混凝土压应变ε_{c3}、受压区翼缘底面混凝土压应变ε_{c2}、受压区普通纵向钢筋中心处混凝土压应变ε_{cs}

$$\varepsilon_{c3} = \frac{\Delta\varepsilon_s c}{h - a_s - c} = \frac{2584 \times 10^{-6} \times 130.1}{675 - 60 - 130.1} = 759 \times 10^{-6}$$

$$\varepsilon_{c2} = \frac{\Delta\varepsilon_s c_2}{h - a_s - c} = \frac{2584 \times 10^{-6} \times (130.1 - 80)}{675 - 60 - 130.1} = 292 \times 10^{-6}$$

$$\varepsilon_{cs} = \frac{\Delta\varepsilon_s (c - a_s')}{h - a_s - c} = \frac{2584 \times 10^{-6} \times (130.1 - 33)}{675 - 60 - 130.1} = 567 \times 10^{-6}$$

$\varepsilon_{c3} = 759 \times 10^{-6}$，大于弹性开裂受压区边缘混凝土压应变$\varepsilon_{cr}' = 84 \times 10^{-6}$，因此采用非弹性分析法。

将$n = 2$、$b = 160$mm、$f_{c,r} = 31.4 \text{N/mm}^2$、$c_1 = 0$、$c_2 = 130.1 - 80 = 50.1$mm、$\varepsilon_{c1} = 0$、$\varepsilon_{c2} = 292 \times 10^{-6}$代入公式(2.4-4)并化简，得到腹板高度范围内混凝土压力合力

$$F_{cpf\_f'} = bf_{c,r}\left[c_2 + \frac{\left(1 - \frac{\varepsilon_{c2}}{\varepsilon_0}\right)^{n+1}}{n+1}\frac{\varepsilon_0}{\varepsilon_{c2}}c_2 - c_1 - \frac{\left(1 - \frac{\varepsilon_{c2}c_1}{c_2\varepsilon_0}\right)^{n+1}}{n+1}\frac{\varepsilon_0}{\varepsilon_{c2}}c_2\right]$$

$$= 160 \times 31.4 \times \left[50.1 + \frac{\left(1 - \frac{292 \times 10^{-6}}{2000 \times 10^{-6}}\right)^{2+1}}{2+1} \times \frac{2000 \times 10^{-6}}{292 \times 10^{-6}} \times 50.1 - \right.$$

$$\left. 0 - \frac{(1-0)^{2+1}}{2+1} \times \frac{2000 \times 10^{-6}}{292 \times 10^{-6}} \times 50.1\right] = 32.1 \times 10^3 \text{N}$$

将$n = 2$、$b = 610$mm、$f_{c,r} = 31.4 \text{N/mm}^2$、$c_1 = 130.1 - 80 = 50.1$mm、$c_2 = 130.1$mm、$\varepsilon_{c1} = 292 \times 10^{-6}$、$\varepsilon_{c2} = 759 \times 10^{-6}$代入公式(2.4-4)并化简，得到上翼缘高度范围内混凝土压力合力$F_{cpf'}$

$$F_{\mathrm{cpf'}} = b f_{\mathrm{c,r}} \left[c_2 + \frac{\left(1 - \frac{\varepsilon_{\mathrm{c2}}}{\varepsilon_0}\right)^{n+1}}{n+1} \frac{\varepsilon_0}{\varepsilon_{\mathrm{c2}}} c_2 - c_1 - \frac{\left(1 - \frac{\varepsilon_{\mathrm{c2}} c_1}{c_2 \varepsilon_0}\right)^{n+1}}{n+1} \frac{\varepsilon_0}{\varepsilon_{\mathrm{c2}}} c_2 \right]$$

$$= 610 \times 31.4 \times \left[130.1 + \frac{\left(1 - \frac{759 \times 10^{-6}}{2000 \times 10^{-6}}\right)^{2+1}}{2+1} \times \frac{2000 \times 10^{-6}}{759 \times 10^{-6}} \times \right.$$

$$\left. 130.1 - 50.1 - \frac{\left(1 - \frac{759 \times 10^{-6} \times 50.1}{130.1 \times 2000 \times 10^{-6}}\right)^{2+1}}{2+1} \times \frac{2000 \times 10^{-6}}{759 \times 10^{-6}} \times 130.1 \right] = 641.2 \times 10^3 \mathrm{N}$$

受压区没有配置预应力筋，全截面消压状态下受压区纵向普通钢筋的初始应变也为零，需要额外考虑的受压区纵向普通钢筋压力

$$F_{\mathrm{cs}} = \varepsilon_{\mathrm{cs}} (\alpha_{\mathrm{s}} - 1) E_{\mathrm{c}} A'_{\mathrm{s}} = 567 \times 10^{-6} \times (6.05 - 1) \times 30992 \times 760 = 61.5 \times 10^3 \mathrm{N}$$

所以，截面总压力

$$F_{\mathrm{c}} = F_{\mathrm{cpf\_f'}} + F_{\mathrm{cpf'}} + F_{\mathrm{cs}} = (32.1 + 641.2 + 61.5) \times 10^3 = 734.8 \times 10^3 \mathrm{N}$$

将 $n = 2$、$b = 160\mathrm{mm}$、$f_{\mathrm{c,r}} = 31.4 \mathrm{N/mm}^2$、$c_1 = 0$、$c_2 = 50.1\mathrm{mm}$、$\varepsilon_{\mathrm{c1}} = 0$、$\varepsilon_{\mathrm{c2}} = 267 \times 10^{-6}$ 代入公式(2.4-6)、公式(2.4-7)并化简，得到腹板高度范围内混凝土压力合力点至中性轴的距离

$$\int_{c_1}^{c_2} \sigma_{\mathrm{c}} bx\,\mathrm{d}x = b f_{\mathrm{c,r}} \left\{ \frac{1}{2} c_2^2 - \left[\frac{\left(1 - \frac{\varepsilon_{\mathrm{c2}}}{\varepsilon_0}\right)^{n+1} \frac{-\varepsilon_0 c_2^2}{\varepsilon_{\mathrm{c2}}}}{n+1} - \frac{\left(1 - \frac{\varepsilon_{\mathrm{c2}}}{\varepsilon_0}\right)^{n+2} \left(\frac{\varepsilon_0 c_2}{\varepsilon_{\mathrm{c2}}}\right)^2}{(n+1)(n+2)} \right] - \right.$$

$$\left. \frac{1}{2} c_1^2 + \left[\frac{\left(1 - \frac{\varepsilon_{\mathrm{c1}}}{\varepsilon_0}\right)^{n+1} \frac{-\varepsilon_0 c_1 c_2}{\varepsilon_{\mathrm{c2}}}}{n+1} - \frac{\left(1 - \frac{\varepsilon_{\mathrm{c2}} c_1}{c_2 \varepsilon_0}\right)^{n+2} \left(\frac{\varepsilon_0 c_2}{\varepsilon_{\mathrm{c2}}}\right)^2}{(n+1)(n+2)} \right] \right\} = 160 \times 31.4 \times$$

$$\left\{ \frac{1}{2} \times 50.1^2 - \left[\frac{\left(1 - \frac{267 \times 10^{-6}}{2000 \times 10^{-6}}\right)^{2+1} \times \frac{-2000 \times 10^{-6} \times 50.1^2}{267 \times 10^{-6}}}{2+1} - \right. \right.$$

$$\left. \frac{\left(1 - \frac{267 \times 10^{-6}}{2000 \times 10^{-6}}\right)^{2+2} \times \left(\frac{2000 \times 10^{-6} \times 50.1}{267 \times 10^{-6}}\right)^2}{(2+1) \times (2+2)} \right] -$$

$$\left. 0 + \left[0 - \frac{1 \times \left(\frac{2000 \times 10^{-6} \times 50.1}{267 \times 10^{-6}}\right)^2}{(2+1) \times (2+2)} \right] \right\} = 1.1 \times 10^6 \mathrm{N \cdot mm}$$

$$\bar{x}_{\mathrm{cpf\_f'}} = \frac{\int_{c_1}^{c_2} \sigma_{\mathrm{c}} bx\,\mathrm{d}x}{F_{\mathrm{cpf\_f'}}} = \frac{1.1 \times 10^6}{32.1 \times 10^3} = 33.2\mathrm{mm}$$

将 $n = 2$、$b = 610\text{mm}$、$f_{c,r} = 31.4\text{N/mm}^2$、$c_1 = 50.1$、$c_2 = 130.1\text{mm}$、$\varepsilon_{c1} = 267$、$\varepsilon_{c2} = 759 \times 10^{-6}$ 代入公式(2.4-6)、公式(2.4-7)并化简，得到上翼缘高度范围内混凝土压力合力点至中性轴的距离 $\bar{x}_{cf'}$

$$
\int_{c_1}^{c_2} \sigma_c \, bx \, dx = bf_{c,r} \left\{ \frac{1}{2} c_2^2 - \left[\frac{\left(1 - \frac{\varepsilon_{c2}}{\varepsilon_0}\right)^{n+1} \frac{-\varepsilon_0 c_2^2}{\varepsilon_{c2}}}{n+1} - \frac{\left(1 - \frac{\varepsilon_{c2}}{\varepsilon_0}\right)^{n+2} \left(\frac{\varepsilon_0 c_2}{\varepsilon_{c2}}\right)^2}{(n+1)(n+2)} \right] - \right.
$$

$$
\left. \frac{1}{2} c_1^2 + \left[\frac{\left(1 - \frac{\varepsilon_{c1}}{\varepsilon_0}\right)^{n+1} \frac{-\varepsilon_0 c_1 c_2}{\varepsilon_{c2}}}{n+1} - \frac{\left(1 - \frac{\varepsilon_{c2} c_1}{c_2 \varepsilon_0}\right)^{n+2} \left(\frac{\varepsilon_0 c_2}{\varepsilon_{c2}}\right)^2}{(n+1)(n+2)} \right] \right\} = 610 \times 31.4 \times
$$

$$
\left\{ \frac{1}{2} \times 130.1^2 - \left[\frac{\left(1 - \frac{759 \times 10^{-6}}{2000 \times 10^{-6}}\right)^{2+1} \times \frac{-2000 \times 10^{-6} \times 130.1^2}{759 \times 10^{-6}}}{2+1} - \right. \right.
$$

$$
\left. \frac{\left(1 - \frac{759 \times 10^{-6}}{2000 \times 10^{-6}}\right)^{2+2} \times \left(\frac{2000 \times 10^{-6} \times 130.1}{759 \times 10^{-6}}\right)^2}{(2+1) \times (2+2)} \right] - \frac{1}{2} \times 50.1^2 +
$$

$$
\left[\frac{\left(1 - \frac{267 \times 10^{-6}}{2000 \times 10^{-6}}\right)^{2+1} \frac{-2000 \times 10^{-6} \times 50.1 \times 130.1}{759 \times 10^{-6}}}{(2+1)} - \right.
$$

$$
\left. \left. \frac{\left(1 - \frac{759 \times 10^{-6} \times 50.1}{130.1 \times 2000 \times 10^{-6}}\right)^{2+2} \times \left(\frac{2000 \times 10^{-6} \times 130.1}{759 \times 10^{-6}}\right)^2}{(2+1) \times (2+2)} \right] \right\}
$$

$$
= 61.1 \times 10^6 \text{N} \cdot \text{mm}
$$

$$
\bar{x}_{cf'} = \frac{\int_{c_1}^{c_2} \sigma_c \, bx \, dx}{F_{cpf'}} = \frac{61.1 \times 10^6}{641.2 \times 10^3} = 95.3\text{mm}
$$

参照公式(2.4-8)，可求得总压力作用点至中性轴的距离

$$
\bar{x}_{pl} = \frac{F_{cs} \bar{x}_{cs} + F_{cpf\_f'} \bar{x}_{cpf\_f'} + F_{cpf'} \bar{x}_{cpf'}}{F_{cs} + F_{cpf\_f'} + F_{cpf'}}
$$

$$
= \frac{61.5 \times 10^3 \times (130.1 - 33) + 32.1 \times 10^3 \times 33.2 + 641.2 \times 10^3 \times 95.3}{(61.5 + 32.1 + 641.2) \times 10^3} = 92.7\text{mm}
$$

下面复核受拉普通钢筋应力。取全截面消压状态下普通钢筋的应变 $\varepsilon_{s0} = 0$ 作为计算起点，依据公式(2.4-16)，该阶段受拉普通钢筋应变

$$
\varepsilon_s = \varepsilon_{s0} + \frac{h_s - c}{c} \varepsilon_c = -0 \times 10^{-6} + \frac{(675 - 60) - 130.1}{130.1} \times 759 \times 10^{-6}
$$

$$
= (-0 + 2584) \times 10^{-6} = 2584 \times 10^{-6}
$$

受拉普通钢筋应力

$\sigma_s = \varepsilon_s E_s = 2584 \times 10^{-6} \times 187359 = 484.2 \text{N/mm}^2$，与受拉区纵向普通钢筋屈服点$f_{ym} = 484.2 \text{N/mm}^2$一致。

预应力筋与受拉普通钢筋的总拉力

$$F_T = F_p + F_s = 0 + 484.2 \times 1520 = 0 + 736.0 \times 10^3 = 736.0 \times 10^3 \text{N}$$

$F_{c1} - F_{T1} = (734.8 - 736.0) \times 10^3 = -1.2 \times 10^3 \text{N}$，已经很好地满足力的平衡条件了。

各拉力对压应力中心取矩，可求得该状态下的作用弯矩

$$\begin{aligned} M_{y,r} &= F_p(h_p - c + \bar{x}) + F_s(h_s - c + \bar{x}) = 0 + 736.0 \times 10^3 \times (675 - 60 - 130.1 + 92.7) \\ &= 425.1 \times 10^6 \text{N} \cdot \text{mm} \end{aligned}$$

此状态下截面曲率

$$\phi = \varepsilon_c/c = 759 \times 10^{-6}/130.1 = 5.329 \times 10^{-6} \text{rad/mm}$$

对受拉普通钢筋达到屈服状态下手算与电算对比结果进行汇总，见表 3.2-20。可知，受拉普通钢筋达到屈服状态下手算与电算结果符合程度很好。

受拉普通钢筋达到屈服状态下手算与电算结果对比　　　　表 3.2-20

参数	手算结果①	电算结果②	①/②
抵抗弯矩（N·mm）	425.1×10^6	425.1×10^6	1.00
曲率（rad/mm）	5.329×10^{-6}	5.335×10^{-6}	1.00
普通钢筋应力（N/mm²）	484.2	484.2	1.00

（5）受拉普通钢筋极限应变状态

当受拉普通钢筋极限应变状态时，$\varepsilon_{uym} = 11392 \times 10^{-6}$。取全截面消压状态下普通钢筋的应变$\varepsilon_{s0} = 0$作为计算起点，从全截面消压状态到该阶段受拉普通钢筋的应变增量

$$\Delta\varepsilon_s = \varepsilon_s - \varepsilon_{s0} = (11392 + 0) \times 10^{-6} = 11392 \times 10^{-6}$$

经过试算，求得中和轴高度$c = 65.4$mm，小于上翼缘高度，中性轴位于上翼缘。由截面应变保持平面假定可求得，对应受压区边缘混凝土压应变ε_c、受压区普通纵向钢筋中心处混凝土压应变ε_{cs}

$$\varepsilon_c = \frac{\Delta\varepsilon_s c}{h - a_s - c} = \frac{11392 \times 10^{-6} \times 65.4}{675 - 60 - 65.4} = 1356 \times 10^{-6}$$

$$\varepsilon_{cs} = \frac{\Delta\varepsilon_s(c - a'_s)}{h - a_s - c} = \frac{11392 \times 10^{-6} \times (65.4 - 33)}{675 - 60 - 65.4} = 672 \times 10^{-6}$$

$\varepsilon_c = 1356 \times 10^{-6}$，大于弹性开裂受压区边缘混凝土压应变$\varepsilon'_{cr} = 84 \times 10^{-6}$，因此采用非弹性分析法。

将$n = 2$、$b = 610$mm、$f_{c,r} = 31.4 \text{N/mm}^2$、$c_1 = 0.0$mm、$c_2 = 65.4$mm、$\varepsilon_{c1} = 0 \times 10^{-6}$、$\varepsilon_{c2} = 1356 \times 10^{-6}$代入公式(2.4-4)并化简，得到上翼缘高度范围内混凝土压力合力$F_{cpf'}$

$$F_{\text{cpf}'} = bf_{\text{c,r}}\left[c_2 + \frac{\left(1 - \dfrac{\varepsilon_{\text{c2}}}{\varepsilon_0}\right)^{n+1}}{n+1}\frac{\varepsilon_0}{\varepsilon_{\text{c2}}}c_2 - c_1 - \frac{\left(1 - \dfrac{\varepsilon_{\text{c2}}c_1}{c_2\varepsilon_0}\right)^{n+1}}{n+1}\frac{\varepsilon_0}{\varepsilon_{\text{c2}}}c_2\right]$$

$$= 610 \times 31.4 \times \left[65.4 + \frac{\left(1 - \dfrac{1356 \times 10^{-6}}{2000 \times 10^{-6}}\right)^{2+1}}{2+1} \times \frac{2000 \times 10^{-6}}{1356 \times 10^{-6}} \times 65.4 - \right.$$

$$\left. 0 - \frac{(1-0)^{2+1}}{2+1} \times \frac{2000 \times 10^{-6}}{1356 \times 10^{-6}} \times 65.4\right] = 656.8 \times 10^3\text{N}$$

受压区没有配置预应力筋，全截面消压状态下受压区纵向普通钢筋的初始应变也为零，需要额外考虑的受压区纵向普通钢筋压力

$$F_{\text{cs}} = \varepsilon_{\text{cs}}(\alpha_{\text{s}} - 1)E_{\text{c}}A_{\text{s}}' = 672 \times 10^{-6} \times (6.05 - 1) \times 30992 \times 760 = 79.8 \times 10^3\text{N}$$

所以，截面总压力

$$F_{\text{c}} = F_{\text{cpf}'} + F_{\text{cs}} = (656.8 + 79.8) \times 10^3 = 736.6 \times 10^3\text{N}$$

将 $n = 2$、$b = 610\text{mm}$、$f_{\text{c,r}} = 31.4\text{N/mm}^2$、$c_1 = 0$、$c_2 = 65.4\text{mm}$、$\varepsilon_{\text{c1}} = 0$、$\varepsilon_{\text{c2}} = 1356 \times 10^{-6}$ 代入公式(2.4-6)、公式(2.4-7)并化简，得到上翼缘高度范围内混凝土压力合力点至中性轴的距离 $\bar{x}_{\text{cf}'}$

$$\int_{c_1}^{c_2} \sigma_{\text{c}} bx\,\text{d}x = bf_{\text{c,r}}\left\{\frac{1}{2}c_2^2 - \left[\frac{\left(1 - \dfrac{\varepsilon_{\text{c2}}}{\varepsilon_0}\right)^{n+1}\dfrac{-\varepsilon_0 c_2^2}{\varepsilon_{\text{c2}}}}{n+1} - \frac{\left(1 - \dfrac{\varepsilon_{\text{c2}}}{\varepsilon_0}\right)^{n+2}\left(\dfrac{\varepsilon_0 c_2}{\varepsilon_{\text{c2}}}\right)^2}{(n+1)(n+2)}\right] - \right.$$

$$\left. \frac{1}{2}c_1^2 + \left[\frac{\left(1 - \dfrac{\varepsilon_{\text{c1}}}{\varepsilon_0}\right)^{n+1}\dfrac{-\varepsilon_0 c_1 c_2}{\varepsilon_{\text{c2}}}}{n+1} - \frac{\left(1 - \dfrac{\varepsilon_{\text{c2}}c_1}{c_2\varepsilon_0}\right)^{n+2}\left(\dfrac{\varepsilon_0 c_2}{\varepsilon_{\text{c2}}}\right)^2}{(n+1)(n+2)}\right]\right\} = 610 \times 31.4 \times$$

$$\left\{\frac{1}{2} \times 65.4^2 - \left[\frac{\left(1 - \dfrac{1356 \times 10^{-6}}{2000 \times 10^{-6}}\right)^{2+1} \times \dfrac{-2000 \times 10^{-6} \times 65.4^2}{1356 \times 10^{-6}}}{2+1} - \right.\right.$$

$$\left. \frac{\left(1 - \dfrac{1356 \times 10^{-6}}{2000 \times 10^{-6}}\right)^{2+2} \times \left(\dfrac{2000 \times 10^{-6} \times 65.4}{1356 \times 10^{-6}}\right)^2}{(2+1) \times (2+2)}\right] - \frac{1}{2} \times 0^2 +$$

$$\left[\frac{\left(1 - \dfrac{0 \times 10^{-6}}{2000 \times 10^{-6}}\right)^{2+1}\dfrac{-2000 \times 10^{-6} \times 0 \times 65.4}{1356 \times 10^{-6}}}{(2+1)} - \right.$$

$$\left.\left.\frac{1 \times \left(\dfrac{2000 \times 10^{-6} \times 65.4}{1356 \times 10^{-6}}\right)^2}{(2+1) \times (2+2)}\right]\right\} = 27.6 \times 10^6\text{N} \cdot \text{mm}$$

$$\bar{x}_{cpf'} = \frac{\int_{c_1}^{c_2} \sigma_c \, bx \, dx}{F_{cpf'}} = \frac{27.6}{656.8 \times 10^3} = 42.0 \text{mm}$$

参照公式(2.4-8)，可求得总压力作用点至中性轴的距离

$$\bar{x} = \frac{F_{cs}\bar{x}_{cs} + F_{cpf'}\bar{x}_{cpf'}}{F_{cs} + F_{cpf'}} = \frac{79.8 \times 10^3 \times (65.4 - 33) + 656.8 \times 10^3 \times 42.0}{(79.8 + 656.8) \times 10^3} = 41.0 \text{mm}$$

并取全截面消压状态下普通钢筋的应变ε_{s0}作为计算起点，可通过公式(2.4-16)复核该阶段受拉普通钢筋应力。该阶段受拉普通钢筋应变

$$\varepsilon_s = \varepsilon_{s0} + \frac{h_s - c}{c}\varepsilon_c = -0 \times 10^{-6} + \frac{675 - 60 - 65.4}{65.4} \times 1356 \times 10^{-6} = (11392 - 0) \times 10^{-6}$$
$$= 11392 \times 10^{-6}$$

受拉普通钢筋应力为

$\sigma_s = \varepsilon_s E_s = 11392 \times 10^{-6} \times 187359 = 2134.5 \text{N/mm}^2$，大于受拉普通钢筋屈服点$f_{ym} = 484.2 \text{N/mm}^2$，应该按非弹性计算。又$\varepsilon_s = 11392 \times 10^{-6}$不大于硬化起点应变平均值$\varepsilon_{uym} = 11392 \times 10^{-6}$，依据公式(2.4-16)求得其应力$\sigma_s = f_{y,r} = 484.2 \text{N/mm}^2$。

预应力筋与受拉普通钢筋的总拉力

$$T = F_p + F_s = 0 + 484.2 \times 1520 = 736.0 \times 10^3 \text{N}$$

$F_c - F_T = (736.6 - 736.0) \times 10^3 = 0.6 \times 10^3 \text{N}$，已经很好地满足力的平衡条件了。

对混凝土压应力中心取矩，可求得该状态下的作用弯矩

$$M_{\varepsilon cu,r} = F_p(h_p - c + \bar{x}) + F_s(h_s - c + \bar{x}) = 0 + 736.0 \times 10^3 \times (675 - 60 - 65.4 + 41.0)$$
$$= 434.6 \times 10^6 \text{N} \cdot \text{mm}$$

此状态下截面曲率

$$\phi = \varepsilon_c/c = (1356 \times 10^{-6})/65.4 = 20.729 \times 10^{-6} \text{rad/mm}$$

对受拉普通钢筋极限应变状态下的手算与电算对比结果进行汇总，见表3.2-21。可知，受拉普通钢筋极限应变状态下手算与电算结果符合程度很好。

📝 **随想：**

同样区别于算例3.2.1，受拉普通钢筋达到极限拉应变先于混凝土达到极限压应变，而不是混凝土极限压应变先于受拉普通钢筋达到极限拉应变。

受拉普通钢筋极限应变状态下手算与电算结果对比　　　　　表 3.2-21

参数	手算结果①	电算结果②	①/②
抵抗弯矩（N·mm）	434.6×10^6	434.6×10^6	1.00
曲率（rad/mm）	20.729×10^{-6}	20.722×10^{-6}	1.00
普通钢筋应力（N/mm²）	484.2	484.2	1.00

（6）均匀及非均匀受压混凝土极限应变状态

从以上计算结果可知，受拉普通钢筋极限应变状态下，受压区边缘混凝土压应变为

1356×10^{-6}，小于均匀受压混凝土极限应变状态下的 2000×10^{-6}，说明受拉普通钢筋极限应变先于均匀受压混凝土极限压应变出现，更先于非均匀受压混凝土极限压应变 3300×10^{-6} 出现，截面早已达到了承载能力极限状态，不用再计算均匀及非均匀受压混凝土极限应变状态下的相关指标。

（7）小结

就该 T 形截面钢筋混凝土基础梁而言，其正截面全过程弯矩-曲率关系及各控制状态性能指标的手算和电算计算结果符合程度很好，电算结果的正截面全过程弯矩-曲率关系如图 3.2-12 所示，受拉区普通钢筋全过程应力变化曲线、受压区边缘混凝土全过程应力变化曲线分别见图 3.2-13 和图 3.2-14。

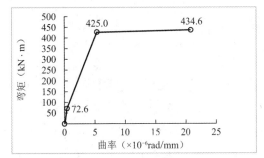

图 3.2-12　正截面全过程弯矩-曲率关系

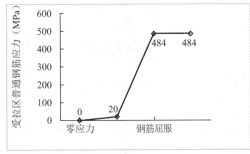

图 3.2-13　受拉区普通钢筋全过程应力变化曲线

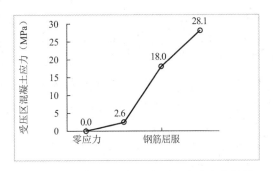

图 3.2-14　受压区混凝土全过程应力变化曲线

由前述计算结果及图 3.2-12～图 3.2-14 可知，控制状态出现的先后顺序为初始状态、零应力状态、开裂状态、受拉普通钢筋屈服状态和受拉普通钢筋极限拉应变状态。正截面全过程曲线可用三折线形状表示，两个折点分别位于开裂状态和受拉普通钢筋屈服状态。可直接确定受拉区边缘混凝土拉应力达到零状态、受拉区边缘混凝土达到开裂状态、受拉普通钢筋屈服状态及截面达到承载能力极限状态类型，可直接观察到开裂前后各指标全过程应力的弹性变化，也可直接观察到钢筋屈服后的弹塑性变化。可求得各控制状态及曲线上任一点受弯刚度的折减系数、耗能能力和延性比等性能化参数。从 PCNAD 计算结果查得，破坏时受弯刚度的折减系数、按曲率计算的延性比分别为 0.075、3.888。

得到任一点受弯刚度折减系数后，可以将弹塑性问题变成弹性问题，采用弹性计算方法进行静载和各种动载的计算分析，从而用简单的弹性方法来实现复杂的弹塑性分析。

与算例 3.2.1 相比，本算例在混凝土受压区配置了普通钢筋，而算例 3.2.1 没有配置，但在受拉区配置了预应力筋。本算例受拉普通钢筋极限拉应变先于均匀及非均匀受压混凝土极限应变状态，而算例 3.2.1 是均匀及非均匀受压混凝土极限应变状态先于受拉普通钢筋达到极限拉应变。

与算例 3.2.1 和算例 3.2.2 相比，该算例用来表示正截面全过程弯矩-曲率关系可为三折线，而不是五或四折线，且折点依次出现的先后顺序也不同。本算例受拉普通钢筋极限拉应变状态先于均匀受压混凝土极限应变状态，而算例 3.2.1 正好相反，算例 3.2.2 是受拉普通钢筋极限拉应变状态晚于均匀受压混凝土极限应变状态，但先于非均匀受压混凝土极限应变状态出现。

3.2.4　倒 T 形截面预应力混凝土梁

已知某倒 T 形截面后张预应力混凝土试验梁，其原型的截面尺寸为 $b \times h = 600\text{mm} \times 1600\text{mm}$，$b_f \times h_f = 3040\text{mm} \times 400\text{mm}$，混凝土立方体抗压强度标准值为 50N/mm^2，受拉区普通钢筋中心至近边距离为 66mm，受压区普通钢筋中心至近边距离为 56mm，受拉预应力筋中心至近边距离为 258mm，受拉区配置预应力筋面积为 4480mm^2，受拉区和受压区分别配置普通钢筋面积为 5361.3mm^2，普通钢筋牌号为 HRB400，预应力筋种类为极限强度标准值 1860N/mm^2 的钢绞线，预应力筋的张拉控制应力 $\sigma_{con} = 1395\text{N/mm}^2$，第一批预应力损失后预应力筋的有效预应力 σ_{pI} 为 1172.2N/mm^2。试分析跨中正截面全过程弯矩曲率关系、各控制状态的应力历程，并对 PCNAD 电算结果进行验证，PCNAD 输入界面见图 3.2-15。预应力产生的次弯矩 M_2 和轴力 N 均为零，性能分析时材料强度代表值用平均值。

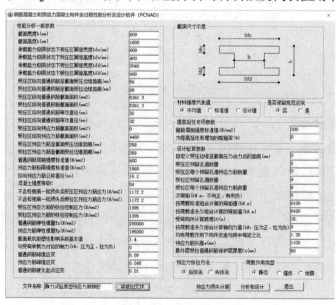

图 3.2-15　PCNAD 输入界面

【解】

（1）计算参数

本工程采用后张法，初始状态下按净截面特征进行计算，消压状态和开裂状态下按有效截面特征进行计算。

将 $f_{cu,k} = 50$ 代入公式(2.3-8)，得到混凝土弹性模量

$$E_c = \frac{10^5}{2.2 + \dfrac{34.7}{f_{cu,k}}} = \frac{10^5}{2.2 + \dfrac{34.7}{50}} = 34554 \text{N/mm}^2$$

取普通钢筋的弹性模量 $E_s = 2.00 \times 10^5 \text{N/mm}^2$，取预应力筋的弹性模量 $E_p = 1.95 \times 10^5 \text{N/mm}^2$，普通钢筋与混凝土弹性模量比值 $\alpha_s = 200000/34554 = 5.79$，预应力筋与混凝土弹性模量比值 $\alpha_p = 195000/34554 = 5.64$。

将 $f_{cu,k} = 50$ 代入公式(2.3-3)，得到混凝土强度变异系数

$$\delta_c = 8 \times 10^{-5} f_{cu,k}^2 - 0.0072 f_{cu,k} + 0.3219 = 8 \times 10^{-5} \times 50^2 - 0.0072 \times 50 + 0.3219$$
$$= 0.1619$$

由公式(2.3-1)～公式(2.3-7)得混凝土轴心抗压强度、轴心抗压强度标准值

$$f_{ck} = 0.88 \alpha_{c1} \alpha_{c2} f_{cu,k} = 0.88 \times 0.76 \times 1.0 \times 0.9675 \times 50 = 32.4 \text{N/mm}^2$$

$$f_{tk} = 0.88 \times 0.395 f_{cu,k}^{0.55} (1 - 1.645\delta)^{0.45} \alpha_{c2} = 0.88 \times 0.395 \times 50^{0.55} \times$$
$$(1 - 1.645 \times 0.1619)^{0.45} \times 0.9675 = 2.52 \text{N/mm}^2$$

$$f_{cm} = \frac{f_{ck}}{1 - 1.645\delta} = \frac{32.4}{1 - 1.645 \times 0.1619} = 44.1 \text{N/mm}^2$$

$$f_{tm} = \frac{f_{tk}}{1 - 1.645\delta} = \frac{2.52}{1 - 1.645 \times 0.1619} = 3.43 \text{N/mm}^2$$

式中，$\alpha_{c2} = 1 - 0.13 \times (50 - 40)/40 = 0.9675$

将 $f_{cu,k} = 50$ 代入公式(2.4-2)、公式(2.4-3)，得到与受压区混凝土达到 f_c 对应的混凝土压应变、正截面混凝土极限压应变和系数

$$\varepsilon_0 = 0.002 + 0.5(f_{cu,k} - 50) \times 10^{-5} = 0.002 + 0.5 \times (50 - 50) \times 10^{-5} = 0.002$$

$$\varepsilon_{cu} = 0.0033 - (f_{cu,k} - 50) \times 10^{-5} = 0.0033 - (50 - 50) \times 10^{-5} = 0.0033$$

$$n = 2 - \frac{1}{60}(f_{cu,k} - 50) = 2 - \frac{1}{60}(50 - 50) = 2.0$$

采用 AutoCAD 和 PCNAD 对截面特征进行手算和电算，得到手算与电算对比结果，详见表 3.2-22。可知，截面几何特征的手算与电算结果符合程度很好。其中，计算净截面用孔道外径取为 78mm，计算换算截面用有粘结预应力钢绞线束的直径取为 43mm。材料性能指标符合程度也很好，限于篇幅，对比结果从略。

截面几何特征的手算与电算结果对比 表 3.2-22

控制状态	计算参数	手算结果①	电算结果②	①/②	计算截面形状
初始	面积 A_n	1968121	1968226	1.00	
	重心至顶面距离 c_n	1094.0	1092.1	1.00	
	惯性矩 I_n	4.247×10^{11}	4.236×10^{11}	1.00	
其余	面积 A_0	2008253	2008142	1.00	
	重心至顶面距离 c_0	1095.0	1097.1	1.00	
	惯性矩 I_0	4.249×10^{11}	4.261×10^{11}	1.00	

（2）初始状态

依据公式(3.1-68)计算，得到受拉区预应力筋和普通钢筋的配筋率

$$\rho = (A_s + A_p)/A_n = (5361.3 + 4480)/1968121 = 0.50\%$$

采用公式(3.1-91)～公式(3.1-93)计算，得到预应力筋合力及作用点到净截面重心轴的偏心距、预加力产生的混凝土法向压应力

$$N_{pI} = (\sigma_{con} - \sigma_{II})A_p + (\sigma'_{con} - \sigma'_{II})A'_p = 1172.2 \times 4480 = 5251456N$$

$$e_{pnI} = \frac{(\sigma_{con} - \sigma_{II})A_P y_{pn} + (\sigma'_{con} - \sigma'_{II})A'_p y'_{pn}}{N_{pI}} = \frac{5251456 \times (1600 - 1094.0 - 258)}{5251456}$$

$$= 248.0mm$$

$$\sigma_{pcI} = \frac{N_{pI}}{A_n} \pm \frac{N_{pI}e_{pnI}y_n}{I_n} \pm \frac{M_2}{I_n}y_n = \frac{5251456}{1968121} + \frac{5251456 \times 248.0^2}{4.247 \times 10^{11}} = 2.67 + 0.76$$

$$= 3.43N/mm^2$$

采用公式(3.1-68)，求得混凝土收缩、徐变引起受拉区纵向预应力筋的预应力损失值

$$\sigma_{l5} = \frac{55 + 300\dfrac{\sigma_{pc}}{f'_{cu}}}{1 + 15\rho} = \frac{55 + 300 \times \dfrac{3.43}{50}}{1 + 15 \times 0.50\%} = 70.3N/mm^2$$

依据表 3.1-1 的规定，得到预应力筋的应力松弛损失值

$$\sigma_{l4} = 0.2\left(\frac{\sigma_{con}}{f_{ptk}} - 0.575\right)\sigma_{con} = 0.2 \times \left(\frac{1395}{1860} - 0.575\right) \times 1395 = 48.8N/mm^2$$

依据表 3.1-4、公式(3.1-94)和公式(3.1-101)计算可得，初始阶段预应力筋的有效预应力和相应应变

$$\sigma_{pe} = \sigma_{con} - \sigma_l = \sigma_{pI} - \sigma_l = 1172.2 - (48.8 + 70.3) = 1053.1N/mm^2$$

$$\varepsilon_{pe} = \frac{\sigma_{pe}}{E_P} = \frac{1053.1}{1.95 \times 10^5} = 5400 \times 10^{-6}$$

由公式(3.1-98)和公式(3.1-99)计算可得，预应力筋和普通钢筋的合力 N_p 及其作用点到净截面重心的偏心距 e_{pn}

$$N_{\mathrm{p}} = (\sigma_{\mathrm{con}} - \sigma_l)A_{\mathrm{P}} + (\sigma'_{\mathrm{con}} - \sigma'_l)A'_{\mathrm{p}} - E_s\sigma_{l5}/E_{\mathrm{p}}A_s - E_s\sigma'_{l5}/E_{\mathrm{p}}A'_s$$
$$= 1053.1 \times 4480 - 200000 \times 70.3/195000 \times 5361.3$$
$$= 4331218\mathrm{N}$$

$$e_{\mathrm{pn}} = \frac{A_{\mathrm{p}}\sigma_{\mathrm{pe}}y_{\mathrm{pn}} - \sigma'_{\mathrm{pe}}A'_{\mathrm{p}}y'_{\mathrm{pn}} - A_sE_s\sigma_{l5}/E_{\mathrm{p}}y_{\mathrm{sn}} + E_s\sigma'_{l5}/E_{\mathrm{p}}A'_sy'_{\mathrm{sn}}}{N_{\mathrm{p}}}$$

$$= \frac{4717779 \times (1600 - 1094.0 - 258) - 386562 \times (1600 - 1094.0 - 66)}{4331218} = 230.9\mathrm{mm}$$

用公式(3.1-100)计算，可得受压区边缘和受拉区边缘混凝土的预应力σ_{pc}和σ'_{pc}

$$\sigma'_{\mathrm{pc}} = \frac{N_{\mathrm{p}}}{A_{\mathrm{n}}} - \frac{N_{\mathrm{p}}e_{\mathrm{pn}}}{I_{\mathrm{n}}}y_{\mathrm{n}} + \frac{M_2}{I_{\mathrm{n}}}y_{\mathrm{n}} = \frac{4331218}{1968121} - \frac{4331218 \times 230.9 \times 1094.0}{4.247 \times 10^{11}}$$
$$= -0.37\mathrm{N/mm^2}$$

$$\sigma_{\mathrm{pc}} = \frac{N_{\mathrm{p}}}{A_{\mathrm{n}}} + \frac{N_{\mathrm{p}}e_{\mathrm{pn}}}{I_{\mathrm{n}}}y_{\mathrm{n}} - \frac{M_2}{I_{\mathrm{n}}}y_{\mathrm{n}} = \frac{4331218}{1968121} + \frac{4331218 \times 230.9 \times (1600 - 1094.0)}{4.247 \times 10^{11}}$$
$$= 2.20 + 1.19 = 3.39\mathrm{N/mm^2}$$

受压区边缘和受拉区边缘混凝土的应变$\varepsilon_{\mathrm{pc}}$和$\varepsilon'_{\mathrm{pc}}$

$$\varepsilon'_{\mathrm{pc}} = \frac{\sigma_{\mathrm{t}}}{E_{\mathrm{c}}} = \frac{-0.37}{34554} = -11 \times 10^{-6}$$

$$\varepsilon_{\mathrm{pc}} = \frac{\sigma_{\mathrm{c}}}{E_{\mathrm{c}}} = \frac{3.39}{34554} = 98 \times 10^{-6}$$

由上述计算结果可知，在初始状态下截面受压区边缘混凝土受拉，受拉区边缘混凝土反而受压。

用公式(3.1-100)计算，也可得受拉区预应力筋重心处混凝土的预应力$\sigma_{\mathrm{pc,p}}$、受拉区普通钢筋重心处混凝土的预应力$\sigma_{\mathrm{pc,s}}$

$$\sigma_{\mathrm{pc,p}} = \frac{N_{\mathrm{p}}}{A_{\mathrm{n}}} + \frac{N_{\mathrm{p}}e_{\mathrm{pn}}}{I_{\mathrm{n}}}y_{\mathrm{n}} \pm \frac{M_2}{I_{\mathrm{n}}}y_{\mathrm{n}} = \frac{4331218}{1968121} + \frac{4331218 \times 230.9 \times (1600 - 1094.0 - 258)}{4.247 \times 10^{11}}$$
$$= 2.20 + 0.58 = 2.78\mathrm{N/mm^2}$$

$$\sigma_{\mathrm{pc,s}} = \sigma_{\mathrm{ce}} = \frac{N_{\mathrm{p}}}{A_{\mathrm{n}}} + \frac{N_{\mathrm{p}}e_{\mathrm{pn}}}{I_{\mathrm{n}}}y_{\mathrm{n}} \pm \frac{M_2}{I_{\mathrm{n}}}y_{\mathrm{n}} = \frac{4331218}{1968121} +$$
$$\frac{4331218 \times 230.9 \times (1600 - 1094.0 - 66)}{4.247 \times 10^{11}} = 2.20 + 1.04 = 3.24\mathrm{N/mm^2}$$

由公式(3.1-103)计算可得，受拉区纵向普通钢筋应力

$$\sigma_{\mathrm{ps}} = -E_s\sigma_{l5}/E_{\mathrm{p}} - \alpha_s\sigma_{\mathrm{pc,s}} = -200000 \times 70.3/195000 - 5.79 \times 3.24$$
$$= -72.1 - 18.7 = -90.8\mathrm{N/mm^2}$$

受拉区纵向普通钢筋应变

$$\varepsilon_{\mathrm{ps}} = \sigma_{\mathrm{ps}}/E_s = -90.8/200000 = -454 \times 10^{-6}$$

受拉区预应力筋重心处混凝土的应变

$$\varepsilon_{\mathrm{pc,p}} = \sigma_{\mathrm{pc,p}}/E_{\mathrm{c}} = 2.78/34554 = 81 \times 10^{-6}$$

初始状态截面曲率

$$\phi = \frac{\varepsilon'_{pc} - \varepsilon_{pc}}{h} = -\frac{(98 + 11) \times 10^{-6}}{1600} = -0.0068 \times 10^{-6} \text{rad/mm}$$

对初始状态下的手算与电算结果进行汇总对比，详见表 3.2-23。可知，初始状态下手算与电算结果符合程度很好。

初始状态下手算与电算结果对比   表 3.2-23

参数	手算结果①	电算结果②	①/②
抵抗弯矩（N·mm）	0	0	—
曲率（rad/mm）	-0.0068×10^{-6}	-0.0069×10^{-6}	0.99
预应力筋应力（N/mm²）	1053.1	1053.0	1.00
普通钢筋应力（N/mm²）	−90.8	−91.0	1.00

（3）受拉区边缘零应力状态

为实现全截面消压状态，在结构构件上施加一个偏心距为e_{p0}的偏心拉力N_{p0}，使截面上产生的应力$\sigma_{pc} = -\sigma_{pc}$，这时由公式(3.1-105)求得预应力筋应力和相应应变

$$\sigma_{p0} = \sigma_{pe} + \alpha_p\sigma_{pc,p} = \sigma_{con} - \sigma_l + \alpha_p\sigma_{pc,p} = 1053.1 + 5.64 \times 2.78 = 1068.8 \text{N/mm}^2$$

$$\varepsilon_{p0} = \sigma_{p0}/E_p = 1068.8/195000 = 5481 \times 10^{-6}$$

从初始状态到预应力中心处混凝土应变等于零状态，预应力筋应变增量

$$\varepsilon_{ce} = (\sigma_{p0} - \sigma_{pe})/E_p = (1068.8 - 1053.1)/195000 = 81 \times 10^{-6}$$

由公式(3.1-107)求得，相应普通钢筋A_s的应力

$$\sigma_{s0} = \sigma_{ps} + \alpha_s\sigma_{pc,s} = -E_s\sigma_{l5}/E_p = -200000 \times 70.3/195000 = -72.1 \text{N/mm}^2$$

相应普通钢筋A_s的应变

$$\varepsilon_{s0} = \sigma_{s0}/E_s = -72.1/200000 = -361 \times 10^{-6}$$

由公式(3.1-109)、公式(3.1-110)求得，在预应力和普通钢筋的合力处混凝土应变等于零状态下，预应力和普通钢筋的合力N_{p0}和偏心距e_{p0}

$$N_{p0} = \sigma_{p0}A_P + \sigma'_{p0}A'_p - E_s\sigma_{l5}/E_pA_s - E_s\sigma'_{l5}/E_pA'_s = 1068.8 \times 4480 - 72.1 \times 5361.3$$
$$= 4788178 - 386562 = 4401616 \text{N}$$

$$e_{p0} = \frac{A_p\sigma_{p0}y_p - \sigma'_{p0}A'_py'_p - A_sE_s\sigma_{l5}/E_py_s + E_s\sigma'_{l5}/E_pA'_sy'_s}{\sigma_{p0}A_P + \sigma'_{p0}A'_p - E_s\sigma_{l5}/E_pA_s - E_s\sigma'_{l5}/E_pA'_s}$$
$$= \frac{1068.8 \times 4480 \times (1600 - 1095.0 - 258) - 72.1 \times 5361.3 \times (1600 - 1095.0 - 66)}{1068.8 \times 4480 - 72.1 \times 5361.3}$$
$$= 230.1 \text{mm}$$

在预应力和普通钢筋的合力N_{p0}作用下，由公式(3.1-111)求得截面受压区边缘、受拉区边缘及偏心距e_{p0}处混凝土应力

$$\sigma'_{c0} = \frac{N_{p0}}{A_0} - \frac{N_{p0}e_{p0}y_0}{I_0} = \frac{4401616}{110073} + \frac{4401616 \times 230.1 \times 1095.0}{4.249 \times 10^{11}} = 2.19 - 2.61$$
$$= -0.42 \text{N/mm}^2$$

$$\sigma_{c0} = \frac{N_{p0}}{A_0} + \frac{N_{p0}e_{p0}(h - y_0)}{I_0} = \frac{4401616}{110073} - \frac{4401616 \times 230.1 \times (1600 - 1095.0)}{4.249 \times 10^{11}}$$
$$= 3.40 \text{N/mm}^2$$

$$\sigma_{cp0} = \frac{N_{p0}}{A_0} + \frac{N_{p0}e_{p0}^2}{I_0} = \frac{4401616}{110073} + \frac{4401616 \times 230.1^2}{4.249 \times 10^{11}} = 2.19 + 0.55 = 2.74 \text{N/mm}^2$$

为使换应力和普通钢筋的合力 N_{p0} 处混凝土应力从 σ_{cp0} 降低至零，需要增加弯矩

$$M_{cp0} = \frac{I_0 \times \sigma_{cp0}}{e_{p0}} = \frac{4.249 \times 10^{11} \times 2.74}{230.1} = 5059.2 \times 10^6 \text{N} \cdot \text{mm}$$

在弯矩 M_{cp0} 作用下，截面受压区边缘和受拉区边缘的应力

$$\sigma'_{cp0} = \sigma'_{c0} + \frac{M_{cp0}c_0}{I_0} = -0.42 - \frac{5059.2 \times 10^6 \times 1095.0}{4.249 \times 10^{11}} = -0.42 + 13.04 = 12.62 \text{N/mm}^2$$

$$\sigma_{cp0} = \sigma_{c0} + \frac{M_{cp0}(h - c_0)}{I_0} = 3.40 + \frac{5059.2 \times 10^6 \times (1600 - 1095.0)}{4.249 \times 10^{11}}$$
$$= -2.62 \text{N/mm}^2$$

在弯矩 M_{cp0} 作用下，截面受压区边缘和受拉区边缘的相应应变

$$\varepsilon'_{cp0} = \sigma'_{cp0} / E_c = 12.62/34554 = 365 \times 10^{-6}$$

$$\varepsilon_{cp0} = \sigma_{cp0} / E_c = -2.62/34554 = -76 \times 10^{-6}$$

此时，截面受压区边缘混凝土开始受压，受拉区边缘混凝土开始受拉，截面曲率

$$\phi_0 = \frac{\varepsilon'_{cp0} - \varepsilon_{cp0}}{h} = \frac{(365 + 76) \times 10^{-6}}{1600} = 0.2756 \times 10^{-6} \text{rad/mm}$$

在预应力和普通钢筋的合力处混凝土应变等于零状态下，截面受拉区边缘已经存在 $\sigma_{cp0} = 2.62 \text{N/mm}^2$ 拉应力，取公式(3.1-114)中 $f_{t,r} = 0$，可求得从弯矩 M_{cp0} 作用到受拉区边缘混凝土应力为零所需降低的弯矩

$$\Delta_M = \frac{I_0 \times \Delta_\sigma}{h - y_0} = \frac{4.249 \times 10^{11} \times 2.62}{1600 - 1095.0} = 1705.9 \times 10^6 \text{N} \cdot \text{mm}$$

因此，受拉区边缘混凝土应力达到零状态下截面弯矩

$$M = M_{cp0} - \Delta_M = (5059.2 - 2202.3) \times 10^6 = 2856.9 \times 10^6 \text{N} \cdot \text{mm}$$

Δ_M 对预应力筋产生的压应力

$$\Delta\sigma_p = \frac{\Delta_M(h - y_0 - a_p)\alpha_p}{I_0} = \frac{1705.9 \times 10^6 \times (1600 - 1095.0 - 258) \times 5.64}{4.249 \times 10^{11}} = 7.2 \text{N/mm}^2$$

因此，在受拉区边缘混凝土应力达到零状态下预应力筋应力

$$\sigma_p = \sigma_{p0} + \Delta\sigma_p = 1068.8 - 7.2 = 1061.6 \text{N/mm}^2$$

Δ_M对受拉普通钢筋产生压应力

$$\Delta\sigma_s = \frac{\Delta_M(h - y_0 - a_s)\alpha_s}{I_0} = \frac{1705.9 \times 10^6 \times (1600 - 1095.0 - 66) \times 5.79}{4.249 \times 10^{11}} = 13.2\text{N/mm}^2$$

因此，在受拉区边缘混凝土应力达到零状态下普通钢筋应力

$$\sigma_s = \sigma_{s0} + \Delta\sigma_s = -72.1 - 13.2 = -85.3\text{N/mm}^2$$

截面受压区边缘混凝土由于Δ_M而降低的压应力、压应变

$$\Delta\sigma'_c = \frac{\Delta_M y_0}{I_0} = \frac{1705.9 \times 10^6 \times 1095.0}{4.249 \times 10^{11}} = 5.68\text{N/mm}^2$$

$$\Delta\varepsilon'_c = \frac{\Delta\sigma'_c}{E_c} = \frac{5.68}{34554} = 164 \times 10^{-6}$$

截面受拉区边缘混凝土由于Δ_M而降低的拉应力、拉应变

$$\Delta\sigma_c = \frac{\Delta_M(h - y_0)}{I_0} = \frac{1705.9 \times 10^6 \times (1600 - 1095.0)}{4.249 \times 10^{11}} = 2.62\text{N/mm}^2$$

$$\Delta\varepsilon_c = \frac{\Delta\sigma_c}{E_c} = \frac{2.62}{34554} = 76 \times 10^{-6}$$

截面由于Δ_M而降低的正向曲率

$$\Delta_\phi = \frac{\Delta\varepsilon'_c - \Delta\varepsilon_c}{h} = \frac{(164 + 76) \times 10^{-6}}{1600} = 0.1500 \times 10^{-6}\text{rad/mm}$$

所以，在受拉区边缘混凝土应力达到零状态下截面曲率

$$\phi_c = \phi_0 - \Delta_\phi = (0.2756 - 0.1500) \times 10^{-6} = 0.1256 \times 10^{-6}\text{rad/mm}$$

在受拉区边缘混凝土应力达到零状态下，复核截面受压区、受拉区边缘应变

$$\varepsilon'_c = \varepsilon'_{cp0} + \Delta\varepsilon'_c = (365 - 164) \times 10^{-6} = 201 \times 10^{-6}$$

$$\varepsilon_c = \varepsilon_{cp0} + \Delta\varepsilon_c = -(76 - 76) \times 10^{-6} = 0 \times 10^{-6}$$

对受拉区边缘混凝土应力达到零状态下的手算与电算对比结果进行汇总，见表3.2-24。可知，开裂状态下手算与电算结果符合程度很好。

受拉区边缘混凝土应力达到零状态下手算与电算结果对比　　　　表 3.2-24

参数	手算结果①	电算结果②	①/②
抵抗弯矩（N·mm）	2856.9×10^6	2860.4×10^6	1.00
曲率（rad/mm）	0.1256×10^{-6}	0.1261×10^{-6}	1.00
预应力筋应力（N/mm²）	1061.6	1061.5	1.00
普通钢筋应力（N/mm²）	−85.3	−85.5	1.00

（4）受拉区边缘混凝土达到开裂状态

由公式(4.3-10)可得，截面抵抗矩塑性影响系数和弯曲抗拉强度平均值

$$\gamma = \left(0.7 + \frac{120}{h}\right)\gamma_m = \left(0.7 + \frac{120}{1600}\right) \times 1.40 = 1.085$$

$$f_{\mathrm{r,m}} = \gamma f_{\mathrm{tm}} = 1.085 \times 3.43 = 3.72 \mathrm{N/mm^2}$$

在受拉区边缘混凝土达到开裂状态下截面弯矩-曲率曲线到了弹性关系终点, 在预应力和普通钢筋的合力处混凝土应变等于零状态下, 截面受拉区边缘已经存在 $\sigma_{\mathrm{cp0}} = 2.62 \mathrm{N/mm^2}$ 拉应力, 由于混凝土出现裂缝时对应混凝土的弯曲抗拉强度平均值 $f_{\mathrm{r,m}} = 3.72 \mathrm{N/mm^2}$, 所以, 为产生拉应力 $\Delta_\sigma = f_{\mathrm{r}} - \sigma_{\mathrm{t}} = 3.72 - 2.62 = 1.10 \mathrm{N/mm^2}$, 所需增加弯矩

$$\Delta_{\mathrm{M}} = \frac{I_0 \times \Delta_\sigma}{h - y_0} = \frac{4.249 \times 10^{11} \times 1.10}{1600 - 1095.0} = 927.5 \times 10^6 \mathrm{N \cdot mm}$$

因此, 受拉区边缘混凝土达到开裂状态下所需弯矩

$$M_{\mathrm{cr}} = M_{\mathrm{cp0}} + \Delta_{\mathrm{M}} = 5986.8 \times 10^6 \mathrm{N \cdot mm}$$

Δ_{M} 对预应力筋产生的拉应力

$$\Delta\sigma_{\mathrm{p}} = \frac{\Delta_{\mathrm{M}}(h - y_0 - a_{\mathrm{p}})\alpha_{\mathrm{p}}}{I_0} = \frac{927.5 \times 10^6 \times (1600 - 1095.0 - 258) \times 5.64}{4.249 \times 10^{11}} = 3.0 \mathrm{N/mm^2}$$

因此, 在受拉区边缘混凝土达到开裂状态下预应力筋应力

$$\sigma_{\mathrm{pcr}} = \sigma_{\mathrm{p0}} + \Delta\sigma_{\mathrm{p}} = 1068.8 + 3.0 = 1071.8 \mathrm{N/mm^2}$$

Δ_{M} 对受拉普通钢筋产生拉应力

$$\Delta\sigma_{\mathrm{s}} = \frac{\Delta_{\mathrm{M}}(h - y_0 - a_{\mathrm{s}})\alpha_{\mathrm{s}}}{I_0} = \frac{927.5 \times 10^6 \times (1600 - 1095.0 - 66) \times 5.79}{4.249 \times 10^{11}} = 5.5 \mathrm{N/mm^2}$$

因此, 受拉区边缘混凝土达到开裂状态下普通钢筋应力

$$\sigma_{\mathrm{scr}} = \sigma_{\mathrm{s}} + \Delta\sigma_{\mathrm{s}} = -72.1 + 5.5 = -66.6 \mathrm{N/mm^2}$$

截面受压区边缘混凝土由于 Δ_{M} 而增加的压应力、压应变

$$\Delta\sigma_{\mathrm{c}}' = \frac{\Delta_{\mathrm{M}} y_0}{I_0} = \frac{927.5 \times 10^6 \times 1095.0}{4.249 \times 10^{11}} = 2.39 \mathrm{N/mm^2}$$

$$\Delta\varepsilon_{\mathrm{c}}' = \frac{\Delta\sigma_{\mathrm{c}}}{E_{\mathrm{c}}} = \frac{2.39}{34554} = 69 \times 10^{-6}$$

截面受拉区边缘混凝土由于 Δ_{M} 而增加的拉应力、拉应变

$$\Delta\sigma_{\mathrm{c}} = \frac{\Delta_{\mathrm{M}}(h - y_0)}{I_0} = \frac{927.5 \times 10^6 \times (1600 - 1095.0)}{4.249 \times 10^{11}} = 1.10 \mathrm{N/mm^2}$$

$$\Delta\varepsilon_{\mathrm{c}} = \frac{\Delta\sigma_{\mathrm{c}}}{E_{\mathrm{c}}} = \frac{1.10}{34554} = 32 \times 10^{-6}$$

截面由于 Δ_{M} 而增加的曲率

$$\Delta_\phi = \frac{\Delta\varepsilon_{\mathrm{c}}' - \Delta\varepsilon_{\mathrm{c}}}{h} = \frac{(69 + 32) \times 10^{-6}}{1600} = 0.0632 \times 10^{-6} \mathrm{rad/mm}$$

所以, 在受拉区边缘混凝土达到开裂状态下截面曲率

$$\phi_{\mathrm{cr}} = \phi_0 + \Delta_\phi = (0.2756 + 0.0632) \times 10^{-6} = 0.3388 \times 10^{-6} \mathrm{rad/mm}$$

在受拉区边缘混凝土达到开裂状态下, 受压区、受拉区边缘应变

$$\varepsilon'_{\rm cr} = \varepsilon'_{\rm cp0} + \Delta\varepsilon'_{\rm c} = (365 + 69) \times 10^{-6} = 434 \times 10^{-6}$$

$$\varepsilon_{\rm cr} = \varepsilon_{\rm cp0} + \Delta\varepsilon_{\rm c} = -(76 + 32) \times 10^{-6} = -108 \times 10^{-6}$$

对受拉区边缘混凝土达到开裂状态下的手算与电算对比结果进行汇总，见表 3.2-25。可知，受拉区边缘混凝土达到开裂状态下，手算与电算结果符合程度很好。

受拉区边缘混凝土达到开裂状态下手算与电算结果对比　　　　　表 3.2-25

参数	手算结果①	电算结果②	①/②
抵抗弯矩（N·mm）	5986.8×10^6	6012.3×10^6	1.00
曲率（rad/mm）	0.3388×10^{-6}	0.3402×10^{-6}	1.00
预应力筋应力（N/mm²）	1071.8	1071.7	1.00
普通钢筋应力（N/mm²）	-66.6	-66.8	1.00

（5）受拉普通钢筋屈服状态

当受拉区纵向普通钢筋达到屈服（$f_{\rm yk} = 400\rm MPa$）时，参照公式(2.3-9)得到，受拉区纵向普通钢筋应力和应变平均值

$$\sigma_{\rm s} = f_{\rm ym} = \frac{f_{\rm yk}}{1 - 1.645\delta_{\rm s}} = \frac{400}{1 - 1.645 \times 0.0743} = 455.7\rm N/mm^2$$

$$\varepsilon_{\rm s} = \frac{\sigma_{\rm s}}{E_{\rm s}} = \frac{455.7}{200000} = 2278 \times 10^{-6}$$

取全截面消压状态下普通钢筋的应变$\varepsilon_{\rm s0}$作为计算起点，从全截面消压状态到该阶段受拉普通钢筋的应变增量

$$\Delta\varepsilon_{\rm s} = \varepsilon_{\rm s} - \varepsilon_{\rm s0} = (2278 + 361) \times 10^{-6} = 2639 \times 10^{-6}$$

经过试算，求得中和轴高度$c = 544.8\rm mm$。由截面应变保持平面假定可求得，对应受压区边缘混凝土压应变$\varepsilon_{\rm c2}$、受压区普通纵向钢筋中心处混凝土压应变$\varepsilon_{\rm cs}$

$$\varepsilon_{\rm c2} = \frac{\Delta\varepsilon_{\rm s}c}{h - a_{\rm s} - c} = \frac{2639 \times 10^{-6} \times 544.8}{1600 - 66 - 544.8} = 1453 \times 10^{-6}$$

$$\varepsilon_{\rm cs} = \frac{\Delta\varepsilon_{\rm s}(c - a'_{\rm s})}{h - a_{\rm s} - c} = \frac{2639 \times 10^{-6} \times (544.8 - 56)}{1600 - 66 - 544.8} = 1304 \times 10^{-6}$$

$\varepsilon_{\rm c2} = 1453 \times 10^{-6}$，大于弹性开裂受压区边缘混凝土压应变$\varepsilon'_{\rm cr} = 434 \times 10^{-6}$，因此采用非弹性分析法。

将$n = 2$、$b = 600\rm mm$、$f_{\rm c,r} = 44.1\rm N/mm^2$、$c_1 = 0$、$c_2 = 544.8\rm mm$、$\varepsilon_{\rm c1} = 0$、$\varepsilon_{\rm c2} = 1453 \times 10^{-6}$代入公式(2.4-4)并化简，得到混凝土压力合力

$$F_{\rm cp} = bf_{\rm c,r}\left[c_2 + \frac{\left(1 - \frac{\varepsilon_{\rm c2}}{\varepsilon_0}\right)^{n+1}}{n+1}\frac{\varepsilon_0}{\varepsilon_{\rm c2}}c_2 - c_1 - \frac{\left(1 - \frac{\varepsilon_{\rm c2}c_1}{c_2\varepsilon_0}\right)^{n+1}}{n+1}\frac{\varepsilon_0}{\varepsilon_{\rm c2}}c_2\right]$$

$$= 600 \times 44.1 \times \left[544.8 + \frac{\left(1 - \frac{1453 \times 10^{-6}}{2000 \times 10^{-6}}\right)^{2+1}}{2+1} \times \frac{2000 \times 10^{-6}}{1453 \times 10^{-6}} \times 544.8 - \right.$$

$$\left. 0 - \frac{(1-0)^{2+1}}{2+1} \times \frac{2000 \times 10^{-6}}{1453 \times 10^{-6}} \times 544.8 \right] = 7937.7 \times 10^3 \text{N}$$

受压区没有配置预应力筋,全截面消压状态时受压区纵向普通钢筋的初始应变也为零,需要额外考虑的受压区纵向普通钢筋压力

$$F_{cs} = \varepsilon_{cs}(\alpha_s - 1)E_c A_s' = 1304 \times 10^{-6} \times (5.79 - 1) \times 34554 \times 5361.3 = 1156.7 \times 10^3 \text{N}$$

所以,截面总压力

$$F_c = F_{cp} + F_{cs} = (7937.7 + 1156.7) \times 10^3 = 9094.4 \times 10^3 \text{N}$$

将 $n = 2$、$b = 600\text{mm}$、$f_{c,r} = 44.1\text{N/mm}^2$、$c_1 = 0$、$c_2 = 544.8\text{mm}$、$\varepsilon_{c1} = 0$、$\varepsilon_{c2} = 1453 \times 10^{-6}$ 代入公式(2.4-6)、公式(2.4-7)并化简,得到混凝土压力合力点至中性轴的距离

$$\int_{c_1}^{c_2} \sigma_c \, bx \, \mathrm{d}x = bf_{c,r} \left\{ \frac{1}{2}c_2^2 - \left[\frac{\left(1 - \frac{\varepsilon_{c2}}{\varepsilon_0}\right)^{n+1} \frac{-\varepsilon_0 c_2^2}{\varepsilon_{c2}}}{n+1} - \frac{\left(1 - \frac{\varepsilon_{c2}}{\varepsilon_0}\right)^{n+2} \left(\frac{\varepsilon_0 c_2}{\varepsilon_{c2}}\right)^2}{(n+1)(n+2)} \right] - \right.$$

$$\left. \frac{1}{2}c_1^2 + \left[\frac{\left(1 - \frac{\varepsilon_{c1}}{\varepsilon_0}\right)^{n+1} \frac{-\varepsilon_0 c_1 c_2}{\varepsilon_{c2}}}{n+1} - \frac{\left(1 - \frac{\varepsilon_{c2} c_1}{c_2 \varepsilon_0}\right)^{n+2} \left(\frac{\varepsilon_0 c_2}{\varepsilon_{c2}}\right)^2}{(n+1)(n+2)} \right] \right\} = 600 \times 44.1 \times$$

$$\left\{ \frac{1}{2} \times 544.8^2 - \left[\frac{\left(1 - \frac{1453 \times 10^{-6}}{2000 \times 10^{-6}}\right)^{2+1} \times \frac{-2000 \times 10^{-6} \times 544.8^2}{1453 \times 10^{-6}}}{2+1} - \right. \right.$$

$$\frac{\left(1 - \frac{1453 \times 10^{-6}}{2000 \times 10^{-6}}\right)^{2+2} \times \left(\frac{2000 \times 10^{-6} \times 544.8}{1453 \times 10^{-6}}\right)^2}{(2+1) \times (2+2)} \right] - 0 +$$

$$\left. \left[0 - \frac{1 \times \left(\frac{2000 \times 10^{-6} \times 544.8}{1453 \times 10^{-6}}\right)^2}{(2+1) \times (2+2)} \right] \right\} = 2767.8 \times 10^6 \text{N} \cdot \text{mm}$$

$$\bar{x}_{cp} = \frac{\int_{c_1}^{c_2} \sigma_c \, bx \, \mathrm{d}x}{F_{cp}} = \frac{2767.8 \times 10^6}{7937.7 \times 10^3} = 348.7 \text{mm}$$

参照公式(2.4-8),可求得总压力作用点至中性轴的距离

$$\bar{x} = \frac{F_{cs}\bar{x}_{cs} + F_{cp}\bar{x}_{cp}}{F_{cs} + F_{cp}} = \frac{1156.7 \times 10^3 \times (544.8 - 56) + 7937.7 \times 10^3 \times 348.7}{(1156.7 + 7937.7) \times 10^3} = 366.5 \text{mm}$$

参照公式(2.3-10)可求得,预应力筋极限强度平均值 f_{ptm}、屈服强度平均值 f_{pym}

$$f_{ptm} = \frac{f_{ptk}}{1 - 1.645\delta_p} = \frac{1860}{1 - 1.645 \times 0.01} = 1891.1\text{N/mm}^2$$

$$f_{pym} = \frac{f_{pyk}}{1 - 1.645\delta_p} = \frac{1860 \times 0.85}{1 - 1.645 \times 0.01} = 1607.4\text{N/mm}^2$$

预应力筋屈服强度平均值对应应变

$$\varepsilon_{pym} = \frac{f_{pym}}{E_p} = \frac{1607.4}{195000} = 8243 \times 10^{-6}$$

预应力筋硬化段斜率

$$k_p = (f_{pt,r} - f_{py,r})/(\varepsilon_{pu} - \varepsilon_{py}) = \frac{1891.1 - 1607.4}{(45000 - 8243) \times 10^{-6}} = 7717\text{N/mm}^2$$

取全截面消压状态下预应力筋的应变ε_{p0}作为计算起点，依据公式(2.4-17)，求得该阶段受拉区预应力筋应变

$$\varepsilon_p = \varepsilon_{p0} + \frac{h_p - c}{c}\varepsilon_c = 5481 \times 10^{-6} + \frac{1600 - 258 - 544.8}{544.8} \times 1453 \times 10^{-6}$$
$$= 5481 \times 10^{-6} + 2127 \times 10^{-6} = 7608 \times 10^{-6}$$

按弹性计算，此时预应力筋应力

$\sigma_p = \varepsilon_p E_p = 7608 \times 10^{-6} \times 195000 = 1483.5\text{N/mm}^2$，小于$f_{pym} = 1607.4\text{N/mm}^2$，可见预应力筋仍处于弹性工作阶段，按弹性计算是合适的。

下面复核受拉普通钢筋应力。取全截面消压状态下普通钢筋的应变ε_{s0}作为计算起点，依据公式(2.4-16)，该阶段受拉普通钢筋应变

$$\varepsilon_s = \varepsilon_{s0} + \frac{h_s - c}{c}\varepsilon_c = -361 \times 10^{-6} + \frac{1600 - 66 - 544.8}{544.8} \times 1453 \times 10^{-6}$$
$$= (-361 + 2639) \times 10^{-6} = 2278 \times 10^{-6}$$

受拉普通钢筋应力

$\sigma_s = \varepsilon_s E_s = 2278 \times 10^{-6} \times 200000 = 455.7\text{N/mm}^2$，与受拉区纵向普通钢筋屈服点$f_{ym} = 455.7\text{N/mm}^2$完全一致。

预应力筋与受拉普通钢筋的总拉力

$$F_T = F_p + F_s = 1483.5 \times 4480 + 455.7 \times 5361.3$$
$$= 9089.3 \times 10^3\text{N}$$

$F_{c1} - F_{T1} = (9094.4 - 9089.3) \times 10^3 = 5 \times 10^3\text{N}$，已经很好地满足力的平衡条件了。

各拉力对压应力中心取矩，可求得该状态下的作用弯矩

$$M_{y,r} = F_p(h_p - c + \bar{x}) + F_s(h_s - c + \bar{x}) = 6646.1 \times 10^3 \times (1600 - 258 - 544.8 + 366.5) +$$
$$2443.1 \times 10^3 \times (1600 - 66 - 544.8 + 366.5) = 11046.3 \times 10^6\text{N} \cdot \text{mm}$$

此状态下截面曲率

$$\phi = \varepsilon_c/c = 1453 \times 10^{-6}/544.8 = 2.6678 \times 10^{-6}\text{rad/mm}$$

对受拉普通钢筋屈服状态下手算与电算对比结果进行汇总，见表 3.2-26。可知，受拉

普通钢筋屈服状态下手算与电算结果符合程度很好。

受拉普通钢筋屈服状态下手算与电算结果对比 表 3.2-26

参数	手算结果①	电算结果②	①/②
抵抗弯矩（N·mm）	11046.3×10^6	11042.7×10^6	1.00
曲率（rad/mm）	2.6678×10^{-6}	2.6667×10^{-6}	1.00
预应力筋应力（N/mm²）	1483.5	1483.3	1.00
普通钢筋应力（N/mm²）	455.7	455.4	1.00

（6）受拉区预应力筋屈服状态

由前可知，当受拉区预应力筋达到条件屈服（$f_{pyk} = 1860 \times 0.85 = 1581.0 \text{MPa}$）时，受拉区预应力筋应变平均值 $\varepsilon_{pym} = 8243 \times 10^{-6}$。取全截面消压状态下预应力筋的应变 $\varepsilon_{s0} = 5481 \times 10^{-6}$ 作为计算起点，从全截面消压状态到该阶段预应力筋的应变增量

$$\Delta\varepsilon_p = \varepsilon_p - \varepsilon_{p0} = (8243 - 5481) \times 10^{-6} = 2762 \times 10^{-6}$$

经过试算求得，混凝土受压区高度 $c = 513.1 \text{mm}$。由截面应变保持平面假定可求得，对应受压区边缘混凝土压应变 ε_{c2}、受压区普通纵向钢筋中心处混凝土压应变 ε_{cs}

$$\varepsilon_{c2} = \frac{\Delta\varepsilon_p c}{h - a_p - c} = \frac{2762 \times 10^{-6} \times 513.1}{1600 - 258 - 513.1} = 1710 \times 10^{-6}$$

$$\varepsilon_{cs} = \frac{\Delta\varepsilon_p (c - a'_s)}{h - a_p - c} = \frac{2762 \times 10^{-6} \times (513.1 - 56)}{1600 - 258 - 513.1} = 1523 \times 10^{-6}$$

$\varepsilon_{c2} = 1710 \times 10^{-6}$，大于弹性开裂受压区边缘混凝土压应变 $\varepsilon'_{cr} = 434 \times 10^{-6}$，因此采用非弹性分析法。

将 $n = 2$、$b = 600 \text{mm}$、$f_{c,r} = 44.1 \text{N/mm}^2$、$c_1 = 0$、$c_2 = 513.1$、$\varepsilon_{c1} = 0$、$\varepsilon_{c2} = 1710 \times 10^{-6}$ 代入公式(2.4-4)并化简，得到混凝土压力合力

$$F_{cp} = b f_{c,r} \left[c_2 + \frac{\left(1 - \frac{\varepsilon_{c2}}{\varepsilon_0}\right)^{n+1}}{n+1} \frac{\varepsilon_0}{\varepsilon_{c2}} c_2 - c_1 - \frac{\left(1 - \frac{\varepsilon_{c2} c_1}{c_2 \varepsilon_0}\right)^{n+1}}{n+1} \frac{\varepsilon_0}{\varepsilon_{c2}} c_2 \right]$$

$$= 600 \times 44.1 \times \left[513.1 + \frac{\left(1 - \frac{1710 \times 10^{-6}}{2000 \times 10^{-6}}\right)^{2+1}}{2+1} \times \frac{2000 \times 10^{-6}}{1710 \times 10^{-6}} \right.$$

$$\left. \times 513.1 - 0 - \frac{(1-0)^{2+1}}{2+1} \times \frac{2000 \times 10^{-6}}{1710 \times 10^{-6}} \times 513.1 \right] = 8299.0 \times 10^3 \text{N}$$

受压区没有配置预应力筋，全截面消压状态时受压区纵向普通钢筋的初始应变也为零，需要额外考虑的受压区纵向普通钢筋压力

$$F_{cs} = \varepsilon_{cs}(\alpha_s - 1) E_c A'_s = 1523 \times 10^{-6} \times (5.79 - 1) \times 34554 \times 5361.3 = 1351.2 \times 10^3 \text{N}$$

所以，截面总压力

$$F_c = F_{cp} + F_{cs} = (8299.0 + 1351.2) \times 10^3 = 9650.2 \times 10^3 \text{N}$$

将 $n = 2$、$b = 600\text{mm}$、$f_{c,r} = 44.1\text{N/mm}^2$、$c_1 = 0$、$c_2 = 513.1\text{mm}$、$\varepsilon_{c1} = 0$、$\varepsilon_{c2} = 1710 \times 10^{-6}$代入公式(2.4-6)、公式(2.4-7)并化简，得到混凝土压力合力点至中性轴的距离

$$\int_{c_1}^{c_2} \sigma_c bx\,\mathrm{d}x = bf_{c,r}\left\{\frac{1}{2}c_2{}^2 - \left[\frac{\left(1 - \frac{\varepsilon_{c2}}{\varepsilon_0}\right)^{n+1}\frac{-\varepsilon_0 c_2{}^2}{\varepsilon_{c2}}}{n+1} - \frac{\left(1 - \frac{\varepsilon_{c2}}{\varepsilon_0}\right)^{n+2}\left(\frac{\varepsilon_0 c_2}{\varepsilon_{c2}}\right)^2}{(n+1)(n+2)}\right] - \right.$$

$$\left. \frac{1}{2}c_1{}^2 + \left[\frac{\left(1 - \frac{\varepsilon_{c1}}{\varepsilon_0}\right)^{n+1}\frac{-\varepsilon_0 c_1 c_2}{\varepsilon_{c2}}}{n+1} - \frac{\left(1 - \frac{\varepsilon_{c2} c_1}{c_2 \varepsilon_0}\right)^{n+2}\left(\frac{\varepsilon_0 c_2}{\varepsilon_{c2}}\right)^2}{(n+1)(n+2)}\right]\right\} = 600 \times 44.1 \times$$

$$\left\{\frac{1}{2} \times 513.1^2 - \left[\frac{\left(1 - \frac{1710 \times 10^{-6}}{2000 \times 10^{-6}}\right)^{2+1} \times \frac{-2000 \times 10^{-6} \times 513.1^2}{1710 \times 10^{-6}}}{2+1} - \right.\right.$$

$$\left.\frac{\left(1 - \frac{1710 \times 10^{-6}}{2000 \times 10^{-6}}\right)^{2+2} \times \left(\frac{2000 \times 10^{-6} \times 513.1}{1710 \times 10^{-6}}\right)^2}{(2+1) \times (2+2)}\right] - 0 +$$

$$\left[0 - \frac{1 \times \left(\frac{2000 \times 10^{-6} \times 513.1}{1710 \times 10^{-6}}\right)^2}{(2+1) \times (2+2)}\right]\right\} = 2697.4 \times 10^3 \text{N} \cdot \text{mm}$$

$$\bar{x}_{cp} = \frac{\int_{c_1}^{c_2} \sigma_c bx\,\mathrm{d}x}{F_{cp}} = \frac{2697.4 \times 10^3}{8299.0 \times 10^3} = 325.0\text{mm}$$

参照公式(2.4-8)，可求得总压力作用点至中性轴的距离

$$\bar{x} = \frac{F_{cs}\bar{x}_{cs} + F_{cp}\bar{x}_{cp}}{F_{cs} + F_{cp}} = \frac{1351.2 \times 10^3 \times (513.1 - 56) + 8299.0 \times 10^3 \times 325.0}{(1351.2 + 8299.0) \times 10^3} = 343.5\text{mm}$$

取全截面消压状态下预应力筋的应变ε_{p0}作为计算起点，依据公式(2.4-17)，用受压区边缘压应变复核该阶段受拉区预应力筋应变

$$\varepsilon_p = \varepsilon_{p0} + \frac{h_p - c}{c}\varepsilon_c = 5481 \times 10^{-6} + \frac{(1600 - 258) - 513.1}{513.1} \times 1710 \times 10^{-6}$$
$$= 5481 \times 10^{-6} + 2762 \times 10^{-6} = 8243 \times 10^{-6}$$

按弹性计算，此时预应力筋应力

$\sigma_p = \varepsilon_p E_p = 8243 \times 10^{-6} \times 195000 = 1607.4\text{N/mm}^2$，等于$f_{pym} = 1607.4\text{N/mm}^2$，可见预应力筋应力与其屈服点应力完全一致。

取全截面消压状态下普通钢筋的应变ε_{s0}作为计算起点，依据公式(2.4-16)，该阶段受拉普通钢筋应变

$$\varepsilon_s = \varepsilon_{s0} + \frac{h_s - c}{c}\varepsilon_c = -361 \times 10^{-6} + \frac{(1600 - 66) - 513.1}{513.1} \times 1710 \times 10^{-6}$$
$$= 3042 \times 10^{-6}$$

受拉普通钢筋应力

$\sigma_s = \varepsilon_s E_s = 3042 \times 10^{-6} \times 200000 = 608.4\,\text{N/mm}^2$，大于受拉普通钢筋屈服点 $f_{ym} = 455.7\,\text{N/mm}^2$，应该按非弹性计算。又 $\varepsilon_s = 3042 \times 10^{-6}$ 小于硬化起点应变平均值 $\varepsilon_{uym} = 11392 \times 10^{-6}$，依据公式(2.4-16)求得其应力 $\sigma_s = f_{y,r} = 455.7\,\text{N/mm}^2$。

预应力筋与受拉普通钢筋的总拉力

$$T = F_p + F_s = 1607.4 \times 4480 + 455.7 \times 5361.3$$
$$= 9644.5 \times 10^3\,\text{N}$$

$F_c - F_T = (9650.2 - 9644.5) \times 10^3 = 5.7 \times 10^3\,\text{N}$，已经很好地满足力的平衡条件了。

对混凝土压应力中心取矩，可求得该状态下的作用弯矩

$$M_{py,r} = F_p(h_p - c + \bar{x}) + F_s(h_s - c + \bar{x}) = 7201.3 \times 10^3 \times (1600 - 258 - 513.1 + 343.5) +$$
$$2443.1 \times 10^3 \times (1600 - 66 - 513.1 + 343.5) = 11776.4 \times 10^6\,\text{N} \cdot \text{mm}$$

此状态下截面曲率

$$\phi = \varepsilon_c/c = 1710 \times 10^{-6}/513.1 = 3.3325 \times 10^{-6}\,\text{rad/mm}$$

对受拉区预应力筋屈服状态下的手算与电算对比结果进行汇总，见表 3.2-27。可知，受拉区预应力筋屈服状态下手算与电算结果符合程度很好。

📝 **随想：**

同样区别于算例 3.2.1，预应力筋达到条件屈服先于受压区边缘混凝土达到轴心抗压强度设计值，而不是受压区边缘混凝土达到轴心抗压强度设计值先于预应力筋达到条件屈服。

受拉区预应力筋屈服状态下手算与电算结果对比　　　　　　　　表 3.2-27

参数	手算结果①	电算结果②	①/②
抵抗弯矩（N·mm）	11776.4×10^6	11775.5×10^6	1.00
曲率（rad/mm）	3.3325×10^{-6}	3.3312×10^{-6}	1.00
预应力筋应力（N/mm²）	1607.4	1607.2	1.00
普通钢筋应力（N/mm²）	455.7	455.7	1.00

（7）均匀受压混凝土极限应变状态

当均匀受压混凝土极限应变状态时，对应压应变 $\varepsilon_{c3} = 2000 \times 10^{-6}$，大于开裂点对应压应变 $\varepsilon_{cr} = 434 \times 10^{-6}$，因此采用非弹性分析法。

经过试算，求得中和轴高度 $c = 460.7\,\text{mm}$。由截面应变保持平面假定求得，对应受压区普通纵向钢筋中心处混凝土压应变 ε_{cs}

$$\varepsilon_{cs} = \frac{\varepsilon_{c3}(c - a_s')}{c} = \frac{2000 \times 10^{-6} \times (460.7 - 56)}{460.7} = 1757 \times 10^{-6}$$

将 $n = 2$、$b = 600\text{mm}$、$f_{c,r} = 44.1\text{N/mm}^2$、$c_1 = 0$、$c_2 = 460.7\text{mm}$、$\varepsilon_{c1} = 0$、$\varepsilon_{c2} = 2000 \times 10^{-6}$ 代入公式(2.4-4)、公式(2.4-5)并化简，得到混凝土压应力合力为

$$F_{cp} = bf_{c,r}\left[c_2 + \frac{\left(1 - \frac{\varepsilon_{c2}}{\varepsilon_0}\right)^{n+1}}{n+1}\frac{\varepsilon_0}{\varepsilon_{c2}}c_2 - c_1 - \frac{\left(1 - \frac{\varepsilon_{c2}c_1}{c_2\varepsilon_0}\right)^{n+1}}{n+1}\frac{\varepsilon_0}{\varepsilon_{c2}}c_2\right]$$

$$= 600 \times 44.1 \times \left[460.7 + \frac{\left(1 - \frac{2000 \times 10^6}{2000 \times 10^6}\right)^{2+1}}{2+1} \times \frac{2000 \times 10^6}{2000 \times 10^6} \times 460.7 - \right.$$

$$\left. 0 - \frac{(1-0)^{2+1}}{2+1} \times \frac{2000 \times 10^6}{2000 \times 10^6} \times 460.7\right] = 8126.3 \times 10^3\text{N}$$

受压区没有配置预应力筋，全截面消压状态时受压区纵向普通钢筋的初始应变也为零，需要额外考虑的受压区纵向普通钢筋压力

$$F_{cs} = \varepsilon_{cs}(\alpha_s - 1)E_cA'_s = 1757 \times 10^{-6} \times (5.79 - 1) \times 34554 \times 5361.3 = 1558.4 \times 10^3\text{N}$$

所以，截面总压力

$$F_c = F_{cp} + F_{cs} = (8126.3 + 1558.4) \times 10^3 = 9684.7 \times 10^3\text{N}$$

将 $n = 2$、$b = 600\text{mm}$、$f_{c,r} = 44.1\text{N/mm}^2$、$c_1 = 0$、$c_2 = 460.7\text{mm}$、$\varepsilon_{c1} = 0$、$\varepsilon_{c2} = 2000 \times 10^{-6}$ 代入公式(2.4-6)、公式(2.4-7)并化简，得到混凝土压应力合力至中性轴的距离

$$\int_{c_1}^{c_2} \sigma_c bx\,\mathrm{d}x = bf_{c,r}\left\{\frac{1}{2}c_2^2 - \left[\frac{\left(1 - \frac{\varepsilon_{c2}}{\varepsilon_0}\right)^{n+1}\frac{-\varepsilon_0 c_2^2}{\varepsilon_{c2}}}{n+1} - \frac{\left(1 - \frac{\varepsilon_{c2}}{\varepsilon_0}\right)^{n+2}\left(\frac{\varepsilon_0 c_2}{\varepsilon_{c2}}\right)^2}{(n+1)(n+2)}\right] - \right.$$

$$\left. \frac{1}{2}c_1^2 + \left[\frac{\left(1 - \frac{\varepsilon_{c1}}{\varepsilon_0}\right)^{n+1}\frac{-\varepsilon_0 c_1 c_2}{\varepsilon_{c2}}}{n+1} - \frac{\left(1 - \frac{\varepsilon_{c2}c_1}{c_2\varepsilon_0}\right)^{n+2}\left(\frac{\varepsilon_0 c_2}{\varepsilon_{c2}}\right)^2}{(n+1)(n+2)}\right]\right\} = 600 \times 44.1 \times$$

$$\left\{\frac{1}{2} \times 460.7^2 - \left[\frac{\left(1 - \frac{2000 \times 10^{-6}}{2000 \times 10^{-6}}\right)^3 \times \frac{-2000 \times 10^{-6} \times 460.7^2}{2000 \times 10^{-6}}}{2+1} - \right.\right.$$

$$\left. \frac{\left(1 - \frac{2000 \times 10^{-6}}{2000 \times 10^{-6}}\right)^4 \times \left(\frac{2000 \times 10^{-6} \times 460.7}{2000 \times 10^{-6}}\right)^2}{(2+1) \times (2+2)}\right] - $$

$$\left. 0 - \frac{\left(\frac{2000 \times 10^{-6} \times 460.7}{2000 \times 10^{-6}}\right)^2}{(2+1) \times (2+2)}\right\} = 2339.9 \times 10^6\text{N} \cdot \text{mm}$$

$$\bar{x}_{cp} = \frac{\int_{c_1}^{c_2} \sigma_c \, bx \, \mathrm{d}x}{F_{cpf'}} = \frac{2339.9 \times 10^6}{8126.3 \times 10^3} = 287.9 \text{mm}$$

参照公式(2.4-8)，可求得总压力作用点至中性轴的距离

$$\bar{x} = \frac{F_{cs}\bar{x}_{cs} + F_{cp}\bar{x}_{cp}}{F_{cs} + F_{cp}} = \frac{1558.4 \times 10^3 \times (460.7 - 56) + 8126.3 \times 10^3 \times 287.9}{(1558.4 + 8126.3) \times 10^3} = 306.7 \text{mm}$$

预应力筋增加的应力，可通过公式(2.4-17)算出，并取全截面消压状态下预应力筋的应变ε_{p0}作为计算起点。所以，该阶段受拉区预应力筋应变

$$\varepsilon_p = \varepsilon_{p0} + \frac{h_p - c}{c}\varepsilon_c = 5481 \times 10^{-6} + \frac{(1600 - 258) - 460.7}{460.7} \times 2000 \times 10^{-6}$$
$$= (5481 + 3826) \times 10^{-6} = 9307 \times 10^{-6}$$

按弹性计算，此时预应力筋应力

$\sigma_p = \varepsilon_p E_p = 9307 \times 10^{-6} \times 195000 = 1814.8 \text{N/mm}^2$，大于$f_{ym} = 1607.4 \text{N/mm}^2$，可见预应力筋已经进入了条件屈服点，改用非弹性计算方法。

因为$\varepsilon_p < \varepsilon_{pu} = 0.045$，所以

$$\sigma_p = f_{py,r} + k_p(\varepsilon_p - \varepsilon_{py}) = 1607.4 + 7717 \times (9307 \times 10^{-6} - 8243 \times 10^{-6})$$
$$= 1615.7 \text{N/mm}^2$$

普通钢筋增加的应力，可通过公式(2.4-16)算出，并取全截面消压状态下普通钢筋的应变ε_{s0}作为计算起点，该阶段受拉普通钢筋应变

$$\varepsilon_s = \varepsilon_{s0} + \frac{h_s - c}{c}\varepsilon_c = -361 \times 10^{-6} + \frac{1600 - 66 - 460.7}{460.7} \times 2000 \times 10^{-6}$$
$$= 4299 \times 10^{-6}$$

受拉普通钢筋应力为

$\sigma_s = \varepsilon_s E_s = 4299 \times 10^{-6} \times 200000 = 859.8 \text{N/mm}^2$，大于受拉普通钢筋屈服点$f_{ym} = 455.7 \text{N/mm}^2$，应该按非弹性计算。又$\varepsilon_s = 4299 \times 10^{-6}$小于硬化起点应变平均值$\varepsilon_{uy} = 11392 \times 10^{-6}$，依据公式(2.4-16)求得其应力$\sigma_s = f_{y,r} = 455.7 \text{N/mm}^2$。

预应力筋与受拉普通钢筋的总拉力

$$T = F_p + F_s = 1615.7 \times 4480 + 455.7 \times 5361.3$$
$$= 9681.3 \times 10^3 \text{N}$$

$F_c - F_T = (9684.7 - 9681.3) \times 10^3 = 3.4 \times 10^3 \text{N}$，已经较好地满足力的平衡条件了。

对混凝土压应力合力中心取矩

$$M = F_p(h_p - c + \bar{x}) + F_s(h_s - c + \bar{x}) = 7238.1 \times 10^3 \times (1600 - 258 - 460.7 + 306.7) +$$
$$2443.1 \times 10^3 \times (1600 - 66 - 460.7 + 306.7) = 11970.7 \times 10^6 \text{N} \cdot \text{mm}$$

此状态下截面曲率

$$\phi = \varepsilon_c/c = 2000 \times 10^{-6}/460.7 = 4.3412 \times 10^{-6} \text{rad/mm}$$

对受压区边缘混凝土达到轴心抗压强度设计值状态下的手算与电算对比结果进行汇总，见表3.2-28。可知，手算与电算结果符合程度很好。

混凝土达到轴心抗压强度设计值状态下手算与电算结果对比　　　　表 3.2-28

参数	手算结果①	电算结果②	①/②
抵抗弯矩（N·mm）	11970.7×10^6	11969.9×10^6	1.00
曲率（rad/mm）	4.3412×10^{-6}	4.3416×10^{-6}	1.00
预应力筋应力（N/mm²）	1615.7	1615.5	1.00
普通钢筋应力（N/mm²）	455.7	455.7	1.00

（8）非均匀受压混凝土极限应变状态

经过试算，当受压混凝土达到极限压应变破坏状态时，混凝土受压区高度 $c = 350.7\text{mm}$，受压区边缘混凝土压应变 $\varepsilon_c = 3300 \times 10^{-6}$，大于开裂点受压区边缘混凝土压应变 $\varepsilon'_{cr} = 434 \times 10^{-6}$，因此采用非弹性分析法。

由截面应变保持平面假定还可推得，当 $\varepsilon_c = \varepsilon_0 = 2000 \times 10^{-6}$ 时，混凝土压应力抛物线顶部距中性轴的高度

$$c_2 = \frac{\varepsilon_0 c}{\varepsilon_c} = \frac{2000 \times 10^{-6} \times 350.7}{3300 \times 10^{-6}} = 212.5\text{mm}$$

由截面应变保持平面假定还可求得，对应受压区普通纵向钢筋中心处混凝土压应变

$$\varepsilon_{cs} = \frac{\varepsilon_{c3}(c - a'_s)}{c} = \frac{3300 \times 10^{-6} \times (350.7 - 56)}{350.7} = 2773 \times 10^{-6}$$

由于 ε_c 均位于 ε_0 和 ε_{cu} 之间，依据公式(2.4-9)可求得，受压区边缘混凝土压应力 $f_{c,r} = 44.1\text{N/mm}^2$。

将 $n = 2$、$b = 600\text{mm}$、$f_{c,r} = 44.1\text{N/mm}^2$、$c_1 = 0$、$c_2 = 212.5\text{mm}$、$c = 350.7\text{mm}$、$\varepsilon_{c1} = 0$、$\varepsilon_{c2} = 2000 \times 10^{-6}$ 代入公式(2.4-4)～公式(2.4-11)并化简，得到混凝土压应力合力为

$$F_{cp} + F_{cl} = bf_{c,r}\left[c_2 + \frac{\left(1 - \frac{\varepsilon_{c2}}{\varepsilon_0}\right)^{n+1}}{n+1}\frac{\varepsilon_0}{\varepsilon_{c2}}c_2 - c_1 - \frac{\left(1 - \frac{\varepsilon_{c2}c_1}{c_2\varepsilon_0}\right)^{n+1}}{n+1}\frac{\varepsilon_0}{\varepsilon_{c2}}c_2 + (c - c_2) \right]$$

$$= 600 \times 44.1 \times \left[212.5 + \frac{\left(1 - \frac{2000 \times 10^{-6}}{2000 \times 10^{-6}}\right)^{2+1}}{2+1} \times \frac{2000 \times 10^{-6}}{2000 \times 10^{-6}} \times 212.5 - \right.$$

$$\left. 0 - \frac{(1-0)^{2+1}}{2+1} \times \frac{2000 \times 10^{-6}}{2000 \times 10^{-6}} \times 212.5 + (350.7 - 212.5) \right]$$

$$= 7404.4 \times 10^3\text{N}$$

受压区没有配置预应力筋，全截面消压状态时受压区纵向普通钢筋的初始应变也为零，需要额外考虑的受压区纵向普通钢筋压力

$$F_{cs} = \varepsilon_{cs}(\alpha_s - 1)E_cA'_s = 2773 \times 10^{-6} \times (5.79 - 1) \times 34554 \times 5361.3 = 2459.7 \times 10^3\text{N}$$

所以，截面总压力

$$F_c = F_{cp} + F_{cl} + F_{cs} = 9864.2 \times 10^3 \text{N}$$

将 $n = 2$、$b = 600\text{mm}$、$f_{c,r} = 44.1\text{N/mm}^2$、$c_1 = 0$、$c_2 = 212.5\text{mm}$、$c = 350.7\text{mm}$、$\varepsilon_{c1} = 0$、$\varepsilon_{c2} = 2000 \times 10^{-6}$ 代入公式(2.4-6)、公式(2.4-13)并化简，得到抛物线部分混凝土压应力合力至中性轴的距离 $\bar{x}$

$$\int_{c_1}^{c_2} \sigma_c bx \, dx = bf_{c,r} \left\{ \frac{1}{2}c_2^2 - \left[\frac{\left(1 - \frac{\varepsilon_{c2}}{\varepsilon_0}\right)^{n+1} \frac{-\varepsilon_0 c_2^2}{\varepsilon_{c2}}}{n+1} - \frac{\left(1 - \frac{\varepsilon_{c2}}{\varepsilon_0}\right)^{n+2} \left(\frac{\varepsilon_0 c_2}{\varepsilon_{c2}}\right)^2}{(n+1)(n+2)} \right] - \right.$$

$$\left. \frac{1}{2}c_1^2 + \left[\frac{\left(1 - \frac{\varepsilon_{c1}}{\varepsilon_0}\right)^{n+1} \frac{-\varepsilon_0 c_1 c_2}{\varepsilon_{c2}}}{n+1} - \frac{\left(1 - \frac{\varepsilon_{c2} c_1}{c_2 \varepsilon_0}\right)^{n+2} \left(\frac{\varepsilon_0 c_2}{\varepsilon_{c2}}\right)^2}{(n+1)(n+2)} \right] \right\} = 600 \times 44.1 \times$$

$$\left\{ \frac{1}{2} \times 212.5^2 - \left[\frac{\left(1 - \frac{2000 \times 10^{-6}}{2000 \times 10^{-6}}\right)^3 \times \frac{-2000 \times 10^{-6} \times 212.5^2}{2000 \times 10^{-6}}}{2+1} - \right. \right.$$

$$\frac{\left(1 - \frac{2000 \times 10^{-6}}{2000 \times 10^{-6}}\right)^4 \times \left(\frac{2000 \times 10^{-6} \times 212.5}{2000 \times 10^{-6}}\right)^2}{(2+1) \times (2+2)} \right] -$$

$$\left. 0 - \frac{\left(\frac{2000 \times 10^{-6} \times 212.5}{2000 \times 10^{-6}}\right)^2}{(2+1) \times (2+2)} \right\} = 498.0 \times 10^6 \text{N} \cdot \text{mm}$$

$$\bar{x}_{cp} = \frac{\int_{c_1}^{c_2} \sigma_c bx \, dx}{F_{cp}} = \frac{498.0 \times 10^6}{3749.1 \times 10^3} = 132.8\text{mm}$$

$$\bar{x} = \frac{F_{cs}\bar{x}_{cs} + F_{cp}\bar{x}_{cp} + F_{cl}[c_2 - c_1 + (c - c_2)/2]}{F_{cp} + F_{cl} + F_{cs}}$$

$$= \frac{[2459.7 \times (350.7 - 56) + 3749.1 \times 132.8] \times 10^3}{(2459.7 + 7404.4) \times 10^3} +$$

$$\frac{3655.4 \times [212.5 + (350.7 - 212.5)/2] \times 10^3}{(2459.7 + 7404.4) \times 10^3} = 228.3\text{mm}$$

取全截面消压状态下预应力筋的应变 ε_{p0} 作为计算起点，通过公式(2.4-17)算出该阶段受拉区预应力筋应变

$$\varepsilon_p = \varepsilon_{p0} + \frac{h_p - c}{c}\varepsilon_c = 5481 \times 10^{-6} + \frac{1600 - 258 - 350.7}{350.7} \times 3300 \times 10^{-6}$$

$$= 5481 \times 10^{-6} + 9328 \times 10^{-6} = 14809 \times 10^{-6}$$

按弹性计算，此时预应力筋应力

$\sigma_p = \varepsilon_p E_p = 14809 \times 10^{-6} \times 195000 = 2887.7\text{N/mm}^2$，大于 $f_{ym} = 1607.4\text{N/mm}^2$，可见预

应力筋已经进入了条件屈服点，改用非弹性计算方法。

因为$\varepsilon_p < \varepsilon_{pu} = 0.045$，所以

$$\sigma_p = f_{py,r} + k_p(\varepsilon_p - \varepsilon_{py}) = 1607.4 + 7717 \times (14809 \times 10^{-6} - 8243 \times 10^{-6})$$
$$= 1658.1 \text{N/mm}^2$$

取全截面消压状态下普通钢筋的应变ε_{s0}作为计算起点，通过公式(2.4-16)算出该阶段受拉普通钢筋应变

$$\varepsilon_s = \varepsilon_{s0} + \frac{h_s - c}{c}\varepsilon_c = -361 \times 10^{-6} + \frac{1600 - 56 - 350.7}{350.7} \times 3300 \times 10^{-6}$$
$$= (11135 - 361) \times 10^{-6} = 10774 \times 10^{-6}$$

受拉普通钢筋应力

$\sigma_s = \varepsilon_s E_s = 10774 \times 10^{-6} \times 200000 = 2154.8 \text{N/mm}^2$，大于受拉普通钢筋屈服点$f_{ym} = 455.7 \text{N/mm}^2$，应该按非弹性计算。又$\varepsilon_s = 10774 \times 10^{-6}$小于硬化起点应变平均值$\varepsilon_{uym} = 11392 \times 10^{-6}$，依据公式(2.4-16)求得其应力$\sigma_s = f_{y,r} = 455.7 \text{N/mm}^2$。

预应力筋与受拉普通钢筋的总拉力

$$T = F_p + F_s = 1658.1 \times 4480 + 455.7 \times 5361.3$$
$$= 9871.5 \times 10^3 \text{N}$$

$F_c - F_T = (9864.2 - 9871.5) \times 10^3 = -7.3 \times 10^3 \text{N}$，已经很好地满足力的平衡条件了。

对混凝土压应力中心取矩，可求得该状态下的作用弯矩

$$M_{\varepsilon cu,r} = F_p(h_p - c + \bar{x}) + F_s(h_s - c + \bar{x}) = 7428.3 \times 10^3 \times (1600 - 258 - 350.7 + 228.3) +$$
$$2443.1 \times 10^3 \times (1600 - 56 - 350.7 + 228.3) = 12508.7 \times 10^6 \text{N} \cdot \text{mm}$$

此状态下截面曲率

$$\phi = \varepsilon_c/c = 3300 \times 10^{-6}/350.7 = 9.4098 \times 10^{-6} \text{rad/mm}$$

对非均匀受压混凝土极限应变状态下的手算与电算对比结果进行汇总，见表 3.2-29。可知，非均匀受压混凝土极限应变状态下手算与电算结果符合程度很好。

非均匀受压混凝土极限应变状态下手算与电算结果对比　　　　　表 3.2-29

参数	手算结果①	电算结果②	①/②
抵抗弯矩（N·mm）	12508.7×10^6	12503.1×10^6	1.00
曲率（rad/mm）	9.4098×10^{-6}	9.4094×10^3	1.00
预应力筋应力（N/mm²）	1658.1	1657.1	1.00
普通钢筋应力（N/mm²）	455.7	455.7	1.00

（9）受拉钢筋极限应变点

当受拉钢筋极限应变点时，$\varepsilon_{uym} = 11392 \times 10^{-6}$，经过试算，混凝土受压区高度$c = 345.3 \text{mm}$，受压区边缘混凝土压应变$\varepsilon_c = 3413 \times 10^{-6}$，大于达到极限压应变状态下受压区

边缘混凝土压应变$\varepsilon_{cu} = 3300 \times 10^{-6}$，说明混凝土极限压应变早于普通受拉钢筋极限拉应变出现，结构构件早已达到了承载能力极限状态，不用再计算与普通受拉钢筋极限拉应变点相关的参数值。

（10）小结

就该预应力混凝土倒 T 形梁来说，其正截面全过程弯矩-曲率关系及各控制状态的各项指标的手算和电算计算结果符合程度很好，电算结果的全过程弯矩曲率关系如图 3.2-16 所示，预应力筋全过程应力变化曲线、模型试验预应力筋全过程应力变化曲线、受拉区普通钢筋全过程应力变化曲线、受压区边缘混凝土全过程应力变化曲线分别见图 3.2-17～图 3.2-20。

由前述计算结果及图 3.2-16～图 3.2-20 可知，控制状态出现的先后顺序依次为初始状态、零应力状态、开裂状态、受拉普通钢筋屈服状态、受拉区预应力筋屈服状态、均匀受压混凝土极限应变状态和非均匀受压混凝土极限应变状态。正截面全过程曲线可用四折线形状表示，三个折点分别位于开裂状态、普通受拉钢筋屈服状态和预应力筋屈服状态。可直接确定零应力状态、开裂状态、钢筋屈服状态及截面达到承载能力极限状态类型，可直接观察到开裂前后各指标全过程应力的弹性变化，也可直接观察到钢筋屈服后的弹塑性变化。可求得各控制状态及曲线上任一点受弯刚度的折减系数、耗能能力和延性比等性能化参数。从 PCNAD 计算结果还可查得，破坏时受弯刚度的折减系数、按曲率计算的延性比分别为 0.049、3.529。此外，受拉区边缘混凝土达到开裂状态的计算值和试验值符合程度较好，且偏于安全。

得到任一点受弯刚度折减系数后，可以将弹塑性问题变成弹性问题，采用弹性计算方法进行静荷载和各种动荷载的计算分析，从而用简单的弹性方法来实现复杂的弹塑性分析。

与算例 3.2.1 相比，本算例在混凝土受压区配置了普通钢筋，而算例 3.2.1 没有配置，但在受拉区配置了预应力筋。本算例受拉区预应力筋屈服先于非均匀受压混凝土极限应变状态，而算例 3.2.1 是非均匀受压混凝土极限应变状态先于预应力筋屈服状态。本算例可用四折线表示全过程弯矩-曲率关系，而算例 3.2.1 要用五折线表示，看来当均匀受压混凝土极限应变状态先于预应力筋屈服状态出现时要用五折线表示，反之，可用四折线表示。本算例与算例 3.2.1 的非均匀受压混凝土极限应变状态均先于钢筋极限拉应变出现。

与算例 3.2.2 相比，尽管两者在混凝土受压区均配置了普通钢筋，但全过程弯矩-曲率关系各控制状态出现的先后顺序还是不同，本算例非均匀受压时混凝土极限压应变状态先于受拉区预应力筋极限拉应变状态出现，而算例 3.2.2 是受拉区预应力筋极限拉应变状态先于非均匀受压混凝土极限应变状态。

与算例 3.2.3 相比，两者均在受压区均配置了普通钢筋，但本算例为预应力混凝土构件，而算例 3.2.3 为钢筋混凝土构件；两者全过程弯矩-曲率关系控制状态出现的先后顺序不同，本算例非均匀受压时混凝土极限压应变状态先于钢筋达到极限拉应变状态，而算例 3.2.3 钢筋极限拉应变状态先于非均匀受压混凝土极限应变状态出现，甚至先于均匀受压混凝土极限应变状态；本算例可为四折线表示全过程弯矩-曲率关系，而算例 3.2.3 可用三折线表示。

本算例初始状态至达到承载能力极限状态时预应力筋应力变化曲线计算值见图 3.2-17，最大值与最小值之比为 1.57；作者负责完成了北京科技计划项目《大跨预应力密排框架箱型和拱型结构地铁车站试验研究》，其初始状态至临近位置破坏的预应力筋应力变化曲线试验值见图 3.2-18，由于该截面没有达到承载能力极限，预应力筋应力没有达到最大值，此时试验最大值与试验初始值之比为 1.45。对比二者可知，从初始状态到终止状态，预应力筋应力增长较大，计算值破坏时的涨幅约为 50%，试验值与计算值吻合程度较好。图 3.2-17、图 3.2-18 中的横轴均表示控制状态，图 3.2-18 的 SP4 表示初始状态，S14 表示临近截面达到承载能力极限时的破坏状态。

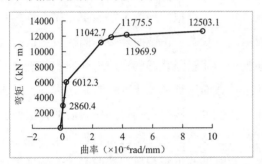

图 3.2-16　预应力混凝土构件倒 T 型截面
正截面全过程弯矩曲率关系

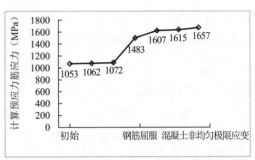

图 3.2-17　PCNAD 预应力筋全过程应力变化曲线

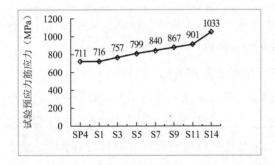

图 3.2-18　模型试验预应力筋全过程应力变化曲线

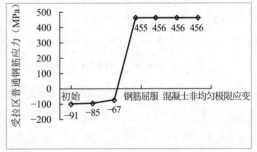

图 3.2-19　受拉区普通钢筋全过程应力变化曲线

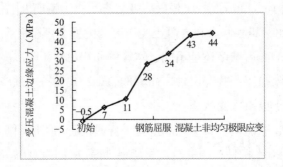

图 3.2-20　受压区边缘混凝土全过程应力变化曲线

3.2.5　矩形截面预应力混凝土柱

已知某矩形截面后张预应力混凝土柱，截面尺寸 $b \times h = 3040\text{mm} \times 1200\text{mm}$，混凝土立方体抗压强度标准值为 50N/mm^2，受拉区纵向钢筋保护层厚度为 40mm，受拉区普通钢筋中心至近边距离为 54mm，受压区普通钢筋中心至近边距离为 64mm，受拉预应力筋中心至近边距离为 250mm，受拉区配置预应力筋 $4\text{-}8\phi^s15.2$，面积 $A_p = 4480\text{mm}^2$，受拉区和受压区分别配置普通钢筋面积为 10775.7mm^2，普通钢筋牌号为 HRB400，预应力筋种类为极限强度标准值 1860N/mm^2 的钢绞线，预应力筋的张拉控制应力 $\sigma_{con} = 1395\text{N/mm}^2$，第一批预应力损失后预应力筋的有效预应力 σ_{pI} 为 1074.2N/mm^2，静作用轴心压力代表值 $N_a = 9000\text{kN}$。试分析跨中全过程弯矩曲率关系、各控制状态的应力历程，并对 PCNAD 电算结果进行验证，PCNAD 输入界面见图 3.2-21。预应力产生的次弯矩 M_2 为零，性能分析时材料强度代表值用平均值。

【解】

（1）计算参数

本工程采用后张法，对初始状态下的截面特征，采用扣除孔道等削弱部分以外的混凝土全部截面几何特征与纵向普通钢筋截面几何特征换算成混凝土的截面几何特征之和。对消压状态和开裂状态计算的截面特征，取混凝土全部截面几何特征与纵向普通钢筋和预应力筋截面几何特征换算成混凝土的截面几何特征之和。

将 $f_{cu,k} = 50$ 代入公式(2.3-8)，得到混凝土弹性模量

$$E_c = \frac{10^5}{2.2 + \dfrac{34.7}{f_{cu,k}}} = \frac{10^5}{2.2 + \dfrac{34.7}{50}} = 34554\text{N/mm}^2$$

取普通钢筋的弹性模量 $E_s = 2.00 \times 10^5\text{N/mm}^2$，取预应力筋的弹性模量 $E_p = 1.95 \times 10^5\text{N/mm}^2$，普通钢筋与混凝土弹性模量比值 $\alpha_s = 200000/34554 = 5.79$，预应力筋与混凝土弹性模量比值 $\alpha_p = 195000/34554 = 5.64$。

将 $f_{cu,k} = 50$ 代入公式(2.3-3)，得到混凝土强度变异系数

$$\delta_c = 8 \times 10^{-5}f_{cu,k}^2 - 0.0072f_{cu,k} + 0.3219 = 8 \times 10^{-5} \times 50^2 - 0.0072 \times 50 + 0.3219$$
$$= 0.1619$$

由公式(2.3-1)～公式(2.3-7)得混凝土轴心抗压强度、轴心抗压强度标准值

$$f_{ck} = 0.88\alpha_{c1}\alpha_{c2}f_{cu,k} = 0.88 \times 0.76 \times 1.0 \times 0.9675 \times 50 = 32.4\text{N/mm}^2$$
$$f_{tk} = 0.88 \times 0.395f_{cu,k}^{0.55}(1 - 1.645\delta)^{0.45}\alpha_{c2} = 0.88 \times 0.395 \times 50^{0.55} \times$$
$$(1 - 1.645 \times 0.1619)^{0.45} \times 0.9675 = 2.52\text{N/mm}^2$$
$$f_{cm} = \frac{f_{ck}}{1 - 1.645\delta} = \frac{32.4}{1 - 1.645 \times 0.1619} = 44.1\text{N/mm}^2$$

$$f_{tm} = \frac{f_{tk}}{1 - 1.645\delta} = \frac{2.52}{1 - 1.645 \times 0.1619} = 3.43\text{N/mm}^2$$

式中，$\alpha_{c2} = 1 - 0.13 \times (50 - 40)/40 = 0.9675$

将 $f_{cu,k} = 50$ 代入公式(2.4-2)、公式(2.4-3)，得到与受压区混凝土达到f_c对应的混凝土压应变、正截面混凝土极限压应变和系数

$$\varepsilon_0 = 0.002 + 0.5(f_{cu,k} - 50) \times 10^{-5} = 0.002 + 0.5 \times (50 - 50) \times 10^{-5} = 0.002$$

$$\varepsilon_{cu} = 0.0033 - (f_{cu,k} - 50) \times 10^{-5} = 0.0033 - (50 - 50) \times 10^{-5} = 0.0033$$

$$n = 2 - \frac{1}{60}(f_{cu,k} - 50) = 2 - \frac{1}{60}(50 - 50) = 2.0$$

采用 AutoCAD 和 PCNAD 对截面特征进行手算和电算，得到手算与电算对比结果，见表 3.2-30。可知，截面几何特征的手算与电算结果符合程度很好。其中，计算净截面用孔道外径取为 78mm，计算换算截面时有粘结预应力钢绞线束的直径取为 43mm。材料性能指标符合程度也很好，限于篇幅，对比结果从略。

截面几何特征的手算与电算结果对比 表 3.2-30

控制点	计算参数	手算结果①	电算结果②	①/②	计算截面形状
初始	面积A_n	3731600	3732075	1.00	
	重心至顶面距离c_n	598.0	598.3	1.00	
	惯性矩I_n	4.655×10^{11}	4.656×10^{11}	1.00	
其余	面积A_0	3771878	3771990	1.00	
	重心至顶面距离c_0	602.0	602.1	1.00	
	惯性矩I_0	4.705×10^{11}	4.705×10^{11}	1.00	

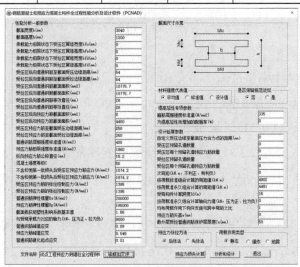

图 3.2-21　PCNAD 输入界面

（2）初始状态

依据公式(3.1-68)计算，得到受拉区预应力筋和普通钢筋的配筋率

$$\rho = (A_s + A_p)/A_n = (10775.7 + 4480)/3731600 = 0.41\%$$

采用公式(3.1-91)~公式(3.1-93)计算,得到预应力筋合力及作用点到净截面重心轴的偏心距、预加力产生的混凝土法向压应力

$$N_{pI} = (\sigma_{con} - \sigma_{lI})A_p + (\sigma'_{con} - \sigma'_{lI})A'_p = 1074.2 \times 4480 = 4812416N$$

$$e_{pnI} = \frac{(\sigma_{con} - \sigma_{lI})A_P y_{pn} + (\sigma'_{con} - \sigma'_{lI})A'_p y'_{pn}}{N_{pI}} = \frac{4812416 \times (1200 - 598.0 - 250)}{4812416} = 352.0mm$$

$$\sigma_{pcI} = \frac{N_{pI}}{A_n} \pm \frac{N_{pI}e_{pnI}y_n}{I_n} \pm \frac{M_2}{I_n}y_n = \frac{4812416}{3731600} + \frac{4812416 \times 352.0^2}{4.655 \times 10^{11}} = 2.57N/mm^2$$

采用公式(3.1-68),求得混凝土收缩、徐变引起受拉区纵向预应力筋的预应力损失值

$$\sigma_{l5} = \frac{55 + 300\dfrac{\sigma_{pc}}{f'_{cu}}}{1 + 15\rho} = \frac{55 + 300 \times \dfrac{2.57}{50}}{1 + 15 \times 0.41\%} = 66.4N/mm^2$$

依据表 3.1-1 的规定,得到预应力筋的应力松弛损失值

$$\sigma_{l4} = 0.2\left(\frac{\sigma_{con}}{f_{ptk}} - 0.575\right)\sigma_{con} = 0.2 \times \left(\frac{1395}{1860} - 0.575\right) \times 1395 = 48.8N/mm^2$$

依据表 3.1-4、公式(3.1-94)和公式(3.1-101)计算,可得初始阶段预应力筋的有效预应力和相应应变

$$\sigma_{pe} = \sigma_{con} - \sigma_l = \sigma_{pI} - \sigma_l = 1074.2 - (48.8 + 66.4) = 959.0N/mm^2$$

$$\varepsilon_{pe} = \frac{\sigma_{pe}}{E_P} = \frac{959.0}{1.95 \times 10^5} = 4918 \times 10^{-6}$$

由公式(3.1-98)和公式(3.1-99)计算可得,预应力筋和普通钢筋的合力 N_{pe} 及其作用点到换算截面重心的偏心距 e_{pn}

$$N_p = (\sigma_{con} - \sigma_l)A_P + (\sigma'_{con} - \sigma'_l)A'_p - E_s\sigma_{l5}/E_pA_s - E_s\sigma'_{l5}/E_pA'_s = 959.0 \times 4480 -$$
$$200000 \times 66.4/195000 \times 10775.7 = 4296415 - 733340 = 3563075N$$

$$e_{pn} = \frac{A_p\sigma_{pe}y_{pn} - \sigma'_{pe}A'_p y'_{pn} - A_sE_s\sigma_{l5}/E_py_{sn} + E_s\sigma'_{l5}/E_pA'_s y'_{sn}}{N_p}$$

$$= \frac{4296415 \times (1200 - 598.0 - 250) - 733340 \times (1200 - 598.0 - 66)}{3563075} = 313.7mm$$

用公式(3.1-100)计算,可得受压区边缘和受拉区边缘混凝土的预应力 σ_{pc} 和 σ'_{pc}

$$\sigma'_{pc} = \frac{N_p}{A_n} - \frac{N_pe_{pn}}{I_n}y_n + \frac{M_2}{I_n}y_n = \frac{3563075}{3731600} - \frac{3563075 \times 313.7 \times 598.0}{4.655 \times 10^{11}}$$
$$= 0.95 - 1.44 = -0.48N/mm^2$$

$$\sigma_{pc} = \frac{N_p}{A_n} + \frac{N_pe_{pn}}{I_n}y_n - \frac{M_2}{I_n}y_n = \frac{3563075}{3731600} + \frac{3563075 \times 313.7 \times (1200 - 598.0)}{4.655 \times 10^{11}}$$
$$= 0.95 + 1.45 = 2.40N/mm^2$$

受压区边缘和受拉区边缘混凝土的应变 ε_{pc} 和 ε'_{pc}

$$\varepsilon'_{pc} = \frac{\sigma_t}{E_c} = \frac{-0.48}{34554} = -14 \times 10^{-6}$$

$$\varepsilon_{pc} = \frac{\sigma_c}{E_c} = \frac{2.40}{34554} = 69 \times 10^{-6}$$

由上述计算结果可知，在初始状态下截面受压区边缘混凝土受拉，受拉区边缘混凝土反而受压。

用公式(3.1-100)计算，也可得受拉区预应力筋重心处混凝土的预应力$\sigma_{pc,p}$、受拉区普通钢筋重心处混凝土的预应力$\sigma_{pc,s}$

$$\sigma_{pc,p} = \frac{N_p}{A_n} + \frac{N_p e_{pn}}{I_n} y_n \pm \frac{M_2}{I_n} y_n = \frac{3563075}{3731600} + \frac{3563075 \times 313.7 \times (1200 - 598.0 - 250)}{4.655 \times 10^{11}}$$
$$= 0.95 + 0.85 = 1.80 \text{N/mm}^2$$

$$\sigma_{pc,s} = \sigma_{ce} = \frac{N_p}{A_n} + \frac{N_p e_{pn}}{I_n} y_n \pm \frac{M_2}{I_n} y_n$$
$$= \frac{3563075}{3731600} + \frac{3563075 \times 313.7 \times (1200 - 598.0 - 66)}{4.655 \times 10^{11}} = 2.25 \text{N/mm}^2$$

由公式(3.1-103)计算可得，受拉区纵向普通钢筋应力

$$\sigma_{ps} = -E_s \sigma_{l5}/E_p - \alpha_s \sigma_{pc,s} = -200000 \times 66.4/195000 - 5.79 \times 2.25 = -68.1 - 13.0$$
$$= -81.1 \text{N/mm}^2$$

受拉区纵向普通钢筋应变

$$\varepsilon_{ps} = \sigma_{ps}/E_s = -81.1/200000 = -405 \times 10^{-6}$$

受拉区预应力筋重心处混凝土的应变

$$\varepsilon_{pc,p} = \sigma_{pc,p}/E_c = 1.80/34554 = 52 \times 10^{-6}$$

初始状态截面曲率

$$\phi = \frac{\varepsilon'_{pc} - \varepsilon_{pc}}{h} = -\frac{(69 + 14) \times 10^{-6}}{1200} = -0.0069 \times 10^{-6} \text{rad/mm}$$

对初始状态下的手算与电算结果进行汇总对比，见表 3.2-31。可知，初始状态下手算与电算结果符合程度很好。

📝 **随想：**

弯曲构件和轴压构件的初始状态完全相同，这是因为初始状态只有有效预应力作用，不包含自重和轴心压力等外作用，只要有效预应力相同，结果就相同。

初始状态下手算与电算结果对比   表 3.2-31

参数	手算结果①	电算结果②	①/②
抵抗弯矩（N·mm）	0	0	—
曲率（rad/mm）	-0.0069×10^{-6}	-0.0069×10^{-6}	1.00

参数	手算结果①	电算结果②	①/②
预应力筋应力（N/mm²）	959.0	959.0	1.00
普通钢筋应力（N/mm²）	−81.1	−81.0	1.00

（3）受拉区边缘零应力状态

考虑弯矩作用效应，假定轴心压力N_a对截面产生的应力和相应应变符合弹性规律，则

$$\sigma_a = \frac{N_a}{A_0} = \frac{9000 \times 10^3}{3771878} = 2.39 \text{N/mm}^2$$

$$\varepsilon_a = \frac{\sigma_a}{E_c} = \frac{2.39}{34554} = 69 \times 10^{-6}$$

由变形协同可知，受轴心压应力σ_a影响，全截面消压状态前预应力筋应力从σ_{pe}降为

$$\sigma_{pe} - \alpha_p \sigma_a = 945.6 \text{N/mm}^2$$

为实现全截面消压状态，在结构构件上施加一个轴心拉力N_a和一个偏心距为e_{p0}的偏心拉力N_{pe0}，使截面上产生的应力$\sigma_{pc} = -\sigma_{pc}$。用公式(3.1-20)、公式(3.1-105)分别求得预应力筋在轴心拉力和偏心拉力下的应力增量

$$\Delta\sigma_{pa} = \alpha_p \sigma_a = 5.64 \times 2.39 = 13.5 \text{N/mm}^2$$

$$\Delta\sigma_{pe} = \alpha_p \sigma_{pc,p} = 5.64 \times 1.80 = 10.2 \text{N/mm}^2$$

所以，全截面消压状态后预应力筋应力和相应的应变

$$\sigma_{p0} = \sigma_{pe0} + \Delta\sigma_{pa} = \sigma_{pe0} + \Delta\sigma_{pa} = \sigma_{pe} - \alpha_p \sigma_a + \Delta\sigma_{pe0} + \Delta\sigma_{pa} = 945.6 + 10.2 + 13.5$$
$$= 955.7 + 13.5 = 969.2 \text{N/mm}^2$$

$$\varepsilon_{p0} = \sigma_{p0}/E_p = 969.2/195000 = 4970 \times 10^{-6}$$

从初始状态到预应力中心处混凝土应变等于零，预应力筋应变增量

$$\varepsilon_{ce} = (\sigma_{p0} - \sigma_{pe})/E_p = (969.2 - 959.0)/195000 = 52 \times 10^{-6}$$

同样，由变形协同可知，受轴心压应力σ_a影响，全截面消压状态前普通钢筋A_s应力从σ_{ps}变为

$$\sigma_{ps} - \alpha_s \sigma_a = -81.1 - 13.8 = -94.9 \text{N/mm}^2$$

参照公式(3.1-20)、公式(3.1-107)，分别求得普通钢筋A_s在轴心拉力和偏心拉力下的应力增量

$$\Delta\sigma_{sa} = \alpha_s \sigma_a = 5.79 \times 2.39 = 13.8 \text{N/mm}^2$$

$$\Delta\sigma_{se0} = \alpha_s \sigma_{pc,s} = 5.79 \times 2.25 = 13.0 \text{N/mm}^2$$

全截面消压状态后普通钢筋A_s应力和相应应变

$$\sigma_{s0} = \sigma_{se0} + \Delta\sigma_{sa} = \sigma_{ps} - \alpha_s \sigma_a + \Delta\sigma_{se0} + \Delta\sigma_{sa} = -94.9 + 13.0 + 13.8 = -81.9 + 13.8$$
$$= -68.1 \text{N/mm}^2$$

$$\varepsilon_{s0} = \sigma_{s0}/E_s = -68.1/200000 = -340 \times 10^{-6}$$

参照公式(3.1-109)、公式(3.1-110)求得，在预应力和普通钢筋的合力处混凝土应变等于零状态下，因偏心拉力所致预应力和普通钢筋的合力N_{pe0}和偏心距e_{p0}

$$N_{p0} = \sigma_{p0}A_p - \sigma_{s0}A_s = 969.2 \times 4480 - 68.1 \times 10775.7 = 3608584N$$

$$
\begin{aligned}
e_{p0} &= \frac{A_p\sigma_{p0}y_p - \sigma'_{p0}A'_p y'_p - A_sE_s\sigma_{l5}/E_p y_s + E_s\sigma'_{l5}/E_pA'_s y'_s}{\sigma_{p0}A_p + \sigma'_{p0}A'_p - E_s\sigma_{l5}/E_pA_s - E_s\sigma'_{l5}/E_pA'_s} \\
&= \frac{969.2 \times 4480 \times (1200 - 602.0 - 250) - 68.1 \times 10775.7 \times (1200 - 602.0 - 64)}{969.2 \times 4480 - 68.1 \times 10775.7} \\
&= 310.2mm
\end{aligned}
$$

在全截面消压状态预应力、普通钢筋和初始轴心力的合力$N_{p0a} = N_a + N_{p0}$作用下，参照公式(3.1-111)求得截面受压区边缘、受拉区边缘及偏心距e_{p0}处混凝土应力

$$
\begin{aligned}
\sigma'_{c0} &= \frac{N_a}{A_0} + \frac{N_{p0}}{A_0} - \frac{N_{p0}e_{p0}y_0}{I_0} = \frac{9000000}{3771878} + \frac{3608584}{3771878} - \frac{3608584 \times 310.2 \times 602.0}{4.705 \times 10^{11}} \\
&= 1.91N/mm^2
\end{aligned}
$$

$$
\begin{aligned}
\sigma_{c0} &= \frac{N_a}{A_0} + \frac{N_{p0}}{A_0} + \frac{N_{p0}e_{p0}(h - y_0)}{I_0} = \frac{9000000}{3771878} + \frac{3608584}{3771878} + \\
&\quad \frac{3608584 \times 310.2 \times (1200 - 602.0)}{4.705 \times 10^{11}} = 4.77N/mm^2
\end{aligned}
$$

$$
\begin{aligned}
\sigma_{cp0} &= \frac{N_a}{A_0} + \frac{N_{p0}}{A_0} + \frac{N_{p0}e_{p0}^2}{I_0} = \frac{9000000}{3771878} + \frac{3608584}{3771878} + \frac{3608584 \times 310.2^2}{4.705 \times 10^{11}} \\
&= 4.08N/mm^2
\end{aligned}
$$

为使预应力和普通钢筋的合力N_{p0}处混凝土应力从σ_{cp0}降低至零，需要增加弯矩

$$M_{cp0} = \frac{I_0 \times \sigma_{cp0}}{e_{p0}} = \frac{4.705 \times 10^{11} \times 4.08}{310.2} = 6189.5 \times 10^6 N \cdot mm$$

在弯矩M_{cp0}作用下，截面受压区边缘和受拉边缘的应力

$$\sigma'_{cp0} = \sigma'_{c0} + \frac{M_{cp0}c_0}{I_0} = 1.91 + \frac{6189.5 \times 10^6 \times 602.0}{4.705 \times 10^{11}} = 9.83N/mm^2$$

$$
\begin{aligned}
\sigma_{cp0} &= \sigma_{c0} + \frac{M_{cp0}(h - c_0)}{I_0} = 4.77 - \frac{6189.5 \times 10^6 \times (1200 - 602.0)}{4.705 \times 10^{11}} \\
&= -3.10N/mm^2
\end{aligned}
$$

在弯矩M_{cp0}作用下，截面受压区边缘和受拉边缘的相应应变

$$\varepsilon'_{cp0} = \sigma'_{cp0}/E_c = 9.83/34554 = 284 \times 10^{-6}$$

$$\varepsilon_{cp0} = \sigma_{cp0}/E_c = -3.10/34554 = -90 \times 10^{-6}$$

此时，截面受压区边缘混凝土开始受压，受拉区边缘混凝土开始受拉，截面曲率

$$\phi_0 = \frac{\varepsilon'_{cp0} - \varepsilon_{cp0}}{h} = \frac{(284 + 90) \times 10^{-6}}{1200} = 0.3119 \times 10^{-6} rad/mm$$

当初始轴心力作用于全截面消压状态下，截面受拉区边缘已经存在$\sigma_{cp0} = 3.10N/mm^2$

拉应力, 取公式(3.1-114)中$f_{tr} = 0$, 可求得从弯矩M_{cp0}作用到受拉区边缘混凝土应力为零所需降低的弯矩

$$\Delta_M = \frac{I_0 \times \Delta_\sigma}{h - y_0} = \frac{4.705 \times 10^{11} \times 3.10}{1200 - 602.0} = 2440.1 \times 10^6 \text{N} \cdot \text{mm}$$

因此, 零应力状态下截面弯矩

$$M = M_{cp0} - \Delta_M = 3749.4 \times 10^6 \text{N} \cdot \text{mm}$$

初始轴心力和Δ_M对预应力筋产生的压应力

$$\Delta\sigma_p = \Delta\sigma_{pa} + \frac{\Delta_M(h - y_0 - a_p)\alpha_p}{I_0} = 13.5 + \frac{2440.1 \times 10^6 \times (1200 - 602.0 - 250) \times 5.64}{4.705 \times 10^{11}}$$

$$= 13.5 + 10.2 = 23.7 \text{N/mm}^2$$

因此, 在受拉边缘零应力状态下预应力筋应力

$$\sigma_p = \sigma_{p0} + \Delta\sigma_p = 969.2 - 23.7 = 945.5 \text{N/mm}^2$$

初始轴心力和Δ_M对受拉普通钢筋产生压应力

$$\Delta\sigma_s = \Delta\sigma_{sa} + \frac{\Delta_M(h - y_0 - a_s)\alpha_s}{I_0} = 13.8 + \frac{2440.1 \times 10^6 \times (1200 - 602.0 - 64) \times 5.79}{4.705 \times 10^{11}}$$

$$= 13.8 + 16.0 = 29.8 \text{N/mm}^2$$

因此, 在受拉边缘零应力状态下普通钢筋应力

$$\sigma_s = \sigma_{s0} + \Delta\sigma_s = -68.1 - 29.8 = -97.9 \text{N/mm}^2$$

截面受压区边缘混凝土由于Δ_M而降低的压应力、压应变

$$\Delta\sigma_c' = \frac{\Delta_M y_0}{I_0} = \frac{2440.1 \times 10^6 \times 602.0}{4.705 \times 10^{11}} = 3.12 \text{N/mm}^2$$

$$\Delta\varepsilon_c' = \frac{\Delta\sigma_c'}{E_c} = \frac{3.12}{34554} = 90 \times 10^{-6}$$

截面受拉区边缘混凝土由于Δ_M而降低的拉应力、拉应变

$$\Delta\sigma_c = \frac{\Delta_M(h - y_0)}{I_0} = \frac{2440.1 \times 10^6 \times (1200 - 602.0)}{4.705 \times 10^{11}} = 3.10 \text{N/mm}^2$$

$$\Delta\varepsilon_c = \frac{\Delta\sigma_c}{E_c} = \frac{3.10}{34554} = 90 \times 10^{-6}$$

截面由于Δ_M而降低的正向曲率

$$\Delta_\phi = \frac{\Delta\varepsilon_c' - \Delta\varepsilon_c}{h} = \frac{(90 + 90) \times 10^{-6}}{1200} = 0.1501 \times 10^{-6} \text{rad/mm}$$

所以, 在零应力状态下截面曲率

$$\phi_c = \phi_0 - \Delta_\phi = (0.3119 - 0.1501) \times 10^{-6} = 0.1618 \times 10^{-6} \text{rad/mm}$$

在受拉边缘零应力状态下, 复核截面受压区、受拉区边缘应变

$$\varepsilon_c' = \varepsilon_{cp0}' + \Delta\varepsilon_c' = (284 - 90) \times 10^{-6} = 194 \times 10^{-6}$$

$$\varepsilon_c = \varepsilon_{cp0} + \Delta\varepsilon_c = -(90 - 90) \times 10^{-6} = 0 \times 10^{-6}$$

对受拉边缘零应力状态下的手算与电算对比结果进行汇总，见表 3.2-32。可知，开裂状态下手算与电算结果符合程度很好。

📝 **随想：**

①确定全截面消压状态下的钢筋应变是正截面全过程性能分析的关键。对受弯构件和轴心受力构件来说，此时的钢筋应变是一致的，因为加了多少轴心应变，还得减去多少轴心应变。

②将偏心受力分解为轴心受力和受弯两部分。求得全截面消压状态钢筋应变后，像受弯构件一样首先将钢筋合力反向作用在其合力点上，求解全截面消压状态的各指标，然后再叠加轴心力效应。求得到全截面消压状态钢筋应变后，要是像预应力一样，同时在换算截面重心处同时叠加轴心力，虽然受拉边缘零应力状态下各指标计算结果相同，但可能导致中间虚拟状态各指标数值太大，拉应力可能达到 $20N/mm^2$。

③弯矩作用前，本算例轴心压力 N_a 对截面产生的应力和相应应变基本符合线性规律。如果轴心压力 N_a 对截面产生的应力和相应应变不符合线性规律，对该状态之后的性能（含该状态）应该按公式(2.4-1)进行弹塑性计算。

受拉边缘零应力状态下手算与电算结果对比   表 3.2-32

参数	手算结果①	电算结果②	①/②
抵抗弯矩（N·mm）	3749.4×10^6	3749.3×10^6	1.00
曲率（rad/mm）	0.1618×10^{-6}	0.1617×10^{-6}	1.00
预应力筋应力（N/mm²）	945.5	945.5	1.00
普通钢筋应力（N/mm²）	−97.9	−97.9	1.00

（4）开裂状态

由公式(4.3-10)可得，截面抵抗矩塑性影响系数和弯曲抗拉强度平均值

$$\gamma = \left(0.7 + \frac{120}{h}\right)\gamma_m = \left(0.7 + \frac{120}{1200}\right) \times 1.55 = 1.240$$

$$f_{r,m} = \gamma f_{tm} = 1.240 \times 3.43 = 4.25N/mm^2$$

在开裂状态下截面弯矩-曲率曲线到了弹性关系终点，在预应力和普通钢筋的合力处混凝土应变等于零状态下，截面受拉区边缘已经存在 $\sigma_{cp0} = 3.10N/mm^2$ 拉应力，由于混凝土出现裂缝时对应混凝土的弯曲抗拉强度平均值 $f_{r,m} = 4.25N/mm^2$，所以，为产生拉应力 $\Delta_\sigma = f_r - \sigma_t = 4.25 - 3.10 = 1.15N/mm^2$，所需增加弯矩

$$\Delta_M = \frac{I_0 \times \Delta_\sigma}{h - y_0} = \frac{4.705 \times 10^{11} \times 1.15}{1200 - 602.0} = 905.0 \times 10^6 N \cdot mm$$

开裂状态下所需弯矩

$$M_{cr} = M_{cp0} + \Delta_M = 6189.5 \times 10^6 + 905.0 \times 10^6 = 7094.6 \times 10^6 \text{N} \cdot \text{mm}$$

Δ_M对预应力筋产生的拉应力

$$\Delta\sigma_p = \frac{\Delta_M(h - y_0 - a_p)\alpha_p}{I_0} = \frac{905.0 \times 10^6 \times (1200 - 602.0 - 250) \times 5.64}{4.705 \times 10^{11}} = 3.8 \text{N/mm}^2$$

因此，在开裂状态下预应力筋应力

$$\sigma_{pcr} = \sigma_{p0} + \Delta\sigma_p - \Delta\sigma_{pa} = 969.2 + 3.8 - 13.5 = 959.5 \text{N/mm}^2$$

Δ_M对受拉普通钢筋产生拉应力

$$\Delta\sigma_s = \frac{\Delta_M(h - y_0 - a_s)\alpha_s}{I_0} = \frac{905.0 \times 10^6 \times (1200 - 602.0 - 64) \times 5.79}{4.705 \times 10^{11}} = 5.9 \text{N/mm}^2$$

因此，开裂状态下普通钢筋应力

$$\sigma_{scr} = \sigma_s + \Delta\sigma_s - \Delta\sigma_{sa} = -75.9 \text{N/mm}^2$$

截面受压区边缘混凝土由于Δ_M而增加的压应力、压应变

$$\Delta\sigma'_c = \frac{\Delta_M y_0}{I_0} = \frac{905.0 \times 10^6 \times 602.0}{4.705 \times 10^{11}} = 1.16 \text{N/mm}^2$$

$$\Delta\varepsilon'_c = \frac{\Delta\sigma_c}{E_c} = \frac{1.16}{34554} = 34 \times 10^{-6}$$

截面受拉区边缘混凝土由于Δ_M而增加的拉应力、拉应变

$$\Delta\sigma_c = \frac{\Delta_M(h - y_0)}{I_0} = \frac{905.0 \times 10^6 \times (1200 - 602.0)}{4.705 \times 10^{11}} = 1.15 \text{N/mm}^2$$

$$\Delta\varepsilon_c = \frac{\Delta\sigma_c}{E_c} = \frac{1.15}{34554} = 33 \times 10^{-6}$$

截面由于Δ_M而增加的曲率

$$\Delta_\phi = \frac{\Delta\varepsilon'_c - \Delta\varepsilon_c}{h} = \frac{(34 + 33) \times 10^{-6}}{1200} = 0.0557 \times 10^{-6} \text{rad/mm}$$

所以，在开裂状态下截面曲率

$$\phi_{cr} = \phi_0 + \Delta_\phi = 0.3675 \times 10^{-6} \text{rad/mm}$$

在开裂状态下，受压区、受拉区边缘应变

$$\varepsilon'_{cr} = \varepsilon'_{cp0} + \Delta\varepsilon'_c = (284 + 34) \times 10^{-6} = 318 \times 10^{-6}$$

$$\varepsilon_{cr} = \varepsilon_{cp0} + \Delta\varepsilon_c = -(90 + 33) \times 10^{-6} = -123 \times 10^{-6}$$

对开裂状态下的手算与电算对比结果进行汇总，见表 3.2-33。可知，开裂状态下，手算与电算结果符合程度很好。

📝 **随想：**

开裂状态时，弯矩-曲率曲线到了弹性关系终点，在这之前采用弹性分析方法，在这之后采用弹塑性分析方法。因此，要求初始轴压应力不能超出弹性分析方法的适用范围，依

据《混凝土规范》第 C.2.3 节规定，一般情况下不能大于 $0.5f_{cu}$。

开裂状态下手算与电算结果对比

表 3.2-33

参数	手算结果①	电算结果②	①/②
抵抗弯矩（N·mm）	7094.6×10^6	7093.4×10^6	1.00
曲率（rad/mm）	0.3675×10^{-6}	0.3674×10^{-6}	1.00
预应力筋应力（N/mm²）	959.5	959.5	1.00
普通钢筋应力（N/mm²）	-75.9	-75.9	1.00

（5）受拉钢筋屈服状态

当受拉区纵向普通钢筋达到屈服（$f_{yk} = 400\text{MPa}$）时，参照公式(2.3-9)得到，受拉区纵向普通钢筋应力和应变平均值

$$\sigma_s = f_{ym} = \frac{f_{yk}}{1 - 1.645\delta_s} = \frac{400}{1 - 1.645 \times 0.0743} = 455.7\text{N/mm}^2$$

$$\varepsilon_s = \frac{\sigma_s}{E_s} = \frac{455.7}{200000} = 2278 \times 10^{-6}$$

取全截面消压状态下普通钢筋的应变 ε_{s0} 作为计算起点，从全截面消压状态到该阶段受拉普通钢筋的应变增量

$$\Delta\varepsilon_s = \varepsilon_s - \varepsilon_{s0} = 2619 \times 10^{-6}$$

经过试算，求得整体中和轴高度 $c = 263.6\text{mm}$。由已知条件可知，受弯效应中性轴处混凝土压应变 $\varepsilon_{ca} = \varepsilon_{ca} = 69 \times 10^{-6}$，与初始轴心压应变一致。由截面应变保持平面假定可求得，对应受压区边缘混凝土压应变 ε_u、受压区普通纵向钢筋中心处混凝土压应变 ε_{cs}、受弯效应中性轴至综合效应中性轴距离 c_1

$$\varepsilon_u = \frac{\Delta\varepsilon_s c}{h - a_s - c} = \frac{2619 \times 10^{-6} \times 263.6}{1200 - 64 - 263.6} = 791 \times 10^{-6}$$

$$\varepsilon_{cs} = \frac{\Delta\varepsilon_s(c - a_s')}{h - a_s - c} = \frac{2619 \times 10^{-6} \times (263.6 - 54)}{1200 - 64 - 263.6} = 629 \times 10^{-6}$$

$$c_1 = \frac{\varepsilon_a c}{\varepsilon_u} = \frac{69 \times 10^{-6} \times 263.6}{791 \times 10^{-6}} = 23.0\text{mm}$$

$\varepsilon_u = 791 \times 10^{-6}$，大于弹性开裂受压区边缘混凝土压应变 $\varepsilon_{cr} = 318 \times 10^{-6}$，因此采用非弹性分析法。

将 $n = 2$、$b = 3040\text{mm}$、$f_{c,r} = 44.1\text{N/mm}^2$、$c_1 = 23.0\text{mm}$、$c_2 = c = 263.6\text{mm}$、$\varepsilon_{ca} = 69 \times 10^{-6}$、$\varepsilon_u = 791 \times 10^{-6}$ 代入公式(2.4-4′)并化简，得到仅受弯效应对混凝土产生的压力合力

$$F_{cp} = bf_{c,r}\left\{\left(1 - \frac{\varepsilon_a}{\varepsilon_0}\right)^n (c_2 - c_1) + \frac{c\varepsilon_0}{\varepsilon_c(n+1)}\left[\left(1 - \frac{\varepsilon_u c_2}{c\varepsilon_0}\right)^{n+1} - \left(1 - \frac{\varepsilon_u c_1}{c\varepsilon_0}\right)^{n+1}\right]\right\}$$

$$= 3040 \times 44.1 \times \left\{ \left(1 - \frac{69 \times 10^{-6}}{2000 \times 10^{-6}} \right)^2 \times (263.6 - 23.0) + \right.$$

$$\frac{263.6 \times 2000 \times 10^{-6}}{791 \times 10^{-6}(2+1)} \left[\left(1 - \frac{263.6 \times 791 \times 10^{-6}}{263.6 \times 2000 \times 10^{-6}} \right)^{2+1} - \right.$$

$$\left. \left. \left(1 - \frac{23.0 \times 791 \times 10^{-6}}{263.6 \times 2000 \times 10^{-6}} \right)^{2+1} \right] \right\} = 9842.9 \times 10^3 \text{N}$$

因受弯效应受压区内需要额外考虑的纵向普通钢筋压力

$$F_{cs} = (\varepsilon_{cs} - \varepsilon_a)(\alpha_s - 1) E_c A_s' = (629 - 69) \times 10^{-6} \times (5.79 - 1) \times 34554 \times 10775.7$$
$$= 998.6 \times 10^3 \text{N}$$

所以，受弯效应所致混凝土受压区总压力

$$F_c = F_{cp} + F_{cs} = (9842.9 + 998.6) \times 10^3 = 10841.5 \times 10^3 \text{N}$$

将 $n = 2$、$b = 3040\text{mm}$、$f_{c,r} = 44.1\text{N/mm}^2$、$c_1 = 23.0\text{mm}$、$c_2 = c = 263.6\text{mm}$、$\varepsilon_{ca} = 69 \times 10^{-6}$、$\varepsilon_u = 791 \times 10^{-6}$代入公式(2.4-6′)、公式(2.4-7)并化简，得到受弯效应的混凝土压力合力对综合效应中性轴的弯矩

$$\int_{c_1}^{c_2} \sigma_c bx\,\mathrm{d}x = bf_{c,r} \left\{ \left[\frac{1}{2} \left(1 - \frac{\varepsilon_a}{\varepsilon_0} \right)^n (c_2^2 - c_1^2) \right] + \frac{c\varepsilon_0}{\varepsilon_u(n+1)} \left[c_2 \left(1 - \frac{c_2\varepsilon_u}{c\varepsilon_0} \right)^{n+1} - c_1 \left(1 - \frac{c_1\varepsilon_u}{c\varepsilon_0} \right)^{n+1} \right] \right.$$

$$\left. + \frac{(c\varepsilon_0)^2}{(n+1)(n+2)(-\varepsilon_u)^2} \left[\left(1 - \frac{\varepsilon_u c_2}{c\varepsilon_0} \right)^{n+2} - \left(1 - \frac{\varepsilon_c c_1}{c\varepsilon_0} \right)^{n+2} \right] \right\}$$

$$= 3040 \times 44.1 \times \left\{ \frac{1}{2} \times \left(1 - \frac{69 \times 10^{-6}}{2000 \times 10^{-6}} \right)^2 \times (263.6^2 - 23.0^2) \right.$$

$$+ \frac{263.6 \times 2000 \times 10^{-6}}{(2+1) \times 791 \times 10^{-6}} \left[263.6 \times \left(1 - \frac{263.6 \times 791 \times 10^{-6}}{263.6 \times 2000 \times 10^{-6}} \right)^{2+1} \right.$$

$$\left. - 23.0 \times \left(1 - \frac{23.0 \times 791 \times 10^{-6}}{263.6 \times 2000 \times 10^{-6}} \right)^{2+1} \right]$$

$$+ \frac{(263.6 \times 2000 \times 10^{-6})^2}{(2+1)(2+2)(-791 \times 10^{-6})^2} \left[\left(1 - \frac{263.6 \times 791 \times 10^{-6}}{263.6 \times 2000 \times 10^{-6}} \right)^{2+2} \right.$$

$$\left. \left. - \left(1 - \frac{23.0 \times 791 \times 10^{-6}}{263.6 \times 2000 \times 10^{-6}} \right)^{2+2} \right] \right\} = 1777.1 \times 10^6 \text{N} \cdot \text{mm}$$

该受弯效应混凝土的压力合力距综合效应中性轴距离

$$\bar{x} = \frac{\int_{c_1}^{c_2} \sigma_c bx\,\mathrm{d}x}{F_{cp}} = \frac{1777.1 \times 10^6}{9842.9 \times 10^3} = 180.5\text{mm}$$

轴心受压所致综合效应受压区混凝土的压力增量

$$\Delta F_{cpc} = \varepsilon_{ca} E_c A = 69 \times 10^{-6} \times 34554 \times (3040 \times 263.6) = 1912.1 \times 10^3 \text{N}$$

轴心受压所致综合效应混凝土受压区钢筋的压力增量

$$\Delta F_{cps} = \varepsilon_{ca} E_c A_s (\alpha_s - 1) = 69 \times 10^{-6} \times 34554 \times 10775.7 \times (5.79 - 1) = 123.1 \times 10^3 \text{N}$$

参照公式(2.4-8)，可求得总压力作用点至综合效应中性轴的距离

$$\bar{x} = \frac{(F_{cs} + \Delta F_{cps})\bar{x}_{cs} + F_{cp}\bar{x}_{cp} + \Delta F_{cpc}\bar{x}_{cpc}}{F_{cs} + \Delta F_{cps} + F_{cp} + \Delta F_{cpc}}$$

$$= \frac{(998.6 + 123.1) \times 10^3 \times (263.6 - 54) + 9842.9 \times 10^3 \times 180.5 + 1912.1 \times 10^3 \times 263.6/2}{(998.6 + 123.1 + 9842.9 + 1912.1) \times 10^3}$$

$$= 175.8\text{mm}$$

参照公式(2.3-10)可求得，预应力筋极限强度平均值f_{ptm}、屈服强度平均值f_{pym}

$$f_{ptm} = \frac{f_{ptk}}{1 - 1.645\delta_p} = \frac{1860}{1 - 1.645 \times 0.01} = 1891.1\text{N/mm}^2$$

$$f_{pym} = \frac{f_{pyk}}{1 - 1.645\delta_p} = \frac{1860 \times 0.85}{1 - 1.645 \times 0.01} = 1607.4\text{N/mm}^2$$

预应力筋屈服强度平均值对应应变

$$\varepsilon_{pym} = \frac{f_{pym}}{E_p} = \frac{1607.4}{195000} = 8243 \times 10^{-6}$$

$$\varepsilon_{pum} = \frac{\varepsilon_{pu}}{1 - 1.645\delta_p} = \frac{0.045}{1 - 1.645 \times 0.01} = 45753 \times 10^{-6}$$

预应力筋硬化段

$$k_p = (f_{ptm} - f_{pym})/(\varepsilon_{pum} - \varepsilon_{pym}) = \frac{1891.1 - 1607.4}{(45753 - 8243) \times 10^{-6}} = 7563\text{N/mm}^2$$

取全截面消压状态下预应力筋的应变ε_{p0}作为计算起点，依据公式(2.4-17)，求得该阶段受拉区预应力筋应变

$$\varepsilon_p = \varepsilon_{p0} + \frac{h_p - c}{c}\varepsilon_c = 4970 \times 10^{-6} + \frac{1200 - 250 - 263.6}{263.6} \times 791 \times 10^{-6} = 7031 \times 10^{-6}$$

按弹性计算，此时预应力筋应力

$\sigma_p = \varepsilon_p E_p = 7031 \times 10^{-6} \times 195000 = 1371.0\text{N/mm}^2$，小于$f_{pym} = 1607.4\text{N/mm}^2$，可见预应力筋仍处于弹性工作阶段，按弹性计算是合适的。

下面复核受拉普通钢筋应力。取全截面消压状态下普通受拉钢筋的应变ε_{s0}作为计算起点，依据公式(2.4-16)，该阶段受拉普通钢筋应变

$$\varepsilon_s = \varepsilon_{s0} + \frac{h_s - c}{c}\varepsilon_c = -340 \times 10^{-6} + \frac{1200 - 64 - 263.6}{263.6} \times 791 \times 10^{-6} = 2278 \times 10^{-6}$$

受拉普通钢筋应力

$\sigma_s = \varepsilon_s E_s = 455.7\text{N/mm}^2$，与受拉区纵向普通钢筋屈服点$f_{ym} = 455.7\text{N/mm}^2$完全一致。

预应力筋与受拉普通钢筋拉力

$$F_p = 1371.0 \times 4480 = 6141.9 \times 10^3\text{N}$$

$$F_s = 455.7 \times 10775.7 = 4910.4 \times 10^3\text{N}$$

由图 2.4-1（e）～（f）可知，与综合效应相比仅受弯效应的预应力筋与受拉普通钢筋的拉力增量

$$\Delta F_\mathrm{p} = \sigma_\mathrm{a}\alpha_\mathrm{p} = -2.39 \times 5.64 \times 4480 = -60.3 \times 10^3\mathrm{N}$$

$$\Delta F_\mathrm{s} = \sigma_\mathrm{a}\alpha_\mathrm{s} = -2.39 \times 5.79 \times 10775.7 = -148.8 \times 10^3\mathrm{N}$$

所以，仅受弯效应导致预应力筋与受拉普通钢筋的总拉力

$$F_\mathrm{T} = F_\mathrm{p} + F_\mathrm{s} + \Delta F_\mathrm{p} + \Delta F_\mathrm{s} = (6141.9 + 4910.4 - 60.3 - 148.8) \times 10^3 = 10843.2 \times 10^3\mathrm{N}$$

$F_\mathrm{c} - F_\mathrm{T} = (10841.5 - 10843.2) \times 10^3 = -1.7 \times 10^3\mathrm{N}$，已经很好地满足力的平衡条件了。

用各受拉钢筋的综合拉力和轴心压力对压力合力点取矩，可求得该状态下的抗弯能力

$$\begin{aligned}
M_\mathrm{y,r} &= F_\mathrm{p}(h_\mathrm{p} - c + \bar{x}) + F_\mathrm{s}(h_\mathrm{s} - c + \bar{x}) + N_\mathrm{a}(c_0 - c + \bar{x}) \\
&= 6141.9 \times 10^3 \times (1200 - 250 - 263.6 + 175.8) + 4910.4 \times 10^3 \times \\
&\quad (1200 - 64 - 263.6 + 175.8) + 9000 \times 10^3 \times (602.0 - 263.6 + 175.8) \\
&= 15071.2 \times 10^6\mathrm{N} \cdot \mathrm{mm}
\end{aligned}$$

此状态下截面曲率

$$\phi = \varepsilon_\mathrm{c}/c = 791 \times 10^{-6}/263.6 = 3.0018 \times 10^{-6}\mathrm{rad/mm}$$

对受拉钢筋屈服状态下手算与电算对比结果进行汇总，见表 3.2-34。可知，受拉钢筋屈服状态下手算与电算结果符合程度很好。

📝 随想：

①可将偏心受压分解为轴心受压和受弯两部分。求综合效应受压区高度时，仅采用了与受弯有关的混凝土和钢筋内力建立力的平衡方程，如图 2.4-1（e）～（f）。与仅受弯相比，因全截面消压状态下轴压构件的初始应变没有变化，所以此时钢筋应变也没有变化。但应注意，利用平截面假定计算应变时，得到的钢筋应变均与全截面消压状态下的数值对应，如求真实应变，应加上全截面消压状态下的相应应变。

②材料性能取平均值时，相应应变也应该取平均值。

③与仅受弯相比，偏心受压须叠加轴心受压所产生的弯矩，轴心受压作用点位于换算截面重心处。

受拉钢筋屈服状态下手算与电算结果对比　　　　　　　　　　　表 3.2-34

参数	手算结果①	电算结果②	①/②
抵抗弯矩（N·mm）	15071.2×10^6	15069.6×10^6	1.00
曲率（rad/mm）	3.0018×10^{-6}	3.0021×10^{-6}	1.00
预应力筋应力（N/mm²）	1371.0	1371.0	1.00
普通钢筋应力（N/mm²）	455.7	455.7	1.00

（6）预应力筋屈服状态

由前可知，当受拉区预应力筋达到条件屈服（$f_{pyk} = 1860 \times 0.85 = 1581.0\text{MPa}$）时，受拉区预应力筋应变平均值$\varepsilon_{pym} = 8243 \times 10^{-6}$。取全截面消压状态下预应力筋的应变$\varepsilon_{s0} = 4970 \times 10^{-6}$作为计算起点，从全截面消压状态到该阶段预应力筋的应变增量

$$\Delta\varepsilon_p = \varepsilon_p - \varepsilon_{p0} = (8243 - 4970) \times 10^{-6} = 3273 \times 10^{-6}$$

经过试算，求得整体中和轴高度$c = 224.3\text{mm}$。由已知条件可知，受弯效应中性轴处混凝土压应变$\varepsilon_{ca} = 69 \times 10^{-6}$，与初始轴心压应变一致。由截面应变保持平面假定可求得，对应受压区边缘混凝土压应变ε_u、受压区普通纵向钢筋中心处混凝土压应变ε_{cs}、受弯效应中性轴至综合效应中性轴距离c_1

$$\varepsilon_u = \frac{\Delta\varepsilon_p c}{h - a_p - c} = \frac{3273 \times 10^{-6} \times 224.3}{1200 - 250 - 224.3} = 1012 \times 10^{-6}$$

$$\varepsilon_{cs} = \frac{\Delta\varepsilon_p(c - a_s')}{h - a_p - c} = \frac{3273 \times 10^{-6} \times (224.3 - 54)}{1200 - 250 - 224.3} = 768 \times 10^{-6}$$

$$c_1 = \frac{\varepsilon_a c}{\varepsilon_u} = \frac{69 \times 10^{-6} \times 224.3}{1012 \times 10^{-6}} = 15.3\text{mm}$$

$\varepsilon_u = 1012 \times 10^{-6}$，大于弹性开裂受压区边缘混凝土压应变$\varepsilon_{cr} = 318 \times 10^{-6}$，因此采用非弹性分析法。

将$n = 2$、$b = 3040\text{mm}$、$f_{c,r} = 44.1\text{N/mm}^2$、$c_1 = 15.3\text{mm}$、$c_2 = c = 224.3\text{mm}$、$\varepsilon_{ca} = 69 \times 10^{-6}$、$\varepsilon_u = 1012 \times 10^{-6}$代入公式(2.4-4')并化简，得到仅受弯效应对混凝土产生的压力合力

$$F_{cp} = bf_{c,r}\left\{\left(1 - \frac{\varepsilon_a}{\varepsilon_0}\right)^n(c_2 - c_1) + \frac{c\varepsilon_0}{\varepsilon_c(n+1)}\left[\left(1 - \frac{\varepsilon_u c_2}{c\varepsilon_0}\right)^{n+1} - \left(1 - \frac{\varepsilon_u c_1}{c\varepsilon_0}\right)^{n+1}\right]\right\}$$

$$= 3040 \times 44.1 \times \left\{\left(1 - \frac{69 \times 10^{-6}}{2000 \times 10^{-6}}\right)^2 \times (224.3 - 15.3) + \right.$$

$$\frac{224.3 \times 2000 \times 10^{-6}}{791 \times 10^{-6}(2+1)}\left[\left(1 - \frac{224.3 \times 791 \times 10^{-6}}{224.3 \times 2000 \times 10^{-6}}\right)^{2+1} - \right.$$

$$\left.\left.\left(1 - \frac{15.3 \times 791 \times 10^{-6}}{224.3 \times 2000 \times 10^{-6}}\right)^{2+1}\right]\right\} = 10674.0 \times 10^3\text{N}$$

因受弯效应受压区内需要额外考虑的纵向普通钢筋压力

$$F_{cs} = (\varepsilon_{cs} - \varepsilon_a)(\alpha_s - 1)E_c A_s' = (768 - 69) \times 10^{-6} \times (5.79 - 1) \times 34554 \times 10775.7$$
$$= 1246.3 \times 10^3\text{N}$$

所以，受弯效应所致混凝土受压区总压力

$$F_c = F_{cp} + F_{cs} = (10674.0 + 1246.3) \times 10^3 = 11920.3 \times 10^3\text{N}$$

将$n = 2$、$b = 3040\text{mm}$、$f_{c,r} = 44.1\text{N/mm}^2$、$c_1 = 15.3\text{mm}$、$c_2 = c = 224.3\text{mm}$、$\varepsilon_{ca} = $

69×10^{-6}、$\varepsilon_u = 1012 \times 10^{-6}$代入公式(2.4-6′)、公式(2.4-7)并化简，得到受弯效应的混凝土压力合力至综合效应中性轴距离

$$\int_{c_1}^{c_2} \sigma_c \, bx \, \mathrm{d}x = bf_{c,r} \left\{ \left[\frac{1}{2} \left(1 - \frac{\varepsilon_a}{\varepsilon_0} \right)^n (c_2^2 - c_1^2) \right] + \frac{c\varepsilon_0}{\varepsilon_u(n+1)} \left[c_2 \left(1 - \frac{c_2\varepsilon_u}{c\varepsilon_0} \right)^{n+1} - c_1 \left(1 - \frac{c_1\varepsilon_u}{c\varepsilon_0} \right)^{n+1} \right] \right.$$

$$\left. + \frac{(c\varepsilon_0)^2}{(n+1)(n+2)(-\varepsilon_u)^2} \left[\left(1 - \frac{\varepsilon_u c_2}{c\varepsilon_0} \right)^{n+2} - \left(1 - \frac{\varepsilon_c c_1}{c\varepsilon_0} \right)^{n+2} \right] \right\}$$

$$= 3040 \times 44.1 \times \left\{ \frac{1}{2} \times \left(1 - \frac{69 \times 10^{-6}}{2000 \times 10^{-6}} \right)^2 \times (224.3^2 - 15.3^2) \right.$$

$$+ \frac{224.3 \times 2000 \times 10^{-6}}{(2+1) \times 791 \times 10^{-6}} \left[224.3 \times \left(1 - \frac{224.3 \times 791 \times 10^{-6}}{224.3 \times 2000 \times 10^{-6}} \right)^{2+1} \right.$$

$$\left. - 15.3 \times \left(1 - \frac{15.3 \times 791 \times 10^{-6}}{224.3 \times 2000 \times 10^{-6}} \right)^{2+1} \right]$$

$$+ \frac{(224.3 \times 2000 \times 10^{-6})^2}{(2+1)(2+2)(-791 \times 10^{-6})^2} \left[\left(1 - \frac{224.3 \times 791 \times 10^{-6}}{224.3 \times 2000 \times 10^{-6}} \right)^{2+2} \right.$$

$$\left. \left. - \left(1 - \frac{15.3 \times 791 \times 10^{-6}}{224.3 \times 2000 \times 10^{-6}} \right)^{2+2} \right] \right\} = 1614.5 \times 10^6 \,\mathrm{N \cdot mm}$$

该受弯效应的压力合力距综合效应中性轴距离

$$\bar{x}_{cp} = \frac{\int_{c_1}^{c_2} \sigma_c \, b \, x \, \mathrm{d}x}{F_{cp}} = \frac{1614.5 \times 10^6}{10674.0 \times 10^3} = 151.3 \,\mathrm{mm}$$

轴心受压所致综合效应受压区混凝土的压力增量

$$\Delta F_{cpc} = \varepsilon_{ca} E_c A = 69 \times 10^{-6} \times 34554 \times (3040 \times 224.3) = 1627.0 \times 10^3 \,\mathrm{N}$$

轴心受压所致综合效应混凝土受压区钢筋的压力增量

$$\Delta F_{cps} = \varepsilon_{ca} E_c A_s (\alpha_s - 1) = 69 \times 10^{-6} \times 34554 \times 10775.7 \times (5.79 - 1) = 123.1 \times 10^3 \,\mathrm{N}$$

参照公式(2.4-8)，可求得总压力作用点至综合效应中性轴的距离

$$\bar{x} = \frac{(F_{cs} + \Delta F_{cps})\bar{x}_{cs} + F_{cp}\bar{x}_{cp} + \Delta F_{cpc}\bar{x}_{cpc}}{F_{cs} + \Delta F_{cps} + F_{cp} + \Delta F_{cpc}}$$

$$= \frac{(1246.3 + 123.1) \times 10^3 \times (224.3 - 54) + 10674.0 \times 10^3 \times 151.3 + 1627.0 \times 10^3 \times 224.3/2}{(1246.3 + 123.1 + 10674.0 + 1627.0) \times 10^3}$$

$$= 148.5 \,\mathrm{mm}$$

取全截面消压状态下预应力筋的应变ε_{p0}作为计算起点，依据公式(2.4-17)，复核该阶段受拉区预应力筋应变

$$\varepsilon_p = \varepsilon_{p0} + \frac{h_p - c}{c} \varepsilon_c = 4970 \times 10^{-6} + \frac{1200 - 250 - 224.3}{224.3} \times 1012 \times 10^{-6} = 8243 \times 10^{-6}$$

按弹性计算，此时预应力筋应力

$$\sigma_p = \varepsilon_p E_p = 8243 \times 10^{-6} \times 195000 = 1607.4 \,\mathrm{N/mm}^2$$，等于$f_{pym} = 1607.4 \,\mathrm{N/mm}^2$，计算吻合程度很好。同时可见，预应力筋仍处于弹性工作阶段，按弹性计算是合适的。

取全截面消压状态下普通受拉钢筋的应变ε_{s0}作为计算起点，依据公式(2.4-16)，该阶段受拉普通钢筋应变

$$\varepsilon_s = \varepsilon_{s0} + \frac{h_s - c}{c}\varepsilon_c = -340 \times 10^{-6} + \frac{1200 - 64 - 224.3}{224.3} \times 1012 \times 10^{-6} = 3772 \times 10^{-6}$$

受拉普通钢筋应力

$\sigma_s = \varepsilon_s E_s = 3772 \times 10^{-6} \times 200000 = 754.4\,\text{N/mm}^2$，大于受拉普通钢筋屈服点$f_{ym} = 455.7\,\text{N/mm}^2$，应该按非弹性计算。又$\varepsilon_s = 3772 \times 10^{-6}$小于硬化起点应变平均值$\varepsilon_{uym} = 11392 \times 10^{-6}$，依据公式(2.4-16)求得其应力$\sigma_s = f_{y,r} = 455.7\,\text{N/mm}^2$。

预应力筋与受拉普通钢筋拉力

$$F_p = 1607.4 \times 4480 = 7201.3 \times 10^3\,\text{N}$$

$$F_s = 455.7 \times 10775.7 = 4910.4 \times 10^3\,\text{N}$$

轴心受压导致预应力筋与受拉普通钢筋拉力增量

$$\Delta F_p = \sigma_a \alpha_p = -2.39 \times 5.64 \times 4480 = -60.3 \times 10^3\,\text{N}$$

$$\Delta F_s = \sigma_a \alpha_s = -2.39 \times 5.79 \times 10775.7 = -148.8 \times 10^3\,\text{N}$$

所以，受弯效应导致预应力筋与受拉普通钢筋的总拉力

$$F_T = F_p + F_s + \Delta F_p + \Delta F_s = (7201.3 + 4910.4 - 60.3 - 148.8) \times 10^3 = 11902.6 \times 10^3\,\text{N}$$

$F_c - F_T = (11920.3 - 11902.6) \times 10^3 = 18 \times 10^3\,\text{N}$，已经很好地满足力的平衡条件了。

用各受拉钢筋的综合拉力和轴心压力对压力合力点取矩，可求得该状态下的抗弯能力

$$\begin{aligned}
M_{y,r} &= F_p(h_p - c + \bar{x}) + F_s(h_s - c + \bar{x}) + N_a(c_0 - c + \bar{x}) \\
&= 7201.3 \times 10^3 \times (1200 - 250 - 224.3 + 148.5) + 4910.4 \times 10^3 \times \\
&\quad (1200 - 64 - 224.3 + 148.5) + 9000 \times 10^3 \times (602.0 - 224.3 + 148.5) \\
&= 16237.4 \times 10^6\,\text{N} \cdot \text{mm}
\end{aligned}$$

此状态下截面曲率

$$\phi = \varepsilon_c/c = 1012 \times 10^{-6}/224.3 = 4.5103 \times 10^{-6}\,\text{rad/mm}$$

对预应力筋屈服状态下的手算与电算对比结果进行汇总，见表 3.2-35。可知，预应力筋屈服状态下手算与电算结果符合程度很好。

预应力筋屈服状态下手算与电算结果对比   表 3.2-35

参数	手算结果①	电算结果②	①/②
抵抗弯矩（N·mm）	16237.4×10^6	16234.8×10^6	1.00
曲率（rad/mm）	4.5103×10^{-6}	4.5076×10^{-6}	1.00
预应力筋应力（N/mm²）	1607.4	1607.1	1.00
普通钢筋应力（N/mm²）	455.7	455.7	1.00

（7）受拉普通钢筋极限应变状态

受拉普通钢筋极限应变状态时，$\varepsilon_{\text{uym}} = 11392 \times 10^{-6}$。取全截面混凝土应变等于零时普通钢筋的应变 $\varepsilon_{\text{s0}} = -340 \times 10^{-6}$ 作为计算起点，从全截面消压状态到该阶段受拉普通钢筋达到极限拉应变状态时的应变增量

$$\Delta\varepsilon_s = \varepsilon_s - \varepsilon_{s0} = (340 + 11392 - 340) \times 10^{-6} = 11733 \times 10^{-6}$$

经过试算，求得中和轴高度 $c = 144.7\text{mm}$。由已知条件可知，受弯效应中性轴处混凝土压应变 $\varepsilon_{\text{ca}} = 69 \times 10^{-6}$。同理，由截面应变保持平面假定，可求得对应受压区边缘混凝土压应变 ε_u、受压区普通纵向钢筋中心处混凝土压应变 ε_{cs}、叉弯效应中性轴至整体中性轴距离 c_1

$$\varepsilon_u = \frac{\Delta\varepsilon_s c}{h - a_s - c} = \frac{11733 \times 10^{-6} \times 144.7}{1200 - 64 - 144.7} = 1663 \times 10^{-6}$$

$$\varepsilon_{cs} = \frac{\Delta\varepsilon_s(c - a_s')}{h - a_s - c} = \frac{11733 \times 10^{-6} \times (144.7 - 54)}{1200 - 64 - 144.7} = 1042 \times 10^{-6}$$

$$c_1 = \frac{\varepsilon_a c}{\varepsilon_u} = \frac{69 \times 10^{-6} \times 144.7}{1663 \times 10^{-6}} = 6.0\text{mm}$$

$\varepsilon_u = 1663 \times 10^{-6}$，大于弹性开裂受压区边缘混凝土压应变 $\varepsilon_{\text{cr}} = 318 \times 10^{-6}$，因此采用非弹性分析法。

将 $n = 2$、$b = 3040\text{mm}$、$f_{c,r} = 44.1\text{N/mm}^2$、$c_1 = 6.0\text{mm}$、$c_2 = c = 144.7\text{mm}$、$\varepsilon_{\text{ca}} = 69 \times 10^{-6}$、$\varepsilon_u = 1663 \times 10^{-6}$ 代入公式(2.4-4')并化简，得到受弯效应对混凝土产生的压力合力

$$
\begin{aligned}
F_{cp} &= bf_{c,r}\left\{\left(1 - \frac{\varepsilon_a}{\varepsilon_0}\right)^n(c_2 - c_1) + \frac{c\varepsilon_0}{\varepsilon_c(n+1)}\left[\left(1 - \frac{\varepsilon_u c_2}{c\varepsilon_0}\right)^{n+1} - \left(1 - \frac{\varepsilon_u c_1}{c\varepsilon_0}\right)^{n+1}\right]\right\} \\
&= 3040 \times 44.1 \times \left\{\left(1 - \frac{69 \times 10^{-6}}{2000 \times 10^{-6}}\right)^2 \times (144.7 - 6.0) + \right. \\
&\quad \frac{144.7 \times 2000 \times 10^{-6}}{791 \times 10^{-6}(2+1)}\left[\left(1 - \frac{144.7 \times 791 \times 10^{-6}}{144.7 \times 2000 \times 10^{-6}}\right)^{2+1} - \right. \\
&\quad \left.\left.\left(1 - \frac{6.0 \times 791 \times 10^{-6}}{144.7 \times 2000 \times 10^{-6}}\right)^{2+1}\right]\right\} = 10369.5 \times 10^3\text{N}
\end{aligned}
$$

因受弯效应受压区内需要额外考虑的纵向普通钢筋压力

$$
\begin{aligned}
F_{cs} &= (\varepsilon_{cs} - \varepsilon_a)(\alpha_s - 1)E_c A_s' = (1042 - 69) \times 10^{-6} \times (5.79 - 1) \times 34554 \times 10775.7 \\
&= 1735.2 \times 10^3\text{N}
\end{aligned}
$$

所以，受弯效应所致混凝土受压区总压力

$$F_c = F_{cp} + F_{cs} = (10369.5 + 1735.2) \times 10^3 = 12104.7 \times 10^3\text{N}$$

将 $n = 2$、$b = 3040\text{mm}$、$f_{c,r} = 44.1\text{N/mm}^2$、$c_1 = 6.0\text{mm}$、$c_2 = c = 144.7\text{mm}$、$\varepsilon_{\text{ca}} = 69 \times 10^{-6}$、$\varepsilon_u = 1663 \times 10^{-6}$ 代入公式(2.4-6')、公式(2.4-7)并化简，得到受弯效应的混凝土压力合力点距综合效应中性轴距离

$$\int_{c_1}^{c_2} \sigma_c \, bx \, dx = bf_{c,r} \left\{ \left[\frac{1}{2} \left(1 - \frac{\varepsilon_a}{\varepsilon_0} \right)^n (c_2^2 - c_1^2) \right] + \frac{c\varepsilon_0}{\varepsilon_u(n+1)} \left[c_2 \left(1 - \frac{c_2\varepsilon_u}{c\varepsilon_0} \right)^{n+1} - c_1 \left(1 - \frac{c_1\varepsilon_u}{c\varepsilon_0} \right)^{n+1} \right] \right.$$

$$\left. + \frac{(c\varepsilon_0)^2}{(n+1)(n+2)(-\varepsilon_u)^2} \left[\left(1 - \frac{\varepsilon_u c_2}{c\varepsilon_0} \right)^{n+2} - \left(1 - \frac{\varepsilon_c c_1}{c\varepsilon_0} \right)^{n+2} \right] \right\}$$

$$= 3040 \times 44.1 \times \left\{ \frac{1}{2} \times \left(1 - \frac{69 \times 10^{-6}}{2000 \times 10^{-6}} \right)^2 \times (144.7^2 - 6.0^2) \right.$$

$$+ \frac{144.7 \times 2000 \times 10^{-6}}{(2+1) \times 791 \times 10^{-6}} \left[144.7 \times \left(1 - \frac{144.7 \times 791 \times 10^{-6}}{144.7 \times 2000 \times 10^{-6}} \right)^{2+1} \right.$$

$$\left. - 6.0 \times \left(1 - \frac{6.0 \times 791 \times 10^{-6}}{144.7 \times 2000 \times 10^{-6}} \right)^{2+1} \right]$$

$$+ \frac{(144.7 \times 2000 \times 10^{-6})^2}{(2+1)(2+2)(-791 \times 10^{-6})^2} \left[\left(1 - \frac{144.7 \times 791 \times 10^{-6}}{144.7 \times 2000 \times 10^{-6}} \right)^{2+2} \right.$$

$$\left. \left. - \left(1 - \frac{6.0 \times 791 \times 10^{-6}}{144.7 \times 2000 \times 10^{-6}} \right)^{2+2} \right] \right\} = 975.6 \times 10^6 \text{N} \cdot \text{mm}$$

该受弯效应的压力合力距综合效应中性轴距离

$$\bar{x}_{cp} = \frac{\int_{c_1}^{c_2} \sigma_c \, b \, x \, dx}{F_{cp}} = \frac{975.6 \times 10^6}{10369.5 \times 10^3} = 94.1 \text{mm}$$

轴心受压所致综合效应受压区混凝土的压力增量

$$\Delta F_{cpc} = \varepsilon_{ca} E_c A = 69 \times 10^{-6} \times 34554 \times (3040 \times 144.7) = 1049.6 \times 10^3 \text{N}$$

轴心受压所致综合效应混凝土受压区钢筋的压力增量

$$\Delta F_{cps} = \varepsilon_{ca} E_c A_s (\alpha_s - 1) = 69 \times 10^{-6} \times 34554 \times 10775.7 \times (5.79 - 1) = 123.1 \times 10^3 \text{N}$$

参照公式(2.4-8)，可求得总压力作用点至综合效应中性轴的距离

$$\bar{x} = \frac{(F_{cs} + \Delta F_{cps}) \bar{x}_{cs} + F_{cp} \bar{x}_{cp} + \Delta F_{cpc} \bar{x}_{cpc}}{F_{cs} + \Delta F_{cps} + F_{cp} + \Delta F_{cpc}}$$

$$= \frac{(1735.2 + 123.1) \times 10^3 \times (144.7 - 54) + 10369.5 \times 10^3 \times 94.1 + 1049.6 \times 10^3 \times 144.7/2}{(1735.2 + 123.1 + 10369.5 + 1049.6) \times 10^3}$$

$$= 91.9 \text{mm}$$

取全截面混凝土应变等于零时预应力筋的应变ε_{p0}作为计算起点，依据公式(2.4-17)，求得该阶段受拉区预应力筋应变

$$\varepsilon_p = \varepsilon_{p0} + \frac{h_p - c}{c} \varepsilon_c = 4970 \times 10^{-6} + \frac{1200 - 250 - 144.7}{144.7} \times 1663 \times 10^{-6} = 14225 \times 10^{-6}$$

按弹性计算，此时预应力筋应力

$\sigma_p = \varepsilon_p E_p = 14225 \times 10^{-6} \times 195000 = 2773.9 \text{N/mm}^2$，大于$f_{pym} = 1607.4 \text{N/mm}^2$，可见预应力筋已经进入了条件屈服状态，改用非弹性计算方法。

因为$\varepsilon_p < \varepsilon_{pum} = 45753 \times 10^{-6}$，所以

$$\sigma_p = f_{py,r} + k_p (\varepsilon_p - \varepsilon_{pym}) = 1607.4 + 7563 \times (14225 \times 10^{-6} - 8243 \times 10^{-6})$$

$$= 1652.7 \text{N/mm}^2$$

下面复核受拉普通钢筋应力。取全截面混凝土应变等于零时普通受拉钢筋的应变ε_{s0}作为计算起点，依据公式(2.4-16)，该阶段受拉普通钢筋应变

$$\varepsilon_s = \varepsilon_{s0} + \frac{h_s - c}{c}\varepsilon_c = -340 \times 10^{-6} + \frac{1200 - 64 - 144.7}{144.7} \times 1663 \times 10^{-6}$$
$$= (-340 + 11392) \times 10^{-6} = 11052 \times 10^{-6}$$

受拉普通钢筋应力

$\sigma_s = \varepsilon_s E_s = 11052 \times 10^{-6} \times 200000 = 2210.4\text{N/mm}^2$，大于受拉普通钢筋屈服点$f_{ym} = 455.7\text{N/mm}^2$，应该按非弹性计算。又$\varepsilon_s = 11052 \times 10^{-6}$不大于硬化起点应变平均值$\varepsilon_{uy} = 11392 \times 10^{-6}$，依据公式(2.4-16)求得其应力$\sigma_s = f_{y,r} = 455.7\text{N/mm}^2$。

预应力筋与受拉普通钢筋拉力

$$F_p = 1652.7 \times 4480 = 7404.0 \times 10^3\text{N}$$
$$F_s = 455.7 \times 10775.7 = 4910.4 \times 10^3\text{N}$$

轴心压力导致预应力筋与受拉普通钢筋拉力增量

$$\Delta F_p = \sigma_a \alpha_p = -2.39 \times 5.64 \times 4480 = -60.3 \times 10^3\text{N}$$
$$\Delta F_s = \sigma_a \alpha_s = -2.39 \times 5.79 \times 10775.7 = -148.8 \times 10^3\text{N}$$

所以，受弯效应导致预应力筋与受拉普通钢筋的总拉力

$$F_T = F_p + F_s + \Delta F_p + \Delta F_s = (7404.0 + 4910.4 - 60.3 - 148.8) \times 10^3 = 12105.3 \times 10^3\text{N}$$

$F_c - F_T = (12104.7 - 12105.3) \times 10^3 = -0.6 \times 10^3\text{N}$，已经很好地满足力的平衡条件了。

用各受拉钢筋的综合拉力和轴心压力对压力合力点取矩，可求得该状态下的抗弯能力

$$M_{y,r} = F_p(h_p - c + \bar{x}) + F_s(h_s - c + \bar{x}) + N_a(c_0 - c + \bar{x})$$
$$= 7413.3 \times 10^3 \times (1200 - 250 - 144.7 + 91.9) + 4910.4 \times 10^3 \times$$
$$(1200 - 64 - 144.7 + 91.9) + 9000 \times 10^3 \times (602.0 - 144.7 + 91.9)$$
$$= 16904.5 \times 10^6\text{N} \cdot \text{mm}$$

此状态下截面曲率

$$\phi = \varepsilon_c/c = 1663 \times 10^{-6}/144.7 = 11.492 \times 10^{-6}\text{rad/mm}$$

对受拉普通钢筋极限应变状态下的手算与电算对比结果进行汇总，见表3.2-36。可知，受拉普通钢筋极限应变状态下手算与电算结果符合程度很好。

受拉普通钢筋极限应变状态下手算与电算结果对比　　　　　　　　表 3.2-36

参数	手算结果①	电算结果②	①/②
外弯矩（N·mm）	16904.5×10^6	16902.6×10^6	1.00
曲率（rad/mm）	11.492×10^{-6}	11.493×10^{-6}	1.00
预应力筋应力（N/mm²）	1652.7	1652.7	1.00
普通钢筋应力（N/mm²）	455.7	455.7	1.00

（8）均匀及非均匀受压混凝土极限应变状态

《混凝土规范》第 6.2.1 条文说明，对非均匀受压构件，混凝土的极限压应变达到 ε_{cu} 或者受拉钢筋的极限拉应变达到 0.01，即这两个极限应变中只要具备其中一个，就标志着构件达到了承载能力极限状态。从以上计算结果可知，受拉普通钢筋极限应变状态下，受压区边缘混凝土压应变为 1663×10^{-6}，小于均匀受压混凝土极限压应变状态下的 2000×10^{-6}，说明受拉普通钢筋极限应变先于均匀受压混凝土极限压应变出现，更先于非均匀受压混凝土极限压应变 3300×10^{-6} 出现，截面早已达到了承载能力极限状态，不用再计算均匀及非均匀受压混凝土极限应变状态下的相关指标。

（9）小结

就该预应力混凝土矩形柱来说，其全过程弯矩-曲率关系及各控制状态的各项指标的手算和电算计算结果符合程度很好，电算结果的全过程弯矩曲率关系如图 3.2-22 所示，预应力筋应力全过程变化曲线、受拉区纵向普通钢筋全过程应力变化曲线、受压区边缘混凝土全过程应力变化曲线分别见图 3.2-23、图 3.2-24 和图 3.2-25。

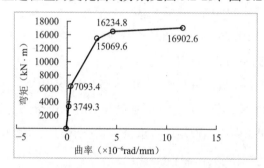

图 3.2-22 全过程弯矩曲率关系

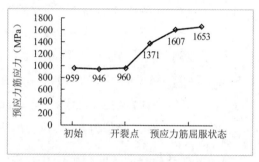

图 3.2-23 预应力筋应力全过程变化曲线

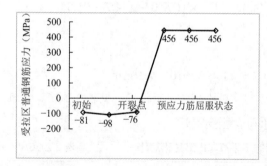

图 3.2-24 受拉区纵向普通钢筋全过程应力变化曲线

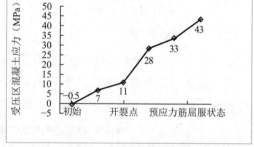

图 3.2-25 受压区边缘混凝土全过程应力变化曲线

由前述计算结果及图 3.2-22～图 3.2-25 可知，控制状态出现的先后顺序依次为初始状态、零应力状态、开裂状态、受拉钢筋屈服状态、预应力筋屈服状态、受拉普通钢筋极限应变状态，均匀受压混凝土极限应变状态和非均匀受压混凝土极限应变状态出现时，截面已经达到承载能力极限状态。全过程弯矩曲率关系可用四折线形状表示，三个折点分别位于开裂状态、普通钢筋屈服状态和预应力筋屈服状态，可直接确定各控制状态的性质及其相互关系，可求得各控制状态及曲线上任意一点受弯刚度的折减系数、耗能能力和延性比等参数，可直接观察到开裂前后各指标全过程应力的弹性变化，也可直接观察到钢筋屈服后的弹塑性变化。

从 PCNAD 计算结果还可查得，达到承载能力极限状态时受弯刚度的折减系数、延性比分别为 0.027、3.818。得到任一点受弯刚度折减系数后，可以将弹塑性问题变成弹性问题，采用弹性计算方法进行静荷载和等效动荷载的计算分析，从而用简单的弹性方法就实现弹塑性分析。

3.2.6 矩形截面预应力混凝土拉梁

已知某矩形截面后张预应力混凝土拉梁，截面尺寸 $b \times h = 1000\text{mm} \times 450\text{mm}$，混凝土立方体抗压强度标准值为 45N/mm^2，受拉区纵向钢筋保护层厚度为 30mm，普通钢筋中心至近边距离为 41mm，受拉预应力筋中心至近边距离 150mm，受拉区配置预应力筋 2-5ϕ^s15.2，面积 $A_p = 1400\text{mm}^2$，受拉区和受压区分别配置普通钢筋面积为 1900mm^2，普通钢筋牌号为 HRB400，预应力筋种类为极限强度标准值 1860N/mm^2 的钢绞线，预应力筋的张拉控制应力 $\sigma_{con} = 1395\text{N/mm}^2$，第一批预应力损失后预应力筋的有效预应力 σ_{pI} 为 1044N/mm^2，静作用轴心拉力代表值 $N_a = -1000\text{kN}$。试分析跨中全过程弯矩曲率关系、各控制状态的应力历程，并对 PCNAD 电算结果进行验证，PCNAD 输入界面见图 3.2-26。预应力产生的次弯矩 M_2 为零，性能分析时材料强度代表值用设计值。

【解】

（1）计算参数

本工程采用后张法，对初始状态下的截面特征，采用扣除孔道等削弱部分以外的混凝土全部截面几何特征与纵向普通钢筋截面几何特征换算成混凝土的截面几何特征之和。对消压状态和开裂状态计算的截面特征，取混凝土全部截面几何特征与纵向普通钢筋和预应力筋截面几何特征换算成混凝土的截面几何特征之和。

将 $f_{cu,k} = 45$ 代入公式(2.3-8)，得到混凝土弹性模量

$$E_c = \frac{10^5}{2.2 + \dfrac{34.7}{f_{cu,k}}} = \frac{10^5}{2.2 + \dfrac{34.7}{45}} = 33657\text{N/mm}^2$$

取普通钢筋的弹性模量 $E_s = 2.00 \times 10^5\text{N/mm}^2$，取预应力筋的弹性模量 $E_p = 1.95 \times 10^5\text{N/mm}^2$，普通钢筋与混凝土弹性模量比值 $\alpha_s = 200000/33657 = 5.94$，预应力筋与混凝土弹性模量比值 $\alpha_p = 195000/33657 = 5.79$。

将 $f_{cu,k} = 45$ 代入公式(2.3-3)，得到混凝土强度变异系数

$$\delta_c = 8 \times 10^{-5} f_{cu,k}^2 - 0.0072 f_{cu,k} + 0.3219 = 8 \times 10^{-5} \times 45^2 - 0.0072 \times 45 + 0.3219$$
$$= 0.1599$$

由公式(2.3-1)～公式(2.3-7)得混凝土轴心抗压强度、轴心抗压强度标准值

$$f_{ck} = 0.88\alpha_{c1}\alpha_{c2}f_{cu,k} = 0.88 \times 0.76 \times 1.0 \times 0.9838 \times 45 = 32.4 \text{N/mm}^2$$

$$f_{tk} = 0.88 \times 0.395 f_{cu,k}^{0.55}(1 - 1.645\delta)^{0.45}\alpha_{c2} = 0.88 \times 0.395 \times 45^{0.55} \times$$
$$(1 - 1.645 \times 0.1599)^{0.45} \times 0.9838 = 2.42 \text{N/mm}^2$$

式中，$\alpha_{c2} = 1 - 0.13 \times (45 - 40)/40 = 0.9838$

将$f_{cu,k} = 45$代入公式(2.4-2)、公式(2.4-3)，得到与受压区混凝土达到f_c对应的混凝土压应变、正截面混凝土极限压应变和系数

$$\varepsilon_0 = 0.002 + 0.5(f_{cu,k} - 50) \times 10^{-5} = 0.002 + 0.5 \times (45 - 50) \times 10^{-5} = 0.002$$

$\varepsilon_{cu} = 0.0033 - (f_{cu,k} - 50) \times 10^{-5} = 0.0033 - (45 - 50) \times 10^{-5} = 0.0034$，计算值大于0.0033，依据第1.2节定义取为0.0033。

$n = 2 - \dfrac{1}{60}(f_{cu,k} - 50) = 2 - \dfrac{1}{60}(45 - 50) = 2.1$，大于2.0，依据公式(2.4-1)取为2.0。

采用 PCNAD 对截面特征进行电算，结果见表 3.2-37。其中，计算净截面用孔道外径取为 63mm，计算换算截面时有粘结预应力钢绞线束的直径取为 34mm。

截面几何特征的电算结果 表 3.2-37

控制点	计算参数	计算结果②	计算截面形状
初始	面积A_n	465663	
	重心至顶面距离c_n	224.5	
	惯性矩I_n	8.211×10^9	
其余	面积A_0	475492	
	重心至顶面距离c_0	226.1	
	惯性矩I_0	8.268×10^9	

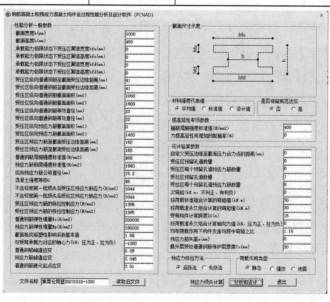

图 3.2-26　PCNAD 输入界面

（2）初始状态

依据公式(3.1-68)计算，得到受拉区预应力筋和普通钢筋的配筋率

$$\rho = (A_s + A_p)/A_n = (1900 + 1400)/465663 = 0.71\%$$

采用公式(3.1-91)～公式(3.1-93)计算，得到预应力筋合力及作用点到净截面重心轴的偏心距、预加力产生的混凝土法向压应力

$$N_{pI} = (\sigma_{con} - \sigma_{II})A_p + (\sigma'_{con} - \sigma'_{II})A'_p = 1044 \times 1400 = 1461600\text{N}$$

$$c_{pnI} = \frac{(\sigma_{con} - \sigma_{II})A_p y_{pn} + (\sigma'_{con} - \sigma'_{II})A'_p y'_{pn}}{N_{pI}} = \frac{1461600 \times (450 - 224.5 - 150)}{1461600} = 75.5\text{mm}$$

$$\sigma_{pcI} = \frac{N_{pI}}{A_n} \pm \frac{N_{pI} e_{pnI} y_n}{I_n} \pm \frac{M_2}{I_n} y_n = \frac{1461600}{465663} + \frac{1461600 \times 75.5^2}{8.211 \times 10^9} = 3.14 + 1.01 = 4.15\text{N/mm}^2$$

采用公式(3.1-68)，求得混凝土收缩、徐变引起受拉区纵向预应力筋的预应力损失值

$$\sigma_{l5} = \frac{55 + 300\dfrac{\sigma_{pc}}{f'_{cu}}}{1 + 15\rho} = \frac{55 + 300 \times \dfrac{4.15}{45}}{1 + 15 \times 0.71\%} = 74.7\text{N/mm}^2$$

依据表 3.1-1 的规定，得到预应力筋的应力松弛损失值

$$\sigma_{l4} = 0.2\left(\frac{\sigma_{con}}{f_{ptk}} - 0.575\right)\sigma_{con} = 0.2 \times \left(\frac{1395}{1860} - 0.575\right) \times 1395 = 48.8\text{N/mm}^2$$

依据表 3.1-4、公式(3.1-94)和公式(3.1-101)计算，可得初始阶段预应力筋的有效预应力和相应应变

$$\sigma_{pe} = \sigma_{con} - \sigma_l = \sigma_{pI} - \sigma_l = 920.4\text{N/mm}^2$$

$$\varepsilon_{pe} = \frac{\sigma_{pe}}{E_p} = \frac{920.4}{1.95 \times 10^5} = 4720 \times 10^{-6}$$

由公式(3.1-98)和公式(3.1-99)计算可得，预应力筋和普通钢筋的合力N_{pe}及其作用点到换算截面重心的偏心距e_{pn}

$$N_p = (\sigma_{con} - \sigma_l)A_P + (\sigma'_{con} - \sigma'_l)A'_p - E_s\sigma_{l5}/E_pA_s - E_s\sigma'_{l5}/E_pA'_s = 920.4 \times 1400 -$$
$$200000 \times 74.7/195000 \times 1900 = 1288603 - 145656 = 1142947\text{N}$$

$$e_{pn} = \frac{A_p\sigma_{pe}y_{pn} - \sigma'_{pe}A'_p y'_{pn} - A_s E_s\sigma_{l5}/E_p y_{sn} + E_s\sigma'_{l5}/E_pA'_s y'_{sn}}{N_p}$$

$$= \frac{1288603 \times (450 - 224.5 - 150) - 145656 \times (450 - 224.5 - 41)}{1142947} = 61.6\text{mm}$$

用公式(3.1-100)计算，可得受压区边缘和受拉区边缘混凝土的预应力σ_{pc}和σ'_{pc}

$$\sigma'_{pc} = \frac{N_p}{A_n} - \frac{N_p e_{pn}}{I_n} y_n + \frac{M_2}{I_n} y_n = \frac{1142947}{465663} - \frac{1142947 \times 61.6 \times 224.5}{8.211 \times 10^9}$$
$$= 0.53\text{N/mm}^2$$

$$\sigma_{pc} = \frac{N_p}{A_n} + \frac{N_p e_{pn}}{I_n} y_n - \frac{M_2}{I_n} y_n = \frac{1142947}{465663} + \frac{1142947 \times 61.6 \times (450 - 224.5)}{8.211 \times 10^9}$$

$$= 4.39 \text{N/mm}^2$$

受压区边缘和受拉区边缘混凝土的应变ε_{pc}和ε'_{pc}

$$\varepsilon'_{pc} = \frac{\sigma_t}{E_c} = \frac{0.53}{33657} = 16 \times 10^{-6}$$

$$\varepsilon_{pc} = \frac{\sigma_c}{E_c} = \frac{4.39}{33657} = 130 \times 10^{-6}$$

由上述计算结果可知，在初始状态下该算例全截面受压。

用公式(3.1-100)计算，也可得受拉区预应力筋重心处混凝土的预应力$\sigma_{pc,p}$、受拉区普通钢筋重心处混凝土的预应力$\sigma_{pc,s}$

$$\sigma_{pc,p} = \frac{N_p}{A_n} + \frac{N_p e_{pn}}{I_n} y_n \pm \frac{M_2}{I_n} y_n = \frac{1142947}{465663} + \frac{1142947 \times 61.6 \times (450 - 224.5 - 150)}{8.211 \times 10^9}$$

$$= 3.10 \text{N/mm}^2$$

$$\sigma_{pc,s} = \sigma_{ce} = \frac{N_p}{A_n} + \frac{N_p e_{pn}}{I_n} y_n \pm \frac{M_2}{I_n} y_n$$

$$= \frac{1142947}{465663} + \frac{1142947 \times 61.6 \times (450 - 224.5 - 41)}{8.211 \times 10^9} = 4.04 \text{N/mm}^2$$

由公式(3.1-103)计算可得，受拉区纵向普通钢筋应力

$$\sigma_{ps} = -E_s \sigma_{l5}/E_p - \alpha_s \sigma_{pc,s} = -200000 \times 74.7/195000 - 5.94 \times 4.04$$

$$= -100.6 \text{N/mm}^2$$

受拉区纵向普通钢筋应变

$$\varepsilon_{ps} = \sigma_{ps}/E_s = -100.6/200000 = -503 \times 10^{-6}$$

受拉区预应力筋重心处混凝土的应变

$$\varepsilon_{pc,p} = \sigma_{pc,p}/E_c = 3.10/33657 = 92 \times 10^{-6}$$

初始状态截面曲率

$$\phi = \frac{\varepsilon'_{pc} - \varepsilon_{pc}}{h} = \frac{(16 - 130) \times 10^{-6}}{450} = -0.2548 \times 10^{-6} \text{rad/mm}$$

对初始状态下的手算与电算结果进行汇总对比，见表 3.2-38。可知，初始状态下手算与电算结果符合程度很好。

📝 **随想：**

弯曲构件和轴拉构件的初始状态完全相同，这是因为初始状态只有有效预应力作用，不包含自重和轴心拉力等外作用，只要有效预应力相同，结果就相同。

初始状态下手算与电算结果对比 表 3.2-38

参数	手算结果①	电算结果②	①/②
抵抗弯矩（N·mm）	0	0	—
曲率（rad/mm）	-0.2548×10^{-6}	-0.2548×10^{-6}	1.00
预应力筋应力（N/mm²）	920.4	920.4	1.00
普通钢筋应力（N/mm²）	-100.6	-100.6	1.00

（3）受拉区边缘零应力状态

考虑弯矩作用效应，假定轴心拉力N_a对截面产生的应力和相应应变符合弹性规律，则

$$\sigma_a = \frac{N_a}{A_0} = \frac{-1000 \times 10^3}{475492} = -2.10 \text{N/mm}^2$$

$$\varepsilon_a = \frac{\sigma_a}{E_c} = \frac{-2.10}{33657} = -62 \times 10^{-6}$$

由变形协同可知，受轴心拉应力σ_a影响，全截面消压状态前预应力筋应力从σ_{pe}增为

$$\sigma_{pe} + \alpha_p \sigma_a = 920.4 + 5.79 \times 2.10 = 920.4 + 12.2 = 932.6 \text{N/mm}^2$$

为实现全截面消压状态，在结构构件上施加一个轴心压力N_a和一个偏心距为e_{p0}的偏心拉力N_{pe0}，使截面上产生的应力$\sigma_{pc} = -\sigma_{pc}$。用公式(3.1-20)、公式(3.1-105)分别求得预应力筋在轴心压力和偏心拉力下的应力增量

$$\Delta\sigma_{pa} = \alpha_p \sigma_a = -5.79 \times 2.10 = -12.2 \text{N/mm}^2$$

$$\Delta\sigma_{pe} = \alpha_p \sigma_{pc,p} = 5.79 \times 3.10 = 18.0 \text{N/mm}^2$$

所以，全截面消压状态后预应力筋应力和相应的应变

$$\sigma_{p0} = \sigma_{pe0} + \Delta\sigma_{pa} = \sigma_{pe} + \Delta\sigma_{pa} + \Delta\sigma_{pe0} \pm \Delta\sigma_{pa} = 932.6 + 18.0 - 12.2$$
$$= 938.4 \text{N/mm}^2$$

$$\varepsilon_{p0} = \sigma_{p0}/E_p = 938.4/195000 = 4812 \times 10^{-6}$$

从初始状态到预应力中心处混凝土应变等于零，预应力筋应变增量

$$\varepsilon_{ce} = (\sigma_{p0} - \sigma_{pe})/E_p = (938.4 - 920.4)/195000 = 92 \times 10^{-6}$$

同样，由变形协同可知，受轴心拉应力σ_a影响，全截面消压状态前普通钢筋A_s应力从σ_{ps}变为

$$\sigma_{ps} + \alpha_s \sigma_a = -100.6 + 5.94 \times 2.10 = -88.2 \text{N/mm}^2$$

参照公式(3.1-20)、公式(3.1.5-107)，分别求得普通钢筋A_s在轴心压力和偏心拉力下的应力增量

$$\Delta\sigma_{sa} = \alpha_s \sigma_a = -5.94 \times 2.10 = -12.5 \text{N/mm}^2$$

$$\Delta\sigma_{se0} = \alpha_s \sigma_{pc,s} = 5.94 \times 4.04 = 24.0 \text{N/mm}^2$$

全截面消压状态后普通钢筋A_s应力和相应应变

$$\sigma_{s0} = \sigma_{se0} + \Delta\sigma_{sa} = \sigma_{ps} + \Delta\sigma_{sa} + \Delta\sigma_{se0} - \Delta\sigma_{sa} = -88.2 + 24.0 - 12.5$$
$$= -76.7 \text{N/mm}^2$$

$$\varepsilon_{s0} = \sigma_{s0}/E_s = -76.7/200000 = -383 \times 10^{-6}$$

参照公式(3.1-109)、公式(3.1-110)求得，在预应力和普通钢筋的合力处混凝土应变等于零状态下，因偏心拉力所致预应力和普通钢筋的合力N_{pe0}和偏心距e_{p0}

$$N_{p0} = \sigma_{p0}A_p - \sigma_{s0}A_s = 938.4 \times 1400 - 76.7 \times 1900 = 1313763 - 145656 = 1168108 \text{N}$$

$$e_{p0} = \frac{A_p\sigma_{p0}y_p - \sigma'_{p0}A'_py'_p - A_sE_s\sigma_{l5}/E_py_s + E_s\sigma'_{l5}/E_pA'_sy'_s}{\sigma_{p0}A_p + \sigma'_{p0}A'_p - E_s\sigma_{l5}/E_pA_s - E_s\sigma'_{l5}/E_pA'_s}$$
$$= \frac{938.4 \times 1400 \times (450 - 226.1 - 150) - 76.7 \times 1900 \times (450 - 226.1 - 41)}{938.4 \times 1400 - 76.7 \times 1900}$$
$$= 60.3 \text{mm}$$

在全截面消压状态预应力、普通钢筋和初始轴心力的合力$N_{p0a} = N_a + N_{p0}$作用下，参照公式(3.1-111)求得截面受压区边缘、受拉区边缘及偏心距e_{p0}处混凝土应力

$$\sigma'_{c0} = \frac{N_a}{A_0} + \frac{N_{p0}}{A_0} - \frac{N_{p0}e_{p0}y_0}{I_0} = -\frac{1000000}{475492} + \frac{1168108}{475492} - \frac{1168108 \times 60.3 \times 226.1}{8.268 \times 10^9}$$
$$= -2.10 + 2.46 - 1.93 = -1.57 \text{N/mm}^2$$

$$\sigma_{c0} = \frac{N_a}{A_0} + \frac{N_{p0}}{A_0} + \frac{N_{p0}e_{p0}(h - y_0)}{I_0} = -\frac{1000000}{475492} + \frac{1168108}{475492} +$$
$$\frac{1168108 \times 60.3 \times (450 - 226.1)}{8.268 \times 10^9} = 2.26 \text{N/mm}^2$$

$$\sigma_{cp0} = \frac{N_a}{A_0} + \frac{N_{p0}}{A_0} + \frac{N_{p0}e_{p0}^2}{I_0} = \frac{1168108}{475492} + \frac{1168108 \times 60.3^2}{8.268 \times 10^9} = -2.10 + 2.46 + 0.51$$
$$= 0.87 \text{N/mm}^2$$

为使预应力和普通钢筋的合力N_{p0}处混凝土应力从σ_{cp0}降低至零，需要增加弯矩

$$M_{cp0} = \frac{I_0 \times \sigma_{cp0}}{e_{p0}} = \frac{8.268 \times 10^9 \times 0.87}{60.3} = 118.9 \times 10^6 \text{N} \cdot \text{mm}$$

在弯矩M_{cp0}作用下，截面受压区边缘和受拉区边缘的应力

$$\sigma'_{cp0} = \sigma'_{c0} + \frac{M_{cp0}c_0}{I_0} = -1.57 + \frac{118.9 \times 10^6 \times 226.1}{8.268 \times 10^9} = -1.57 + 3.25 = 1.68 \text{N/mm}^2$$

$$\sigma_{cp0} = \sigma_{c0} + \frac{M_{cp0}(h - c_0)}{I_0} = 2.26 - \frac{118.9 \times 10^6 \times (450 - 226.1)}{8.268 \times 10^9} = 2.26 - 3.22$$
$$= -0.96 \text{N/mm}^2$$

在弯矩M_{cp0}作用下，截面受压区边缘和受拉区边缘的相应应变

$$\varepsilon'_{cp0} = \sigma'_{cp0}/E_c = 1.68/33657 = 50 \times 10^{-6}$$

$$\varepsilon_{cp0} = \sigma_{cp0}/E_c = -0.96/33657 = -28 \times 10^{-6}$$

此时，截面受压区边缘混凝土仍然受压，受拉区边缘混凝土开始受拉，截面曲率

$$\phi_0 = \frac{\varepsilon'_{cp0} - \varepsilon_{cp0}}{h} = \frac{(50 + 28) \times 10^{-6}}{450} = 0.1741 \times 10^{-6} \text{rad/mm}$$

当初始轴心力作用于全截面消压状态下，截面受拉区边缘已经存在 $\sigma_{cp0} = 0.96\text{N/mm}^2$ 拉应力，取公式(3.1-114)中 $f_{tr} = 0$，可求得从弯矩 M_{cp0} 作用到受拉区边缘混凝土应力为零所需降低的弯矩

$$\Delta_M = \frac{I_0 \times \Delta_\sigma}{h - y_0} = \frac{8.268 \times 10^9 \times 0.96}{450 - 226.1} = 35.4 \times 10^6 \text{N} \cdot \text{mm}$$

因此，零应力状态下截面弯矩

$$M = M_{cp0} - \Delta_M = (118.9 - 35.4) \times 10^6 = 83.5 \times 10^6 \text{N} \cdot \text{mm}$$

初始轴心力和 Δ_M 对预应力筋产生的拉应力

$$\Delta\sigma_p = \Delta\sigma_{pa} + \frac{\Delta_M(h - y_0 - a_p)\alpha_p}{I_0} = 12.2 - \frac{35.4 \times 10^6 \times (450 - 226.1 - 150) \times 5.79}{8.268 \times 10^9}$$
$$= 12.2 - 1.8 = 10.4 \text{N/mm}^2$$

因此，在受拉边缘零应力状态下预应力筋应力

$$\sigma_p = \sigma_{p0} + \Delta\sigma_p = 938.4 + 10.4 = 948.8 \text{N/mm}^2$$

初始轴心力和 Δ_M 对受拉普通钢筋产生拉应力

$$\Delta\sigma_s = \Delta\sigma_{sa} + \frac{\Delta_M(h - y_0 - \alpha_s)\alpha_s}{I_0} = 12.5 - \frac{35.4 \times 10^6 \times (450 - 226.1 - 41) \times 5.94}{8.268 \times 10^9}$$
$$= 12.5 - 4.7 = 7.8 \text{N/mm}^2$$

因此，在受拉边缘零应力状态下普通钢筋应力

$$\sigma_s = \sigma_{s0} + \Delta\sigma_s = -68.8 \text{N/mm}^2$$

截面受压区边缘混凝土由于 Δ_M 而降低的压应力、压应变

$$\Delta\sigma'_c = \frac{\Delta_M y_0}{I_0} = \frac{35.4 \times 10^6 \times 226.1}{8.268 \times 10^9} = 0.97 \text{N/mm}^2$$

$$\Delta\varepsilon'_c = \frac{\Delta\sigma'_c}{E_c} = \frac{0.97}{33657} = 29 \times 10^{-6}$$

截面受拉区边缘混凝土由于 Δ_M 而降低的拉应力、拉应变

$$\Delta\sigma_c = \frac{\Delta_M(h - y_0)}{I_0} = \frac{35.4 \times 10^6 \times (450 - 226.1)}{8.268 \times 10^9} = 0.96 \text{N/mm}^2$$

$$\Delta\varepsilon_c = \frac{\Delta\sigma_c}{E_c} = \frac{0.96}{33657} = 28 \times 10^{-6}$$

截面由于 Δ_M 而降低的正向曲率

$$\Delta_\phi = \frac{\Delta\varepsilon'_c - \Delta\varepsilon_c}{h} = \frac{(29 + 28) \times 10^{-6}}{450} = 0.1271 \times 10^{-6} \text{rad/mm}$$

所以，在零应力状态下截面曲率

$$\phi_c = \phi_0 - \Delta_\phi = (0.1741 - 0.1271) \times 10^{-6} = 0.0469 \times 10^{-6} \text{rad/mm}$$

在受拉边缘零应力状态下，复核截面受压区、受拉区边缘应变

$$\varepsilon_c' = \varepsilon_{cp0}' + \Delta\varepsilon_c' = (50-29)\times10^{-6} = 21\times10^{-6}$$

$$\varepsilon_c = \varepsilon_{cp0} + \Delta\varepsilon_c = -(28-28)\times10^{-6} = 0\times10^{-6}$$

对受拉边缘零应力状态下的手算与电算对比结果进行汇总，见表 3.2-39。可知，开裂状态下手算与电算结果符合程度很好。

受拉边缘零应力状态下手算与电算结果对比 表 3.2-39

参数	手算结果①	电算结果②	①/②
抵抗弯矩（N·mm）	83.5×10^6	83.5×10^6	1.00
曲率（rad/mm）	0.0469×10^{-6}	0.0469×10^{-6}	1.00
预应力筋应力（N/mm²）	948.8	948.8	1.00
普通钢筋应力（N/mm²）	−68.8	−68.8	1.00

（4）开裂状态

由公式(4.3-10)可得，截面抵抗矩塑性影响系数和弯曲抗拉强度设计值

$$\gamma = \left(0.7 + \frac{120}{h}\right)\gamma_m = \left(0.7 + \frac{120}{450}\right)\times1.55 = 1.498$$

$$f_{r,k} = \gamma f_{tk} = 1.498\times2.42 = 3.62\text{N/mm}^2$$

在开裂状态下截面弯矩-曲率曲线到了弹性关系终点，在预应力和普通钢筋的合力处混凝土应变等于零状态下，截面受拉区边缘已经存在$\sigma_{cp0} = 0.96\text{N/mm}^2$拉应力，由于混凝土出现裂缝时对应混凝土的弯曲抗拉强度设计值$f_{r,k} = 3.62\text{N/mm}^2$，所以，为产生拉应力$\Delta_\sigma = f_r - \sigma_t = 3.62 - 0.96 = 2.67\text{N/mm}^2$，所需增加弯矩

$$\Delta_M = \frac{I_0\times\Delta_\sigma}{h-y_0} = \frac{8.268\times10^9\times2.67}{450-226.1} = 98.4\times10^6\text{N}\cdot\text{mm}$$

开裂状态下所需弯矩

$$M_{cr} = M_{cp0} + \Delta_M = 217.4\times10^6\text{N}\cdot\text{mm}$$

Δ_M对预应力筋产生的拉应力

$$\Delta\sigma_p = \frac{\Delta_M(h-y_0-a_p)\alpha_p}{I_0} = \frac{98.4\times10^6\times(450-226.1-150)\times5.79}{8.268\times10^9} = 5.1\text{N/mm}^2$$

因此，在开裂状态下预应力筋应力

$$\sigma_{pcr} = \sigma_{p0} + \Delta\sigma_p + \Delta\sigma_{pa} = 955.7\text{N/mm}^2$$

Δ_M对受拉普通钢筋产生拉应力

$$\Delta\sigma_s = \frac{\Delta_M(h-y_0-a_s)\alpha_s}{I_0} = \frac{98.4\times10^6\times(450-226.1-41)\times5.94}{8.268\times10^9} = 12.9\text{N/mm}^2$$

因此，开裂状态下普通钢筋应力

$$\sigma_{scr} = \sigma_s + \Delta\sigma_s + \Delta\sigma_{sa} = -51.2\text{N/mm}^2$$

截面受压区边缘混凝土由于 Δ_M 而增加的压应力、压应变

$$\Delta\sigma_c' = \frac{\Delta_M y_0}{I_0} = \frac{98.4 \times 10^6 \times 226.1}{8.268 \times 10^9} = 2.69 \text{N/mm}^2$$

$$\Delta\varepsilon_c' = \frac{\Delta\sigma_c'}{E_c} = \frac{2.69}{33657} = 80 \times 10^{-6}$$

截面受拉区边缘混凝土由于 Δ_M 而增加的拉应力、拉应变

$$\Delta\sigma_c = \frac{\Delta_M(h - y_0)}{I_0} = \frac{98.4 \times 10^6 \times (450 - 226.1)}{8.268 \times 10^9} = 2.67 \text{N/mm}^2$$

$$\Delta\varepsilon_c = \frac{\Delta\sigma_c'}{E_c} = \frac{2.67}{33657} = 79 \times 10^{-6}$$

截面由于 Δ_M 而增加的曲率

$$\Delta_\phi = \frac{\Delta\varepsilon_c' - \Delta\varepsilon_c}{h} = \frac{(80 + 79) \times 10^{-6}}{450} = 0.3537 \times 10^{-6} \text{rad/mm}$$

所以，在开裂状态下截面曲率

$$\phi_{cr} = \phi_0 + \Delta_\phi = 0.5277 \times 10^{-6} \text{rad/mm}$$

在开裂状态下，受压区、受拉区边缘应变

$$\varepsilon_{cr}' = \varepsilon_{cp0}' + \Delta\varepsilon_c' = 130 \times 10^{-6}$$

$$\varepsilon_{cr} = \varepsilon_{cp0} + \Delta\varepsilon_c = -108 \times 10^{-6}$$

对开裂状态下的手算与电算对比结果进行汇总，见表 3.2-40。可知，开裂状态下，手算与电算结果符合程度很好。

📝 随想：

开裂状态时，弯矩-曲率曲线到了弹性关系终点，在这之前采用弹性分析方法，在这之后采用弹塑性分析方法。因此，要求初始轴拉应力不能超出弹性分析方法的适用范围，依据《混凝土规范》第 C.2.3 节规定，一般情况下不能大于 $f_{t,r}$。

开裂状态下手算与电算结果对比   表 3.2-40

参数	手算结果①	电算结果②	①/②
抵抗弯矩（N·mm）	217.4×10^6	217.4×10^6	1.00
曲率（rad/mm）	0.5277×10^{-6}	0.5277×10^{-6}	1.00
预应力筋应力（N/mm²）	955.7	955.7	1.00
普通钢筋应力（N/mm²）	-51.2	-51.2	1.00

（5）受拉钢筋屈服状态

当受拉区纵向普通钢筋达到屈服（$f_{yk} = 400 \text{MPa}$）时，由第 2.3 节规定得到，受拉区纵向普通钢筋应力和应变设计值

$$\sigma_s = f_y = \frac{f_{yk}}{1.10} = \frac{400}{1.10} = 363.6 \text{N/mm}^2$$

$$\varepsilon_s = \frac{\sigma_s}{E_s} = \frac{363.6}{200000} = 1818 \times 10^{-6}$$

取全截面消压状态下普通钢筋的应变ε_{s0}作为计算起点，从全截面消压状态到该阶段受拉普通钢筋的应变增量

$$\Delta\varepsilon_s = \varepsilon_s - \varepsilon_{s0} = (1818 + 383) \times 10^{-6} = 2201 \times 10^{-6}$$

经过试算，求得整体中和轴高度$c = 156.7$mm。由已知条件可知，受弯效应中性轴处混凝土拉应变$\varepsilon_{ca} = \varepsilon_{ca} = 62 \times 10^{-6}$，与初始轴心拉应变一致。由截面应变保持平面假定可求得，对应受压区边缘混凝土压应变ε_u、受压区普通纵向钢筋中心处混凝土压应变ε_{cs}、受弯效应中性轴至综合效应中性轴距离c_1

$$\varepsilon_u = \frac{\Delta\varepsilon_s c}{h - a_s - c} = \frac{2201 \times 10^{-6} \times 153.9}{450 - 41 - 153.9} = 1367 \times 10^{-6}$$

$$\varepsilon_{cs} = \frac{\Delta\varepsilon_s(c - a_s')}{h - a_s - c} = \frac{2201 \times 10^{-6} \times (153.9 - 41)}{450 - 41 - 153.9} = 1010 \times 10^{-6}$$

$$c_1 = \frac{\varepsilon_a c}{\varepsilon_u} = \frac{-62 \times 10^{-6} \times 153.9}{1367 \times 10^{-6}} = -7.2 \text{mm}$$

$\varepsilon_u = 1367 \times 10^{-6}$，大于弹性开裂受压区边缘混凝土压应变$\varepsilon_{cr} = 130 \times 10^{-6}$，因此采用非弹性分析法。

本算例为偏心受拉构件，依据公式(2.4-4′)的进一步说明，因为积分非负性，需要以图2.4-1（h）的受弯中和轴为横轴进行积分，而不能以综合中和轴为横轴进行积分，所以受弯部分压应力的积分上、下限由$c_1 = c_1' = -7.2$mm、$c_2 = c = 156.7$mm 变为$c_1 = 0$、$c_2 = 156.7 + 7.2 = 163.9$mm。连同$n = 2$、$b = 1000$mm、$f_{c,r} = 21.1$N/mm²、$\varepsilon_{ca} = -62 \times 10^{-6}$、$\varepsilon_u = 1367 \times 10^{-6}$代入公式(2.4-4′)并化简，得到仅受弯效应对混凝土产生的压力合力

$$F_{cp} = bf_{c,r}\left\{\left(1 - \frac{\varepsilon_a}{\varepsilon_0}\right)^n (c_2 - c_1) + \frac{c\varepsilon_0}{\varepsilon_c(n+1)}\left[\left(1 - \frac{\varepsilon_u c_2}{c\varepsilon_0}\right)^{n+1} - \left(1 - \frac{\varepsilon_u c_1}{c\varepsilon_0}\right)^{n+1}\right]\right\}$$

$$= 1000 \times 21.1 \times \left\{\left(1 - \frac{-62 \times 10^{-6}}{2000 \times 10^{-6}}\right)^2 \times (163.9 - 0) + \right.$$

$$\frac{163.9 \times 2000 \times 10^{-6}}{1367 \times 10^{-6}(2+1)}\left[\left(1 - \frac{163.9 \times 1367 \times 10^{-6}}{163.9 \times 2000 \times 10^{-6}}\right)^{2+1} - \right.$$

$$\left.\left.\left(1 - \frac{0 \times 1367 \times 10^{-6}}{163.9 \times 2000 \times 10^{-6}}\right)^{2+1}\right]\right\} = 2068.7 \times 10^3 \text{N}$$

因受弯效应受压区内需要额外考虑的纵向普通钢筋压力

$$F_{cs} = (\varepsilon_{cs} - \varepsilon_a)(\alpha_s - 1)E_c A_s' = (1010 + 62) \times 10^{-6} \times (5.94 - 1) \times 33657 \times 1900$$
$$= 338.8 \times 10^3 \text{N}$$

所以，受弯效应所致混凝土受压区总压力

$$F_c = F_{cp} + F_{cs} = (2068.7 + 338.8) \times 10^3 = 2407.5 \times 10^3 \text{N}$$

将 $n = 2$、$b = 1000\text{mm}$、$f_{c,r} = 21.1\text{N/mm}^2$、$c_1 = 0\text{mm}$、$c_2 = c = 163.9\text{mm}$、$\varepsilon_{ca} = -62 \times 10^{-6}$、$\varepsilon_u = 1367 \times 10^{-6}$ 代入公式(2.4-6′)、公式(2.4-7)并化简，得到受弯效应的混凝土压力合力对受弯效应中性轴的弯矩

$$\int_{c_1}^{c_2} \sigma_c \, bx \, dx = bf_{c,r} \left\{ \left[\frac{1}{2}\left(1 - \frac{\varepsilon_a}{\varepsilon_0}\right)^n (c_2^2 - c_1^2) \right] + \frac{c\varepsilon_0}{\varepsilon_u(n+1)} \left[c_2\left(1 - \frac{c_2\varepsilon_u}{c\varepsilon_0}\right)^{n+1} - c_1\left(1 - \frac{c_1\varepsilon_u}{c\varepsilon_0}\right)^{n+1} \right] \right.$$

$$\left. + \frac{(c\varepsilon_0)^2}{(n+1)(n+2)(-\varepsilon_u)^2}\left[\left(1 - \frac{\varepsilon_u c_2}{c\varepsilon_0}\right)^{n+2} - \left(1 - \frac{\varepsilon_c c_1}{c\varepsilon_0}\right)^{n+2}\right]\right\}$$

$$- 1000 \times 21.1 \times \left\{ \frac{1}{2} \times \left(1 - \frac{-62 \times 10^{-6}}{2000 \times 10^{-6}}\right)^2 \times (163.9^2 - 0^2) \right.$$

$$+ \frac{163.9 \times 2000 \times 10^{-6}}{(2+1) \times 1367 \times 10^{-6}}\left[163.9 \times \left(1 - \frac{163.9 \times 1367 \times 10^{-6}}{163.9 \times 2000 \times 10^{-6}}\right)^{2+1}\right.$$

$$\left. - 0 \times \left(1 - \frac{0 \times 1367 \times 10^{-6}}{163.9 \times 2000 \times 10^{-6}}\right)^{2+1}\right]$$

$$+ \frac{(163.9 \times 2000 \times 10^{-6})^2}{(2+1)(2+2)(-1367 \times 10^{-6})^2}\left[\left(1 - \frac{163.9 \times 1367 \times 10^{-6}}{163.9 \times 2000 \times 10^{-6}}\right)^{2+2}\right.$$

$$\left.\left. - \left(1 - \frac{0 \times 1367 \times 10^{-6}}{163.9 \times 2000 \times 10^{-6}}\right)^{2+2}\right]\right\} = 210.8 \times 10^6\text{N} \cdot \text{mm}$$

该受弯效应混凝土的压力合力与受弯效应中性轴距离

$$\overline{x} = \frac{\int_{c_1}^{c_2} \sigma_c \, bx \, dx}{F_{cp}} = \frac{210.8 \times 10^6}{2068.7 \times 10^3} = 101.9\text{mm}$$

轴心受拉所致受弯效应受压区混凝土的压力增量

$$\Delta F_{cpc} = \varepsilon_{ca} E_c A = -62 \times 10^{-6} \times 33657 \times (1000 \times 163.9) = -329.6 \times 10^3\text{N}$$

轴心受拉所致受弯效应混凝土受压区钢筋的压力增量

$$\Delta F_{cps} = \varepsilon_{ca} E_c A_s (\alpha_s - 1) = -62 \times 10^{-6} \times 33657 \times 1900 \times (5.94 - 1) = -19.7 \times 10^3\text{N}$$

参照公式(2.4-8)，可求得总压力作用点至受弯效应中性轴的距离

$$\overline{x'} = \frac{(F_{cs} + \Delta F_{cps})\overline{x}_{cs} + F_{cp}\overline{x}_{cp} + \Delta F_{cpc}\overline{x}_{cpc}}{F_{cs} + \Delta F_{cps} + F_{cp} + \Delta F_{cpc}}$$

$$= \frac{(327.7 - 19.7) \times 10^3 \times (163.9 - 41) + 2068.7 \times 10^3 \times 101.9 - 329.6 \times 10^3 \times 163.9/2}{(327.7 - 19.7 + 2068.7 - 329.6) \times 10^3}$$

$$= 101.2\text{mm}$$

以下用综合效应求解，总压力作用点至综合效应中性轴的距离

$$\overline{x} = \overline{x'} + c_1' = 108.4 - 7.2 = 101.2\text{mm}$$

由第 2.3 节规定可求得，预应力筋极限强度设计值 f_{ptm}、屈服强度设计值 f_{pym}

$$f_{pt} = \frac{f_{ptk}}{1.20} = \frac{1860}{1.20} = 1550.0\text{N/mm}^2$$

$$f_{py} = \frac{f_{pyk}}{1.20} = \frac{1860 \times 0.85}{1.20} = 1317.5 \text{N/mm}^2$$

预应力筋屈服强度设计值对应应变

$$\varepsilon_{py} = \frac{f_{pym}}{E_p} = \frac{1317.5}{195000} = 6756 \times 10^{-6}$$

$$\varepsilon_{pu} = 45000 \times 10^{-6}$$

预应力筋硬化段

$$k_p = (f_{ptm} - f_{pym})/(\varepsilon_{pum} - \varepsilon_{pym}) = \frac{1550.0 - 1317.5}{(45000 - 6756) \times 10^{-6}} = 6079 \text{N/mm}^2$$

取全截面消压状态下预应力筋的应变ε_{p0}作为计算起点，依据公式(2.4-17)，用综合效应受压区高度求得该阶段受拉区预应力筋应变

$$\varepsilon_p = \varepsilon_{p0} + \frac{h_p - c}{c}\varepsilon_c = 4812 \times 10^{-6} + \frac{450 - 150 - 156.7}{156.7} \times 1367 \times 10^{-6} = 6063 \times 10^{-6}$$

按弹性计算，此时预应力筋应力

$\sigma_p = \varepsilon_p E_p = 6063 \times 10^{-6} \times 195000 = 1182.2 \text{N/mm}^2$，小于$f_{pym} = 1317.5 \text{N/mm}^2$，可见预应力筋仍处于弹性工作阶段，按弹性计算是合适的。

下面复核受拉普通钢筋应力。取全截面消压状态下普通受拉钢筋的应变ε_{s0}作为计算起点，依据公式(2.4-16)，用综合效应受压区高度求得该阶段受拉普通钢筋应变

$$\varepsilon_s = \varepsilon_{s0} + \frac{h_s - c}{c}\varepsilon_c = -383 \times 10^{-6} + \frac{450 - 41 - 156.7}{156.7} \times 1367 \times 10^{-6} = 1818 \times 10^{-6}$$

受拉普通钢筋应力

$\sigma_s = \varepsilon_s E_s = 1818 \times 10^{-6} \times 200000 = 363.6 \text{N/mm}^2$，与受拉区纵向普通钢筋屈服点$f_{ym} = 363.6 \text{N/mm}^2$完全一致。

预应力筋与受拉普通钢筋拉力

$$F_p = 1182.2 \times 1400 = 1655.1 \times 10^3 \text{N}$$

$$F_s = 363.6 \times 1900 = 690.9 \times 10^3 \text{N}$$

由图2.4-1（g）～（h）可知，与综合效应相比仅受弯效应的预应力筋与受拉普通钢筋的拉力增量

$$\Delta F_p = \sigma_a \alpha_p = 2.10 \times 5.79 \times 1400 = 17.1 \times 10^3 \text{N}$$

$$\Delta F_s = \sigma_a \alpha_s = 2.10 \times 5.94 \times 1900 = 23.7 \times 10^3 \text{N}$$

所以，仅受弯效应导致预应力筋与受拉普通钢筋的总拉力

$$F_T = F_p + F_s + \Delta F_p + \Delta F_s = (1655.1 + 690.9 + 17.1 + 23.7) \times 10^3 = 2386.8 \times 10^3 \text{N}$$

$F_c - F_T = (2407.5 - 2386.8) \times 10^3 = 21 \times 10^3 \text{N}$，已经很好地满足力的平衡条件了。

用各受拉钢筋的综合拉力和轴心压力对压力合力点取矩，可求得该状态下的抗弯能力

$$M_{y,r} = F_p(h_p - c + \overline{x}) + F_s(h_s - c + \overline{x}) + N_a(c_0 - c + \overline{x})$$
$$= 1655.1 \times 10^3 \times (450 - 150 - 156.7 + 101.2) + 690.9 \times 10^3 \times$$
$$(450 - 41 - 156.7 + 101.2) - 1000 \times 10^3 \times (226.1 - 156.7 + 101.2)$$
$$= 478.3 \times 10^6 \text{N} \cdot \text{mm}$$

此状态下截面曲率

$$\phi = \varepsilon_c / c = 1367 \times 10^{-6} / 156.7 = 8.7257 \times 10^{-6} \text{rad/mm}$$

对受拉钢筋屈服状态下手算与电算对比结果进行汇总,见表 3.2-41。可知,受拉钢筋屈服状态下手算与电算结果符合程度很好。

📝 **随想:**

与仅受弯相比,偏心受拉须叠加轴心受拉所产生的弯矩,轴心受拉作用点位于换算截面重心处。

受拉钢筋屈服状态下手算与电算结果对比 表 3.2-41

参数	手算结果①	电算结果②	①/②
抵抗弯矩（N·mm）	478.3×10^6	479.9×10^6	1.00
曲率（rad/mm）	8.7257×10^{-6}	8.7267×10^{-6}	1.00
预应力筋应力（N/mm²）	1184.2	1182.4	1.00
普通钢筋应力（N/mm²）	363.6	363.6	1.00

（6）预应力筋屈服状态

由前可知,当受拉区预应力筋达到条件屈服（$f_{pyk} = 1860 \times 0.85 = 1581.0 \text{MPa}$）时,受拉区预应力筋应变设计值 $\varepsilon_{pym} = 6756 \times 10^{-6}$。取全截面消压状态下预应力筋的应变 $\varepsilon_{s0} = 4812 \times 10^{-6}$ 作为计算起点,从全截面消压状态到该阶段预应力筋的应变增量

$$\Delta\varepsilon_p = \varepsilon_p - \varepsilon_{p0} = (6756 - 4812) \times 10^{-6} = 1944 \times 10^{-6}$$

经过试算,求得整体中和轴高度 $c = 143.1 \text{mm}$。由已知条件可知,受弯效应中性轴处混凝土压应变 $\varepsilon_{ca} = -62 \times 10^{-6}$,与初始轴心拉应变一致。由截面应变保持平面假定可求得,对应受压区边缘混凝土压应变 ε_u、受压区普通纵向钢筋中心处混凝土压应变 ε_{cs}、受弯效应中性轴至综合效应中性轴距离 c_1

$$\varepsilon_u = \frac{\Delta\varepsilon_p c}{h - a_p - c} = \frac{1944 \times 10^{-6} \times 143.1}{450 - 150 - 143.1} = 1773 \times 10^{-6}$$

$$\varepsilon_{cs} = \frac{\Delta\varepsilon_p(c - a_s')}{h - a_p - c} = \frac{1944 \times 10^{-6} \times (143.1 - 41)}{450 - 150 - 143.1} = 1265 \times 10^{-6}$$

$$c_1 = \frac{\varepsilon_a c}{\varepsilon_u} = \frac{-62 \times 10^{-6} \times 143.1}{1773 \times 10^{-6}} = -5.0 \text{mm}$$

$\varepsilon_u = 1773 \times 10^{-6}$，大于弹性开裂受压区边缘混凝土压应变$\varepsilon_{cr} = 130 \times 10^{-6}$，因此采用非弹性分析法。

以受弯中和轴为横轴进行积分，受弯部分压应力的积分上、下限由$c_1 = c_1' = -5.0\text{mm}$、$c_2 = c = 143.1\text{mm}$变为$c_1 = 0$、$c_2 = 143.1 + 5.0 = 148.1\text{mm}$。连同$n = 2$、$b = 1000\text{mm}$、$f_{c,r} = 21.1\text{N/mm}^2$、$\varepsilon_{ca} = -62 \times 10^{-6}$、$\varepsilon_u = 1773 \times 10^{-6}$代入公式(2.4-4′)并化简，得到仅受弯效应对混凝土产生的压力合力

$$
\begin{aligned}
F_{cp} &= bf_{c,r}\left\{\left(1 - \frac{\varepsilon_a}{\varepsilon_0}\right)^n (c_2 - c_1) + \frac{c\varepsilon_0}{\varepsilon_c(n+1)}\left[\left(1 - \frac{\varepsilon_u c_2}{c\varepsilon_0}\right)^{n+1} - \left(1 - \frac{\varepsilon_u c_1}{c\varepsilon_0}\right)^{n+1}\right]\right\} \\
&= 1000 \times 21.1 \times \left\{\left(1 - \frac{-62 \times 10^{-6}}{2000 \times 10^{-6}}\right)^2 \times (148.1 - 0) + \right. \\
&\quad \frac{148.1 \times 2000 \times 10^{-6}}{1302 \times 10^{-6}(2+1)}\left[\left(1 - \frac{148.1 \times 1302 \times 10^{-6}}{148.1 \times 2000 \times 10^{-6}}\right)^{2+1} - \right. \\
&\quad \left.\left.\left(1 - \frac{0 \times 1302 \times 10^{-6}}{148.1 \times 2000 \times 10^{-6}}\right)^{2+1}\right]\right\} = 2157.4 \times 10^3 \text{N}
\end{aligned}
$$

因受弯效应受压区内需要额外考虑的纵向普通钢筋压力

$$
\begin{aligned}
F_{cs} &= (\varepsilon_{cs} - \varepsilon_a)(\alpha_s - 1)E_c A_s' = (1265 + 62) \times 10^{-6} \times (5.94 - 1) \times 33657 \times 1900 \\
&= 419.6 \times 10^3 \text{N}
\end{aligned}
$$

所以，受弯效应所致混凝土受压区总压力

$$F_c = F_{cp} + F_{cs} = (2157.4 + 419.6) \times 10^3 = 2577.0 \times 10^3 \text{N}$$

将$n = 2$、$b = 1000\text{mm}$、$f_{c,r} = 21.1\text{N/mm}^2$、$c_1 = 0\text{mm}$、$c_2 = c = 148.1\text{mm}$、$\varepsilon_{ca} = -62 \times 10^{-6}$、$\varepsilon_u = 1773 \times 10^{-6}$代入公式(2.4-6′)、公式(2.4-7)并化简，得到受弯效应的混凝土压力合力至受弯效应中性轴距离

$$
\begin{aligned}
\int_{c_1}^{c_2} \sigma_c\, bx\, \mathrm{d}x &= bf_{c,r}\left\{\left[\frac{1}{2}\left(1 - \frac{\varepsilon_a}{\varepsilon_0}\right)^n (c_2^2 - c_1^2)\right] + \frac{c\varepsilon_0}{\varepsilon_u(n+1)}\left[c_2\left(1 - \frac{c_2\varepsilon_u}{c\varepsilon_0}\right)^{n+1} - c_1\left(1 - \frac{c_1\varepsilon_u}{c\varepsilon_0}\right)^{n+1}\right]\right. \\
&\quad \left. + \frac{(c\varepsilon_0)^2}{(n+1)(n+2)(-\varepsilon_u)^2}\left[\left(1 - \frac{\varepsilon_u c_2}{c\varepsilon_0}\right)^{n+2} - \left(1 - \frac{\varepsilon_c c_1}{c\varepsilon_0}\right)^{n+2}\right]\right\} \\
&= 1000 \times 21.1 \times \left\{\frac{1}{2} \times \left(1 - \frac{-62 \times 10^{-6}}{2000 \times 10^{-6}}\right)^2 \times (148.1^2 - 0^2)\right. \\
&\quad + \frac{148.1 \times 2000 \times 10^{-6}}{(2+1) \times 1302 \times 10^{-6}}\left[148.1 \times \left(1 - \frac{148.1 \times 1302 \times 10^{-6}}{148.1 \times 2000 \times 10^{-6}}\right)^{2+1}\right. \\
&\quad \left. - -0 \times \left(1 - \frac{0 \times 1302 \times 10^{-6}}{148.1 \times 2000 \times 10^{-6}}\right)^{2+1}\right] \\
&\quad + \frac{(148.1 \times 2000 \times 10^{-6})^2}{(2+1)(2+2)(-1302 \times 10^{-6})^2}\left[\left(1 - \frac{148.1 \times 1302 \times 10^{-6}}{148.1 \times 2000 \times 10^{-6}}\right)^{2+2}\right. \\
&\quad \left.\left. - \left(1 - \frac{0 \times 1302 \times 10^{-6}}{148.1 \times 2000 \times 10^{-6}}\right)^{2+2}\right]\right\} = 197.9 \times 10^6 \text{N} \cdot \text{mm}
\end{aligned}
$$

该受弯效应的压力合力距受弯效应中性轴距离

$$\overline{x}_{cp} = \frac{\int_{c_1}^{c_2} \sigma_c \, b \, x \, \mathrm{d}x}{F_{cp}} = \frac{197.9 \times 10^6}{2157.4 \times 10^3} = 91.7 \text{mm}$$

轴心受拉所致受弯效应受压区混凝土的压力增量

$$\Delta F_{cpc} = \varepsilon_{ca} E_c A = -62 \times 10^{-6} \times 33657 \times (1000 \times 148.1) = -301.0 \times 10^3 \text{N}$$

轴心受拉所致受弯效应混凝土受压区钢筋的压力增量

$$\Delta F_{cps} = \varepsilon_{ca} E_c A_s (\alpha_s - 1) = -62 \times 10^{-6} \times 33657 \times 1900 \times (5.94 - 1) = -19.7 \times 10^3 \text{N}$$

参照公式(2.4-8)，可求得总压力作用点至受弯效应中性轴的距离

$$\overline{x'} = \frac{(F_{cs} + \Delta F_{cps})\overline{x}_{cs} + F_{cp}\overline{x}_{cp} + \Delta F_{cpc}\overline{x}_{cpc}}{F_{cs} + \Delta F_{cps} + F_{cp} + \Delta F_{cpc}}$$

$$= \frac{(419.6 - 19.7) \times 10^3 \times (148.1 - 41) + 2157.4 \times 10^3 \times 91.7 - 301.0 \times 10^3 \times 148.1/2}{(419.6 - 19.7 + 2157.4 - 301.0) \times 10^3}$$

$$= 96.8 \text{mm}$$

以下用综合效应求解，总压力作用点至综合效应中性轴的距离

$$\overline{x} = \overline{x'} + c_1' = 96.8 - 5.0 = 91.8 \text{mm}$$

取全截面消压状态下预应力筋的应变 ε_{p0} 作为计算起点，依据公式(2.4-17)，复核该阶段受拉区预应力筋应变

$$\varepsilon_p = \varepsilon_{p0} + \frac{h_p - c}{c} \varepsilon_c = 4812 \times 10^{-6} + \frac{450 - 150 - 148.1}{148.1} \times 1773 \times 10^{-6} = 6756 \times 10^{-6}$$

按弹性计算，此时预应力筋应力

$\sigma_p = \varepsilon_p E_p = 6756 \times 10^{-6} \times 195000 = 1317.5 \text{N/mm}^2$，等于 $f_{pym} = 1317.5 \text{N/mm}^2$，计算吻合程度很好。同时可见，预应力筋仍处于弹性工作阶段，按弹性计算是合适的。

取全截面消压状态下普通受拉钢筋的应变 ε_{s0} 作为计算起点，依据公式(2.4-16)，该阶段受拉普通钢筋应变

$$\varepsilon_s = \varepsilon_{s0} + \frac{h_s - c}{c} \varepsilon_c = -383 \times 10^{-6} + \frac{450 - 41 - 148.1}{148.1} \times 1773 \times 10^{-6} = 2911 \times 10^{-6}$$

受拉普通钢筋应力

$\sigma_s = \varepsilon_s E_s = 2911 \times 10^{-6} \times 200000 = 582.3 \text{N/mm}^2$，大于受拉普通钢筋屈服点 $f_{ym} = 363.6 \text{N/mm}^2$，应该按非弹性计算。又 $\varepsilon_s = 2911 \times 10^{-6}$ 小于硬化起点应变设计值 $\varepsilon_{uym} = 10000 \times 10^{-6}$，依据公式(2.4-16)求得其应力 $\sigma_s = f_{y,r} = 363.6 \text{N/mm}^2$。

预应力筋与受拉普通钢筋拉力

$$F_p = 1317.5 \times 1400 = 1844.5 \times 10^3 \text{N}$$

$$F_s = 363.6 \times 1900 = 690.9 \times 10^3 \text{N}$$

轴心受拉导致预应力筋与受拉普通钢筋拉力增量

$$\Delta F_p = \sigma_a \alpha_p = 2.10 \times 5.79 \times 1400 = 17.1 \times 10^3 \text{N}$$

$$\Delta F_s = \sigma_a \alpha_s = 2.10 \times 5.94 \times 1900 = 23.7 \times 10^3 \text{N}$$

所以，受弯效应导致预应力筋与受拉普通钢筋的总拉力

$$F_T = F_p + F_s + \Delta F_p + \Delta F_s = (1844.5 + 690.9 + 17.1 + 23.7) \times 10^3 = 2576.2 \times 10^3 \text{N}$$

$F_c - F_T = (2577.0 - 2576.2) \times 10^3 = 0.8 \times 10^3 \text{N}$，已经很好地满足力的平衡条件了。

用各受拉钢筋的综合拉力和轴心拉力对压力合力点取矩，可求得该状态下的抗弯能力

$$\begin{aligned} M_{y,r} &= F_p(h_p - c + \overline{x}) + F_s(h_s - c + \overline{x}) + N_a(c_0 - c + \overline{x}) \\ &= 1844.5 \times 10^3 \times (450 - 150 - 143.1 + 91.8) + 690.9 \times 10^3 \times \\ &\quad (450 - 41 - 143.1 + 91.8) - 1000 \times 10^3 \times (226.1 - 143.1 + 91.8) \\ &= 531.1 \times 10^6 \text{N} \cdot \text{mm} \end{aligned}$$

此状态下截面曲率

$$\phi = \varepsilon_c/c = 1773 \times 10^{-6}/143.1 = 12.391 \times 10^{-6} \text{rad/mm}$$

对预应力筋屈服状态下的手算与电算对比结果进行汇总，见表 3.2-42。可知，预应力筋屈服状态下手算与电算结果符合程度很好。

预应力筋屈服状态下手算与电算结果对比 表 3.2-42

参数	手算结果①	电算结果②	①/②
抵抗弯矩（N·mm）	531.1×10^6	531.1×10^6	1.00
曲率（rad/mm）	12.391×10^{-6}	12.393×10^{-6}	1.00
预应力筋应力（N/mm²）	1317.5	1317.5	1.00
普通钢筋应力（N/mm²）	363.6	363.6	1.00

（7）均匀受压混凝土极限应变状态

当均匀受压混凝土极限应变状态时，对应压应变$\varepsilon_c = 2000 \times 10^{-6}$，大于开裂点对应压应变$\varepsilon_{cr} = 130 \times 10^{-6}$，因此采用非弹性分析法。

经过试算，求得综合中和轴高度$c = 133.1$mm。由截面应变保持平面假定可求得，对应受压区普通纵向钢筋中心处混凝土压应变ε_{cs}、受弯效应中性轴至整体中性轴距离c_1

$$\varepsilon_{cs} = \frac{\varepsilon_c(c - a'_s)}{c} = \frac{2000 \times 10^{-6} \times (133.1 - 41)}{133.1} = 1384 \times 10^{-6}$$

$$c_1 = \frac{\varepsilon_a c}{\varepsilon_u} = \frac{-62 \times 10^{-6} \times 133.1}{2000 \times 10^{-6}} = -4.2 \text{mm}$$

以受弯中和轴为横轴进行积分，受弯部分压应力的积分上、下限由$c_1 = c'_1 = -4.2$mm、$c_2 = c = 133.1$mm变为$c_1 = 0$、$c_2 = 133.1 + 4.2 = 137.3$mm。连同$n = 2$、$b = 1000$mm、$f_{c,r} = 21.1$N/mm²、$\varepsilon_{c1} = 0$、$\varepsilon_{c2} = 2000 \times 10^{-6}$代入公式(2.4-4')并化简，得到仅受弯效应对混凝土产生的压力合力

$$F_{cp} = b f_{c,r} \left\{ \left(1 - \frac{\varepsilon_a}{\varepsilon_0}\right)^n (c_2 - c_1) + \frac{c\varepsilon_0}{\varepsilon_c(n+1)} \left[\left(1 - \frac{\varepsilon_u c_2}{c\varepsilon_0}\right)^{n+1} - \left(1 - \frac{\varepsilon_u c_1}{c\varepsilon_0}\right)^{n+1} \right] \right\}$$

$$= 1000 \times 21.1 \times \left\{ \left(1 - \frac{-62 \times 10^{-6}}{2000 \times 10^{-6}}\right)^2 \times (137.3 - 0) + \right.$$

$$\frac{137.3 \times 2000 \times 10^{-6}}{1302 \times 10^{-6}(2+1)} \left[\left(1 - \frac{137.3 \times 2000 \times 10^{-6}}{137.3 \times 2000 \times 10^{-6}}\right)^{2+1} - \right.$$

$$\left. \left. \left(1 - \frac{0 \times 2000 \times 10^{-6}}{137.3 \times 2000 \times 10^{-6}}\right)^{2+1} \right] \right\} = 2122.4 \times 10^3 \text{N}$$

因受弯效应受压区内需要额外考虑的纵向普通钢筋压力

$$F_{cs} = (\varepsilon_{cs} - \varepsilon_a)(\alpha_s - 1)E_c A_s' = (1384 + 62) \times 10^{-6} \times (5.94 - 1) \times 33657 \times 1900$$

$$= 457.1 \times 10^3 \text{N}$$

所以，受弯效应所致混凝土受压区总压力

$$F_c = F_{cp} + F_{cs} = (2122.4 + 457.1) \times 10^3 = 2579.5 \times 10^3 \text{N}$$

将 $n = 2$、$b = 1000\text{mm}$、$f_{c,r} = 21.1 \text{N/mm}^2$、$c_1 = 0\text{mm}$、$c_2 = c = 137.3\text{mm}$、$\varepsilon_{ca} = -62 \times 10^{-6}$、$\varepsilon_u = 2000 \times 10^{-6}$ 代入公式(2.4-6')、公式(2.4-7)并化简，得到受弯效应的混凝土压力合力至受弯效应中性轴距离

$$\int_{c_1}^{c_2} \sigma_c \, bx \, dx = b f_{c,r} \left\{ \left[\frac{1}{2} \left(1 - \frac{\varepsilon_a}{\varepsilon_0}\right)^n (c_2^2 - c_1^2) \right] + \frac{c\varepsilon_0}{\varepsilon_u(n+1)} \left[c_2 \left(1 - \frac{c_2\varepsilon_u}{c\varepsilon_0}\right)^{n+1} - c_1 \left(1 - \frac{c_1\varepsilon_u}{c\varepsilon_0}\right)^{n+1} \right] \right.$$

$$\left. + \frac{(c\varepsilon_0)^2}{(n+1)(n+2)(-\varepsilon_u)^2} \left[\left(1 - \frac{\varepsilon_u c_2}{c\varepsilon_0}\right)^{n+2} - \left(1 - \frac{\varepsilon_c c_1}{c\varepsilon_0}\right)^{n+2} \right] \right\}$$

$$= 1000 \times 21.1 \times \left\{ \frac{1}{2} \times \left(1 - \frac{-62 \times 10^{-6}}{2000 \times 10^{-6}}\right)^2 \times (137.3^2 - 0^2) \right.$$

$$+ \frac{137.3 \times 2000 \times 10^{-6}}{(2+1) \times 2000 \times 10^{-6}} \left[137.3 \times \left(1 - \frac{137.3 \times 2000 \times 10^{-6}}{137.3 \times 2000 \times 10^{-6}}\right)^{2+1} \right.$$

$$\left. -0 \times \left(1 - \frac{0 \times 2000 \times 10^{-6}}{137.3 \times 2000 \times 10^{-6}}\right)^{2+1} \right]$$

$$+ \frac{(137.3 \times 2000 \times 10^{-6})^2}{(2+1)(2+2)(-2000 \times 10^{-6})^2} \left[\left(1 - \frac{137.3 \times 2000 \times 10^{-6}}{137.3 \times 2000 \times 10^{-6}}\right)^{2+2} \right.$$

$$\left. \left. - \left(1 - \frac{0 \times 2000 \times 10^{-6}}{137.3 \times 2000 \times 10^{-6}}\right)^{2+2} \right] \right\} = 178.9 \times 10^6 \text{N} \cdot \text{mm}$$

该受弯效应的压力合力距受弯效应中性轴距离

$$\overline{x}_{cp} = \frac{\int_{c_1}^{c_2} \sigma_c \, b x \, dx}{F_{cp}} = \frac{178.9 \times 10^6}{2122.4 \times 10^3} = 84.3\text{mm}$$

轴心受拉所致受弯效应受压区混凝土的压力增量

$$\Delta F_{cpc} = \varepsilon_{ca} E_c A = -62 \times 10^{-6} \times 33657 \times (1000 \times 137.3) = -279.9 \times 10^3 \text{N}$$

轴心受拉所致受弯效应混凝土受压区钢筋的压力增量

$$\Delta F_{cps} = \varepsilon_{ca}E_cA_s(\alpha_s - 1) = -62 \times 10^{-6} \times 33657 \times 1900 \times (5.94 - 1) = -19.7 \times 10^3 \text{N}$$

参照公式(2.4-8)，可求得总压力作用点至受弯效应中性轴的距离

$$\overline{x'} = \frac{(F_{cs} + \Delta F_{cps})\overline{x}_{cs} + F_{cp}\overline{x}_{cp} + \Delta F_{cpc}\overline{x}_{cpc}}{F_{cs} + \Delta F_{cps} + F_{cp} + \Delta F_{cpc}}$$

$$= \frac{(457.1 - 19.7) \times 10^3 \times (137.3 - 41) + 2122.4 \times 10^3 \times 84.3 - 279.9 \times 10^3 \times 137.3/2}{(457.1 - 19.7 + 2122.4 - 279.9) \times 10^3}$$

$$= 88.5 \text{mm}$$

以下用综合效应求解，总压力作用点至综合效应中性轴的距离

$$\overline{x} = \overline{x'} + c_1' = 88.5 - 4.2 = 84.3 \text{mm}$$

取全截面消压状态下预应力筋的应变ε_{p0}作为计算起点，依据公式(2.4-17)，该阶段受拉区预应力筋应变

$$\varepsilon_p = \varepsilon_{p0} + \frac{h_p - c}{c}\varepsilon_c = 4812 \times 10^{-6} + \frac{450 - 150 - 137.3}{137.3} \times 2000 \times 10^{-6} = 7320 \times 10^{-6}$$

按弹性计算，此时预应力筋应力

$\sigma_p = \varepsilon_p E_p = 7320 \times 10^{-6} \times 195000 = 1427.4 \text{N/mm}^2$，大于$f_{pym} = 1317.5 \text{N/mm}^2$，可见预应力筋已经进入了条件屈服点，改用非弹性计算方法。

因为$\varepsilon_p < \varepsilon_{pu} = 0.045$，所以

$$\sigma_p = f_{py,r} + k_p(\varepsilon_p - \varepsilon_{py}) = 1317.5 + 6079 \times (7320 \times 10^{-6} - 6756 \times 10^{-6})$$
$$= 1320.9 \text{N/mm}^2$$

取全截面消压状态下普通受拉钢筋的应变ε_{s0}作为计算起点，依据公式(2.4-16)，该阶段受拉普通钢筋应变

$$\varepsilon_s = \varepsilon_{s0} + \frac{h_s - c}{c}\varepsilon_c = -383 \times 10^{-6} + \frac{450 - 41 - 137.3}{137.3} \times 2000 \times 10^{-6} = 3762 \times 10^{-6}$$

受拉普通钢筋应力

$\sigma_s = \varepsilon_s E_s = 752.5 \text{N/mm}^2$，大于受拉普通钢筋屈服点$f_{ym} = 363.6 \text{N/mm}^2$，应该按非弹性计算。又$\varepsilon_s = 3762 \times 10^{-6}$小于硬化起点应变设计值$\varepsilon_{uym} = 10000 \times 10^{-6}$，依据公式(2.4-16)求得其应力$\sigma_s = f_{y,r} = 363.6 \text{N/mm}^2$。

预应力筋与受拉普通钢筋拉力

$$F_p = 1320.9 \times 1400 = 1849.3 \times 10^3 \text{N}$$

$$F_s = 363.6 \times 1900 = 690.9 \times 10^3 \text{N}$$

轴心受拉导致预应力筋与受拉普通钢筋拉力增量

$$\Delta F_p = \sigma_a\alpha_p = 2.10 \times 5.79 \times 1400 = 17.1 \times 10^3 \text{N}$$

$$\Delta F_s = \sigma_a\alpha_s = 2.10 \times 5.94 \times 1900 = 23.7 \times 10^3 \text{N}$$

所以，受弯效应导致预应力筋与受拉普通钢筋的总拉力

$$F_T = F_p + F_s + \Delta F_p + \Delta F_s = (1849.3 + 690.9 + 17.1 + 23.7) \times 10^3 = 2581.0 \times 10^3 \text{N}$$

$F_c - F_T = (2579.5 - 2581.0) \times 10^3 = -1.5 \times 10^3 N$，已经很好地满足力的平衡条件了。

用各受拉钢筋的综合拉力和轴心拉力对压力合力点取矩，可求得该状态下的抗弯能力

$$M_{y,r} = F_p(h_p - c + \overline{x}) + F_s(h_s - c + \overline{x}) + N_a(c_0 - c + \overline{x})$$
$$= 1849.3 \times 10^3 \times (450 - 150 - 133.1 + 84.3) + 690.9 \times 10^3 \times$$
$$(450 - 41 - 133.1 + 84.3) - 1000 \times 10^3 \times (226.1 - 133.1 + 84.3)$$
$$= 536.2 \times 10^6 N \cdot mm$$

此状态下截面曲率

$$\phi = \varepsilon_c/c = 2000 \times 10^{-6}/133.1 = 15.026 \times 10^{-6} rad/mm$$

对受压区边缘混凝土达到轴心抗压强度设计值状态下的手算与电算对比结果进行汇总，见表3.2-43。可知，手算与电算结果符合程度很好。

混凝土达到轴心抗压强度设计值状态下手算与电算结果对比　　　　表 3.2-43

参数	手算结果①	电算结果②	①/②
抵抗弯矩（N·mm）	536.2×10^6	535.1×10^6	1.00
曲率（rad/mm）	15.026×10^{-6}	15.023×10^{-6}	1.00
预应力筋应力（N/mm²）	1320.9	1317.5	1.00
普通钢筋应力（N/mm²）	363.6	363.6	1.00

（8）非均匀受压混凝土极限应变状态

经过试算，当受压混凝土达到极限压应变破坏状态时，受压区边缘混凝土压应变 $\varepsilon_c = 3300 \times 10^{-6}$，大于开裂点受压区边缘混凝土压应变 $\varepsilon'_{cr} = 130 \times 10^{-6}$，因此采用非弹性分析法。

经过试算，求得综合中和轴高度 $c = 114.7mm$，由截面应变保持平面假定还可推得，当 $\varepsilon_c = \varepsilon_0 = 2000 \times 10^{-6}$ 时，混凝土压应力抛物线顶部距中性轴的高度

$$c_2 = \frac{\varepsilon_0 c}{\varepsilon_c} = \frac{2000 \times 10^{-6} \times 114.7}{3300 \times 10^{-6}} = 69.5mm$$

由截面应变保持平面假定还可求得，对应受压区普通纵向钢筋中心处混凝土压应变、受弯效应中性轴至整体中性轴距离 c_1

$$\varepsilon_{cs} = \frac{\varepsilon_c(c - a'_s)}{c} = \frac{3300 \times 10^{-6} \times (114.7 - 41)}{114.7} = 2120 \times 10^{-6}$$

$$c_1 = \frac{\varepsilon_a c}{\varepsilon_u} = \frac{-62 \times 10^{-6} \times 114.7}{3300 \times 10^{-6}} = -2.2mm$$

由于 ε_c 均位于 ε_0 和 ε_{cu} 之间，依据公式(2.4-9)可求得，受压区边缘混凝土压应力 $f_{c,r} = 21.1N/mm^2$。

以受弯中和轴为横轴进行积分，受弯抛物线部分压应力的积分上、下限由 $c_1 = c'_1 = -2.2mm$、$c_2 = 69.5mm$、$c = 114.7mm$ 变为 $c_1 = 0$、$c_2 = 69.5 + 2.2 = 71.7mm$、$c = 116.9mm$。

连同$n = 2$、$b = 1000mm$、$f_{c,r} = 21.1N/mm^2$、$\varepsilon_{c1} = 0$、$\varepsilon_{c2} = 2000 \times 10^{-6}$代入公式(2.4-4)~公式(2.4-11)并化简，得到仅受弯效应对混凝土压应力合力

$$
\begin{aligned}
F_{cp} + F_{cl} &= bf_{c,r}\left\{\left(1 - \frac{\varepsilon_a}{\varepsilon_0}\right)^n(c_2 - c_1) + \frac{c\varepsilon_0}{\varepsilon_c(n+1)}\left[\left(1 - \frac{\varepsilon_u c_2}{c\varepsilon_0}\right)^{n+1} - \left(1 - \frac{\varepsilon_u c_1}{c\varepsilon_0}\right)^{n+1}\right] + (c - c_2)\right\} \\
&= 1000 \times 21.1 \times \left\{\left(1 - \frac{-62 \times 10^{-6}}{2000 \times 10^{-6}}\right)^2 \times (71.7 - 0) + \right. \\
&\quad \frac{71.7 \times 2000 \times 10^{-6}}{1302 \times 10^{-6}(2+1)}\left[\left(1 - \frac{71.7 \times 2000 \times 10^{-6}}{71.7 \times 2000 \times 10^{-6}}\right)^{2+1} - \right. \\
&\quad \left.\left.\left(1 - \frac{0 \times 2000 \times 10^{-6}}{71.7 \times 2000 \times 10^{-6}}\right)^{2+1}\right] + (116.9 - 71.7)\right\} \\
&= (1011.1 + 955.6) \times 10^3 = 1966.6 \times 10^3 N
\end{aligned}
$$

因受弯效应受压区内需要额外考虑的纵向普通钢筋压力

$$
\begin{aligned}
F_{cs} &= (\varepsilon_{cs} - \varepsilon_a)(\alpha_s - 1)E_c A_s' = (2120 + 62) \times 10^{-6} \times (5.94 - 1) \times 33657 \times 1900 \\
&= 670.2 \times 10^3 N
\end{aligned}
$$

所以，受弯效应所致混凝土受压区总压力

$$
F_c = F_{cp} + F_{cl} + F_{cs} = 2636.8 \times 10^3 N
$$

将$n = 2$、$b = 1000mm$、$f_{c,r} = 21.1N/mm^2$、$c_1 = 0$、$c_2 = 71.7mm$、$c = 116.9mm$、$\varepsilon_{c1} = 0$、$\varepsilon_{c2} = 2000 \times 10^{-6}$代入公式(2.4-6)、公式(2.4-13)并化简，得到抛物线部分混凝土压应力合力至受弯中性轴的距离

$$
\begin{aligned}
\int_{c_1}^{c_2} \sigma_c bx\,dx &= bf_{c,r}\left\{\frac{1}{2}c_2^2 - \left[\frac{\left(1 - \frac{\varepsilon_{c2}}{\varepsilon_0}\right)^{n+1}\frac{-\varepsilon_0 c_2^2}{\varepsilon_{c2}}}{n+1} - \frac{\left(1 - \frac{\varepsilon_{c2}}{\varepsilon_0}\right)^{n+2}\left(\frac{\varepsilon_0 c_2}{\varepsilon_{c2}}\right)^2}{(n+1)(n+2)}\right] - \right. \\
&\quad \left.\frac{1}{2}c_1^2 + \left[\frac{\left(1 - \frac{\varepsilon_{c1}}{\varepsilon_0}\right)^{n+1}\frac{-\varepsilon_0 c_1 c_2}{\varepsilon_{c2}}}{n+1} - \frac{\left(1 - \frac{\varepsilon_{c2} c_1}{c_2 \varepsilon_0}\right)^{n+2}\left(\frac{\varepsilon_0 c_2}{\varepsilon_{c2}}\right)^2}{(n+1)(n+2)}\right]\right\} = 1000 \times 21.1 \times \\
&\quad \left\{\frac{1}{2} \times 71.7^2 - \left[\frac{\left(1 - \frac{2000 \times 10^{-6}}{2000 \times 10^{-6}}\right)^3 \times \frac{-2000 \times 10^{-6} \times 71.7^2}{2000 \times 10^{-6}}}{2+1} - \right.\right. \\
&\quad \left.\frac{\left(1 - \frac{2000 \times 10^{-6}}{2000 \times 10^{-6}}\right)^4 \times \left(\frac{2000 \times 10^{-6} \times 71.7}{2000 \times 10^{-6}}\right)^2}{(2+1) \times (2+2)}\right] - \\
&\quad \left.0 - \frac{\left(\frac{2000 \times 10^{-6} \times 71.7}{2000 \times 10^{-6}}\right)^2}{(2+1) \times (2+2)}\right\} = 45.3 \times 10^6 N \cdot mm
\end{aligned}
$$

$$\overline{x}_{\mathrm{cp}} = \frac{\int_{c_1}^{c_2} \sigma_{\mathrm{c}} \, bx \, \mathrm{d}x}{F_{\mathrm{cp}}} = \frac{45.3 \times 10^6}{1966.6 \times 10^3} = 44.8 \mathrm{mm}$$

轴心受拉所致受弯效应受压区混凝土的压力增量

$$\Delta F_{\mathrm{cpc}} = \varepsilon_{\mathrm{ca}} E_{\mathrm{c}} A = -62 \times 10^{-6} \times 33657 \times (1000 \times c = 116.9) = -344.7 \times 10^3 \mathrm{N}$$

轴心受拉所致受弯效应混凝土受压区钢筋的压力增量

$$\Delta F_{\mathrm{cps}} = \varepsilon_{\mathrm{ca}} E_{\mathrm{c}} A_{\mathrm{s}} (\alpha_{\mathrm{s}} - 1) = -62 \times 10^{-6} \times 33657 \times 1900 \times (5.94 - 1) = -19.7 \times 10^3 \mathrm{N}$$

参照公式(2.4-8)，可求得总压力作用点至受弯效应中性轴的距离

$$\overline{x'} = \frac{(F_{\mathrm{cs}} + \Delta F_{\mathrm{cps}}) \overline{x}_{\mathrm{cs}} + F_{\mathrm{cp}} \overline{x}_{\mathrm{cp}} + F_{cl} \overline{x}_{cl} + \Delta F_{\mathrm{cpc}} \overline{x}_{\mathrm{cpc}}}{F_{\mathrm{cs}} + \Delta F_{\mathrm{cps}} + F_{\mathrm{cp}} + F_{cl} + \Delta F_{\mathrm{cpc}}}$$

$$= \frac{[(670.2 - 19.7) \times (116.9 - 41) + 1011.1 \times 44.8 + 955.6 \times (71.7 + 45.2/2)] \times 10^3}{(670.2 - 19.7 + 1011.1 + 955.6 - 241.2) \times 10^3} -$$

$$\frac{\left[241.2 \times \dfrac{116.9}{2}\right] \times 10^3}{(670.2 - 19.7 + 1011.1 + 955.6 - 241.2) \times 10^3} = 68.2 \mathrm{mm}$$

以下用综合效应求解，总压力作用点至综合效应中性轴的距离

$$\overline{x} = \overline{x'} + c_1' = 68.2 - 2.2 = 66.0 \mathrm{mm}$$

取全截面消压状态下预应力筋的应变$\varepsilon_{\mathrm{p0}}$作为计算起点，依据公式(2.4-17)，该阶段受拉区预应力筋应变

$$\varepsilon_{\mathrm{p}} = \varepsilon_{\mathrm{p0}} + \frac{h_{\mathrm{p}} - c}{c} \varepsilon_{\mathrm{c}} = 4812 \times 10^{-6} + \frac{450 - 150 - 114.7}{114.7} \times 3300 \times 10^{-6} = 10144 \times 10^{-6}$$

按弹性计算，此时预应力筋应力

$\sigma_{\mathrm{p}} = \varepsilon_{\mathrm{p}} E_{\mathrm{p}} = 10144 \times 10^{-6} \times 195000 = 1978.0 \mathrm{N/mm}^2$，大于$f_{\mathrm{pym}} = 1317.5 \mathrm{N/mm}^2$，可见预应力筋已经进入了条件屈服点，改用非弹性计算方法。

因为$\varepsilon_{\mathrm{p}} < \varepsilon_{\mathrm{pu}} = 0.045$，所以

$$\sigma_{\mathrm{p}} = f_{\mathrm{py,r}} + k_{\mathrm{p}} (\varepsilon_{\mathrm{p}} - \varepsilon_{\mathrm{py}}) = 1317.5 + 6079 \times (10144 \times 10^{-6} - 6756 \times 10^{-6})$$

$$= 1338.1 \mathrm{N/mm}^2$$

取全截面消压状态下普通受拉钢筋的应变$\varepsilon_{\mathrm{s0}}$作为计算起点，依据公式(2.4-16)，该阶段受拉普通钢筋应变

$$\varepsilon_{\mathrm{s}} = \varepsilon_{\mathrm{s0}} + \frac{h_{\mathrm{s}} - c}{c} \varepsilon_{\mathrm{c}} = -383 \times 10^{-6} + \frac{450 - 41 - 114.7}{114.7} \times 3300 \times 10^{-6} = 7862 \times 10^{-6}$$

受拉普通钢筋应力

$\sigma_{\mathrm{s}} = \varepsilon_{\mathrm{s}} E_{\mathrm{s}} = 7862 \times 10^{-6} \times 200000 = 1572.5 \mathrm{N/mm}^2$，大于受拉普通钢筋屈服点$f_{\mathrm{ym}} = 363.6 \mathrm{N/mm}^2$，应该按非弹性计算。又$\varepsilon_{\mathrm{s}} = 7862 \times 10^{-6}$小于硬化起点应变设计值$\varepsilon_{\mathrm{uym}} = 10000 \times 10^{-6}$，依据公式(2.4-16)求得其应力$\sigma_{\mathrm{s}} = f_{\mathrm{y,r}} = 363.6 \mathrm{N/mm}^2$。

预应力筋与受拉普通钢筋拉力

$$F_{\mathrm{p}} = 1338.1 \times 1400 = 1873.3 \times 10^3 \mathrm{N}$$

$$F_s = 363.6 \times 1900 = 690.9 \times 10^3 \text{N}$$

轴心受拉导致预应力筋与受拉普通钢筋拉力增量

$$\Delta F_p = \sigma_a \alpha_p = 2.10 \times 5.79 \times 1400 = 17.1 \times 10^3 \text{N}$$

$$\Delta F_s = \sigma_a \alpha_s = 2.10 \times 5.94 \times 1900 = 23.7 \times 10^3 \text{N}$$

所以，受弯效应导致预应力筋与受拉普通钢筋的总拉力

$$F_T = F_p + F_s + \Delta F_p + \Delta F_s = (1873.3 + 690.9 + 17.1 + 23.7) \times 10^3 = 2605.0 \times 10^3 \text{N}$$

$F_c - F_T = (2636.8 - 2605.0) \times 10^3 = 31.8 \times 10^3 \text{N}$，已经很好地满足力的平衡条件了。

用各受拉钢筋的综合拉力和轴心拉力对压力合力点取矩，可求得该状态下的抗弯能力

$$\begin{aligned}
M_{y,r} &= F_p(h_p - c + \overline{x}) + F_s(h_s - c + \overline{x}) + N_a(c_0 - c + \overline{x}) \\
&= 1873.3 \times 10^3 \times (450 - 150 - 114.7 + 66.0) + 690.9 \times 10^3 \times \\
&\quad (450 - 41 - 114.7 + 66.0) - 1000 \times 10^3 \times (226.1 - 114.7 + 66.0) \\
&= 542.4 \times 10^6 \text{N} \cdot \text{mm}
\end{aligned}$$

此状态下截面曲率

$$\phi = \varepsilon_c / c = 3300 \times 10^{-6} / 114.7 = 28.771 \times 10^{-6} \text{rad/mm}$$

对非均匀受压混凝土极限应变状态下的手算与电算对比结果进行汇总，见表 3.2-44。可知，手算与电算结果符合程度很好。

非均匀受压混凝土极限应变状态下手算与电算结果对比　　　　表 3.2-44

参数	手算结果①	电算结果②	①/②
抵抗弯矩（N·mm）	542.4×10^6	544.0×10^6	1.00
曲率（rad/mm）	28.771×10^{-6}	28.772×10^{-6}	1.00
预应力筋应力（N/mm²）	1338.1	1338.1	1.00
普通钢筋应力（N/mm²）	363.6	363.6	1.00

（9）受拉钢筋极限应变点

当受拉钢筋极限应变点时，$\varepsilon_{uy} = 10000 \times 10^{-6}$，经过试算，综合效应混凝土受压区高度 $c = 109.7$mm，受压区边缘混凝土压应变 $\varepsilon_c = 3666 \times 10^{-6}$，大于达到极限压应变状态下受压区边缘混凝土压应变 $\varepsilon_{cu} = 3300 \times 10^{-6}$，说明混凝土极限压应变早于普通受拉钢筋极限拉应变出现，结构构件早已达到了承载能力极限状态，不用再计算与普通受拉钢筋极限拉应变点相关的参数值。

（10）小结

就该预应力混凝土拉梁来说，其全过程弯矩-曲率关系及各控制状态的各项指标的手算和电算计算结果符合程度很好，电算结果的全过程弯矩曲率关系如图 3.2-27 所示，预应力筋应力全过程变化曲线、受拉区纵向普通钢筋全过程应力变化曲线、受压区边缘混凝土全过程应力变化曲线分别见图 3.2-28、图 3.2-29 和图 3.2-30。

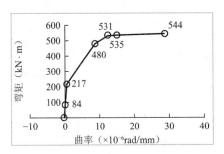

图 3.2-27　全过程弯矩曲率关系

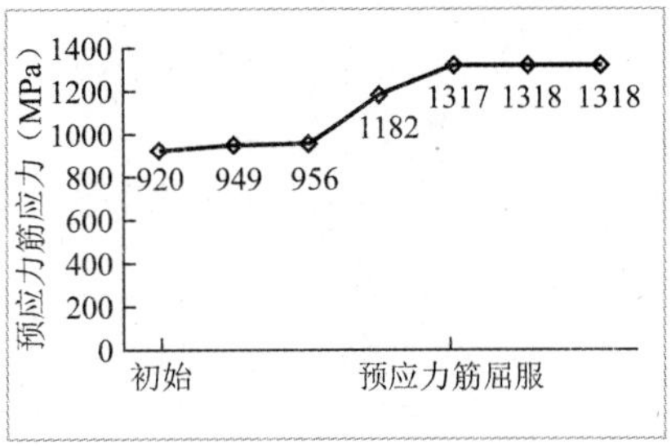

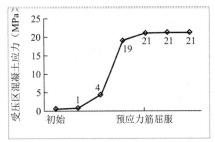

图 3.2-28　预应力筋应力全过程变化曲线

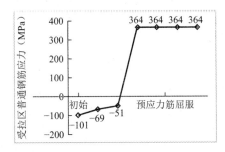

图 3.2-29　受拉区纵向普通钢筋全过程
应力变化曲线

图 3.2-30　受压区边缘混凝土全过程
应力变化曲线

由前述计算结果及图 3.2-27～图 3.2-30 可知，控制状态出现的先后顺序依次为初始状态、零应力状态、开裂状态、受拉钢筋屈服状态、预应力筋屈服状态，均匀受压混凝土极限应变状态、非均匀受压混凝土极限应变状态。受拉普通钢筋极限应变状态出现时，截面已经达到承载能力极限状态。全过程弯矩曲率关系可用四折线形状表示，三个折点分别位于开裂状态、普通钢筋屈服状态和预应力筋屈服状态，可直接确定各控制状态的性质及其相互关系，可求得各控制状态及曲线上任意一点受弯刚度的折减系数、耗能能力和延性比等参数，可直接观察到开裂前后各指标全过程应力的弹性变化，也可直接观察到钢筋屈服后的弹塑性变化。

从 PCNAD 计算结果还可查得，达到承载能力极限状态时受弯刚度的折减系数、延性比分别为 0.042、3.297。得到任一点受弯刚度折减系数后，可以将弹塑性问题变成弹性问题，采用弹性计算方法进行静荷载和等效动荷载的计算分析，从而用简单的弹性方法就实现弹塑性分析。

第 **4** 章

结构构件设计

本章讲述框架梁和框架柱正截面受弯承载能力计算、裂缝控制验算、受弯构件挠度验算及构造措施，并附有预应力混凝土框架和钢筋混凝土框架设计算例各一道，最后对其经济、技术和碳排放进行对比。

4.1 正截面受弯承载能力计算

本节给出非抗震设计正截面受弯承载能力计算公式，抗震设计时，应在非抗震设计承载力计算公式中取$\gamma_0 = 1.0$，并在公式右边除以相应的承载力抗震调整系数γ_{RE}。

1）矩形截面或翼缘位于受拉边的倒 T 形截面梁，其正截面受弯承载力应符合下列规定（图 4.1-1）：

$$\gamma_0 M = \alpha_1 f_c bx\left(h_0 - \frac{x}{2}\right) + A'_s f'_y(h_0 - a'_s) - (\sigma'_{p0} - f'_{py})A'_p(h_0 - a'_p) \tag{4.1-1}$$

混凝土受压区高度x按下列公式确定：

$$\alpha_1 f_c bx = A_s f_y - A'_s f'_y + A_p f_{py} + (\sigma'_{p0} - f'_{py})A'_p \tag{4.1-2}$$

混凝土受压区高度x应符合下列条件：

$$x \leqslant \xi_b h_0 \tag{4.1-3}$$

$$x \geqslant 2a' \tag{4.1-4}$$

式中：M——弯矩设计值；

α_1——系数，按本书第 2.4 节第 9）条的规定计算；

A_s、A'_s——受拉区、受压区纵向普通钢筋的截面面积；

A_p、A'_p——受拉区、受压区纵向预应力筋的截面面积；

σ'_{s0}、σ'_{p0}——受压区纵向普通钢筋、预应力筋合力点处混凝土法向应力等于零时的预应力筋应力；

b——矩形截面的宽度或倒 T 形截面的腹板宽度；

h_0——截面有效高度；

a'_s、a'_p——受压区纵向普通钢筋合力点、预应力筋合力点至截面受压边缘的距离；

a'——受压区全部纵向钢筋合力点至截面受压边缘的距离，当受压区未配置纵向预应力筋或受压区纵向预应力筋应力$(\sigma'_{p0} - f'_{py})$为拉应力时，公式(4.1-4)中的a'用a'_s代替。

注：依据公式(3.1-87)和公式(3.1-108)，公式(4.1-1)和公式(4.1-2)中的f'_y应该用$(f'_y - \sigma'_{s0})$代替，但本书为符合现行规范要求，仍采用f'_y，下同。

2）翼缘位于受压区的 T 形、I 形截面受弯构件（图 4.1-2），其正截面受弯承载力应符合下列规定：

（1）当满足下列条件时（图 4.1-2a），应按宽度为 b'_f 的矩形截面计算：

$$A_s f_y + f_{py} A_p \leqslant \alpha_1 f_c b'_f h'_f + f'_y A'_s - (\sigma'_{p0} - f'_{py}) A'_p \qquad (4.1-5)$$

（2）当不满足公式(4.1-5)的条件时，应按下式计算：

$$\gamma_0 M \leqslant \alpha_1 f_c b x \left(h_0 - \frac{x}{2}\right) + \alpha_1 f_c (b'_f - b) h'_f \left(h_0 - \frac{h'_f}{2}\right) + A'_s f'_y (h_0 - a'_s) -$$
$$(\sigma'_{p0} - f'_{py}) A'_p (h_0 - a'_p) \qquad (4.1-6)$$

混凝土受压区高度按下式确定：

$$\alpha_1 f_c [b x + (b'_f - b) h'_f] = A_s f_y - A'_s f'_y + A_p f_{py} + (\sigma'_{p0} - f'_{py}) A'_p \qquad (4.1-7)$$

式中：h'_f——T 形、I 形截面受压区的翼缘高度；

b'_f——T 形、I 形截面受压区的翼缘计算宽度。

按上述公式计算 T 形、I 形截面受弯构件时，混凝土受压区高度仍应符合公式(4.1-3)和公式(4.1-4)的要求。

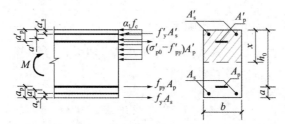

图 4.1-1　矩形截面受弯构件正截面受弯承载力计算

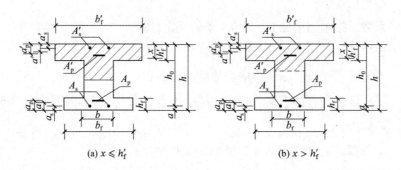

(a) $x \leqslant h'_f$　　　　　　　　　　(b) $x > h'_f$

图 4.1-2　I 形截面受弯构件受压区高度位置

T 形、I 形及倒 L 形截面受弯构件位于受压区的翼缘计算宽度 b'_f 可按表 4.1-1 所列情况中的最小值取用，受拉区的翼缘计算宽度 b_f 可参照 b'_f 的计算规则取用。

受弯构件受压区有效翼缘计算宽度 b'_f　　　　　　表 4.1-1

情况		T 形、I 形截面		倒 L 形截面
		肋形梁（板）	独立梁	肋形梁（板）
1	按计算跨度 l_0 考虑	$l_0/3$	$l_0/3$	$l_0/6$
2	按梁（肋）净距 s_n 考虑	$b + s_n$	—	$b + s_n/2$

续表

情况		T 形、I 形截面		倒 L 形截面
		肋形梁（板）	独立梁	肋形梁（板）
3　按翼缘高度 h'_f 考虑	$h'_f/l_0 \geqslant 0.1$	—	$b + 12h'_f$	—
	$0.1 > h'_f/l_0 \geqslant 0.05$	$b + 12h'_f$	$b + 6h'_f$	$b + 5h'_f$
	$h'_f/l_0 < 0.05$	$b + 12h'_f$	b	$b + 5h'_f$

注：1. 表中 b 为梁的腹板厚度；
　　2. 肋形梁在梁跨内设有间距小于纵肋间距的横肋时，可不考虑表中情况 3 的规定；
　　3. 加腋的 T 形、I 形和倒 L 形截面，当受压区加腋的高度 h_h 不小于 h'_f 且加腋的长度 b_h 不大于 $3h_h$ 时，其翼缘计算宽度可按表中情况 3 的规定分别增加 $2b_h$（T 形、I 形截面）和 b_h（倒 L 形截面）；
　　4. 独立梁受压区的翼缘板在荷载作用下经验算沿纵肋方向可能产生裂缝时，其计算宽度应取腹板宽度 b。

3）受弯构件的其他规定：

（1）箱型截面构件可按以下要求转化为 I 形截面构件进行受弯承载力计算：将箱型截面的高作为 I 形截面的高，箱型截面两侧壁厚之和作为 I 形截面腹板宽，箱型截面上下壁厚分别作为 I 形截面上下翼缘的高，箱型截面的宽作为 I 形截面上下翼缘的宽。

（2）受弯构件正截面受弯承载力计算应符合公式(4.1-3)的要求。当由构造要求或按正常使用极限状态验算要求配置的纵向受拉钢筋截面面积大于受弯承载力要求的配筋面积时，按公式(4.1-2)或公式(4.1-7)计算的混凝土受压区高度 x，可仅计入受弯承载力条件所需的纵向受拉钢筋截面面积。

（3）在设计计算中如果计入了纵向普通受压钢筋，就应满足公式(4.1-4)的条件；当不满足此条件时，正截面受弯承载力应符合下列规定：

$$\gamma_0 M \leqslant f_{py} A_p(h - a_p - a'_s) + f_y A_s(h - a_s - a'_s) + (\sigma'_{p0} - f'_{py})A'_p(a'_p - a'_s) \tag{4.1-8}$$

式中：a_s、a_p——受拉区纵向普通钢筋合力点、预应力筋合力点至截面受拉边缘的距离。

4）矩形截面偏心受拉构件的正截面受拉承载力应符合下列规定：

（1）小偏心受拉构件

当轴向拉力作用在钢筋 A_s 与 A_p 的合力点和 A'_s 与 A'_p 的合力点之间时（图 4.1-3a）：

$$\gamma_0 Ne \leqslant f_y A'_s(h_0 - a'_s) + f_{py} A'_p(h_0 - a'_p) \tag{4.1-9}$$

$$\gamma_0 Ne' \leqslant f_y A_s(h'_0 - a_s) + f_{py} A_p(h'_0 - a_p) \tag{4.1-10}$$

$$e = \frac{h}{2} - e_0 - a \tag{4.1-11}$$

$$e' = \frac{h}{2} + e_0 - a' \tag{4.1-12}$$

式中：e_0——轴心拉力偏心距。

（2）大偏心受拉构件

当轴向拉力不作用在钢筋 A_s 与 A_p 的合力点和 A'_s 与 A'_p 的合力点之间时（图 4.1-3b）：

$$\gamma_0 N \leqslant f_y A_s + f_{py} A_p - f'_y A'_s + (\sigma'_{p0} - f'_{py})A'_p(h_0 - a'_p) - \alpha_1 f_c bx \tag{4.1-13}$$

$$\gamma_0 Ne \leqslant \alpha_1 f_c bx\left(h_0 - \frac{x}{2}\right) + f_y' A_s'(h_0 - a_s') - (\sigma_{p0}' - f_{py}')A_p'(h_0 - a_p') \tag{4.1-14}$$

$$e = e_0 - \frac{h}{2} + a \tag{4.1-15}$$

此时，混凝土受压区的高度应满足公式(4.1-3)的要求。当计算中计入纵向普通受压钢筋时，尚应满足公式(4.1-4)的条件；当不满足时，可按公式(4.1-8)计算。

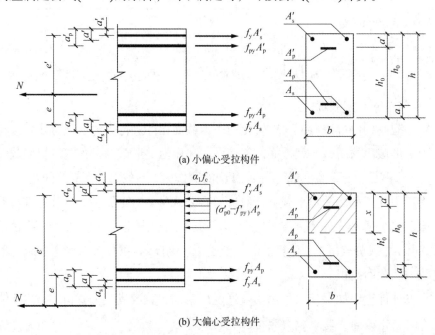

(a) 小偏心受拉构件

(b) 大偏心受拉构件

图 4.1-3 矩形截面偏心受拉构件正截面受拉承载力计算

5）柱的计算长度、偏心受压柱的附加偏心距

（1）轴心受压和偏心受压柱的计算长度 l_0 可按下列规定确定：

① 刚性屋盖单层房屋排架柱、露天吊车柱和栈桥柱，其计算长度 l_0 可按表 4.1-2 取用。

刚性屋盖单层房屋排架柱、露天吊车柱和栈桥柱的计算长度　　　　　表 4.1-2

柱的类别		l_0		
		排架方向	垂直排架方向	
			有柱间支撑	无柱间支撑
无吊车房屋柱	单跨	1.5H	1.0H	1.2H
	两跨及多跨	1.25H	1.0H	1.2H
有吊车房屋柱	上柱	$2.0H_u$	$1.25H_u$	$1.5H_u$
	下柱	$1.0H_l$	$0.8H_l$	$1.0H_l$
露天吊车柱和栈桥柱		$2.0H_l$	$1.0H_l$	—

注：1. 表中 H 为从基础顶面算起的柱子全高；H_l 为从基础顶面至装配式吊车梁底面或现浇式吊车梁顶面的柱子下部高度；H_u 为从装配式吊车梁底面或从现浇式吊车梁顶面算起的柱子上部高度；
　　2. 表中有吊车房屋排架柱的计算长度，当计算中不考虑吊车荷载时，可按无吊车房屋柱的计算长度采用，但上柱的计算长度仍可按有吊车房屋采用；
　　3. 表中有吊车房屋排架柱的上柱在排架方向的计算长度，仅适用于 H_u/H_l 不小于 0.3 的情况；当 H_u/H_l 小于 0.3 时，计算长度宜采用 $2.5H_u$。

②一般多层房屋中梁柱为刚接的框架结构，各层柱的计算长度l_0可按表 4.1-3 取用。

框架结构各层柱的计算长度 表 4.1-3

楼盖类型	柱的类别	l_0
现浇楼盖	底层柱	$1.0H$
	其余各层柱	$1.25H$
装配式楼盖	底层柱	$1.25H$
	其余各层柱	$1.5H$

注：表中H为底层柱从基础顶面到一层楼盖顶面的高度；对其余各层柱为上下两层楼盖顶面之间的高度。

（2）偏心受压柱的附加偏心距

在偏心受压构件的正截面受弯承载能力计算中，应计入轴向压力在偏心方向存在的附加偏心距e_a，其值应取 20mm 和偏心方向截面最大尺寸的 1/30 两者中的较大值。

6）二阶效应的考虑方法

（1）当结构的二阶效应可能使作用效应显著增大时，在结构分析中应考虑二阶效应的不利影响。混凝土结构的重力二阶效应可采用有限元分析方法计算，宜考虑混凝土构件开裂对构件刚度的影响。

（2）弯矩作用平面内截面对称的偏心受压构件，当同一主轴方向的杆端弯矩比M_1/M_2不大于 0.9 且设计轴压比不大于 0.9 时，若构件的长细比满足公式(4.1-16)的要求，可不考虑轴向压力在该方向挠曲杆件中产生的附加弯矩影响；否则应根据第（3）条的规定，按截面的两个主轴方向分别考虑轴向压力在挠曲杆件中产生的附加弯矩影响。

$$l_c/i \leqslant 34 - 12(M_1/M_2) \tag{4.1-16}$$

式中：M_1、M_2——已经考虑侧移影响的偏心受压构件两端截面按结构弹性分析确定的对同一主轴的组合弯矩设计值，绝对值较大端为M_2，绝对值较小端为M_1，当构件按单曲率弯曲时，M_1/M_2取正值，否则取负值；

l_c——构件的计算长度，可近似取偏心受压构件相应主轴方向上下支撑点之间的距离；

i——偏心方向的截面回转半径。

（3）除排架结构柱外，其他偏心受压构件考虑轴向压力在挠曲杆件中产生的二阶效应后控制截面的弯矩设计值，应按下列公式计算：

$$M = C_m \eta_{ns} M_2 \tag{4.1-17}$$

$$C_m = 0.7 + 0.3 \frac{M_1}{M_2} \tag{4.1-18}$$

$$\eta_{ns} = 1 + \frac{1}{1300 M_2/(N + e_a)/h_0}\left(\frac{l_c}{h}\right)^2 \xi_c \tag{4.1-19}$$

$$\xi_c = \frac{0.5 f_c A}{N} \tag{4.1-20}$$

当 $C_m \eta_{ns}$ 小于 1.0 时取 1.0；对剪力墙及核心筒墙，可取 $C_m \eta_{ns}$ 等于 1.0。

式中：C_m——构件端截面偏心距调节系数，当小于 0.7 时取 0.7；

η_{ns}——弯矩增大系数；

N——与弯矩设计值 M_2 相应的轴向压力设计值；

ξ_c——截面曲率修正系数，当计算值大于 1.0 时取 1.0；

h——截面高度；对环形截面，取外直径；对圆形截面，取直径；

h_0——截面有效高度；对圆形截面，取 $h_0 = r + r_s$；此处，r 和 r_s 按本节第 9）条（2）
项确定；

A——构件截面面积。

7）轴心受压构件正截面受压承载力计算

钢筋混凝土轴心受压构件，当配置的箍筋符合第 4.5.3 节的规定时，其正截面受压承载
力应符合下列规定（图 4.1-4）：

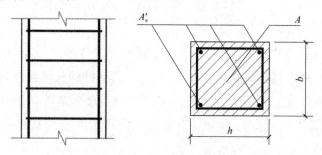

图 4.1-4　配置箍筋的钢筋混凝土轴心受压构件

$$\gamma_0 N \leqslant 0.9 \varphi \left(f_c A + f_y' A_s'\right) \tag{4.1-21}$$

$$\varphi = \left[1 + 0.002\left(\frac{l_0}{b} - 8\right)^2\right]^{-1} \tag{4.1-22}$$

式中：N——轴向压力设计值；

φ——钢筋混凝土构件的稳定系数；

A——构件截面面积；

A_s'——全部纵向普通钢筋的截面面积；

l_0——构件的计算长度；

b——对矩形截面，b 为截面的短边尺寸；对圆形截面，$b = \sqrt{3}d/2$；对任意截面，
$b = \sqrt{12}i$；其中，d 为圆形截面的直径，i 为截面的最小回转半径。

当纵向普通钢筋的配筋率大于 3% 时，公式(4.1-21)中的 A 应改用$(A - A_s')$代替。

8）单向偏心受压构件正截面受弯承载力计算

（1）矩形截面偏心受压构件正截面受压承载力应符合下列规定（图 4.1-5）：

$$\gamma_0 N \leqslant \alpha_1 f_c bx + A'_s f'_y - \sigma_s A_s - (\sigma'_{p0} - f'_{py}) A'_p - \sigma_p A_p \tag{4.1-23}$$

$$\gamma_0 Ne \leqslant \alpha_1 f_c bx\left(h_0 - \frac{x}{2}\right) + f'_y A'_s (h_0 - a'_s) - (\sigma'_{p0} - f'_{py}) A'_p (h_0 - a'_p) \tag{4.1-24}$$

$$e = e_i + \frac{h}{2} - a \tag{4.1-25}$$

$$e_i = e_0 + e_a \tag{4.1-26}$$

式中：e——轴向压力作用点至纵向受拉普通钢筋和受拉区预应力筋的合力点的距离；

　σ_s、σ_p——受拉边或受压较小边的纵向普通钢筋、预应力筋的应力；

　　e_i——初始偏心距；

　　a——纵向受拉普通钢筋和受拉区预应力筋的合力点至截面近边缘的距离；

　　e_0——轴向压力对截面重心的偏心距，取为M/N，当需要考虑二阶效应时，M为按本节第 6）条规定确定的弯矩设计值；

　　e_a——附加偏心距，按本节第 2）条确定。

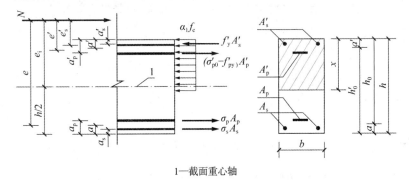

1—截面重心轴

图 4.1-5　矩形截面偏心受压构件正截面受压承载力计算

按上述规定计算时，尚应符合下列要求：

①钢筋的应力σ_s、σ_p可按下列情况确定：

当ξ不大于ξ_b时为大偏心受压构件，取σ_s为f_y、σ_p为f_{py}；ξ大于ξ_b时为小偏心受压构件，σ_s、σ_p按公式(2.4-23)或公式(2.4-24)进行计算。此处，ξ为相对受压区高度，取为x/h_0。

②当计算中计入纵向受压普通钢筋时，受压区高度应满足公式(4.1-4)的条件；当不满足此条件时，其正截面受压承载力可按公式(4.1-27)进行计算，此时，e'_s为轴向压力作用点至受压区纵向普通钢筋合力点的距离，按公式(4.1-28)进行计算，初始偏心距应按公式(4.1-26)确定。公式(4.1-27)对公式(4.1-8)的左边项进行了代替，具体为：

$$\gamma_0 Ne'_s \leqslant f_{py} A_p (h - a_p - a'_s) + f_y A_s (h - a_s - a'_s) + (\sigma'_{p0} - f'_{py}) A'_p (a'_p - a'_s) \tag{4.1-27}$$

$$e'_s = e_i - \frac{h}{2} + a'_s \tag{4.1-28}$$

（2）I形截面偏心受压构件

I形截面偏心受压构件的受压翼缘计算宽度b'_f应按本节第2）条确定，其正截面受压承载力应符合下列规定：

①当受压区高度x不大于h'_f时，应按宽度为受压翼缘计算宽度h'_f的矩形截面计算。

②当受压区高度x大于h'_f时（图4.1-6），应符合下列规定：

$$\gamma_0 N \leqslant \alpha_1 f_c[bx + (b'_f - b)h'_f] + f'_y A'_s - \sigma_s A_s - (\sigma'_{p0} - f'_{py})A'_p - \sigma_p A_p \qquad (4.1\text{-}29)$$

$$\gamma_0 Ne \leqslant \alpha_1 f_c \left[bx\left(h_0 - \frac{x}{2}\right) + (b'_f - b)h'_f\left(h_0 - \frac{h'_f}{2}\right) \right] + f'_y A'_s(h_0 - a'_s) - $$
$$(\sigma'_{p0} - f'_{py})A'_p(h_0 - a'_p) \qquad (4.1\text{-}30)$$

公式中的钢筋应力σ_s、σ_p以及是否考虑纵向普通受压钢筋的作用，均应按本条第（1）款的有关规定确定。

③当x大于$(h - h'_f)$时，其正截面受压承载力计算应计入受压较小边翼缘受压部分的作用，此时，受压较小边翼缘计算宽度b_f应按本条第（2）款确定。

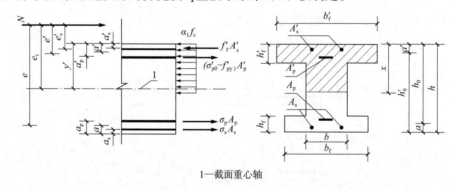

1—截面重心轴

图4.1-6 I形截面偏心受压构件正截面受压承载力计算

④对采用非对称配筋的小偏心受压构件，当N大于f_cA时，尚应按下列公式进行验算：

$$\gamma_0 Ne' \leqslant f_c\left[bh\left(h'_0 - \frac{h}{2}\right) + (b_f - b)h_f\left(h'_0 - \frac{h_f}{2}\right) + (b'_f - b)h'_f\left(\frac{h'_f}{2} - a'\right) \right] + $$
$$f'_y A_s(h'_0 - a_s) - (\sigma'_{p0} - f'_{py})A_p(h'_0 - a_p) \qquad (4.1\text{-}31)$$

$$e' = y' - a' - (e_0 - e_a) \qquad (4.1\text{-}32)$$

式中：y'——截面重心至与轴向压力较近一侧受压边的距离，当截面对称时，取$h/2$。

注：对仅在与轴向压力较近一侧有翼缘的T形截面，可取b_f为b；对仅在与轴向压力较远一侧有翼缘的倒T形截面，可取b'_f为b。

9）任意截面及圆形正截面受弯承载能力计算

对截面具有两个互相垂直的对称轴的双向偏心受压构件，可当作任意截面钢筋混凝土和预应力混凝土构件，其正截面受弯承载能力可按下列方法计算：

（1）将截面划分为有限多个混凝土单元、纵向普通钢筋单元和预应力筋单元（图4.1-7a），并近似取单元内应变和应力为均匀分布，其合力点在单元重心处；

（2）各单元的应变按本书第 2.4 节截面应变保持平面的假定由下列公式确定（图 4.1-7b）：

$$\varepsilon_{ci} = \phi_u[(x_{ci}\sin\theta + y_{ci}\cos\theta) - r] \tag{4.1-33}$$

$$\varepsilon_{sj} = -\phi_u[(x_{sj}\sin\theta + y_{sj}\cos\theta) - r] + \varepsilon_{s0j} \tag{4.1-34}$$

$$\varepsilon_{pk} = -\phi_u[(x_{pk}\sin\theta + y_{pk}\cos\theta) - r] + \varepsilon_{p0k} \tag{4.1-35}$$

（3）截面达到承载能力极限状态时的极限曲率ϕ_u应按下列两种情况确定：

一种情况是，当截面受压区外边缘的混凝土压应变ε_c达到混凝土极限压应变ε_{cu}且受拉区最外排钢筋的应变ε_{s1}小于 0.01 时，应按下式计算：

$$\psi_u - \frac{\varepsilon_{cu}}{x_n} \tag{4.1-36}$$

另一种情况是，当截面受拉区最外排钢筋的应变$\varepsilon_{s1} - \varepsilon_{s01}$达到 0.01 且受压区外边缘的混凝土压应变$\varepsilon_c$小于混凝土极限压应变$\varepsilon_{cu}$时，应按下式计算：

$$\phi_u = \frac{0.01 - \varepsilon_{s01}}{h_{01} - x_n} \tag{4.1-37}$$

（4）混凝土单元的压应力和普通钢筋单元、预应力筋单元的应力应按本书第 2.4 节的基本假定确定；

（5）构件正截面受弯承载能力应按下列公式计算（图 4.1-7）：

$$N \leqslant \sum_{i=1}^{l}\sigma_{ci}A_{ci} - \sum_{j=1}^{m}\sigma_{sj}A_{sj} - \sum_{k=1}^{n}\sigma_{pk}A_{pk} \tag{4.1-38}$$

$$M_x \leqslant \sum_{i=1}^{l}\sigma_{ci}A_{ci}x_{ci} - \sum_{j=1}^{m}\sigma_{sj}A_{sj}x_{sj} - \sum_{k=1}^{n}\sigma_{pk}A_{pk}x_{pk} \tag{4.1-39}$$

$$M_y \leqslant \sum_{i=1}^{l}\sigma_{ci}A_{ci}y_{ci} - \sum_{j=1}^{m}\sigma_{sj}A_{sj}y_{sj} - \sum_{k=1}^{n}\sigma_{pk}A_{pk}y_{pk} \tag{4.1-40}$$

式中：N——轴向力设计值，当为压力时取正值，当为拉力时取负值；

M_x、M_y——偏心受力构件截面x轴、y轴方向的弯矩设计值：当为偏心受压时，应考虑附加偏心距引起的附加弯矩；轴向压力作用在x轴的上侧时M_y取正值，轴向压力作用在y轴的右侧时M_x取正值；当为偏心受拉时，不考虑附加偏心的影响；

ε_{ci}、σ_{ci}——第i个混凝土单元的应变、应力，受压时取正值，受拉时取应力$\sigma_{ci} = 0$；序号i为$1,2,\cdots,l$，此处，l为混凝土单元数；

A_{ci}——第i个混凝土单元面积；

x_{ci}、y_{ci}——第i个混凝土单元重心到y轴、x轴的距离，x_{ci}在y轴右侧及y_{ci}在x轴上侧时取正值；

ε_{sj}、σ_{sj}——第j个普通钢筋单元的应变、应力，受拉时取正值，应力σ_{sj}应满足公式(2.4-18)的条件；序号j为$1,2,\cdots,m$，此处，m为钢筋单元数；

ε_{s0j}——第s个普通钢筋单元在该单元重心处混凝土法向应力等于零时的应变，其值取σ_{s0j}除以普通钢筋的弹性模量，当受拉时取正值；σ_{s0j}按公式(3.1-86)或公式(3.1-107)计算；如要求与现行规范保持一致，取ε_{s0j}为零；

A_{sj}——第j个普通钢筋单元面积；

x_{sj}、y_{sj}——第j个普通钢筋单元重心到y轴、x轴的距离，x_{sj}在y轴右侧及y_{sj}在x轴上侧时取正值；

ε_{pk}、σ_{pk}——第k个预应力筋单元的应变、应力，受拉时取正值，应力σ_{pk}应满足公式(2.4-19)的条件，序号k为1,2,…,n，此处，n为预应力筋单元数；

ε_{p0k}——第p个预应力筋单元在该单元重心处混凝土法向应力等于零时的应变，其值取σ_{p0k}除以预应力筋的弹性模量，当受拉时取正值；σ_{p0k}按公式(3.1-84)或公式(3.1-105)计算；

A_{pk}——第k个预应力筋单元面积；

x_{pk}、y_{pk}——第k个预应力筋单元重心到y轴、x轴的距离，x_{pk}在y轴右侧及y_{pk}在x轴上侧时取正值；

h_{01}——截面受压区外边缘至受拉区最外排普通钢筋之间垂直于中和轴的距离；

θ——x轴与中和轴的夹角，顺时针方向取正值；

x_n——中和轴至受压区最外侧边缘的距离。

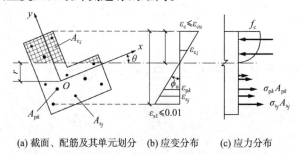

(a) 截面、配筋及其单元划分　(b) 应变分布　(c) 应力分布

图 4.1-7　任意截面构件正截面受弯承载能力计算

📝 **随想：**

①采用全过程分析，软件自动按照实际情况进行计算，不用考虑公式(4.1-4)等的条件限制，概念清楚，结果准确，还能省去不少麻烦。

②对钢筋混凝土构件，如出现按正常使用极限状态验算要求配置的纵向受拉钢筋截面面积大于受弯承载力要求的配筋面积的情况，属于裂缝控制，此时可以考虑采用预应力混凝土构件，在不降低结构性能的前提下，通常可节省造价、降低碳排放。

4.2　裂缝控制验算

1）钢筋混凝土和预应力混凝土构件，应按下列规定进行受拉边缘应力或正截面裂缝宽度验算：

（1）一级裂缝控制等级构件，在荷载标准组合下，受拉边缘应力应符合下列规定：

$$\sigma_{ck} - \sigma_{pc} \leqslant 0 \tag{4.2-1}$$

（2）二级裂缝控制等级构件，在荷载标准组合下，受拉边缘应力应符合下列规定：

$$\sigma_{ck} - \sigma_{pc} \leqslant f_{tk} \tag{4.2-2}$$

（3）三级裂缝控制等级时，钢筋混凝土构件的最大裂缝宽度可按荷载准永久组合并考虑长期作用影响的效应计算，预应力混凝土构件的最大裂缝宽度可按荷载标准组合并考虑长期作用影响的效应计算。最大裂缝宽度应符合下列规定：

$$w_{max} \leqslant w_{lim} \tag{4.2-3}$$

对环境类别为二 a 类的预应力混凝土构件，在荷载准永久组合下，受拉边缘应力尚应符合下列规定：

$$\sigma_{cq} - \sigma_{pc} \leqslant f_{tk} \tag{4.2-4}$$

式中：σ_{ck}、σ_{cq}——荷载标准组合、准永久组合下抗裂验算边缘的混凝土法向应力；

$\quad\quad\sigma_{pc}$——扣除全部预应力损失后在抗裂验算边缘混凝土的预压应力，按公式(3.1-79)或公式(3.1-100)计算；

$\quad\quad w_{max}$——按荷载的标准组合或准永久组合并考虑长期作用影响计算的最大裂缝宽度，按本节第 2）条计算；

$\quad\quad w_{lim}$——最大裂缝宽度限值，按本书表 2.5-2 计算。

2）在矩形、T 形、倒 T 形和 I 形截面的钢筋混凝土受拉、受弯和偏心受压构件及预应力混凝土轴心受拉和受弯构件中，按荷载标准组合或准永久组合并考虑长期作用影响的最大裂缝宽度可按下列公式计算：

$$w_{max} = \alpha_{cr}\psi\frac{\sigma_s}{E_s}\left(1.9c_s + 0.08\frac{d_{eq}}{\rho_{te}}\right) \tag{4.2-5}$$

$$\psi = 1.1 - 0.65\frac{f_{tk}}{\rho_{te}\sigma_s} \tag{4.2-6}$$

$$d_{eq} = \frac{\sum n_i d_i^2}{\sum n_i \upsilon_i d_i} \tag{4.2-7}$$

$$\rho_{te} = \frac{A_s + A_p}{A_{te}} \tag{4.2-8}$$

式中：α_{cr}——构件受力特征系数，按表 4.2-1 采用；

$\quad\quad\psi$——裂缝间纵向受拉钢筋应变不均匀系数：当 $\psi < 0.2$ 时，取 $\psi = 0.2$；当 $\psi > 1.0$ 时，取 $\psi = 1.0$；对直接承受重复荷载的构件，取 $\psi = 1.0$；

$\quad\quad\sigma_s$——按荷载准永久组合计算的钢筋混凝土构件纵向受拉普通钢筋应力或按标准组合计算的预应力混凝土构件纵向受拉钢筋等效应力；

$\quad\quad E_s$——钢筋弹性模量，一般取普通钢筋的弹性模量；

$\quad\quad c_s$——最外层纵向受拉钢筋外边缘至受拉区底边的距离（mm）：当 $c_s < 20$ 时，取

$c_s = 20$；当$c_s > 65$时，取$c_s = 65$；

ρ_{te}——按有效受拉混凝土截面面积计算的纵向受拉钢筋配筋率；对无粘结后张构件，仅取纵向受拉普通钢筋计算配筋率；在最大裂缝宽度计算中，当$\rho_{te} < 0.01$时，取$\rho_{te} = 0.01$；

A_{te}——有效受拉混凝土截面面积：对轴心受拉构件，取构件截面面积；对受弯、偏心受压和偏心受拉构件，取$A_{te} = 0.5bh + (b_f - b)h_f$，此处，$b_f$、$h_f$为受拉翼缘的宽度、高度；

d_{eq}——受拉区纵向钢筋的等效直径（mm）；对无粘结后张构件，仅为受拉区纵向受拉普通钢筋的等效直径；

d_i——受拉区第i种纵向钢筋的公称直径；对于有粘结预应力钢绞线束的直径取为$\sqrt{n_1}d_{p1}$，其中d_{p1}为单根钢绞线的公称直径，n_1为单束钢绞线根数；

n_i——受拉区第i种纵向钢筋的根数；对于有粘结预应力钢绞线，取为钢绞线束数；

υ_i——受拉区第i种纵向钢筋的相对粘结特性系数，按表4.2-2采用。

注：1. 对承受吊车荷载但不需作疲劳验算的受弯构件，可将计算求得的最大裂缝宽度乘以系数0.85；
　　2. 对按《混凝土规范》第9.2.15条配置表层钢筋网片的梁，按公式(4.2-5)计算的最大裂缝宽度可适当折减，折减系数可取为0.7；
　　3. 对$e_0/h_0 \leqslant 0.55$的偏心受压构件，可不验算裂缝宽度。

构件受力特征系数　　　　　　　　　　　　　　　　　表 4.2-1

类型	α_{cr}	
	钢筋混凝土构件	预应力混凝土构件
受弯、偏心受压	1.9	1.5
偏心受拉	2.4	—
轴心受拉	2.7	2.2

钢筋的相对粘结特性系数　　　　　　　　　　　　　　表 4.2-2

钢筋类别	钢筋		先张法预应力筋			后张法预应力筋		
	光面钢筋	带肋钢筋	带肋钢筋	螺旋肋钢丝	钢绞线	带肋钢筋	钢绞线	光面钢丝
υ_i	0.7	1.0	1.0	0.8	0.6	0.8	0.5	0.4

注：对环氧树脂涂层带肋钢筋，其相对粘结特性系数应按表中系数的80%取用。

3）在荷载准永久组合或标准组合下，钢筋混凝土构件、预应力混凝土构件开裂截面处受压边缘混凝土压应力、不同位置处钢筋的拉应力及预应力筋的等效应力宜按下列假定计算：

（1）截面应变保持平面；

（2）受压区混凝土的法向应力图取为三角形；

（3）不考虑受拉区混凝土的抗拉强度；

（4）采用换算截面。

4）在荷载准永久组合或标准组合下，钢筋混凝土构件受拉区纵向钢筋的应力或预应力混凝土构件受拉区纵向钢筋的等效应力也可按下列公式计算：

（1）钢筋混凝土构件受拉区纵向钢筋的应力

①轴心受拉构件

$$\sigma_{sq} = \frac{N_q}{A_s} \tag{4.2-9}$$

②偏心受拉构件

$$\sigma_{sq} = \frac{N_q e'}{A_s(h_0 - a'_s)} \tag{4.2-10}$$

③受弯构件

$$\sigma_{sq} = \frac{M_q}{0.87 h_0 A_s} \tag{4.2-11}$$

④偏心受压构件

$$\sigma_{sq} = \frac{N_q(e - z)}{A_s z} \tag{4.2-12}$$

$$z = \left[0.87 - 0.12(1 - \gamma'_f)\left(\frac{h_0}{e}\right)^2 \right] h_0 \tag{4.2-13}$$

$$e = \eta_s e_0 + y_s \tag{4.2-14}$$

$$\gamma'_f = \frac{(b'_f - b)h'_f}{b h_0} \tag{4.2-15}$$

$$\eta_s = 1 + \frac{1}{4000 e_0/h_0}\left(\frac{l_0}{h}\right)^2 \tag{4.2-16}$$

式中：A_s——受拉区纵向普通钢筋截面面积：对轴心受拉构件，取全部纵向普通钢筋截面面积；对偏心受拉构件，取受拉较大边的纵向普通钢筋截面面积；对受弯、偏心受压构件，取受拉区纵向普通钢筋截面面积；

N_q、M_q——按荷载准永久组合计算的轴向力值、弯矩值；

　　e'——轴向拉力作用点至受压区或受拉较小边纵向普通钢筋合力点的距离；

　　e——轴向压力作用点至纵向受拉普通钢筋合力点的距离；

　　e_0——荷载准永久组合下的初始偏心距，取为 M_q/N_q；

　　z——轴向压力作用点至纵向受拉普通钢筋合力点的距离；

　　e_0——纵向受拉普通钢筋合力点至截面受压区合力点的距离，且不大于 $0.87h_0$；

　　η_s——使用阶段的轴向压力偏心距增大系数，当 l_0/h 不大于 14 时，取 1.0；

　　y_s——截面重心至纵向受拉普通钢筋合力点的距离；

　　γ'_f——受压翼缘截面面积与腹板有效截面面积的比值；

b'_f、h'_f——受压区翼缘的宽度、高度；在公式(4.2-15)中，当 h'_f 大于 $0.2h_0$ 时，取 $0.2h_0$。

（2）预应力混凝土构件受拉区纵向钢筋的等效应力

①轴心受拉构件

$$\sigma_{sk} = \frac{N_k - N_{p0}}{A_p + A_s} \qquad (4.2\text{-}17)$$

②受弯构件

$$\sigma_{sk} = \frac{M_k - N_{p0}(z - e_p)}{(\alpha_1 A_p + A_s)z} \qquad (4.2\text{-}18)$$

$$e = e_p + \frac{M_k}{N_{p0}} \qquad (4.2\text{-}19)$$

$$e_p = y_{ps} - e_{p0} \qquad (4.2\text{-}20)$$

式中：A_p——受拉区纵向预应力筋截面面积：对轴心受拉构件，取全部纵向预应力筋截面面积；对受弯构件，取受拉区纵向预应力筋截面面积；

    N_{p0}——计算截面上混凝土法向预应力等于零时的预加力，应按公式(3.1-88)和公式(3.1-109)计算；

N_k、M_k——按荷载标准组合计算的轴向力值、弯矩值；

    z——受拉区纵向普通钢筋和预应力筋合力点至截面受压区合力点的距离，按公式(4.2-13)计算，其中e按公式(4.2-19)计算；

    α_1——无粘结预应力筋的等效折减系数，取α_1为 0.3；对灌浆的后张预应力筋，取α_1为 1.0；

    e_p——计算截面上混凝土法向预应力等于零时的预加力N_{p0}的作用点至受拉区纵向预应力筋和普通钢筋合力点的距离；

    y_{ps}——受拉区纵向预应力和普通钢筋合力点的偏心距；

    e_{p0}——计算截面上混凝土法向预应力等于零时的预加力N_{p0}作用点的偏心距，应按公式(3.1-89)或公式(3.1-110)计算。

5）在荷载标准组合和准永久组合下，抗裂验算时截面边缘混凝土的法向应力应按下列公式计算：

（1）轴心受拉构件

$$\sigma_{ck} = \frac{N_k}{A_0} \qquad (4.2\text{-}21)$$

$$\sigma_{cq} = \frac{N_q}{A_0} \qquad (4.2\text{-}22)$$

（2）受弯构件

$$\sigma_{ck} = \frac{M_k}{W_0} \qquad (4.2\text{-}23)$$

$$\sigma_{cq} = \frac{M_q}{W_0} \qquad (4.2\text{-}24)$$

（3）偏心受拉和偏心受压构件

$$\sigma_{ck} = \frac{M_k}{W_0} + \frac{N_k}{A_0} \tag{4.2-25}$$

$$\sigma_{cq} = \frac{M_q}{W_0} + \frac{N_q}{A_0} \tag{4.2-26}$$

6）预应力混凝土受弯构件应分别对截面上的混凝土主拉应力和主压应力进行验算：

（1）混凝土主拉应力

① 一级裂缝控制等级构件，应符合下列规定

$$\sigma_{tp} \leqslant 0.85 f_{tk} \tag{4.2-27}$$

② 二级裂缝控制等级构件，应符合下列规定

$$\sigma_{tp} \leqslant 0.95 f_{tk} \tag{4.2-28}$$

（2）对一、二级裂缝等级构件，均应符合下列规定

$$\sigma_{cp} \leqslant 0.60 f_{ck} \tag{4.2-29}$$

式中：σ_{tp}、σ_{cp}——混凝土的主拉应力、主压应力，按本节第 7）条确定。

此时，应选择跨度内不利位置的截面，对该截面的换算截面重心处和截面宽度突变处进行验算。

注：对允许出现裂缝的吊车梁，在静力计算中应符合公式(4.2-28)和公式(4.2-29)的规定。

7）混凝土主拉应力和主压应力应按下列公式计算：

$$\left.\begin{array}{l}\sigma_{tp}\\\sigma_{cp}\end{array}\right\} = \frac{\sigma_x + \sigma_y}{2} \pm \sqrt{\left(\frac{\sigma_x - \sigma_y}{2}\right)^2 + \tau^2} \tag{4.2-30}$$

$$\sigma_x = \sigma_{pc} + \frac{M_k y_0}{I_0} \tag{4.2-31}$$

$$\tau = \frac{(V_k - \sum \sigma_{pe} A_{pb} \sin \alpha_p) S_0}{I_0 b} \tag{4.2-32}$$

式中：σ_x——由预加力和弯矩值M_k在计算纤维处产生的混凝土法向应力；

　　　σ_y——由集中荷载标准值F_k产生的混凝土竖向压应力；

　　　τ——由剪力值V_k和弯起预应力筋的预加力在计算纤维处产生的混凝土剪应力；当计算截面上有扭矩作用时，尚应计入扭矩引起的剪应力；对超静定后张法预应力混凝土结构构件，在计算剪应力时，尚应计入预加力引起的次剪力；

　　　σ_{pc}——扣除全部预应力损失后，在计算纤维处由预加力产生的混凝土法向应力，按公式(3.1-79)或公式(3.1-100)计算；

　　　V_k——按荷载标准组合计算的剪力值；

　　　S_0——计算纤维以上部分的换算截面面积对构件换算截面重心的面积矩；

　　　σ_{pe}——弯起预应力筋的有效预应力；

　　　A_{pb}——计算截面上同一弯起平面内的弯起预应力筋的截面面积；

　　　α_p——计算截面上弯起预应力筋的切线与构件纵向轴线的夹角。

注：公式(4.2-30)、公式(4.2-31)中的σ_x、σ_y、σ_{pc}和$(M_k y_0)/I_0$，当为拉应力时，以正值代入；当为压应力时，以负值代入。

8）对预应力混凝土吊车梁，在集中力作用点两侧各 0.6h 的长度范围内，由集中荷载标准值F_k产生的混凝土竖向压应力和剪应力的简化分布可按图 4.2-1 确定，其应力的最大值可按下列公式计算：

$$\sigma_{y,\max} = \frac{0.6F_k}{bh} \tag{4.2-33}$$

$$\tau_F = \frac{\tau^l - \tau^r}{2} \tag{4.2-34}$$

$$\tau^l = \frac{V_k^l S_0}{I_0 b} \tag{4.2-35}$$

$$\tau^r = \frac{V_k^r S_0}{I_0 b} \tag{4.2-36}$$

式中：τ^l、τ^r——位于集中荷载标准值F_k作用点左侧、右侧 0.6h 处截面上的剪应力；

τ_F——集中荷载标准值F_k作用截面上的剪应力；

V_k^l、V_k^r——集中荷载标准值F_k作用点左侧、右侧截面上的剪力标准值。

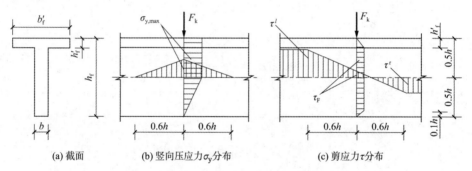

图 4.2-1　预应力混凝土吊车梁集中力作用点附近的应力分布

9）对先张法预应力混凝土构件端部进行正截面、斜截面抗裂验算时，应考虑预应力筋在其预应力传递长度l_{tr}范围内实际应力值的变化。预应力筋的实际应力可考虑为线性分布，在构件端部取为零，在其预应力传递长度的末端取有效预应力值σ_{pe}（图 4.2-2），预应力筋的预应力传递长度l_{tr}应按本节第 10）条确定。

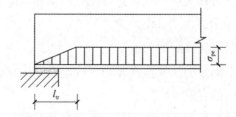

图 4.2-2　预应力传递长度范围内有效预应力值的变化

10）先张法构件预应力筋的预应力传递长度l_{tr}应按下式计算：

$$l_{tr} = \alpha \frac{\sigma_{pe}}{f'_{tk}} d \tag{4.2-37}$$

式中：σ_{pe}——放张时预应力筋的有效预应力；

$\quad\quad d$——预应力筋的公称直径；

$\quad\quad \alpha$——预应力筋的外形系数，按表 4.5-7 采用；

$\quad\quad f'_{tk}$——与放张时混凝土立方体抗压强度 f'_{cu} 相应的轴心抗拉强度标准值，按本书第 2.3 节的规定确定。

当采用骤然放松预应力的施工工艺时，对光面预应力钢丝，l_{tr} 的起点应从距构件末端 $l_{tr}/4$ 处开始计算。

11）其他

对制作、运输及安装等施工阶段预拉区允许出现拉应力的预应力混凝土构件，还应遵守《混凝土规范》第 10.1.11、10.1.12 条的规定。

4.3　受弯构件挠度验算

1）钢筋混凝土和预应力混凝土受弯构件的挠度可按照结构力学方法计算，且不应超过表 2.5-1 规定的限值。

在等截面构件中，可假定各同号弯矩区段内的刚度相等，并取用该区段内最大弯矩处的刚度。当计算跨度内的支座截面刚度不大于跨中截面刚度的两倍或不小于跨中截面刚度的二分之一时，该跨也可按等刚度构件进行计算，其构件刚度可取跨中最大弯矩截面的刚度。

2）矩形、T 形、倒 T 形和 I 形截面受弯构件考虑荷载长期作用影响的刚度 B 可按下列规定计算：

（1）采用荷载标准组合时

$$B = \frac{M_k}{M_q(\theta - 1) + M_k} B_s \tag{4.3-1}$$

（2）采用荷载准永久组合时

$$B = \frac{B_s}{\theta} \tag{4.3-2}$$

式中：M_k——按荷载的标准组合计算的弯矩，取计算区段内的最大弯矩值；

$\quad\quad M_q$——按荷载的准永久组合计算的弯矩，取计算区段内的最大弯矩值；

$\quad\quad B_s$——按荷载准永久组合计算的钢筋混凝土受弯构件或按标准组合计算的预应力混凝土受弯构件的短期刚度，按本节第 3）条计算；

$\quad\quad \theta$——考虑荷载长期作用对挠度增大的影响系数，按本节第 5）条取用。

3）按裂缝控制等级要求的荷载组合作用下，钢筋混凝土受弯构件和预应力混凝土受弯构件的短期刚度B_s，可按下列公式计算：

（1）钢筋混凝土受弯构件

$$B_s = \frac{E_s A_s h_0^2}{1.15\psi + 0.2 + \dfrac{6\alpha_E \rho}{1 + 3.5\gamma_f'}} \qquad (4.3\text{-}3)$$

（2）预应力混凝土受弯构件

①要求不出现裂缝的构件

$$B_s = 0.85 E_c I_0 \qquad (4.3\text{-}4)$$

②允许出现裂缝的构件

$$B_s = \frac{0.85 E_c I_0}{\kappa_{cr} + (1 - \kappa_{cr})\omega} \qquad (4.3\text{-}5)$$

$$\kappa_{cr} = \frac{M_{cr}}{M_k} \qquad (4.3\text{-}6)$$

$$\omega = \left(1.0 + \frac{0.21}{\alpha_E \rho}\right)(1 + 0.45\gamma_f) - 0.7 \qquad (4.3\text{-}7)$$

$$M_{cr} = (\sigma_{pc} + \gamma f_{tk})W_0 \qquad (4.3\text{-}8)$$

$$\gamma_f = \frac{(b_f - b)h_f}{bh_0} \qquad (4.3\text{-}9)$$

式中：ψ——裂缝间纵向受拉普通钢筋应变不均匀系数，按公式(4.2-6)确定；

α_E——钢筋弹性模量与混凝土弹性模量的比值，可近似取为E_s/E_c；

ρ——纵向受拉钢筋配筋率：对钢筋混凝土受弯构件，取为$A_s/(bh_0)$；对预应力混凝土受弯构件，取为$(\alpha_1 A_p + A_s)/(bh_0)$，对灌浆的后张预应力筋，取$\alpha_1 = 1.0$，对无粘结后张预应力筋，取$\alpha_1 = 0.3$；

κ_{cr}——预应力混凝土受弯构件正截面的开裂弯矩M_{cr}与弯矩M_k的比值，当$\kappa_{cr} > 1.0$时，取$\kappa_{cr} = 1.0$；

σ_{pc}——扣除全部预应力损失后，由预加力在抗裂验算边缘产生的混凝土预压应力；

γ——混凝土构件的截面抵抗矩塑性影响系数，按本节第4）条确定。

注：对预压时预拉区出现裂缝的构件，B_s应降低10%。

4）混凝土构件的截面抵抗矩塑性影响系数γ可按下式计算：

$$\gamma = \left(0.7 + \frac{120}{h}\right)\gamma_m \qquad (4.3\text{-}10)$$

式中：γ_m——混凝土构件的截面抵抗矩塑性影响系数基本值，可按正截面应变保持平面的假定，并取受拉区混凝土应力图形为梯形、受拉边缘混凝土极限拉应变为$2f_{tk}/E_c$确定；对常用的截面形状，γ_m值可按表4.3-1取用；

h——截面高度（mm）：当$h < 400$mm时，取$h = 400$mm；当$h > 1600$mm时，取

$h = 1600\text{mm}$；对圆形、环形截面，取 $h = 2r$，此处，r 为圆形截面半径或环形截面的外环半径。

截面抵抗矩塑性影响系数基本值 γ_m　　　　　　　表 4.3-1

项次	1	2	3		4		5
截面形状	矩形截面	翼缘位于受压区的 T 形截面	对称 I 形截面或箱型截面		翼缘位于受拉区的倒 T 形截面		圆形和环形截面
			$b_f/b \leqslant 2$、h_f/h 为任意值	$b_f/b > 2$、$h_f/h < 0.2$	$b_f/b \leqslant 2$、h_f/h 为任意值	$b_f/b > 2$、$h_f/h < 0.2$	
γ_m	1.55	1.50	1.45	1.35	1.50	1.40	$1.6 - 0.24r_1/r$

注：1. 对 $b'_f > b_f$ 的 I 形截面，可按项次 2 与项次 3 之间的数值采用；对 $h'_f < h_f$ 的 I 形截面，可按项次 3 与项次 4 之间的数值采用；

　　2. 对于箱型截面，b 系指各肋宽度的总和；

　　3. r_1 为环形截面的内环半径，对圆形截面取 r_1 为零。

5）考虑荷载长期作用对挠度增大的影响系数 θ 可按下列规定取用：

（1）钢筋混凝土受弯构件

当 $\rho' = 0$ 时，取 $\theta = 2.0$；当 $\rho' = \rho$ 时，取 $\theta = 1.6$；当 ρ' 为中间数值时，θ 按线性内插法取用。此处，$\rho' = A'_s/(bh_0)$，$\rho = A_s/(bh_0)$。

对翼缘位于受拉区的倒 T 形截面，θ 应增加 20%。

📝 **随想：**

框架梁或悬臂梁的支座，通常属于翼缘位于受拉区的倒 T 形截面，曲率应增加 20%。

（2）预应力混凝土受弯构件

取 $\theta = 2.0$。

6）预应力混凝土受弯构件在使用阶段的预加应力反拱值，可用结构力学方法按刚度 $E_c I_0$ 进行计算，并应考虑预压应力长期作用的影响，计算中预应力筋的应力应扣除全部预应力损失。简化计算时，可将计算的反拱值乘以增大系数 2.0。

对重要的或特殊的预应力混凝土受弯构件的长期反拱值，可根据专门的试验分析确定或根据配筋情况采用考虑收缩、徐变影响的计算方法分析确定。

7）对预应力混凝土构件应采取措施控制反拱和挠度，并宜符合下列规定：

（1）当考虑反拱后计算的构件长期挠度不符合表 2.5-1 的有关规定时，可采用施工预先起拱等方式控制挠度；

（2）对永久荷载相对于可变荷载较小的预应力混凝土构件，应考虑反拱过大对正常使用的不利影响，并应采取相应的设计和施工措施。

8）PCNAD 挠度计算

在求得 B 后，按一般结构力学方法计算构件的挠度

$$f_0 = \alpha \frac{M_k l_0^2}{B} \tag{4.3-11}$$

式中：α——挠度系数。

f_0也可由整体结构分析软件计算得到。如称$\theta_0 = E_c I_0 / B$为弹性挠度的增大系数，则受弯构件的长期挠度

$$f = f_0 \theta_0 \tag{4.3-12}$$

4.4 抗浮稳定性验算及受剪承载力计算

4.4.1 抗浮稳定性验算

建筑物基础存在浮力作用时，应进行抗浮稳定性验算，并应符合下列规定：

（1）对于简单的浮力作用情况，基础抗浮稳定性应符合下式要求：

$$\frac{G_k}{N_{w,k}} \geqslant K_w \tag{4.4-1}$$

式中：G_k——建筑物自重及压重之和；

$N_{w,k}$——浮力作用值；

K_w——抗浮稳定安全系数，一般情况下可取 1.05。

（2）抗浮稳定性不满足设计要求时，可采用增加压重或设置抗浮构件等措施。在整体满足抗浮稳定性要求而局部不满足时，也可采用增加结构刚度的措施。

4.4.2 受剪承载力计算

1）矩形、T 形和 I 形截面受弯构件的受剪截面应符合下列条件：

当$h_w/b \leqslant 4$时

$$V \leqslant 0.25 \beta_c f_c b h_0 \tag{4.4-2}$$

当$h_w/b \geqslant 6$时

$$V \leqslant 0.2 \beta_c f_c b h_0 \tag{4.4-3}$$

当$4 < h_w/b < 6$时，按线性内插法确定。

式中：V——构件斜截面上的最大剪力设计值；

β_c——混凝土强度影响系数：当混凝土强度等级不超过 C50 时，β_c取 1.0；当混凝土强度等级为 C80 时，β_c取 0.8；其间按线性内插法确定；

b——矩形截面的宽度，T 形截面或 I 形截面的腹板宽度；

h_0——截面的有效高度；

h_w——截面的腹板高度：矩形截面，取有效高度；T 形截面，取有效高度减去翼缘高度；I 形截面，取腹板净高。

注：1. 对 T 形或 I 形截面的简支受弯构件，当有实践经验时，公式(4.4-1)中的系数可改用 0.3；
    2. 对受拉边倾斜的构件，当有实践经验时，其受剪截面的控制条件可适当放宽。

2）计算斜截面受剪承载力时，剪力设计值的计算截面应按下列规定采用：

（1）支座边缘处的截面（图 4.4-1a、b 截面 1-1）；

（2）受拉区弯起钢筋弯起点处的截面（图 4.4-1a、b 截面 2-2、3-3）；

（3）箍筋截面面积或间距改变处的截面（图 4.4-1a、b 截面 4-4）；

（4）截面尺寸改变处的截面。

注：1. 受拉边倾斜的受弯构件，尚应包括梁的高度开始变化处、集中荷载作用处和其他不利的截面；
　　2. 箍筋的间距以及弯起钢筋前一排（对支座而言）的弯起点至后一排的弯终点的距离，应符合《混凝土规范》第 9.2.8 条和第 9.2.9 条的构造要求。

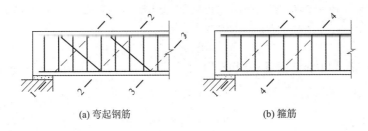

(a) 弯起钢筋　　　　　　　　　　　(b) 箍筋

图 4.4-1　斜截面受剪承载力剪力设计值的计算截面

1-1 支座边缘处的斜截面；2-2、3-3 受拉区弯起钢筋弯起点的斜截面；4-4 箍筋截面面积或间距改变处的斜截面

3）不配置箍筋和弯起钢筋的一般板类受弯构件，其斜截面受剪承载力应符合下列规定：

$$V \leqslant 0.7\beta_{\mathrm{h}} f_t b h_0 \tag{4.4-4}$$

$$\beta_{\mathrm{h}} = \left(\frac{800}{h_0}\right)^{1/4} \tag{4.4-4'}$$

式中：β_{h}——截面高度影响系数：当 h_0 小于 800mm 时，取 800mm；当 h_0 大于 2000mm 时，取 2000mm。

4）当仅配置箍筋时，矩形、T 形和 I 形截面受弯构件的斜截面受剪承载力应符合下列规定：

$$V \leqslant V_{\mathrm{cs}} + V_{\mathrm{p}} \tag{4.4-5}$$

$$V_{\mathrm{cs}} = \alpha_{\mathrm{cv}} f_t b h_0 + f_{\mathrm{yv}} \frac{A_{\mathrm{sv}}}{s} h_0 \tag{4.4-6}$$

$$V_{\mathrm{p}} = 0.05 N_{\mathrm{p0}} \tag{4.4-7}$$

式中：V_{cs}——构件斜截面上混凝土和箍筋的受剪承载力设计值；

　　　V_{p}——由预加力所提高的构件受剪承载力设计值；

　　　α_{cv}——截面混凝土受剪承载力系数，对于一般受弯构件取 0.7；对集中荷载作用下（包括作用有多种荷载，其中集中荷载对支座截面或节点边缘所产生的剪力值占总剪力的 75%以上的情况）的独立梁，取 α_{cv} 为 $\frac{1.75}{\lambda+1}$，λ 为计算截面的剪跨比，可取 λ 等于 a/h_0，当 λ 小于 1.5 时，取 1.5；当 λ 大于 3 时，取 3，a 取集中荷载作用点至支座截面或节点边缘的距离；

　　　A_{sv}——配置在同一截面内箍筋各肢的全部截面面积，即 nA_{sv1}，此处，n 为在同一个截面内箍筋的肢数，A_{sv1} 为单肢箍筋的截面面积；

s——沿构件长度方向的箍筋间距；

f_{yv}——箍筋的抗拉强度设计值，按《混凝土规范》第 4.2.3 条的规定采用；

N_{p0}——计算截面上混凝土法向预应力等于零时的纵向预应力筋及普通钢筋的合力，按本书公式(3.1-88)、公式(3.1-105)计算；当 N_{p0} 大于 $0.3f_cA_0$ 时，取 $0.3f_cA_0$，此处，A_0 为构件的换算截面面积。

注：1. 对预加力 N_{p0} 引起的截面弯矩与外弯矩方向相同的情况，以及预应力混凝土连续梁和允许出现裂缝的预应力混凝土简支梁，均应取 V_p 为 0；
2. 先张法预应力混凝土构件，在计算合力 N_{p0} 时，应按本书第 4.2 节第 9）条的规定考虑预应力筋传递长度的影响。

5）矩形、T 形和 I 形截面的一般受弯构件，当符合下式要求时，可不进行斜截面的受剪承载力计算，其箍筋的构造要求应符合本书第 4.5.2 节的有关规定。

$$V \leqslant \alpha_{cv} f_t bh_0 + 0.05 N_{p0} \tag{4.4-8}$$

6）矩形、T 形和 I 形截面的钢筋混凝土偏心受压构件和偏心受拉构件，其受剪截面应符合本节第 1）条的规定。

7）矩形、T 形和 I 形截面的钢筋混凝土偏心受压构件，其斜截面受剪承载力应符合下列规定：

$$V \leqslant \frac{1.75}{\lambda + 1} f_t bh_0 + f_{yv} \frac{A_{sv}}{s} h_0 + 0.07N \tag{4.4-9}$$

式中：λ——偏心受压构件计算截面的剪跨比，取为 $M/(Vh_0)$；

N——与剪力设计值 V 相应的轴向压力设计值，当大于 $0.3f_cA$ 时，取 $0.3f_cA$，此处，A 为构件的截面面积。

计算截面的剪跨比 λ 应按下列规定取用：

（1）对框架结构中的框架柱，当其反弯点在层高范围内时，可取为 $H_n/(2h_0)$。当 λ 小于 1 时，取 1；当 λ 大于 3 时，取 3。此处，M 为计算截面上与剪力设计值 V 相应的弯矩设计值，H_n 为柱净高。

（2）其他偏心受压构件，当承受均布荷载时，取 1.5；当承受符合本节第 4）条所述的集中荷载时，取为 a/h_0，且当 λ 小于 1.5 时取 1.5，当 λ 大于 3 时取 3。

8）矩形、T 形和 I 形截面的钢筋混凝土偏心受压构件，当符合下列要求时，可不进行斜截面受剪承载力计算，其箍筋构造要求应符合本书第 4.5.3 节的规定。

$$V \leqslant \frac{1.75}{\lambda + 1} f_t bh_0 + 0.07N \tag{4.4-10}$$

式中：剪跨比 λ 和轴向压力设计值 N 应按本节第 7）条确定。

9）矩形、T 形和 I 形截面的钢筋混凝土偏心受拉构件，其斜截面受剪承载力应符合下列规定：

$$V \leqslant \frac{1.75}{\lambda + 1} f_t b h_0 + f_{yv} \frac{A_{sv}}{s} h_0 - 0.2N \tag{4.4-11}$$

式中：N——与剪力设计值V相应的轴向拉力设计值；

λ——计算截面的剪跨比，按本节第7）条确定。

当公式(4.4-11)右边的计算值小于$f_{yv} \frac{A_{sv}}{s} h_0$时，应取等于$f_{yv} \frac{A_{sv}}{s} h_0$，且$f_{yv} \frac{A_{sv}}{s} h_0$值不应小于$0.36 f_t b h_0$。

4.4.3　施工阶段验算

施工阶段结构构件承受的内力包括两部分：一部分是预加力的作用，预应力的合力相当于一个偏心压力作用在结构构件上，使截面上产生法向应力；另一部分是结构构件自重和施工作用产生的内力。

各个截面承受的内力与支承位置、运输方式、吊装方法，作用形式和大小有关。在吊装验算中，计算自重产生的内力应乘以动力系数1.5。由于动力系数的大小与吊装方法、所用机械有关，计算时尚可根据具体情况作适当调整。施工阶段结构构件所承受的作用较小，一般情况下没有裂缝，加上作用时间短暂，不易出现塑性变形，因此截面应力可用材料力学公式计算。

对制作、运输及安装等施工阶段预拉区允许出现拉应力的构件，或预压时全截面受压的构件，在预加力、自重及施工荷载作用下（必要时应考虑动力系数）截面边缘的混凝土法向应力宜符合下列规定（图 4.4-2）：

$$\sigma_{ct} \leqslant f'_{tk} \tag{4.4-12}$$

$$\sigma_{cc} \leqslant 0.8 f'_{ck} \tag{4.4-13}$$

简支构件的端截面预拉区边缘纤维的混凝土拉应力允许大于f'_{tk}，但不应大于$1.2 f'_{tk}$。

截面边缘的混凝土法向应力可按下列公式计算：

$$\sigma_{cc} 或 \sigma_{ct} = \sigma_{pc} + \frac{N_k}{A_0} \pm \frac{M_k}{W_0} \tag{4.4-14}$$

式中：f'_{tk}、f'_{ck}——与各施工阶段混凝土立方体抗压强度f'_{cu}相应的抗拉强度标准值、抗压强度标准值；

N_k、M_k——构件自重及施工荷载的标准组合在计算截面产生的轴向力值、弯矩值。

对施工阶段预拉区允许出现拉应力的构件，预拉区纵向钢筋的配筋率$(A'_s + A'_p)/A$不宜小于0.15%，对后张法构件不应计入A'_p，其中，A为构件截面面积。预拉区纵向钢筋的直径不宜大于14mm，并应沿构件预拉区的外边缘均匀配置。

对施工阶段预拉区不允许出现裂缝的板类构件，预拉区纵向钢筋的配筋可根据具体情况按实践经验确定。

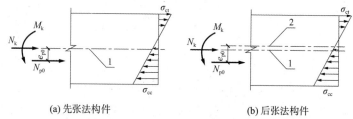

(a) 先张法构件　　　　　　　　　(b) 后张法构件

1—换算截面重心轴；2—净截面重心轴

图 4.4-2　预应力混凝土构件施工阶段验算

注：1. 预拉区、预压区分别指施加预应力时形成的截面拉应力区、压应力区；
　　2. 当有可靠的工程经验时，叠合式受弯构件预拉区的混凝土法向拉应力可按 $\sigma_{ct} \leqslant 2f_{tk}$。

4.4.4　局部受压承载力计算

（1）配置间接钢筋的混凝土结构构件，其局部受压区的截面尺寸应符合下列要求：

$$F_l \leqslant 1.35\beta_c\beta_l f_c A_{ln} \tag{4.4-15}$$

$$\beta_l = \sqrt{\frac{A_b}{A_l}} \tag{4.4-16}$$

式中：F_l——局部受压面上作用的局部荷载或局部压力设计值；

　　　　f_c——混凝土轴心抗压强度设计值；在后张法预应力混凝土构件的张拉阶段验算中，可根据相应阶段的混凝土立方体抗压强度 f'_{cu} 值，按本书第 2.3 节的规定确定；

　　　　β_c——混凝土强度影响系数，当混凝土强度等级不超过 C50 时，取 $\beta_c = 1.0$；当混凝土强度等级为 C80 时，取 $\beta_c = 0.8$；其间按线性内插法确定；

　　　　β_l——混凝土局部受压时的强度提高系数；

　　　　A_l——混凝土局部受压面积；

　　　A_{ln}——混凝土局部受压净面积；对后张法构件，应在混凝土局部受压面积中扣除孔道、凹槽部分的面积；

　　　　A_b——局部受压的计算底面积，按本节第 2）条确定。

（2）局部受压的计算底面积 A_b，可由局部受压面积与计算底面积按同心、对称的原则确定；常用情况，可按图 4.4-3 取用。

（3）配置方格网式或螺旋式间接钢筋（图 4.4-4）的局部受压承载力应符合下列规定：

$$F_l \leqslant 0.9(\beta_c\beta_l f_c + 2\alpha\rho_v\beta_{cor}f_{yv})A_{ln} \tag{4.4-17}$$

当为方格网配筋时（图 4.4-4a），钢筋网两个方向上单位长度内钢筋截面面积的比值不宜大于 1.5，其体积配筋率 ρ_v 应按下式计算：

$$\rho_v = \frac{n_1 A_{s1} l_1 + n_2 A_{s2} l_2}{A_{cor}s} \tag{4.4-18}$$

当为螺旋式配筋时（图 4.4-4b），其体积配筋率 ρ_v 应按下式计算：

$$\rho_v = \frac{4A_{ss1}}{d_{cor}s} \tag{4.4-19}$$

式中：β_{cor}——配置间接钢筋的局部受压承载力提高系数，可按公式(4.4-16)计算，但公式
中A_b应代之以A_{cor}，且当A_{cor}大于A_b时，取A_b；

α——间接钢筋对混凝土约束的折减系数：当混凝土强度等级不超过 C50 时，取
1.0；当混凝土强度等级为 C80 时，取 0.85，其间按线性内插法确定；

f_{yv}——间接钢筋的抗拉强度设计值，按本书第 2.3 节的规定采用；

A_{cor}——方格网式或螺旋式间接钢筋内表面范围内的混凝土核心面积，其重心应与
A_l的重心重合，计算中仍按同心、对称的原则取值；

ρ_v——间接钢筋的体积配筋率；

n_1、A_{s1}——方格网沿l_1方向的钢筋根数、单根钢筋的截面面积；

n_2、A_{s2}——方格网沿l_2方向的钢筋根数、单根钢筋的截面面积；

A_{ss1}——单根螺旋式间接钢筋的截面面积；

d_{cor}——螺旋式间接钢筋内表面范围内的混凝土截面直径；

s——方格网式或螺旋式间接钢筋的间距，宜取 30～80mm。

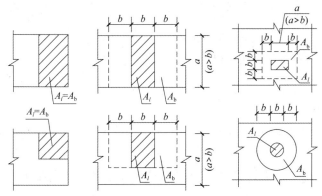

A_l—混凝土局部受压面积；A_b—局部受压的计算底面积

图 4.4-3　局部受压的计算底面积

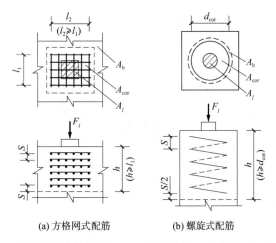

(a) 方格网式配筋　　　(b) 螺旋式配筋

A_l—混凝土局部受压面积；A_b—局部受压的计算底面积；A_{cor}—方格网式或螺旋式间接钢筋内表面范围内的混凝土核心面积

图 4.4-4　局部受压区的间接钢筋

间接钢筋应配置在图 4.4-4 所规定的高度 h 范围内，方格网式钢筋，不应少于 4 片；螺旋式钢筋，不应少于 4 圈。柱接头，h 尚不应小于 15d，d 为柱的纵向钢筋直径。

4.5　构造规定

4.5.1　材料

1）混凝土结构的混凝土强度等级应符合下列规定：

（1）剪力墙不宜超过 C60；其他构件，9 度时不宜超过 C60；8 度时不宜超过 C70。

（2）框支梁、框支柱以及一级抗震等级的框架梁、柱和节点，不应低于 C30；其他各类结构构件，不应低于 C20。

2）按一、二、三级抗震等级设计的框架和斜撑构件，其纵向受力普通钢筋应符合下列要求：

（1）钢筋的抗拉强度实测值与屈服强度实测值的比值不应小于 1.25；

（2）钢筋的屈服强度实测值与屈服强度标准值的比值不应大于 1.30；

（3）钢筋最大拉力下的总伸长率实测值不应小于 9%。

4.5.2　框架梁

1）框架梁截面尺寸应符合下列要求：截面宽度不宜小于 200mm；截面高度与宽度的比值不宜大于 4；净跨与截面高度的比值不宜小于 4。

2）梁正截面受弯承载力计算中，计入纵向受压钢筋的梁端混凝土受压区高度应符合下列要求：

一级抗震等级

$$x \leqslant 0.25h_0 \tag{4.5-1}$$

二、三级抗震等级

$$x \leqslant 0.35h_0 \tag{4.5-2}$$

3）框架梁的钢筋配置应符合下列要求：

（1）纵向受拉钢筋的配筋率不应小于表 4.5-1 规定的数值；

框架梁纵向受拉钢筋的最小配筋率（%）　　　　表 4.5-1

抗震等级	梁中位置	
	支座	跨中
一级	0.40 和 80f_t/f_y 中的较大值	0.30 和 65f_t/f_y 中的较大值
二级	0.30 和 65f_t/f_y 中的较大值	0.25 和 55f_t/f_y 中的较大值
三、四级	0.25 和 55f_t/f_y 中的较大值	0.20 和 45f_t/f_y 中的较大值

注：1. 受压构件全部纵向钢筋最小配筋百分率，当采用 C60 以上强度等级的混凝土时，应按表中数值加 0.1 采用；

2. 板类受弯构件（不包括悬臂板）的受拉钢筋，当采用强度等级 400MPa 级、500MPa 的钢筋时，其最小配筋百分率允许采用 0.15 和 $45f_t/f_y$ 的较大值；

3. 偏心受拉构件中的受压钢筋，应按受压构件一侧纵向钢筋考虑；

4. 受压构件的全部纵向钢筋和一侧纵向钢筋的配筋率以及轴心受拉构件和小偏心受拉构件一侧受拉钢筋的配筋率均应按构件的全截面面积计算；

5. 受弯构件、大偏心受拉构件一侧受拉钢筋的配筋率应按全截面面积扣除受压翼缘面积 $(b'_f - b)h'_f$ 后的截面面积计算；

6. 当钢筋沿构件截面周边布置时，"一侧纵向钢筋"系指沿受力方向两个对边中一边布置的纵向钢筋。

（2）框架梁梁端截面的底部和顶部纵向受力钢筋截面面积的比值，除按计算确定外，一级抗震等级不应小于 0.5，二、三级抗震等级不应小于 0.3；

（3）梁端箍筋的加密区长度、箍筋最大间距和箍筋最小直径，应按表 4.5-2 采用；当梁端纵向受拉钢筋配筋率大于 2% 时，表中箍筋最小直径应增大 2mm。

框架梁梁端箍筋加密区的构造要求　　　　　表 4.5-2

抗震等级	加密区长度（mm）	箍筋最大间距（mm）	最小直径（mm）
一级	2 倍梁高和 500mm 中的较大值	纵向钢筋直径的 6 倍，梁高的 1/4 和 100mm 中的最小值	10
二级	1.5 倍梁高和 500mm 中的较大值	纵向钢筋直径的 8 倍，梁高的 1/4 和 100mm 中的最小值	8
三级		纵向钢筋直径的 8 倍，梁高的 1/4 和 150mm 中的最小值	8
四级		纵向钢筋直径的 8 倍，梁高的 1/4 和 150mm 中的最小值	6

注：箍筋直径大于 12m、数量不少于 4 肢且肢距小于 150mm 时，一、二级的最大间距应允许适当放宽，但不得大于 150mm。

4）框架梁的钢筋配置宜符合下列要求：

（1）梁端纵向受拉钢筋的配筋率不宜大于 2.5%。沿梁全长顶面和底面至少应各配置两根通长的纵向钢筋，对一、二级抗震等级，钢筋直径不应小于 14mm，且分别不应小于梁两端顶面和底面纵向受力钢筋中较大截面面积的 1/4；对三、四级抗震等级，钢筋直径不应小于 12mm。

（2）梁箍筋加密区长度内的箍筋肢距：一级抗震等级，不宜大于 200mm 和 20 倍箍筋直径的较大值；二、三级抗震等级，不宜大于 250mm 和 20 倍箍筋直径的较大值；各抗震等级下，均不宜大于 300mm。

（3）梁端设置的第一个箍筋距框架节点边缘不应大于 50mm。非加密区的箍筋间距不宜大于加密区箍筋间距的 2 倍。沿梁全长箍筋的配筋率 ρ_{sv} 应符合下列规定：

一级抗震等级

$$\rho_{sv} \geqslant 0.30 \frac{f_t}{f_{yv}} \tag{4.5-3}$$

二级抗震等级

$$\rho_{sv} \geqslant 0.28 \frac{f_t}{f_{yv}} \tag{4.5-4}$$

三、四级抗震等级

$$\rho_{sv} \geqslant 0.26 \frac{f_t}{f_{yv}} \tag{4.5-5}$$

4.5.3 框架柱和框支柱

1）框架柱的截面尺寸应符合下列要求：

（1）矩形截面柱，抗震等级为四级或层数不超过 2 层时，其最小截面尺寸不宜小于 300mm，一、二、三级抗震等级且层数超过 2 层时不宜小于 400mm；圆柱的截面直径，抗震等级为四级或层数不超过 2 层时不宜小于 350mm，一、二、三级抗震等级且层数超过 2 层时不宜小于 450mm；

（2）柱的剪跨比宜大于 2；

（3）柱截面长边与短边的边长比不宜大于 3。

2）框架柱和框支柱的钢筋配置，应符合下列要求：

（1）框架柱和框支柱中全部纵向受力钢筋的配筋率不应小于表 4.5-3 规定的数值，同时，每一侧的配筋率不应小于 0.2；对Ⅳ类场地上较高的高层建筑，最小配筋率应增加 0.1；

柱全部纵向受力钢筋最小配筋率（%）　　　　　　　　　表 4.5-3

柱类型	抗震等级			
	一级	二级	三级	四级
中柱、边柱	0.9（1.0）	0.7（0.8）	0.6（0.7）	0.5（0.6）
角柱、框支柱	1.1	0.9	0.8	0.7

注：1. 表中括号内数值用于框架结构的柱；
　　2. 采用 335MPa 级、400MPa 级纵向受力钢筋时，应分别按表中数值增加 0.1 和 0.05 采用；
　　3. 当混凝土强度等级为 C60 及以上时，应按表中数值加 0.1 采用。

（2）框架柱和框支柱上、下两端箍筋应加密，加密区的箍筋最大间距和箍筋最小直径应符合表 4.5-4 的规定；

柱端箍筋加密区的构造要求　　　　　　　　　表 4.5-4

抗震等级	箍筋最大间距（mm）	箍筋最小直径（mm）
一级	纵向钢筋直径的 6 倍和 100mm 中的较小值	10
二级	纵向钢筋直径的 8 倍和 100mm 中的较小值	8
三级	纵向钢筋直径的 8 倍和 150mm（柱根 100mm）中的较小值	8
四级	纵向钢筋直径的 8 倍和 150mm（柱根 100mm）中的较小值	6（柱根 8）

注：柱根系指底层柱下端的箍筋加密区范围。

（3）框支柱和剪跨比不大于 2 的框架柱应在柱全高范围内加密箍筋，且箍筋间距应符合本节第 2）条第（2）款一级抗震等级的要求；

（4）一级抗震等级框架柱的箍筋直径大于 12mm 且箍筋肢距小于 150mm 及二级抗震等级框架柱的直径不小于 10mm 且箍筋肢距不大于 200mm 时，除底层柱下端外，箍筋间距应允许采用 150mm；四级抗震等级框架柱剪跨比不大于 2 时，箍筋直径不应小于 8mm。

3）框架边柱、角柱及剪力墙端柱在地震组合下小偏心受拉时，柱内纵向受力钢筋总截面面积应比计算值增加 25%。

框架柱、框支柱中全部纵向受力钢筋配筋率不应大于 5%。柱的纵向钢筋宜对称配置。截面尺寸大于 400mm 的柱，纵向钢筋的间距不宜大于 200mm。当按一级抗震等级设计，且柱的剪跨比不大于 2 时，柱每侧纵向钢筋的配筋率不宜大于 1.2%。

4）框架柱的箍筋加密区长度，应取柱截面长边尺寸（或圆形截面直径）、柱净高的 1/6 和 500mm 中的最大值；一、二级抗震等级的角柱应沿柱全高加密箍筋。底层柱根箍筋加密区长度应取不小于该层柱净高的 1/3；当有刚性地面时，除柱端箍筋加密区外尚应在刚性地面上、下各 500mm 的高度范围内加密箍筋。

5）柱箍筋加密区内的箍筋肢距：一级抗震等级不宜大于 200mm；二、三级抗震等级不宜大于 250mm 和 20 倍箍筋直径中的较大值；四级抗震等级不宜大于 300mm。每隔一根纵向钢筋宜在两个方向有箍筋或拉筋约束；当采用拉筋且箍筋与纵向钢筋有绑扎时，拉筋宜紧靠纵向钢筋并勾住箍筋。

6）柱抗震设计轴压比限值

一、二、三、四级抗震等级的各类结构的框架柱、框支柱，其轴压比不宜大于表 4.5-5 规定的限值。对 IV 类场地上较高的高层建筑，柱轴压比限值应适当减小。

柱轴压比限值　　　　　　　　　　　　　　　　表 4.5-5

结构体系	抗震等级			
	一级	二级	三级	四级
框架结构	0.65	0.75	0.85	0.90
框架-剪力墙结构、筒体结构	0.75	0.85	0.90	0.95
部分框支剪力墙结构	0.60	0.70	—	

注：1. 轴压比指柱组合的轴向压力设计值与柱的全截面面积和混凝土轴心抗压强度设计值乘积之比值；
　　2. 当混凝土强度等级为 C65、C70 时，轴压比限值宜按表中数值减小 0.05；混凝土强度等级为 C75、C80 时，轴压比限值宜按表中数值减小 0.10；
　　3. 表内限值适用于剪跨比大于 2、混凝土强度等级不高于 C60 的柱；剪跨比不大于 2 的柱轴压比限值应降低 0.05；剪跨比小于 1.5 的柱，轴压比限值应专门研究并采取特殊构造措施；
　　4. 沿柱全高采用井字复合箍，且箍筋间距不大于 100mm、肢距不大于 200mm、直径不小于 12mm，或沿柱全高采用复合螺旋箍，且螺距不大于 100mm、肢距不大于 200mm、直径不小于 12mm，或沿柱全高采用连续复合矩形螺旋箍，且螺旋净距不大于 80mm、肢距不大于 200mm、直径不小于 10mm 时，轴压比限值均可按表中数值增加 0.10；
　　5. 当柱截面中部设置由附加纵向钢筋形成的芯柱，且附加纵向钢筋的总截面面积不少于柱截面面积的 0.8% 时，轴压比限值可按表中数值增加 0.05。此项措施与注 4 的措施同时采用时，轴压比限值可按表中数值增加 0.15，但箍筋的配箍特征值 λ_v 仍可按轴压比增加 0.10 的要求确定；
　　6. 调整后的柱轴压比限值不应大于 1.05。

7）箍筋加密区箍筋的体积配筋率应符合下列规定：

（1）柱箍筋加密区箍筋的体积配筋率，应符合下列规定：

$$\rho_v \geq \lambda_v \frac{f_c}{f_{yv}} \qquad (4.5\text{-}6)$$

式中：ρ_v——柱箍筋加密区的体积配筋率，$\rho_v = (n_1 A_{s1} l_1 + n_2 A_{s2} l_2)/(A_{cor}s)$，计算中应扣除重叠部分的箍筋体积；

　　　　f_{yv}——箍筋抗拉强度设计值；

f_c——混凝土轴心抗压强度设计值；当强度等级低于 C35 时，按 C35 取值；

λ_v——最小配箍特征值，按表 4.5-6 采用。

柱箍筋加密区的箍筋最小配箍特征值λ_v　　　　　　　　　　表 4.5-6

抗震等级	箍筋形式	轴压比								
		≤ 0.3	0.4	0.5	0.6	0.7	0.8	0.9	1.0	1.05
一级	普通箍、复合箍	0.10	0.11	0.13	0.15	0.17	0.20	0.23	—	—
	螺旋箍、复合或连续复合矩形螺旋箍	0.08	0.09	0.11	0.13	0.15	0.18	0.21	—	—
二级	普通箍、复合箍	0.08	0.09	0.11	0.13	0.15	0.17	0.19	0.22	0.24
	螺旋箍、复合或连续复合矩形螺旋箍	0.06	0.07	0.09	0.11	0.13	0.15	0.17	0.20	0.22
三、四级	普通箍、复合箍	0.06	0.07	0.09	0.11	0.13	0.15	0.17	0.20	0.22
	螺旋箍、复合或连续复合矩形螺旋箍	0.05	0.06	0.07	0.09	0.11	0.13	0.15	0.18	0.20

注：1. 普通箍指单个矩形箍筋或单个圆形箍筋；螺旋箍指单个螺旋箍筋；复合箍指由矩形、多边形、圆形箍筋或拉筋组成的箍筋；复合螺旋箍指由螺旋箍与矩形、多边形、圆形箍筋或拉筋组成的箍筋；连续复合矩形螺旋箍指全部螺旋箍为同一根钢筋加工成的箍筋；
2. 在计算复合螺旋箍的体积配筋率时，其中非螺旋箍筋的体积应乘以系数 0.8；
3. 混凝土强度等级高于 C60 时，箍筋宜采用复合箍、复合螺旋箍或连续复合矩形螺旋箍，当轴压比不大于 0.6 时，其加密区的最小配箍特征值宜按表中数值增加 0.02；当轴压比大于 0.6 时，宜按表中数值增加 0.03。

（2）对一、二、三、四级抗震等级的柱，其箍筋加密区的箍筋体积配筋率分别不应小于 0.8%、0.6%、0.4%和 0.4%；

（3）框支柱宜采用复合螺旋箍或井字复合箍，其最小配箍特征值应按表 4.5-6 中的数值增加 0.02 采用，且体积配筋率不应小于 1.5%；

（4）当剪跨比λ不大于 2 时，宜采用复合螺旋箍或井字复合箍，其箍筋体积配筋率不应小于 1.2%；9 度设防烈度一级抗震等级时，不应小于 1.5%。

8）在箍筋加密区外，箍筋的体积配筋率不宜小于加密区配筋率的一半；对一、二级抗震等级，箍筋间距不应大于 10d；对三、四级抗震等级，箍筋间距不应大于 15d，此处，d 为纵向钢筋直径。

4.5.4　框架梁柱节点

1）框架梁和框架柱的纵向受力钢筋在框架节点区的锚固和搭接应符合下列要求：

（1）框架中间层中间节点处，框架梁的上部纵向钢筋应贯穿中间节点。贯穿中柱的每根梁纵向钢筋直径，对于 9 度设防烈度的各类框架和一级抗震等级的框架结构，当柱为矩形截面时，不宜大于柱在该方向截面尺寸的 1/25，当柱为圆形截面时，不宜大于纵向钢筋所在位置柱截面弦长的 1/25；对一、二、三级抗震等级，当柱为矩形截面时，不宜大于柱在该方向截面尺寸的 1/20，对圆柱截面，不宜大于纵向钢筋所在位置柱截面弦长的 1/20。

（2）对于框架中间层中间节点、中间层端节点、顶层中间节点以及顶层端节点，梁、柱纵向钢筋在节点部位的锚固和搭接，应符合图 4.5-1 的相关构造规定。图中 l_{abE}

按公式(4.5-7)取用，l_{aE} 按公式(4.5-8)取用。

$$l_{abE} = \xi_{aE} l_{ab} \tag{4.5-7}$$

$$l_{aE} = \xi_{aE} l_a \tag{4.5-8}$$

$$l_a = \xi_a l_{ab} \tag{4.5-9}$$

$$l_{ab} = \alpha \frac{f_y}{f_t} d \tag{4.5-10}$$

$$l_{ab} = \alpha \frac{f_{py}}{f_t} d \tag{4.5-11}$$

式中：ξ_{aE}——纵向受拉钢筋抗震锚固长度修正系数，对一、二级抗震等级取 1.15，对三级抗震等级取 1.05，对四级抗震等级取 1.00；

　　　ξ_a——锚固长度修正系数，按本条第（3）款的规定取用，当多于一项时，可按连乘计算，但不应小于 0.6；

　　　l_a——受拉钢筋的锚固长度，按公式(4.5-9)取用，且不应小于 200mm；

　　　l_{ab}——受拉钢筋的基本锚固长度，按公式(4.5-10)或公式(4.5-11)取用；

　　f_y、f_{py}——普通钢筋、预应力筋的抗拉强度设计值；

　　　f_t——混凝土轴心抗拉强度设计值，当混凝土强度等级高于 C60 时，按 C60 取值；

　　　d——锚固钢筋的直径；

　　　α——锚固钢筋的外形系数，按表 4.5-7 取用。

锚固钢筋的外形系数α　　　　　　　　　　　表 4.5-7

钢筋类型	光圆钢筋	带肋钢筋	螺旋肋钢丝	三股钢绞线	七股钢绞线
α	0.16	0.14	0.13	0.16	0.17

注：光面钢筋末端应做 180°弯钩，弯后平直段长度不应小于 3d，但作受压钢筋时可不做弯钩。

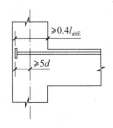

(a) 中间层端节点梁筋加锚头（锚板）锚固

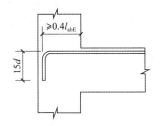

(b) 中间层端间节点梁筋 90°弯折锚固

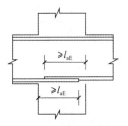

(c) 中间层中间节点梁筋在节点内直锚固

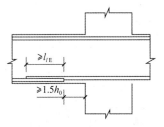

(d) 中间层中间节点梁筋在节点外搭接

235

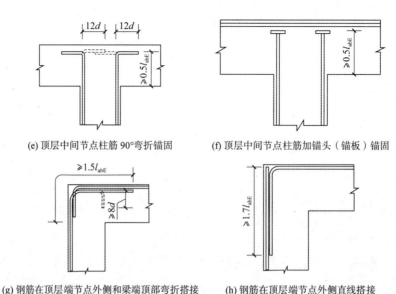

(e) 顶层中间节点柱筋90°弯折锚固　　　(f) 顶层中间节点柱筋加锚头（锚板）锚固

(g) 钢筋在顶层端节点外侧和梁端顶部弯折搭接　　(h) 钢筋在顶层端节点外侧直线搭接

图 4.5-1　梁和柱的纵向受力钢筋在节点区的锚固和搭接

（3）纵向受拉普通钢筋的锚固长度修正系数ξ_a应按下列规定取用：当带肋钢筋的公称直径大于25mm时取 1.10；环氧树脂涂层带肋钢筋取 1.25；施工过程中易受扰动的钢筋取 1.10；当纵向受力钢筋的实际配筋面积大于其设计计算面积时，修正系数取设计计算面积与实际配筋面积的比值，但对有抗震设防要求及直接承受动力荷载的结构构件，不应考虑此项修正；锚固钢筋的保护层厚度为 $3d$ 时修正系数可取 0.80，保护层厚度为 $5d$ 时修正系数可取 0.70，中间按内插取值，此处d为锚固钢筋的直径。

（4）当纵向受拉普通钢筋末端采用钢筋弯钩或机械锚固措施时，包括弯钩或锚固端头在内的锚固长度（投影长度）可取为基本锚固长度l_{ab}的 60%。弯钩和机械锚固的形式（图 4.5-2）和技术要求应符合表 4.5-8 的规定。

钢筋弯钩和机械锚固的形式和技术要求　　　　　　　　　　表 4.5-8

锚固形式	技术要求
90°弯钩	末端90°弯钩，弯钩内径 $4d$，弯后直段长度 $12d$
135°弯钩	末端135°弯钩，弯钩内径 $4d$，弯后直段长度 $5d$
一侧贴焊锚筋	末端一侧贴焊长 $5d$ 同直径钢筋
两侧贴焊锚筋	末端两侧贴焊长 $3d$ 同直径钢筋
焊端锚板	末端与厚度 d 的锚板穿孔塞焊
螺栓锚头	末端旋入螺栓锚头

注：1. 焊缝和焊缝长度应满足承载力要求；
　　2. 锚板或焊接锚板的承压净面积应不小于锚固钢筋计算截面面积的 4 倍；
　　3. 螺栓锚头的规格应符合相关标准的要求；
　　4. 螺栓锚头和焊接锚板的钢筋净间距不宜小于 $4d$，否则宜考虑群锚效应的不利影响；
　　5. 截面角部的弯钩和一侧贴焊锚筋的布筋方向宜向内侧偏置。

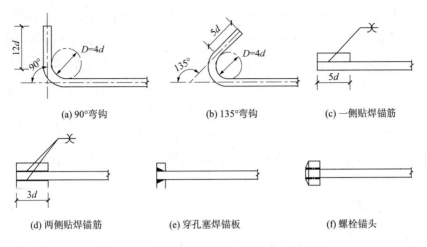

图 4.5-2　弯钩和机械锚固的形式和技术要求

（5）混凝土结构中的纵向受压钢筋，当计算中充分利用钢筋的抗压强度时，受压钢筋的锚固长度应不小于相应受拉锚固长度的 70%。

受压钢筋不应采用末端弯钩和一侧贴焊锚筋的锚固措施。

受压钢筋锚固长度范围内的构造钢筋应符合本条第（2）款充分利用受拉钢筋的抗拉强度的要求。

（6）承受动力荷载的预制构件，应将纵向受力普通钢筋末端焊接在钢板或角钢上，钢板或角钢应可靠地锚固在混凝土中。钢板或角钢的尺寸应按计算确定，其厚度不宜小于 10mm。

其他构件中的受力普通钢筋的末端也可通过焊接钢板或型钢实现锚固。

2）框架节点区箍筋的最大间距、最小直径宜按本书表 4.5-4 采用。对一、二、三级抗震等级的框架节点核心区，配筋特征值 λ_v 分别不宜小于 0.12、0.10 和 0.08，且其箍筋体积配筋率分别不宜小于 0.6%、0.5% 和 0.4%。当框架柱的剪跨比不大于 2 时，其节点核心区配箍特征值不宜小于核心区上、下柱端配箍特征值中的较大值。

4.5.5　预应力混凝土构件

1）预应力混凝土结构可用于抗震设防烈度 6、7、8 度区，当 9 度区需采用预应力混凝土结构时，应有充分依据，并采取可靠措施。

无粘结预应力混凝土结构的抗震设计，应符合专门规定。

2）抗震设计时，后张预应力框架、门架、转换层的转换大梁，宜采用有粘结预应力筋；承重结构的预应力受拉杆件和抗震等级为一级的预应力框架，应采用有粘结预应力筋。

3）预应力混凝土结构的抗震计算，应符合下列规定：

（1）预应力混凝土框架结构的阻尼比宜取 0.03；在框架-剪力墙结构、框架-核心筒结构及板柱-剪力墙结构中，当仅采用预应力混凝土梁或板时，阻尼比应取 0.05；

（2）预应力混凝土结构构件截面抗震验算时，在地震组合中，预应力作用分项系数，一般情况应采用 1.0，不利时应取 1.2；

（3）预应力筋穿过框架节点核心区时，节点核心区的截面抗震受剪承载力应按《混凝土规范》第 11.6 节的有关规定进行验算，并可考虑有效预加力的有利影响。

4）预应力混凝土框架的抗震构造，除符合钢筋混凝土结构的要求外，尚应符合下列规定：

（1）预应力混凝土框架梁端截面，计入纵向受压钢筋的混凝土受压区高度应符合本书第 4.5.2 节第 2）条的规定；按普通钢筋抗拉强度设计值换算的全部纵向受拉钢筋配筋率不宜大于 2.5%。

（2）在预应力混凝土框架梁中，应采用预应力筋和普通钢筋混合配筋的方式，梁端截面配筋宜符合下列要求；

$$A_s \geqslant \frac{1}{3}\left(\frac{f_{py}h_p}{f_yh_s}\right)A_p \tag{4.5-12}$$

注：对二、三级抗震等级的框架-剪力墙、框架-核心筒结构中的后张有粘结预应力混凝土框架，式(4.5-12)右端项系数 1/3 可改为 1/4。

（3）预应力混凝土框架梁梁端截面的底部纵向普通钢筋和顶部纵向受力钢筋截面面积的比值，应符合本书第 4.5.2 节第 3）条第（2）款的规定。计算顶部纵向受力钢筋截面面积时，应将预应力筋按抗拉强度设计值换算为普通钢筋截面面积。

框架梁端底面纵向普通钢筋配筋率尚不应小于 0.2%。

（4）当计算预应力混凝土框架柱的轴压比时，轴向压力设计值应取柱组合的轴向压力设计值加上预应力筋有效预加力的设计值，其轴压比应符合本书第 4.5.3 条第 6 款的相应要求。

（5）预应力混凝土框架柱的箍筋宜全高加密。大跨度框架边柱可采用在截面受拉较大的一侧配置预应力筋和普通钢筋的混合配筋，另一侧仅配置普通钢筋的非对称配筋方式。

5）后张预应力混凝土板柱-剪力墙结构，其板柱柱上板带的端截面应符合本节第 4）条对受压区高度的规定和公式(4.5-12)对截面配筋的要求。

板柱节点应符合《混凝土规范》第 11.9 节的规定。

6）后张预应力筋的锚具不宜设置在梁柱节点核心区内。

7）预应力混凝土受弯构件的正截面受弯承载力设计值应符合下列要求：

$$M_u = M_{cr} \tag{4.5-13}$$

式中：M_u——构件的正截面受弯承载力设计值，按本书公式(4.1-1)、公式(4.1-2)或公式(4.1-8)计算，但应取等号，并将M_u代替；

M_{cr}——构件的正截面开裂弯矩值，按本书公式(4.3-8)计算。

4.5.6 其他

（1）《建筑地基基础设计规范》GB 50037—2011 第 8.4.12 条第 4 款规定，当底板板格为单向板时，其底板厚度不应小于 400mm。《地铁设计规范》GB 50157—2013 第 12.2.6 条规定，防水混凝土结构厚度不应小于 250mm。防空地下室顶板、中间楼板的最小厚度为200mm。

（2）《建筑地基基础设计规范》GB 50037—2011 第 8.4.14 条规定，当地基土比较均匀、地层压缩层范围内无软弱土层或可液化土层、上部结构刚度较好、柱网和荷载较均匀、相邻柱荷载及柱间距的变化不超过 20%，且梁板式筏基梁的高跨比或平板式筏基板的厚跨比不小于 1/6 时，筏形基础可仅考虑局部弯曲作用。筏形基础的内力，可按基底反力直线分布进行计算，计算时基底反力应扣除底板自重及其上填土的自重。当不满足上述要求时，筏基内力可按弹性地基梁板方法进行分析计算。

（3）防空地下室结构构件按弹塑性工作阶段设计时，受拉钢筋配筋率不宜大于 1.5%。当大于 1.5% 时，受弯构件或大偏心受压构件的允许延性比$[\beta]$值应满足公式(4.5-14)，受拉钢筋最大配筋率不宜大于表 4.5-9 的规定。对核武器爆炸动荷载作用的钢筋混凝土构件，允许延性比$[\beta]$按表 4.5-10 采用。

$$[\beta] \leqslant \frac{0.5}{x/h_0} \tag{4.5-14}$$

$$x/h_0 = (\rho - \rho')f_{yd}/(\alpha_c f_{cd}) \tag{4.5-15}$$

式中：f_{yd}——钢筋抗拉动力强度设计值；

f_{cd}——混凝土轴心抗压动力强度设计值；

α_c——系数，按表 4.5-11 取值。

防空地下室结构中梁纵向受力钢筋的最大配筋率（%）　　　　　表 4.5-9

混凝土强度等级	C25	C30
HRB335 级钢筋	2.2	2.5
HRB400 级钢筋	2.0	2.4
RRB400 级钢筋		

核武器爆炸作用下钢筋混凝土构件的允许延性比$[\beta]$　　　　　表 4.5-10

结构构件使用要求	受力状态			
	受弯	大偏心受压	小偏心受压	轴心受压
密闭、防水要求高	1.0	1.0	1.0	1.0
密闭、防水要求一般	3.0	2.0	1.5	1.2

α_c 值　　　　　表 4.5-11

混凝土强度等级	≤ C50	C55	C60	C65	C70	C75	C80
α_c	1	0.99	0.98	0.97	0.96	0.95	0.94

（4）承受动荷载的钢筋混凝土结构构件，其纵向受力钢筋的配筋率最小值应符合表 4.5-12 规定的数值。

钢筋混凝土结构构件纵向受力钢筋的最小配筋率（%）　　　表 4.5-12

分类	C25～C35	C40～C55	C60～C80
受压构件的全部纵向钢筋	0.6（0.4）	0.6（0.4）	0.7（0.4）
偏心受压及偏心受拉构件一侧的受压钢筋	0.20		
受弯构件、偏心受压及偏心受拉构件一侧的受拉钢筋	0.25	0.30	0.35

注：1. 受压构件的全部纵向钢筋最小配筋率，当采用 HRB400 级、RRB400 级钢筋时，应按表中规定减小 0.1；
　　2. 当为墙体时，受压构件的全部纵向钢筋最小配筋率采用括号内数值；
　　3. 受压构件的受压钢筋以及偏心受压、小偏心受拉构件的受拉钢筋的最小配筋率按构件的全截面面积计算，受弯构件、大偏心受拉构件的受拉钢筋的最小配筋率按全截面面积扣除位于受压边或受拉较小边翼缘面积后的截面面积计算；
　　4. 对卧置于地基上的核 5 级、核 6 级和核 6B 级甲类防空地下室结构底板，当其内力系由平时设计荷载控制时，板中受拉钢筋最小配筋率可适当降低，但不应小于 0.15%。

（5）防空地下室连续梁及框架梁在距支座边缘 1.5 倍梁的截面高度范围内，箍筋配筋率应不低于 0.15%，箍筋间距不宜大于 $h_0/4$（h_0 为梁截面有效高度），且不宜大于主筋直径的 5 倍。在受拉钢筋搭接处，宜采用封闭箍筋，箍筋间距不应大于主筋直径的 5 倍，且不应大于 100mm。

✑ **随想：**

计算很重要，构造也很重要，因为计算及抗连续倒塌设计等建立在满足规范构造要求的基础上。所以，建议纵向受力普通钢筋采用机械连接或焊接，对动荷载作用不建议采用搭接连接，所以不专门提出钢筋搭接连接构造要求。

4.6　预应力混凝土框架结构算例

4.6.1　概述

地铁车站是地铁线路中的交通枢纽，起到客流地上、地下的相互转换及快捷运送客流的作用。目前地铁地下结构通常采用普通钢筋混凝土框架箱型结构，跨度一般在 5～10m 之间，这种结构较为成熟，但地下空间狭小，人流疏散和商业开发都受到极大限制，与绿色低碳高质量地铁车站有一定距离。为此，国内已开始探索使用大跨无柱钢筋混凝土地铁结构，由于受到诸如张拉工艺等影响，无法采用预应力混凝土结构，大空间的进一步发展受到了限制。

为解决预应力筋张拉工艺等问题，研发了内张拉预应力密排框架箱型结构（图 4.6-1）。内张拉预应力密排框架箱型结构，在平行断面方向设置预应力混凝土框架，形成箱型断面，将预应力筋布置在框架中，张拉槽预留在结构内部受力较小、施工方便的框架侧面，当浇灌混凝土并达到强度要求后，在张拉槽通过中间锚具将同一预应力筋束的各段首尾顺序连接，然后在中间锚具靠近结构内部的一端进行张拉，张拉完毕后按封堵张拉槽。内张拉预应力施工工法详见附录 D。

为逐步实现大跨无柱地铁车站结构，以北京地铁某明挖区间为依托工程，其主体结构采用预应力密排框架箱型结构，净跨 15m，净高 6.01m。该结构设计使用年限为 100 年，迎土面环境类别为二 a 类，非迎土面为一类，顶板覆土厚 5.13m，上方为城市公路，基本可变荷载取 20kN/m²。

依托工程于 2010 年 7 月底竣工，设计依据为 2001 版系列规范，对预应力密排框架箱型结构的迎土面构件，按荷载效应标准组合计算受拉边缘混凝土法向拉应力不大于混凝土轴心抗拉强度标准值（f_{tk}），按荷载效应准永久组合计算时，迎土面构件受拉边缘混凝土不产生拉应力。非迎土面混凝土构件的裂缝宽度不大于 0.2mm。当计及地震、人防或其他偶然荷载作用时，不验算结构的裂缝宽度。

截面设计常分为两个步骤：首先是从一些经验规则估算出一个近似截面，亦即截面的初步设计；其次对近似截面进行分析，以核对其适合程度，然后进行修改，这往往要经过多次试凑，才能求得经济合理的截面，这个过程也称为最终设计。本算例按 2001 版系列规范进行设计，用 2010 版系列规范进行设计复核。

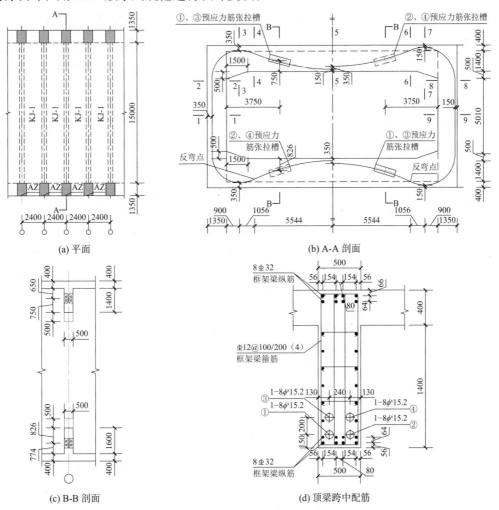

(a) 平面　　(b) A-A 剖面

(c) B-B 剖面　　(d) 顶梁跨中配筋

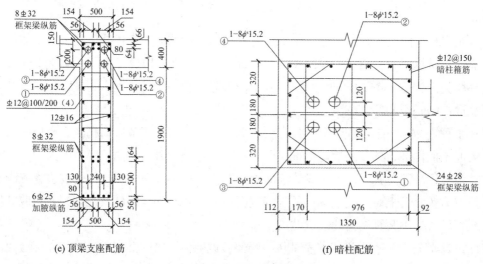

(e) 顶梁支座配筋　　　　　　　　　　(f) 暗柱配筋

图 4.6-1　内张拉预应力密排框架箱型结构图

4.6.2　材料

（1）普通钢筋：纵筋 HRB335（Φ），$f_y = 300\text{N/mm}^2$；箍筋 HPB235，$f_y = 210\text{N/mm}^2$ 或 HRB335，$f_y = 300\text{N/mm}^2$。

（2）预应力筋：低松弛钢绞线预应力筋直径 $d = 15.20\text{mm}$，抗拉强度标准值 $f_{ptk} = 1860\text{N/mm}^2$，张拉控制应力 $\sigma_{con} = 0.75 f_{ptk} = 0.75 \times 1860 = 1395\text{N/mm}^2$。

（3）混凝土设计强度等级：C40，$f_c = 19.1\text{N/mm}^2$，$f_{tk} = 2.39\text{N/mm}^2$，水灰比 $\leqslant 0.40$。

4.6.3　荷载

1）荷载分类

荷载分类见表 4.6-1。

荷载分类　　　　　　　　　　　　　　　　表 4.6-1

永久荷载	结构自重、地层压力、水压力及浮力、混凝土收缩及徐变影响、预加应力
可变荷载	地面车辆荷载及动力作用、地面车辆引起的侧向土压力、人群荷载、施工荷载
偶然荷载	地震作用、人防荷载

2）荷载组合分项系数

荷载组合分项系数见表 4.6-2。

荷载组合分项系数　　　　　　　　　　　　　　表 4.6-2

序号	荷载组合	永久荷载	可变荷载	偶然荷载	
				地震	人防
1	永久荷载控制、可变荷载参与的基本组合	1.3	1.5	0.0	0.0
2	考虑地震作用的基本组合	1.3（1.0、0.9）	0.0	1.4	0.0

序号	荷载组合	永久荷载	可变荷载	偶然荷载	
				地震	人防
3	考虑人防荷载的基本组合	1.3（1.0、0.9）	0.0	0.0	1.0
4	永久荷载、可变荷载的标准组合、准永久组合	1.0	1.0	0.0	0.0

注：1. 在基本组合中，当人防荷载、地震作用参与时结构重要性系数 $\gamma_0 = 1.0$，其他情况 γ_0 取 1.1；

2. 当永久荷载作用对结构有利时，对结构进行倾覆、滑移、飘浮验算时，取永久荷载的分项系数为 0.9，其他情况取 1.0；对结构不利时取 1.3。

3. 依据《公路桥涵设计通用规范》JTG D60—2015 第 4.1.6 条，对汽车荷载的准永久值系数取 0.4。

3）荷载标准值计算

（1）结构自重

主体结构钢筋混凝土重度取 25kN/m³，软件自动计算。

（2）覆土自重、土压力及水压力

采用静止土压力计算作用在结构上的土压力，根据水土分算的原则确定水压力，土层岩性与部分物理力学性质见表 4.6-3。规划路面标高取 37.96m，结构顶板上皮标高为 33.28m，结构底板下皮标高为 23.47m，现状水位在底板以下，抗浮设计水位标高为 34.5m。与正式施工图设计相比，方案设计及结构构件优化计算时的覆土厚度多 0.45m。

土层岩性与部分物理力学性质 表 4.6-3

土层编号	岩性	层顶标高（m）	土层厚度（m）	静止侧压力系数 K_0	天然密度 ρ（g/cm³）	地基承载力特征值 f_{ak}（kPa）
①₁	杂填土	38.01	1.45	0.47	1.65	
②	粉土	36.51	3.6	0.40	2.01	180
②₁	粉土	32.91	4.0	0.35	2.01	180
④	粉质黏土	28.91	2.9	0.32	2.03	180
④₂	细砂-中砂	26.01	1.2	0.33	2.00	200
④₃	圆砾-卵石	24.81	1.2	0.30	2.10	240
⑤	粉土	23.61	3.7	0.35	2.01	240
⑦	粉质黏土	19.91	2.6		2.01	200
⑧	细砂-中砂	17.31	1.9		2.00	350
⑧₂	粉质黏土	15.41	1.9		2.01	240
⑧₁	卵石-圆砾	13.51	2.1		2.10	420
⑩	卵石-圆砾	11.41	—		2.10	550

由表 4.6-3 可知，结构所在土层加权平均侧压力系数

$$K_0 = \frac{0.37 \times 0.4 + 4 \times 0.35 + 2.9 \times 0.32 + 1.2 \times 0.33 + 1.2 \times 0.3 + 0.14 \times 0.35}{0.37 + 4 + 2.9 + 1.2 + 1.2 + 0.14}$$

$$= 0.335$$

式中：0.37——②₁ 土层至结构顶板上皮距离。

结构所在土层加权平均天然密度

$$\gamma = \frac{0.37 \times 20.1 + 4 \times 20.2 + 2.9 \times 20.3 + 1.2 \times 20 + 1.2 \times 21 + 0.14 \times 20.1}{0.37 + 4 + 2.9 + 1.2 + 1.2 + 0.14}$$
$$= 20.3 \text{kN/m}^3$$

结构所在土层加权平均浮密度

$$\gamma' = \frac{0.37 \times 10.5 + 4 \times 10.7 + 2.9 \times 10.9 + 1.2 \times 10 + 1.2 \times 11 + 0.14 \times 10.6}{0.37 + 4 + 2.9 + 1.2 + 1.2 + 0.14}$$
$$= 10.7 \text{kN/m}^3$$

①正常使用阶段

经试算，本工程抗浮水位下的荷载控制正常使用阶段的结构设计，故仅列举抗浮水位下各种荷载的计算过程，正常水位的从略。

结构顶板以上覆土自重

$$1.45 \times 16.5 + 2.01 \times 20.1 + 1.22 \times 10.5 = 77.1 \text{kN/m}^2$$

结构侧墙（以下称"框架柱"）上端土压力

$$77.1 \times 0.335 = 25.8 \text{kN/m}^2$$

结构框架柱下端土压力

$$25.8 + (33.28 - 23.47) \times 10.7 \times 0.335 = 61.0 \text{kN/m}^2$$

结构顶板上和框架柱上端水压力

$$1.22 \times 10 = 12.2 \text{kN/m}^2$$

结构框架柱下端和底板水压力

$$12.2 + (33.28 - 23.47) \times 10 = 110.3 \text{kN/m}^2$$

抗浮水位下的覆土自重、土压力、水压力标准值的计算简图见图 4.6-2。

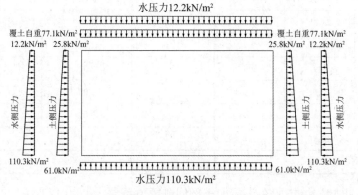

图 4.6-2 抗浮水位下覆土自重、土压力及水压力的计算简图

②施工阶段

结构框架柱上端土压力

$$88.8 \times 0.335 = 29.7 \text{kN/m}^2$$

结构框架柱下端土压力

$$29.7 + (33.28 - 23.47) \times 20.3 \times 0.335 = 96.4 \text{kN/m}^2$$

施工阶段土压力标准值计算简图见图 4.6-3。

图 4.6-3　施工阶段土压力计算简图

（3）混凝土收缩及徐变影响

依据《地铁规范》第 11.2.9 条，混凝土收缩可用降低温度来模拟。参照第 10.2 条文说明第 2 款，混凝土收缩的影响用降低温度的方法来计算，预应力区间结构采用分段浇筑，计算取当量降低温度 10℃。再考虑混凝土的徐变性能，计算收缩影响时将弹性模量乘以 0.45 的系数。

（4）基本可变荷载

地面车辆荷载及动力作用、人群荷载（以下称"地面超载"）取 20kN/m²，地面超载等基本可变荷载标准值计算简图见图 4.6-4。

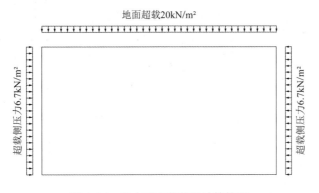

图 4.6-4　基本可变荷载的计算简图

（5）施工荷载

按不超过地面超载考虑，但与地面超载不同时考虑。

（6）地震作用

《地铁规范》第 11.8.4 条规定，地下结构的地震反应宜采用反应位移法或惯性静力法计算，结构体系复杂、体形不规则以及结构断面变化较大时，宜采用动力分析法计算结构的地震反应。依托工程不存在结构体系复杂、体形不规则以及结构断面变化较大的情况，采用惯性静力法，计算如下：

①作用在顶板上的横向水平地震作用

顶板自重引起的横向水平地震作用：

顶板体积

$$15 \times 2.4 \times 0.4 = 14.4\text{m}^3$$

顶梁体积

$$15 \times 0.5 \times 1.4 = 10.5\text{m}^3$$

梁端加腋体积

$$0.5 \times 1.5 \times 0.5 = 0.4\text{m}^3$$

顶板自重引起的横向水平地震作用

$$F_1 = \eta K m g = 0.25 \times 0.2 \times 25 \times (14.4 + 10.5 + 0.4) = 31.6\text{kN}$$

式中：η——综合影响系数；

K——水平地震影响系数。

顶板上方土柱引起的横向水平地震作用

$$F_2 = \eta K m g = 0.25 \times 0.2 \times 4.68 \times 2.4 \times (15 + 1.35 \times 2) \times 20.3 = 201.7\text{kN}$$

作用在顶板上的总水平地震作用

$$F = F_1 + F_2 = 31.6 + 201.7 = 233.3\text{kN}$$

②底板上的横向水平地震作用

底板体积

$$15 \times 2.4 \times 0.4 = 14.4\text{m}^3$$

底梁体积

$$15 \times 0.5 \times 1.6 = 12.0\text{m}^3$$

梁端加腋体积

$$0.5 \times 1.5 \times 0.5 = 0.4\text{m}^3$$

底板垫层体积

$$[(2.4 - 0.5) \times 1.61 + 0.91 \times 2.4 - 0.4] \times 15 = 93.6\text{m}^3$$

作用在底板上的横向水平地震作用

$$F = \eta K m g = 0.25 \times 0.2 \times 25 \times (14.4 + 12.0 + 0.4 + 93.6) = 150.5\text{kN}$$

③框架柱上的横向水平地震作用

框架柱自重引起横向水平地震作用

$$F = \eta K m g = 0.25 \times 0.2 \times 1.35 \times (6.01 + 1.8 + 2.0) \times 2.4 \times 25 = 39.7\text{kN}$$

等效均布荷载

$$39.7/(9.81 \times 2.4) = 1.7\text{kN/m}^2$$

主动土压力增量

抗震设防烈度 8 度时，地震角取 3°，内摩擦角近似取 30°，主动土压力增量系数为 0.04，地震作用为 0.04 的土侧压力，作用在框架柱上端的主动土压力增量为

$$0.04 \times 29.8 = 1.2 \text{kN/m}^2$$

作用在框架柱下端的主动土压力增量

$$0.04 \times 96.5 = 3.9 \text{kN/m}^2$$

④主体结构竖向地震作用

竖向地震作用取水平地震作用的 2/3，则作用在顶板上的竖向地震作用

$$F_V = 233.3 \times 2/3 = 155.5 \text{kN}$$

作用在底板上的竖向地震作用

$$F_V = 150.5 \times 2/3 = 100.3 \text{kN}$$

⑤主体结构纵向地震作用

纵轴方向单位长度的重量

$$W = (4666 + 3010 + 1588)/2.4 = 3860 \text{kN/m}$$

作用在区间纵轴方向的水平地震作用

$$F_T = \eta K(80W) = 0.25 \times 0.2 \times 80 \times 3860 = 15440 \text{kN}$$

⑥主体结构计算简图

横向、竖向地震作用计算简图见图 4.6-5（a），纵向水平地震作用计算简图见图 4.6-5（b）。

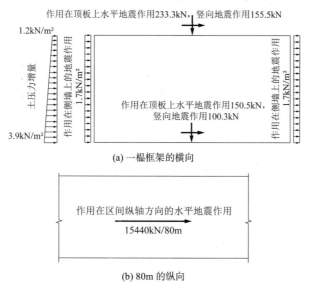

(a) 一榀框架的横向

(b) 80m 的纵向

图 4.6-5　地震作用的计算简图

⑦中间隔墙横向水平地震作用

1m 宽中间隔墙自重引起横向水平地震作用

$$F = \eta K m g = 0.25 \times 0.2 \times 0.35 \times 8.61 \times 1 \times 25 = 3.8 \text{kN}$$

等效均布荷载

$$3.8/(8.61 \times 1) = 0.4kN/m^2$$

小于风荷载 $1kN/m^2$。

（7）人防荷载

本次计算仅考虑核武器作用，常规武器作用不起控制作用。人防设计等级为5级，地面空气冲击波超压峰值$\Delta P_m = 0.1N/mm^2$，按冲量简化的等效作用时间$t_2 = 0.78s$（按50万t当量）。

①顶板

所处土层按粉质黏土考虑，起始波速$c_0 = 300 \sim 400m/s$，波速比$\gamma_c = 2 \sim 2.5$，应变恢复比$\delta = 0.1$，取波速$c_0 = 300m/s$，波速比$\gamma_c = 2$，顶板按受弯构件计算时，允许延性比$\beta = 3.0$，含气量$\alpha_1 = 3.1\%$。

顶板峰值压力波速

$$c_1 = c_0/\gamma_c = 300/2 = 150m/s$$

顶板压缩波峰值压力

$$P_{h1} = \left[1 - \frac{h(1-\delta)}{c_1 t_2}\right] \Delta P_m = 0.1 \times \left(1 - \frac{5.14 \times (1 - 0.1)}{150 \times 0.78}\right) = 0.096MN/m^2$$

按顶板短边净跨1.9m计，结构不利覆土厚度$h_m = 1.0$。由于覆土厚度$h = 4.68m > h_m$，且$\Delta P_m < 16\alpha_1$；故按非饱和土考虑，$K = 1.238$。动力系数为

$$K_{d1} = \frac{2\beta}{2\beta - 1} = \frac{2 \times 3}{2 \times 3 - 1} = 1.2$$

等效均布静荷载

$$q_2 = K_{d1} K P_{h1} = 1.2 \times 1.238 \times 96 = 142.6kN/m^2$$

②框架柱

所处土层按粉质黏土（硬塑）考虑，$\Delta P_m < 16\alpha_1 = 0.62N/mm^2$，起始波速$c_0 = 300 \sim 400m/s$，波速比$\gamma_c = 2 \sim 2.5$，应变恢复比$\delta = 0.1$，取波速$c_0 = 300m/s$，波速比$\gamma_c = 2$。

顶板峰值压力波速

$$c_1 = c_0/\gamma_c = 300/2 = 150m/s$$

框架柱按大偏心受压构件考虑，允许延性比$[\beta] = 3.0$。侧压系数$\xi = 0.335$。动力系数

$$K_{d2} = \frac{2\beta}{2\beta - 1} = \frac{2 \times 3.0}{2 \times 3.0 - 1} = 1.2$$

框架柱中点处

$$P_{h2} = \left[1 - \frac{h_2(1-\delta)}{c_1 t_2}\right] \Delta P_m = 0.1 \times \left(1 - \frac{10.1 \times (1 - 0.1)}{150 \times 0.78}\right) = 0.092MN/m^2$$

等效均布静荷载

$$q_2 = K_{d2} \xi P_{h2} = 1.2 \times 0.335 \times 92 = 37.0kN/m^2$$

③底板

底板按受弯构件考虑，允许延性比为 3.0；

抗浮水位下 $\eta = 0.8$；

动力系数 $K_{d3} = 1.0$；

等效均布静荷载

$$q_3 = K_{d3}\eta K P_{h1} = 1.0 \times 0.8 \times 1.238 \times 96 = 95\text{kN/m}^2$$

④计算简图

人防荷载标准值计算简图见图 4.6-6。

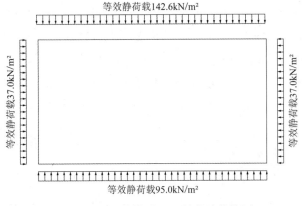

图 4.6-6　人防荷载作用下结构计算简图

4.6.4　预加应力

1）预应力筋布置

（1）预应力筋布置原则

①预应力筋的外形和位置尽可能与弯矩图一致，预应力筋所产生的等效荷载与外部荷载的分布在形式上应基本一致。

②为获取较大的截面抵抗弯矩，控制截面处的预应力筋尽量靠近受拉边缘布置，以提高其抗裂能力和承载能力。

③尽可能减少预应力损失，增大有效应力值，以提高施加预应力的效益和构件的抗裂性。

④为方便施工、减少锚具用量、提高工作效率，预应力筋在构件间应尽可能连续布置，并应使端部构造简单。

⑤应综合考虑相关因素，如保护层厚度、防火要求、次弯矩、防腐蚀以及构造要求等。

（2）中间锚具位置

预应力密排框架箱型结构采用内张拉预应力技术，中间锚具在内张拉技术中的作用是张拉连接预应力筋并施加预应力。若中间锚具设置在暗柱侧面，需在框架柱内侧张拉预应力筋，在中间锚具设置处预应力筋需靠近框架柱内侧布置，这样对框架柱外侧产生拉应力，预应力筋的外形和位置与弯矩图不一致，不符合束形布置原则。如中间锚具设置在框架梁内侧时，顶框梁预应力筋的张拉操作会麻烦一些，但可通过搭设专用平台解决，张拉槽位置可灵活布置，不会影响预应力束形布置原则，能保证预应力筋的外形和位置与弯矩图一致。故中间锚具位置选择在框架梁内侧，距框架柱内边距离为 3750mm，此处综合受力较小。

（3）预应力筋束形

每榀框架设置 4 束预应力筋束形，各束用中间锚具张拉连接，形成一条闭合的对称曲线。①、③束设置 2 处中间锚具，一处位于顶梁靠左端四分点附近，另一处位于底梁靠左端四分之三点附近，2 处位置关于结构断面中心线反对称，②、④束的中间锚具与①、③束的关于结构断面中心线对称（图 4.6-1）。每束预应力筋设置 2 个张拉槽、使用 2 套中间锚具。顶梁的预应力束形，3-4-5-6-7 段预应力筋由三段抛物线组成，在 3 点、4 点、5 点、6 点和 7 点处抛物线切线均为水平线，反弯点位于距 3 点或 7 点的 $0.08L$ 处，L 为 3 点至 7 点曲线的水平投影长度。底梁的预应力束形与顶梁的相似。暗柱的预应力束形，上下端为四分之一圆弧，中间为直线。

（4）预应力筋断面布置

为获取较大的截面抵抗弯矩，有粘结预应力束布置不应超过 2 排，控制截面处的预应力筋尽量靠近受拉边缘布置。如布置 4 列有粘结预应力束，中间两束预应力筋在梁内跨越外侧两束预应力筋后才能张拉，这样跨越，不仅增大了预应力筋损失，而且增加了预应力施工难度、风险和施工工期，故同一排的预应力束不应超过 2 列。由上可知，每榀框架布置预应力不超过 4 束，不超过 2 排、2 列。考虑预应力穿束的可实施性，控制每束预应力筋钢绞线数量不超过 8 根。本工程每榀框架中设置 4 束预应力筋，按 2 排、2 列布置，每束预应力筋钢绞线数量为 8 根，每榀框架中共布置 32 根预应力筋。

（5）小曲率半径预应力筋

依托工程预应力束的最小曲率半径约 2m，属小曲率半径范畴，为减小预应力筋与孔道壁之间的摩擦损失，管道成型方式采用预埋塑料波纹管。对预应力筋与塑料波纹管之间的摩擦系数 μ 和管道每米局部偏差对摩擦的影响系数 κ，《混凝土结构设计规范》GB 50010—2010 规定：$\mu = 0.15$、$\kappa = 0.0015$，《公路钢筋混凝土及预应力混凝土桥涵设计规范》JTG D62—2004 规定：$\mu = 0.15 \sim 0.17$、$\kappa = 0.0015$。为验证小半径环向预应力筋与孔道壁之间的摩擦系数是否符合上述规范要求，进行了摩擦系数 μ 的节点试验。

由节点试验结果可知，当固定管道每米局部偏差对摩擦的影响系数 $\kappa = 0.0015$ 时，可取应力筋与塑料波纹管之间的摩擦系数 $\mu = 0.17$，详见附录 C。

《公路钢筋混凝土及预应力混凝土桥涵设计规范》JTG D62—2004 规定 μ 为 0.14~0.17，而《公路钢筋混凝土及预应力混凝土桥涵设计规范》JTG 3362—2018 规定 μ 为 0.15~0.20，存在一定的差别。试点工程完成于 2009 年，采用规范 JTG D62—2004 的规定值 $\mu = 0.17$；

为满足现行规范要求，对试点工程按 JTG 3362—2018 规定进行验证，本次取 $\mu = 0.19$。

2）预应力损失

（1）孔道摩擦损失 σ_{l2}

取图 4.6-1b 的平均束形，如图 4.6-7 所示。在图 4.6-7 中，以预应力束形 5 点为坐标原点，右为 x 轴正方向，上为 y 轴正方向，3 点、4 点和 5 点在同一条直线上，5 点、6 点和 7 点在同一条直线上，所以在反弯点 4 或 6 点处，横坐标 $x = \pm 5.544\mathrm{m}$，4-5-6 段抛物线纵坐标 $y = (1.8 - 0.25 - 0.25) \times (1 - 0.08 \times 2) = 1.092\mathrm{m}$，其抛物线方程为 $x^2 = 2 \times 14.073y$。

同样，以预应力束形 4 点或 6 点为坐标原点，左为 x 轴正方向，下为 y 轴正方向，可以得到 3-4 段、6-7 段抛物线方程 $x^2 = 2 \times 2.681y$；以预应力束形 13 点为坐标原点，左为 x 轴正方向，下为 y 轴正方向，12-13-14 段抛物线方程为 $x^2 = 2 \times 12.197y$；以预应力束形 11 点或 15 点为坐标原点，右为 x 轴正方向，上为 y 轴正方向，可以得到 11-12 段、14-15 段抛物线方程 $x^2 = 2 \times 2.323y$。

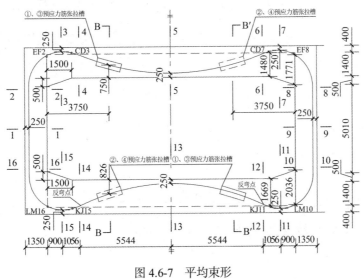

图 4.6-7 平均束形

四角预应力束四分之一圆的半径为 2000mm，对①、③预应力束，在 4-5 段间 B 点和 12-13 段间 B′点同时张拉，其设计张拉控制应力

$$\sigma_{\mathrm{con}} = 0.75 f_{\mathrm{ptk}} = 0.75 \times 1860 = 1395\mathrm{N/mm^2}$$

钢绞线在夹片式锚具中的摩阻损失取张拉控制应力的 3%，变角引起的摩擦损失取张拉控制应力的 5%，故张拉端锚下设计控制应力

$$\sigma_0 = (0.75 - 0.03 - 0.05) f_{\mathrm{ptk}} = 0.67 \times 1860 = 1246\mathrm{N/mm^2}$$

对①、③预应力束，在 4-5 段间 B 点和 12-13 段间 B′点同时张拉，可求得离开张拉端各计算截面的孔道摩擦损失，详见表 4.6-4。离开 B 点和 B′点一定距离后，总会找到一点，在该点摩擦损失达到最大值，且从 B 点和 B′点计算的摩擦损失相等，相对于两端张拉一对称梁，可以称摩擦损失相等点为等效跨中点。

对②、④预应力束，在 5-6 段间 B′点和 13-14 段间 B 点同时张拉，也可求得离开张拉端各计算截面的孔道摩擦损失，与①、③预应力束的数值关于竖向对称。所以，全部预应力束各控制点的孔道摩擦损失及最终应力正好为①、③预应力束和其竖向对称点相应数值的平均值，详见表 4.6-5。对①、③预应力束各线段摩擦损失、终点应力及摩擦损失相等点的计算过程列举如下：

①从张拉端 B 起算

第一步，5-4 段抛物线之间的 B 点，局部坐标 $x = -3.75\text{m}$，$y = 3.75^2/(2 \times 14.073) = 0.500\text{m}$，相对转角和导数

$$\theta_\text{B} = \tan^{-1}(y'_\text{B}) = \tan^{-1}\left(\frac{-2 \times 3.75}{2 \times 14.073}\right) = 0.260\text{rad}$$

离开局部坐标原点（5 点）的曲线长度

$$
\begin{aligned}
l_{5,\text{B}} &= \int_0^{3.75} \sqrt{1 + \left(\frac{x}{14.073}\right)^2}\,\mathrm{d}x = \frac{1}{14.073}\int \sqrt{14.073^2 + x^2}\,\mathrm{d}x \\
&= \frac{1}{2 \times 14.073}\left[x\sqrt{14.073^2 + x^2}\,14.073^2 \ln\left(x + \sqrt{14.073^2 + x^2}\right)\right]\Big|_0^{3.75} \\
&= 3.794\text{m}
\end{aligned}
$$

二阶导数

$$y''_\text{B} = \frac{2}{2 \times 14.073} = 0.071$$

曲率半径

$$r_\text{B} = \frac{(1 + 0.260^2)^{3/2}}{0.071} = 15.598\text{m}$$

同理，4-B 段抛物线 4 点，局部坐标 $x = -5.544\text{m}$，$y = 5.544^2/(2 \times 14.073) = 1.092\text{m}$，转角及导数

$$\theta_4 = \tan^{-1}(y'_4) = \tan^{-1}\left(\frac{-2 \times 5.544}{2 \times 14.073}\right) = -0.375\text{rad}$$

B 点到 4 点的水平距离 $x_{\text{B},4} = 5.544 - 3.75 = 1.794\text{m}$，曲线长度

$$
\begin{aligned}
l_{\text{B},4} &= \int_{3.75}^{5.544} \sqrt{1 + \left(\frac{x}{14.073}\right)^2}\,\mathrm{d}x = \frac{1}{14.073}\int \sqrt{14.073^2 + x^2}\,\mathrm{d}x \\
&= \frac{1}{2 \times 14.073}\left[x\sqrt{14.073^2 + x^2} + 14.073^2 \ln\left(x + \sqrt{14.073^2 + x^2}\right)\right]\Big|_{3.75}^{5.544} \\
&= 1.890\text{m}
\end{aligned}
$$

4 点相对 B 点的转角 $\theta_{\text{B},4} = -0.375 + 0.260 = -0.115\text{rad}$，计算时取正数即可，下同。

$$\kappa l_{\text{B},4} + \mu\theta_{\text{B},4} = 0.0015 \times 1.890 + 0.19 \times 0.115 = 0.0247$$

$$1 - \frac{1}{e^{\kappa l + \mu\theta}} = 1 - \frac{1}{e^{0.0247}} = 0.0244$$

依据公式(3.1-57)，可得到 4 点应力

$$\sigma_{B,4} = \sigma_{con}\left[1 - \left(1 - \frac{1}{e^{\kappa l + \mu\theta}}\right)\right] = 1246 \times 0.9756 = 1216 \text{N/mm}^2$$

第二步，5-B 段抛物线 5 点，局部坐标$x = 0\text{m}$，$y = 0\text{m}$，相对转角和导数

$$\theta_5 = \tan^{-1}(y_5') = \tan^{-1}\left(\frac{2 \times 0}{2 \times 14.073}\right) = 0\text{rad}$$

B 点到 5 点的曲线长度

$$\begin{aligned}
l_{B,5} &= \int_{-3.75}^{0} \sqrt{1 + \left(\frac{x}{14.073}\right)^2} \, dx = \frac{1}{14.073} \int \sqrt{14.073^2 + x^2} \, dx \\
&= \frac{1}{2 \times 14.073}\left[x\sqrt{14.073^2 + x^2} + 14.073^2 \ln(x + \sqrt{14.073^2 + x^2})\right]\Big|_{-3.75}^{0} \\
&= 3.794\text{m}
\end{aligned}$$

5 点相对 B 点的转角$\theta_{B,5} = 0 + 0.260 = 0.260\text{rad}$。

$$\kappa l_{B,5} + \mu\theta_{B,5} = 0.0015 \times 3.794 + 0.19 \times 0.260 = 0.0552$$

$$1 - \frac{1}{e^{\kappa l + \mu\theta}} = 1 - \frac{1}{e^{0.0552}} = 0.0537$$

依据公式(3.1-57)，可得到 5 点应力

$$\sigma_{B,5} = \sigma_{con}\left[1 - \left(1 - \frac{1}{e^{\kappa l + \mu\theta}}\right)\right] = 1246 \times 0.9463 = 1179 \text{N/mm}^2$$

第三步，4-3 段抛物线 4 点，局部坐标$x = 1.056\text{m}$，$y = 1.056^2/(2 \times 2.681) = 0.208\text{m}$，相对转角和导数

$$\theta_4 = \tan^{-1}(y_4') = \tan^{-1}\left(\frac{2 \times 1.056}{2 \times 2.681}\right) = 0.375\text{rad}$$

离开局部坐标原点（3 点）的曲线长度

$$\begin{aligned}
l_{3,4} &= \int_{0}^{1.056} \sqrt{1 + \left(\frac{x}{2.681}\right)^2} \, dx = \frac{1}{2.681} \int \sqrt{2.681^2 + x^2} \, dx \\
&= \frac{1}{2 \times 2.681}\left[x\sqrt{2.681^2 + x^2} + 2.681^2 \ln\left(x + \sqrt{2.681^2 + x^2}\right)\right]\Big|_{0}^{1.056} \\
&= 1.083\text{m}
\end{aligned}$$

同理，4-3 段抛物线 3 点，局部坐标$x = 0\text{m}$，$y = 0\text{m}$，转角及导数$\theta_3 = y_3' = 0\text{rad}$
3 点相对 4 点的转角$\theta_{4,3} = 0.375\text{rad}$。

$$\kappa l_{4,3} + \mu\theta_{4,3} = 0.0015 \times 1.083 + 0.19 \times 0.375 = 0.0729$$

$$1 - \frac{1}{e^{\kappa l + \mu\theta}} = 1 - \frac{1}{e^{0.0729}} = 0.0703$$

依据公式(3.1-57)，可得到 3 点应力

$$\sigma_{4,3} = \sigma_{B,4}\left[1 - \left(1 - \frac{1}{e^{\kappa l + \mu\theta}}\right)\right] = 1216 \times 0.9297 = 1130\text{N/mm}^2$$

4-3 段抛物线与顶梁腋顶 C-D 截面（图 4.6-7、图 4.6-10）相交点，CD3 点局部坐标 $x = 1.056 + 0.9 - 1.5 = 0.456\text{m}$，相对转角和导数

$$\theta_{CD} = \tan^{-1}(y'_{CD}) = \tan^{-1}\left(\frac{2 \times 0.456}{2 \times 2.681}\right) = 0.168\text{rad}$$

CD3 点离开 4 点的曲线长度

$$l_{4,CD3} = \frac{1}{2 \times 2.681}\left[x\sqrt{2.681^2 + x^2} + 2.681^2\ln(x + \sqrt{2.681^2 + x^2})\right]\Big|_{0.456}^{1.056} = 0.625\text{m}$$

CD3 点相对 4 点的转角$\theta_{4,CD4} = 0.375 - 0.168 = 0.207\text{rad}$。

$$\kappa l_{4,CD4} + \mu\theta_{4,CD4} = 0.0015 \times 0.625 + 0.19 \times 0.207 = 0.0330$$

$$1 - \frac{1}{e^{\kappa l + \mu\theta}} = 1 - \frac{1}{e^{0.0330}} = 0.0324$$

依据公式(3.1-57)，可得到 CD3 点应力

$$\sigma_{4,CD3} = \sigma_{B,4}\left[1 - \left(1 - \frac{1}{e^{\kappa l + \mu\theta}}\right)\right] = 1216 \times 0.9676 = 1176\text{N/mm}^2$$

第四步，5-6 段抛物线 5 点，局部坐标$x = 0\text{m}$，$y = 0\text{m}$，相对转角和导数

$$\theta_5 = \tan^{-1}(y'_5) = \tan^{-1}\left(\frac{2 \times 0}{2 \times 14.073}\right) = 0\text{rad}$$

在 5-6 段抛物线 6 点，局部坐标$x = 5.544\text{m}$，$y = 5.544^2/(2 \times 14.073) = 1.092\text{m}$，相对转角和导数

$$\theta_6 = \tan^{-1}(y'_6) = \tan^{-1}\left(\frac{2 \times 5.544}{2 \times 14.073}\right) = 0.375\text{rad}$$

6 点到 5 点的曲线长度

$$\begin{aligned}
l_{5,6} &= \int_0^{5.544}\sqrt{1 + \left(\frac{x}{14.073}\right)^2}\,\text{d}x = \frac{1}{14.073}\int\sqrt{14.073^2 + x^2}\,\text{d}x \\
&= \frac{1}{2 \times 14.073}\left[x\sqrt{14.073^2 + x^2} + 14.073^2\ln(x + \sqrt{14.073^2 + x^2})\right]\Big|_0^{5.544} \\
&= 5.684\text{m}
\end{aligned}$$

6 点相对 5 点的转角$\theta_{5,6} = 0.375\text{rad}$。

$$\kappa l_{5,6} + \mu\theta_{5,6} = 0.0015 \times 5.684 + 0.19 \times 0.375 = 0.0798$$

$$1 - \frac{1}{e^{\kappa l + \mu\theta}} = 1 - \frac{1}{e^{0.0798}} = 0.0767$$

依据公式(3.1-57)，可得到 6 点应力

$$\sigma_{5,6} = \sigma_{B,5}\left[1 - \left(1 - \frac{1}{e^{\kappa l + \mu\theta}}\right)\right] = 1179 \times 0.9233 = 1089\text{N/mm}^2$$

第五步，6-7 段抛物线与 4-3 段抛物线对称，前面计算参数完全相同，依据公式(3.1-57)，可得到 7 点应力

$$\sigma_{6,7} = \sigma_{5,6}\left[1 - \left(1 - \frac{1}{e^{\kappa l + \mu\theta}}\right)\right] = 1089 \times 0.9297 = 1012\text{N/mm}^2$$

6-7 段抛物线与顶梁腋顶 C-D 截面相交点，CD7 点应力

$$\sigma_{6,\text{CD7}} = \sigma_{5,6}\left[1 - \left(1 - \frac{1}{e^{\kappa l + \mu\theta}}\right)\right] = 1089 \times 0.9676 = 1054\text{N/mm}^2$$

第六步，3-2 段四分之一圆弧长度

$$l_{3,2} = \frac{2\pi \times 2}{4} = 3.142\text{m}$$

2 点在框架柱顶、顶梁腋底 50mm 下方，可认为 2 点的预应力损失为框架柱顶在腋底处的预应力损失。同理，框架柱其他 3 个框架柱端点也可同样处理。

2 点相对 3 点的转角 $\theta_{3,2} = 1.571\text{rad}$。

$$\kappa l_{3,2} + \mu\theta_{3,2} = 0.0015 \times 3.142 + 0.19 \times 1.571 = 0.3032$$

$$1 - \frac{1}{e^{\kappa l + \mu\theta}} = 1 - \frac{1}{e^{0.3032}} = 0.2615$$

依据公式(3.1-57)，可得到 6 点应力

$$\sigma_{3,2} = \sigma_{4,3}\left[1 - \left(1 - \frac{1}{e^{\kappa l + \mu\theta}}\right)\right] = 1130 \times 0.7385 = 834.7\text{N/mm}^2$$

EF2 点相对 3 点的转角

$$\theta_{3,\text{EF2}} = \sin^{-1}\left(\frac{2 - 1.35 + 0.25}{2}\right) = \sin^{-1}\left(\frac{0.9}{2}\right) = 0.467\text{rad}$$

$$l_{3,\text{EF2}} = \theta_{3,\text{EF2}}R = 0.467 \times 2 = 0.934\text{m}$$

$$\kappa l_{3,\text{EF2}} + \mu\theta_{3,\text{EF2}} = 0.0015 \times 0.934 + 0.19 \times 0.467 = 0.0901$$

$$1 - \frac{1}{e^{\kappa l + \mu\theta}} = 1 - \frac{1}{e^{0.0901}} = 0.0861$$

EF2 点应力

$$\sigma_{3,\text{EF2}} = \sigma_{4,3}\left[1 - \left(1 - \frac{1}{e^{\kappa l + \mu\theta}}\right)\right] = 1130 \times 0.9139 = 1033\text{N/mm}^2$$

第七步，7-8 段四分之一圆弧与 3-2 段四分之一圆弧对称，前面计算参数相同，依据公式(3.1-57)，可得到 8 点应力

$$\sigma_{7,8} = \sigma_{6,7}\left[1 - \left(1 - \frac{1}{e^{\kappa l + \mu\theta}}\right)\right] = 1012 \times 0.7385 = 741.4\text{N/mm}^2$$

EF8 点应力

$$\sigma_{7,\text{EF8}} = \sigma_{6,7}\left[1 - \left(1 - \frac{1}{e^{\kappa l + \mu\theta}}\right)\right] = 1012 \times 0.9139 = 925.0\text{N/mm}^2$$

第八步，2-16 段直线长度

$$l_{2,16} = 1.8 + 2.0 + 6.01 - 0.25 \times 2 - 2 \times 2 = 5.310\text{m}$$

16 点相对 2 点的转角$\theta_{2,16} = 0\text{rad}$。

$$\kappa l_{2,16} + \mu\theta_{2,16} = 0.0015 \times 5.310 + 0.19 \times 0 = 0.0008$$

$$1 - \frac{1}{e^{\kappa l + \mu\theta}} = 1 - \frac{1}{e^{0.0008}} = 0.0008$$

依据公式(3.1-57)，可得到 16 点应力

$$\sigma_{2,16} = \sigma_{3,2}\Big[1 - \Big(1 - \frac{1}{e^{\kappa l + \mu\theta}}\Big)\Big] = 834.7 \times 0.0008 = 834.1\text{N/mm}^2$$

②从张拉端 B′起算

第一步，13-12 段抛物线 B′点，局部坐标$x = 3.75\text{m}$，$y = 3.75^2/(2 \times 12.197) = 0.576\text{m}$，相对转角和导数

$$\theta_{B'} = \tan^{-1}(y_B') = \tan^{-1}\Big(\frac{2 \times 3.75}{2 \times 12.197}\Big) = 0.298\text{rad}$$

B′点离开局部坐标原点（13 点）的曲线长度

$$\begin{aligned}
l_{13,B'} &= \int_0^{3.75}\sqrt{1 + \Big(\frac{x}{12.197}\Big)^2}\,\mathrm{d}x = \frac{1}{12.197}\int\sqrt{12.197^2 + x^2}\,\mathrm{d}x \\
&= \frac{1}{2 \times 12.197}\Big[x\sqrt{12.197^2 + x^2} + 12.197^2\ln\big(x + \sqrt{12.197^2 + x^2}\big)\Big]\Big|_0^{3.75} \\
&= 3.808\text{m}
\end{aligned}$$

同理，12-B′段抛物线 12 点，局部坐标$x = 5.544\text{m}$，$y = 5.544^2/(2 \times 12.197) = 1.260\text{m}$，转角及导数

$$\theta_{12} = \tan^{-1}(y_{12}') = \tan^{-1}\Big(\frac{2 \times 5.544}{2 \times 12.197}\Big) = 0.427\text{rad}$$

B′点到 12 点的曲线长度

$$\begin{aligned}
l_{B',12} &= \int_{3.75}^{5.544}\sqrt{1 + \Big(\frac{x}{12.197}\Big)^2}\,\mathrm{d}x = \frac{1}{12.197}\int\sqrt{12.197^2 + x^2}\,\mathrm{d}x \\
&= \frac{1}{2 \times 12.197}\Big[x\sqrt{12.197^2 + x^2} + 12.197^2\ln\big(x + \sqrt{12.197^2 + x^2}\big)\Big]\Big|_{3.75}^{5.544} \\
&= 1.921\text{m}
\end{aligned}$$

12 点相对 B′点的转角$\theta_{B',12} = \theta_{B'} - \theta_{12} = 0.128\text{rad}$。

$$\kappa l_{B',12} + \mu\theta_{B',12} = 0.0015 \times 1.921 + 0.19 \times 0.128 = 0.0273$$

$$1 - \frac{1}{e^{kl + \mu\theta}} = 1 - \frac{1}{e^{0.0273}} = 0.0269$$

依据公式(3.1-57)，可得到 12 点应力

$$\sigma_{\mathrm{B',12}} = \sigma_{\mathrm{con}}\left[1 - \left(1 - \frac{1}{e^{\kappa l + \mu\theta}}\right)\right] = 1246 \times 0.9731 = 1213\mathrm{N/mm}^2$$

第二步，13-B′段抛物线 13 点，局部坐标$x = 0\mathrm{m}$，$y = 0\mathrm{m}$，相对转角和导数

$$\theta_{13} = y'_{13} = 0\mathrm{rad}$$

B′点到 13 点的曲线长度

$$
\begin{aligned}
l_{\mathrm{B',13}} &= \int_0^{3.75}\sqrt{1 + \left(\frac{x}{12.197}\right)^2}\,\mathrm{d}x = \frac{1}{12.197}\int\sqrt{12.197^2 + x^2}\,\mathrm{d}x \\
&= \frac{1}{2 \times 12.197}\left[x\sqrt{12.197^2 + x^2} + 12.197^2\ln\left(x + \sqrt{12.197^2 + x^2}\right)\right]\Big|_0^{3.75} \\
&= 3.808\mathrm{m}
\end{aligned}
$$

13 点相对 B′点的转角$\theta_{\mathrm{B',13}} = 0 + 0.298 = 0.298\mathrm{rad}$。

$$\kappa l_{\mathrm{B',13}} + \mu\theta_{\mathrm{B',13}} = 0.0015 \times 3.808 + 0.19 \times 0.298 = 0.0624$$

$$1 - \frac{1}{e^{\kappa l + \mu\theta}} = 1 - \frac{1}{e^{0.0624}} = 0.0605$$

依据公式(3.1-57)，可得到 13 点应力

$$\sigma_{\mathrm{B',13}} = \sigma_{\mathrm{con}}\left[1 - \left(1 - \frac{1}{e^{\kappa l + \mu\theta}}\right)\right] = 1246 \times 0.9395 = 1171\mathrm{N/mm}^2$$

第三步，12-11 段抛物线 12 点，局部坐标$x = -1.056\mathrm{m}$，$y = -1.056^2/(2 \times 2.323) = 0.240\mathrm{m}$，相对转角和导数

$$\theta_{12} = \tan^{-1}(y'_{12}) = \tan^{-1}\left(\frac{-2 \times 1.056}{2 \times 2.323}\right) = -0.427\mathrm{rad}$$

离开局部坐标原点（11 点）的曲线长度

$$
\begin{aligned}
l_{11,12} &= \int_0^{1.056}\sqrt{1 + \left(\frac{x}{2.323}\right)^2}\,\mathrm{d}x = \frac{1}{2.323}\int\sqrt{2.323^2 + x^2}\,\mathrm{d}x \\
&= \frac{1}{2 \times 2.323}\left[x\sqrt{2.323^2 + x^2} + 2.323^2\ln\left(x + \sqrt{2.323^2 + x^2}\right)\right]\Big|_0^{1.056} \\
&= 1.091\mathrm{m}
\end{aligned}
$$

11 点相对 12 点的转角$\theta_{11,12} = 0.427\mathrm{rad}$。

$$\kappa l_{11,12} + \mu\theta_{11,12} = 0.0015 \times 1.091 + 0.19 \times 0.427 = 0.0827$$

$$1 - \frac{1}{e^{\kappa l + \mu\theta}} = 1 - \frac{1}{e^{0.0827}} = 0.0794$$

依据公式(3.1-57)，可得到 11 点应力

$$\sigma_{12,11} = \sigma_{\mathrm{B',12}}\left[1 - \left(1 - \frac{1}{e^{\kappa l + \mu\theta}}\right)\right] = 1213 \times 0.9206 = 1116\mathrm{N/mm}^2$$

11-12 段抛物线与底梁腋顶 K-J 截面（图 4.6-7、图 4.6-10）相交点，KJ11 点局部坐标 $x = 1.056 + 0.9 - 1.5 = 0.456\mathrm{m}$，相对转角和导数

$$\theta_{KJ11} = \tan^{-1}(y'_{KJ11}) = \tan^{-1}\left(\frac{2 \times 0.456}{2 \times 2.323}\right) = 0.194\text{rad}$$

KJ11 点离开 12 点的曲线长度

$$l_{12,KJ11} = 1.091 - \frac{1}{2 \times 2.323}\left[x\sqrt{2.323^2 + x^2} + 2.323^2\ln\left(x + \sqrt{2.323^2 + x^2}\right)\right]\Big|_0^{0.456}$$
$$= 0.632\text{m}$$

KJ11 点相对 12 点的转角 $\theta_{12,KJ11} = 0.427 - 0.194 = 0.233\text{rad}$。

$$\kappa l_{12,KJ11} + \mu\theta_{12,KJ11} = 0.0015 \times 632 + 0.19 \times 0.233 = 0.0378$$

$$1 - \frac{1}{e^{\kappa l + \mu\theta}} = 1 - \frac{1}{e^{0.0378}} = 0.0371$$

依据公式(3.1-57)，可得到 KJ11 点应力

$$\sigma_{12,KJ11} = \sigma_{B',12}\left[1 - \left(1 - \frac{1}{e^{\kappa l + \mu\theta}}\right)\right] = 1213 \times 0.9629 = 1168\text{N/mm}^2$$

第四步，13-14 段抛物线 14 点，局部坐标 $x = -5.544\text{m}$，$y = 1.260\text{m}$，相对转角和导数

$$\theta_{14} = \tan^{-1}(y'_{14}) = \tan^{-1}\left(\frac{2 \times 5.544}{2 \times 12.197}\right) = 0.427\text{rad}$$

14 点到 13 点的曲线长度

$$l_{13,14} = \int_{-5.544}^0 \sqrt{1 + \left(\frac{x}{12.197}\right)^2}\,dx = \frac{1}{12.197}\int\sqrt{12.197^2 + x^2}\,dx$$
$$= \frac{1}{2 \times 12.197}\left[x\sqrt{12.197^2 + x^2} + 12.197^2\ln\left(x + \sqrt{12.197^2 + x^2}\right)\right]\Big|_{-5.544}^0$$
$$= 5.729\text{m}$$

14 点相对 13 点的转角 $\theta_{13,14} = 0.427\text{rad}$。

$$\kappa l_{13,14} + \mu\theta_{13,14} = 0.0015 \times 5.729 + 0.19 \times 0.427 = 0.0897$$

$$1 - \frac{1}{e^{\kappa l + \mu\theta}} = 1 - \frac{1}{e^{0.0897}} = 0.0858$$

依据公式(3.1-57)，可得到 14 点应力

$$\sigma_{13,14} = \sigma_{B',13}\left[1 - \left(1 - \frac{1}{e^{\kappa l + \mu\theta}}\right)\right] = 1171 \times 0.9142 = 1070\text{N/mm}^2$$

第五步，14-15 段抛物线与 12-11 段抛物线对称，前面各参数计算结果相同，同理可得到 15 点应力

$$\sigma_{14,15} = \sigma_{13,14}\left[1 - \left(1 - \frac{1}{e^{\kappa l + \mu\theta}}\right)\right] = 1070 \times 0.9206 = 985.5\text{N/mm}^2$$

14-15 段抛物线与底梁腋顶截面 K-J 截面相交点，KJ15 点应力

$$\sigma_{14,KJ15} = \sigma_{13,14}\left[1 - \left(1 - \frac{1}{e^{\kappa l + \mu\theta}}\right)\right] = 1070 \times 0.9629 = 1029\text{N/mm}^2$$

第六步，15-16 段四分之一圆弧长度

$$l_{15,16} = \frac{2\pi \times 2}{4} = 3.142\text{m}$$

16 点相对 15 点的转角$\theta_{15,16} = 1.571\text{rad}$。

$$\kappa l_{15,16} + \mu\theta_{15,16} = 0.0015 \times 3.142 + 0.19 \times 1.571 = 0.3032$$

$$1 - \frac{1}{e^{\kappa l + \mu\theta}} = 1 - \frac{1}{e^{0.3032}} = 0.2615$$

依据公式(3.1-57)，可得到 16 点应力

$$\sigma_{15,16} = \sigma_{14,15}\left[1 - \left(1 - \frac{1}{e^{\kappa l + \mu\theta}}\right)\right] = 985.5 \times 0.7385 = 718.8\text{N/mm}^2$$

LM16 点相对 15 点的转角

$$\theta_{15,\text{LM16}} = \sin^{-1}\left(\frac{2 - 1.35 + 0.25}{2}\right) = 0.467\text{rad}$$

$$l_{15,\text{LM16}} = \theta_{15,\text{LM16}}R = 0.467 \times 2 = 0.934\text{m}$$

$$\kappa l_{15,\text{LM16}} + \mu\theta_{15,\text{LM16}} = 0.0015 \times 0.934 + 0.19 \times 0.467 = 0.0901$$

$$1 - \frac{1}{e^{\kappa l + \mu\theta}} = 1 - \frac{1}{e^{0.0901}} = 0.0861$$

LM16 点应力

$$\sigma_{15,\text{LM16}} = \sigma_{14,15}\left[1 - \left(1 - \frac{1}{e^{\kappa l + \mu\theta}}\right)\right] = 985.5 \times 0.9139 = 900.6\text{N/mm}^2$$

第七步，11-10 段四分之一圆弧与 15-16 段四分之一圆弧对称，前面计算参数相同，依据公式(3.1-57)，可得到 10 点应力

$$\sigma_{11,10} = \sigma_{12,11}\left[1 - \left(1 - \frac{1}{e^{\kappa l + \mu\theta}}\right)\right] = 1116 \times 0.7385 = 824.5\text{N/mm}^2$$

LM10 与 LM16 点对称，LM10 点应力

$$\sigma_{11,\text{LM10}} = \sigma_{12,11}\left[1 - \left(1 - \frac{1}{e^{\kappa l + \mu\theta}}\right)\right] = 1116 \times 0.9139 = 1020\text{N/mm}^2$$

第八步，10-8 段直线长度

$$l_{10,8} = 1.8 + 2.0 + 6.01 - 0.25 \times 2 - 2 \times 2 = 5.310\text{m}$$

10 点相对 8 点的转角$\theta_{10,8} = 0\text{rad}$。

$$\kappa l_{10,8} + \mu\theta_{10,8} = 0.0015 \times 5.310 + 0.19 \times 0 = 0.0008$$

$$1 - \frac{1}{e^{\kappa l + \mu\theta}} = 1 - \frac{1}{e^{0.0008}} = 0.0008$$

依据公式(3.1-57)，可得到 8 点应力

$$\sigma_{10,8} = \sigma_{11,10}\left[1 - \left(1 - \frac{1}{e^{\kappa l + \mu\theta}}\right)\right] = 824.5 \times 0.0008 = 823.8\text{N/mm}^2$$

③求摩擦损失相等点

由前述结果可知，14-15 线段 15 点的最终应力为 985.5N/mm²，15-16 线段 16 点的最终应力为 718.8N/mm²，2-16 线段 16 点的最终应力为 834.1N/mm²，可以推断出摩擦损失相等点在 15-16 线段内。所以，16 点的最终应力取 2-16 线段 16 点的最终应力，数值为 834.1N/mm²。

同理，10-8 线段 8 点的最终应力为 823.8N/mm²，7-8 线段 8 点的最终应力为 741.4N/mm²，6-7 线段 7 点的最终应力为 1012N/mm²，可以推断摩擦损失相等点在 6-7 线段内。所以，8 点的最终应力取 10-8 线段 8 点的最终应力，数值为 823.8N/mm²。

①、③预应力束摩擦损失及终点应力计算结果   表 4.6-4

线段	水平长度x（m）	孔道长度l（m）	θ（rad）	$\kappa l + \mu\theta$	孔道摩擦损失（$1 - \frac{1}{e^{\kappa l + \mu\theta}}$）	终点应力σ_l（N/mm²）
B-4	1.794	1.890	0.115	0.0247	0.0244	1216
B-5	3.750	3.794	0.260	0.0552	0.0537	1179
B′-12	1.794	1.921	0.128	0.0273	0.0269	1213
B′-13	3.750	3.808	0.298	0.0624	0.0605	1171
4-3	1.056	1.083	0.375	0.0729	0.0703	1130
5-6	5.544	5.684	0.375	0.0798	0.0767	1089
12-11	1.056	1.091	0.427	0.0827	0.0794	1116
13-14	5.544	5.729	0.427	0.0897	0.0858	1070
6-7	1.056	1.083	0.375	0.0729	0.0703	1012
3-2	2.000	3.142	1.571	0.3032	0.2615	834.7
14-15	1.056	1.091	0.427	0.0827	0.0794	985.5
11-10	2.000	3.142	1.571	0.3032	0.2615	824.5
10-8	0.000	5.310	0	0.0008	0.0008	823.8
2-16	0.000	5.310	0	0.0008	0.0008	834.1
4-CD3	0.456	0.625	0.207	0.0330	0.0324	1176
6-CD7	0.456	0.625	0.207	0.0330	0.0324	1054
12-KJ11	0.456	0.625	0.233	0.0378	0.0371	1168
14-KJ15	0.456	0.625	0.233	0.0378	0.0371	1029
3-EF2	0.900	0.934	0.467	0.0901	0.0861	1033
7-EF8	0.900	0.934	0.467	0.0901	0.0861	925.0
15-LM16	0.900	0.934	0.467	0.0901	0.0861	900.6
11-LM10	0.900	0.934	0.467	0.0901	0.0861	1020

全部预应力束摩擦损失及终点应力计算结果　　　　　　表 4.6-5

控制点	终点应力 σ_l（N/mm²）	σ_l/σ_{con}	控制点	终点应力 σ_l（N/mm²）	σ_l/σ_{con}
5	1179	0.84	16	834.1	0.59
5	1179	0.84	10	824.5	0.59
平均	1179	0.84	平均	829.3	0.59
4	1216	0.87	15	985.5	0.70
6	1089	0.78	11	1116	0.79
平均	1153	0.83	平均	1051	0.75
3	1130	0.81	14	1070	0.76
7	1012	0.72	12	1213	0.87
平均	1071	0.77	平均	1142	0.82
2	834.7	0.59	13	1171	0.84
8	823.8	0.59	13	1171	0.84
平均	829.3	0.59	平均	1171	0.84
CD3	1176	0.93	KJ11	1168	0.94
CD7	1054	0.83	KJ15	1029	0.83
平均	1115	0.89	平均	1098	0.88
EF2	1033	0.83	LM16	900.6	0.72
EF8	925.0	0.74	LM10	1020	0.82
平均	979.0	0.79	平均	960.3	0.77

📝 **随想：**

①注意千斤顶下张拉控制应力和锚下张拉控制应力的区别，第 3.3.3 节所指的张拉控制应力与千斤顶下张拉控制应力对应，计算预应力筋的摩擦时，考虑张拉端锚口摩擦和在传向装置处的摩擦后，才与锚下张拉控制应力对应。锚具或连接器进场时，应检验其静载锚固性能。

②本工程采用的环形预应力束形较为复杂，在张拉槽处通过中间锚具将同一预应力筋束的各段首尾顺序连接，$\kappa x + \mu\theta$ 较大，故精确方法计算预应力束形的转角和弧长等，详见公式(3.1-57)；如果 $\kappa l + \mu\theta$ 较小，可以采用简化方法计算预应力束形的转角和弧长，详见公式(3.1-58)。

（2）张拉端锚具变形和预应力筋内缩引起的损失

参照表 3.1-2，采用夹片中间锚具、顶压锚固，中间锚具总回缩值取 5.0mm，因为中间锚具两端均存在损失，每端锚具变形和预应力筋内缩引起的损失相等，中间锚具才能平衡。

对①、③预应力束，在 4-5 段间 B 点和 12-13 段间 B′点同时张拉，可求得各计算截面锚具变形和预应力筋内缩引起的损失，详见表 4.6-6。离开 B 点或 B'点一定距离后，除非反摩擦影响长度超出整根环形预应力束一半多，否则总能找到一点，在该点锚具变形和预应力筋内缩引起的损失为零。

对②、④预应力束，在 5-6 段间 B'点和 13-14 段间 B 点同时张拉，也可求得各计算截面锚具变形和预应力筋内缩引起的损失。由图 4.6-7 可知，②、④预应力束与①、③预应力束各截面锚具变形和预应力筋内缩引起的损失关于结构横断面竖向对称，全部预应力束锚具变形和预应力筋内缩引起的损失正好为①、③预应力束对称点相应数值的平均值，详见表 4.6-7。现将①、③预应力束各截面锚具变形和预应力筋内缩引起损失的计算过程列举如下：

①从张拉端 B 起算

从 B 点张拉①、③预应力束时，第一步，按公式(3.1-54)、图 4.6-7 和表 4.6-4，可得到 B-4 段抛物线水平单位长度由摩擦损失引起的预应力损失

$$\Delta\sigma_{d,B,4} = \frac{\sigma_0 - \sigma_{l,4}}{l_{B,4}} = \frac{1246 - 1216}{1794} = 0.0169\text{N/mm}^3$$

按照公式(3.1-52)，得到 B-4 段 B 点因摩擦引起变形所克服的锚具回缩

$$a_{B,4} = \frac{0.0169}{1.95 \times 10^5} \times 1794^2 = 0.3\text{mm}$$

考虑反向摩擦后，参照公式(3.1-34)，得到 B-4 段 B 点在张拉端锚下的预应力损失

$$\sigma_{l1,B,4} = 2\Delta\sigma_{d,B,4}l_{B,4} = 2 \times 0.0169 \times 1794 = 60.7\text{N/mm}^2$$

第二步，同样，可得到 4-3 段抛物线水平单位长度由摩擦损失引起的预应力损失

$$\Delta\sigma_{d,4,3} = \frac{\sigma_{l,4} - \sigma_{l,3}}{l_{4,3}} = \frac{1216 - 1130}{1056} = 0.0810\text{N/mm}^3$$

按照公式(3.1-52)，得到 4-3 段 4 点因摩擦引起变形所克服的锚具回缩

$$a_{4,3} = \frac{0.0810}{1.95 \times 10^5} \times 1056^2 = 0.5\text{mm}$$

考虑反向摩擦后，参照公式(3.1-34)，得到 4-3 段 4 点的预应力损失

$$\sigma_{l1,4,3} = 2\Delta\sigma_{d,4,3}l_{4,3} = 2 \times 0.0810 \times 1056 = 171.0\text{N/mm}^2$$

至此，在靠近 3 点端，①、③预应力束 B 点锚下因锚具变形和预应力筋内缩引起的损失 $\sigma_{l1,B\to3} = \sigma_{l1,B,4} + \sigma_{l1,4} = 60.7 + 171.0 = 231.7\text{N/mm}^2$。

4-3 段抛物线与顶梁腋顶 C-D 截面相交点，CD3 点的预应力损失

$$\sigma_{l1,3,CD3} = 2\Delta\sigma_{d,4,3}l_{3,CD3} = 2 \times 0.0810 \times (1056 - 456) = 97.2\text{N/mm}^2$$

第三步，同样，可得到 B-5 段抛物线水平单位长度由管道摩擦引起的预应力损失

$$\Delta\sigma_{d,B,5} = \frac{\sigma_0 - \sigma_{l,5}}{l_{B,5}} = \frac{1246 - 1179}{3750} = 0.0178\text{N/mm}^3$$

按照公式(3.1-52)，得到 B-5 段 B 点因摩擦引起变形所克服的锚具回缩

$$a_{B,5} = \frac{0.0178}{1.95 \times 10^5} \times 3750^2 = 1.3mm$$

考虑反向摩擦后，参照公式(3.1-34)，得到 B-5 段 B 点锚下预应力损失

$$\sigma_{l1,B,5} = 2\Delta\sigma_{d,B,5}l_{B,5} = 2 \times 0.0178 \times 3750 = 133.8N/mm^2$$

第四步，同样，可得到 5-6 段抛物线水平单位长度由管道摩擦引起的预应力损失

$$\Delta\sigma_{d,5,6} = \frac{\sigma_{l,5} - \sigma_{l,6}}{l_{5,6}} = \frac{1179 - 1089}{5544} = 0.0163N/mm^3$$

按照公式(3.1-52)，得到 5-6 段抛物线的 5 点因摩擦引起变形所克服的锚具回缩值

$$a_{5,6} = \frac{0.0163}{1.95 \times 10^5} \times 5544^2 = 2.6mm$$

参照公式(3.1-34)，得到 5-6 段抛物线的 5 点因锚具变形和预应力筋内缩引起的损失

$$\sigma_{l1,5,6} = 2\Delta\sigma_{d,5,6}l_{5,6} = 2 \times 0.0163 \times 5544 = 181.0N/mm^2$$

至此，在靠近 6 点端，①、③预应力束 B 点锚下因锚具变形和预应力筋内缩引起的损失 $\sigma_{l1,B\to6} = \sigma_{l1,B,5} + \sigma_{l1,5} = 314.7N/mm^2$。

第五步，因为 $\sigma_{l1,B\to6} = 314.7N/mm^2$ 大于 $\sigma_{l1,B\to3} = 231.7N/mm^2$，$a_{B,4} + a_{4,3} + a_{B,5} + a_{5,6} = 0.3 + 0.5 + 1.3 + 2.6 = 4.7mm$ 略小于 5mm，经过试算，中间锚具两端变形和预应力筋内缩引起损失刚好为零的位置有两个点，一个靠近 3 点端位于 3-2 段四分之一圆弧内的某一点（称 32 点），另一个靠近 6 点端位于 6-7 段抛物线上的某一点（称 67 点）。

3-2 段四分之一圆水平单位长度由管道摩擦引起的预应力损失

$$\Delta\sigma_{d,3,2} = \frac{\sigma_{l,3} - \sigma_{l,2}}{l_{3,2}} = \frac{1130 - 834.7}{2000} = 0.1478N/mm^3$$

6-7 段抛物线水平单位长度由摩擦损失引起的预应力损失

$$\Delta\sigma_{d,6,7} = \frac{\sigma_{l,6} - \sigma_{l,7}}{l_{6,7}} = \frac{1089 - 1012}{1056} = 0.0725N/mm^3$$

由力的平衡和变形协调条件，可得到下列方程

$$\begin{cases} 2\Delta\sigma_{d,3,2}l_{3,32} + \sigma_{l1,4} + \sigma_{l1,B,4} = \sigma_{l1,B,5} + \sigma_{l1,5} + 2\Delta\sigma_{d,6,7}l_{6,67} \\ \frac{\Delta\sigma_{d,3,2}}{E_p}l_{3,32}^2 + a_{B,4} + a_{4,3} + a_{B,5} + a_{5,6} + \frac{\Delta\sigma_{d,6,7}}{E_p}l_{6,67}^2 = a \end{cases}$$

将已知数据代入，有

$$\begin{cases} 2 \times 0.1478l_{3,32} + 171.0 + 60.7 = 133.8 + 181.0 + 2 \times 0.0725l_{6,67} \\ \frac{0.1478}{1.95 \times 10^5}l_{3,32}^2 + 0.3 + 0.5 + 1.3 + 2.6 + \frac{0.0725}{1.95 \times 10^5}l_{6,67}^2 = 5.0 \end{cases}$$

解得，$l_{3,32} = 451mm$，$l_{6,67} = 348mm$。

所以，3 点因锚具变形和预应力筋内缩引起的损失

$$\sigma_{l1,3} = 2\Delta\sigma_{d,3,2}l_{3,32} = 2 \times 0.1478 \times 451 = 133.4N/mm^2$$

中间锚具张拉端 B 点因锚具变形和预应力筋内缩引起的损失

$$\sigma_{l,B} = \sigma_{l,3} + \sigma_{l,4} + \sigma_{l,B,4} = 365.2\text{N/mm}^2$$

CD3 点因锚具变形和预应力筋内缩引起的损失

$$\sigma_{l,\text{CD3}} = \sigma_{l,3} + \sigma_{l,3,\text{CD3}} = 133.4 + 97.2 = 230.6\text{N/mm}^2$$

4 点因锚具变形和预应力筋内缩引起的损失

$$\sigma_{l,4} = \sigma_{l,3} + \sigma_{l,4,3} = 133.4 + 171.0 = 304.4\text{N/mm}^2$$

6 点因锚具变形和预应力筋内缩引起的损失

$$\sigma_{l,6} = 2\Delta\sigma_{d,6,7}l_{6,67} = 2 \times 0.0725 \times 348 = 50.4\text{N/mm}^2$$

5 点因锚具变形和预应力筋内缩引起的损失

$$\sigma_{l,5} = \sigma_{l,6} + \sigma_{l,5,6} = 50.4 + 181.0 = 231.4\text{N/mm}^2$$

B'-6 段抛物线在 B'点由锚具变形和预应力筋内缩引起的损失

$$\sigma_{l,B',6} = 2\Delta\sigma_{d,5,6}l_{B',6} = 2 \times 0.0163 \times 1794 = 58.6\text{N/mm}^2$$

B'-67 点因锚具变形和预应力筋内缩引起的损失

$$\sigma_{l,B'} = \sigma_{l,6} + \sigma_{l,B',6} = 50.4 + 58.6 = 109.0\text{N/mm}^2$$

因为 $l_{3,\text{EF2}} = 900\text{mm} > l_{3,32} = 451\text{mm}$，所以 $\sigma_{l,\text{EF2}} = 0$，余同。未列举各点因锚具变形和预应力筋内缩引起的损失均为零。

①、③预应力束中间锚具 B 沿两端反向摩擦影响总长度

$$\begin{aligned} l_{f,B} &= l_{B,4} + l_{4,3} + l_{3,32} + l_{B,5} + l_{5,6} + l_{6,67} \\ &= 1794 + 1056 + 451 + 3750 + 5544 + 348 = 12943\text{mm} \end{aligned}$$

②从张拉端 B'起算

从 B'点张拉①、③预应力束时，第一步，按公式(3.1-54)、图 4.6-7 和表 4.6-4，可得到 B'-12 段抛物线水平单位长度由管道摩擦引起的预应力损失

$$\Delta\sigma_{d,B',12} = \frac{\sigma_0 - \sigma_{l,12}}{l_{B',12}} = \frac{1246 - 1213}{1794} = 0.0187\text{N/mm}^3$$

按照公式(3.1-52)，得到 B'-12 段 12 点因摩擦引起变形所克服的锚具回缩

$$a_{B',12} = \frac{0.0187}{1.95 \times 10^5} \times 1794^2 = 0.3\text{mm}$$

考虑反向摩擦后，参照公式(3.1-34)，得到 B'-12 段 12 点在张拉端锚下的预应力损失值

$$\sigma_{l,B',12} = 2\Delta\sigma_{d,B',12}l_{B',12} = 2 \times 0.0187 \times 1794 = 67.0\text{N/mm}^2$$

第二步，同样，可得到 12-11 段抛物线水平单位长度由管道摩擦引起的预应力损失

$$\Delta\sigma_{d,12,11} = \frac{\sigma_{l,12} - \sigma_{l,11}}{l_{12,11}} = \frac{1213 - 1116}{1056} = 0.0911\text{N/mm}^3$$

按照公式(3.1-52)，得到 12-11 段 12 点因摩擦引起变形所克服的锚具回缩

$$a_{12,11} = \frac{0.0911}{1.95 \times 10^5} \times 1056^2 = 0.5\text{mm}$$

考虑反向摩擦后，参照公式(3.1-34)，得到 12-11 段 12 点的预应力损失

$$\sigma_{l1,12,11} = 2\Delta\sigma_{d,12,11}l_{12,11} = 2 \times 0.0911 \times 1056 = 192.5\text{N/mm}^2$$

此时，在临近 12 点端部锚下，①、③预应力束 B′点因锚具变形和预应力筋内缩引起的损失 $\sigma_{l1,B'\to11} = \sigma_{l1,B',12} + \sigma_{l1,11} = 67.0 + 192.5 = 259.5\text{N/mm}^2$。

12-11 段抛物线与顶梁腋顶 K-J 截面相交点，KJ11 点的预应力损失

$$\sigma_{l1,11,KJ11} = 2\Delta\sigma_{d,12,11}l_{12,KJ11} = 2 \times 0.0911 \times 456 = 83.1\text{N/mm}^2$$

第三步，同样，可得到 B′-13 段抛物线水平单位长度由管道摩擦引起的预应力损失

$$\Delta\sigma_{d,B',13} = \frac{\sigma_0 - \sigma_{l13}}{l_{B',13}} = \frac{1246 - 1171}{3750} - 0.0201\text{N/mm}^3$$

按照公式(3.1-52)，得到 B′-13 段 13 点因摩擦引起变形所克服的锚具回缩

$$a_{B',13} = \frac{0.0201}{1.95 \times 10^5} \times 3750^2 = 1.4\text{mm}$$

考虑反向摩擦后，参照公式(3.1-34)，得到 B′-13 段 13 点的预应力损失

$$\sigma_{l1,B',13} = 2\Delta\sigma_{d,B',13}l_{B',13} = 2 \times 0.0201 \times 3750 = 150.7\text{N/mm}^2$$

第四步，同样可得到 13-14 段抛物线水平单位长度由管道摩擦引起的预应力损失

$$\Delta\sigma_{d,13,14} = \frac{\sigma_{l,13} - \sigma_{l,14}}{l_{13,14}} = \frac{1171 - 1070}{5544} = 0.0181\text{N/mm}^3$$

按照公式(3.1-52)，得到 13-14 段 14 点因摩擦引起变形所克服的锚具回缩

$$a_{13,14} = \frac{0.0181}{1.95 \times 10^5} \times 5544^2 = 2.9\text{mm}$$

参照公式(3.1-34)，得到 13-14 段抛物线在 13 点由管道摩擦引起的预应力损失

$$\sigma_{l1,13,14} = 2\Delta\sigma_{d,13,14}l_{13,14} = 2 \times 0.0181 \times 5544 = 200.8\text{N/mm}^2$$

此时，在靠近 13 点的锚下，①、③预应力束 B′点因锚具变形和预应力筋内缩引起的损失 $\sigma_{l1,B'\to14} = \sigma_{l1,B',13} + \sigma_{l1,14} = 150.7 + 200.8 = 351.5\text{N/mm}^2$。

第五步，因为 $\sigma_{l1,B'\to11} = 259.5\text{N/mm}^2$ 小于 $\sigma_{l1,B'\to14} = 351.5\text{N/mm}^2$，$a_{B',12} + a_{12,11} + a_{B',13} + a_{13,14} = 0.3 + 0.5 + 1.4 + 2.9 = 5.1\text{mm}$ 略大于 5mm，经过试算，中间锚具两端变形和预应力筋内缩引起损失刚好为零的位置有两处，一处在中间锚具 B′靠近 11 点端 11-10 段四分之一圆弧内的某一点（称 1110 点），另一处在中间锚具 B′靠近 13 点端 13-14 段抛物线上的某一点（称 1314 点）。

11-10 段四分之一圆水平单位长度由管道摩擦引起的预应力损失

$$\Delta\sigma_{d,11,10} = \frac{\sigma_{l,11} - \sigma_{l,10}}{l_{11,10}} = \frac{1116 - 824.5}{2000} = 0.1460\text{N/mm}^3$$

于是，可得到下列方程

$$\begin{cases} 2\Delta\sigma_{d,11,10}l_{11,1110} + \sigma_{l1,12} + \sigma_{l1,B',12} = \sigma_{l1,B',13} + 2\Delta\sigma_{d,1314}l_{13,1314} \\ \dfrac{\Delta\sigma_{d,11,10}}{E_p}l_{11,1110}^2 + a_{B',12} + a_{12,11} + a_{B',13} + \dfrac{\Delta\sigma_{d,13,14}}{E_p}l_{13,1314}^2 = 5.0 \end{cases}$$

将已知数据代入，有

$$\begin{cases} 2 \times 0.1460 l_{11,1110} + 192.5 + 67.0 = 150.7 + 2 \times 0.0181 l_{13,1314} \\ \dfrac{0.1460}{1.95 \times 10^5} l_{11,1110}^2 + 0.3 + 0.6 + 1.5 + \dfrac{0.0181}{1.95 \times 10^5} l_{13,1314}^2 = 5.0 \end{cases}$$

求解可得，$l_{11,1110} = 291\text{mm}$，$l_{13,1314} = 5349\text{mm}$。

所以，11 点因锚具变形和预应力筋内缩引起的损失

$$\sigma_{l1,11} = 2\Delta\sigma_{d,11,10} l_{11,1110} = 2 \times 0.1460 \times 291 = 85.0\text{N/mm}^2$$

中间锚具张拉端 B′点因锚具变形和预应力筋内缩引起的损失

$$\sigma_{l1,B} = 85.0 + 192.5 + 67.0 = 344.5\text{N/mm}^2$$

KJ11 点因锚具变形和预应力筋内缩引起的损失

$$\sigma_{l1,KJ11} = \sigma_{l1,11} + \sigma_{l1,11,KJ11} = 85.0 + 83.1 = 168.1\text{N/mm}^2$$

12 点因锚具变形和预应力筋内缩引起的损失

$$\sigma_{l1,12} = \sigma_{l1,11} + \sigma_{l1,12,11} = 85.0 + 192.5 = 277.5\text{N/mm}^2$$

13 点因锚具变形和预应力筋内缩引起的损失

$$\sigma_{l1,13,1314} = 2\Delta\sigma_{d,13,14} l_{13,1314} = 2 \times 0.0181 \times 5349 = 193.8\text{N/mm}^2$$

13-1314 段 B 点因锚具变形和预应力筋内缩引起的损失

$$\sigma_{l1,1314,B} = 2\Delta\sigma_{d,13,14} l_{1314,B} = 2 \times 0.0181 \times (5349 - 3750) = 57.9\text{N/mm}^2$$

因为 $l_{11,LM10} = 900\text{mm} > l_{11,1110} = 291\text{mm}$，所以 $\sigma_{l1,LM10} = 0$，余同。未列举各点因锚具变形和预应力筋内缩引起的损失均为零。

按照公式(3.1-52)，得到 11-1110 段 11 点因摩擦引起变形所克服的锚具回缩

$$a_{11,1110} = \frac{0.1460}{1.95 \times 10^5} \times 291^2 = 0.1\text{mm}$$

得到 13-1314 段 13 点因摩擦引起变形所克服的锚具回缩

$$a_{13,1314} = \frac{0.0181}{1.95 \times 10^5} \times 5349^2 = 2.7\text{mm}$$

累计因摩擦引起变形所克服的锚具回缩

$a = a_{11,1110} + a_{12,11} + a_{B',12} + a_{B',13} + a_{13,1314} = 0.1 + 0.5 + 0.3 + 1.4 + 2.7 = 5.0\text{mm}$，与 B′点中间锚具总回缩值 5.0mm 相等，吻合程度很好。

①、③预应力束张拉端 B′沿双向反向摩擦影响长度

$l_{f,B'} = l_{11,1110} + l_{12,11} + l_{B',12} + l_{B',13} + l_{13,1314} = 291 + 1056 + 1794 + 3750 + 5349$
$= 12240\text{mm}$

将各控制点的锚具变形和预应力筋内缩引起的损失和摩擦损失相加，得到全部预应力束在混凝土预压前（第一批）的损失，见表 4.6-8。各控制点摩擦损失为张拉端锚下设计控制应力 σ_0 与终点应力 σ_l 之差，CD3 和 CD7 点统称为 CD 点，KJ11 和 KJ15 点统称为 KJ 点。

①、③预应力束锚具变形和预应力筋内缩引起损失的计算结果　　**表 4.6-6**

线段	水平长度 l（mm）	单位损失 $\Delta\sigma_d$（N/mm³）	克服回缩 a（mm）	段间损失 $\sigma_{l1,i}$（N/mm²）
B-4	1794	0.0169	0.3	60.7
B-5	3750	0.0178	1.3	133.8
B′-12	1794	0.0187	0.3	67.0
B′-13	3750	0.0201	1.4	150.7
4-3	1056	0.0810	0.5	171.0
5-6	5544	0.0163	2.6	181.0
B′-0	1794	0.0163	0.3	58.6
12-11	1056	0.0911	0.5	192.5
6-67	348	0.0725	0.1	50.4
13-1314	5349	0.0181	2.7	193.8
1314-B	1370	0.0181	0.2	57.9
3-32	451	0.1478	0.1	133.4
11-1110	291	0.1460	0.1	85.0
3-CD3	456	0.0810		97.2
67-CD7	261	0.0725		0
11-KJ11	456	0.0911		83.1
14-KJ15				0.0

全部预应力束锚具变形和预应力筋内缩引起损失的计算结果　　**表 4.6-7**

控制点（所在线段）	终点损失 σ_{l1}（N/mm²）	$\dfrac{\sigma_{l1}}{\sigma_{con}}$	控制点（所在线段）	终点损失 σ_{l1}（N/mm²）	$\dfrac{\sigma_{l1}}{\sigma_{con}}$
B（32-B/B-67）	366.2	0.26	B′（1110-B′/1314-B′）	344.5	0.25
B′（B′-67）	109.0	0.07	B（1314-B）	57.9	0.04
平均	234.2	0.17	平均	201.3	0.14
4（32-4）	304.4	0.21	12（1110-12）	277.5	0.20
6（67-6）	50.4	0.03	14（13-14）	0.0	0.00
平均	201.0	0.12	平均	163.5	0.10
5（67-5）	231.4	0.16	13（1314-13）	193.8	0.14
5（67-5）	231.4	0.16	13（1314-13）	193.8	0.14
平均	264.7	0.16	平均	235.1	0.14
3（32-3）	97.2	0.09	11（11-1110）	85.0	0.05
7（7-6）	0	0.00	15（15-16）	0.0	0.00
平均	175.4	0.04	平均	133.3	0.03
CD3（3-CD3）	230.6	0.17	KJ11（11-KJ11）	216.6	0.16
CD7（67-CD7）	50.4	0.04	KJ15（15-KJ15）	0.0	0.00
平均	140.5	0.10	平均	108.3	0.08

注：未列举的各控制点，因锚具变形和预应力筋内缩引起损失均为零。

全部预应力束混凝土预压前（第一批）的损失 表 4.6-8

控制点	第一批损失 σ_{II}（N/mm²）	$\frac{\sigma_{II}}{\sigma_{con}}$	控制点	第一批损失 σ_{II}（N/mm²）	$\frac{\sigma_{II}}{\sigma_{con}}$
5	298.3	0.21	13	269.1	0.19
2	416.9	0.30	16	416.9	0.30
8	416.9	0.30	10	416.9	0.30
4	271.3	0.19	15	237.7	0.17
6	271.3	0.19	11	237.7	0.17
3	241.6	0.17	14	243.4	0.17
7	241.6	0.17	12	243.4	0.17
CD	271.7	0.19	KJ	255.2	0.18
EF	267.2	0.19	LM	285.8	0.20

随想：

①为与规范保持一致，计算锚具变形和预应力筋内缩引起损失时，水平长度也用l表示，但指终止点到起始点的水平距离，含义同计算孔道摩擦损失用到的x；而计算孔道摩擦损失用到的l，指张拉端至计算端的孔道长度，指各线段的弧长。

②如预应力束形简单时，用公式(3.1-37)计算反向摩擦影响长度，可采用曲线两端曲率半径的平均值计算，曲率半径可根据曲线方程的一阶导数和二阶导数计算。

③求解中间锚具处锚具变形和预应力筋内缩引起损失时，应根据力的平衡和变形协调条件建立方程，而不能仅根据两端回缩值相等建立方程。

（3）预应力筋面积估算

利用第 3.1.1 节所述预应力混凝土的第三种概念（荷载平衡法），对顶梁跨中截面（图 4.6-1d）预应力筋面积进行估算。

顶梁永久荷载

$$w_D = (5.13 \times 20 + 0.4 \times 25) \times 2.4 + (1.8 - 0.4) \times 0.5 \times 25 = 287.8 \text{kN/m}$$

顶梁作用的准永久组合

$$w_p = w_D + 0.4w_L = 287.8 + 20 \times 0.4 = 295.8 \text{kN/m}$$

混凝土收缩徐变损失按$0.15\sigma_{con}$估算，由表 4.6-8 可知，跨中第 5 点第一批预应力损失$\sigma_{II,5} = 0.21\sigma_{con}$，则顶梁跨中各阶段预应力损失值的组合为$0.32\sigma_{con}$，有效预应力

$$\sigma_{pe} = 0.32 \times 1860 = 595.2 \text{N/mm}^2$$

预应力框架系超静定结构，施加预应力后将产生次内力，通常单跨框架结构的次弯矩对支座截面抗裂是有利的，对跨中截面抗裂是不利的。故考虑次弯矩的影响，对弯矩值乘以β作适当调整。即，支座取$\beta = 0.9$，跨中取$\beta = 1.2$。

取顶梁净跨度$l_0 = 15$m，顶梁跨中截面预应力矢高$e = 1.8 - 0.25 \times 2 = 1.3$m，按支座

和跨中计算弯矩相等考虑，设计预应力能够平衡顶梁作用的准永久组合，参照公式(3.1-4)可得

$$\frac{1}{2} \times \frac{1}{8} \beta w_p l_0^2 = \sigma_{pe} A_{pe}$$

将已知数据代入上面方程

$$\frac{1}{2} \times \frac{1}{8} \times 1.2 \times 295.8 \times 15^2 = 890.4 \times 1000 \times 1.3 A_p$$

求得 $A_p = 4312\text{mm}^2$，$n_p = A_p / A_{p1} = 4312/140 = 31$ 根。

取 $n_p = 4 \times 8 = 32$ 根，$A_p = 32 \times 140 = 4480\text{mm}^2$。

（4）预应力筋应力松弛引起的损失

依据本书表 3.1-1，低松弛钢绞线预应力筋的张拉控制应力 $\sigma_{con} = 0.75 f_{ptk}$，故预应力筋应力松弛引起的损失

$$\sigma_{l4} = 0.2 \left(\frac{\sigma_{con}}{f_{ptk}} - 0.575 \right) \sigma_{con} = 0.2 \times \left(\frac{0.75 \times 1860}{1860} - 0.575 \right) \times 0.75 \times 1860$$
$$= 48.8\text{N/mm}^2$$

（5）混凝土收缩和徐变引起的损失

①顶梁

第一步，出现第一批预应力损失后，由表 4.6-8 控制点 5 和公式(3.1-85)，得到顶梁 A-B 截面预应力筋合力

$$N_{pI} = (\sigma_{con} - \sigma_{lI}) A_p = 1395 \times (1 - 0.21) \times 4480 = 4913368\text{N}$$

依图 4.6-1d，可得到顶梁 A-B 的 T 形截面特征，见表 4.6-9。所以，预加力 N_{pI} 对净截面重心的偏心距

$$e_{pnI} = 1800 - 250 - 581 = 969\text{mm}$$

依据公式(3.1-113)，预加力 N_{pI} 对净截面重心偏心引起的弯矩值

$$M_1 = N_{pI} e_{pnI} = -4913368 \times 969 = -4759.8 \times 10^6 \text{N} \cdot \text{mm}$$

利用 ANSYS 试算得到，由预加力 N_{pI} 的等效荷载在结构构件截面上产生的弯矩值 $M_r = -4042.0 \times 10^6 \text{kN} \cdot \text{m}$，由公式(3.1-112)得到次弯矩

$$M_2 = M_r - M_1 = (-4042.0 + 4759.8) \times 10^6 = 717.8 \times 10^6 \text{N} \cdot \text{mm}$$

由公式(3.1-93)受拉区预应力筋合力点处的混凝土法向压应力

$$\sigma_{pc} = \frac{N_{pI}}{A_n} + \frac{N_{pI} e_{pnI} y_n}{I_n} - \frac{M_2}{I_n} y_n = \frac{4913368}{1706964} + \frac{4913368 \times 969^2}{4.871 \times 10^{11}} - \frac{717.8 \times 10^6 \times 969}{4.871 \times 10^{11}}$$
$$= 2.88 + 9.47 - 1.43 = 10.92\text{N/mm}^2$$

受拉区预应力筋和普通钢筋的配筋率

$$\rho = (A_s + A_p)/A_n = (6434 + 4480)/1706964 = 0.64\%$$

由公式(3.1-68)可知，顶梁 A-B 截面混凝土收缩、徐变引起受拉区纵向预应力筋的预应力损失值

$$\sigma_{l5,5} = \frac{55 + 300\dfrac{\sigma_{pc}}{f'_{cu}}}{1 + 15\rho} = \frac{55 + 300 \times \dfrac{10.92}{40}}{1 + 15 \times 0.64\%} = 122.8\text{MPa} = 0.09\sigma_{con}$$

所以，顶梁 A-B 截面受拉区纵向预应力筋的总损失值

$$\sigma_{l5} = \sigma_{lI,5} + \sigma_{l4} + \sigma_{l5,5} = (0.21 + 0.04 + 0.09)\sigma_{con} = 0.34\sigma_{con}$$

由表 3.1-5 可知，A-B 截面预应力筋的有效预应力$\sigma_{pe,AB} = \sigma_{con} - 0.34\sigma_{con} = 0.66\sigma_{con} = 923.0\text{N/mm}^2$，$\sigma_{pe}/\sigma_{con}$见表 4.6-14，下同。

第二步，同样，可得到顶梁 C-D 倒 T 形截面预应力筋合力

$$N_{pI} = (\sigma_{con} - \sigma_{lI})A_p = 1395 \times (1 - 0.19) \times 4480 = 5032294\text{N}$$

顶梁 C-D 截面特征见表 4.6-10。预加力N_{pI}对净截面重心的偏心距

$$e_{pnI} = 1205 - (1800 - 1480) = 885\text{mm}$$

预加力N_{pI}对净截面重心偏心引起的弯矩值

$$M_1 = N_{pI}e_{pnI} = -5032294 \times 885 = -4453.5 \times 10^6\text{N} \cdot \text{mm}$$

利用 ANSYS 试算得到，由预加力N_{pI}的等效荷载在结构构件截面上产生的弯矩值$M_r = 1747.1 \times 10^6\text{N} \cdot \text{mm}$，由公式(3.1-112)得到次弯矩

$$M_2 = M_r - M_1 = (1747.1 - 4453.5) \times 10^6 = -2706.4 \times 10^6\text{N} \cdot \text{mm}$$

受拉区预应力筋合力点处的混凝土法向压应力

$$\begin{aligned}
\sigma_{pc} &= \frac{N_{pI}}{A_n} + \frac{N_{pI}e_{pnI}y_n}{I_n} - \frac{M_2}{I_n}y_n = \frac{5032294}{1706964} + \frac{5032294 \times 885^2}{5.034 \times 10^{11}} - \frac{2706.4 \times 10^6 \times 885}{5.034 \times 10^{11}} \\
&= 2.95 + 7.83 - 4.76 = 6.02\text{N/mm}^2
\end{aligned}$$

受拉区预应力筋和普通钢筋的配筋率

$$\rho = (A_s + A_p)/A_n = (6434 + 4480)/1706964 = 0.64\%$$

混凝土收缩、徐变引起受拉区纵向预应力筋的预应力损失值

$$\sigma_{l5,CD} = \frac{55 + 300\dfrac{\sigma_{pc}}{f'_{cu}}}{1 + 15\rho} = \frac{55 + 300 \times \dfrac{6.02}{40}}{1 + 15 \times 0.64\%} = 91.4\text{MPa} = 0.07\sigma_{con}$$

所以，顶梁 C-D 截面受拉区纵向预应力筋的总损失值

$$\sigma_{l5} = \sigma_{lI,CD} + \sigma_{l4} + \sigma_{l5,CD} = (0.19 + 0.04 + 0.07)\sigma_{con} = 0.30\sigma_{con}$$

由表 3.1-5 可知，C-D 截面预应力筋的有效预应力$\sigma_{pe,CD} = \sigma_{con} - 0.30\sigma_{con} = 0.70\sigma_{con} = 983.1\text{N/mm}^2$。

第三步，同样，可得到顶梁 E-F 倒 T 形截面预应力筋合力

$$N_{pI} = (\sigma_{con} - \sigma_{lI})A_p = 1395 \times (1 - 0.19) \times 4480 = 5052564\text{N}$$

顶梁 E-F 截面特征见表 4.6-11。预加力N_{pI}对净截面重心的偏心距

$$e_{pnI} = 1510 - (2300 - 1771) = 981mm$$

预加力N_{pI}对净截面重心偏心引起的弯矩值

$$M_1 = N_{pI}e_{pnI} = -5052564 \times 981 = -4956.0 \times 10^6 N \cdot mm$$

利用 ANSYS 试算得到，由预加力N_{pI}的等效荷载在结构构件截面上产生的弯矩值$M_r = -1338.5 \times 10^6 N \cdot mm$，由公式(3.1-112)得到次弯矩

$$M_2 = M_r - M_1 = (1338.5 - 4956.0) \times 10^6 = -3617.5 \times 10^6 N \cdot mm$$

受拉区预应力筋合力点处的混凝土法向压应力

$$\sigma_{pc} = \frac{N_{pI}}{A_n} + \frac{N_{pI}e_{pnI}y_n}{I_n} + \frac{M_2}{I_n}y_n = \frac{5052564}{1939048} + \frac{5052564 \times 981^2}{9.757 \times 10^{11}} - \frac{3617.5 \times 10^6 \times 981}{9.757 \times 10^{11}}$$
$$= 2.56 + 4.85 - 3.54 = 3.87 N/mm^2$$

受拉区预应力筋和普通钢筋的配筋率

$$\rho = (A_s + A_p)/A_n = (6434 + 4480)/1939048 = 0.55\%$$

顶梁 E-F 截面混凝土收缩、徐变引起受拉区纵向预应力筋的预应力损失值

$$\sigma_{l5,EF} = \frac{55 + 300\dfrac{\sigma_{pc}}{f'_{cu}}}{1 + 15\rho} = \frac{55 + 300 \times \dfrac{3.87}{40}}{1 + 15 \times 0.55\%} = 77.6 MPa = 0.06\sigma_{con}$$

所以，顶梁跨中截面受拉区纵向预应力筋的总损失值

$$\sigma_{l,EF} = \sigma_{lI,EF} + \sigma_{l4} + \sigma_{l5,EF} = (0.19 + 0.04 + 0.06)\sigma_{con} = 0.28\sigma_{con}$$

由表 3.1-5 可知，E-F 截面预应力筋的有效预应力$\sigma_{pe,EF} = \sigma_{con} - 0.28\sigma_{con} = 0.72\sigma_{con} = 1001N/mm^2$。

顶梁 A-B 截面的几何特征　　　　　　　　　　　　　　表 4.6-9

类型	参数	结果	计算截面形状
净截面	面积A_n	1706964	
	形心至顶面距离c_n	581	
	惯性矩I_n	4.871×10^{11}	
换算截面	面积A_0	1748395	
	形心至顶面距离c_0	604	
	惯性矩I_0	5.250×10^{11}	

顶梁 C-D 截面的几何特征　　　　　　　　　　　　　　表 4.6-10

类型	参数	结果	计算截面形状
净截面	面积A_n	1706964	
	形心至顶面距离c_n	1205	
	惯性矩I_n	5.034×10^{11}	

续表

类型	参数	结果	计算截面形状
换算截面	面积A_0	1748395	
	形心至顶面距离c_0	5.064×10^{11}	
	惯性矩I_0	1211	

顶梁 E-F 截面的几何特征 表 4.6-11

类型	参数	结果	计算截面形状
净截面	面积A_n	1972086	
	形心至顶面距离c_n	1510	
	惯性矩I_n	1.002×10^{12}	
换算截面	面积A_0	2013517	
	形心至顶面距离c_0	1.005×10^{12}	
	惯性矩I_0	1515	

②框架柱

出现第一批预应力损失后，由表 4.6-8 控制点 2 和公式(3.1-91)得到框架柱 E-G 截面预应力筋合力

$$N_{pI} = (\sigma_{con} - \sigma_{lI})A_p = 1395 \times (1 - 0.30) \times 4480 = 4381734N$$

框架柱双排布置竖向分布钢筋@150，可得到框架柱 E-G 截面特征，见表 4.6-12。

预加力N_{pI}对净截面重心偏心引起的弯矩值

$$M_1 = N_{pI}e_{pnI} = 4381734 \times (1350 - 250 - 672) = 1873.6 \times 10^6 N \cdot mm$$

利用 ANSYS 试算得到，由预加力N_{pI}的等效荷载在结构构件截面上产生的弯矩值$M_r = 2059.0 \times 10^6 N \cdot mm$，由公式(3.1-112)得到次弯矩

$$M_2 = M_r - M_1 = (2059.0 - 1873.6) \times 10^6 = 185.3 \times 10^6 N \cdot mm$$

参照公式(3.1-93)求得受拉区预应力筋合力点处的混凝土法向压应力

$$
\begin{aligned}
\sigma_{pc} &= \frac{N_{pI}}{A_n} + \frac{N_{pI}e_{pnI}y_n}{I_n} + \frac{M_2}{I_n}y_n \\
&= \frac{4381734}{3328393} + \frac{4381734 \times (1350 - 250 - 672)^2}{5.294 \times 10^{11}} + \frac{185.3 \times 10^6 \times (1350 - 250 - 672)}{5.294 \times 10^{11}} \\
&= 1.32 + 1.51 + 0.15 = 2.68 N/mm^2
\end{aligned}
$$

受拉区预应力筋和普通钢筋的配筋率

$$\rho = (A_s + A_p)/A_n = (10468 + 4480)/3328393 = 0.50\%$$

由公式(3.1-68)可知，框架柱 E-G 截面混凝土收缩、徐变引起受拉区纵向预应力筋的预应力损失值

$$\sigma_{l5,EG} = \frac{55 + 300\frac{\sigma_{pc}}{f'_{cu}}}{1 + 15\rho} = \frac{55 + 300 \times \frac{2.68}{40}}{1 + 15 \times 0.50\%} = 70.4\text{MPa} = 0.05\sigma_{con}$$

所以，框架柱 E-G 截面受拉区纵向预应力筋的总损失值

$$\sigma_{l,EG} = \sigma_{lI,EG} + \sigma_{l4} + \sigma_{l5,EG} = (0.30 + 0.04 + 0.05)\sigma_{con} = 0.38\sigma_{con}$$

由表 3.1-5 可知, E-G 截面预应力筋的有效预应力 $\sigma_{pe,EG} = \sigma_{con} - 0.38\sigma_{con} = 0.62\sigma_{con} = 858.9\text{N/mm}^2$。

框架柱 E-G 截面的几何特征 表 4.6-12

类型	参数	结果	计算截面形状
净截面	面积 A_n	3328393	
	形心至顶面距离 c_n	672	
	惯性矩 I_n	5.294×10^{11}	
换算截面	面积 A_0	3328393	
	形心至顶面距离 c_0	5.369×10^{11}	
	惯性矩 I_0	678	

4.6.5　有限元优化和计算

1）计算程序

采用有限元程序 ANSYS, 对预应力密排框架箱型结构进行弹性计算分析, 并按照实体力筋法计算预应力效应。

2）计算方法

在按 2001 版规范进行设计时, 按照底框梁（基础梁）设计计算方法的不同, 有限元计算分为弹性地基梁板法和倒梁法两种, 弹性地基梁板方法用于整体结构与单榀框架的计算, 对底框梁采用两种算法的包络值进行设计。

进一步研究表明, 对密排框架箱型结构的预应力基础梁, 可仅按弹性地基梁板方法进行基础梁计算, 计算与试验结果吻合程度较好。下面列举弹性地基梁板方法及单榀框架的计算过程及结果。

3）有限元模型

（1）几何模型与网格划分

几何模型分为整体模型与单榀模型。整体模型用来计算预应力密排框架箱型结构在纵向地震作用、混凝土收缩及徐变影响作用结构的效应, 以及在各荷载作用下结构的 Y（纵）向效应。单榀模型用来计算除上述情况外的其他效应。几何模型具体参数见图 4.6-8。

网格划分由程序自动完成, 半跨单榀模型的网格划分见图 4.6-8（a）, 全跨单榀模型的

预应力筋见图 4.6-8（b）。

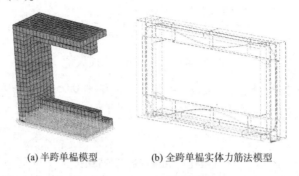

(a) 半跨单榀模型　　　　　　(b) 全跨单榀实体力筋法模型

图 4.6-8　ANSYS 有限元模型

（2）单元类型

ANSYS 的混凝土采用 SOLID95 单元模拟。地基与结构的共同工作采用 LINK10 弹簧单元模拟，只承受压力不承受拉力。预应力筋采用 LINK8 单元模拟。

（3）位移边界条件

基于单榀框架的半跨模型，在对称面处施加对称约束，在底面 $x = 0$ 处限制 x 向位移、$y = 0$ 处限制 y 向位移，见图 4.6-9。在底板下面施加只受压不受拉的弹簧约束，中间弹簧刚度计算方法如下：

$$k_x = (基础以下地基变形计算深度范围内的基床系数 \times 底板面积)/((4 \times \text{nmember} \times A))$$

式中：nmember——底板单元数目；

　　　　L——LINK10 单元长度；

　　　　A——LINK10 单元断面面积；弹簧单元刚度单位为 N/mm²。

依据勘察报告及表 4.6-3，底板下地基变形计算深度范围内的土层为粉土或粉质黏土，垂直基床系数为 35000～40000kN/m³，考虑到土体回弹再压缩的影响，垂直基床系数取为 35000～70000kN/m³。经试算，上述范围内的基床系数对计算结果影响很小，计算取值 40000kN/m³。

📝 随想：

当地基对结构影响较大时，建议采用能够较为真实地反映地基与上部结构共同作用的计算软件和参数进行计算。当地基土比较均匀、地层压缩层范围内无软弱土层或可液化土层、上部结构刚度较好，柱网和荷载较均匀、相邻柱荷载及柱间距的变化不超过 20%，且梁板式筏形基础梁的高跨比或平板式筏形基础板的厚跨比不小于 1/6（预应力混凝土 1/9），筏形基础可仅考虑局部弯曲作用。筏形基础的内力，可按基底反力直线分布进行计算，计算时基底反力应扣除底板自重及其上填土的自重。当不满足上述要求时，筏基内力可按弹性地基梁板方法进行分析计算。目前，应优先采用 PLAXIS，也可采用 ANSYS 等进行计算。

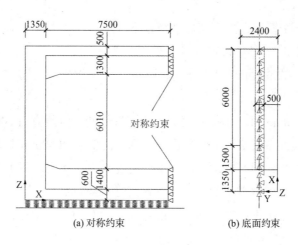

图 4.6-9　位移边界条件

（4）预应力

方案优化时采用等效荷载法计算预应力效应，进行结构设计时采用实体力筋法计算预应力效应，对预应力筋进行降温来模拟预应力。两种方法的每榀框架均配置 32 根预应力筋，有效预应力均取为 $1046N/mm^2$。

4）构件优化

采用弹性地基梁板法有限元计算结果进行构件优化，并用积分法根据应力自动计算弯矩。根据试算结果，截面设计由荷载效应准永久组合下迎土面抗裂控制，控制点位置在顶框梁上侧的 F 截面和框架柱上部外侧的 G 截面，应力验算截面见图 4.6-10。应力控制组合为：1.0 覆土自重 + 结构自重 + 1.0 土压力 + 1.0 水压力 + 0.4 × 地面超载及其对墙的侧压力（简称"荷载准永久组合"）。除特殊说明外，构件优化部分只考虑荷载准永久组合作用下的结构效应。

构件优化目标：暗柱、框架柱受力尽可能均匀；优化后的结构应满足使用要求；尽量降低施工难度，同时要尽量缩短工期；框架柱高度尽可能小（规划要求），但在结构净宽一定的条件下，要求迎土面混凝土最大拉应力不大于 0；平均压应力与最大压应力分别不大于混凝土抗压强度的 50% 和 80%，对 C40 抗压强度分别不大于 $9.55N/mm^2$ 和 $15.28N/mm^2$，以保证混凝土尽可能地接近弹性工作性能。

结构构件优化计算时，覆土厚度与优化后数值略有不同，覆土厚度增加了 0.45m。顶梁和顶梁预应力筋反弯点位于 0.08L 处，处于合理范围（0.08～0.12）L 的下限，在相对最优位置。所以，取构件优化内容和顺序为：框架间距、框架柱高度、顶框梁高度、底框梁高度和腋角尺寸，具体如下。

（1）框架间距

框架间距也是框架之间框架柱宽度。经计算分析，当框架间距为 4000mm 时，需要顶框梁宽 × 高为 1000mm × 1800mm，G 截面在外荷载标准组合下的最大拉应力为 $6.09N/mm^2$，需配置预应力筋 72 根；当框架间距为 2000mm 时，需要顶框梁截面尺寸为

500mm×1700mm，G 截面在外荷载标准组合下的最大拉应力为 5.54N/mm²，需配置预应力筋 32 根；当框架间距为 2400mm 时，需要顶框梁截面尺寸为 500mm×1800mm，G 截面在外荷载标准组合下的最大拉应力为 5.38N/mm²，需配置预应力筋 32 根。由于篇幅所限，优化详细结果从略，下同。

框架间距为 4000mm 时，非预应力部分施工最方便，但预应力筋需要布置 4 列，超出有粘结预应力束数最大布置 2 列的限制；框架间距降低至 2000mm 时，非预应力部分施工较麻烦，施工工期最长，但有粘结预应力束数可控制要求 4 束，每束布置 6 根预应力钢绞线，满足有粘结预应力束数控制要求，同时梁高可降低 100mm；框架间距调整到 2400mm 时，非预应力部分施工难度一般，施工工期比间距 2000mm 时稍短，有粘结预应力配置可同间距为 2000mm，束数也能满足控制要求，但梁高不能降低。

比较框架间距 2000mm 与 2400mm 墙体上部 G 截面的最大拉应力，两者已经没有明显差距，但较间距 4000mm 均有明显降低，说明框架间距 2400mm 时其支座墙体应力已趋于均匀。与此同时，间距 2400mm 较间距 2000mm 整体建筑效果好，可尽量降低施工难度，同时可缩短工期，基本满足优化目标。参考日本钢筋混凝土桥面板钢板梁桥标准设计横断面布置，主梁间距一般也控制在 2.0～3.5m；同时，在林同炎著的《结构概念和体系》（第 2 版）中可查到：双向密肋的间距通常为 2.44～3.66m。

综合上述分析结果，框架间距优化结果取 2400mm。当然，对覆土厚度小于 5m 比如 3m 时，框架间距可优化到 3500mm 左右。

（2）框架柱高度

当框架柱高度变化时，固定顶框梁宽×高为 500mm×1800mm，底框梁为 500mm×2000mm，框架间距为 2400mm，框架梁竖向腋高×长为 500mm×1500mm。由于篇幅所限，优化过程的计算结果从略，下同。

当框架柱高度减小时，各验算截面的应力变化趋势如下：顶框梁支座 F 截面在准永久组合作用下的拉应力及预压应力均减小，综合效应为压应力，且压应力数值呈增大的趋势；框架柱上部 G 截面在准永久组合作用下的拉应力及预压应力均增大，综合效应为拉应力，且拉应力数值呈增大的趋势。故可得出如下结论：减小框架柱高度对顶框梁支座 F 截面拉应力控制有利，对框架柱上部 G 截面拉应力控制不利。

随着框架柱高度的降低，框架柱上部外侧控制截面 G 的综合拉/压应力呈现增大的趋势。当框架柱高度为 1350mm 时，G 截面 Z 向综合应力为 −0.1N/mm²，F 截面 X 向综合应力为 −0.12N/mm²，基本满足优化目标；当框架柱高度再降低时，G 截面 Z 向综合应力由压应力变为拉应力，不满足优化目标。故框架柱优化厚度取 1350mm。

（3）顶框梁高度

当顶框梁高度变化时，固定框架间距 2400mm，顶框梁宽 500mm，底框梁宽×高为 500mm×2000mm，框架梁竖向腋高×长为 500mm×1500mm，柱高度为 1350mm。

当顶框梁高度减小时，各验算截面的应力变化趋势如下：顶框梁支座 F 截面在准永久组合作用下的拉应力及预压应力均增大，综合效应由压应力变为拉应力；框架柱上部 G 截面在准永久组合作用下的拉应力增大，而预压应力减小，综合效应为拉应力。因覆土荷载等永久荷载较大，调整顶框梁高度后结构自重的改变对结果影响较小。根据以上分析，可以得出如下结论：减小顶框梁高对顶框梁支座 F 截面及框架柱上部 G 截面的拉应力控制均不利。

当框架顶梁高为 1800mm 时，顶板厚度为 500mm 时，计算结果已基本满足迎土面不产生拉应力的优化目标，通过施工图设计的进一步优化，可实现不产生拉应力的优化目标。故顶框梁优化高度为 1800mm。

（4）底框梁高度

底框梁相当于结构的基础，本结构基础按半刚性基础进行设计，考虑基础梁竖向腋预加应力的有利影响，基础底梁的高跨比等效于不小于 1/6，底框梁的高度取 2000mm 可满足刚度要求。

按底框梁的高度 2000mm 考虑，底框梁的计算结果对设计不起控制作用，满足计算要求。底框梁的优化高度取刚度和计算要求的较大值，为 2000mm。

（5）框架梁竖向腋高度

当框架梁竖向腋高度变化时，固定框架间距为 2400mm，顶框梁宽×高为 500mm×1800mm，底框梁为 500mm×2000mm，框架柱高度为 1350mm，框架梁竖向腋高/长为 1/3。

当框架梁竖向腋高度从 300mm 变为 500mm 时，拉/压应力的降低均较明显，由于使用限制腋高不超过 500mm，故框架梁竖向腋优化高度取 500mm。在结构净高和框架梁高度一定的条件下，有条件时可以考虑再加高竖向腋，拱的作用将更加明显，效果会更好。但同时应注意，因宽高比、跨高比超出正常框架梁范围而带来的特殊计算和构造要求。

（6）优化结果

结合建筑、施工工艺、受力特征等，预应力密排框架箱型结构构件的优化结果为：框架间距 2400mm，顶框梁截面宽×高为 500mm×1800mm，底框梁截面为 500mm×2000mm，框架柱高 1350mm，竖向高腋×长为 500mm×1500mm。

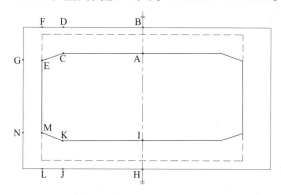

图 4.6-10　应力验算截面简图

5）优化后结构构件计算

（1）抗浮水位永久荷载

抗浮水位永久荷载G_{wk}由"1.0覆土自重+1.0侧土压力+1.0水压力+1.0结构自重"组成，在G_{wk}作用下，计算分析图形结果见图4.6-11，具体数值见表4.6-13，G截面压力为2225kN。经过试算，抗浮水位下上半部分关键截面的设计指标起控制作用，因篇幅所限，不再列举现状水位及下半结构关键点的计算结果。

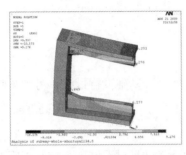

(a) X方向应力

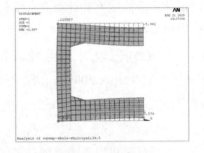

(b) Z方向应力之一

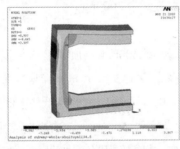

(c) Z方向应力之二

(d) Z方向位移

图 4.6-11　抗浮水位永久荷载G_{wk}计算分析的图形结果

抗浮水位永久荷载G_{wk}部分计算结果　　　　　　　　　　　表 4.6-13

截面（方向）	A（X）	D（X）	F（X）	G（Z）
节点编号	501	444	447	337
应力（N/mm²）	9.10	1.07	2.41	3.81
截面（方向）	A-B	C-D	E-F	E-G
弯矩（kN·m）	3591	−1210	−2494	−3407

注：表中节点编号为有限元单元节点编号，余同。

（2）预应力

按照实体力筋法计算结构的预应力G_{pk}效应，计算图形结果见图 4.6-12，具体数值见表 4.6-14。将净截面换为有效截面，其他同计算混凝土收缩和徐变引起损失一节中求次弯矩同样的方法，可求得第二批损失后预应力产生的次弯矩，结果也见表 4.6-14。表 4.6-14中，修正系数为按本节（5）得到的有效预应力与计算所用的有效预应力 1046N/mm² 之比。

📝 **随想:**

预应力混凝土是个系统工程,设计和施工相互影响较大,有效预应力尤其是,故有效预应力的设计值必须与施工值相互吻合。在正式施工前,建议采用试张拉,不满足设计要求时,及时采取措施。

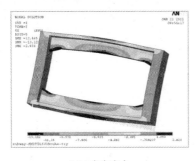

(a) X方向应力   (b) Z方向应力

图4.6-12　预应力G_{pk}计算分析的图形结果

预应力G_{pk}计算结果　　　　　　　　　　表4.6-14

截面(方向)	A(X)	D(X)	F(X)	G(Z)
节点编号	501	444	447	337
应力(N/mm²)	−12.69	−5.93	−2.60	−4.54
σ_{pe}/σ_{con}	0.66	0.70	0.72	0.61
修正系数	0.88	0.95	0.96	0.81
修正应力(N/mm²)	−11.17	−5.61	−2.49	−3.70
截面(方向)	A-B	C-D	E-F	E-G
所有损失后综合弯矩(kN·m)	−3393	1540	1180	1791

(3)地面超载

地面超载即为基本可变荷载Q_k,在地面超载作用下有限元计算分析图形结果见图4.6-13,具体数值见表4.6-15,G截面压力为368kN。

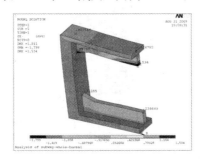

(a) X方向应力   (b) Z方向应力之一

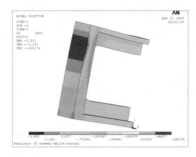

(c) Z方向应力之二	(d) Z方向位移

图 4.6-13　地面超载Q_k计算分析的图形结果

地面超载Q_k计算结果　　　　　　　　　表 4.6-15

截面（方向）	A（X）	D（X）	F（X）	G（Z）
节点编号	501	444	447	337
应力（N/mm²）	1.52	0.22	0.44	0.68
截面（方向）	A-B	C-D	E-F	E-G
弯矩（kN·m）	604.0	−238.2	−457.0	−603.0

（4）人防荷载

在人防荷载Q_{dk}作用下，有限元计算分析图形结果见图 4.6-14，具体数值见表 4.6-16，G 截面压力为 2566kN。

人防荷载Q_{dk}计算结果　　　　　　　　　表 4.6-16

截面（方向）	A（X）	D（X）	F（X）	G（Z）
节点编号	501	444	447	337
应力（N/mm²）	11.73	1.21	2.94	4.97
截面（方向）	A-B	C-D	E-F	E-G
弯矩（kN·m）	4584.6	−1339.4	−2971.5	−4366.4

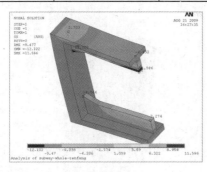

(a) X方向应力	(b) Z方向应力之一

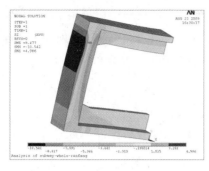
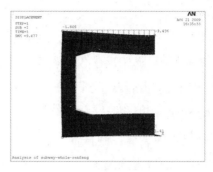

(c) Z方向应力之二   (d) Z方向位移

图 4.6-14 人防荷载Q_{dk}计算分析的图形结果

4.6.6 结构抗浮验算

结构抗浮设计水位标高为 34.5m，现取里程 YK0 + 409.500 处土层参数计算，地面标高 38.42m，板顶标高 33.27m，板底标高 23.46m。取一榀框架，结构抗浮验算如下。

1）建筑物自重及压重之和

（1）作用在结构上的竖向土压力

$$(1.45 \times 16.5 + 2.02 \times 20.1 + 1.23 \times 10.53) \times 2.4 \times 17.097 = 3179.2 \text{kN}$$

（2）结构自重

顶梁及顶板自重

$$[(1.9 \times 0.4 + 0.5 \times 1.8) \times 14.397 + 0.5 \times 0.5 \times 1.5] \times 25 = 606.9 \text{kN}$$

底梁及底板自重

$$[(1.9 \times 0.4 + 0.5 \times 2.0) \times 14.397 + 0.5 \times 0.5 \times 1.5] \times 25 = 642.8 \text{kN}$$

框架柱自重

$$2 \times 1.35 \times 9.81 \times 2.4 \times 25 = 1589.2 \text{kN}$$

（3）建筑物自重及压重之和

$$G_{k} = 3179 + 606.9 + 642.8 + 1589 = 6107.7 \text{kN}$$

2）浮力作用值

$$N_{w,k} = 17.097 \times 2.4 \times 9.81 \times 10 = 4025.3 \text{kN}$$

3）抗浮稳定安全系数

$$K_{w} = \frac{G_{k}}{N_{w,k}} = \frac{6107.7}{4025.3} = 1.49$$

$K_{w} = 1.49 > 1.05$，满足公式(4.4-1)对基础抗浮稳定性的验算要求。

4.6.7 裂缝和挠度验算

在裂缝和受弯构件挠度控制验算时，标准组合有两种，组合一为$S_{Gk} + S_{Gpc} + S_{Qk}$，组合二为$S_{Gwk} + S_{Gpc} + S_{Qk}$；准永久组合也有两种，组合一为$S_{Gk} + S_{Gpc} + \psi_{q}S_{Qk}$，组合二为

$S_{Gwk} + S_{Gpc} + S_{Qk}$。其中，$G_k$代表"覆土自重＋侧土压力＋结构自重"的标准值，$G_{wk}$代表"覆土自重＋侧土压力＋水压力＋结构自重"的标准值，G_{pc}代表预应力标准值，Q代表地面超载标准值，ψ_q为准永久值系数，见第 4.6.5 节相关内容。

1）混凝土拉应力验算

（1）ANSYS 结果

单榀框架结构裂缝控制截面为框架柱上部截面 G，由标准组合的组合二控制。由第 4.6.5 节计算结果得到结构上部几个控制截面混凝土的拉应力和弯矩，见表 4.6-17、表 4.6-18，G 截面压力标准组合为 2593kN。由表 4.6-17 可知，在荷载标准组合下，G 截面受拉边缘应力$\sigma_{ck} - \sigma_{pc} = 0.80$N/mm²，小于$f_{tk} = 2.39$N/mm²，满足公式(4.2-2)对二级裂缝控制等级的要求。

裂缝控制拉应力验算（N/mm²）　　　　　　　　　表 4.6-17

位置		永久荷载	可变荷载	预应力	标准组合
柱顶外侧（G）		3.81	0.68	−4.54	0.80
顶梁	底面（A）	9.10	1.52	−11.17	−0.54
	顶面（D）	1.07	0.22	−5.93	−4.32
	顶面（F）	2.41	0.44	−2.60	0.35

控制截面弯矩及其组合（kN·m）　　　　　　　　表 4.6-18

位置		永久荷载	可变荷载	预应力次弯矩	标准组合	准永久组合
柱顶 E-G		−3407	−603.0	185.3	−4010	−3648
顶梁	A-B	3591	604.0	717.8	4195	3833
	C-D	−1210	−238.2	−2706.4	−1448	−1305
	E-F	−2494	−457.0	−3617.5	−2951	−2677

注：本表组合值不含次弯矩。

（2）PCNAD 结果

采用相同设计参数（图 4.6-15），保留规范近似由 PCNAD 计算得到 G 截面混凝土拉应力为 0.89N/mm²，取消规范近似由 PCNAD 计算得到 G 截面混凝土拉应力为 1.63N/mm²，两者与 ANSYS 计算结果之比分别为 1.11 和 2.04。除附录 B.1 所包括的外，PCNAD 取消规范的近似还包括：恢复了等效矩形前混凝土受压的应力应变形状；$x < 2a'$时恢复了正截面受弯承载能力的理论计算。保留规范近似的 PCNAD 和 ANSYS 的计算结果均小于取消规范近似的 PCNAD 结果，不利于预应力混凝土构件的裂缝控制验算。

上述结果说明，取消规范近似 PCNAD 的结果最大，保留规范近似 PCNAD 的结果次之，ANSYS 计算结果最小，ANSYS 计算结果对使用方更不利，但三种结果均小于$f_{tk} = 2.39$N/mm²，满足公式(4.2-2)对二级裂缝控制等级对混凝土拉应力的要求。

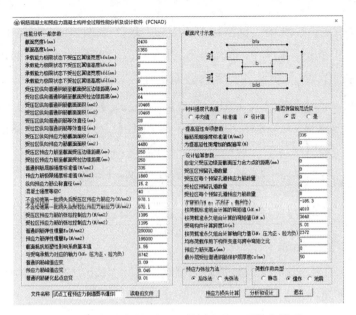

图 4.6-15　框架柱顶 E-G 截面 PCNAD 输入界面

📝 **随想：**

①一般来说，混凝土拉应力为预应力混凝土构件的设计控制指标，即只要控制住混凝土拉应力，一般也能控制住其他指标，但需要对其他指标进行验算。本算例也是这样，只是因 10 版规范较 01 版规范对受力裂缝控制适当放松，对拉应力准永久组合没有控制，按 01 版规范设计构件显得略为保守而已。另，应根据实际情况确定综合弯矩、主弯矩和次弯矩的符号。

②满足公式(4.2-2)二级裂缝控制等级对混凝土拉应力的控制要求，实际上是满足《混凝土规范》第 3.4.4 条对混凝土拉应力的控制规定。为方便化、系统化，本书引用了规范相关条款，下同。

2）最大裂缝宽度验算

（1）规范结果

按照 10 版规范要求，混凝土拉应力满足二级裂缝控制要求，不用再进行裂缝宽度验算。但为说明裂缝宽度的计算方法，对柱顶外侧（G）的裂缝宽度验算如下：

有效受拉混凝土截面面积

$$A_{\text{te}} = 0.5A = 0.5 \times 2400 \times 1350 = 1620000 \text{mm}^2$$

按有效受拉混凝土截面面积计算的纵向受拉钢筋配筋率

$$\rho_{\text{te}} = (A_{\text{s}} + A_{\text{p}})/A_{\text{te}} = (10468 + 4480)/1620000 = 0.92\% < 0.01$$

故取 $\rho_{\text{te}} = 0.01$。

受拉区预应力筋和普通钢筋的配筋率（截面特性见表 4.6-12）

$$\rho = (A_{\text{s}} + A_{\text{p}})/A_{\text{n}} = (10468 + 4480)/3328393 = 0.45\%$$

接前面计算结果，出现第二批预应力损失后，E-G 截面预应力筋的有效预应力$\sigma_{pe} = \sigma_{con} - \sigma_l = 858.9\text{N/mm}^2$。$A'_p = 0$，取$\sigma'_{l5} = 0$。用公式(3.1-98)和公式(3.1-99)计算，可得预应力筋和普通钢筋的合力N_p及其作用点到净截面重心的偏心距e_{pn}

$$N_p = (\sigma_{con} - \sigma_l)A_P + (\sigma'_{con} - \sigma'_l)A'_p - E_s\sigma_{l5}/E_pA_s - E_s\sigma'_{l5}/E_pA'_s$$
$$= 858.9 \times 4480 - (2.00 \times 10^5 \times 70.4)/(1.95 \times 10^5 \times 10468)$$
$$= 3847779 - 755411 = 3092368\text{N}$$

$$e_{pn} = \frac{A_p\sigma_{pe}y_{pn} - \sigma'_{pe}A'_py'_{pn} - A_sE_s\sigma_{l5}/E_py_{sn} + E_s\sigma'_{l5}/E_pA'_sy'_{sn}}{N_p}$$
$$= \frac{3847779 \times (1350 - 672 - 250) - 755411 \times (1350 - 672 - 64)}{3092368}$$
$$= 382.2\text{mm}$$

为与 PCNAD 结果对比，上式计算较为精细，实际上$E_s\sigma_{l5}/E_p$可近似取为σ_{l5}，$E_s\sigma'_{l5}/E_p$可近似取为σ'_{l5}，下同。

参照公式(3.1-100)，可得此时受拉区预应力筋重心处混凝土应力$\sigma_{pc,p}$

$$\sigma_{pc,p} = \frac{N_p}{A_n} + \frac{N_pe_{pn}}{I_n}y_n \pm \frac{M_2}{I_n}y_n$$
$$= \frac{3092368}{3328393} + \frac{(3092368 \times 382.2 + 185.3 \times 10^6) \times (1350 - 672 - 250)}{5.294 \times 10^{11}}$$
$$= 0.93 + 1.10 = 2.03\text{N/mm}^2$$

当存在初始轴心力时，张拉灌浆后需要考虑初始轴心力对截面作用效果，初始轴心压力对截面作用的初始应力和应变

$$\sigma_{qc} = \frac{N_q}{A_0} = \frac{2593000}{3369824} = 0.77\text{N/mm}^2$$

$$\varepsilon_{qc} = \frac{\sigma_{qc}}{E_0} = \frac{0.77}{32500} = 2.368 \times 10^{-5}$$

预应力筋与混凝土弹性模量比值

$$\alpha_p = \frac{195000}{32500} = 6.00$$

普通钢筋与混凝土弹性模量比值

$$\alpha_s = \frac{200000}{32500} = 6.15$$

为实现全截面混凝土消压，在结构构件上施加一个偏心距为e_{p0}的偏心拉力N_{p0}和轴心拉力N_q，使截面上产生的应力$\sigma_{pc} = -\sigma_{pc,p}$。这时轴心压力和轴心拉力$N_q$相互抵消，参照公式(3.1-84)，求得预应力筋应力

$$\sigma_{p0} = \sigma_{pe} + \alpha_p\sigma_{pc,p} = 858.9 + 6.00 \times 2.03 = 871.1\text{N/mm}^2$$

参照公式(3.1-86)、公式(3.1-87)，求得受拉区纵向普通钢筋和受压区普通钢筋应力

$$\sigma_{ps0} = -E_s\sigma_{l5}/E_p = -(2.00 \times 10^5 \times 70.4)/(1.95 \times 10^5) = -72.2\text{N/mm}^2$$

$$\sigma'_{ps0} = -E_s\sigma'_{l5}/E_p = 0$$

参照公式(3.1-88)、公式(3.1-89)，求得全截面消压状态下预应力和普通钢筋的合力N_{p0}和偏心距e_{p0}

$$N_{p0} = \sigma_{p0}A_p + \sigma'_{p0}A'_p - \sigma_{ps0}A_s - \sigma'_{ps0}A'_s = 871.1 \times 4480 - 72.2 \times 10468$$
$$= 3902436 - 755411 = 3147025\text{N}$$

$$\begin{aligned}
e_{p0} &= \frac{A_p\sigma_{p0}y_p - \sigma'_{p0}A'_py'_p - A_s\sigma_{ps0}y_s + \sigma'_{ps0}A'_sy'_s}{\sigma_{p0}A_p + \sigma'_{p0}A'_p - \sigma_{ps0}A_s - \sigma'_{ps0}A'_s} \\
&= \frac{3902436 \times (1350 - 678 - 250) - 755411 \times (1350 - 678 - 64)}{3902436} \\
&= 377.7\text{mm}
\end{aligned}$$

受拉区纵向普通钢筋和预应力筋合力点的偏心距

$$\begin{aligned}
y_{ps} &= \frac{A_sf_yy_s + A_pf_{py}y_p}{A_sf_y + A_pf_{py}} \\
&= \frac{10468 \times 360 \times (1350 - 678 - 64) + 4480 \times 1320 \times (1350 - 678 - 250)}{10468 \times 360 + 4480 \times 1320} \\
&= 486.9\text{mm}
\end{aligned}$$

截面有效高度

$$h_0 = y_0 + y_{ps} = 678 + 486.9 = 1165\text{mm}$$

按公式(4.2-15)算得，受压翼缘截面面积与腹板有效截面面积的比值

$$\gamma'_f = \frac{(b'_f - b)h'_f}{bh_0} = 0$$

由公式(4.2-20)算得，计算截面上混凝土法向预应力等于零时的预加力N_{p0}的作用点至受拉区纵向普通钢筋和预应力筋合力点的距离

$$e_p = y_{ps} - e_{p0} = 486.9 - 377.7 = 109.2\text{mm}$$

由公式(4.2-19)算得，轴向压力作用点至受拉区纵向普通钢筋和预应力筋合力点的距离

$$e = e_p + \frac{M_k}{N_{p0}} = 109.2 + \frac{4010 \times 10^6}{3147025} = 1383\text{mm}$$

由公式(4.2-13)可算得，受拉区纵向普通钢筋和预应力筋合力点至截面受压区合力点的距离

$$\begin{aligned}
z &= \left[0.87 - 0.12(1 - \gamma'_f)\left(\frac{h_0}{e}\right)^2\right]h_0 = \left[0.87 - 0.12 \times (1 - 0) \times \left(\frac{1165}{1383}\right)^2\right] \times 1165 \\
&= 914.1\text{mm}
\end{aligned}$$

由公式(4.2-18)算得，预应力混凝土构件受拉区纵向钢筋的等效应力

$$\sigma_s = \frac{M_k - M_2 - N_{p0}(z - e_p)}{(\alpha_1 A_p + A_s)z} = \frac{(4010 - 185.3) \times 10^6 - 3147025 \times (914.1 - 109.2)}{(1 \times 4480 + 10468) \times 914.1}$$
$$= 94.5 \text{N/mm}^2$$

由公式(4.2-7)可得，受拉区纵向钢筋的等效直径

$$d_{eq} = \frac{\sum n_i d_i^2}{\sum n_i v_i d_i} = \frac{17 \times 28^2 + 4 \times 43.0^2}{17 \times 0.8 \times 28 + 4 \times 0.5 \times 43.0^2} = 44.4 \text{mm}$$

式中，$d_p = \sqrt{n_1}d_{p1} = \sqrt{8} \times 15.2 = 43.0 \text{mm}$。

由公式(4.2-6)，可得受拉钢筋应变不均匀系数

$$\psi = 1.1 - 0.65\frac{f_{tk}}{\rho_{te}\sigma_s} = 1.1 - 0.65 \times \frac{2.39}{0.01 \times 94.5} = -0.5 < 0.2，取\psi = 0.2。$$

保护层厚度$c = 50 \text{mm}$。查表4.2-1可得，结构构件受力特征系数$\alpha_{cr} = 1.5$。由公式(4.2-5)，可得按作用标准组合并考虑长期作用影响的最大裂缝宽度

$$\omega_{max} = \alpha_{cr}\psi\frac{\sigma_s}{E_s}\left(1.9c_s + 0.08\frac{d_{eq}}{\rho_{te}}\right) = 1.5 \times 0.2 \times \frac{94.5}{200000} \times \left(1.9 \times 50 + 0.08 \times \frac{44.4}{0.01}\right)$$
$$= 0.064 \text{mm}$$

（2）PCNAD结果及结论

采用了相同设计参数（图4.6-15），两者均采用了PCNAD全过程计算结果σ_{p0}，软件计算得到最大裂缝宽度为0.065mm，与手算结果比值为0.98，两者各参数计算结果比值见表4.6-19。由表4.6-19可知，手算与PCNAD计算结果吻合程度很好，手算和电算结果均小于$\omega_{lim} = 0.2 \text{mm}$，依据表2.5-2规定，裂缝宽度控制满足要求。

手工与PCNAD计算结果对比（单位：N·mm）　　　　　　表4.6-19

工具	σ_{pe}	σ_{p0}	e_{p0}	e_p	e	z	σ_s	ω_{max}
手工①	858.9	871.1	377.7	109.2	1383	914.1	94.5	0.064
PCNAD②	856.8	868.8	375.9	111.7	1399	916.8	96.1	0.065
①/②	1.00	1.00	1.00	0.98	0.99	1.00	0.98	0.98

📝 **随想：**

①当存在初始轴力时，在张拉灌浆后需要考虑初始轴心力对截面的作用效应。

②手算与PCNAD计算结果存在微小差异，由于手算用规范规定的简化参数，而PCNAD采用了规范规定的公式参数。如，手算取$f_y = 300 \text{N/mm}^2$，PCNAD取$f_y = 335/1.1 = 304.5 \text{N/mm}^2$。

③按照公式(3.1-112)、公式(3.1-113)，与净截面和有效截面对应的综合弯矩和次弯矩可能不同，为便于计算，本算例中假定其相同。

3）顶梁挠度验算

按照《混凝土规范》要求，作用标准组合下，顶梁跨中底面混凝土没有出现拉应力，说明没有下挠，挠度满足表 2.5-1 的控制要求。但是，为说明挠度验算方法，另举一框架梁的挠度验算，设计参数见图 4.6-16。

由公式(4.3-10)可得截面抵抗矩塑性影响系数

$$\gamma = \left(0.7 + \frac{120}{h}\right)\gamma_m = \left(0.7 + \frac{120}{1000}\right) \times 1.5 = 1.23$$

出现第一批预应力损失后，由公式(3.1-91)得到顶应力筋合力

$$N_{pI} = (\sigma_{con} - \sigma_{lI})A_p = 1262 \times 2240 = 2826880N$$

截面特征见表 4.6-20，预加力 N_{pI} 对净截面重心的偏心距

$$e_{pnI} = 1000 - 100 - 363 = 537mm$$

依据公式(3.1-113)，预加力 N_{pI} 对净截面重心偏心引起的弯矩值

$$M_1 = N_{pI}e_{pnI} = -2826880 \times 537 = -1518.1 \times 10^6 N \cdot mm$$

已知预应力产生的次弯矩 $M_2 = 394.4 \times 10^6 kN \cdot m$，由公式(3.1-112)得到综合弯矩

$$M_r = M_1 + M_2 = (-1518.1 + 394.4) \times 10^6 = -1123.7N \cdot mm$$

由公式(3.1-93)得到受拉区预应力筋合力点处的混凝土法向压应力

$$\sigma_{pc} = \frac{N_{pI}}{A_n} + \frac{N_{pI}e_{pnI}y_n}{I_n} - \frac{M_2}{I_n}y_n = \frac{2826880}{582756} + \frac{(2826880 \times 537 - 394.4 \times 10^6) \times 537}{5.847 \times 10^{10}}$$
$$= 4.85 + 10.32 = 15.17N/mm^2$$

受拉区预应力筋和普通钢筋的配筋率

$$\rho = (A_s + A_p)/A_n = (1900 + 2240)/582756 = 0.71\%$$

由公式(3.1-68)可知，混凝土收缩、徐变引起受拉区纵向预应力筋的预应力损失值

$$\sigma_{l5} = \frac{55 + \frac{300\sigma_{pc}}{f'_{cu}}}{1 + 15\rho} = \frac{55 + 300 \times \frac{15.17}{40}}{1 + 15 \times 0.71\%} = 152.5N/mm^2$$

预应力筋应力松弛引起的损失

$$\sigma_{l4} = 0.2\left(\frac{\sigma_{con}}{f_{ptk}} - 0.575\right)\sigma_{con} = 0.2 \times \left(\frac{0.75 \times 1860}{1860} - 0.575\right) \times 0.75 \times 1860$$
$$= 48.8N/mm^2$$

所以，跨中截面受拉区纵向预应力筋的有效预应力

$$\sigma_{pe} = \sigma_{lI} - \sigma_{l4} - \sigma_{l5} = 1060.6N/mm^2$$

$A'_p = 0$，取 $\sigma'_{l5} = 0$。用公式(3.1-98)和公式(3.1-99)计算，可得预应力筋和普通钢筋的合力 N_p 及其作用点到净截面重心的偏心距 e_{pn}

$$N_p = (\sigma_{con} - \sigma_l)A_P + (\sigma'_{con} - \sigma'_l)A'_p - E_s\sigma_{l5}/E_pA_s - E_s\sigma'_{l5}/E_pA'_s$$
$$= 1060.6 \times 2240 - (2.00 \times 10^5 \times 152.5)/(1.95 \times 10^5 \times 1900)$$
$$= 2375835 - 297247 = 2078588N$$

$$e_{pn} = \frac{A_p\sigma_{pe}y_{pn} - \sigma'_{pe}A'_py'_{pn} - A_sE_s\sigma_{l5}/E_py_{sn} + E_s\sigma'_{l5}/E_pA'_sy'_{sn}}{N_p}$$
$$= \frac{2375835 \times (1000 - 363 - 100) - 297247 \times (1000 - 363 - 50)}{2078588}$$
$$= 529.9mm$$

参照公式(3.1-100)，可得此时受拉区预应力筋重心处混凝土应力

$$\sigma_{pc,p} = \frac{N_p}{A_n} + \frac{N_pe_{pn}}{I_n}y_n \pm \frac{M_2}{I_n}y_n$$
$$= \frac{2078588}{582756} + \frac{(2078588 \times 529.9 - 394.4 \times 10^6) \times (1000 - 363 - 100)}{5.847 \times 10^{10}}$$
$$= 3.57 + 6.49 = 10.06N/mm^2$$

预应力筋与混凝土弹性模量比值

$$\alpha_p = \frac{195000}{32500} = 6.00$$

普通钢筋与混凝土弹性模量比值

$$\alpha_s = \frac{200000}{32500} = 6.15$$

为实现全截面混凝土消压，在结构构件上施加一个偏心距为e_{p0}的偏心拉力N_{p0}，使截面上产生的应力$\sigma_{pc} = -\sigma_{pc,p}$。参照公式(3.1-105)，求得此时预应力筋应力

$$\sigma_{p0} = \sigma_{pe} + \alpha_p\sigma_{pc,p} = 1060.6 + 6.00 \times 10.06 = 1121.0N/mm^2$$

参照公式(3.1-107)、公式(3.1-108)，求得受拉区纵向普通钢筋和受压区普通钢筋应力

$$\sigma_{ps0} = -E_s\sigma_{l5}/E_p = -(2.00 \times 10^5 \times 152.5)/(1.95 \times 10^5) = -156.4N/mm^2$$
$$\sigma'_{ps0} = -E_s\sigma'_{l5}/E_p = 0$$

参照公式(3.1-109)、公式(3.1-110)，求得全截面消压状态下预应力和普通钢筋的合力N_{p0}和偏心距e_{p0}

$$N_{p0} = \sigma_{p0}A_P + \sigma'_{p0}A'_p - \sigma_{ps0}A_s - \sigma'_{ps0}A'_s = 1121.0 \times 2240 - 156.4 \times 1900$$
$$= 2511047 - 297247 = 2213800N$$

$$e_{p0} = \frac{A_p\sigma_{p0}y_p - \sigma'_{p0}A'_py'_p - A_s\sigma_{ps0}y_s + \sigma'_{ps0}A'_sy'_s}{\sigma_{p0}A_P + \sigma'_{p0}A'_p - \sigma_{ps0}A_s - \sigma'_{ps0}A'_s}$$
$$= \frac{2511047 \times (1000 - 381 - 100) - 297247 \times (1000 - 381 - 50)}{2213800}$$
$$= 511.9mm$$

正截面开裂弯矩

$$M_{cr} = (\sigma_{pc} + \gamma f_{tk})W_0 = \left[\frac{N_{p0}}{A_0} + \frac{(N_{p0}e_{p0} - M_2)(h - y_0)}{I_0} + \gamma f_{tk}\right]W_0$$

$$= \left[\frac{2213800}{603472} + \frac{(2213800 \times 511.9 - 394.4 \times 10^6) \times (1000 - 381)}{6.425 \times 10^{10}} + \right.$$

$$\left. 1.23 \times 2.39\right] \times \frac{6.425 \times 10^{10}}{1000 - 381} = 1464.2 \times 10^6 \text{N} \cdot \text{mm}$$

由公式(4.3-6)，可得预应力混凝土受弯构件正截面的开裂状态M_{cr}与弯矩M_k的比值

$$\kappa_{cr} = \frac{M_{cr}}{M_k} = \frac{1464.2 \times 10^6}{(1183.2 + 394.4) \times 10^6} = 0.9$$

受拉区纵向普通钢筋和预应力筋合力点的偏心距

$$y_{ps} = \frac{A_s f_y y_s + A_p f_{py} y_p}{A_s f_y + A_p f_{py}}$$

$$= \frac{1900 \times 360 \times (1000 - 381 - 50) + 2240 \times 1320 \times (1000 - 381 - 100)}{1900 \times 360 + 2240 \times 1320}$$

$$= 528.0 \text{mm}$$

截面有效高度

$$h_0 = y_0 + y_{ps} = 909.4 \text{mm}$$

纵向受拉钢筋配筋率

$$\rho = \frac{(A_s + \alpha_1 A_p)}{b h_0} = \frac{(1900 + 1 \times 2240)}{400 \times (1000 - 909.4)} = 1.14\%$$

按公式(4.2-9)算得，受拉翼缘截面面积与腹板有效截面面积的比值

$$\gamma_f = \frac{(b_f - b)h_f}{b h_0} = 0$$

用普通钢筋的弹性模量代表所有钢筋的弹性模量，由公式(4.3-7)可得

$$\omega = \left(1.0 + \frac{0.21}{\alpha_E \rho}\right)(1 + 0.45\gamma_f) - 0.7 = \left(1.0 + \frac{0.21}{6.15 \times 1.14\%}\right) \times (1 + 0.45 \times 0) - 0.7 = 3.30$$

由公式(4.3-5)，可得预应力混凝土受弯构件的短期刚度

$$B_s = \frac{0.85 E_c I_0}{\kappa_{cr} + (1 - \kappa_{cr})\omega} = \frac{0.85 E_c I_0}{0.9 + (1 - 0.9) \times 3.30} = 0.69 E_c I_0$$

由公式(4.3-1)，可得采用标准组合考虑长期作用影响的刚度

$$B = \frac{M_k}{M_q(\theta - 1) + M_k} B_s$$

$$= \frac{(1183.2 + 394.4) \times 10^6}{(1139.0 + 394.4) \times 10^6 \times (2 - 1) + (1183.2 + 394.4) \times 10^6} \times 0.69 E_c I_0$$

$$= 0.34 E_c I_0$$

由以上计算可知，在标准组合考虑长期作用下，该梁长期挠度增大系数$\theta_k = 0.69/$ 0.34 = 2.35。第 4.3 节规定，简化计算时可取预加力长期反拱时挠度的增大系数$\theta_{pc} = 2$。由

整体结构的弹性计算分析结果可知，在荷载标准组合作用下该梁的弹性计算挠度$f_k = 25.5$mm，在使用阶段的预加力反拱弹性计算值$f_{pc} = 13.9$mm，则得到总长期挠度

$$f = f_k\theta_k - f_{pc}\theta_{pc} = 25.5 \times 2.35 - 13.9 \times 2 = 32.1\text{mm}$$

挠跨比$f/l_0 = 32.1/21000 = 1/654 < 1/250$，满足表 2.5-1 规定的限值要求。

PCNAD 计算的挠度增大系数$\theta_k = 2.32$，与手算结果比值为 0.99，符合程度很好。

📑 随想：

该算例已知条件来自文献[7]的挠度计算算例，只是按规范要求的净截面或有效截面等，较为精细地给出挠度计算过程和结果，并用 PCNAD 进行了复核。文献[7]的这个挠度计算算例，是之前发现的少有的按新版《混凝土规范》编写的后张预应力混凝土结构构件算例；文献[7]用了毛截面特性，目前用手算进行设计，只能达到这样的精确程度。

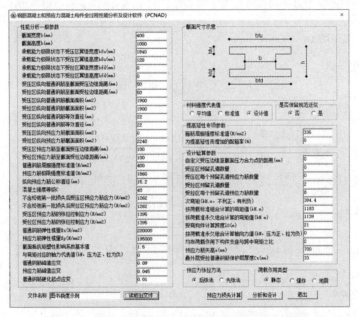

图 4.6-16　某一预应力混凝土梁 PCNAD 的输入界面

挠度验算用截面的几何特征　　　　　　　　　　　　　　　　　　　表 4.6-20

类型	参数	结果	计算截面形状
净截面	面积A_n	582756	
	形心至顶面距离c_n	363	
	惯性矩I_n	5.847×10^{10}	
换算截面	面积A_0	603472	
	形心至顶面距离c_0	6.425×10^{10}	
	惯性矩I_0	381	

📝 **随想：**

计算挠度的方法通常有如下几种：一是用整体结构分析软件求得弹性挠度，再用规范方法求得长期挠度；二是用构件支座和跨中弯矩比，推算出挠度系数，再乘以两端嵌固梁挠度公式求得弹性挠度，最后用规范方法求得长期挠度；三是用《建筑结构静力计算手册》方法计算荷载作用下的挠度，用《部分预应力混凝土结构设计建议》方法计算预加力的反拱，再用规范方法求得长期挠度。鉴于目前普遍使用 ANSYS、SAP2000 等计算荷载及预加力弹性挠度，本算例选用了第一种方法。

4.6.8 承载力极限状态计算

1）设计内力

由公式(2.2-38)、公式(2.7-1)、公式(2.8-1)及表 4.6-18 计算结果可知，地震作用参与的荷载组合对截面设计不起控制作用。在承载力极限状态计算时，仅需要考虑以下两种荷载的基本组合：

（1）组合一：1.1×（1.3×（覆土自重＋抗浮水位侧土压力＋水压力＋结构自重）＋1.3×预应力＋1.5×地面超载），但预应力对结构有利时取为0；

（2）组合二：1.0×（1.2×（覆土自重＋抗浮水位侧土压力＋水压力＋结构自重）＋1.0×预应力次内力＋1.0×人防荷载），但预应力对结构有利时取为0。

在上述两种荷载组合作用下，含预应力次内力时构件的内力设计值见表 4.6-21。

含预应力次内力时构件的内力设计值　　　　　　　表 4.6-21

位置		内力	组合一	组合二
顶梁	支座（E-F）	弯矩M（kN·m）	−8961	−11918
		剪力V（kN）	1201	−2181
	跨中（A-B）	弯矩M（kN·m）	6872	9926
侧墙	顶部（E-G）	弯矩M（kN·m）	−5867	−10793
		压力N（kN）	3790	6742
		剪力V（kN）	−976	−1455

2）承载力计算

（1）框架梁承载力计算

①正截面受弯承载力计算

第一步，按规范手算。

用顶梁跨中截面（图 4.6-1d），说明计算正截面受弯承载力的方法，弯矩设计值见表 4.6-21。可知，弯矩设计值由人防荷载参与的组合二控制，故需要考虑动强度影响系数。其余截面也满足要求，计算从略。

由公式(2.4-20)求得普通纵向钢筋在跨中截面的相对界限受压区高度

$$\xi_{sb} = \frac{\beta_1}{1 + \frac{f_{yd}}{E_s \varepsilon_{cu}}} = \frac{0.8}{1 + \frac{1.35 \times 300}{2.0 \times 10^5 \times 0.0033}} = 0.494$$

由公式(2.4-22)，求得预应力筋在跨中截面的相对界限受压区高度

$$\xi_{pb} = \frac{\beta_1}{1 + \frac{0.002}{\varepsilon_{cu}} + \frac{f_{pyd} - \sigma_{p0}}{E_s \varepsilon_{cu}}} = \frac{0.8}{1 + \frac{0.002}{0.0033} + \frac{1320 - 871.1}{1.95 \times 10^5 \times 0.0033}} = 0.347$$

因为$\xi_{pb} < \xi_{sb}$，所以取纵向受拉钢筋屈服与受压区混凝土破坏同时发生时的相对界限受压区高度$\xi_b = \xi_{pb} = 0.347$。

按宽度为b'_f的矩形截面计算，由公式(4.1-2)得到混凝土受压区高度

$$x = \frac{A_s f_{yd} - A'_s f'_{yd} + A_p f_{pyd} + (\sigma'_{p0} - f'_{pyd})A'_p}{\alpha_1 f_{cd} b} = \frac{1.0 \times 1320 \times 4480}{1.0 \times 1.5 \times 19.1 \times 2400}$$
$$= 86mm < 2a'_s = 196mm$$

依据公式(2.8-1)，取$\gamma_0 = 1.0$，考虑表2.8-1材料强度综合调整系数γ_d，由公式(4.1-8)得到正截面受弯承载力

$$f_{pyd}A_p(h - a_p - a'_s) + f_{yd}A_s(h - a_s - a'_s) + (\sigma'_{p0} - f'_{pyd})A'_p(a'_p - a'_s)$$
$$= 1.0 \times 1320 \times 4480 \times (1800 - 250 - 88) + 1.35 \times 300 \times 6434 \times (1800 - 98 - 88)$$
$$= 12877kN \cdot m$$

实际上，该预应力混凝土梁算例是受拉普通钢筋首先到达极限应变，而达到极限承载能力，此时受压边缘混凝土压应变为0.0014，还没达到0.002，更不要说达到0.0033，不满足按公式(4.1-1)和公式(4.1-2)受压边缘混凝土压应变达到非均匀受压混凝土极限应变条件。所以，应采用受拉区钢筋拉力对受压区压力合力点取矩计算受弯承载力进行验证，而且用符合实际情况的钢筋和混凝土的压应力。

从本书第3章例题考证可以看出，PCNAD能够满足上述要求，可以用于受拉钢筋首先到达极限应变，也可以用于混凝土首先达到极限压应变的承载能力极限状态计算。

第二步，用PCNAD机算。

用PCNAD计算，除混凝土受压区高度和$x < 2a'$时受弯承载力采用规范理论方法外，其余同第一步计算参数，下同。由PCNAD得到等效矩形的受压区高度为$212 \times 0.8 = 170mm$，受弯承载力计算值为$13012kN \cdot m$，与第一步的计算弯矩之比为1.01，近似结果偏小一点，但符合程度很好；与$9926kN \cdot m$之比$\gamma_0 = 1.31$，不小于组合二作用下顶框梁跨中截面要求之$\gamma_0 = 1.0$，所以顶框梁跨中截面受弯承载力满足公式(2.8-1)要求。

用PCNAD设计值进行计算的结果见表4.6-22~表4.6-24和图4.6-17。表4.6-22是保留规范近似的结果，完全按规范进行计算；表4.6-23是取消近似的计算结果。表4.6-24是

规范近似与取消近似 PCNAD 结果的比值。由此可知，是否取消近似，均因受拉普通钢筋首先到达极限应变而达到承载能力极限状态，对应受压边缘混凝土压应力 $\sigma_c = 26.2\text{MPa} < f_{cd} = 28.7\text{MPa}$，压应变 $\varepsilon_c = 0.0014 < \varepsilon_{cu} = 0.0033$，受压区普通钢筋应力 $\sigma'_y = 152\text{MPa} < f'_{yd} = 411\text{MPa}$，受压边缘至压力合力点的距离 $x' = 78\text{mm}$。对比取消近似前后弯矩结果，发现零应力和开裂弯矩的比值均为 1.01，稍微偏大一点，但符合程度很好。需要说明的是，PCNAD 的 $f'_{yd} = 411\text{MPa}$ 与手算的 $f'_{yd} = 405\text{MPa}$ 略有差别，原因是 PCNAD 由规范计算公式得到，而不是直接从规范表格查得；取消规范近似包括：求解预应力收缩徐变损失时，恢复了预应力筋的弹性模量，恢复了全截面消压状态下受压区普通钢筋的应力，余同。其中，恢复了全截面消压状态下受压区普通钢筋的应力，指的是将公式(4.1-1)变为公式(4.6-1)

$$\gamma_0 M = \alpha_1 f_c bx\left(h_0 - \frac{x}{2}\right) + A'_s(f'_y - \sigma'_{s0})(h_0 - a'_s) - (\sigma'_{p0} - f'_{py})A'_p(h_0 - a'_p) \tag{4.6-1}$$

用受拉区纵向普通钢筋和预应力筋拉力对压力合力点取矩，可得到正截面受弯承载力

$$f_{pyd}A_p\left(h - a_p - \overline{x}\right) + f_{yd}A_s\left(h - a_s - \overline{x}\right)$$
$$= 1.0 \times 1320 \times 4480 \times (1800 - 250 - 78) + 1.35 \times 300 \times 10468 \times (1800 - 88 - 78)$$
$$= 12963\text{kN} \cdot \text{m}$$

$12963\text{kN} \cdot \text{m}$ 与 $13012\text{kN} \cdot \text{m}$ 之比为 1.00，再一次验证 PCNAD 结果的正确性。两者与第一步的 $12877\text{kN} \cdot \text{m}$ 比值均为 0.99，说明这三者吻合程度均很好，第一步用近似公式(4.1-8)得到结果的精度也很好。

两种算法的计算参数均严格按规范取值，均未考虑受压区普通钢筋的初始应力，也未取消规范上的任何近似。特别说明，《混凝土规范》第 7.1.4 条条文说明特别指出，本规范不排斥采用更精确的方法计算预应力混凝土受弯构件的内力臂，所以 PCNAD 采用更精确的内力臂是符合规范要求的。

第三步，小结。

本算例为受拉普通钢筋首先达到极限应变而达到极限承载能力，混凝土受压边缘还未达到非均匀受压极限压应变，甚至还没达到均匀受压极限压应变，不满足规范公式(4.1-1)和公式(4.1-2)的适用条件，需慎重直接使用上述公式计算正截面受弯承载能力。但当 $x < 2a'$ 时，采用近似公式(4.1-8)计算正截面受弯承载力的精度很好，可以用该公式计算，也可以用 PCNAD 计算正截面受弯承载力。此外，是否取消近似对本算例全过程分析结果影响很小。

保留近似预应力混凝土梁的全过程结果（单位：N·mm）　　　　　表 4.6-22

控制状态	$\phi \times 10^{-6}$	$M \times 10^6$	σ_p	σ_s	σ'_s	σ_c	$\varepsilon_c \times 10^{-6}$	x'
初始	−0.135	0	919	−170	3	−1.2	−30	527
零应力	0.042	3467	952	−132	1	3.0	76	600
开裂	0.119	5009	966	−115	−6	4.8	122	342
受拉普通钢筋屈服	1.603	11382	1318	296	−93	15.0	620	131

控制状态	$\phi \times 10^{-6}$	$M \times 10^6$	σ_p	σ_s	σ_s'	σ_c	$\varepsilon_c \times 10^{-6}$	x'
预应力筋屈服	2.006	12613	1318	411	−107	17.2	733	124
受拉普通钢筋极限应变	6.665	13012	1318	411	−152	26.2	1415	78

注："x'"表示受压边缘至受压区压力合力点的距离，下同。

取消近似预应力混凝土梁的全过程结果（单位：N·mm）　　　表 4.6-23

控制状态	$\phi \times 10^{-6}$	$M \times 10^6$	σ_p	σ_s	σ_s'	σ_c	$\varepsilon_c \times 10^{-6}$	x'
初始	−0.135	0	919	−173	3	−1.2	−30	527
零应力	0.042	3438	952	−136	1	3.0	76	600
开裂	0.119	4980	966	−118	−6	4.8	122	341
受拉普通钢筋屈服	1.601	11344	1317	292	−92	15.0	619	131
预应力筋屈服	2.017	12615	1318	411	−107	17.2	735	124
受拉普通钢筋极限应变	6.668	13012	1318	411	−152	26.2	1415	78

规范近似与取消近似预应力混凝土梁的计算结果比值　　　表 4.6-24

控制状态	$\phi \times 10^{-6}$	$M \times 10^6$	σ_p	σ_s	σ_s'	σ_c	$\varepsilon_c \times 10^{-6}$	x'
初始	1.00	—	1.00	0.98	1.00	1.00	1.00	1.00
零应力	1.00	1.01	1.00	0.98	1.00	1.01	1.01	1.00
开裂	1.00	1.01	1.00	0.97	1.00	1.00	1.00	1.00
受拉普通钢筋屈服	1.00	1.00	1.00	1.01	1.00	1.00	1.00	1.00
预应力筋屈服	0.99	1.00	1.00	1.00	1.00	1.00	1.00	1.00
受拉普通钢筋极限应变	1.00	1.00	1.00	1.00	1.00	1.00	1.00	1.00

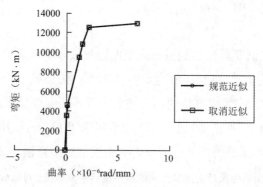

图 4.6-17　预应力混凝土梁的弯矩-曲率关系对比

②斜截面承载力计算

用顶梁支座截面的斜截面承载力计算说明斜截面承载力的计算方法（图 4.6-1e），剪力设计值见表 4.6-21。可知，剪力设计由人防荷载参与的组合二控制，需要考虑动强度影响系数。其余截面的受剪承载力也满足要求，计算从略。

组合二作用下，$0.25\beta_c f_{cd}bh_0 = 0.25 \times 1.0 \times 1.5 \times 19.1 \times 500 \times (1800 - 98) = 4064 \times 10^3 N = 6095kN > V = 2181kN$，$h_w/b = 1400/400 = 3.5 < 4$，由公式(4.4-2)可知，受剪截面符合条件。

不考虑预应力对抗剪的有利影响，由公式(2.8-3)得到梁跨高比影响系数

$$\psi_1 = 1 - (l/h_0 - 8)/15 = \psi_1 = 1 - (15000/(1800 - 210) - 8)/15 = 0.95$$

参照公式(2.8-2)和公式(4.4-5)，得到构件斜截面上的受剪承载力

$$0.7\psi_1 f_{td}bh_0 + 1.25 f_{yd}\frac{A_{sv}}{s}h_0$$
$$= (0.7 \times 0.95 \times 1.5 \times 1.71 \times 500 + 1.25 \times 1.35 \times 300 \times 452/100) \times (1800 - 98)$$
$$= 5340kN$$

$5340kN > \gamma_0 V = 2181kN$，满足公式(4.4-5)要求，斜截面受剪承载力符合规定。

（2）框架柱承载力计算

根据优化结果，框架间距即柱宽为 2400mm，柱高为 1350mm，配筋见图 4.6-1（f），框架柱设计值见表 4.6-21。由表 4.6-21 可知，内力设计由人防荷载参与的组合二控制，需要考虑动强度影响系数。其余组合、截面也满足要求，计算从略。

①正截面受压承载力计算

第一步，按规范手算。

由计算得$M_1 = 6606kN \cdot m$，查表 4.6-21 知$M_2 = 10793kN \cdot m$，依公式(4.1-18)有

$$C_m = 0.7 + 0.3\frac{M_1}{M_2} = 0.7 + 0.3 \times \frac{6606}{10793} = 0.884$$

$h/30 = 1350/30 = 45mm$，依据第 4.1 节第 5）条第（2）款，取附加偏心距$e_a = 45mm$。依据表 4.1-3，取$l_c = l_0 = 1.0H = 1.0 \times (6010 + 1800) = 7810mm$。

由公式(4.1-20)计算得到

$$\xi_c = \frac{0.5f_{cd}A}{N} = \frac{0.5 \times 0.8 \times 1.5 \times 19.1 \times 2400 \times 1350}{6742 \times 10^3} = 4.9 > 1.0，取\xi_c = 1.0$$

利用公式(4.1-19)计算得到

$$\eta_{ns} = 1 + \frac{1}{1300(M_2/N + e_a)/h_0}\left(\frac{l_c}{h}\right)^2 \xi_c$$
$$= 1 + \frac{1}{1300 \times (10793 \times 10^6/6742 \times 10^3 + 45)/(1350 - 64)} \times \left(\frac{7810}{1350}\right)^2 \times 1.0$$
$$= 1.000$$

$$C_m\eta_{ns} = 0.884 \times 1.000 = 0.884 < 1.0，取C_m\eta_{ns} = 1.0$$

利用公式(4.1-17)计算得到

$$M = C_m\eta_{ns}M_2 = 1.0M_2 = 10793kN \cdot m$$

依据第 4.1 节第 8）条的相关规定，轴向压力对暗柱截面重心的偏心距

$$e_0 = \frac{M}{N} = \frac{10793 \times 10^6}{6742 \times 10^3} = 1601\text{mm}$$

初始偏心距

$$e_i = e_0 + e_a = 1601 + 45 = 1646\text{mm}$$

纵向受拉普通钢筋和受拉区预应力筋的合力点至截面近边缘的距离

$$
\begin{aligned}
a &= \frac{a_p f_{pyd} A_p + a_s f_{yd} A_s}{f_{pyd} A_p + f_{yd} A_s} = \frac{250 \times 1.0 \times 1320 \times 4480 + 64 \times 1.35 \times 300 \times 10468}{1.0 \times 1320 \times 4480 + 1.35 \times 300 \times 10468} \\
&= 172\text{mm}
\end{aligned}
$$

由公式(4.1-25)得到轴向压力作用点至纵向普通受拉钢筋和预应力受拉钢筋的合力点的距离

$$e = e_i + \frac{h}{2} - a = 1646 + \frac{1350}{2} - 172 = 2148\text{mm}$$

取最大裂缝宽度验算时得到的σ_{p0}，相对界限受压区高度

$$\xi_b = \frac{\beta_1}{1 + \frac{0.002}{\varepsilon_{cu}} + \frac{f_{pyd} - \sigma_{p0}}{E_s \varepsilon_{cu}}} = \frac{0.8}{1 + \frac{0.002}{0.0033} + \frac{1320 - 871.1}{1.95 \times 10^5 \times 0.0033}} = 0.347$$

取σ_s为f_{yd}、σ_p为f_{pyd}，由公式(4.1-23)得到混凝土受压区高度

$$
\begin{aligned}
x &= \frac{\gamma_0 N - A_s' f_{yd}' + f_{yd} A_s + (\sigma_{p0}' - f_{pyd}') A_p' + f_{pyd} A_p}{\alpha_1 f_{cd} b} \\
&= \frac{1.0 \times 6742 \times 10^3 + 1.0 \times 1320 \times 4480}{1.0 \times 0.8 \times 1.5 \times 19.1 \times 2400} \\
&= 230\text{mm}
\end{aligned}
$$

$230\text{mm} < \xi_b h_0 = 0.347 \times (1350 - 250) = 382\text{mm}$，此暗柱确实为大偏心受压构件，取$\sigma_s$为$f_y$、$\sigma_p$为$f_{py}$是合适的。

$230\text{mm} > 2a' = 2 \times 54 = 108\text{mm}$，满足公式(4.1-4)条件，其正截面受弯承载力按公式(4.1-24)进行计算。参照公式(2.8-1)，取$\gamma_0 = 1.0$，考虑表2.8-1材料强度综合调整系数γ_d，考虑轴心压力消耗掉的受弯承载力，得到正截面剩余受弯承载力

$$
\begin{aligned}
&\alpha_1 f_{cd} b x \left(h_0 - \frac{x}{2}\right) + A_s' f_{yd}' (h_0 - a_s') - (\sigma_{p0}' - f_{pyd}') A_p' (h_0 - a_p') - N_{ar}(h_0 - c_0) \\
&= 1.0 \times 0.8 \times 1.5 \times 19.1 \times 2400 \times 230 \times (1350 - 172 - 230/2) + \\
&\quad 1.35 \times 300 \times 10468 \times (1350 - 172 - 54) - 6742 \times 10^3 \times (1350 - 172 - 677) \\
&= 14837\text{kN} \cdot \text{m}
\end{aligned}
$$

实际上，该预应力混凝土柱算例也是受拉普通钢筋首先到达极限应变，此时受压边缘混凝土压应变为0.0021，还没达到0.0033，不满足公式(4.1-24)和公式(4.1-23)受压边缘混凝土压应变条件。所以，上述计算结果不一定符合实际情况，应采用受拉区纵向普通钢筋和预应力筋拉力对受压区压力合力点取矩计算受弯承载力，且受压区普通钢筋和混凝土的压

应力要符合实际情况，可用 PCNAD 进行验证。

第二步，用 PCNAD 机算。

用 PCNAD 计算，除混凝土受压区高度和$x < 2a'$时受弯承载力采用规范理论方法，考虑轴心压力消耗掉部分抗弯能力外，其余同第一步计算参数，下同。

由 PCNAD 得到混凝土等效矩形应力图受压区高度为$230 \times 0.8 = 184$mm，受弯承载力计算值为 15216kN·m，与 10793kN·m 之比值$\gamma_0 = 1.41$，不小于组合二作用下框架柱顶截面要求的$\gamma_0 = 1.0$，满足公式(2.8-1)要求。与第一步结果之比为 1.03，按公式(4.1-24)计算结果偏小一点，但吻合很好。

用 PCNAD 计算结果详见表 4.6-25～表 4.6-27 和图 4.6-18。表 4.6-25 是保留规范近似的结果，表 4.6-26 是取消规范近似的结果，表 4.6-27 是两者的比值。由此可知，是否取消近似，本算例均因受拉普通钢筋首先到达极限应变而达到承载能力极限状态，对应受压边缘混凝土压应力$\sigma_c = 22.9$MPa $< f_{cd} = 28.7$MPa，压应变$\varepsilon_c = 0.0022 < \varepsilon_{cu} = 0.0033$，受压区普通钢筋应力$\sigma_y' = 333$MPa $< f_{yd}' = 411$MPa，受压边缘至受压区压力合力点的距离为$x' = 81$mm。

考虑轴心压力的影响，用受拉区钢筋和预应力筋拉力对压力合力点取矩，得到正截面受弯承载力

$$
\begin{aligned}
&f_{pyd}A_p\left(h - a_p - \overline{x}\right) + f_{yd}A_s\left(h - a_s - \overline{x}\right) - N_{ar}(c_0 - \overline{x}) \\
&= 1.0 \times 1320 \times 4480 \times (1350 - 250 - 81) + 1.35 \times 300 \times 10468 \times \\
&\quad (1350 - 250 - 81) - 6742 \times 10^3 \times (678 - 81) \\
&= 15157\text{kN} \cdot \text{m}
\end{aligned}
$$

15157kN·m，与 15216kN·m 之比值 1.00，两者吻合程度很好，再一次验证 PCNAD 结果的精确性。

第三步，小结。

本算例为受拉普通钢筋首先达到极限应变而达到极限承载能力，混凝土受压边缘还未达到非均匀受压极限压应变，不满足规范公式(4.1-23)和公式(4.1-24)的适用条件，需慎重直接使用上述公式计算正截面受弯承载力，可以用 PCNAD 计算正截面受弯承载力。此外，是否取消近似对本算例全过程分析结果影响很小。

联想一下，地震作用于预应力混凝土框架柱时，如果受拉区钢筋先达到极限应变，表现为受拉钢筋先坏；如果受压普通钢筋中心位置先达到混凝土极限压应变，表现为受压区普通钢筋先坏；所以，地震作用下是钢筋先被拉坏，还是受压区普通钢筋先被压坏，不应一概而论，具体问题还得具体分析。

保留近似预应力混凝土柱的全过程结果（单位：N·mm）　　　　表 4.6-25

控制状态	$\phi \times 10^{-6}$	$M \times 10^6$	σ_p	σ_s	σ_s'	σ_c	$\varepsilon_c \times 10^{-6}$	x'
初始	−0.066	0	857	−86	3	−0.8	−21	345

控制状态	$\phi \times 10^{-6}$	$M \times 10^6$	σ_p	σ_s	σ_s'	σ_c	$\varepsilon_c \times 10^{-6}$	x'
受拉边缘零应力	0.112	3679	849	−94	1	5.9	151	450
受拉边缘开裂	0.240	6327	860	−78	−15	9.3	238	330
受拉普通钢筋屈服	2.713	13981	1240	411	−185	18.0	1071	134
预应力筋屈服	3.176	14450	1317	411	−202	19.1	1183	126
均匀受压混凝土极限应变	8.517	15188	1318	411	−308	22.9	2000	83
受拉普通钢筋极限应变	9.474	15216	1318	411	−334	22.9	2183	81

取消近似预应力混凝土柱的全过程结果（单位：N·mm）　　　　表 4.6-26

控制状态	$\phi \times 10^{-6}$	$M \times 10^6$	σ_p	σ_s	σ_s'	σ_c	$\varepsilon_c \times 10^{-6}$	x'
初始	−0.066	0	857	−87	3	−0.8	−21	345
受拉边缘零应力	0.112	3662	849	−96	1	5.9	151	450
受拉边缘开裂	0.240	6310	860	−80	−15	9.3	238	330
受拉普通钢筋屈服	2.722	13991	1241	411	−185	18.0	1074	134
预应力筋屈服	3.176	14450	1317	411	−202	19.1	1183	126
均匀受压混凝土极限应变	8.519	15188	1318	411	−308	22.9	2000	83
受拉普通钢筋极限应变	9.473	15216	1318	411	−334	22.9	2183	81

规范近似与取消近似预应力混凝土柱全过程结果的比值　　　　表 4.6-27

控制状态	$\phi \times 10^{-6}$	$M \times 10^6$	σ_p	σ_s	σ_s'	σ_c	$\varepsilon_c \times 10^{-6}$	x'
初始	1.00	—	1.00	0.98	1.00	1.00	1.00	1.00
受拉边缘零应力	1.00	1.00	1.00	0.98	0.89	1.00	1.00	1.00
受拉边缘开裂	1.00	1.00	1.00	0.98	1.00	1.00	1.00	1.00
受拉普通钢筋屈服	1.00	1.00	1.00	1.00	1.00	1.00	1.00	1.00
预应力筋屈服	1.00	1.00	1.00	1.00	1.00	1.00	1.00	1.00
均匀受压混凝土极限应变	1.00	1.00	1.00	1.00	1.00	1.00	1.00	1.00
受拉普通钢筋极限应变	1.00	1.00	1.00	1.00	1.00	1.00	1.00	1.00

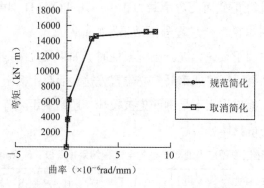

图 4.6-18　规范近似与取消近似预应力混凝土柱弯矩曲率关系对比

📝 **随想：**

　　理论公式往往存在适用条件，当超出适用条件后，误差就会较大。随着科学技术的发展，相对而言较大跨度的结构构件成为常态，这类结构通常由抗裂和挠度控制，在受压区配有一定数量的钢筋，混凝土受压区高度相对较小，钢筋极限拉应变经常会首先达到，与混凝土极限压应变首先到达的适用条件不再吻合，所以适用规范公式应注意适用条件。大跨度的梁和支承其的轴压比较小的柱通常在钢筋极限拉应变首先达到的构件范围内。

　　《混凝土规范》是一本非常重要的规范，覆盖面较宽，存在许多混凝土结构在不同受力状态下的设计计算问题，随处都会遇到简化和精确复杂关系问题。规范编制修订时坚定地树立为广大设计人员服务的思想，在保持必要计算精度前提下力求做到实用、简化，把简化择优作为一项编制原则对待，为我国混凝土结构的发展作出不可估量的贡献。

　　②受剪承载力

　　考虑暗柱承担全部的斜截面受剪承载力，暗柱宽 1000mm，考虑动强度影响系数，则

$0.25\beta_c f_{cd}bh_0 = 0.25 \times 1.0 \times 1.5 \times 0.8 \times 19.1 \times 1000 \times (1350 - 64) = 7369 \times 10^3 \text{N} = 7369\text{kN} > V = 1455\text{kN}$，$\frac{h_w}{b} = \frac{1350}{1000} = 1.35 < 4$，由公式(4.4-2)可知，受剪截面符合条件。

$0.3f_{cd}A = 0.3 \times 19.1 \times 1.5 \times 0.8 \times 1350 \times 1000 \times 10^{-3} = 9283\text{kN} < \text{N} = 6742\text{kN}$

$$\lambda = \frac{M}{Vh_0} = \frac{10793 \times 10^6}{1455 \times 10^3 \times (1350 - 64)} = 5.8 > 3，取 3$$

　　不考虑预应力对抗剪的有利影响，参照公式(2.8-2)和公式(4.4-9)，得到构件斜截面上的受剪承载力

$$\frac{1.75}{\lambda + 1}f_{td}bh_0 + f_{yvd}\frac{A_{sv}}{s}h_0 + 0.07\text{N}$$
$$= \left(\frac{1.75}{3 + 1} \times 0.8 \times 1.5 \times 1.71 \times 500 + 1.35 \times 300 \times \frac{452}{100}\right) \times (1800 - 98) + 0.07 \times 6742000$$
$$= 3403378\text{N} = 3403\text{kN}$$

　　$3403\text{kN} > \gamma_0 V = 1.0 \times 1455 = 1455\text{kN}$，满足公式(4.4-9)等要求，斜截面受剪承载力符合规范规定。

4.6.9　可靠指标和重要性系数

1）可靠指标计算

　　采用一次可靠度方法（FORM），按照国家标准《工程结构可靠性设计统一标准》GB 50153—2008 等基本原则，在认可的统计参数和作用效应项 S 与结构抗力项 R 相互独立的假定下，对顶梁跨中正截面受弯承载能力极限状态的可靠指标进行计算。

（1）影响可靠度因素的变异性

①荷载

　　永久荷载 q_G：永久荷载按服从正态概率分布考虑，取永久荷载变异系数 $\delta_G = 0.50$。由

表 4.6-18 可知，永久荷载下顶梁支座弯矩M_{EF}与跨中弯矩M_{AB}之比$\lambda_{MG} = 0.69$，其等效永久荷载平均值

$$\mu_G = \frac{8(M_{EF} + M_{AB})}{l^2} = \frac{8 \times (3591 + 2494)}{15^2} = 216.4\text{kN/m}$$

可变荷载q_Q：可变荷载由人防荷载控制，按服从极值Ⅰ型分布考虑，取变异系数$\delta_Q = 1.5$。由表 4.6-18 可知，人防荷载下顶梁支座弯矩M_{EF}与跨中弯矩M_{AB}之比为$\lambda_{MQ} = 0.65$，其等效可变荷载平均值

$$\mu_Q = \frac{8(M_{EF} + M_{AB})}{l^2} = \frac{8 \times (4585 + 2971)}{15^2} = 268.7\text{kN/m}$$

②材料性能和几何尺寸

普通钢筋：按正态概率分布考虑，取变异系数$\delta_y = 0.0743$，由公式(2.3-9)得到屈服强度平均值

$$\mu_y = \frac{f_{yk}}{1 - 1.645\delta_y} = \frac{335}{1 - 1.645 \times 0.0743} = 381\text{N/mm}^2$$

预应力筋：按正态概率分布考虑，取变异系数$\delta_{py} = 0.01$，由公式（2.3-10）得到屈服强度平均值

$$\mu_{py} = \frac{f_{pyk}}{1 - 1.645\delta_{py}} = \frac{0.85 \times 1860}{1 - 1.645 \times 0.01} = 1607\text{N/mm}^2$$

为进行预应力混凝土和钢筋混凝土结构受弯性能对比，对计算简图中的几何尺寸，假定为常量。

（2）可靠指标计算

①极限状态函数

依据等效均布荷载概念、支座与跨中弯矩比λ_M，用结构力学方法求出梁跨中支座弯矩，推得构件跨中的永久荷载弯矩系数$\xi_M = (5 - \lambda_M)/24$，所以永久荷载弯矩系数$\xi_{MG} = (5 - 0.69)/24 = 0.179$，可变荷载弯矩系数$\xi_{MQ} = (5 - 0.65)/24 = 0.181$。将常量代入，结构构件的弯矩效应

$$\begin{aligned} S &= \gamma_0(M_G + M_Q) = \gamma_0(\xi_{MG}q_G + \xi_{MQ}q_Q)l_0^2/8 = 1.0 \times (0.179q_G + 0.181q_Q) \times 15^2/8 \\ &= 5045504q_G + 5099832q_Q \end{aligned}$$

将常量代入，由人防荷载控制，且$x < 2a'_s$的受弯承载能力

$$\begin{aligned} R &= f_{pyd}A_p(h - a_p - a'_s) + f_{yd}A_s(h - a_s - a'_s) + (\sigma'_{p0} - f'_{pyd})A'_p(a'_p - a'_s) \\ &= 4480 \times (1800 - 250 - 88)f_{pyd} + 6434 \times (1800 - 98 - 88)f_{yd} \\ &= 6549760f_{pyd} + 10384447f_{yd} \end{aligned}$$

由公式(2.2-3)，得到极限状态（功能）函数

$$Z = R - S = 6549760f_{pyd} + 10384447f_{yd} - 5045504q_G - 5099832q_Q$$

②可靠指标计算

采用第 2.2 节的 JC 法（当量正态化的设计验算点法）及计算步骤对可靠指标进行计算，计算软件选择 MATLAB，考虑上述概率模型参数和功能函数，计算程序清单如下：

```
clear;clc;
muX=[1607;381;216.4;268.7];cvX=[0.0743;0.0743;0.5;1.5];%fpymfymMgmMqm
sigmaX=cvX.*muX;
aEv=sqrt(6)*sigmaX(4)/pi;uEv=-psi(1)*aEv-muX(4);
muX1=muX;sigmaX1=sigmaX;%X1:equivalentnormalizedvariable
x=muX;x0=repmat(eps,length(muX),1);
whilenorm(x-x0)/norm(x0)>1e-6
x0=x;
g=6549760*x(1)+10384447*x(2)-5045504*x(3)-5099832*x(4);
gX=[6549760;10384447;-5045504;-5099832];
cdfX=[1-evcdf(-x(4),uEv,aEv)];
pdfX=[evpdf(-x(4),uEv,aEv)];
nc=norminv(cdfX);sigmaX1(4:0:4)=normpdf(nc)./pdfX;
muX1(4:0:4)=x(4:0:4)-nc.*sigmaX1(4:0:4);
gs=gX.*sigmaX;alphaX=-gs/norm(gs);
bbeta=(g+gX.'*(muX1-x))/norm(gs)
x=muX1+bbeta*sigmaX1.*alphaX;
end
pF=normcdf(-bbeta)
```

程序运行结果为：可靠指标 $\beta = 5.4140$，失效概率 $p_f = 3.0808 \times 10^{-8}$。可靠指标大于表 2.2-1 规定的 3.2，满足公式(2.2-38)结构重要性系数 $\gamma_0 = 1.0$ 相应要求。可靠指标很大，一方面说明预应力混凝土结构构件受弯承载力是可靠的，另一方面说明应是正常使用性能控制，而不是受弯承载力控制。

2）重要性系数

承载能力极限状态设计表达式为：$\gamma_0 S \leqslant R$。如果结构构件重要性系数 $\gamma_0 = 1.0$，那么 γ_0 可以理解为：在满足规范承载能力极限状态计算后，承载能力的富余系数。所以，验算预应力混凝土和钢筋混凝土结构方案的结构构件重要性系数 γ_0，可以对比两种结构体系承载能力的富裕度，从而判断哪种结构方案的承载能力更高。

预应力混凝土构件的结构重要性系数也见其承载能力极限状态的相应部分。

随想：

本算例旨在说明可靠指标的计算方法，并对钢筋混凝土和预应力混凝土构件的可靠指标进行对比。本算例概率模型参数误差可能较大，并有意识地将预应力筋的变异系数提高，真正设计时应根据试验选取。一般来说，强度越高，钢筋的变异系数越低，所以，预应力筋的变异系数比普通钢筋的变异系数要小得多。

4.6.10　延性比

1）顶梁跨中

$$h_0 = \frac{A_s f_{yd} h_s + A_p f_{pyd} h_p}{A_s f_{yd} + A_p f_{pyd}}$$

$$= \frac{6434 \times 1.35 \times 300 \times (1800 - 98) + 4480 \times 1320 \times (1800 - 250)}{6434 \times 1.35 \times 300 + 4480 \times 1320} = 1596\text{mm}$$

（1）用公式(4.5-14)直接手算

因为本算例不满足适用条件，故不能用公式(4.1-2)求得受压区高度，但可以接第 4.6.8 节第 2）条全过程分析得到的受压区高度结果，用公式(4.5-14)直接计算得到顶梁跨中延性比

$$\beta = \frac{0.5}{170/1596} = 4.696 \geqslant [\beta] = 3.0，满足要求。$$

（2）用 PCNAD 机算

用手算同样公式，由 PCNAD 计算得到延性比$\beta = 4.711$，与手算结果比值为 1.00，吻合程度很好。如果采用极限曲率和屈服曲率之比表示延性比，$\beta = 4.158$，与用手算结果比值为 0.88，结果偏小一点，但吻合程度尚可。此外，由 PCNAD 计算得到该截面总抗弯能为 $12.4 \times 10^7\text{J}$。

2）框架柱

（1）手算

$$h_0 = \frac{A_s f_{yd} h_s + A_p f_{pyd} h_p}{A_s f_{yd} + A_p f_{pyd}}$$

$$= \frac{10468 \times 1.35 \times 300 \times (1350 - 64) + 4480 \times 1320 \times (1350 - 250)}{10468 \times 1.35 \times 300 + 4480 \times 1320} = 1177\text{mm}$$

接第 4.6.8 节（2）PCNAD 的计算结果，由公式(4.5-14)得到框架柱顶延性比

$$\beta = \frac{0.5}{184/1177} = 3.199 \geqslant [\beta] = 3.0，满足要求。$$

（2）机算

采用手算方法，由 PCNAD 计算得到延性比$\beta = 3.197$，与手算结果比值为 1.00，与手

算值吻合程度很好。如果采用极限曲率和屈服曲率之比表示延性比，由 PCNAD 计算得到 $\beta = 3.492$，与手算结果比值为 1.09，结果偏大一些，但吻合程度较好。此外，由 PCNAD 计算得到总抗弯能为 $14.9 \times 10^7 J$。

3）小结

（1）当受拉区预应力筋首先达到极限应变，而不是混凝土首先达到极限压应变时，不宜用公式(4.1-2)、公式(4.1-23)直接计算延性比中的受压区高度，应用全过程分析计算混凝土受压区高度，再用公式(4.5-14)计算延性比。PCNAD 与手算结果吻合较好，且均满足规范要求。

（2）PCNAD 采用极限曲率和屈服曲率之比表示的延性比结果，比用公式(4.5-14)计算结果偏小，但吻合程度较好。

4.6.11 耐久性、防连续倒塌设计及其他

（1）耐久性设计

预应力密排框架箱型结构执行设计使用年限为 100 年、与无侵蚀性的水或土壤直接接触的环境对耐久性的规定，满足本书第 2.6 节及《混凝土结构耐久性设计标准》GB/T 50476—2019 等要求。

（2）防连续倒塌构造措施

本算例满足第 4.5 节要求的构造措施，过程从略。为确保结构安全可靠，在预应力密排框架箱型结构四角，增设一道平行于区间隧道方向的暗梁，暗梁宽同柱高，暗梁高同顶梁（底梁）的梁高。暗梁示意见图 4.6-19。其他未尽事宜，按相关规范要求执行。

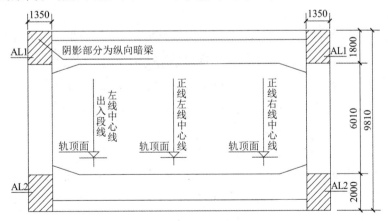

图 4.6-19 暗梁位置及尺寸

（3）其他

本算例竖向自振频率、施工验算和其他构造均满足要求，不再赘述。与钢筋混凝土结构相比，预应力施工与设计相关性更大，尤其要确保两者有效预应力的一致性，因此，预应力施工方案须经设计审核认可后方可施工。对其他未尽事宜，按《混凝土结构工程施工

质量验收规范》GB 50204—2015 及其他相关规范要求执行。

📝 **随想：**

①预应力混凝土结构构件的性能分析较为复杂，只有分析明白了，才能更好地完成应用，否则有失传的风险。我们站在前人的肩膀上，利用数字化，做好传承、系统、创新、实用和更符合实际情况，让绿色低碳高质量预应力技术更好地为新时代服务。

②在系统性方面，包括设计与施工的系统性，结构与其他专业的系统性，结构之间的系统性，等等。在实用性方面，比如预应力偏心受压构件的需求和作用是显著的，但因没能较好地传承和推广，致使实际上预应力混凝土偏心受力构件用得很少，不能有效地为实际所有，不能有效地变为生产力。在更符合实际性方面，比如取消收缩徐变损失计算时预应力筋与普通钢筋重心重合的假定，考虑普通钢筋的初始应力，等等。当然从工程的角度出发，单个问题应该可以，甚至还很高明，但从长远的角度出发，对传承创新不利；简化较多导致的累积误差也较大，有可能影响工程的可靠性，偏安全时对结构鉴定和生产方不利，偏于不安全时对结构设计和使用方不利。所以，能不简化尽量不简化，力求物理概念的清晰性，计算结果的可靠性。

③开发设计计算软件，编写理论著作，这些工具和教材，有助于解决上述问题，有助于将手算和电算统一起来，有助于传承和创新。只有做好最后一公里的事情，才能更好地推广应用，更好地为社会服务。

4.7　钢筋混凝土框架结构算例

在满足现行规范要求的前提下，为进行对比，将第 4.6 节的后张预应力混凝土算例改造成钢筋混凝土算例，即将后张预应力混凝土密排框架改造成钢筋混凝土密排框架。从计算和构造等角度考虑，在预应力混凝土算例的基础上，钢筋混凝土算例将框架梁宽由 500mm 变为 650mm（主要是纵筋间距构造要求），顶梁受拉纵筋由 6434mm² 变为 16085mm²，底梁受拉纵筋由 6434mm² 变为 12064mm²，对跨中受压区纵筋进行折减，顶梁和底梁受压纵筋均变为 8042mm²，计算裂缝宽度时将框架柱单侧纵筋由 10468mm² 变为 13548mm²，计算承载能力时将框架柱外侧纵筋由 10468mm² 变为 20937mm²，内侧纵筋由 10468mm² 变为 17858mm²。顶梁加宽后，因自重增加的弯矩分配给支座和跨中后，跨中弯矩基本组合值、标准组合值和准永久组合值分别变为 10131kN·m、4203kN·m 和 3991kN·m。不考虑顶梁加宽增重对框架柱的影响，未尽事宜取第 4.6 节的相关参数。

4.7.1　裂缝和挠度验算

1）最大裂缝宽度验算

（1）顶梁跨中

①手算

有效受拉混凝土截面面积

$$A_{te} = 0.5A = 0.5 \times 650 \times 1800 = 585000 \text{mm}^2$$

按有效受拉混凝土截面面积计算的纵向受拉钢筋配筋率

$$\rho_{te} = (A_s + A_p)/A_{te} = (16085 + 0)/585000 = 0.0275$$

截面有效高度

$$h_0 = h - a_s = 1800 - 88 = 1712 \text{mm}$$

由公式(4.2-11)算得，钢筋混凝土构件受拉区纵向钢筋的应力

$$\sigma_{sq} = \frac{M_q}{0.87h_0A_s} = \frac{3991 \times 10^6}{0.87 \times (1800 - 88) \times 16085} = 166.6 \text{N/mm}^2$$

由公式(4.2-6)，可得受拉钢筋应变不均匀系数

$$\psi = 1.1 - 0.65\frac{f_{tk}}{\rho_{te}\sigma_s} = 1.1 - 0.65 \times \frac{2.39}{0.0275 \times 166.6} = 0.76$$

保护层厚度 $c = 40$mm。查表 4.2-1 可得，结构构件受力特征系数 $\alpha_{cr} = 1.9$。由公式(4.2-5)，可得按作用标准组合并考虑长期作用影响的最大裂缝宽度

$$\omega_{max} = \alpha_{cr}\psi\frac{\sigma_s}{E_s}\left(1.9c_s + 0.08\frac{d_{eq}}{\rho_{te}}\right)$$
$$= 1.9 \times 0.76 \times \frac{166.6}{200000} \times \left(1.9 \times 40 + 0.08 \times \frac{32}{0.0275}\right) = 0.203 \text{mm}$$

②电算

同时采用 PCNAD 和 PKPM 之 GJ 进行计算，得到最大裂缝宽度分别为 0.207mm 和 0.203mm，两者比值为 1.02，吻合程度很好，与手算结果吻合程度也很好。三者均小于 $\omega_{lim} = 0.3$mm，依据表 2.5-3 规定，裂缝宽度控制满足要求。

PCNAD 较 GJ 和手算结果偏于安全，差别主要来源于 f_{tk} 的计算取值。PCNAD 取 $f_{tk} = 2.30$N/mm²，依据公式(2.3-2)，即《混凝土规范》第 4.1.3 条文说明计算得到。而 PKPM 和手算按《混凝土规范》表 4.1.3-2，直接取 $f_{tk} = 2.39$N/mm²。下同。

（2）柱顶外侧

①手算

有效受拉混凝土截面面积

$$A_{te} = 0.5A = 0.5 \times 2400 \times 1350 = 1620000 \text{mm}^2$$

按有效受拉混凝土截面面积计算的纵向受拉钢筋配筋率

$\rho_{te} = (A_s + A_p)/A_{te} = (13548 + 0)/1620000 = 0.0084 < 0.01$，取 $\rho_{te} = 0.01$。

截面有效高度

$$h_0 = h - a_s = 1350 - 64 = 1286 \text{mm}$$

按公式(4.2-15)算得，受压翼缘截面面积与腹板有效截面面积的比值

$$\gamma_f' = \frac{(b_f' - b)h_f'}{bh_0} = 0$$

截面初始偏心距

$$e_0 = \frac{M_q}{N_q} = \frac{3648 \times 10^6}{2372000} = 1538\text{mm}$$

跨高比 $l_0/h = 3.71 < 14$，取轴向压力偏心距增大系数 $\eta_s = 1.0$，由公式(4.2-13)得到轴向压力作用点至纵向受拉钢筋合力点的距离

$$e = \eta_s e_0 + y_s = 1.0 \times 1538 + 611 = 2149\text{mm}$$

由公式(4.2-13)可算得，轴向压力作用点至纵向受拉钢筋合力点的距离

$$z = \left[0.87 - 0.12(1 - \gamma_f')\left(\frac{h_0}{e}\right)^2\right]h_0 = \left[0.87 - 0.12 \times (1 - 0) \times \left(\frac{1286}{2149}\right)^2\right] \times 1286$$
$$= 1064\text{mm}$$

由公式(4.2-12)算得，钢筋混凝土构件受拉区纵向钢筋的应力

$$\sigma_{sq} = \frac{N_q(e - z)}{A_s z} = \frac{2372000 \times (2149 - 1064)}{13548 \times 1064} = 192.7\text{N/mm}^2$$

由公式(4.2-6)，可得受拉钢筋应变不均匀系数

$$\psi = 1.1 - 0.65\frac{f_{tk}}{\rho_{te}\sigma_s} = 1.1 - 0.65 \times \frac{2.39}{0.01 \times 192.7} = 0.29$$

保护层厚度 $c = 50\text{mm}$。查表 4.2-1 可得，结构构件受力特征系数 $\alpha_{cr} = 1.9$。由公式(4.2-5)，可得按作用标准组合并考虑长期作用影响的最大裂缝宽度

$$\omega_{max} = \alpha_{cr}\psi\frac{\sigma_s}{E_s}\left(1.9c_s + 0.08\frac{d_{eq}}{\rho_{te}}\right) = 1.9 \times 0.29 \times \frac{192.7}{200000} \times \left(1.9 \times 50 + 0.08 \times \frac{28}{0.01}\right)$$
$$= 0.169\text{mm}$$

②电算

同时采用 PCNAD 和 PKPM 的 GJ 进行计算，得到最大裂缝宽度分别为 0.143mm 和 0.124mm，两者比值为 1.15，吻合程度较好。两者均小于 $\omega_{lim} = 0.2\text{mm}$，依据表 2.5-3 规定，裂缝宽度控制满足要求。

2）顶梁挠度验算

（1）手算

纵向受拉钢筋配筋率

$$\rho = (\alpha_1 A_p + A_s)/bh_0 = (0 + 16085)/(650 \times 1712) = 0.0145$$

纵向受压钢筋配筋率

$$\rho' = A_s'/(bh_0) = (0 + 8042)/(650 \times 1702) = 0.0072$$

考虑荷载长期作用对挠度的增大系数

$$\theta = 2.0 - 0.4\rho'/\rho = 2.0 - 0.4 \times 0.0072/0.0145 = 1.8$$

受拉翼缘截面面积与腹板有效截面面积的比值

$$\gamma_f' = \frac{(b_f' - b)h_{f0}'}{bh_0} = \frac{(2400 - 650) \times (400 - 58)}{650 \times 1712} = 0.54$$

普通钢筋与混凝土弹性模量比值

$$\alpha_s = \frac{200000}{32500} = 6.15$$

按裂缝控制等级要求的荷载组合作用下，钢筋混凝土受弯构件和预应力混凝土受弯构件的短期刚度

$$B_s = \frac{E_s A_s h_0^2}{1.15\psi + 0.2 + \frac{6\alpha_E\rho}{1 + 3.5\gamma_f'}} = \frac{200000 \times 16085 \times 1712^2}{1.15 \times 0.76 + 0.2 + \frac{6 \times 6.15 \times 0.0145}{1 + 3.5 \times 0.54}}$$
$$= 7.4854 \times 10^{15} \text{N} \cdot \text{mm}^2$$

长期刚度

$$B = \frac{B_s}{\theta} = \frac{7.4854 \times 10^{15}}{1.8} = 4.1586 \times 10^{15} \text{N} \cdot \text{mm}^2$$

弹性挠度的增大系数

$$\theta_0 = \frac{32500 \times 64496 \times 10^6}{4.1586 \times 10^{15}} = 5.04$$

在求得 B 后，可按公式(4.3-11)计算得到构件的长期挠度。在求得 θ_0 后，按公式(4.3-12)也可计算得到构件的长期挠度。

（2）电算

同时采用 PCNAD 和 PKPM 之 GJ 进行计算，得到弹性挠度的增大系数分别为 5.08 和 5.04，两者比值为 1.01，与手算之比分别为 1.02 和 1.02，三者吻合程度很好。不管用何种方法计算，结果均小于挠度限值 $l_0/300$，依据表 2.5-1 的规定，挠度控制满足要求。

📝 **随想：**

当梁跨度较大时，一般由裂缝宽度和挠度控制。此时应先验算裂缝宽度和挠度，然后再计算承载力。

4.7.2　正截面受弯承载能力极限状态计算

1）顶梁

用顶梁跨中截面说明钢筋混凝土构件受弯承载力的计算方法。受剪承载力和其余截面承载力均满足要求，计算从略。

（1）手算

由公式(2.4-20)求得纵向受拉普通钢筋在顶梁跨中截面的相对界限受压区高度

$$\xi_{\text{sb}} = \frac{\beta_1}{1 + \dfrac{f_{\text{yd}}}{E_s \varepsilon_{\text{cu}}}} = \frac{0.8}{1 + \dfrac{1.35 \times 300}{2.0 \times 10^5 \times 0.0033}} = 0.494$$

所以，纵向受拉普通钢筋屈服与受压区混凝土破坏同时发生时的相对界限受压区高度 $\xi_b = 0.494$。

按宽度为 b'_f 的矩形截面计算，由公式(4.1-2)得到混凝土受压区高度

$$x = \frac{A_s f_{\text{yd}} - A'_s f'_{\text{yd}} + A_p f_{\text{pyd}} + (\sigma'_{p0} - f'_{\text{pyd}})A'_p}{\alpha_1 f_{\text{cd}} b}$$

$$= \frac{(16085 - 8042) \times 1.35 \times 300}{1.0 \times 1.5 \times 19.1 \times 2400} = 47\text{mm} < 2a'_s = 132\text{mm}$$

依据公式(2.8-1)，取 $\gamma_0 = 1.0$，考虑表 2.8-1 材料强度综合调整系数 γ_d，由公式(4.1-8)得到正截面受弯承载力

$$f_{\text{pyd}}A_p(h - a_p - a'_s) + f_{\text{yd}}A_s(h - a_s - a'_s) + (\sigma'_{p0} - f'_{\text{pyd}})A'_p(a'_p - a'_s)$$

$$= 1.35 \times 300 \times 16085 \times (1800 - 88 - 66) = 10723\text{kN} \cdot \text{m}$$

$10723\text{kN} \cdot \text{m}$ 与 $10131\text{kN} \cdot \text{m}$ 之比值 $\gamma_0 = 1.06$，不小于组合二作用下顶框梁跨中截面要求之 $\gamma_0 = 1.0$，所以顶框梁跨中截面受弯承载力满足公式(2.8-1)要求。

实际上，该钢筋混凝土梁算例是受拉钢筋首先到达极限应变而达到极限承载能力状态，此时受压边缘混凝土压应变为 0.0011，还没达到 0.002，更不要说达到 0.0033，不满足公式(4.1-1)和公式(4.1-2)受压边缘混凝土压应变达到 0.0033 的适用条件。

（2）机算

同时采用 PCNAD 和 PKPM 之 GJ 进行计算，得到正截面受弯承载力分别为 $10874\text{kN} \cdot \text{m}$ 和 $10560\text{kN} \cdot \text{m}$，两者比值为 1.03，与手算结果比值分别为 1.01、0.98，三者吻合程度均很好，又一次验证了 PCNAD 的正确性。此时，由 PCNAD 计算得到等效矩形后的受压区高度为 $183 \times 0.8 = 146\text{mm}$。

其中，用 PCNAD 计算结果见表 4.7-1 和图 4.7-1，是否保留规范近似结果完全一致。由表 4.7-1 和图 4.7-1 可知，对应受压边缘混凝土压应力 $\sigma_c = 24.0\text{MPa} < f_{\text{cd}} = 28.7\text{MPa}$，$\varepsilon_c = 0.0012 < \varepsilon_{\text{cu}} = 0.0033$，$\sigma'_y = 111\text{MPa} < f'_{\text{yd}} = 411\text{MPa}$，受压边缘至受压区压力合力点的距离 $x' = 68\text{mm}$。用受拉区纵向普通钢筋和预应力筋拉力对压力合力点取矩，得到正截面受弯承载力

$$f_{\text{pyd}}A_p(h - a_p - \overline{x}) + f_{\text{yd}}A_s(h - a_s - \overline{x}) = 1.35 \times 300 \times 16085 \times (1800 - 88 - 68)$$

$$= 10710\text{kN} \cdot \text{m}$$

$10710\text{kN} \cdot \text{m}$ 与手算结果 $10723\text{kN} \cdot \text{m}$ 之比为 1.00，吻合程度很好。

PCNAD 计算结果 $10874\text{kN} \cdot \text{m}$ 与 $\gamma_0 M = 10131\text{kN} \cdot \text{m}$ 之比为 1.06，大于 1.0，所以顶框梁跨中截面受弯承载力满足公式(2.8-1)要求。

（3）小结

综上可知，是否取消近似，对本算例钢筋混凝土梁全过程性能分析结果基本没有影响；

当 $x < 2a'_s$ 时，无论受拉钢筋首先达到极限应变还是受压混凝土首先达到极限应变，对用公式(4.1-1)和公式(4.1-8)计算该钢筋混凝土梁的受弯承载力均影响不大，可以按规范近似公式计算，也可以用截面设计软件计算，还可以用 PCNAD 计算。

保留近似钢筋混凝土梁的全过程结果（单位：N·mm）　　　　　表 4.7-1

控制状态	$\phi \times 10^{-6}$	$M \times 10^6$	σ_s	σ'_s	σ_c	$\varepsilon_c \times 10^{-6}$	x'
初始点（仅含预应力）	0.000	0	0	0	0.0	0	0
受拉边开裂点	0.082	1993	17	−9	2.1	54	222
受拉普通钢筋屈服点	1.521	10517	411	−80	13.6	549	122
受拉钢筋极限应变点	6.539	10874	411	−111	24.0	1195	68

注："x'"表示受压边缘至受压区压力合力点的距离，下同。

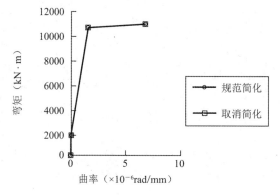

图 4.7-1　钢筋混凝土梁的弯矩-曲率关系对比

2）框架柱承载力计算

用顶截面说明计算框架柱正截面受弯承载力的方法。其余截面正截面及受剪承载力均满足要求，计算从略。

①按规范手算

由计算得 $M_1 = 6606$kN·m，查表 4.6-21 知 $M_2 = 10793$kN·m，依公式(4.1-8)有

$$C_m = 0.7 + 0.3\frac{M_1}{M_2} = 0.7 + 0.3 \times \frac{6606}{10793} = 0.884$$

$h/30 = 1350/30 = 45$mm，依据第 4.1 节第 5）条第（2）款，取附加偏心距 $e_a = 45$mm。

依据表 4.1-3，取 $l_c = l_0 = 1.0H = 1.0 \times (6010 + 1800) = 7810$mm。

依据第 2.8 节规定和公式(4.1-10)，计算得

$$\xi_c = \frac{0.5f_{cd}A}{N} = \frac{0.5 \times 1.5 \times 19.1 \times 2400 \times 1350}{6742 \times 10^3} = 6.9 > 1.0，取 \xi_c = 1.0$$

利用公式(4.1-9)计算得

$$\eta_{\mathrm{ns}} = 1 + \frac{1}{1300(M_2/N + e_{\mathrm{a}})/h_0}\left(\frac{l_{\mathrm{c}}}{h}\right)^2 \xi_{\mathrm{c}}$$

$$= 1 + \frac{1}{1300 \times (10793 \times 10^6/6742 \times 10^3 + 45)/(1350 - 64)} \times \left(\frac{7810}{1350}\right)^2 \times 1.0 = 1.000$$

$$C_{\mathrm{m}}\eta_{\mathrm{ns}} = 0.884 \times 1.000 = 0.884 < 1.0, \ \text{取} C_{\mathrm{m}}\eta_{\mathrm{ns}} = 1.0$$

利用公式(4.1-7)计算得

$$M = C_{\mathrm{m}}\eta_{\mathrm{ns}}M_2 = 1.0M_2 = 10793\mathrm{kN} \cdot \mathrm{m}$$

依据第 4.1 节第 8）条的相关规定，轴向压力对暗柱截面重心的偏心距

$$e_0 = \frac{M}{N} = \frac{10793 \times 10^6}{6742 \times 10^3} = 1601\mathrm{mm}$$

初始偏心距

$$e_i = e_0 + e_{\mathrm{a}} = 1601 + 45 = 1646\mathrm{mm}$$

由公式(4.1-15)，得到轴向压力作用点至纵向普通受拉钢筋和预应力受拉钢筋的合力点的距离

$$e = e_i + \frac{h}{2} - a = 1646 + \frac{1350}{2} - 64 = 2257\mathrm{mm}$$

由公式(2.4-20)求得纵向受拉普通钢筋在跨中截面的相对界限受压区高度

$$\xi_{\mathrm{b}} = \frac{\beta_1}{1 + \dfrac{f_{\mathrm{yd}}}{E_{\mathrm{s}}\varepsilon_{\mathrm{cu}}}} = \frac{0.8}{1 + \dfrac{1.35 \times 300}{2.0 \times 10^5 \times 0.0033}} = 0.494$$

取按控制裂缝的纵筋面积，$A'_{\mathrm{s}} = A_{\mathrm{s}} = 13548\mathrm{mm}^2$，取 σ_{s} 为 f_{yd}，由公式(4.1-23)及第 2.8 节的规定，得混凝土受压区高度

$$x = \frac{\gamma_0 N - A'_{\mathrm{s}}f'_{\mathrm{yd}} + f_{\mathrm{yd}}A_{\mathrm{s}} + (\sigma'_{\mathrm{p0}} - f'_{\mathrm{pyd}})A'_{\mathrm{p}} + f_{\mathrm{pyd}}A_{\mathrm{p}}}{\alpha_1 f_{\mathrm{cd}}b} = \frac{1.0 \times 6742 \times 10^3}{1.0 \times 1.5 \times 19.1 \times 2400} = 98\mathrm{mm}$$

$98\mathrm{mm} < \xi_{\mathrm{b}}h_0 = 0.347 \times (1350 - 64) = 446\mathrm{mm}$，此暗柱确实为大偏心受压构件，取 σ_{s} 为 f_{y} 是合适的。

$98\mathrm{mm} < 2a' = 2 \times 54 = 108\mathrm{mm}$，不满足公式(4.1-4)条件，其正截面受弯承载力可按公式(4.1-17)进行计算。

参照公式(2.8-1)，取 $\gamma_0 = 1.0$，考虑表 2.8-1 材料强度综合调整系数 γ_{d}，考虑轴心压力消耗的受弯承载力，得到正截面剩余受弯承载力

$$f_{\mathrm{pyd}}A_{\mathrm{p}}(h - a_{\mathrm{p}} - a'_{\mathrm{s}}) + f_{\mathrm{yd}}A_{\mathrm{s}}(h - a_{\mathrm{s}} - a'_{\mathrm{s}}) + (\sigma'_{\mathrm{p0}} - f'_{\mathrm{pyd}})A'_{\mathrm{p}}(a'_{\mathrm{p}} - a'_{\mathrm{s}}) + N_{\mathrm{ar}}(c_0 - c + \bar{x})$$
$$= 1.35 \times 300 \times 20937 \times (1350 - 64 - 54) + 6742 \times 10^3 \times (675 - 54)$$
$$= 14634\mathrm{kN} \cdot \mathrm{m}$$

实际上，本钢筋混凝土柱算例也是受拉钢筋首先达到极限应变而达到极限承载力，此时受压边缘混凝土压应变为 0.0017，还没达到 0.002，更不要说达到 0.0033，不满足公式(4.1-23)

和公式(4.1-24)受压边缘混凝土应变达到极限值的条件。

②用 PCNAD 机算

由 PCNAD 计算的结果见表 4.7-2 和图 4.7-2,按规范近似和取消近似的结果完全一致。由见表 4.7-2 和图 4.7-2 可知,对应$M_{\mathrm{u}} = 14659\mathrm{kN} \cdot \mathrm{m}$、$\sigma_{\mathrm{c}} = 22.1\mathrm{MPa} < f_{\mathrm{cd}} = 28.7\mathrm{MPa}$、$\varepsilon_{\mathrm{c}} = 0.0016 < \varepsilon_{\mathrm{cu}} = 0.0033$、$\sigma_{\mathrm{y}}' = 227\mathrm{MPa} < f_{\mathrm{yd}}' = 411\mathrm{MPa}$,对应受压边缘至受压区压力合力点的距离$x' = 63\mathrm{mm}$,混凝土等效矩形应力图的受压区高度$x = 179 \times 0.8 = 144\mathrm{mm}$,相对受压区高度为$\xi = \frac{144}{(1350-64)} = 0.11$。

$M_{\mathrm{u}} = 14659\mathrm{kN} \cdot \mathrm{m}$与$M = 10793\mathrm{kN} \cdot \mathrm{m}$之比约为 1.36,大于 1.0,符合公式(4.1-8)要求,正截面受弯承载力符合规范要求。

用受拉区纵向普通钢筋和预应力筋拉力对压力合力点取矩,得到正截面受弯承载力

$$f_{\mathrm{pyd}}A_{\mathrm{p}}(h - a_{\mathrm{p}} - \overline{x}) + f_{\mathrm{yd}}A_{\mathrm{s}}(h - a_{\mathrm{s}} - \overline{x}) + N_{\mathrm{ar}}(c_0 - \overline{x})$$
$$= 1.35 \times 300 \times 20937 \times (1350 - 64 - 63) + 6742 \times 10^3 \times (675 - 63)$$
$$= 14497\mathrm{kN} \cdot \mathrm{m}$$

PCNAD 计算结果 14497kN · m 与 14659kN · m 之比为 0.99,吻合度较好。两者与用公式(4.1-17)计算的结果之比分别为 0.99、1.00,三种方法的计算结果吻合程度均很好。

③小结

本算例为受拉普通钢筋首先达到极限应变而达到极限承载力,混凝土受压边缘还未达到非均匀受压极限压应变,甚至还没达到均匀受压极限压应变,不满足规范公式(4.1-23)和公式(4.1-24)的适用条件,所以不宜直接用上述公式计算正截面受弯承载力。但当$x < 2a'$时,采用近似公式(4.1-17)计算正截面受弯承载力的精度很好,可以用该公式计算,也可以用 PCNAD 计算正截面受弯承载力。此外,是否取消近似对本算例全过程分析结果影响很小。

联想一下,地震作用于钢筋混凝土框架柱时,如果受拉区普通钢筋先达到极限应变,表现为受拉普通钢筋先坏;如果受压普通钢筋中心位置先达到混凝土极限压应变,表现为受压区普通钢筋先坏;所以,地震作用下是普通钢筋先被拉坏,还是受压区普通钢筋先被压坏,不应一概而论,具体问题还得具体分析。

另外,是否取消近似,对本算例钢筋混凝土柱的全过程性能分析没有影响。

钢筋混凝土柱的全过程结果（单位：N·mm）　　　　　　　　表 4.7-2

控制状态	$\phi \times 10^{-6}$	$M \times 10^6$	σ_{s}	σ_{s}'	σ_{c}	$\varepsilon_{\mathrm{c}} \times 10^{-6}$	x'
初始	0.000	0	0	0	0.0	0	0
受拉边缘零应力	0.075	1633	−1	−19	4.0	101	450
受拉边缘开裂	0.203	2786	15	−35	7.3	187	450
受拉普通钢筋屈服	2.257	13777	411	−145	15.3	846	120
受拉钢筋极限应变	9.037	14659	411	−227	22.1	1621	63

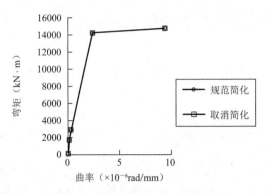

图 4.7-2　规范近似与取消近似钢筋混凝土柱弯矩-曲率关系对比

4.7.3　可靠指标和重要性系数

同样，对顶梁跨中受弯承载能力极限状态的可靠指标进行计算对比，对钢筋混凝土框架正截面受压承载能力极限状态的重要性系数进行计算对比。

1）可靠指标

（1）影响可靠度因素的变异性

因自重增大，等效永久荷载平均值由 216.4kN/m 变为 227.7kN/m。其余参数同预应力混凝土梁。

（2）可靠指标计算

①极限状态函数

同样，顶梁跨中的弯矩效应

$$S = \gamma_0(M_G + M_Q) = \gamma_0(\xi_{MG}q_G + \xi_{MQ}q_Q)l_0^2/8 = 1.0 \times (0.179q_G + 0.181q_Q) \times 15^2/8$$
$$= 5045504q_G + 5099832q_Q$$

将常量代入，人防荷载控制，且 $x < 2a_s'$ 的受弯承载能力

$$R = f_{pyd}A_p(h - a_p - a_s') + f_{yd}A_s(h - a_s - a_s') + (\sigma_{p0}' - f_{pyd}')A_p'(a_p' - a_s')$$
$$= f_{yd} \times 16085 \times (1800 - 98 - 88) = 25961116f_{yd}$$

由公式(2.2-3)得到极限状态（功能）函数

$$Z = R - S = 25961116f_{yd} - 5045504q_G - 5099832q_Q$$

②可靠指标计算

同样，采用第 2.2 节的 JC 法及计算步骤对可靠指标进行计算，顶梁跨中的计算程序清单如下：

```
clear;clc;

muX=[381;216.4;268.7];cvX=[0.0743;0.5;1.5];%fym Mgm Mqm

sigmaX=cvX.*muX;

aEv=sqrt(6)*sigmaX(3)/pi;uEv=-psi(1)*aEv-muX(3);

muX1=muX;sigmaX1=sigmaX;%X1:equivalent normalized variable
```

```
x=muX;x0=repmat(eps,length(muX),1);
whilenorm(x-x0)/norm(x0)>1e-6
x0=x;
g=25961116*x(1)-5045504*x(2)-5099832*x(3);
gX=[25961116;-5045504;-5099832];
cdfX=[1-evcdf(-x(3),uEv,aEv)];
pdfX=[evpdf(-x(3),uEv,aEv)];
nc=norminv(cdfX);sigmaX1(3:0:3)=normpdf(nc)./pdfX;
muX1(3:0:3)=x(3:0:3)-nc.*sigmaX1(3:0:3);
gs=gX.*sigmaX;alphaX=-gs/norm(gs);
bbeta=(g+gX.'*(muX1-x))/norm(gs)
x=muX1+bbeta*sigmaX1.*alphaX;
end
pF=normcdf(-bbeta)
```

程序运行结果为：顶梁跨中受弯的可靠指标 $\beta = 3.3016$，失效概率 $p_f = 4.8073 \times 10^{-4}$。可靠指标大于表 2.2-1 规定的 3.2，满足公式(2.2-38)结构重要性系数 $\gamma_0 = 1.0$ 的相应要求。

2）重要性系数

钢筋混凝土构件的结构重要性系数见其承载能力极限状态的相应部分。

4.7.4　延性比及构造

1）延性比

（1）顶梁跨中

同样，接第 4.7.2 节 1）的计算结果，由公式(4.5-14)得到顶梁跨中延性比

$$\beta = \frac{0.5}{146/(1800-88)} = 5.863 \geqslant [\beta] = 3.0，满足要求。$$

采用与手算同样的方法，由 PCNAD 计算得到延性比 $\beta = 5.855$，与手算结果比值为 1.00，基本一致。如果采用极限曲率和屈服曲率之比表示延性比，由 PCNAD 计算得到 $\beta = 4.299$，与手算结果比值为 0.73，结果偏小一些。此外，由 PCNAD 计算得到总抗弯能为 $10.8 \times 10^7 J$。

用公式(4.5-14)计算，本算例比预应力混凝土梁算例的延性比大，两者比值 $\alpha_\beta = 5.855/4.711 = 1.243$，预应力混凝土梁算例截面体积配箍率

$$\rho_{sv} = \frac{(1800-102) \times 4 + (500-68) \times 9}{(1800-102) \times (500-68) \times 200} \times 113.1 = 0.823\%$$

参照公式(2.8-4)，如果要求与钢筋混凝土算例的延性比相等，则预应力混凝土梁算例

的体积配箍率需增加

$$\Delta\rho_{sv} = \frac{0.004(\alpha_\beta - 1)f'_{cc}}{1.4f_{kh}\varepsilon_{su}^R} = \frac{0.004 \times (1.243 - 1) \times 1.25 \times 1.5 \times 26.8}{1.4 \times 1.35 \times 300 \times 0.09} = 0.096\%$$

$\Delta\rho_{sv}/\rho_{sv} = 0.096\%/0.823\% = 12\%$，就是说只需将预应力混凝土梁算例的体积配箍筋增加 12%，就能达到钢筋混凝土梁算例同样的延性比。

（2）框架柱

接第 4.6.8 节 2）计算结果，由公式(4.5-14)得到框架柱顶延性比

$$\beta = \frac{0.5}{144/(1350 - 64)} = 4.465 \geqslant [\beta] = 3.0，满足要求。$$

采用与手算同样的方法，由 PCNAD 计算得到延性比 $\beta = 4.479$，与手算结果比值为 1.00，基本一致。如果采用极限曲率和屈服曲率之比表示延性比，由 PCNAD 计算得到 $\beta = 4.004$，与手算结果比值为 0.90，结果偏小一些，但吻合程度尚可。此外，由 PCNAD 计算得到总抗弯能为 14.9×10^7J。

文献[46]指出，《建筑抗震鉴定标准》GB 50023—2009 标准引入了"综合抗震能力指数"，就是结构总体抗震能力的一种综合分析判断方法。它不仅要从抗震构造和抗震承载力两个侧面进行综合分析，还要区分结构构件失效后的影响是整体性或是局部性的。所谓综合分析，指结构现有的承载力较高时，除了保证结构整体性的构造外，其他延性方面的构造要求可稍低；承载力较低时，可用较高的延性构造要求来补充。这就是说，与钢筋混凝土相比，预应力混凝土同类构件的承载能力较大，对延性的要求可稍低。直观来看，总抗弯能较大，对延性的要求也可稍低。

（3）小结

①当受拉区纵向普通钢筋首先达到极限应变，而不是混凝土首先达到极限压应变时，不宜用公式(4.1-2)、公式(4.1-23)计算延性比中的受压区高度，应用全过程分析求得受压区高度，再用公式(4.5-14)计算延性比。PCNAD 和手算延性比结果吻合程度很好，且均满足规范要求。

②如果用极限曲率和屈服曲率之比表示延性比，可用 PCNAD 全过程分析计算，与手算结果相比，钢筋混凝土梁和柱算例的结果均偏小一些，但总体来说较为吻合。

③与同样高度的钢筋混凝土构件相比，预应力混凝土构件的延性比会略低一些，不过也能满足规范要求，但承载能力或总抗弯能要大一些，按理说对延性的要求可稍低一些。如果有需求，可通过增加配箍率使两者的延性比相同。

2）构造

本算例满足第 4.5 节要求的构造措施，过程从略。

📝 **随想：**

（1）一般来说，延性比 β 系指结构构件出现的最大变位与弹性极限变位的比值，是指钢筋开始屈服时的变位与最大变位的比值，而不用构件开始出现裂缝时的变位与最大变位的比值。构件受拉边缘开裂前可称为受拉边缘开裂前弹性，受拉边缘开裂后到钢筋屈服称为受拉边缘开裂后弹性，钢筋屈服时才称为构件的弹性极限。理论上，当纵向受拉钢筋屈服与混凝土压应变极限同时发生时，截面延性比为零。

（2）与用公式(4.5-14)计算相比，用极限曲率和屈服曲率之比计算得到的延性比有叫偏小一些，有时又偏大一些，但总体吻合程度较好，关键是能克服其固有的限制和不足。鉴于已经有了全过程分析软件，建议用定义来计算延性比，概念会更清楚一些，适用范围更广一些，结果应该更精准一些。

4.8　钢筋混凝土和预应力混凝土框架结构性能对比

1）主材造价和碳排放

对第 4.6 节和第 4.7 节单榀框架算例的纵向钢筋、预应力筋、箍筋及混凝土等主材用量进行统计，对造价和碳排放进行对比，详见预应力混凝土和钢筋混凝土结构主材造价和碳排放对比表 4.8-1。从表 4.8-1 可知，预应力混凝土结构的造价和碳排放均比钢筋混凝土的低，主要原因是钢筋混凝土结构的钢筋用量偏大。经市场调研，取混凝土单价为 624 元/m^3，钢筋单价为 6.5 元/kg，预应力筋单价为 14.6 元/kg，均包含所有直接费和间接费。依据《建筑碳排放计算标准》GB/T 51366—2019 附录 D 之规定，混凝土的碳排放量取 340kg/m^3，钢筋的碳排放量取 2340kg/t；参照钢筋的碳排放，对预应力筋的碳排放量增大 20%，取 2808kg/t。

单榀框架结构主材造价和碳排放对比　　　　表 4.8-1

结构方案		①预应力混凝土	②钢筋混凝土	②/①
工程量	钢筋（kg/榀）	8396	15162	1.81
	预应力筋（kg/榀）	450	0	0.00
	混凝土（m³/榀）	92	99	1.07
造价（元/榀）	钢筋	54572	98556	1.81
	预应力筋	6572	0	0.00
	混凝土	57451	61663	1.07
	小计	118595	160219	1.35

结构方案		①预应力混凝土	②钢筋混凝土	②/①
碳排放（kg/榀）	钢筋	19646	35480	1.81
	预应力筋	1264	0	0.00
	混凝土	31303	33598	1.07
	小计	52213	69078	1.32

2）性能对比

在本书背景下，分析前述和表 4.8-1 结果，对预应力混凝土和钢筋混凝土框架结构综合性能进行对比，见表 4.8-2。可知：

（1）预应力混凝土和钢筋混凝土结构均能实现无柱大跨空间建筑，但预应力混凝土结构综合性能相对较好，正常使用性能相对较好，承载力相对较高，综合抗灾和抗连续倒塌能力较大，造价相对较低，碳排放相对较少，延性相对稍小，但也能满足要求，如有更高要求，可采用增配箍筋的方法解决。综合来看属于绿色低碳高质量混凝土结构，应该优先使用。

（2）对比本算例跨度小得多的结构，如小于 7m 的梁，应该优先使用钢筋混凝土结构；对比本算例跨度再大的结构，用钢筋混凝土结构很难满足要求，不得不使用预应力混凝土结构，如桥梁结构。

预应力混凝土和钢筋混凝土框架结构综合性能对比 表 4.8-2

结构方案		①预应力混凝土		②钢筋混凝土	
截面参数（mm）	结构净高	6010			
	净跨	15000			
	框架柱高度	1350			
	板厚	400/400			
	顶梁/底梁高	1800/2000			
	梁宽	500		650	
应力和裂缝	控制截面	框架柱上端（G）	顶梁跨中（A）	框架柱上端（G）	顶梁跨中（A）
	标准组合（N/mm^2）	0.80	−0.54		
	裂缝宽度（mm）			0.169	0.203
挠度	相对值	无下挠		有下挠	
人防	延性比	3.197	4.711	4.266	5.855
	总抗弯能（J）	14.9×10^7	12.4×10^7	14.9×10^7	10.8×10^7

续表

受弯承载能力	弯矩（kN·m）	15216	13012	14659	10874
	可靠指标		5.4140		3.3016
	重要性系数	1.41	1.31	1.36	1.06
	受剪	同样配置时抗剪能力较强		同样配置时抗剪能力相对较弱	
主材造价	绝对值（元/榀）	118595		160219	
	相对值	1.00		1.35	
主材碳排放	绝对值（kg/榀）	52213		69078	
	相对值	1.00		1.32	
施工	难度	施工难度一般，属于成熟技术		施工难度不大，属于常规技术	
	工期	同一般的密肋梁。如与其他工种穿插进行，可不占用总工期		同一般的密肋梁	
特色		实现了大跨无柱空间，结构正常使用性能、承载能力、耐久性、和抗连续倒塌能力相对较好，造价相对较低，碳排放相对较少，延性相对更好，属于绿色低碳高质量混凝土结构		实现了大跨无柱空间，结构正常使用性能、承载能力、耐久性、和抗连续倒塌能力相对一般，延性好造价相对较高，碳排放相对较多，属于一般混凝土结构	

注：表中受弯承载能力、用公式(4.5-14)计算的延性比和总抗弯能均采用 PCNAD 的计算结果。

第 5 章

基础梁试验

5.1　前言

《基础规范》第 8.3.2 条规定：在比较均匀的地基上，上部结构刚度较好，荷载分布较均匀，且条形基础梁的高度不小于 1/6 柱距时，地基反力可按直线分布，条形基础梁的内力可按连续梁计算，此时边跨跨中弯矩及第一内支座的弯矩值宜乘以 1.2 的系数。当不满足该要求时，宜按弹性地基梁计算。第 8.4.14 条规定：当地基土比较均匀、地基压缩层范围内无软弱土层或可液化土层、上部结构刚度较好，柱网和荷载较均匀、相邻柱荷载及柱间距的变化不超过 20%，且梁板式基础梁的高跨比或平板式筏基板的厚跨比不小于 1/6 时，筏形基础可仅考虑局部弯曲作用。筏形基础的内力，可按基底反力直线分布进行计算，计算时基底反力应扣除底板自重及其上填土的自重。当不满足上述要求时，筏形基础内力可按弹性地基梁板方法进行分析计算。

上述《基础规范》规定主要针对钢筋混凝土基础梁出现裂缝之前提出的，为得到预应力混凝土基础梁地基反力，可按直线分布的条件，对钢筋混凝土和预应力混凝土密排框架基础梁开裂前刚度进行对比。此外，通过试验根据规范相关规定，对基础梁的裂缝及挠度关系进行验证，环境类别取表 2.6-1 中的二 a 类。

5.2　基础梁试验

5.2.1　试验场地、设备与仪器

（1）试验场地及加载系统

在"建筑安全与环境国家重点实验室"的"地基基础实验室"进行试验。该实验室拥有目前国内规模最大的试验槽，整体设备处于国内领先水平，可进行箱筏基础、复合地基、桩基的地基反力与变形的试验研究，可进行上部结构-基础-地基共同作用的试验研究以及深基坑支护试验研究等。该模型试验系统的主要技术指标：试验槽尺寸为 13m（长）× 6m（宽），加载系统有四套共 8000kN 的移动反力装置，吊车起吊额定荷载是 50kN，液压式压力试验机最大试验力等于 5000kN。

本次试验使用 3 组油泵各带动 2 个 2000kN 千斤顶进行加载，与千斤顶配套标定，绘制标定的油压表读值-荷载曲线，曲线的重复性允许误差为 ±5.0%。单个油泵加载装置示意如图 5.2-1 所示，由电泵、压力表以及千斤顶构成，加载到压力、位移稳定时读数。

（2）预应力

采用负荷传感器对张拉端、固定端有效预应力进行量测，传感器规格为 BHR-4b35t，中间孔直径$\phi = 18.6$mm。

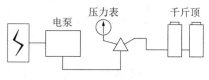

图 5.2-1　加载系统示意

（3）挠度和沉降

采用电子位移计测试位移。远离强磁场，防止影响电子器件，加载前记录初始值，保证每个位移计读数准确。位移计的垂直度要满足要求，避免操作不当引起误差。

（4）基底反力

采用钢弦式压力盒测试基底反力。压力盒的最大量程为 0.5N/mm²，埋设之前对压力盒进行标定。埋设过程中尽量保证压力盒边界条件和标定时的边界条件相近，试验加载时可以进行预加载，以消除压力盒不够紧贴梁底造成的初始值误差。埋设压力盒过程中，要保证基础底面水平。为保证边界条件的相似性，用厚胶带对压力盒周边进行缠绕，并在盒底铺 3mm 左右薄细砂垫层，压实之后仔细放入压力盒。在压力盒上再用一层低强度等级砂浆找平保护。

（5）裂缝

采用裂缝宽度监测仪检查裂缝宽度，主要用图像的形式进行记录。

5.2.2　模型设计

受试验槽能力限值，取模型平面尺寸与原型结构的比例为 1∶5，即取几何相似常数为 1/5。模型材料与原型基本相同，但混凝土强度等级由 C50 降低至 C30，设计混凝土弹性模量相似常数取 0.87，由几何和弹性模量相似常数可推出其他相似常数，见表 5.2-1。

📝 随想：

①在振动台试验中，可以根据荷载相似用预应力筋的等效荷载，在保证应力相似的前提下，不用额外配重就能实现质量也相似。这种通过布置荷载相似用预应力筋的方法，可以解决长期以来质量和荷载不能同时相似而导致振动台试验结果失真的问题。

②为保持内容完整性，书中给出模型基本相似常数，其实本试验与其相关性不大，主要内容在于钢筋混凝土和预应力混凝土基础梁的性能对比。

模型基本相似常数　　　　　　　　　　　　　　　　　　表 5.2-1

物理性能	物理参数	相似常数符号	关系式	设计相似常数	试验相似常数
几何特性	长度	S_L	S_L	1/5	1/5
材料特性	应变	S_ε	S_σ/S_E	1.00	1.00

物理性能	物理参数	相似常数符号	关系式	设计相似常数	试验相似常数
材料特性	应力	S_σ	S_σ	0.87	0.90
	弹性模量	S_E	$S_E = S_\sigma$	0.87	0.90
荷载性能	集中力	S_F	$S_\sigma \cdot S_L^2$	3.48×10^{-2}	3.59×10^{-2}
	线荷载	S_q	$S_\sigma \cdot S_L$	1.74×10^{-1}	1.78×10^{-1}
	面荷载	S_p	S_σ	0.87	0.90
	力矩	S_M	$S_\sigma \cdot S_L^3$	6.96×10^{-3}	7.19×10^{-3}

1）几何信息

将文献[29]～[34]中的预应力密排框架箱型结构设计方案作为原型,其框架间距、净跨、基础梁宽度和高度、筏板厚度分别取3030mm、20.2m、800mm、1800mm和400mm。以任一榀框架的基础顶面以下部分为研究对象,并称其为预应力混凝土模型1。预应力混凝土模型1的梁高、梁宽、侧墙厚、筏板厚和筏板宽分别取350mm、160mm、260mm、80mm和610mm,对几何参数进行了向上取整处理。

在预应力混凝土模型1基础上,按预应力混凝土和钢筋混凝土类别、梁高与跨度之比（1/6、1/8、1/10、1/12）拓展出另外模型,各模型尺寸见表5.2-2。其中,钢筋混凝土模型1与预应力混凝土模型1的截面尺寸完全相同,区别在于预应力筋和普通纵向钢筋的配置。当梁高与跨度之比为1/6时（混凝土模型4）,仅进行了钢筋混凝土基础梁试验。各模型的平面布置见图5.2-2。

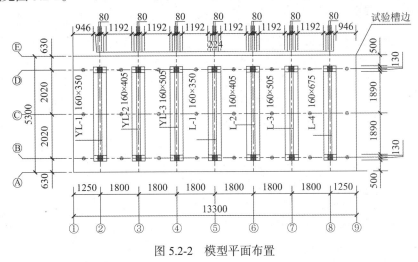

图5.2-2　模型平面布置

模型制作后,按照《混凝土结构工程施工质量验收规范》GB 50204—2015的有关规定,采用钢卷尺对试验梁的截面尺寸进行了检测,所检构件截面尺寸试验结果满足设计要求,按设计值进行计算。

模型及尺寸（mm） 表 5.2-2

编号	混凝土模型 1		混凝土模型 2		混凝土模型 3		混凝土模型 4
类别	预应力	钢筋	预应力	钢筋	预应力	钢筋	钢筋
梁号	YL1	L1	YL2	L2	YL3	L3	L4
梁高	350		405		505		675
梁宽	160						
板宽	610						
板厚	80						

2）材料信息

（1）混凝土

采用 C30 混凝土，配合比见表 5.2-3。浇筑试件时，制作了 150mm × 150mm × 150mm 的立方体试块，抗压强度试验结果见表 5.2-4。参照《混凝土结构试验方法标准》GB/T 50152—2012 第 4.0.2 条规定，由表 5.2-4 可知，去掉最大值和最小值，混凝土立方体抗压强度试验值取其余试块抗压强度试验值的平均值 34N/mm²。根据抗压强度试验值，计算得到混凝土弹性模量试验值为 30992N/mm²，弹性模量的试验相似常数为 0.90（见表 5.2-1）。

混凝土配合比 表 5.2-3

强度等级	胶凝材料总量（kg）	磷渣粉取代率	水泥（kg）	粉煤灰（kg）	砂（kg）	石子（kg）	水（kg）	水胶比	砂率	减水剂（kg）
C30	360	25%	270	90	861	990	178.2	0.5	47%	2.2

注：胶凝材料指粉煤灰和水泥。

混凝土试块抗压强度试验结果 表 5.2-4

块号	工程部位	制作日期	试验日期	抗压强度（N/mm²）
1	L2、L3	2017 年 7 月 2 日		29.3
2	L2、L3	2017 年 7 月 2 日		31.0
3	L4	2017 年 7 月 3 日		33.6
4	L4	2017 年 7 月 3 日		33.2
5	L1	2017 年 6 月 30 日	2017 年 8 月 7 日	35.4
6	L1	2017 年 6 月 30 日		35.1
7	L1	2017 年 6 月 30 日		33.7
8	YL2	2017 年 7 月 5 日		32.7
9	YL2	2017 年 7 月 5 日		35.4
10	YL2	2017 年 7 月 5 日		35.6
平均值	参照《混凝土结构试验方法标准》GB/T 50152—2012 第 4.0.2 条的规定，去掉最大值和最小值，取其余试块抗压强度试验值的平均值			34

（2）钢筋

预应力筋：1 × 7 标准型钢绞线，公称直径 $\phi = 15.2$mm，极限强度标准值 $f_{ptk} = $

1860N/mm²，抗拉强度设计值 $f_{py} = 1320$N/mm²，张拉控制应力为 $0.75f_{ptk}$，预应力筋上、下净保护层均为 50mm。

普通钢筋：纵向钢筋牌号为 HRB400，强度设计值 $f_y = 360$N/mm²，梁保护层厚度为 25mm，板普通纵向钢筋保护层厚度为 10mm。箍筋牌号为 HPB300，强度设计值 $f_y = 270$N/mm²。

在制作试件的同批钢筋中抽取钢筋试样，每种规格的钢筋抽取 2 个试样，在国检建筑工程质量监督检验中心试验，结果见表 5.2-5。依据《混凝土结构试验方法标准》GB/T 50152—2012 第 4.0.3 条的规定，钢筋的材料试验值取钢筋材性试样测试结果的平均值，屈服强度取 $f_{yk} = 425$N/mm²。

普通钢筋的试验结果   表 5.2-5

钢筋牌号直径	组号	弹性模量（N/mm²）	屈服强度（N/mm²）	抗拉强度（N/mm²）	最大力的总伸长率/断后伸长率（%）
HRB400 $\phi22$	第 1 组	188702	426	593	14.5
	第 2 组	186015	425	591	15.5
	平均值	187359	426	592	15.0
HPB300 $\phi10$	第 1 组		343	520	34.5
	第 2 组		340	520	34.0
	平均值		342	520	34.3

（3）模型结构图

弯矩相似常数

$$S_M = M^m/M^p = f_y^m A_s^m h_0^m/(f_y^p A_s^p h_0^p) = (A_s^m/A_s^p)S_L S_{f_y}$$

将表 5.2-1 中的相关相似常数代入上式，模型受拉区纵向普通钢筋面积

$$A_s^m = A_s^p S_M/(S_L S_{f_y}) = A_s^p S_\sigma S_L^2/S_{f_y} = (S_\sigma/S_{f_y})A_s^p S_L^2 = (0.9/1.07) \times (1/5)^2 \times 6434$$
$$= 216\text{mm}^2$$

模型受拉区预应力筋面积

$$A_{ps}^m = S_\sigma/S_{f_{py}} \cdot S_L^2 \cdot A_{ps}^p = 0.9/(1320/1320) \times (1/5)^2 \times 4480 = 161\text{mm}^2$$

本次试验旨在对钢筋混凝土和预应力混凝土密排框架基础梁开裂前刚度进行对比，对基础梁的裂缝及挠度关系进行验证，对模型钢筋配置相似性要求不大，为尽可能得到较多试验结果，对计算配筋进行了适当增大调整。

由原型计算结果知，原型上部结构传至基底的平均反力为 165kN/m²，应力相似常数为 0.9，故模型基底平均反力为 $165 \times 0.90 = 148$kN/m²，平均分布力为 $148 \times 0.61 = 90$kN/m，用倒楼盖法求出基础梁跨中弯矩 $M = 184$kN·m，作为增大配筋的设计依据。

对试验梁的预应力筋进行了合并，统一配置为 $2\phi^s15.2$，面积为 280mm²，不小于相似常数计算结果 204mm²。取普通纵向受拉钢筋面积 $A_s \geq 1.2A_p = 336$mm²，不小于相似常数计算结果 289mm²。当预应力混凝土梁高较小时，为保证具有一定的承载能力，适当增配了普通纵向钢筋。对钢筋混凝土梁，为保证与相同梁高的预应力混凝土梁的承载能力相当，

将普通纵向钢筋也进行了增配。用 PKPM 中 GJ 模块对钢筋混凝土梁进行复核，用 PREC 模块对预应力混凝土梁进行复核。实测模型尺寸设计及普通钢筋配置见表 5.2-6，预应力束形为开口向下的抛物线，实测预应力束形布置见表 5.2-7。

模型制作后，采用钢卷尺对试验梁的钢筋配置进行了抽检，操作方法按照《混凝土结构工程施工质量验收规范》GB 50204—2015 的有关规定进行，实测结果见表 5.2-6、表 5.2-8。设计保护层厚度为 25mm，纵向受力钢筋保护层厚度允许偏差为±5mm。由表 5.2-6、表 5.2-8 可知，所检纵向受力钢筋保护层厚度均大于 25mm，不满足要求，按实测纵向普通钢筋配置进行性能复核。

📝 **随想：**

从本书设计算例和试验梁设计不难发现，构件设计特别是预应力混凝土构件设计是一件很麻烦的事情。目前，PREC 和 YJK 可以进行预应力混凝土梁设计，但未发现可以进行预应力混凝土柱设计，只能手算，此时通常用毛截面代替有效截面和净截面。就本书第 4.6.7 节的挠度验算算例来说，用毛截面代替有效截面后，比规范要求的裂缝宽度验算值降低约 10%，比规范要求的挠度验算值增大约 10%，结构鉴定时对生产方不利较多，试验研究时与实际情况有一定的差距，失真较大。PCNAD 独立或接力包括上述软件在内整体分析软件，迅速完成这些构件截面的全过程分析与设计，计算结果可以完全符合规范要求，也可以根据试验需求进行较为精确的分析，能够很好地指导试验研究，详见第 5.4 节相关内容。

实测模型尺寸及普通钢筋配置 表 5.2-6

模型	类别	梁号	跨中断面的钢筋配置
混凝土模型 1	预应力	YL1	
	钢筋	L1	

续表

模型	类别	梁号	跨中断面的钢筋配置
混凝土模型 2	预应力	YL2	
	钢筋	L2	
混凝土模型 3	预应力	YL3	
	钢筋	L3	
混凝土模型 4	钢筋	L4	

实测预应力束形布置
表 5.2-7

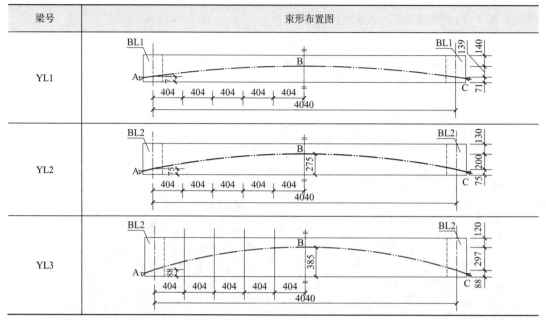

梁号	束形布置图
YL1	
YL2	
YL3	

实测纵向普通钢筋配置（mm）
表 5.2-8

编号	混凝土模型 1		混凝土模型 2		混凝土模型 3		混凝土模型 4
类别	预应力	钢筋	预应力	钢筋	预应力	钢筋	钢筋
梁号	YL1	L1	YL2	L2	YL3	L3	L4
h	350	350	405	405	505	505	675
a_s	75	80	66	75	71	75	65
c	55	50	55	45	60	55	45

（4）模型地基土

模型地基土上部 3m 采用黏质粉土，分层夯实回填，3m 以下为北京地区中等压缩性的原状粉质黏土。

将配置并过滤好的土转运至试验箱内并均匀摊开，填土至 15cm 时，用试验专用的夯土器均匀压密，分次压密填土至 10cm 后，用铁刷将压密的土层表面打毛，然后继续重复上述模型土的搅拌、填土、压密和打毛，直至将土填至厚度达到地面（±0.000）。

为避免压力盒对土性质的影响，使土性质更加贴近实际工程，埋设压力盒前需要挖掉一层土并找平，放入压力盒后在其上制作一薄垫层。装槽时严格控制加土量和填装时间，压密时缓慢放下夯土器。任何时候均应注意成品传感器的保护。

试验前按照《基础规范》附录 C 规定，进行了浅层平板载荷试验，以确定地基土的承载力特征值。所用承压板面积为 0.5m²，取 30kPa 为单级加载量。每级加载后，按间隔 10min、10min、10min、15min、15min，以后为每隔半小时测一次沉降量，当在连续 2h 内，每小时的沉降量小于 0.1mm 时，则认为已趋稳定，可加下一级荷载。

浅层平板载荷试验的 p-s 曲线没有明显的比例界限点，按照《基础规范》第 C.0.7 条的规定，可取 $s = (0.01 \sim 0.015)b$ 所对应的荷载，但其值不应大于最大加载量的一半。本次试验载荷平板边长 b 为 0.707m，$s = (0.01 \sim 0.015)b = 7.1 \sim 10.6$mm，对应 p-s 曲线的加载量可取 210kPa，故取地基土承载力特征值 210kPa。

在试验快结束时，为进一步综合评价地基承载力，在试验梁之间进行了浅层平板载荷试验，得到地基土承载力特征值为 325kPa，远远大于 210kPa。说明加载后地基土的承载力特征值提高较为明显，符合建筑物再加载后地基承载力特征值增大的基本概念。

📝 随想：

一般试验梁的 p-s 曲线通常不能代替浅层平板载荷试验。因为试验梁一般不能满足承压板的刚度要求，但其平面尺寸往往比浅层平板的大。如用一般试验梁的 p-s 曲线代替浅层平板载荷试验，需要注意刚度的不足会导致试验结果偏小，较大的平面尺寸影响深度也大，当浅层平板设计高程处正好遇上相对硬土层，可以避免承载力检测结果偏高的不利影响。

5.2.3　传感器布置方案

于各试验梁轴线和距西翼缘边 100mm 处，土压力传感器和电子位移计各布置 70 个，如图 5.2-3 所示。因加载用千斤顶的影响，实际上轴线两端位移传感器向跨中平移了一定距离，平移值见表 5.2-9。预应力传感器布置在预应力筋的张拉端和固定端处，共计 11 个，YL3 有一处张拉端没有布置预应力传感器。

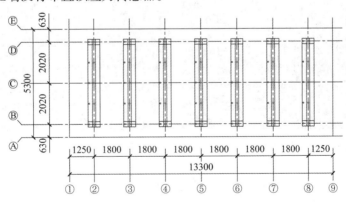

图 5.2-3　压力传感器、位移计布置图

轴线两端位移传感器向跨中平移的实测距离（mm）　　　表 5.2-9

编号	混凝土模型 1		混凝土模型 2		混凝土模型 3		混凝土模型 4
类别	预应力	钢筋	预应力	钢筋	预应力	钢筋	钢筋
梁号	YL1	L1	YL2	L2	YL3	L3	L4
北端	190	230	210	200	220	230	240
南端	220	223	195	200	320	220	237

5.2.4 模型的制作和养护

模型制作包括支模、绑扎钢筋、埋设预应力筋及波纹管和浇筑混凝土等。采用在土工布上覆盖湿土的养护方案，连续养护不小于 14d。当混凝土达到设计强度等级 C30 时，拆除模板并开始张拉预应力筋。模型的制作见图 5.2-4。

<table>
<tr><td>(a) 压力盒的埋设</td><td>(b) 普通钢筋的安装</td></tr>
<tr><td>(c) 预应力筋及孔道的安装</td><td>(d) 混凝土的养护</td></tr>
<tr><td>(e) 传感器的安装</td><td>(f) 孔道的灌浆</td></tr>
</table>

图 5.2-4   模型的制作

5.2.5 加载方案

当混凝土强度达到设计要求后，进行同条件混凝土试块和钢筋力学性能试验，并根据实际情况调整相似常数，预估试验用的开裂荷载和承载能力极限荷载。预应力筋统一从北端张拉，首次拉到张拉控制应力设计值的 50%，第二次拉至设计值的 100%，持荷达到 5min 后进行锚固，记录各传感器数值。张拉前和张拉后均进行裂缝等外观质量检测。结构试验开始前进行预加载，检验支承部位是否平稳、仪器及加载设备是否正常，并对仪表设备进行调零。上述工作准备完毕后，开始加载，加载方案如下。

在试验梁两端利用千斤顶同步施加荷载。模型 YL1、L1、YL2、L2、YL3、L3、L4 分别按 10 级、15 级、10 级、21 级、14 级、17 级、12 级进行加载，详见表 5.2-10～表 5.2-16。表 5.2-10～表 5.2-16 中，不含试验梁和加载设备自重，这些自重占使用状态试验荷载的 2.5%～4.0%。

按照《基础规范》附录 C 浅层平板载荷试验要点的规定，每级加载后，按间隔 10min、10min、10min、15min、15min，以后为每隔半小时测读一次沉降量，当在连续 2h 内，每小时的沉降量小于 0.1mm 时，则认为已趋稳定，可加下一级荷载。各级加载前、加载 15min 及两者之间分别进行裂缝等外观质量的检测。

YL1 加载分级　　　　　　　　　　表 5.2-10

荷载等级	S1	S2	S3	S4	S5	S6	S7	S8	S9	S10
均布荷载（kN/m²）	34	69	103	137	172	206	240	274	309	343
千斤顶总荷载（kN）	90	180	270	360	450	540	630	720	810	900
单个千斤顶荷载（kN）	45	90	135	180	225	270	315	360	405	450

L1 加载分级　　　　　　　　　　表 5.2-11

荷载等级	S01	S1	S2	S3	S4	S5	S6	S7
均布荷载（kN/m²）	4	11	23	46	69	91	114	137
千斤顶总荷载（kN）	10	30	60	120	180	240	300	360
单个千斤顶荷载（kN）	5	15	30	60	90	120	150	180

荷载等级	S8	S9	S10	S11	S12	S13	S14	S15
均布荷载（kN/m²）	160	183	217	252	274	297	339	362
千斤顶总荷载（kN）	420	480	570	660	720	780	890	950
单个千斤顶荷载（kN）	210	240	285	330	360	390	445	475

YL2 加载分级　　　　　　　　　　表 5.2-12

荷载等级	S1	S2	S3	S4	S5	S6	S7	S8	S9	S10
均布荷载（kN/m²）	34	57	80	114	149	183	217	252	286	320
千斤顶总荷载（kN）	90	150	210	300	390	480	570	660	750	840
单个千斤顶荷载（kN）	45	75	105	150	195	240	285	330	375	420

L2 加载分级　　　　　　　　　　表 5.2-13

荷载等级	S01	S1	S2	S3	S4	S5	S6	S7	S8	S9	S10
均布荷载（kN/m²）	11	23	46	69	91	114	137	160	183	206	229
千斤顶总荷载（kN）	20	60	120	180	240	300	360	420	480	540	600
单个千斤顶荷载（kN）	10	30	60	90	120	150	180	210	240	270	300

荷载等级	S11	S12	S13	S14	S15	S16	S17	S18	S19	S20	S21
均布荷载（kN/m²）	252	274	297	320	343	366	389	412	446	480	515
千斤顶总荷载（kN）	660	720	780	840	900	960	1020	1080	1170	1260	1350
单个千斤顶荷载（kN）	330	360	390	420	450	480	510	540	585	630	675

YL3 加载分级 表 5.2-14

荷载等级	S1	S2	S3	S4	S5	S6	S7
均布荷载（kN/m²）	23	46	69	91	114	137	172
千斤顶总荷载（kN）	60	120	180	240	300	360	450
单个千斤顶荷载（kN）	30	60	90	120	150	180	225
荷载等级	S8	S9	S10	S11	S12	S13	S14
均布荷载（kN/m²）	194	229	263	297	332	366	400
千斤顶总荷载（kN）	510	600	690	780	870	960	1050
单个千斤顶荷载（kN）	255	300	345	390	435	480	525

L3 加载分级 表 5.2-15

荷载等级	S1	S2	S3	S4	S5	S6	S7	S8	S9
均布荷载（kN/m²）	11	23	34	46	69	91	114	137	160
千斤顶总荷载（kN）	30	60	90	120	180	240	300	360	420
单个千斤顶荷载（kN）	15	30	45	60	90	120	150	180	210
荷载等级	S10	S11	S12	S13	S14	S15	S16	S17	
均布荷载（kN/m²）	183	206	229	252	274	316	351	385	
千斤顶总荷载（kN）	480	540	600	660	720	830	920	1010	
单个千斤顶荷载（kN）	240	270	300	330	360	415	460	505	

L4 加载分级 表 5.2-16

荷载等级	S1	S2	S3	S4	S5	S6	S7	S8	S9	S10	S11	S12
均布荷载（kN/m²）	34	69	103	137	172	206	240	274	309	343	377	412
千斤顶总荷载（kN）	90	180	270	360	450	540	630	720	810	900	990	1080
单个千斤顶荷载（kN）	45	90	135	180	225	270	315	360	405	450	495	540

5.2.6 加载、卸载与测试

典型加载、卸载与测试见图 5.2-5，各梁的加载和卸载时间见表 5.2-17。开裂荷载由现场试验结果、预应力力值随荷载的变化曲线及位移随荷载的变化曲线，依据《混凝土结构试验方法标准》GB/T 50152—2012 综合确定。加载前，YL1 预应力单独作用的位移记录至 2017 年 8 月 15 日 8:58:00，放置千斤顶后于 2017 年 8 月 17 日开始加载；YL2 预应力单独作用的位移曲线记录至 2017 年 8 月 8 日 17:58:00，此后因灌浆时碰了位移计而无法采用，于 2017 年 8 月 17 日开始加载；YL3 预应力单独作用的位移曲线记录至 2017 年 8 月 8 日 19:39:00，此后也因灌浆时碰了位移计而无法采用，于 2017 年 8 月 17 日开始加载。各试验梁的加卸载时间见表 5.2-17。

各梁的加载和卸载时间　　　　　　　　　　　　　　表 5.2-17

梁号	开始加载时间	卸载结束时间	备注
YL1	2017 年 8 月 17 日 14:19	2017 年 8 月 22 日 15:38	2017 年 8 月 24 日 11:01 至 2017 年 8 月 29 日 11:02 在 YL1 与试验槽之间进行了载荷板试验，2017 年 8 月 29 日 14:56 至 2017 年 9 月 04 日 13:12 在 YL1 与 YL2 之间进行了载荷板试验
L1	2017 年 8 月 25 日 14:47	2017 年 8 月 31 日 10:03	
YL2	2017 年 8 月 17 日 15:22	2017 年 8 月 23 日 18:55	
L2	2017 年 8 月 09 日 15:21	2017 年 8 月 16 日 13:19	
YL3	2017 年 8 月 17 日 17:26	2017 年 8 月 24 日 20:36	
L3	2017 年 8 月 23 日 15:19	2017 年 8 月 28 日 20:43	
L4	2017 年 8 月 16 日 17:45	2017 年 8 月 22 日 10:13	

(a) 加载现场之一

(b) 加载现场之二

(c) 加载现场之三

(d) 测试现场

(e) 判稳点位移及预应力测试

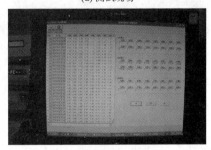

(f) 非判稳点位移测试

(g) 典型裂缝分布

(h) 灌浆质量检查之一

(i) 灌浆质量检查之二　　　　　　　　　　(j) 试验后的地基

图 5.2-5　典型加载、卸载与测试

5.2.7　试验现象

主要试验过程见图 5.2-6～图 5.2-12，对刚出现裂缝、地基达到承载力特征值和卸载后的裂缝分布进行了描粗处理。从图 5.2-6～图 5.2-12 可得到各试件的试验开裂荷载，也可得到达到地基承载力极限值时的裂缝宽度，并汇总于表 5.2-18。通过剔凿发现，YL1 的 1 号全长和 YL2 的 1 号固定端的预留孔道内没有水泥浆，其余预留孔道内水泥浆基本饱满、密实，未发现预应力筋与水泥浆之间出现相对滑动的现象。无水泥浆的主要原因是灌浆孔被人为堵塞，没有按照现行国家规范施工。由图 5.2-6～图 5.2-12 及表 5.2-18 可知：

（1）在各试验梁跨中上部首先出现倒 U 形裂缝，单侧看呈楔形。随着荷载的增加，数量逐渐增多，跨中裂缝逐渐向中和轴发展，支座附近裂缝同时向跨中底部倾斜。

（2）当地基承载力达到极限值时，钢筋混凝土基础梁的最大裂缝宽度为 0.58mm，预应力混凝土基础梁的最大裂缝宽度为 0.37mm，最大裂缝宽度未达到 1.5mm，也未发现受压区混凝土被压坏，说明基础梁未达到承载能力极限状态。此时，裂缝整体分布呈现锅底形状，变形后试件呈现倒锅底形状。

（3）与梁高相同的钢筋混凝土试件相比，预应力基础梁出现裂缝较晚，裂缝宽度较窄，挠度较小。随着梁高的增加，各类试件出现裂缝的部位均向跨中回缩，且出现裂缝较晚，裂缝宽度较窄。

📝 **随想：**

对于结构的裂缝问题，由于影响试验结果的各种复杂因素太多，量测结果带有很大的分散性，需要按随机变量处理。另外，可见裂缝与观察人的视力有关，也与观察人对开裂状态预估的可靠性等有关。PCNAD 也可方便、快速地预估开裂等荷载，可以代替专家繁琐的预估工作，大大提高试验效能。一般来说，当宽度为 0.02～0.03mm 时，可认为出现了可见裂缝；如相差较大，需要排除过失误差。

(a) S2-69kN/m²

(b) S4-137kN/m²

(c) S5-172kN/m²

(d) S6-206kN/m²

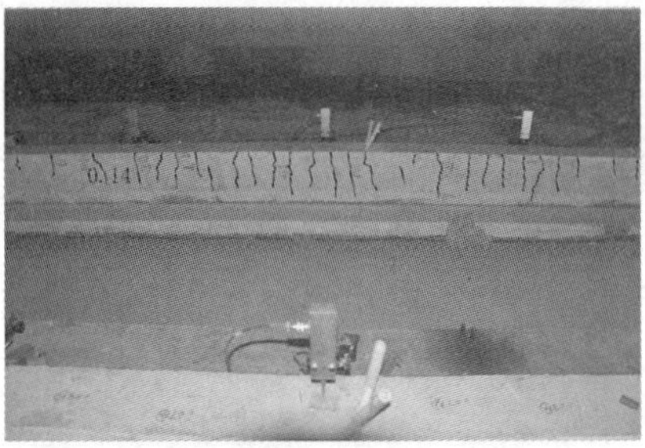

(e) S7-240kN/m²

(f) S8-274kN/m²

(g) S9-309kN/m²

(h) S10-343kN/m²

(i) 卸载后之一

(j) 卸载后之二

图 5.2-6　YL1 试验

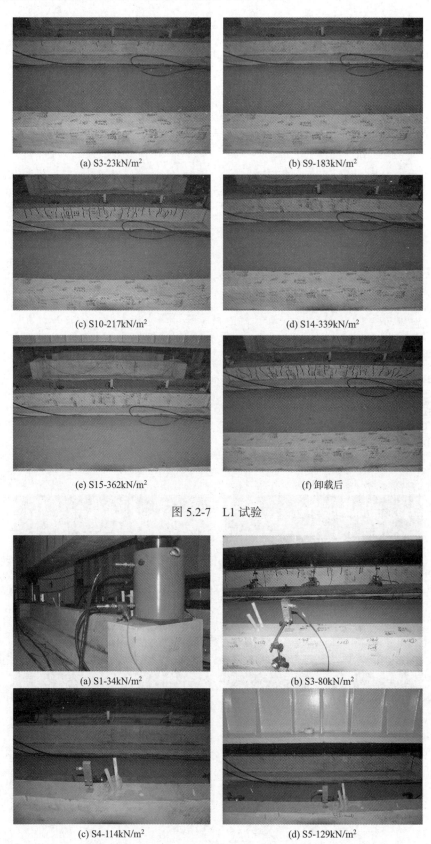

(a) S3-23kN/m²

(b) S9-183kN/m²

(c) S10-217kN/m²

(d) S14-339kN/m²

(e) S15-362kN/m²

(f) 卸载后

图 5.2-7　L1 试验

(a) S1-34kN/m²

(b) S3-80kN/m²

(c) S4-114kN/m²

(d) S5-129kN/m²

(e) S6-183kN/m²　　　　　　　　　　　(f) S7-217kN/m²

(g) S8-252kN/m²　　　　　　　　　　　(h) 卸载后

图 5.2-8　YL2 试验

(a) S2-46kN/m²　　　　　　　　　　　(b) S8-183kN/m²

(c) S10-229kN/m²　　　　　　　　　　(d) S12-274kN/m²

(e) S15-343kN/m²　　　　　　　　　　(f) S18-412kN/m²

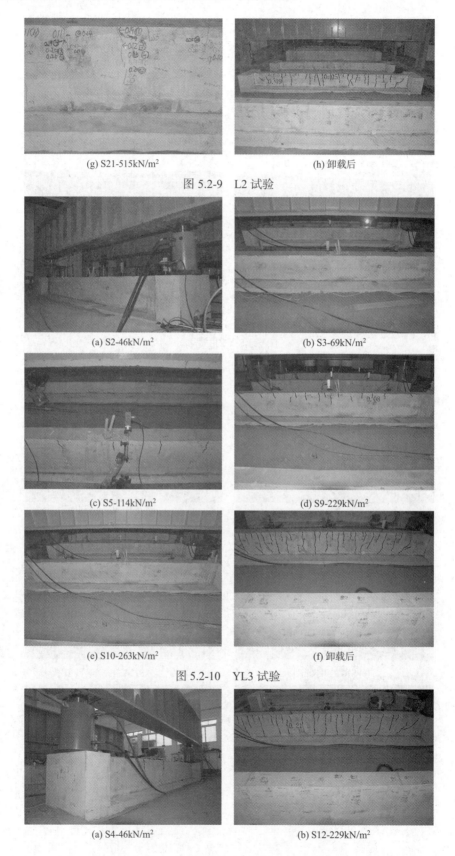

(g) S21-515kN/m²

(h) 卸载后

图 5.2-9 L2 试验

(a) S2-46kN/m²

(b) S3-69kN/m²

(c) S5-114kN/m²

(d) S9-229kN/m²

(e) S10-263kN/m²

(f) 卸载后

图 5.2-10 YL3 试验

(a) S4-46kN/m²

(b) S12-229kN/m²

(c) S16-351kN/m^2

(d) S17-385kN/m^2

(e) 卸载后-1

(f) 卸载后-2

图 5.2-11　L3 试验

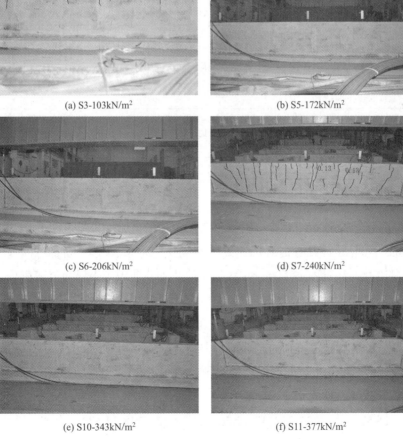

(a) S3-103kN/m^2

(b) S5-172kN/m^2

(c) S6-206kN/m^2

(d) S7-240kN/m^2

(e) S10-343kN/m^2

(f) S11-377kN/m^2

(g) 卸载后之一　　　　　　　　　　　　　(h) 卸载后之二

图 5.2-12　L4 试验

试验裂缝汇总　　　　　　　　　　　　　　　　　　表 5.2-18

梁号	裂缝宽度
YL1	S2（69kN/m²）下持荷 15min 后在梁上部发现裂缝，最大宽度约 0.02mm，首先出现在跨中上部约梁长的三分之二范围内，持荷结束之前也出现在跨中附近。地基承载力达到特征值时裂缝宽度不大于 0.14mm。地基承载力达到极限值时最大裂缝宽度为 0.31mm
L1	S3（23kN/m²）下持荷 15min 后在梁上部发现裂缝，最大宽度约 0.05mm，首先出现在跨中上部约梁长的三分之二范围内，逐渐在跨中附近也出现了裂缝。地基承载力到特征值时裂缝宽度不大于 0.19mm。地基承载力达到极限值时最大裂缝宽度为 0.58mm。开裂荷载取 S3 的 23kN/m²
YL2	S3（80kN/m²）下持荷 15min 后发现裂缝，首先出现在跨中上部约梁长的二分之一范围内，宽度 0.02mm。地基承载力达到特征值时裂缝宽度不大于 0.13mm。地基承载力达到极限值时最大裂缝宽度 0.33mm。开裂荷载取 S3 的 80kN/m²
L2	S2（46kN/m²）下持荷 15min 后发现裂缝，首先出现在跨中上部约梁长的二分之一范围内。地基承载力达到特征值时裂缝宽度不大于 0.14mm。地基承载力达到极限值时最大裂缝宽度 0.49mm。开裂荷载取 S2 的 46kN/m²
YL3	S5（114kN/m²）下持荷 15min 后发现裂缝，首先出现在上部跨中附近。地基承载力达到特征值时裂缝宽度不大于 0.08mm。地基承载力达到极限值时最大裂缝宽度 0.37mm。开裂荷载取 S5 的 114kN/m²
L3	S4（69kN/m²）下持荷 15min 后发现裂缝，裂缝宽度 0.03mm，首先出现在跨中上部约梁长的三分之一范围内。地基承载力达到特征值时裂缝宽度不大于 0.21mm。地基承载力达到极限值时最大裂缝宽度 0.37mm，开裂荷载取 S2 的 69kN/m²
L4	在 S3（103kN/m²）下持荷 15min 内发现了裂缝，最大宽度已达 0.11mm，首先出现在跨中上部约梁长的三分之一范围内。地基承载力达到特征值时裂缝宽度不大于 0.13mm。地基承载力达到极限值时最大裂缝宽度为 0.37mm。开裂荷载取 S2 与 S3 的平均值，约为 86kN/m²

5.2.8　预应力筋力值试验结果

张拉锚固后、加载前及终止加载时预应力筋力值的试验结果见表 5.2-19，锚固后预应力筋力值随时间和时间对数的变化见图 5.2-13 和图 5.2-14，锚固后至加载前预应力筋力值损失随时间的变化曲线见图 5.2-15，加载后至终止加载前预应力筋力值随荷载的变化曲线见图 5.2-16。图 5.2-13～图 5.2-16 中，N_{con} 表示锚固后预应力筋力值，N_{pt} 表示锚固后 t 时刻预应力筋力值，N_{plt} 表示锚固后 t 时刻预应力筋的损失值，N_{pq0} 表示加载前预应力筋力值，N_{pqa} 表示同一根梁所有张拉端和固定端预应力筋力值的平均值，N_{pqt} 表示加载后 t 时刻预应力筋力值，N_{pqu} 表示终止加载时预应力筋力值，N_{pq} 表示加载过程中预应力筋力值。预应力混凝土梁的张拉锚固日期为 2017 年 8 月 8 日，对表 5.2-19 中的梁号-束号，锚固时刻分别为 17:16:51、16:59:44、17:55:53、17:45:56、18:37:22 和 18:34:47。

分析表 5.2-19 和图 5.2-13～图 5.2-16 可知，在保证灌浆质量的情况下主要结果如下：

（1）从张拉锚固至地基承载力达到极限值，构件端部的有粘结预应力筋力值随时间增长整体呈下降趋势，即使在加载过程中，也不会出现明显的增加。但在灌浆质量不好的情况下，加载后构件端部的预应力筋力值会出现较为明显的增加，在终止加载时固定端的平均增幅为7%，张拉端的最大增幅可达12%，呈现无粘结预应力混凝土的特性。

（2）从锚固后至加载前预应力筋力值损失随时间的变化可用对数函数模拟。固定端函数项系数的平均值为 0.0071，常数项的平均值为 0.0780。张拉端函数项系数的平均值为 0.0037，常数项的平均值为 0.4155。未考虑地基对预应力筋力值造成损失时，固定端预应力损失的平均值为12%，张拉端预应力损失的平均值为44%。张拉端的短期损失占35%，比正常情况下短期损失占比高出约25%，张拉端的长期损失与经验值较为吻合。

（3）从加载至地基承载力达到极限值，预应力筋力值随时间的变化曲线可用一元二次函数模拟。固定端函数二次项系数的平均值为 -2×10^{-8}，一次项系数的平均值为 3×10^{-6}，常数项的平均值为 0.9996。张拉端函数二次项系数的平均值为 4×10^{-8}，一次项系数的平均值为 -2×10^{-5}，常数项的平均值为 0.9996。

（4）从张拉锚固至地基承载力达到极限值，总体来讲构件端部有粘结预应力筋力值与规范规定和工程经验值较为吻合。按照国家现行相关规范施工，预应力筋预留孔道内水泥浆能够达到饱满、密实，能够实现预应力筋与水泥浆的变形协调。

（5）试验模型对施工质量要求同样重要。应注意控制预应力筋的有效预应力。应注意施工与设计控制有效预应力的位置应保持一致，均应在锚下，而不是在千斤顶下。应考虑后批张拉预应力筋所产生的混凝土弹性压缩或伸长对于先批张拉预应力筋的影响。

预应力筋力值的试验结果 表 5.2-19

梁号-束号	端部	试验值（kN）						$2N_{pqa}/A$（N/mm²）	灌浆质量
		N_{con}	N_{pq0}	N_{pqu}	N_{pq0}/N_{con}	N_{pqu}/N_{pq0}	N_{pqa}均值		
YL1-1	张拉	261	189	211	0.72	1.12	173	3.82	不好
	固定	228	195	208	0.86	1.07			不好
YL1-2	张拉	284	144	144	0.51	1.00			好
	固定	178	162	163	0.91	1.01			好
YL2-1	张拉	263	170	169	0.65	0.99	158	3.13	不好
	固定	180	168	175	0.93	1.04			一般
YL2-2	张拉	260	139	139	0.53	1.00			好
	固定	177	154	154	0.87	1.00			好
YL3-1	张拉	264	151	150	0.57	0.99	156	2.68	好
	固定	180	162	161	0.90	0.99			好
YL3-2	固定	207	178	176	0.86	0.99	—	—	好
平均值	张拉	268	151	151	0.57	1.00	—	—	好
	固定	184	165	166	0.89	1.01	—	—	好

注：束号1位于梁的西侧，束号2位于梁的东侧；灌浆质量不好表示孔道基本无水泥浆，灌浆质量好表示孔道水泥浆基本密实。

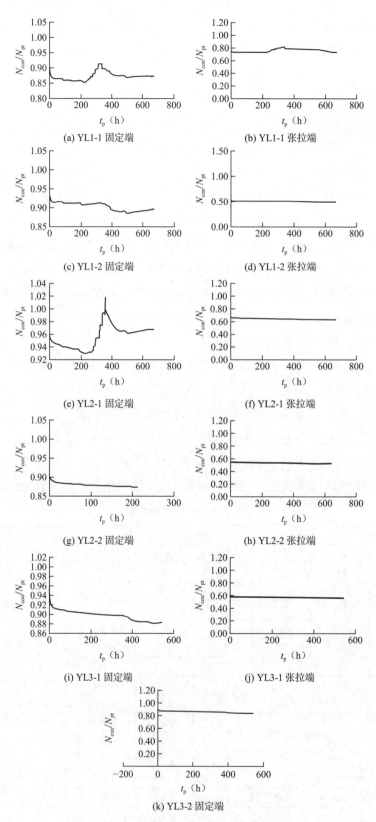

图 5.2-13　锚固后预应力筋力值随时间的变化

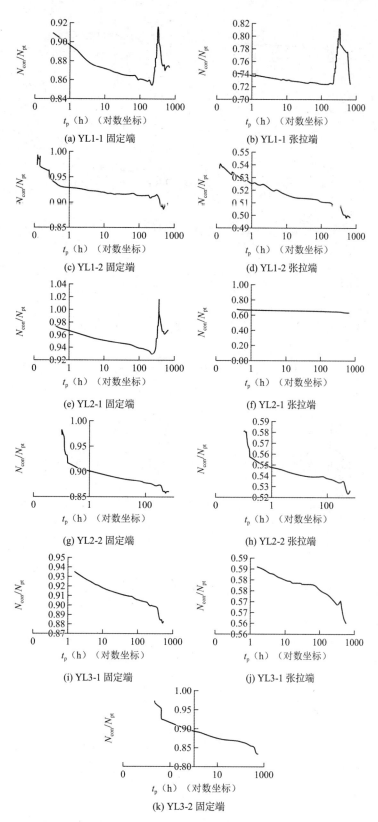

图 5.2-14　锚固后预应力筋力值随时间对数的变化

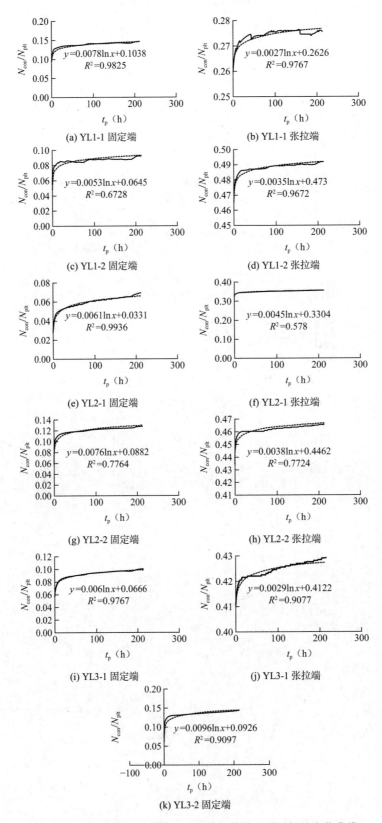

(a) YL1-1 固定端

(b) YL1-1 张拉端

(c) YL1-2 固定端

(d) YL1-2 张拉端

(e) YL2-1 固定端

(f) YL2-1 张拉端

(g) YL2-2 固定端

(h) YL2-2 张拉端

(i) YL3-1 固定端

(j) YL3-1 张拉端

(k) YL3-2 固定端

图 5.2-15　锚固后至加载前预应力筋力值损失随时间的变化曲线

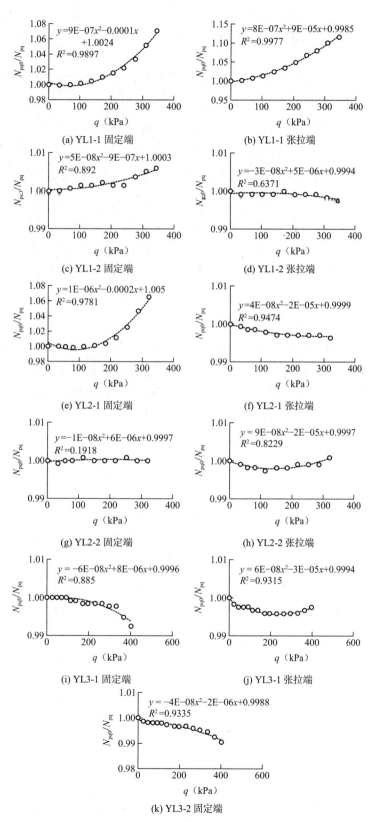

图 5.2-16　加载后至终止加载前预应力筋力值随荷载的变化曲线

5.2.9 实测挠度结果

对锚固后至终止加载各试验梁的挠度进行了测试。不考虑加载前预应力时各梁的实测挠度结果见表 5.2-20～表 5.2-26，不考虑加载前预应力时实测开裂荷载作用下各梁的实测挠度结果见表 5.2-27，预应力筋锚固后至加载前各梁的实测反拱结果见表 5.2-28，预应力与实测开裂荷载组合下各梁实测挠度结果的平均值见表 5.2-29，预应力与等效均布荷载 23kN/m² 组合下各梁实测挠度结果的平均值见表 5.2-30。不考虑加载前预应力时各梁的实测挠度曲线见图 5.2-17，锚固后至加载前预应力对各梁产生的反拱曲线见图 5.2-18，不考虑加载前预应力时开裂荷载下各梁的挠度曲线见图 5.2-19，不考虑加载前预应力时各梁的实测挠度曲线见图 5.2-20～图 5.2-26。受加载千斤顶影响，轴线端部位移计不能按设计布置，沿轴线向中心存在偏心，表 5.2-20～表 5.2-26 中相应数值没有考虑偏心的影响，表 5.2-27～表 5.2-29 中相应数值考虑了偏心影响。

在挠度测试中，未考虑试验梁加卸载的相互影响，未考虑载荷板试验对试验梁的影响，上述影响往往表现为实测挠度差值的急剧变化，在实测挠度曲线上表现为出现向上凸的拐点。考虑到开裂前各参数变化基本处于线弹性范围，故对位移、土压力等参数，开裂前均用线性插值法取值。对于回归分析曲线，均给出了 EXCEL 自动生成的一元二次拟合方程。

对本次的基础梁试验，分析上述结果可知：

（1）当基础梁挠度达到 0.02%～0.04%时，各试验基础梁开始出现裂缝，比《基础规范》第 8.4.22 规定值（0.05%）略小，故除按《基础规范》要求验算承载能力和挠度外，还应对基础梁进行抗裂验算。

（2）在同样荷载作用下，与相同高度的钢筋混凝土基础梁相比，预应力基础梁的实测挠度曲线趋于平缓，预应力基础梁的刚度有较大程度的提高；在等效均布荷载 23kN/m² 作用下，预应力基础梁还处于向上反拱状态，正常使用荷载下的受拉区还没有出现拉应力，整体挠度可降低 0.02%～0.04%。在正常使用荷载作用下，与相同挠度的钢筋混凝土基础梁相比，预应力基础梁的高度至少可降低 20%。

（3）对同样类型的基础梁，随着截面高度的增大实测挠度曲线趋于平缓。

不考虑加载前预应力时 YL1 的实测挠度结果（mm）　　　　　　表 5.2-20

加载后基底均布反力（kN/m²）		0	35	69	103	137	172
轴线	南端	0.00	1.88	3.87	5.78	8.59	11.70
	南四分点	0.00	0.97	2.24	3.47	5.33	7.48
	中点	0.00	0.44	1.37	2.26	3.69	5.37
	北四分点	0.00	0.65	1.92	3.11	5.06	7.34
	北端	0.00	1.26	3.21	5.03	7.96	11.30
翼缘	南端	0.00	2.16	4.34	6.62	9.80	13.27

续表

加载后基底均布反力（kN/m²）		0	35	69	103	137	172
翼缘	南四分点	0.00	0.97	2.25	3.63	5.62	7.84
	中点	0.00	0.44	1.39	2.45	3.97	5.71
	北四分点	0.00	0.68	1.99	3.46	5.54	7.87
	北端	0.00	1.48	3.75	6.19	9.57	13.38

加载后基底均布反力（kN/m²）		206	240	274	309	卸载后	—
轴线	南端	15.35	18.96	24.11	29.45	18.22	—
	南四分点	9.82	12.01	15.47	19.01	16.36	—
	中点	7.19	8.85	11.70	14.52	15.90	—
	北四分点	9.91	12.38	16.27	20.14	16.69	—
	北端	15.31	19.30	25.04	30.80	18.57	—
翼缘	南端	17.36	21.49	27.10	32.70	19.91	—
	南四分点	10.23	12.50	16.01	19.58	16.60	—
	中点	7.54	9.22	12.01	14.82	15.83	—
	北四分点	10.42	12.91	16.75	20.61	16.66	—
	北端	17.84	22.35	28.65	34.97	22.65	—

L1 的实测挠度结果（mm）　　　　　　　　　　表 5.2-21

加载后基底均布反力（kN/m²）		11	23	46	69	91	114	137	160
轴线	南端	0.38	0.71	1.67	2.74	4.11	5.62	7.29	9.10
	南四分点	0.22	0.37	0.79	1.31	1.96	2.73	3.61	4.49
	中点	0.13	0.18	0.42	0.64	0.91	1.31	1.86	2.31
	北四分点	0.23	0.39	0.84	1.39	2.01	2.80	3.75	4.71
	北端	0.44	0.76	1.69	2.73	4.01	5.48	7.19	9.08
翼缘	南端	0.45	0.85	1.98	3.27	4.86	6.61	8.51	10.62
	南四分点	0.27	0.46	0.98	1.53	2.24	3.02	3.95	4.85
	中点	0.13	0.24	0.48	0.69	0.99	1.40	1.91	2.40
	北四分点	0.23	0.41	0.80	1.30	1.88	2.60	3.45	4.39
	北端	0.43	0.80	1.83	2.94	4.32	5.89	7.74	9.80

加载后基底均布反力（kN/m²）		183	217	252	274	297	339	362	卸载后
轴线	南端	11.01	14.84	18.72	21.52	24.64	33.66	37.66	23.57
	南四分点	5.49	7.46	9.55	11.17	12.96	18.52	20.86	12.72
	中点	2.91	4.12	5.44	6.58	7.75	11.58	12.98	10.47
	北四分点	5.76	7.95	10.12	11.77	13.49	18.63	20.78	12.25
	北端	10.95	14.92	18.72	21.36	24.17	31.73	35.05	15.70

续表

加载后基底均布反力（kN/m²）		183	217	252	274	297	339	362	卸载后
翼缘	南端	12.79	17.07	21.35	24.42	27.85	37.60	42.02	18.30
	南四分点	5.91	7.91	10.05	11.72	13.52	19.17	21.58	12.63
	中点	2.99	4.18	5.47	6.56	7.70	11.33	12.68	10.07
	北四分点	5.35	7.45	9.57	11.15	12.82	17.78	19.86	11.70
	北端	11.82	16.13	20.27	23.08	26.09	34.05	37.57	17.89

不考虑加载前预应力时 YL2 的实测挠度结果（mm）　　　　表 5.2-22

加载后基底均布反力（kN/m²）		0	34	57	80	114	149
轴线	南端	0.00	1.76	3.53	4.78	8.38	12.24
	南四分点	0.00	1.25	2.66	3.56	6.36	9.36
	中点	0.00	1.15	2.3	3.01	5.42	8.04
	北四分点	0.00	1.75	3.07	4	6.92	10.1
	北端	0.00	2.54	4.14	5.47	9.14	13.21
翼缘	南端	0.00	1.95	4.03	5.5	9.41	13.6
	南四分点	0.00	1.31	2.79	3.73	6.59	9.64
	中点	0.00	1.18	2.38	3.08	5.56	8.22
	北四分点	0.00	1.74	3.07	3.92	6.9	10.02
	北端	0.00	2.76	4.5	5.92	9.91	14.23

加载后基底均布反力（kN/m²）		183	217	252	286	320	卸载后
轴线	南端	15.61	19.82	25.46	29.73	33.91	18.84
	南四分点	11.75	14.8	21.94	24.77	27.38	20.59
	中点	10	12.51	16.35	18.66	20.63	18.29
	北四分点	12.7	15.99	20.72	24.13	27.07	19.5
	北端	16.85	21.48	27.63	32.83	37.5	20.89
翼缘	南端	17.37	22.07	28.2	33.15	38	18.92
	南四分点	12.1	15.18	19.62	22.41	25.1	17.96
	中点	10.22	12.76	16.54	18.72	20.7	18.09
	北四分点	12.63	15.9	20.49	23.73	26.6	19.13
	北端	18.22	23.29	29.96	35.62	40.9	21.24

L2 的实测挠度结果（mm）　　　　表 5.2-23

加载后基底均布反力（kN/m²）		0	23	46	69	91	114	137	160
轴线	南端	0.00	0.26	0.97	1.76	2.64	3.59	4.66	5.52
	南四分点	0.00	0.18	0.59	1.03	1.53	2.07	2.70	3.25
	中点	0.00	0.09	0.32	0.59	0.87	1.22	1.67	2.03

续表

加载后基底均布反力（kN/m²）		0	23	46	69	91	114	137	160
轴线	北四分点	0.00	0.22	0.61	1.03	1.48	2.02	2.67	3.21
	北端	0.00	0.41	1.03	1.73	2.43	3.31	4.34	5.15
翼缘	南端	0.00	0.44	1.28	2.22	3.28	4.38	5.61	6.61
	南四分点	0.00	0.21	0.66	1.15	1.74	2.34	3.03	3.64
	中点	0.00	0.15	0.43	0.73	1.10	1.50	1.97	2.40
	北四分点	0.00	0.29	0.68	1.17	1.70	2.29	2.97	3.54
	北端	0.00	0.57	1.35	2.21	3.11	4.15	5.36	6.31

加载后基底均布反力（kN/m²）		183	206	229	252	274	297	320	343
轴线	南端	6.77	7.81	8.79	10.15	11.17	12.87	14.56	16.33
	南四分点	3.98	4.62	5.25	6.07	6.72	7.74	8.92	10.02
	中点	2.53	2.98	3.46	4.01	4.47	5.22	6.18	6.96
	北四分点	3.97	4.62	5.18	6.00	6.66	7.75	9.00	10.12
	北端	6.39	7.43	8.37	9.66	10.68	12.40	14.15	15.89
翼缘	南端	8.06	9.27	10.38	12.08	13.28	15.20	17.14	19.18
	南四分点	4.38	5.11	5.80	6.78	7.49	8.64	9.95	11.20
	中点	2.94	3.43	3.95	4.61	5.10	5.94	7.05	7.95
	北四分点	4.32	5.01	5.68	6.63	7.33	8.50	9.85	11.08
	北端	7.78	9.00	10.11	11.70	12.86	14.85	16.85	18.88

加载后基底均布反力（kN/m²）		366	389	412	446	480	515	卸载后	—
轴线	南端	18.42	20.01	22.23	26.26	30.61	35.20	17.59	—
	南四分点	11.42			16.68	19.84	23.23	15.11	—
	中点	8.17			12.56	15.29	18.08	14.56	—
	北四分点	11.70			17.63	21.22	25.15	16.91	—
	北端	18.12	19.77	22.28	26.89	31.85	37.17	20.55	—
翼缘	南端	21.48	23.30	25.81	30.16	34.92	39.91	19.64	—
	南四分点	12.73			18.52	21.89	25.51	16.82	—
	中点	9.23			13.97	16.81	19.80	16.11	—
	北四分点	12.72			19.13	22.89	26.92	18.66	—
	北端	21.37	23.30	26.14	31.37	36.87	42.76	23.17	—

注：因死机等，未记录空白处数据，重新开机后接着记录，余同。

不考虑加载前预应力时 YL3 的实测挠度结果（mm）　　　表 5.2-24

加载后基底均布反力（kN/m²）		0	23	46	69	91	114	137	172
轴线	南端	0.00	0.73	1.95	2.65	3.54	4.81	5.83	8.15
	南四分点	0.00	0.61	1.52	2.12	2.96	4.15	5.12	7.19

续表

加载后基底均布反力（kN/m²）		0	23	46	69	91	114	137	172
轴线	中点	0.00	0.55	1.44	2.07	2.93	4.19	5.20	7.31
	北四分点	0.00	0.66	1.74	2.58	3.66	5.24	6.61	9.36
	北端	0.00	0.87	2.35	3.43	4.81	6.72	8.48	12.06
翼缘	南端	0.00	0.79	2.07	2.85	3.79	5.09	6.15	8.57
	南四分点	0.00	0.59	1.54	2.14	2.98	4.22	5.16	7.25
	中点	0.00	0.54	1.45	2.08	2.94	4.23	5.25	7.39
	北四分点	0.00	0.66	1.75	2.60	3.69	5.22	6.59	9.33
	北端	0.00	0.93	2.51	3.69	5.17	7.16	9.07	12.91
加载后基底均布反力（kN/m²）		194	229	263	297	332	366	400	卸载后
轴线	南端		13.77	16.27	19.55	22.93	26.89	30.08	16.66
	南四分点	7.70	11.12	13.33	16.25	19.21	22.71	25.38	17.42
	中点	7.81	11.28	13.59	16.76	19.98	23.75	26.54	21.15
	北四分点	10.04	14.58	17.71	22.11	26.64	31.78	35.78	25.57
	北端		20.30	24.45	30.28	36.35	43.21	48.62	30.87
翼缘	南端	0.00	14.33	16.88	20.38	23.88	27.96	31.36	15.32
	南四分点	7.75	11.07	13.15	16.07	18.93	22.23	24.84	17.07
	中点	7.87	11.24	13.36	16.56	19.67	23.19	25.89	20.78
	北四分点	9.97	14.34	17.23	21.53	25.91	30.82	34.71	25.03
	北端	0.00	21.61	25.88	32.19	38.67	45.94	51.80	31.79

L3 的实测挠度结果（mm）　　　　　　表 5.2-25

加载后基底均布反力（kN/m²）		11	23	34	46	69	91	114	137	160
轴线	南端	0.34	0.63	0.96	1.37	2.25	3.31	4.47	5.69	7.00
	南四分点	0.23	0.44	0.65	0.89	1.44	2.11	2.89	3.65	4.57
	中点	0.22	0.40	0.55	0.71	1.07	1.60	2.23	2.83	3.57
	北四分点	0.25	0.51	0.73	1.00	1.58	2.30	3.12	3.97	4.98
	北端	0.29	0.64	1.02	1.42	2.32	3.34	4.57	5.91	7.38
翼缘	南端	0.38	0.72	1.13	1.61	2.64	3.83	5.13	6.49	7.98
	南四分点	0.26	0.48	0.68	0.93	1.49	2.18	2.95	3.73	4.67
	中点	0.21	0.39	0.54	0.68	1.06	1.57	2.17	2.77	3.51
	北四分点	0.25	0.49	0.72	0.97	1.53	2.20	3.03	3.86	4.87
	北端	0.34	0.73	1.15	1.57	2.53	3.66	4.98	6.48	8.09
加载后基底均布反力（kN/m²）		183	206	229	252	274	316	351	385	卸载后
轴线	南端	8.50	10.15	11.84	13.71	16.14	20.27	24.73	30.99	16.13

续表

加载后基底均布反力（kN/m²）		183	206	229	252	274	316	351	385	卸载后
轴线	南四分点	5.67	6.90	8.15	9.68	11.78	15.16	18.91	24.29	16.08
	中点	4.52	5.60	6.71	8.10	10.11	13.39	17.10	22.30	17.21
	北四分点	6.24	7.65	9.12	10.97	13.68	17.98	22.66	28.95	20.26
	北端	9.17	11.13	13.18	15.76	19.54	25.11	31.83	39.61	24.46
翼缘	南端	9.68	11.53	13.43	15.67	18.67	23.02	27.81	34.41	17.15
	南四分点	5.79	7.04	8.33	9.93	12.14	15.55	19.37	24.89	16.44
	中点	4.43	5.52	6.60	8.05	10.10	13.36	17.00	22.23	17.32
	北四分点	6.09	7.51	8.95	10.88	13.64	17.98	22.68	29.07	20.47
	北端	9.99	12.10	14.34	17.15	21.19	27.33	33.71	41.98	25.69

L4 的实测挠度结果（mm）　　　　　　　　　　　　表 5.2-26

加载后基底均布反力（kN/m²）		0	34	69	103	137	172	206
轴线	南端	0.00	0.73	1.95	3.59	5.57	7.91	10.05
	南四分点	0.00	0.62	1.60	2.95	4.61	6.65	8.44
	中点	0.00	0.56	1.34	2.50	4.00	5.62	7.22
	北四分点	0.00	0.67	1.68	3.09	4.71	6.73	8.48
	北端	0.00	0.80	2.15	3.80	5.87	8.21	10.20
翼缘	南端	0.00	0.74	2.23	4.13	6.39	9.05	11.38
	南四分点	0.00	0.63	1.69	3.10	4.80	6.86	8.68
	中点	0.00	0.58	1.41	2.61	4.10	5.90	7.54
	北四分点	0.00	0.66	1.72	3.15	4.81	6.81	8.61
	北端	0.00	0.89	2.42	4.30	6.46	8.99	11.21

加载后基底均布反力（kN/m²）		240	274	309	343	377	412	卸载后
轴线	南端	12.86	16.01	20.24	25.43	32.85	38.94	28.92
	南四分点	10.88	13.73	17.58	22.36	29.43	34.97	28.39
	中点	9.51	12.33	16.14	20.82	27.66	32.87	28.05
	北四分点	11.00	14.23	18.41	23.42	30.60	36.00	29.33
	北端	13.02	16.74	21.52	27.09	39.92	45.71	35.60
翼缘	南端	14.39	17.76	22.19	27.53	35.08	41.25	29.91
	南四分点	11.19	14.13	18.02	22.91	29.97	35.54	28.71
	中点	9.86	12.79	16.60	21.32	28.20	33.44	28.49
	北四分点	11.18	14.50	18.73	23.84	31.10	36.51	29.68
	北端	14.33	18.36	23.43	29.22	37.21	43.13	31.86

不考虑加载前预应力时实测开裂荷载作用下各梁的实测挠度结果（mm） 表 5.2-27

	梁号	YL1	L1	YL2	L2	YL3	L3	L4
轴线	南端	4.45	0.46	5.22	1.13	5.23	2.54	3.11
	南四分点	2.24	0.22	3.56	0.59	4.15	1.44	2.35
	中点	1.37	0.13	3.01	0.32	4.19	1.07	1.85
	北四分点	1.92	0.23	4.00	0.61	5.24	1.58	2.21
	北端点	3.68	0.51	6.04	1.19	7.27	2.68	2.92
翼缘	南端点	4.34	0.45	5.50	1.28	5.09	2.64	2.97
	南四分点	2.25	0.27	3.73	0.66	4.22	1.49	2.18
	中点	1.39	0.13	3.08	0.43	4.23	1.06	2.01
	北四分点	1.99	0.23	3.92	0.68	5.22	1.53	3.15
	北端点	3.75	0.43	5.92	1.35	7.16	2.53	3.44

预应力筋锚固后至加载前各梁的实测反拱结果（mm）　　　　表 5.2-28

	梁号	YL1	YL2	YL3
轴线	南端	−1.80	−0.45	−0.83
	南四分点	−0.16	0.05	0.51
	中点	0.36	0.11	1.19
	北四分点	−0.15	−1.07	1.08
	北端点	−1.44	−2.67	0.46
翼缘	南端点	−1.50	−0.60	−0.91
	南四分点	−0.18	0.04	0.32
	中点	0.38	0.07	0.98
	北四分点	−0.16	−1.09	0.88
	北端点	−1.13	6.18[*]	0.26

注："*"表示明显偏离同条件下其余样本的观测值，采用格拉布斯法对其进行了异常值的检验和剔除。

预应力与实测开裂荷载组合下各梁实测挠度结果的平均值　　　　表 5.2-29

梁号	YL1	L1	YL2	L2	YL3	L3	L4
实测开裂荷载（kN/m²）	68.6	22.9	80.1	45.7	114.4	68.6	85.8
端点（mm）	2.58	0.85	4.43	1.24	5.93	2.60	3.11
四分点（mm）	1.94	0.39	3.29	0.64	5.53	1.51	2.47
中点（mm）	1.75	0.21	3.14	0.38	5.30	1.07	1.93
端点-中点（mm）	0.83	0.65	1.29	0.86	0.64	1.53	1.18
挠曲度（%）	0.02	0.02	0.03	0.02	0.02	0.04	0.03

说明：采用格拉布斯法对本表数值进行了异常值的检验和剔除。

预应力与等效均布荷载 23kN/m² 组合下各梁实测挠度结果的平均值　　表 5.2-30

梁号	YL1	L1	YL2	L2	YL3	L3	L4
端点（mm）	−0.12	0.85	0.33	0.45	0.61	0.72	0.54
四分点（mm）	0.43	0.39	0.49	0.23	1.45	0.49	0.43
中点（mm）	0.68	0.21	0.86	0.12	1.63	0.40	0.38
端点-中点（mm）	−0.79	0.64	−0.53	0.33	−1.02	0.33	0.17
挠曲度（%）	−0.02	0.02	−0.01	0.01	−0.03	0.01	0.00

说明：利用插值法求得未能直接测试到的数据，并采用格拉布斯法进行了异常值的检验和剔除。

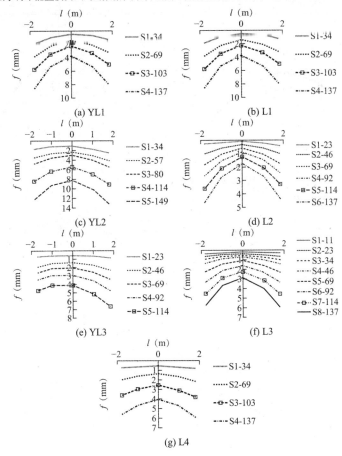

图 5.2-17　不考虑加载前预应力时各梁的实测挠度曲线

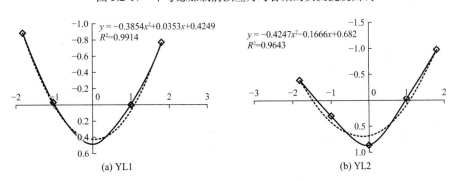

图 5.2-18　锚固后至加载前预应力产生的反拱

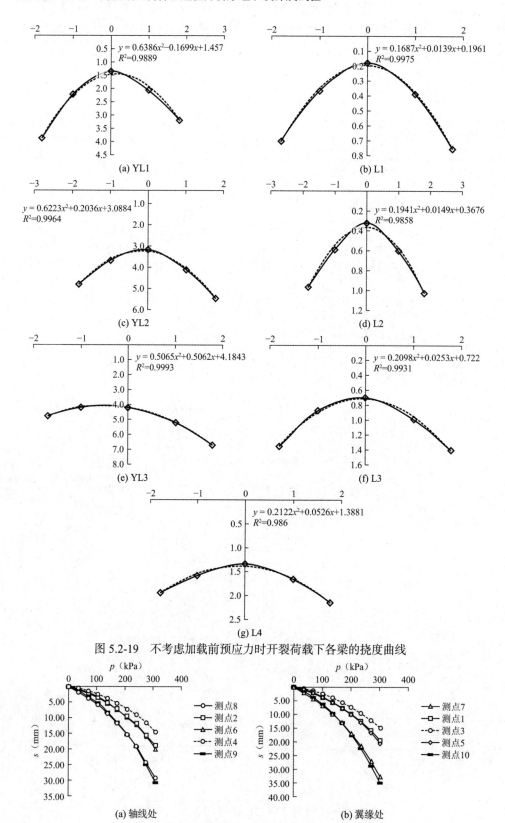

图 5.2-19 不考虑加载前预应力时开裂荷载下各梁的挠度曲线

图 5.2-20 不考虑加载前预应力时 YL1 的实测挠度曲线

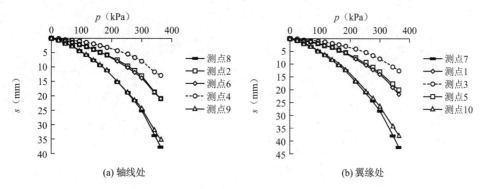

图 5.2-21　不考虑加载前预应力时 L1 的实测挠度曲线

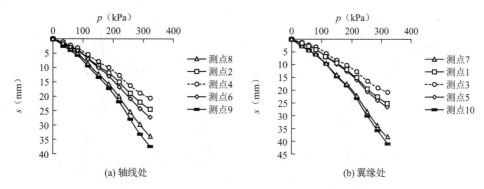

图 5.2-22　不考虑加载前预应力时 YL2 的实测挠度曲线

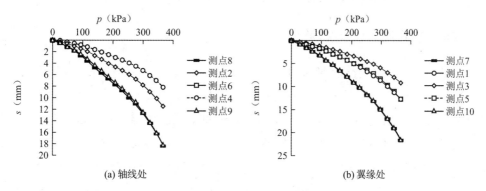

图 5.2-23　不考虑加载前预应力时 L2 的实测挠度曲线

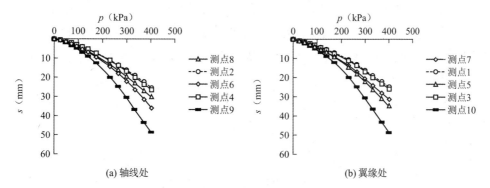

图 5.2-24　不考虑加载前预应力时 YL3 的实测挠度曲线

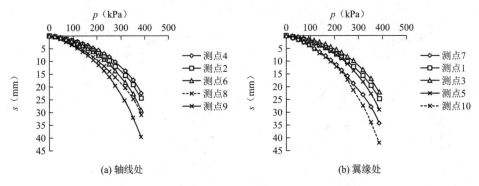

图 5.2-25　不考虑加载前预应力时 L3 的实测挠度曲线

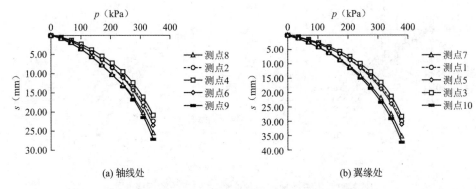

图 5.2-26　不考虑加载前预应力时 L4 的实测挠度曲线

5.2.10　基底反力试验结果

从预应力筋锚固后至终止加载对基底反力进行了测试，各梁端部基底反力实测结果见表 5.2-31～表 5.2-37 及图 5.2-27～图 5.2-33，考虑预应力效应开裂前各试验梁基底反力实测结果见表 5.2-38 及图 5.2-34，等效均布荷载 69kN/m² 作用下各梁基底反力实测结果见表 5.2-39，等效均布荷载 23kN/m² 作用下基底反力实测结果见表 5.2-40。根据基底反力和挠度实测结果，求得开裂荷载作用下地基弹簧刚度的回归分析曲线，见图 5.2-35。对于反力回归分析曲线，除试件两端的反力为试验值外，其余部位的反力由分布方程求得，但 L3 和 L4 北端轴线上传感器（测点 9）部分数据出现波动，明显存在异常现象，不予采用。假定基底反力分布为一元二次方程，将其两端积分后，考虑地基与基础出现脱离时不能受拉的实际情况，利用端部初始测试值及作用力和反作用大小相等的基本原理，可得到反力分布方程，进而求得其余点的反力。上述分析时，采用格拉布斯法对异常值进行了检验和剔除。由上述反力实测结果可知：

（1）在开裂荷载作用下，反力分布均呈现端部大、中部小的倒盆状分布；与相同高度和荷载作用下的钢筋混凝土基础梁相比，预应力混凝土基础梁的反力分布曲线明显趋于平缓，加载初期甚至呈现端部小、中部大的盆状分布，说明预应力能主动调整基础反力的分布形状，不再处于只能增大高跨比来控制反力分布的被动地位。

（2）开裂前等效均布荷载 69kN/m² 作用下的 L4 相比，YL2 端点反力与基底平均反力的比值偏小，中点反力与基底平均反力的比值偏大，说明 YL2 的刚度较好，高跨比可降低 40%。《基础规范》第 8.4.11 条规定，在一定条件下，高跨比（或厚跨比）不小于 1/6 时，可按基底反力直线分布进行计算。L4 高跨比（或厚跨比）不小于 1/6，可按基底反力直线分布进行计算，YL2 的基底反力也可按直线分布进行计算。

（3）总体来说，钢筋混凝土梁地基弹簧刚度用一元四次方程回归分析的精度较好，预应力梁地基弹簧刚度用一元二次方程回归分析的精度较好。与钢筋混凝土基础梁相比，在开裂荷载作用下，同样高跨比的预应力基础梁的地基弹簧刚度分布曲线明显趋于平缓，高跨比稍大时甚至出现相反的端部小、中部大的盆状分布曲线，又一次说明预应力能主动调整地基弹簧刚度的分布形状，不再处于只能增大高跨比来控制地基弹簧刚度的被动地位。

预应力筋锚固后 YL1 端部基底反力实测结果（kN/m²）　　表 5.2-31

基底平均反力	0	34	69	103	137	172
测点 8	0	−14	−6	48	98	152
测点 9	0	1	91	179	238	315
测点 7	0	94	248	369	452	529
测点 10	0	7	91	148	195	250
基底平均反力	264	330	400	482	583	—
测点 8	482	575	662	747	841	—
测点 9	697	799	904	1017	1142	—
测点 7	388	469	551	605	692	—
测点 10	264	330	400	482	583	—

注：因为压力盒没有测试拉应力的功能，故对表中的负值不予采用，下同。

预应力筋锚固后 L1 端部基底反力实测结果（kN/m²）　　表 5.2-32

基底平均反力	0	11	23	46	69	91	114	137
测点 8	0	29	42	70	100	133	174	214
测点 9	0	35	61	109	149	188	231	280
测点 7	0	44	60	91	117	150	181	214
测点 10	0	40	68	113	148	180	215	256
基底平均反力	258	299	367	429	470	515	594	634
测点 8	329	374	447	512	561	606	678	723
测点 9	248	279	323	363	389	417	465	496
测点 7	296	332	386	433	464	495	549	573
测点 10	258	299	367	429	470	515	594	634

预应力筋锚固后 YL2 端部基底反力实测结果（kN/m²）　　　　表 5.2-33

基底平均反力	0	34	57	80	114	149
测点 8	0	−27	30	77	155	235
测点 9	0	28	101	147	228	298
测点 7	0	66	99	130	175	228
测点 10	0	−16	35	69	119	171
基底平均反力	183	217	252	286	320	—
测点 8	317	400	489	583	663	—
测点 9	377	459	545	628	703	—
测点 7	284	343	407	464	530	—
测点 10	229	289	353	401	459	—

预应力筋锚固后 L2 端部基底反力实测结果（kN/m²）　　　　表 5.2-34

基底平均反力	0	23	46	69	91	114	137	160	183	206	229
测点 8	0	54	73	90	108	124	139	154	175	194	211
测点 9	0	73	105	129	150	179	206	227	255	277	298
测点 7	0	26	66	100	135	163	188	208	233	256	279
测点 10	0	50	81	105	123	145	165	181	203	220	235
基底平均反力	252	274	297	320	343	366	389	412	446	480	515
测点 8	234	256	277	300	325	346	371	394	434	471	511
测点 9	324	349	377	407	436	466	498	533	604	664	727
测点 7	308	331	359	386	419	449	480	512	567	621	678
测点 10	257	277	297	319	339	358	379	401	440	475	512

预应力筋锚固后 YL3 端部基底反力实测结果（kN/m²）　　　　表 5.2-35

基底平均反力	0	23	46	69	91	114	137	172
测点 8	0	0	10	35	60	81	98	133
测点 9	0	36	86	120	151	188	220	273
测点 7	0	11	47	74	98	123	144	188
测点 10	0	91	133	165	194	224	254	298
基底平均反力	194*	229	263	297	332	366	400	—
测点 8	140	192	226	264	305	346	376	—
测点 9	285	366	426	488	554	623	669	—
测点 7	201	270	322	383	447	508	565	—
测点 10	309	372	418	464	517	572	613	—

注："*" 加载期间油泵出现了漏油情况，修复后重新加载。

预应力筋锚固后 L3 端部基底反力实测结果（kN/m²）　　　　表 5.2-36

基底平均反力	0	11	23	34	46	69	91	114	137
测点 8	0	46	64	80	100	132	164	195	231
测点 9	0	10	26	109	149	176	73	111	121
测点 7	0	47	63	77	94	122	151	177	205
测点 10	0	57	79	96	112	138	164	190	219
基底平均反力	160	183	206	229	252	274	316	351	385
测点 8	264	293	324	353	383	422	475	541	628
测点 9	114	126	225	128	148	78	147	150	121
测点 7	233	260	289	317	346	382	429	483	551
测点 10	247	276	309	339	374	422	478	539	602

注：测点 9 的数值一直存在波动，出现明显异常现象，将其舍去。

预应力筋锚固后 L4 端部基底反力实测结果（kN/m²）　　　　表 5.2-37

基底平均反力	0	34	69	103	137	172	206
测点 8	0	52	99	136	188	239	287
测点 9	35	68	82	96	139	175	150
测点 7	0	55	87	113	147	180	213
测点 10	0	63	94	115	143	167	186
基底平均反力	240	274	309	343	377	412	—
测点 8	336	390	460	531	590	405	—
测点 9	42	60	18	41	59	11	—
测点 7	245	280	326	371	420	464	—
测点 10	212	241	269	300	335	363	—

注：在基底平均反力达到 206kN/m² 时，测点 9 的数值存在波动，出现明显异常现象，不予采用。

考虑预应力效应开裂前各梁基底反力实测结果　　　　表 5.2-38

梁号	均布荷载（kN/m²）	端点反力（kN/m²）	四分点反力（kN/m²）	中点反力（kN/m²）	方程 $y = Ax^2 + Bx + C$ A	方程 $y = Ax^2 + Bx + C$ C	$C < 0$、$y = 0$ 时，x 值（m）
YL1	34	91	23	0	22.3	−0.1	—
YL1	69	125	57	35	22.1	34.5	—
L1	11	40	2	0	12.4	−10.6	0.925
L1	23	63	15	0	15.8	−1.5	0.311
YL2	34	47	32	27	5.1	26.5	—
YL2	57	66	55	52	3.6	51.7	—
YL2	80	134	69	47	10.1	64.5	—
L2	23	59	15	1	14.2	1.0	—
L2	46	73	40	29	10.9	29.0	—

续表

梁号	均布荷载（kN/m²）	端点反力（kN/m²）	四分点反力（kN/m²）	中点反力（kN/m²）	方程 $y = Ax^2 + Bx + C$ A	方程 $y = Ax^2 + Bx + C$ C	$C < 0$、$y = 0$ 时，x值（m）
YL3	23	22	23	23	−0.4	23.4	—
YL3	46	45	46	46	−0.4	46.4	—
YL3	69	73	68	66	1.8	65.8	—
YL3	91	100	90	86	3.4	86.2	—
YL3	114	128	112	106	5.2	106.4	—
L3	11	46	0	0	17.1	−23.3	1.168
L3	23	63	14	0	15.9	−1.8	0.340
L3	34	78	25	8	17.4	7.5	—
L3	46	97	35	14	20.3	14.4	—
L3	69	127	57	33	22.9	33.4	—
L4	34	56	30	21	8.7	21.0	—
L4	69	93	64	54	9.7	53.6	—
L4	86	107	81	73	8.5	72.7	—

注：表中方程表示基底反力方程，根据端点基底压力试验值和等效均布反力，利用微积分方程，可求得A、B、C，其中$B = 0$。

开裂前等效均布荷载 69kN/m² 作用下基底反力实测结果　　　表 5.2-39

所在位置	YL1	L1	YL2	L2	YL3	L3	L4
端部（kN/m²）	125	—	86	—	73	127	93
端部/均布	1.82	—	1.25	—	1.07	1.85	1.36
四分点（kN/m²）	57	—	65	—	68	57	64
四分点/均布	0.83	—	0.95	—	0.99	0.83	0.93
中点（kN/m²）	35	—	58	—	66	33	54
中点/均布	0.50	—	0.85	—	0.96	0.49	0.78

说明："—"表示因开裂而数据不存在，"端部/均布"之类的计算结果表示反力分布系数，下同。

开裂前等效均布荷载 23kN/m² 作用下基底反力实测结果　　　表 5.2-40

所在位置	YL1	L1	YL2	L2	YL3	L3	L4
高跨比	1/12	1/12	1/10	1/10	1/8	1/8	1/6
均布荷载（kN/m²）	69	23	80	46	114	69	86
端部（kN/m²）	125	63	134	73	128	127	107
端部/均布	1.82	2.75	1.67	1.60	1.11	1.85	1.25
四分点（kN/m²）	57	15	69	40	112	57	81
四分点/均布	0.83	0.64	0.86	0.88	0.98	0.83	0.95
中点（kN/m²）	35	0	47	29	106	33	73
中点/均布	0.50	0.00	0.59	0.63	0.93	0.49	0.85

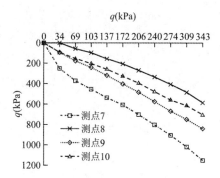

图 5.2-27 YL1 端部基底反力随荷载的变化曲线

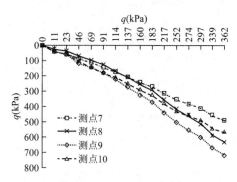

图 5.2-28 L1 端部基底反力随荷载的变化曲线

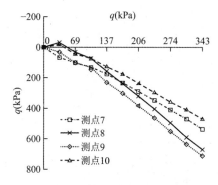

图 5.2-29 YL2 端部基底反力随荷载的变化曲线

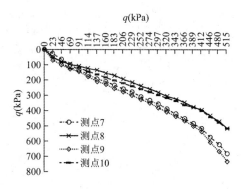

图 5.2-30 L2 端部基底反力随荷载的变化曲线

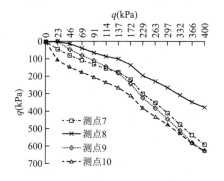

图 5.2-31 YL3 端部基底反力随荷载的变化曲线
（进行了二次加载）

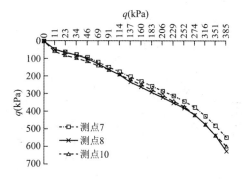

图 5.2-32 L3 端部基底反力随荷载的变化曲线

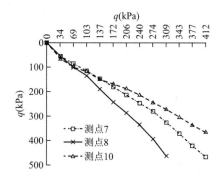

图 5.2-33 L4 端部基底反力随荷载的变化

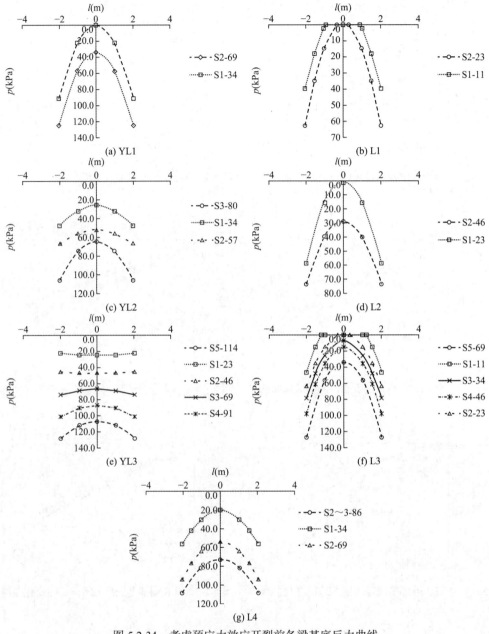

图 5.2-34　考虑预应力效应开裂前各梁基底反力曲线

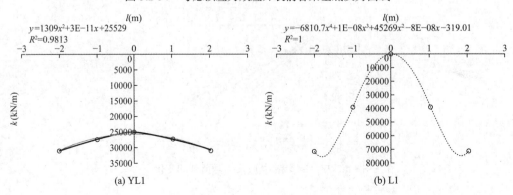

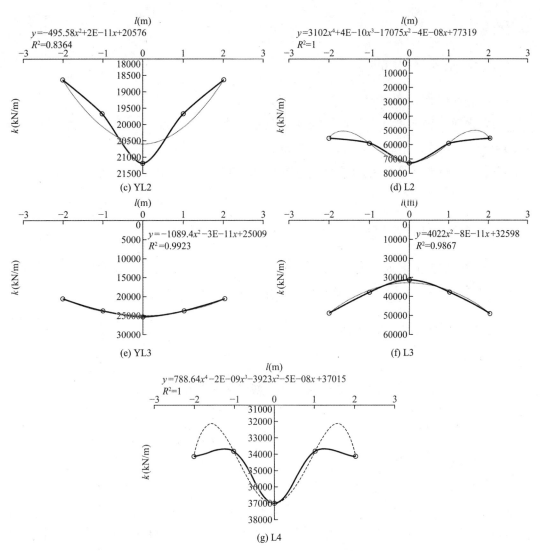

图 5.2-35　开裂荷载作用下弹簧刚度的回归分析曲线

5.3　计算及分析

5.3.1　概述

采用通用有限元计算软件 SAP2000 对基础模型梁进行了弹性计算，预应力效应通过嵌入梁对象内部的钢束来实现，正常使用状态下，基础梁按不开裂考虑，地基效应用图 5.2-35 的弹簧模拟，弹簧刚度取相邻单元的平均基底反力与所在节点梁的挠度之比。

分析试验现象可知，在各试验梁跨中上部一定范围内出现锅底形状裂缝，不管是跨中首先开裂，还是离开跨中一定距离首先开裂，开裂荷载下跨中必然要开裂。接力 SAP2000 开裂荷载下的内力计算参数及分析结果，用 PCNAD 对各基础模型梁进行跨中正截面全过程分析。

5.3.2　主要材料性能

（1）普通钢筋：HRB400。

（2）预应力钢筋：低松弛钢绞线预应力筋直径 $d = 15.2\text{mm}$，抗拉强度标准值 $f_{ptk} = 1860\text{N/mm}^2$，预应力钢筋 $E_s = 195000\text{N/mm}^2$。

（3）材料性能试验值：混凝土强度等级：等效 C34，$f_{ck} = 22.6\text{N/mm}^2$，$f_{tk} = 2.15\text{N/mm}^2$，$E_c = 30992\text{N/mm}^2$；普通纵向钢筋 $E_s = 187359\text{N/mm}^2$，$f_{yk} = 425\text{N/mm}^2$。

5.3.3　几何与荷载参数

几何参数和钢筋配置按表 5.2-6～表 5.2-8 考虑，试验开裂荷载按表 5.2-18 选用。预应力力值取各试件加载前张拉端和固定端实测结果的平均值，详见表 5.2-19。

5.3.4　SAP2000 计算结果

1）挠度

实测开裂荷载作用下，YL1 的短期挠度计算结果示意见图 5.3-1。考虑预应力效应时开裂荷载作用下各梁短期挠度的计算结果见表 5.3-1。由图 5.3-1、表 5.3-1 及前述结果可知：

（1）总体来讲，在试验开裂荷载作用下，挠度的实测结果与计算结果较为接近，但计算结果整体偏大。

（2）在试验开裂荷载作用下，各基础梁挠度的计算值为 0.02%～0.08%，其平均值与《基础规范》不出现裂缝的 0.05% 完全吻合，但对钢筋混凝土基础梁来说，大部分低于 0.05% 就出现裂缝，与试验结果较为吻合。鉴于试验、计算结果及开裂的随机变量属性，除按照《基础规范》控制挠度外，建议按《混凝土规范》相关要求对开裂也进行控制。

图 5.3-1　实测开裂荷载作用下 YL1 的沉降计算示意

考虑预应力效应时开裂荷载作用下挠度的计算结果（mm）　　　　　　表 5.3-1

梁号	YL1	L1	YL2	L2	YL3	L3	L4
实测开裂荷载（kN/m²）	69	23	80	46	114	69	86
端点（mm）	4.70	1.00	6.40	1.80	7.10	3.20	3.40
四分点（mm）	2.20	0.50	4.10	0.70	5.00	1.50	2.60
中点（mm）	1.50	0.30	3.30	0.20	4.20	0.90	2.30
计算挠度（mm）	3.20	0.70	3.10	1.60	2.90	2.30	1.10
计算挠曲度（%）	0.08	0.02	0.08	0.04	0.07	0.06	0.03

2）内力

在实测开裂荷载作用下，各试验梁内力计算结果分别见图 5.3-2～图 5.3-8。在预应力、试件自重及实测开裂荷载标准组合作用下，各基础梁跨中弯矩计算结果见表 5.3-2，跨中受拉边缘应力计算结果见表 5.3-3。

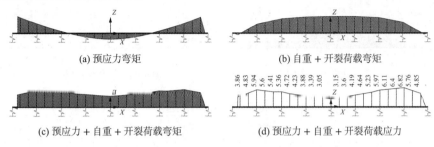

(a) 预应力弯矩   (b) 自重 + 开裂荷载弯矩

(c) 预应力 + 自重 + 开裂荷载弯矩   (d) 预应力 + 自重 + 开裂荷载应力

图 5.3-2 实测开裂荷载作用下 YL1 的计算结果

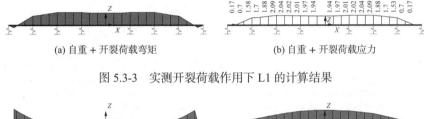

(a) 自重 + 开裂荷载弯矩   (b) 自重 + 开裂荷载应力

图 5.3-3 实测开裂荷载作用下 L1 的计算结果

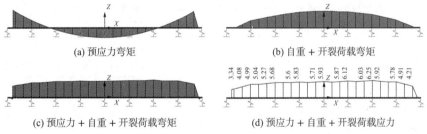

(a) 预应力弯矩   (b) 自重 + 开裂荷载弯矩

(c) 预应力 + 自重 + 开裂荷载弯矩   (d) 预应力 + 自重 + 开裂荷载应力

图 5.3-4 实测开裂荷载作用下 YL2 的计算结果

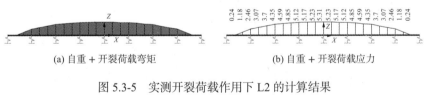

(a) 自重 + 开裂荷载弯矩   (b) 自重 + 开裂荷载应力

图 5.3-5 实测开裂荷载作用下 L2 的计算结果

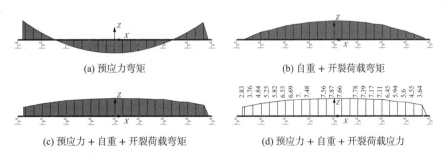

(a) 预应力弯矩   (b) 自重 + 开裂荷载弯矩

(c) 预应力 + 自重 + 开裂荷载弯矩   (d) 预应力 + 自重 + 开裂荷载应力

图 5.3-6 实测开裂荷载作用下 YL3 的计算结果

(a) 自重 + 开裂荷载弯矩　　　　　　　　　(b) 自重 + 开裂荷载应力

图 5.3-7　实测开裂荷载作用下 L3 的计算结果

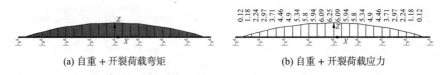

(a) 自重 + 开裂荷载弯矩　　　　　　　　　(b) 自重 + 开裂荷载应力

图 5.3-8　实测开裂荷载作用下 L4 的计算结果

跨中弯矩计算结果（kN·m）　　　　　　　　表 5.3-2

序号	梁号	YL1	L1	YL2	L2	YL3	L3	L4
1	预应力弯矩	−11.2	—	−19.4	—	−36.5	—	—
2	自重弯矩	−1.1	−1.5	−0.4	0.2	0.2	−0.5	0.2
3	开裂荷载弯矩	41.0	9.9	72.6	30.7	130.8	46.4	98.6
4	1～3 标准组合弯矩	28.7	8.4	52.8	30.9	94.5	45.9	98.8

含预应力荷载的标准组合下跨中受拉边缘应力计算结果（N/mm²）　　　表 5.3-3

梁号	YL1	L1	YL2	L2	YL3	L3	L4
计算应力	2.86	1.94	5.93	5.31	7.87	7.90	6.25

5.3.5　PCNAD 分析与设计结果

（1）YL1

由表 5.2-19 可知，YL1 预应力筋有效预应力和合力

$$\sigma_{pe} = (173 \times 10^3 \times 2)/280 = 1235.7 \text{N/mm}^2$$

$$N_p = 173 \times 10^3 \times 2 = 346000 \text{N}$$

依表 5.2-6～表 5.2-8 计算，可得到跨中净截面面积 $A_n = 101739 \text{mm}^2$，净截面重心至顶边缘距离 $y_n = 127 \text{mm}$，净截面惯性矩 $I_n = 1.189 \times 10^9 \text{mm}^4$。预加力 N_p 对净截面重心的偏心距

$$e_{pn} = 350 - 127 - 140 = 83 \text{mm}$$

依据本书公式(3.1-113)得到预加力 N_p 对净截面重心偏心引起的弯矩值

$$M_1 = N_p e_{pn} = -346000 \times 83 = -28.9 \times 10^6 \text{N} \cdot \text{mm}$$

从表 5.3-2 可查得，预加力 N_p 在跨中截面上产生的弯矩值 $M_r = -11.2 \times 10^6 \text{N} \cdot \text{m}$。由公式(3.1-112)得到次弯矩

$$M_2 = M_r - M_1 = (-11.2 + 28.9) \times 10^6 = 17.7 \times 10^6 \text{N} \cdot \text{mm}$$

依据表 3.1-1，可知低松弛钢绞线预应力筋的张拉控制应力 $\sigma_{con} = 0.75 f_{ptk}$，故预应力

筋应力松弛引起的损失

$$\sigma_{l4} = 0.2\left(\frac{\sigma_{con}}{f_{ptk}} - 0.575\right)\sigma_{con} = 0.2 \times \left(\frac{0.75 \times 1860}{1860} - 0.575\right) \times 0.75 \times 1860 = 48.8\text{N/mm}^2$$

经过试算，取第一批损失后预应力筋应力$\sigma_{pI} = 1361.0\text{N/mm}^2$，由公式(3.1-79)可算得受拉区预应力筋合力点处的混凝土法向压应力

$$\sigma_{pc} = \frac{N_p}{A_n} \pm \frac{N_p e_{pn}}{I_n}y_n \pm \frac{M_2}{I_n}y_n = \frac{1361.0 \times 280}{101739} + \frac{1361.0 \times 280 \times 83^2}{1.189 \times 10^9} - \frac{17.7 \times 10^6 \times 83}{1.189 \times 10^9}$$
$$= 3.75 + 2.23 - 1.24 = 4.74\text{N/mm}^2$$

受拉区预应力筋和普通钢筋的配筋率

$$\rho = (A_s + A_p)/A_n = (1520 + 280)/101739 = 1.77\%$$

由公式(3.1-68)可知，跨中截面混凝土收缩、徐变引起受拉区纵向预应力筋的预应力损失值

$$\sigma_{l5} = \frac{55 + 300\dfrac{\sigma_{pc}}{f'_{cu}}}{1 + 15\rho} = \frac{55 + 300 \times \dfrac{4.74}{34}}{1 + 15 \times 1.77\%} = 76.5\text{N/mm}^2$$

下面复核预应力筋有效预应力。由公式(3.1-9)和表 3.1-4 可知

$$\sigma_{pe} = \sigma_{pI} - \sigma_{III} = 1361.0 - (48.8 + 76.5) = 1235.7\text{N/mm}^2$$

正好等于试验值，说明第一批损失后预应力筋应力的取值较为准确。

将上面得到的σ_{pI}、M_2及几何和配筋等参数输入 PCNAD（图 5.3-9），用平均值计算可得到正截面全过程分析与设计结果。其中，预应力筋有效预应力即为初始状态下受拉区预应力筋应力，结果也是 1235.7N/mm²，开裂时普通受拉钢筋应力为−84.1N/mm²，开裂弯矩M_{cr}为 65.1 × 10⁶N·mm，受弯承载力为 268.8 × 10⁶N·mm，混凝土抗折模量为 5.07N/mm²，按曲率计算的延性比为 3.49。将上述结果进行汇总，详见表 5.3-4。

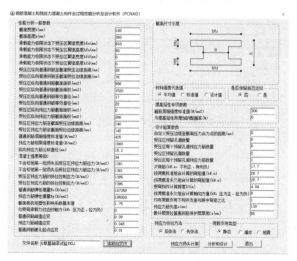

图 5.3-9　YL1 的 PCNAD 输入界面

随想：

当 PCNAD 用于设计时，可先求出预应力筋应力松弛引起的损失，以及混凝土收缩、徐变引起的预应力损失值，再用第一批预应力损失后预应力筋应力减去前两项预应力损失之和，求出预应力筋的有效预应力。当 PCNAD 用于科学研究时，通过实测就能得到预应力筋的有效预应力，因为 PCNAD 是按规范计算前两项损失的，主要用于设计，故用于科研时第一批预应力损失后的预应力筋应力需要假定及试算。第一次假定值可取大于有效预应力的一个数，能得到一个与其对应的有效预应力计算值，用该有效预应力的计算值减去试验值，有一个差值；第二次假定取这个差值与第一次假定值的代数和，此时一般就能达到精度要求，第二次假定值就是第一批预应力损失后的预应力筋应力。

（2）L1

取 σ_{pI} 为默认值、M_2 为零，将 L1 的几何和配筋等参数输入 PCNAD（图 5.3-10），用平均值计算可得到正截面全过程分析与设计结果。其中，开裂弯矩 M_{cr} 为 $29.8 \times 10^6 \text{N} \cdot \text{mm}$，受弯承载力为 $272.8 \times 10^6 \text{N} \cdot \text{mm}$，混凝土抗折模量为 5.07N/mm^2，按曲率计算的延性比为 3.64，其余计算结果详见表 5.3-4。

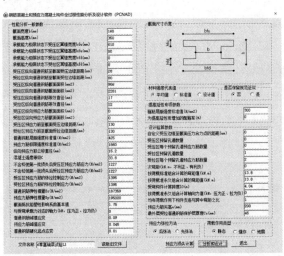

图 5.3-10　L1 的 PCNAD 输入界面

（3）YL2

由表 5.2-19 可知，YL2 预应力筋有效预应力和合力

$$\sigma_{pe} = 158 \times 10^3 \times 2/280 = 1128.6 \text{N/mm}^2$$

$$N_p = 158 \times 10^3 \times 2 = 316000 \text{N}$$

按表 5.2-6～表 5.2-8 计算，可得到跨中截面净截面面积 $A_n = 106705 \text{mm}^2$，净截面重心至顶边缘距离 $y_n = 142 \text{mm}$，净截面惯性矩 $I_n = 1.189 \times 10^9 \text{mm}^4$。预加力 N_p 对净截面重心的

偏心距

$$e_{pn} = 405 - 142 - 130 = 133mm$$

依据公式(3.1-113)，得到预加力N_p对净截面重心偏心引起的弯矩值

$$M_1 = N_p e_{pn} = -316000 \times 133 = -41.9 \times 10^6 N \cdot mm$$

从表 5.3-2 可查得，预加力N_p在跨中截面上产生的弯矩值$M_r = -19.4 \times 10^6 N \cdot mm$。由公式(3.1-112)，得到次弯矩

$$M_2 = M_r - M_1 = (-19.4 + 41.9) \times 10^6 = 22.5 \times 10^6 N \cdot mm$$

依据表 3.1-1，也得到预应力筋应力松弛引起的损失$\sigma_{l4} = 48.8 N/mm^2$。

经过试算，取第一批损失后预应力筋应力$\sigma_{pI} = 1265.9 N/mm^2$，由公式(3.1-93)可算得受拉区预应力筋合力点处的混凝土法向压应力

$$\sigma_{pc} = \frac{N_p}{A_n} \pm \frac{N_p e_{pn}}{I_n} y_n \pm \frac{M_2}{I_n} y_n = \frac{1265.9 \times 280}{106705} + \frac{1265.9 \times 280 \times 133^2}{1.678 \times 10^9} - \frac{22.5 \times 10^6 \times 133}{1.678 \times 10^9}$$
$$= 3.32 + 3.71 - 1.77 = 5.26 N/mm^2$$

受拉区预应力筋和普通钢筋的配筋率

$$\rho = (A_s + A_p)/A_n = (760 + 280)/106705 = 0.97\%$$

由公式(3.1-108)可知，跨中截面混凝土收缩、徐变引起受拉区纵向预应力筋的预应力损失值

$$\sigma_{l5} = \frac{55 + 300 \dfrac{\sigma_{pc}}{f'_{cu}}}{1 + 15\rho} = \frac{55 + 300 \times \dfrac{5.26}{34}}{1 + 15 \times 0.97\%} = 88.4 N/mm^2$$

下面复核预应力筋有效预应力。由公式(3.1-9)和表 3.1-4 可知

$$\sigma_{pe} = \sigma_{pI} - \sigma_{lII} = 1128.6 N/mm^2$$

正好等于试验值，说明第一批损失后预应力筋应力的取值较为准确。

将上面得到的σ_{pI}、M_2及几何和配筋等参数输入 PCNAD（图 5.3-11），用平均值计算可得到正截面全过程分析与设计结果。其中，预应力筋有效预应力即为初始状态下受拉区预应力筋应力，结果也是 1128.6N/mm²，开裂弯矩M_{cr}为 51.2 × 10⁶N · mm，受弯承载力为 234.6 × 10⁶N · mm，混凝土抗折模量为 5.05N/mm²，按曲率计算的延性比为 3.31，其余结果详见表 5.3-4。

（4）L2

取σ_{pI}为默认值、M_2为零，将 L2 的几何和配筋等参数输入 PCNAD（图 5.3-12），用平均值计算可得到正截面全过程分析与设计结果。其中，开裂弯矩M_{cr}为 40.0 × 10⁶N · mm，受弯承载力为 336.8 × 10⁶N · mm，混凝土抗折模量为 5.05N/mm²，按曲率计算的延性比为 3.66，其余结果详见表 5.3-4。

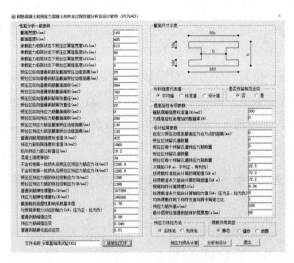

图 5.3-11　YL2 的 PCNAD 输入界面

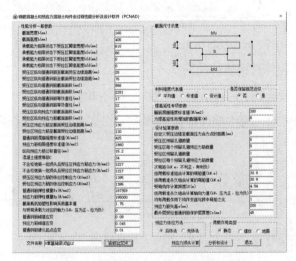

图 5.3-12　L2 的 PCNAD 输入界面

（5）YL3

由表 5.2-19 可知，YL3 预应力筋有效预应力和合力

$$\sigma_{\mathrm{pe}} = 156 \times 10^3 \times 2/280 = 1128.6 \mathrm{N/mm}^2$$

$$N_{\mathrm{p}} = 156 \times 10^3 \times 2 = 312000 \mathrm{N}$$

按表 5.2-6～表 5.2-8 计算，可得到跨中截面净截面面积 $A_{\mathrm{n}} = 122685 \mathrm{mm}^2$，净截面重心至顶边缘距离 $y_{\mathrm{n}} = 184 \mathrm{mm}$，净截面惯性矩 $I_{\mathrm{n}} = 3.114 \times 10^9 \mathrm{mm}^4$。预加力 N_{p} 对净截面重心的偏心距

$$e_{\mathrm{pn}} = 505 - 184 - 120 = 201 \mathrm{mm}$$

依据公式(3.1-113)得到预加力 N_{p} 对净截面重心偏心引起的弯矩值

$$M_1 = N_{\mathrm{p}} e_{\mathrm{pn}} = -312000 \times 201 = -62.8 \times 10^6 \mathrm{N \cdot mm}$$

从表 5.3-2 可查得，预加力 N_{p} 在跨中截面上产生的弯矩值 $M_{\mathrm{r}} = -36.6 \times 10^6 \mathrm{N \cdot m}$。由公

式(3.1-112)得到次弯矩

$$M_2 = M_r - M_1 = (-36.6 + 62.8) \times 10^6 = 26.2 \times 10^6 \text{N} \cdot \text{mm}$$

依据表 3.1-1，同样可知预应力筋应力松弛引起的损失 $\sigma_{l4} = 48.8\text{N/mm}^2$。

经过试算，取第一批损失后预应力筋应力 $\sigma_{pI} = 1257.0\text{N/mm}^2$，由公式(3.1-100)可算得受拉区预应力筋合力点处的混凝土法向压应力

$$
\begin{aligned}
\sigma_{pc} &= \frac{N_p}{A_n} \pm \frac{N_p e_{pn}}{I_n} y_n \pm \frac{M_2}{I_n} y_n \\
&= \frac{1257.0 \times 280}{122685} + \frac{1257.0 \times 280 \times 201^2}{1.678} \times 10^0 - \frac{26.2 \times 10^6 \times 201}{1.678} \times 10^9 \\
&= 5.75 \text{N/mm}^2
\end{aligned}
$$

受拉区预应力筋和普通钢筋的配筋率

$$\rho = (A_s + A_p)/A_n = (760 + 280)/122685 = 0.97\%$$

由公式(3.1-108)可知，跨中截面混凝土收缩、徐变引起受拉区纵向预应力筋的预应力损失值

$$\sigma_{l5} = \frac{55 + 300\dfrac{\sigma_{pc}}{f'_{cu}}}{1 + 15\rho} = \frac{55 + 300 \times \dfrac{5.75}{34}}{1 + 15 \times 0.97\%} = 93.8\text{N/mm}^2$$

下面复核预应力筋有效预应力。由公式(3.1-9)和表 3.1-4 可知

$$\sigma_{pe} = \sigma_{pI} - \sigma_{lII} = 1114.3\text{N/mm}^2$$

正好等于试验值，说明第一批损失后预应力筋应力的取值较为精确。

将上面得到的 σ_{pI}、M_2 及几何和配筋等参数输入 PCNAD（图 5.3-13），用平均值计算可得到正截面全过程分析与设计结果。其中，预应力筋有效预应力即为初始状态下受拉区预应力筋应力，结果也是 1114.3N/mm^2，开裂弯矩 M_{cr} 为 $88.7 \times 10^6 \text{N} \cdot \text{mm}$，受弯承载力为 $322.0 \times 10^6 \text{N} \cdot \text{mm}$，混凝土抗折模量为 4.75N/mm^2，按曲率计算的延性比为 3.50，其余计算结果详见表 5.3-4。

（6）L3

取 σ_{pI} 为默认值、M_2 为零，将 L3 的几何和配筋等参数输入 PCNAD（图 5.3-14），用平均值计算可得到正截面全过程分析与设计结果。其中，开裂弯矩 M_{cr} 为 $53.2 \times 10^6 \text{N} \cdot \text{mm}$，受弯承载力为 $322.8 \times 10^6 \text{N} \cdot \text{mm}$，混凝土抗折模量为 4.75N/mm^2，按曲率计算的延性比为 3.83，其余结果详见表 5.3-4。

（7）L4

取 σ_{pI} 为默认值、M_2 为零，将上节 L4 的几何和配筋等参数输入 PCNAD（图 5.3-15），用平均值计算可得到正截面全过程分析与设计结果。其中，开裂弯矩 M_{cr} 为 $85.0 \times 10^6 \text{N} \cdot \text{mm}$，受弯承载力为 $431.7 \times 10^6 \text{N} \cdot \text{mm}$，混凝土抗折模量为 4.45N/mm^2，按曲率计算的延性比为 3.90，其余结果详见表 5.3-4。

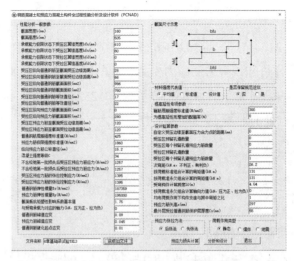

图 5.3-13　YL3 的 PCNAD 输入界面

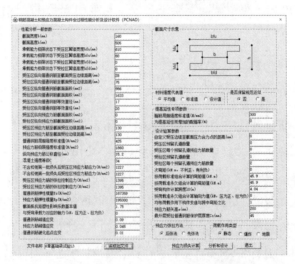

图 5.3-14　L3 的 PCNAD 输入界面

图 5.3-15　L4 的 PCNAD 输入界面

PCNAD 全过程分析与设计结果（单位制：N·mm）　　　　　　表 5.3-4

参数	YL1	L1	YL2	L2	YL3	L3	L4
有效预应力 σ_{pe}	1361.0	—	1128.6	—	1114.3	—	—
次弯矩 $M_2 \times 10^6$	17.7	—	22.5	—	26.2	—	—
第一批损失后 σ_{pI}	1361	—	1265.9	—	1257.0	—	—
混凝土抗折模量	5.07	5.07	5.05	5.05	4.75	4.75	4.45
开裂弯矩 M_{cr}（$\times 10^6$）	65.1	29.8	51.2	40.0	88.7	53.2	85.0
开裂时普通受拉钢筋应力	−84.1	19.3	−76.0	21.2	−77.8	18.6	19.3
标准荷载组合下拉应力	4.02	5.07	7.41	5.05	8.80	4.07	3.81
弹性极限弯矩（$\times 10^6$）	252.0	262.6	222.9	326.7	297.8	313.7	422.0
弹性极限状态裂缝宽度	0.67	0.53	0.98	0.56	1.04	0.65	0.79
受弯承载力（$\times 10^6$）	268.8	272.8	234.6	336.8	322.0	322.8	431.7
延性比	3.49	3.64	3.31	3.66	3.50	3.83	3.90

5.3.6　本节小结

（1）L1 开裂弯矩计算值（PCNAD 结果）与实测值（SAP2000 结果）之比高达 3.01，实测值明显低于计算值和预估值，应主要由基底反力直线分布假定误差较大引起，这种假定截面高度越小误差越大。L1 截面的高跨比为 1/12，远低于 1/6，依《基础规范》不能假定基底反力为直线分布，应按弹性地基梁板方法进行计算。预应力混凝土基础梁 YL1 开裂弯矩计算值与实测值之比为 1.59，实测值也明显低于预估值，但比同样截面高度的钢筋混凝土 L1 要好得多，说明同样截面高度时预应力混凝土构件的刚度要好得多。此外，与当时没有全过程分析软件也有关系，开裂荷载的预估是很难的一件事情，对专家和时间属性要求很高。

（2）除 YL1、L1 外，其余钢筋混凝土梁试验梁开裂弯矩计算值与实测值之比在 0.71～0.86 之间，预应力混凝土梁的比值在 1.15～1.30 之间，截面高度较大时均接近于 1.00，计算值、实测值和预估值符合程度尚可，截面高度越大假定基底反力直线的预估值准确程度越好。

（3）SAP2000 等结构分析软件和 PCNAD 正截面全过程分析软件各有各的用途，不能相互替代。SAP2000 重在结构整体指标、构件截面内力的计算。PCNAD 主要任务是较为精确地解决 SAP2000 不能或不擅长的正截面相关问题，按规范做好混凝土构件截面分析和设计，预估并解决好最后一公里的事情。PCNAD 能快速精细地计算出开裂等状态下截面的弯矩、曲率、钢筋和混凝土应力、延性比设计指标等。

（4）开裂荷载作用下，钢筋混凝土基础梁受拉区的普通钢筋受拉，而预应力混凝土基础梁受拉区的普通钢筋则受压。

（5）各基础梁的弹性极限弯矩最小值为 222.9kN·m，远大于用倒楼盖法求出的基础梁跨中弯矩 $M = 184$kN·m，说明在正常使用情况下基础梁处于未开裂或开裂弹性阶段内，远未达到承载能力极限状态。

（6）开裂荷载作用下，当基础梁计算挠度达到 0.02%～0.08% 时，各试验基础梁开始出现裂缝，比《基础规范》第 8.4.22 规定值（0.05%）略小，且与试验值 0.02%～0.04% 相差较大，故除按《基础规范》要求验算承载能力和挠度外，还应对基础梁进行抗裂验算。

（7）同样高度时，预应力混凝土与钢筋混凝土基础梁的延性比较为接近，但总体来讲预应力混凝土的延性比偏小一些，偏小最大值为 10%。

5.4　本章小结

分析试验和计算结果可知：

（1）从锚固后至地基承载力达到极限值，总体来说构件端部有粘结预应力筋力值与规范规定值较为吻合，但短期损失较规定值偏大，建议通过试张拉确定实际工程的短期损失，对于非常规设计更应该这样。应注意，与一般预应力混凝土梁相比，基础梁多了一项地基与基础的摩擦损失。由试验结果可知，只要按照规范要求施工，预应力筋预留孔道内水泥浆能够达到饱满、密实，能够实现预应力筋与水泥浆的变形协调。但也应注意控制试件制作质量，严格避免试验结果出现不可控的制作过失误差。

（2）在正常使用情况下基础梁处于开裂弹性阶段内，远未达到承载能力极限状态。基础梁通常从至跨中一定距离处首先出现裂缝，然后在跨中相继出现裂缝，与上部梁首先在跨中出现裂缝有一定的区别。当地基承载力达到极限值时，裂缝整体分布呈现盆状，试件形状呈现倒盆状。

（3）开裂荷载作用下，除按《基础规范》要求验算承载能力和挠度外，还应对基础梁进行抗裂验算。

（4）截面较高时，开裂弯矩的计算值、实测值和预估值符合程度尚可，截面高度越大假定基底反力直线分布的符合程度越好。与高跨比为 1/6 的钢筋混凝土基础梁相比，高跨比为 1/10 的预应力混凝土基础梁的基底反力更接近于直线分布，所以参照现行规范的相关规定，当高跨比不低于 1/10 时，预应力混凝土基础梁的基底反力可按照直线分布考虑，与此时的钢筋混凝土梁相比预应力混凝土梁的截面高度可降低 40%。此外，需满足基础梁适当外挑、端部反力适当增大等规范要求，有条件时可考虑护坡结构与主体结构的共同工作，应尽可能采用平板式筏形基础，在迎土面中加阻锈剂等可进一步增加耐久性能。

（5）同样高度时，预应力混凝土与钢筋混凝土基础梁的延性比较为接近，但总体来讲预应力混凝土基础梁的延性比偏小一些，偏小最大值为 10%。

（6）对大跨度地下结构基础梁来说，通过调整基底宽度、高度（厚度）和使用预应力技术，能满足地基和基础基本在弹性范围内工作的概念设计，可以假定基底反力为直线分布，能将复杂的弹塑性计算变为较为简单的弹性计算，与同样跨度的钢筋混凝土梁相比，同样刚度条件下预应力混凝土基础梁的高跨比可降低 40%。大跨度预应力混凝土基础梁显然符合"四节一环保"的国家绿色建筑政策，符合创新、协调、绿色、开放、共享的新发展理念，特别适合在地下大跨空间结构中推广应用。

（7）SAP2000 等结构分析软件和 PCNAD 正截面全过程分析软件各有各的用途，不能相互替代。SAP2000 重在结构整体指标、构件截面内力的计算。PCNAD 主要任务是较为精确地解决 SAP2000 不能或不擅长的正截面相关问题，按规范做好混凝土构件截面分析和设计，预估并解决好最后一公里的事情。PCNAD 能快速精细地计算出开裂等状态下截面的弯矩、曲率、钢筋和混凝土应力、延性比设计指标等。

📝 随想：

①经过几代人的共同努力，PCNAD 终于能为大家服务了，可以代替结构试验，我们有幸首先得到一些研究成果，但更希望以此为契机，掀起一次新的混凝土结构的研究高潮，利用全过程分析得到更多研究成果，发现更多客观规律，利用数字化助力混凝土结构高质量发展。

②利用 PCNAD 可研究的方向很多，初步分析有受压区高度计算用材料代表值研究，用弯矩-曲率关系直接求解公式(4.2-5)中的σ_s、公式(4.3-4)的B_s、$P\text{-}\delta$效应，等等。

③混凝土结构的绿色高质量发展是一个复杂的大系统工程，需用创新、协调、绿色、开放、共享的新发展理念，教学、工程监管、勘察、设计、施工、监理、检测、造假、咨询等各方共同努力，才能达到目标。

附录

附录A　预应力混凝土发展简史

预应力混凝土能发展到当前这样高度的水平，是由于一个多世纪以来无数工程师和科学家持续不断钻研和实践的结果。回顾历史，预应力混凝土的概念几乎是与钢筋混凝土的概念同时产生的，无论采用钢筋还是施加预压应力，其目的都是加强混凝土的抗拉能力以弥补抗拉强度过低的缺点。将预应力原理用于混凝土的实践始于19世纪80年代。

1866年和1888年，美国工程师杰克逊（P.H.Jackson）和德国工程师杜林（C.E.Doehring）分别独立获得了用钢筋加强楼板、使混凝土受荷前产生压应力的专利。但是，这些预应力混凝土的先驱者们并没有真正成功，因为那时的钢筋强度不高，其中的预应力被随后产生的混凝土收缩和徐变引起的预应力损失消耗殆尽了。

预应力混凝土进入实用阶段与法国工程师弗莱西奈（E.Freyssinet）的贡献是分不开的。他在对混凝土和钢材性能进行大量研究和总结前人经验的基础上，考虑到混凝土收缩和徐变产生的损失，于1928年指出了预应力混凝土必须采用高强钢材和高强混凝土。弗氏这一论断是预应力混凝土在理论上的关键性突破。从此，对预应力混凝土的认识进入理性阶段，但对预应力混凝土的生产工艺，当时并没有解决。

1938年德国的霍友（E.Hoyer）研究成功了靠高强细钢丝和混凝土之间的粘结力而不靠锚头传力的先张法，可以在长达百米的墩式台座上一次同时生产多根结构构件。1939年，弗莱西奈研究成功的锚固钢丝束的弗式锥形锚具及其配套的双作用千斤顶。1940年比利时的麦尼尔（G.Magnel）研究成功一次可以同时张拉两根钢丝的麦式镶块锚。这些成就为推广先张法和后张法预应力混凝土提供了切实可行的生产工艺。

预应力混凝土的大量推广，开始于第二次世界大战结束后的1945年。当时西欧由于战争对工业、交通、城市建设造成的大量破坏，急待恢复或重建，而钢材供应异常紧张，一些原来采用钢结构构件的工程，纷纷改用预应力混凝土结构代替，几年之内欧洲各国都取得了蓬勃的发展。应用的范围，开始是桥梁和工业厂房，后来扩大到土木和建筑工程的各个领域。从20世纪50年代起，美国、加拿大、日本、澳大利亚等国也开始推广预应力混凝土。为了促进预应力技术的发展，1950年还成立了国际预应力混凝土协会（简称FIP），有四十多个会员国参加，每四年举行大会一次，交流各国在理论和实践方面的经验。这期间弗莱西奈设计的跨越法国马恩河孔径为54m的路尚西桥于1946年建成后，人们才开始接受预应力损失值可以进行控制和估计的见解，并意识到使用预应力可以实现轻盈和美丽的混凝土单跨梁桥。

我国的预应力混凝土是随着第一个五年计划的实施，于20世纪50年代中期开始发展起来的。当时基本建设任务庞大，钢、木、水泥供应非常紧张，迫切要求发展预应力混凝土结构代替钢、木结构和钢筋混凝土结构，以节约钢材和木材。

1954 年以程庆国教授为代表的中国铁道科学研究院初步完成钢弦混凝土轨枕的试制，1955 年以杜拱辰教授为代表的中国建筑科学研究院初步完成采用高强钢丝和冷拉螺纹钢筋配筋的预应力先张法工艺的研究，接着又完成了 18m 预应力屋面梁和后张拼块式 18m 屋面大梁的研制。1956 年 4 月，中国建筑科学研究院在北京举办了预应力混凝土技术培训班。同年 12 月，原建筑工程部在太原举办了全国性的预应力混凝土试制基地和学习班。从此，预应力混凝土在全国范围内开始推广。

为了促进预应力混凝土技术的发展，原建筑工程部曾于 1957 年 3 月在北京，1958 年 1 月在太原分别召开了有全国各工交部门参加的预应力混凝土技术交流会和预应力混凝土及钢筋混凝土结构会议，并出版有会议资料汇编与选编，对推广预应力混凝土收到了很好效果。据当时统计，1958 年全国推广预应力混凝土即达 20 万 m^3。1974 年国家基本建设委员会建筑科学研究院在杭州召开了全国预应力混凝土技术座谈会，并出版了会议资料选编。1980 年中国土木工程学会成立混凝土与预应力混凝土学会，并于同年 12 月在杭州召开了中国土木工程学会第一届预应力混凝土学术会议。学会的成立标志着我国已具有一支比较庞大的预应力混凝土专业队伍，并在技术上已进入成熟阶段。

在我国，预应力混凝土已广泛应用于建筑工程、公路工程、铁路工程、机场工程、港口与航道工程、水利水电工程、矿业工程、机电工程、市政工程、通信与广电工程等土木工程的各个领域，甚至还解决了连钢结构都难以解决的结构物建造问题。如：核电站的安全壳，直径有 40~50m，若采用钢结构，安全壳壁厚要几十厘米甚至 1 米厚，那么厚的钢板无法轧制出来，即使轧制出来也无法弯曲和焊接成壳，而采用预应力混凝土核安全壳，则可彻底解决这一难题。

目前，预应力混凝土仍是我国的一种主要结构材料，像港珠澳大桥、北京大兴国际机场、国家体育场等超级工程，更是离不开预应力混凝土技术，预计新时代将得到越来越大的发展。

附录B PCNAD 使用简介

B.1 PCNAD 基本功能

（1）PCNAD 是一个复杂的大系统，不仅能解决钢筋混凝土和预应力混凝土结构构件全过程分析问题，还能攻克一些长期没有解决的难题，能将全过程分析规范化、系统化、概念化、精细化、简单化、实践化、传承化和创新化。PCNAD 的主要价值在于将全过程分析数字化和精细化，并形成计算软件，既能用理论实时指导实践，又能用实践随时检验理论，最终将符合现行规范要求的全过程分析和设计转换为生产力。这将有助于传承、创新和推广绿色低碳混凝土结构，保障工程质量、人民生命财产安全和人身健康，促进混凝土结构高质量发展。

（2）PCNAD 基于现行规范对正截面承载力计算的根本要求，将钢筋混凝土和预应力混凝土结构构件作为一个体系，将受弯和偏心受力看作一个系统。在静力、爆炸或地震等作用下，采用平均值、标准值或设计值，既能进行更为系统的、符合实际的、较准确的各控制状态性能分析，又能用全过程性能曲线进行任一点的性能分析，并自动确定各控制状态的出现顺序和承载能力极限状态类型，最后完成正截面设计。通过 PCNAD 软件，用平均值来预估试验开裂荷载的方法，可靠度较好，不仅更为直接、简单，还能大大降低制作、测试等较大过失误差等带来的不利影响；用设计值进行构件设计更为方便，可快速计算出延性比和抗弯耗能等指标，用于结构优化时能避免 "井桶效应"。

（3）PCNAD 将规范中简化的混凝土受压区等效矩形应力图形，恢复为精确的理论图形；当 $x < 2a'$ 时，将承载能力的近似算法恢复为精确的理论算法。此外，求解由混凝土的收缩徐变导致的预应力损失时，可以考虑预应力筋的实际弹性模量；同时，可以恢复全截面消压状态下受压区普通钢筋的应力。

（4）PCNAD 能得到各控制状态的曲率和弯矩、钢筋和混凝土的应力和应变、混凝土受压区高度、压力合力作用点位置及总抗弯耗能等性能指标，能得到正截面承载力及其类型、延性比、裂缝和挠度验算等设计结果，能验证极限状态下各种钢筋先后均可达到屈服状态。控制状态包括初始、零应力、开裂、普通钢筋或预应力筋屈服、均匀或非均匀受压混凝土极限应变、普通钢筋或预应力筋极限拉应变。承载能力极限状态包括普通钢筋或预应力筋极限拉应变、非均匀受压混凝土极限应变两种情况。

此外，PCNAD 采用了黄金分割迭代法，计算时间大大缩短，用时为一般迭代法的 $\ln \varepsilon / \varepsilon$。

PCNAD 可以单独运行，也可以接力结构分析软件运行。能够保存输入数据文件，文件名称为：指定工程名称.pcn。PCNAD 也能够输出结果文件，当在前处理对话框中选择保留规范近似时，文件名称为：指定工程名称＋全过程＋规范近似分析.xls 和指定工程名称＋规范近似设计.xls；当不选择保留规范近似时，文件名称为：指定工程名称＋全过程＋取消近似分析.xls 和指定工程名称＋取消近似设计.xls，前处理对话框见图 4.6-15。规范近似包括：求解预应力收缩徐变损失时，用普通钢筋的弹性模量近似代替预应力筋的弹性模量，未考虑全截面消压状态下受压区纵向普通钢筋的应力。

B.2 前处理

前处理对话框见图 4.6-15，共分八个部分。第一部分为性能分析一般参数，第二部分为截面尺寸示意，第三部分为材料强度代表值，第四部分为是否保留规范近似，第五部分为提高延性专项参数，第六部分为设计验算参数，第七部分为预应力张拉方法，第八部分为荷载作用类型。PCNAD 统一用 I 形截面输入截面几何参数，其他截面的几何参数需要等效成 I 形截面后再输入，T 形、I 形及倒 L 形截面受弯构件位于受压区的翼缘计算宽度 b_f' 可按本书表 2.4-1 所列情况中的最小值取用，受拉区的翼缘计算宽度 b_f 可参照 b_f' 的计算规则取用。

点击前处理对话框右下角的计算，可以将这些数据保存为左下角指定文件名，也可以点击读取旧文件调出已有文件中的参数。文件主体名称默认值为"试点工程"，文件扩展名为"pcn"。根据实际情况，结构工程师可以改变前处理中的部分参数。

B.2.1 性能分析一般参数

该组参数主要用于对钢筋混凝土，特别是对预应力混凝土构件进行非线性全过程受弯性能分析，具体如下：

（1）截面宽度

截面宽度详见截面尺寸示意中的 b，为 I 形截面的腹板宽度，与 4.1 节中的 b 对应，单位是 mm，默认值为 600。

（2）截面高度

截面高度详见截面尺寸示意中的 h，为 I 形截面高度，与 4.1 节中的 h 对应，单位是 mm，默认值为 1600。

（3）受压翼缘宽度

受压翼缘宽度详见截面尺寸示意中的 b_{fu}，为 I 形截面受压区的翼缘宽度，与 4.1 节中的 b_f' 对应，单位是 mm，默认值为 3040。当输入值小于截面宽度时，PCNAD 自动按截面宽度取值。

（4）受压翼缘高度

受压翼缘高度详见截面尺寸示意中的 h_{fu}，为 I 形截面受压区的翼缘高度，与 4.1 节中的 h_f' 对应，单位是 mm，默认值为 400。

（5）受拉翼缘宽度

受拉翼缘宽度详见截面尺寸示意中的 b_{fd}，为 I 形截面受拉区的翼缘宽度，与 4.1 节中的 b_f 对应，单位是 mm，默认值为 0。当输入值小于截面宽度时，PCNAD 自动按截面宽度取值。

（6）受拉翼缘高度

受拉翼缘高度详见截面尺寸示意中的 h_{fd}，为 I 形截面受拉区的翼缘高度，与 4.1 节中的 h_f 对应，单位是 mm，默认值为 0。

（7）受压区纵向普通钢筋至截面受压区边缘距离

受压区纵向普通钢筋至截面受压区边缘距离，为受压区纵向普通钢筋合力点至截面受压区边缘的距离，与 4.1 节中的 a'_s 对应，单位是 mm，默认值为 64。

（8）受拉区纵向普通钢筋至截面受拉区边缘距离

受拉区纵向普通钢筋至截面受拉区边缘距离，为受拉区纵向普通钢筋合力点至截面受拉区边缘的距离，与 4.1 节中的 a_s 对应，单位是 mm，默认值为 54。

（9）受压区纵向普通钢筋截面面积

受压区纵向普通钢筋截面面积，与 4.1 节中的 A'_s 对应，单位是 mm²，默认值为 4310。

（10）受拉区纵向普通钢筋截面面积

受拉区纵向普通钢筋截面面积，与 4.1 节中的 A_s 对应，单位是 mm²，默认值为 4310。

（11）受压区纵向普通钢筋等效直径

受压区纵向普通钢筋等效直径，与 4.2 节中的 d_{eq} 相似，单位是 mm，默认值为 28。

（12）受拉区纵向普通钢筋等效直径

受拉区纵向普通钢筋等效直径，与 4.2 节中的 d_{eq} 相似，单位是 mm，默认值为 28。

（13）受压区纵向预应力筋截面面积

受压区纵向预应力筋截面面积，与 4.1 节中的 A'_p 对应，单位是 mm²，默认值为 0。

（14）受拉区纵向预应力筋截面面积

受拉区纵向预应力筋截面面积，与 4.1 节中的 A_p 对应，单位是 mm²，默认值为 3360。

（15）受压区纵向预应力筋至截面受拉区边缘距离

受压区纵向预应力筋至截面受拉区边缘距离，为受压区纵向预应力筋合力点至截面受压区边缘的距离，与 4.1 节中的 a'_p 对应，单位是 mm，默认值为 200。

（16）受拉区纵向预应力筋至截面受拉区边缘距离

受拉区纵向预应力筋至截面受拉区边缘距离，为受拉区纵向预应力筋合力点至截面受拉区边缘的距离，与 4.1 节中的 a_p 对应，单位是 mm，默认值为 200。

（17）普通钢筋屈服强度标准值

普通钢筋屈服强度标准值，与 4.1 节中的 f_{yk} 对应，单位是 N/mm²，默认值为 500，以充分发挥其强度较高的优势。

（18）预应力筋极限强度标准值

预应力筋极限强度标准值，与 4.1 节中的 f_{ptk} 对应，单位是 N/mm²，默认值为 1860。

（19）纵向预应力筋公称直径

纵向预应力筋公称直径，与 4.2 节中的 d_{p1} 相似，单位是 mm，默认值为 15.2。

（20）混凝土强度等级

混凝土强度等级 C，按 1.2 节符号的含义确定，默认值为 50。

依据混凝土强度等级，PCNAD 按照《混凝土规范》混凝土章节相关规定，确定混凝土强度标准值和设计值。对《混凝土规范》附录 C 混凝土本构关系章节中的变异系数进行统计分析，发现混凝土强度变异系数 δ_C 与混凝土强度等级 C 关系如下

$$\delta_C = 8 \times 10^{-5} C^2 - 0.0072C + 0.32198$$

式中：C——混凝土强度等级，拟合用混凝土强度等级范围为 C15～C50。

PCNAD 采用上述关系，自动用混凝土强度等级确定混凝土强度变异系数，并在混凝土强度的平均值和标准值之间进行转化。若有必要，PCNAD 随时可以变位按《混凝土规范》和试验结果确定混凝土强度变异系数，不用统计分析结果。考虑到根据试验统计确定混凝

土强度变异系数的难度较大、情况较少，没有让结构工程师改变混凝土强度变异系数，但可以定制，余同。

（21）不含松弛第一批损失后受压区预应力筋应力

不含松弛第一批损失后受压区预应力筋应力，按表 3.1-3 的规定计算，单位是 N/mm²，默认值为 1116。

（22）不含松弛第一批损失后受拉区预应力筋应力

不含松弛第一批损失后受拉区预应力筋应力，按表 3.1-3 的规定计算，单位是 N/mm²，默认值为 1116。

（23）受压区预应力筋的张拉控制应力

受压区预应力筋的张拉控制应力，按第 3.1.3 节的规定输入，但注意是张拉端锚下的控制应力，单位是 N/mm²，默认值为 1395。

（24）受拉区预应力筋的张拉控制应力

受拉区预应力筋的张拉控制应力，按第 3.1.3 节的规定输入，但注意是张拉端锚下的控制应力，单位是 N/mm²，默认值为 1395。

（25）普通钢筋弹性模量

普通钢筋弹性模量 E_s，按 1.2 节符号的含义确定，单位是 N/mm²，默认值为 200000。

（26）预应力筋弹性模量

预应力筋弹性模量 E_p，按 1.2 节符号的含义确定，单位是 N/mm²，默认值为 195000。

（27）截面抵抗矩塑性影响系数基本值

截面抵抗矩塑性影响系数基本值，一般情况按第 4.3 节中的 γ_m 取值，默认值为 1.5。如进行试验研究，可按《混凝土结构设计规范》GBJ 10—89 附录六取值，或按《混凝土规范》附录 C 中的混凝土本构关系进行计算。

（28）与受弯承载力对应的轴力

与抗弯能力对应的轴心力代表值，与移至重心轴处第 4.1 节的 N 对应，压为正，拉为负，单位是 kN，默认值为 0。

（29）普通钢筋峰值应变

普通钢筋峰值应变，与第 2.4 节的 ε_u 对应，应根据试验统计确定，默认值为 0.09。按照《混凝土规范》钢筋章节的条文说明，结构设计用钢筋极限强度标准值表示，性能分析用钢筋极限强度平均值表示。

PCNAD 按照《混凝土规范》钢筋本构关系中 HRB333 的变异系数取值（7.43%）。考虑到根据试验统计确定钢筋强度变异系数的难度大、情况少、重要性，没有预留改变钢筋强度变异系数的编辑框，但可以定制，余同。

（30）预应力筋峰值应变

预应力筋峰值应变，也与第 2.4 节的 ε_u 对应，也应根据试验统计确定，默认值为 0.045。按照《混凝土规范》钢筋章节的条文说明，结构设计用预应力筋峰值应变采用标准值表示。如果材料强度代表值选用平均值，预应力筋峰值应变也采用平均值表示。

对预应力筋强度的变异系数，对 14 组试验数据分析得到，数值为 0.01。

（31）普通钢筋硬化起点应变

普通钢筋硬化起点应变，与第 2.4 节中的钢筋硬化起始点应变对应，应根据试验统计确定，默认值取 0.01。按照《混凝土规范》钢筋章节的条文说明，钢筋屈服强度采用标准值表示，故 PCNAD 对钢筋硬化起始点应变也按标准值考虑。如果材料强度代表值选用平均值，PCNAD 也自动将标准值转化为平均值。

B.2.2　材料强度代表值

该组参数中的平均值、标准值和设计值按 1.2 节符号的定义确定，PCNAD 默认选择设计值。一般来说，当进行结构构件非线性全过程和结构试验实际性能分析时，应选择平均值；当进行结构构件非线性全过程承载能力极限状态设计时，应选择设计值。当进行结构构件非线性全过程正常使用极限状态验算时，应选择标准值。当进行设计指标复核或验算时，如选择设计值，但规范公式要求采用标准值，PCNAD 会自动采用标准值。

B.2.3　提高延性专项参数

提高延性专项参数是指在满足现有规范要求的基础上，为提高所验算截面延性性能而专门增设的箍筋 $\Delta\rho_{sv}$，按照公式(2.8-4)设置，单位是%，默认值为 0。

B.2.4　设计验算一般参数

得到轴弯结构构件非线性全过程性能后，也就得到了正常使用阶段性能，依此可完成设计要求的正常使用极限状态验算，这一部分参数正是为进行正常使用极限状态验算而设置，但需要与规范所要求的材料性能选项配合使用。具体如下：

（1）自定义受压边缘至截面压力合力点的距离

自定义受压边缘至截面压力合力点的距离，指截面所有压力的合力点至受压边缘的距离，单位是 mm，默认值为 0，表示没有自定义。

PCNAD 提供了一个接口，用标准值或平均值计算后，从结果中读取受压边缘至截面压力合力点的距离，输入此处，然后再用设计值计算，在设计结果文件中就输出自定义承载力计算结果。

（2）受压区预留孔道数量

受压区预留孔道数量的含义见《混凝土规范》预应力混凝土构造规定章节中的相关规定，PCNAD 默认值为 0。

（3）受压区每个预留孔道预应力筋数量

受压区每个预留孔道预应力筋数量的含义见《混凝土规范》预应力混凝土构造规定章节中的相关规定，PCNAD 默认值为 0。

由每个预留孔道预应力筋数量可以确定单个预留孔道的横断面面积，结合预留孔道数量可确定预留孔道总面积，用于计算考虑预留孔道的截面特性。参照中国建筑科学研究院 QM 预应力锚固系统的相关参数，单个预留孔道的横断面面积 A 可表示为每个预留孔道预应力筋数量 n 的函数，表达式是 $A = 5 \times n + 38$，单位为 mm^2。

（4）受拉区预留孔道数量

受拉区预留孔道数量的含义见《混凝土规范》预应力混凝土构造规定章节中的相关规定，PCNAD 默认值为 4。

（5）受拉区每个预留孔道预应力筋数量

受拉区每个预留孔道预应力筋数量的含义见《混凝土规范》预应力混凝土构造规定章节中的相关规定，PCNAD 默认值为 6。

由每个预留孔道预应力筋数量可以确定单个预留孔道的横断面面积，结合预留孔道数量可确定预留孔道总面积，用于计算考虑预留孔道的截面特性。参照中国建筑科学研究院QM 预应力锚固系统的相关参数，单个预留孔道的横断面面面积A可表示为每个预留孔道预应力筋数量n的函数，表达式是$A = 5 \times n + 38$，单位为 mm^2。

（6）次弯矩

次弯矩，按公式(3.1-112)计算，单位为 kN·m，有利为负、不利为正，默认值为 0。

（7）按作用标准组合计算的弯矩值

按作用标准组合计算的弯矩值，与第 4.3 节中的M_k对应，单位为 kN·m，只能为正，默认值为 4661。

（8）按作用准永久组合计算的弯矩值

按作用准永久组合计算的弯矩值，与第 4.3 节中的M_q对应，不含次弯矩，单位为 kN·m，只能为正，默认值为 4359。

（9）受弯构件计算跨度

受弯构件计算跨度，与第 2.5 节中的l_0对应，单位为 m，默认值为 15。

（10）按作用准永久组合计算的轴向力值

按作用准永久组合计算的轴向力值，与第 4.2 节中的N_q对应。压为正，拉为负，单位为 kN，默认值为 0。

（11）均布作用下结构构件端部与跨中弯矩之比

均布作用下结构构件端部与跨中弯矩之比，可接力结构分析软件结果输入，也可以用结构力学的方法计算，以此确定第 4.3 节中结构构件的弹性挠度，默认值为 1.23。

当均布作用下结构构件端部与跨中弯矩之比为 0 时，PCNAD 按简支梁考虑，弹性挠度计算值为：

$$f = \frac{5Ml_0^2}{48E_cI_0} \tag{B.2-1}$$

当均布作用下结构构件端部与跨中弯矩之比为 2 时，PCNAD 按两端固定梁考虑，弹性挠度计算值为：

$$f = \frac{Ml_0^2}{48E_cI_0} \tag{B.2-2}$$

当取 0～2 之间其他数值时，按线性插入法确定弹性挠度计算值。

（12）预应力筋矢高

预应力筋矢高，与《预应力混凝土结构设计规范》JGJ 369—2016 构造规定章节中的e对应，单位为 mm，默认值为 1200。

（13）最外层受拉普通钢筋保护层厚度

最外层受拉普通钢筋保护层厚度，与《混凝土规范》构造规定章节中的c对应，单位为 mm，默认值为 40。

B.2.5 预应力张拉方法

该组参数按预应力张拉方法分类，采用先张拉预应力筋后浇筑混凝土的方法时选择先张法，否则选择后张法。先张法和后张法按《混凝土规范》预应力混凝土构件章节中的相关规定选用，PCNAD 默认选择后张法。

B.2.6　荷载作用类型

该组参数用于对材料强度代表值进行调整，PCNAD 默认选择静态作用类型，按《混凝土规范》材料章节中的相关规定进行计算，爆炸与《人民防空地下室设计规范》GB 50038—2005 材料章节中的 γ_d 对应，地震与《建筑抗震设计规范》GB 50011—2010 截面抗震验算章节中的 γ_{RE} 对应。

B.2.7　是否保留规范近似

见 B.1 节相关部分，默认不保留规范近似，当选择材料强度设计值时，为与现行规范取值保持一致，建议保留规范近似。

B.3　后处理

前处理完成后，点击计算，提示"文件写入成功！"后，计算随即完成，并在当前工作目录下生成四个 EXCEL 结果文件，分别为试点工程预应力全过程分析和设计两个 EXCEL 结果文件及两个文本文件，EXCEL 文件见图 B.3-1 和图 B.3-2。

在该全过程分析 EXCEL 结果文件中，控制状态按先后顺序分别为初始状态（仅含预应力）、受拉边零应力状态、受拉边开裂状态、受拉普通钢筋屈服状态、受拉区预应力筋屈服状态和受拉钢筋极限应变状态，到均匀受压混凝土极限应变状态时构件已经达到了极限承载能力极限状态；输出参数包括曲率、受弯承载力、受拉区预应力筋应力、受拉区预应力筋应变、受压区预应力筋应力、受压区预应力筋应变、受拉钢筋应力、受拉钢筋应变、受压钢筋应力、受压钢筋应变、受压混凝土边缘应力、受压混凝土边缘应变、阶段总耗能能力、混凝土受压区高度和受压边缘至压力合力点距离。结构工程师可以一键将 EXCEL 文件中的全部文本数字转换为可分析的数字，步骤见图 B.3-3、图 B.3-4。根据实际需求，可以对结果进行分析，对设计进行优化。图 B.3-5 和图 B.3-6 为依据结果文件生成的弯矩与曲率关系，首先框选曲率、弯矩数据，然后插入散点图，最后修改散点图为期望的格式。阶段总耗能能力为弯矩、曲率乘以截面有效高度所形成的图形面积，其余全过程分析 EXCEL 结果文件中的参数含义按 1.2 节符号的定义确定。

设计 EXCEL 结果文件包括规范受弯承载力、自定义受弯承载力、承载能力类型、按经验值计算延性比、按本书公式(4.5-14)计算延性比、按曲率计算延性比、增配箍筋延性提高系数、换算后钢筋配筋率、规范标准组合弹性挠度增大系数、按支座跨中弯矩比验算的挠度、按全过程计算弯矩的挠度、钢筋屈服时刚度折减系数、承载力时刚度折减系数、受拉边缘混凝土开裂应力、规范公式荷载标准组合受拉边拉应力、荷载准永久组合受拉边拉应力、混凝土抗裂强度、消压状态受拉区预应力筋应力、消压状态受拉区钢筋应力、消压状态受压区预应力筋应力、消压状态受压区钢筋应力。当结果明显不正常时，PCNAD 自动给出提示，并输出到注意事项中。设计 EXCEL 结果文件各参数具体含义如下：

（1）规范受弯承载力

规范受弯承载力，指按第 4.1 节相关规定计算的受弯承载力。

（2）自定义受弯承载力

自定义受弯承载力，与第 B.2.4 节第（1）条的自定义受压边缘至截面压力合力点的距离相对应，其余指标按第 4.1 节相关规定计算的受弯承载力。

（3）承载能力类型

承载能力类型，分普通受拉钢筋或受拉区预应力筋达到极限应变、受压区边缘混凝土达到极限应变两种。

（4）按经验值计算延性比

参考文献[21]，经验值计算延性比公式为

$$\beta = \phi_u/\phi_y \tag{B.3-1}$$

$$\phi_y = \left[\varepsilon_y + (0.45 + 2.1\xi) \times 10^{-3}\right]/h_0 \tag{B.3-2}$$

$$\sigma_p = \begin{cases} \phi_u = \left[\varepsilon_{cu} + \dfrac{1}{35 + 600\xi}\right]/h_0 \quad \varepsilon < 0.5 \\ \phi_u = \left[\varepsilon_{cu} + 2.7 \times 10^{-3}\right]/h_0 \quad 0.5 \leqslant \varepsilon < 1.2 \end{cases} \tag{B.3-3}$$

式中：ϕ_y——受拉钢筋开始屈服时的曲率；

ϕ_u——受拉钢筋开始达到极限应变或截面受压区边缘混凝土开始达到极限应变；

ξ——构件极限状态时按矩形应力图形计算处的截面受压区相对高度；

ε_y——受拉钢筋开始达到屈服时的应变；

ε_{cu}——构件极限状态时截面受压区边缘的混凝土应变，可取为 $\varepsilon_{cu} = (4.2 - 1.6\xi) \times 10^{-3}$。

（5）按规范公式计算延性比

按规范公式计算延性比，指用矩形应力图形的截面受压区高度，按本书公式(4.5-14)直接计算延性比。

（6）按曲率计算延性比

按曲率计算延性比，指用 PCNAD 的全过程分析曲率结果，直接用公式(B.3-4)计算延性比。

（7）增配箍筋延性提高系数

增配箍筋延性提高系数，指如果用增配体积配箍率 $\Delta\rho_{sv}$ 来提高构件的延性比，用公式(2.8-4)计算非均匀受压混凝土极限应变的提高系数。

（8）换算后钢筋配筋率

换算后钢筋配筋率，指按第 4.5.5 节第（4）条要求，按普通钢筋抗拉强度设计值换算的全部纵向受拉钢筋配筋率

$$\rho = \frac{A_s + f_{py}/f_y A_p}{bh_0} \tag{B.3-4}$$

（9）规范标准组合弹性挠度增大系数

规范标准组合弹性挠度增大系数

$$\theta_k = \frac{E_c I}{B_s} \tag{B.3-5}$$

式中：B_s——钢筋混凝土受弯构件和预应力混凝土受弯构件的短期刚度，按第 4.3 节方法计算。

（10）按支座跨中弯矩比验算的挠度

按支座跨中弯矩比验算的挠度，按第 B.2.4 节第（11）条进行计算。

（11）按全过程计算弯矩的挠度

按全过程计算弯矩的挠度，按全过程受弯承载力结果计算钢筋混凝土受弯构件和预应力混凝土受弯构件的短期刚度，其余按第 4.3 节方法计算构件的长期挠度。

（12）钢筋屈服时刚度折减系数

钢筋屈服时刚度折减系数，依全过程弯矩曲率关系确定钢筋开始屈服时的受弯刚度，以此除以构件惯性矩与混凝土弹性模量，是短期受弯刚度的折减系数。

（13）承载力时刚度折减系数

承载力时刚度折减系数，依全过程弯矩曲率关系确定达到承载能力极限状态的受弯刚度，以此除以构件惯性矩与混凝土弹性模量，也是短期受弯刚度的折减系数。

（14）规范公式荷载标准组合受拉边拉应力、荷载准永久组合受拉边拉应力

规范公式荷载标准组合受拉边拉应力、荷载准永久组合受拉边拉应力，指按第 4.2 节第（1）条计算受拉边缘应力。

（15）消压状态受拉区预应力筋应力、消压状态受拉区钢筋应力、消压状态受压区预应力筋应力和消压状态受压区钢筋应力

消压状态受拉区预应力筋应力、消压状态受拉区钢筋应力、消压状态受压区预应力筋应力和消压状态受压区钢筋应力，分别与第 3.1.5 节的σ_{p0}、σ_{s0}、σ'_{p0}和σ'_{s0}对应。

（16）混凝土抗折模量

混凝土抗折模量，指公式(4.3-8)中的γf_{tk}。

（17）按规范计算裂缝最大宽度

按规范计算裂缝最大宽度，指完全按公式(4.2-5)计算的裂缝最大宽度。

（18）按全过程计算裂缝宽度

按规范计算裂缝最大宽度，指除σ_{sk}读取全过程分析结果外，其余均按公式(4.2-5)计算的裂缝最大宽度。

（19）净截面面积、重心至顶边距离和净截面惯性矩

净截面面积、重心至顶边距离和净惯性矩，指按公式(3.1-112)计算次弯矩用到的净截面面积、净截面重心至顶边距离和净截面惯性矩。

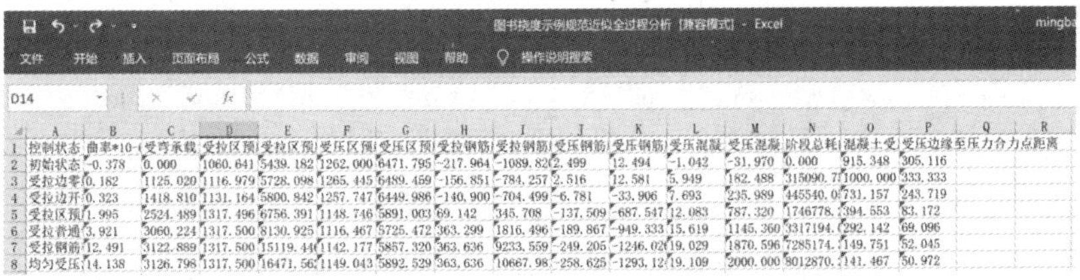

	A	B	C	D	E	F	G	H	I	J	K	L	M	N	O	P	Q	R
1	控制状态	曲率*10-(	受弯承载	受拉区预	受拉区预	受压区预	受压区预	受拉钢筋	受拉钢筋	受压钢筋	受压钢筋	受压混凝	受压混凝	阶段总耗	混凝土受	受压边缘至压力合力点距离		
2	初始状态	-0.378	0.000	1060.641	5439.182	1262.000	6471.795	-217.964	-1089.82(	2.499	12.494	-1.042	-31.970	0.000	915.348	305.116		
3	受拉边零	0.182	1125.020	1116.979	5728.098	1265.445	6489.459	-156.851	-784.257	2.516	12.581	5.949	182.488	315090.7	1000.000	333.333		
4	受拉边开	0.323	1418.810	1131.164	5800.842	1257.747	6449.986	-140.900	-704.499	-6.781	-33.906	7.693	235.989	445540.0	731.157	243.719		
5	受拉区预	1.995	2524.489	1317.496	6756.391	1148.746	5891.003	69.142	345.708	-137.509	-687.547	12.083	787.320	1746778.	394.553	83.172		
6	受拉普通	3.921	3060.224	1317.500	8130.925	1116.467	5725.472	363.299	1816.496	-189.867	-949.333	15.619	1145.360	3317194.	292.142	69.096		
7	受拉钢筋	12.491	3122.889	1317.500	15119.44(	1142.177	5857.320	363.636	9233.559	-249.205	-1246.02(	19.029	1870.596	7285174.	149.751	52.045		
8	均匀受压	14.138	3126.798	1317.500	16471.56	1149.043	5892.529	363.636	10667.98	-258.625	-1293.12	19.109	2000.000	8012870.	141.467	50.972		

图 B.3-1　全过程分析结果文件

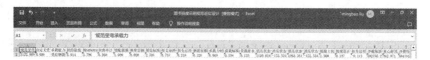

图 B.3-2　设计 EXCEL 结果文件

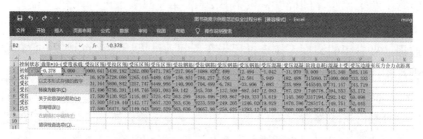

图 B.3-3　文本转换为数字步骤一

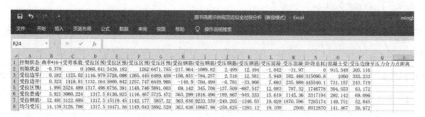

图 B.3-4　文本转换为数字步骤二

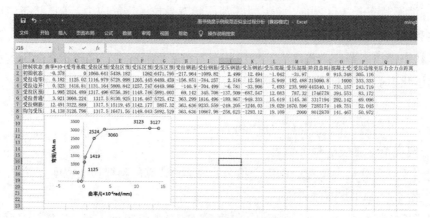

图 B.3-5　自动生成弯矩与曲率关系

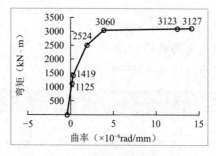

图 B.3-6　弯矩与曲率关系

附录C 节点试验

C.1 试验目的

内张拉预应力密排框架箱型结构依托工程的预应力钢绞线束的最小曲率半径约2m，属小曲率半径范畴，为减小预应力筋与孔道壁之间的摩擦损失，管道成型方式采用预埋塑料波纹管。对预应力筋与塑料波纹管之间的摩擦系数μ和管道每米局部偏差对摩擦的影响系数κ，《混凝土规范》规定为：μ取0.15、κ取0.0015，《公路钢筋混凝土及预应力混凝土桥涵设计规范》JTG D62—2004规定为：μ取0.14～0.17、κ取0.0015。为验证小半径环向预应力筋与孔道壁之间的摩擦系数，顺利完成依托工程结构设计，进行摩擦系数μ的节点试验。

C.2 试验模型和设备

（1）模型设计与制作

内张拉预应力密排框架箱型结构，环形预应力钢绞线曲线束的最小曲率半径在节点处，按其节点处钢绞线束的半圆弧形状及其半径，足尺模拟预应力钢绞线束，将其预埋在长5.6m、宽2.8m、高0.78m的一个异形钢筋混凝土块体中。半圆弧预应力钢绞线曲率半径从1.5m以0.25m间隔递增至2.5m，在混凝土块体中分4层布置10束预应力筋，每束由6根预应力筋构成。图C.2-1为节点模型的尺寸情况，图C.2-2为节点模型。

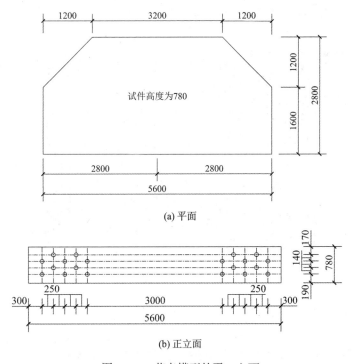

(a) 平面

(b) 正立面

图 C.2-1 节点模型的平、立面

(a) 浇筑混凝土前　　　　　　　　　　　(b) 浇筑混凝土后

图 C.2-2　节点模型

节点试验块体混凝土强度等级为 C45，管道采用 SBG-65Y 圆形塑料波纹管，预应力筋采用直径为 15.2mm 的低松弛钢绞线，强度标准值 $f_{ptk}=1860$MPa，钢绞线束编号及所处位置见表 C.4-1，采用 6 孔 QMV 型张拉锚固体系。

（2）设备

采用中国建筑科学研究有限公司研发的 YCQ150 千斤顶，最大张拉力为 1492kN，最大张拉行程为 200mm。配套设备有穿心式压力传感器、压力显示仪、电子数显卡尺及其他。

C.3　试验步骤

（1）检查并清理干净预埋垫板和孔道，将钢绞线编束后整体穿入波纹管内。

（2）按钢绞线束编号在其两端顺序安装限位板、压力传感器、限位板、千斤顶、工作锚，见图 C.3-1。

图 C.3-1　张拉前

（3）使用千斤顶对单个钢绞线束中的全部预应力筋同时张拉，对一端钢绞线束张拉至钢绞线强度标准值 8% 后封闭，对另一端按张拉至与钢绞线强度标准值的 8%、15%、20%、60%、65%、70%、75% 时，分别持荷 3min 后记录张拉端力值、固定端力值和张拉端对应预应力筋的伸长值。对束形 S-8～S-10（表 C.4-1）张拉至最后一级后，在 6min、8min、

10min、12min 同时记录张拉端力值、固定端力值和张拉端对应预应力筋的伸长值。张拉力从压力显示仪读取，伸长值用电子数显卡尺测量。如此反复进行 3 次，并进行张拉记录。封闭的一端称为固定端，张拉的一端称为张拉端。

C.4 试验结果与分析

将上述试验结果得到的张拉端和固定端力值整理于表 C.4-1，固定端力值计算公式如下：

$$P_{2i} = P_{1i}e - (\kappa_i x_i + \mu_i \theta_i) \tag{C.4-1}$$

式中：i——钢绞线束编号；

$\quad$ P_{1i}——钢绞线束张拉端力值；

$\quad$ P_{2i}——钢绞线束固定端力值；

$\quad$ x_i——张拉端到非张拉端之间的曲线长度（m）；

$\quad$ κ_i——管道每米局部偏差对摩擦的影响系数；

$\quad$ θ_i——从张拉端至固定端曲线孔道部分切线的夹角（rad）；

$\quad$ μ_i——预应力筋与塑料波纹管之间的摩擦系数。

《混凝土规范》第 10.2.1 条规定，对张拉端锚口摩擦，按实测值或厂家提供的数据确定，VSL 夹片式锚具中的摩阻损失为 2%～4%，试验用 QM 夹片式锚具中的摩阻损失不大于 2.5%，本节点试验钢绞线在夹片式锚具中的摩阻损失取张拉端力值的 3%，下文钢绞线束的张拉端力值已扣除这部分损失。

对公式(C.4-1)进行数学变换，可得到摩擦系数的表达式

$$\mu_i = \frac{\ln(P_{1i}/P_{2i}) - \kappa_i x_i}{\theta_i} \tag{C.4-2}$$

通过试算，固定摩擦系数 κ，分别取为预埋金属波纹管的 0.0015 和预埋铁皮管的 0.003，有效预应力计算数值分别为 978MPa 与 954MPa，两者相差仅 2.5%。鉴于上述原因，对预埋金属波纹管、预埋塑料波纹管，现行规范均取 κ 为 0.0015。本试验参照试算结果和规范方法，固定 κ_i 为现行规范取值 0.0015。根据公式(C.4-2)便可求出各钢绞线束的摩擦系数，取其平均值作为摩擦系数的最终结果。当预应力张拉值达到钢绞线强度标准值的 75%时，所求得摩擦系数见表 C.4-1。

由表 C.4-1 可知，取所有样本试验结果平均值后，摩擦系数的试验值为 0.182。对内张拉密排框架预应力箱型结构的实际预应力束，分别取 $\mu = 0.17$ 和 0.182。通过试算，固定端预应力摩擦损失 σ_2 分别为 301MPa 与 316MPa，固定端有效预应力 σ_e 分别为 978MPa 与 964MPa，两者非常接近，差值为有效预应力的 1.4%。考虑小曲率半径预应力束在整根预应力束长度中所占的比例不到 30%，总体来说影响更小。所以由试验结果可知，当固定管道每米局部偏差对摩擦的影响系数 $\kappa = 0.0015$ 时，可取应力筋与塑料波纹管之间的摩擦系数 $\mu = 0.17$，为《公路钢筋混凝土及预应力混凝土桥涵设计规范》JTG 3362—2018 规定的上限值。

张拉端力值、固定端力值和摩擦系数 μ 的试验分析结果　　　　表 C.4-1

束形编号	束形半径（mm）	张拉方向	张拉端力值P_{1i}（kN）	固拉端力值P_{2i}（kN）	摩擦系数μ_i
S-1	1500	正	1137	677	0.162
		反	1136	662	0.169
S-2	2500	正	1141	636	0.182
		反	1139	658	0.171
S-3	2000	正	1156	634	0.187
		反	1148	629	0.187
S-4	1750	正	1144	613	0.195
		反	1137	634	0.183
S-5	2250	正	1139	610	0.195
		反	1136	602	0.198
S-6	1500	正	1159	671	0.171
		反	1161	668	0.173
S-7	2000	正	1140	645	0.178
		反	1141	647	0.177
S-8	2500	正	1118	626	0.180
		反	1156	640	0.184
S-9	1750	正	1139	662	0.169
		反	1148	619	0.193
S-10	2250	正	1146	619	0.192
		反	1139	606	0.197
平均值	2000	—	1143	638	0.182

　　注：钢绞线在端部传感器、过孔锚具及千斤顶内的长度，按 1.384m 计算；张拉端力值已扣除锚口摩擦损失。

附录D　内张拉预应力技术及施工工法

D.1　内张拉预应力技术

将内张拉预应力技术应用到密排框架箱型结构中，形成了内张拉预应力混凝土框架箱型结构，是解决大跨无柱地下大跨结构的关键结构体系。为适应不同层数、荷载和跨度的需求，按照顶部框架梁断面形状，可将内张拉预应力混凝土密排框架箱型结构分为：内张拉预应力混凝土双层 T 形框架箱型结构、内张拉预应力混凝土双层 I 形框架箱型结构等。这些关键结构已经取得了国家发明专利，下面就内张拉预应力混凝土双层 T 形框架箱型结构进行简述。

D.1.1　基本内容

内张拉预应力混凝土框架箱型结构，在平行其断面方向设置框架结构，形成箱型断面，在框架中设置内张拉预应力筋，将张拉槽预留在结构内部受力较小、施工方便的框架侧面，当浇灌混凝土并达到规定强度后，在张拉槽处通过中间锚具将同一预应力筋束的各段首尾顺序连接，然后在中间锚具靠近结构内部的一端进行张拉，张拉完毕后按要求封堵张拉槽即可。其特征是：张拉槽预留在结构构件内部受力较小且施工方便的侧面，通过中间锚具连接并张拉预应力筋。内张拉预应力张拉工艺较为简单，施工难度较小，工期相对较短，造价相对较低，结构的抗连续倒塌能力较好。

内张拉预应力混凝土框架箱型结构的特征还在于：主体结构横断面为双重箱型形状，框架梁跨度 L 不小于 7m，框架梁为 T 形截面，框架间距不大于 $L/3$；框架梁内预应力筋与传统的预应力框架梁配筋相似，呈正反抛物线分布，反弯点位置通常为 $(0.08{\sim}0.12)L$，设置在框架柱与框架梁中的预应力筋形成一条环形曲线，预应力束外形尽量与弯矩图一致，尽量靠近受拉边缘布置；预应力筋的束形可以是闭合曲线，也可以是非闭合曲线；如果是闭合曲线，无锚固端；如果是非闭合曲线，其端部可以为锚固端；在同一榀预应力框架中，每束预应力筋的根数和预应力束数，根据设计需要设置，预应力筋布置关于框架纵向轴对称；张拉槽预留在框架梁距端部四分点附近中和轴的一侧；同一预应力束预留槽和中间锚具的间距，根据设计需要设置，其范围为 15~50m；如果具备张拉空间，在中间锚具靠近结构内部的一端进行张拉；如果在结构的内部和外部同时具备张拉条件，张拉槽可以预留在外部的框架端部侧面，也可以预留在结构内部的框架侧面。

内张拉预应力混凝土框架箱型结构的有益效果是，当框架箱型结构端部不具备张拉锚固条件时，能够实现预应力张拉、锚固，特别适用于地下重载、大跨混凝土框架箱型结构，可提供较好的舒适度和使用性能，可减少占地面积，缩短施工工期，且结构简单、施工方便，符合"四节一环保"的国家政策。与传统的预应力框架箱型结构相比，工程造价可持平或略为降低。

D.1.2　图形说明

通常，内张拉预应力密排框架箱型结构平面布置说明如图 D.1-1 所示，其中图 D.1-1

（a）是预应力结构的平面布置，图 D.1-1（b）是 1 号、2 号环形曲线预应力束断面布置，图 D.1-1（c）是 3 号、4 号环形曲线预应力束断面布置，图 D.1-1（d）是图 D.1-1（b）的 1-1 剖面，图 D.1-1（e）是图 D.1-1（c）的 1-1 剖面。图中：（1）1 号环形曲线预应力束，（2）2 号环形曲线预应力束，（3）3 号环形曲线预应力束，（4）4 号环形曲线预应力束，（5）1 号、3 号环形曲线预应力束的预留张拉槽，（6）2 号、4 号环形曲线预应力束的预留张拉槽，（7）结构内部空间，（8）结构外部，（9）框架顶梁/底梁，（10）中间锚具背离结构内部的一端，（11）中间锚具指向结构内部的一端，（12）中间锚具（又称环锚、游动锚），（13）框架柱，（14）正反抛物线 1 号预应力束，（15）正反抛物线 1 号预应力束的预留张拉槽，（16）框架中梁，（17）正反抛物线预应力束的锚固端，（18）正反抛物线 2 号预应力束，（19）正反抛物线 2 号预应力束的预留张拉槽。

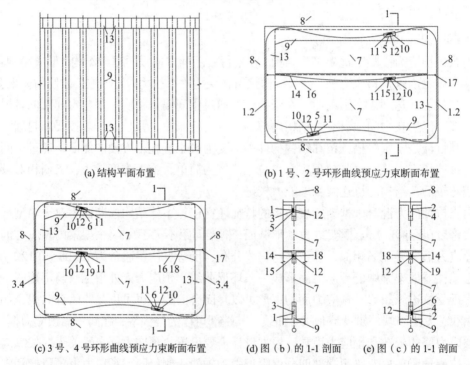

图 D.1-1　内张拉预应力密排框架箱型结构布置

D.1.3　具体实施方式

对预应力密排框架箱型结构，在图 D.1-1（a）、（b）、（d）中，1 号环形曲线预应力束（1）为一条平面闭合曲线，由偶数根预应力钢绞线组成，铺放 1 号环形曲线预应力束（1），将 1 号环形曲线预应力束（1）的张拉槽（5）预留在框架顶梁/底梁（9）距端部四分点附近中和轴的一侧，当浇灌混凝土并达到规定强度后，在张拉槽处（5）通过中间锚具（12）将 1 号环形曲线预应力束（1）的各段首尾顺序连接，然后在中间锚具靠近结构内部的一端（11）进行张拉，张拉完毕全部预应力束后按要求封堵张拉槽（5）即可。2 号环形曲线预应力束（2）的实施方式同 1 号环形曲线预应力束（1）。

在图 D.1-1（a）、（c）、（e）中，3 号环形曲线预应力束（3）为一条平面闭合曲线，由偶数根预应力钢绞线组成，铺放 3 号环形曲线预应力束（3），将 3 号环形曲线预应力束（3）的张拉槽（6）预留在框架顶梁/底梁（9）距端部四分点附近中和轴的一侧，1 号、3 号环形曲线预应力束的张拉槽（5）与 2 号、4 号环形曲线预应力束的张拉槽（6）关于框架纵向对称面反对称布置，当浇灌混凝土并达到规定强度后，在张拉槽处（5）通过中间锚具（12）将 1 号环形曲线预应力束（3）的各段首尾顺序连接，然后在中间锚具靠近结构内部的一端（11）进行张拉，张拉完毕全部预应力束后按要求封堵张拉槽（6）即可，3 号环形曲线预应力束（3）为一条平面闭合曲线。4 号环形曲线预应力束（4）的实施方式同 3 号环形曲线预应力束（3）。

D.2 内张拉预应力施工工法

D.2.1 特点

内张拉预应力技术是指混凝土浇筑时，在结构内部、构件侧面预留张拉槽，待混凝土达到一定强度后，在预留槽张拉连接预应力筋施加预应力的一种方法。内张拉预应力技术是应用内张拉预应力法施加预应力，并满足设计和施工所需的一整套技术。

与一般预应力技术相比，内张拉预应力技术是在结构内部、构件侧面预留张拉槽张拉连接预应力筋，预应力筋的张拉不再要求在构件端部预留张拉条件。内张拉预应力技术解决了长期以来因为没有端部张拉条件在地下结构中无法采用预应力技术的难题。

D.2.2 使用范围

适用于端部不具备张拉条件的预应力结构。特别是地下工程等需要在结构中建立均匀、连续的有效预应力的结构。

D.2.3 工艺原理

内张拉预应力结构断面的外形可以为圆形、椭圆形或多边形，根据束形设计要求铺放预应力筋，并预留张拉槽，当浇灌混凝土且达到规定强度后，在张拉槽处通过中间锚具将同一预应力束的各段首尾顺序连接并张拉，张拉完毕后按要求封堵张拉槽即可。如图 1 所示。预应力筋的外形和位置尽量与弯矩图一致，预应力筋尽量靠近受拉边缘布置，张拉槽尽量预留在受力较小、施工方便的构件侧面，尽可能减少预应力筋的损失。预应力筋的张拉槽和中间锚具的数量，根据设计需要确定。

D.2.4 工艺流程

底模预检→绑扎普通钢筋→安装预埋预应力孔道→穿入预应力束→安装灌浆管和排气管→安装侧模和预留张拉槽→浇筑混凝土→拆除模板和清理张拉槽→穿入预应力筋→安装中间锚具→张拉预应力筋→封闭张拉槽→预留孔道灌浆。

D.2.5 材料准备

（1）预应力筋采用 ϕ15.2 高强低松弛钢绞线，抗拉强度标准值 $f_{ptk} = 1860\text{N/mm}^2$，中间锚具采用夹片锚具。

（2）预埋孔道采用塑料波纹管。

（3）灌浆材料灌浆用水泥浆强度不应小于 30N/mm²，水灰比不应大于 0.45，搅拌后 3h泌水率不宜大于 2%，且不应大于 3%，泌水应能在 24h 内全部被水泥浆吸收。

D.2.6 操作要点

1）模板施工

在合模前应标记穿墙螺杆位置，确保避开预留孔道，严禁合模时破坏预应力预留孔道，造成孔道进浆的质量事故。

预留张拉槽时应封闭预留孔道口，避免水泥浆从预留张拉槽内灌入孔道。

2）预应力施工

（1）孔道安装预留孔道安装应保证位置准确，下部马凳筋布置完成并穿好孔道后应在孔道上面再设置一道马凳钢筋，避免孔道上浮。应采用钢丝将孔道与马凳钢筋绑扎牢固，防止混凝土浇筑工程中孔道移位。

（2）下料及穿束预应力筋下料时应注意预留好张拉工作长度，下楼切割时必须采用机械方式。预应力筋穿束时可以逐根穿入，也可整束穿入孔道，可根据预应力束型及孔道长度确定施工方式。

（3）锚具及机具安装（图 D.2-1），中间锚具安装时应注意钢绞线端部外露长度，确保张拉所需工艺长度。中间锚具在张拉槽内位置应根据张拉方式和伸长值确定，确保张拉过程中中间锚具游动后不会与张拉槽相撞。张拉前要确保所有夹片安装紧固，避免松动。中间锚具张拉需采用变角张拉，变角装置安装时应注意变角方向正确。

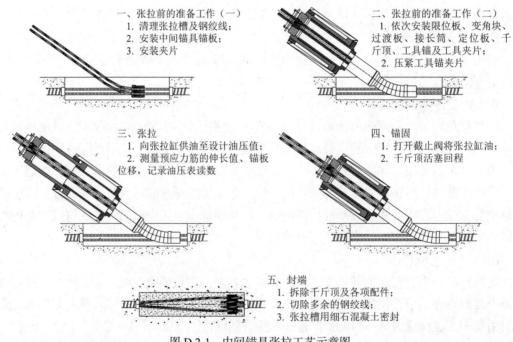

图 D.2-1 中间锚具张拉工艺示意图

（4）张拉（图 D.2-1）采取控制张拉应力值和伸长量的双控措施，以确保预应力值达到设计要求。如果为环向封闭预应力束，应注意合理布置张拉点，各张拉点应采用同步分级张拉方案，确保结构中有效预应力值。

（5）张拉槽封堵及灌浆张拉结束后，多余的预应力筋用手提砂轮切割机切断。张拉槽内应清理干净，孔道端部应安装灌浆管，然后用微膨胀混凝土填充。24h 后可进行灌浆，灌浆时应连续不间断。如果为竖向孔道，应从最低点灌入，确保灌浆饱满。

D.2.7 机具准备

混凝土搅拌和运输机械；振捣机具；张拉设备；灌浆设备等。

D.2.8 劳动组织与安全

（1）技术负责人应根据工程实际情况制定周密的施工方案，确保工程受控。

（2）认真落实技术交底。

（3）选择有资质的施工队伍，对关键工序工人进行培训。预应力分项工程必须由专业施工队伍分包施工。

（4）所有电气、机械设备实行定人定岗。预应力分项施工应编制专项方案。施工中应加强管理，确保安全。

D.2.9 质量控制措施

（1）把好材料进场关，波纹管、预应力筋、锚具等均应按相关规范进行复试，合格后方可使用。

（2）预埋孔道位置要确保准确，并固定牢固。施工中必须采取可靠措施确保预埋孔道在混凝土浇筑过程中不发生位移。施工中要切实做好产品保护，对模板作业和混凝土浇筑作业进行专项交底，严防孔道破损，造成漏浆。

（3）结构混凝土达到设计要求强度后方可进行张拉。

（4）张拉过程必须认真执行既定方案。对于闭合孔道应合理布置张拉点，采取同步对称分级张拉。

（5）灌浆用水泥净浆应严格控制配比，确保浆体质量。灌浆过程应从低点灌入，高点排气，确保孔道灌浆密实。

（6）结构底模应在结构按照设计要求建立有效预应力后方可拆除。

参考文献

[1] 赵基达 徐有邻.《混凝土结构设计规范》修订概况(一)[J]. 建筑结构, 2011(2): 133-136.

[2] 杜拱辰. 现代预应力混凝土结构[M]. 北京: 中国建筑工业出版社, 1988.

[3] 林同炎, NED H. BURNS. 预应力混凝土结构设计[M]. 3 版. 路湛沁, 黄棠, 马誉美, 译. 北京: 中国铁道出版社, 1983.

[4] 中华人民共和国住房和城乡建设部. 混凝土结构设计规范: GB 50010—2010 [S]. 北京: 中国建筑工业出版社, 2011.

[5] 中华人民共和国建设部. 混凝土结构设计规范: GB 50010—2001 [S]. 北京: 中国建筑工业出版社, 2001.

[6] 中华人民共和国建设部. 混凝土结构设计规范: GBJ 10-89 [S]. 北京: 中国建筑工业出版社, 1989.

[7] 徐有邻. 混凝土结构设计原理及修订规范的应用[M]. 北京: 清华大学出版社, 2012.

[8] 徐有邻, 等. 混凝土结构设计规范理解与应用（按 GB 50010—2010）[M]. 北京: 中国建筑工业出版社, 2013.

[9] 中华人民共和国住房和城乡建设部. 高层建筑混凝土结构技术规程: JGJ 3—2010 [S]. 北京: 中国建筑工业出版社, 2011.

[10] 中华人民共和国住房和城乡建设部. 建筑抗震设计规范: GB 50011—2010 [S]. 北京: 中国建筑工业出版社, 2016.

[11] 中华人民共和国建设部. 人民防空地下室设计规范: GB 50038—2005 [S]. 北京: 中国建筑工业出版社, 2011.

[12] 张明, 等. 结构可靠度计算[M]. 北京: 科学出版社, 2015.

[13] 华罗庚. 优选学[M]. 北京: 科学出版社, 1981.

[14] 中国建筑科学研究院. 混凝土结构设计[M]. 北京: 中国建筑工业出版社, 2003.

[15] 蓝宗建, 等. 混凝土结构（上册）[M]. 北京: 中国电力出版社, 2011.

[16] 杜拱辰. 部分预应力混凝土[M]. 北京: 中国建筑工业出版社, 1990.

[17] 施岚青, 等. 混凝土结构设计规范学习指导[M]. 北京: 地震出版社, 1991.

[18] 白生翔. 预应力混凝土构件计算方法的若干改进建议[J]. 第十三届全国混凝土及预应力混凝土学术会议论文, 2005:243-249.

[19] 陈岱林, 等. 钢筋混凝土构件设计原理及算例[M]. 北京: 中国建筑工业出版社, 2005.

[20] 李东彬, 等. 预应力混凝土结构设计与施工[M]. 北京: 中国建筑工业出版社, 2020.

[21] 赵国藩. 高等钢筋混凝土结构学[M]. 北京: 机械工业出版社, 2008.

[22] Edward G. Nawy. Prestressed Concrete A Fundamental Approach[M]. 重庆: 重庆大学出版社,

2007.

[23] 北京市轨道交通管理有限公司, 中国建筑科学研究院, 等. 北京地铁地下结构预应力技术应用研究报告[D]. 北京: 北京市科技计划课题研究报告, 2012.

[24] 北京市轨道交通管理有限公司, 中国建筑科学研究院. 内张拉预应力混凝土单层 T 型框架箱型结构[P]. 北京: 中华人民共和国国家知识产权局, 2013.

[25] 中国建筑科学研究院. 大跨度预应力地铁车站设计研究[D]. 北京: 国家科技支撑计划课题研究报告, 2017.

[26] 中国建筑科学研究院, 冯大斌, 栾贵臣. 后张预应力混凝土施工手册[M]. 北京: 中国建筑工业出版社, 1999.

[27] 中国建筑科学研究院, 陶学康. 后张预应力混凝土设计手册[M]. 北京: 中国建筑工业出版社, 1996.

[28] 中华人民共和国住房和城乡建设部. 建筑地基基础设计规范: GB 50007—2011 [S]. 北京: 中国建筑工业出版社, 2011.

[29] 中华人民共和国住房和城乡建设部. 民用建筑可靠性鉴定标准: GB 50292—2015 [S]. 北京: 中国建筑工业出版社, 2016.

[30] 中华人民共和国住房和城乡建设部. 建筑结构检测技术标准: GB/T 50344—2019 [S]. 北京: 中国建筑工业出版社, 2020.

[31] 中国建筑科学研究院. 重载大跨无柱预应力地铁车站建造技术的研究[D]. 北京: "十二五" 科技支撑计划课题研究报告, 2016.

[32] 建研地基基础工程有限责任公司等. 大跨预应力密排框架箱型和拱型结构地铁车站试验研究[D]. 北京: 北京市科技专项课题研究报告, 2016.

[33] 中国建筑科学研究院. 大跨度地下结构防倒塌设计研究[D]. 北京: 国家科技支撑计划课题研究报告, 2017.

[34] 建研地基基础工程有限责任公司. 大跨度无柱地铁车站建造关键技术研究及工程示范[D]. 北京: 中国建筑科学研究院科研项目研究报告, 2016.

[35] 中国建筑科学研究院、北京市轨道交通管理有限公司. 内张拉预应力混凝土双层 T 型框架箱型结构[P]. 北京: 中华人民共和国国家知识产权局, 2013.

[36] 中国建筑科学研究院. 钢筋混凝土结构研究报告选集 2 [M]. 北京: 中国建筑工业出版社, 1981.

[37] 林同炎, 等. 结构概念和体系[M]. 2 版. 高立人, 方鄂华, 钱稼茹, 译. 北京: 中国建筑工业出版社, 1999.

[38] 潘立. 后张预应力混凝土结构配筋计算程序（UP）[D]. 北京: 中国建筑科学研究院研究报告, 2004.

[39] 中华人民共和国住房和城乡建设部. 地铁设计规范: GB 50157—2013 [S]. 北京: 中国建筑工业出版社, 2014.

[40] 中华人民共和国住房和城乡建设部. 混凝土结构耐久性设计标准: GB/T 50476—2019 [S]. 北京: 中国建筑工业出版社, 2014.

[41] 中国建筑科学研究院有限公司. 钢筋混凝土和预应力混凝土构件全过程性能分析及设计软件[简称: PCNAD]: 2022SR0644661[CP]. 2022.5.26.

[42] 中华人民共和国住房和城乡建设部. 建筑碳排放计算标准: GB/T 51366—2019 [S]. 北京: 中国建筑工业出版社, 2019.

[43] 过镇海. 钢筋混凝土原理[M]. 3 版. 北京: 清华大学出版社, 1999.

[44] 清华大学抗震抗爆工程研究室. 钢筋混凝土结构的抗震性能[M]. 北京: 清华大学出版社, 1981.

[45] 中华人民共和国交通运输部. 公路桥梁抗震设计规范: JTG/T 2231-01—2020 [S]. 北京: 人民交通出版社股份有限公司, 2020.

[46] 戴国莹, 等. 建筑结构抗震鉴定及加固的若干问题[J]. 建筑结构, 1999(4):45~49, 16.

[47] 住房和城乡建设部标准定额研究所. 热轧带肋高强钢筋在混凝土结构中应用技术导则: RISN-TG007—2009 [S]. 北京: 中国建筑工业出版社, 2010.

[48] 黄熙龄, 钱力航. 建筑地基与基础工程[M]. 北京: 中国建筑工业出版社, 2016.

[49] 中华人民共和国住房和城乡建设部. 混凝土结构工程施工质量验收规范: GB 50204—2015 [S]. 北京: 中国建筑工业出版社, 2015.

[50] 中华人民共和国住房和城乡建设部. 混凝土结构试验方法标准: GB/T 50152—2012 [S]. 北京: 中国建筑工业出版社, 2012.